Management Practice of
Electric Power Engineering Construction

电力工程建设管理实务 上册

火力发电工程篇

国家能源投资集团有限责任公司　编

中国电力出版社
CHINA ELECTRIC POWER PRESS

图书在版编目（CIP）数据

电力工程建设管理实务 . 火力发电工程篇 / 国家能源投资集团有限责任公司编 . — 北京：中国电力出版社，2023.12

ISBN 978-7-5198-8738-4

Ⅰ.①电… Ⅱ.①国… Ⅲ.①火力发电—电力工程—监督管理 Ⅳ.① TM7

中国国家版本馆 CIP 数据核字（2024）第 052682 号

出版发行：中国电力出版社
地　　址：北京市东城区北京站西街 19 号（邮政编码 100005）
网　　址：http://www.cepp.sgcc.com.cn
责任编辑：宋红梅　娄雪芳　霍　妍　田丽娜
责任校对：黄　蓓　常燕昆　于　维　李　楠
装帧设计：赵丽媛
责任印制：吴　迪

印　　刷：三河市万龙印装有限公司
版　　次：2023 年 12 月第一版
印　　次：2023 年 12 月北京第一次印刷
开　　本：787 毫米 ×1092 毫米　16 开本
印　　张：48.75
字　　数：1189 千字
印　　数：0001–4500 册
定　　价：396.00 元（全 2 册）

《电力工程建设管理实务 火力发电工程篇》
编写委员会

主任委员　　刘国跃

副主任委员　余　兵　冯树臣　张宗富　张世山　郭晓刚

主　　编　　张宗富

副主编　　郭晓刚　陈冬青　周平平　曹震岐　李立峰　韩华锋
　　　　　　刘定军　江　军　俞基安　寇立夯　任子明

执行副主编　李耀和　丁伟平　刘志杰

编写人员　（按姓氏笔画排序）
　　　　　　马　昂　马　栋　王冬梅　王永成　王晓晖　毛承慧
　　　　　　付　琼　邢继涛　刘　丰　刘宏军　刘复平　刘洪军
　　　　　　刘　洋　杨　芳　杨　琴　何江涛　何金根　辛　将
　　　　　　宋海峰　张双代　陈洪杰　范春敏　国茂华　胡朝勃
　　　　　　郭　勇　郭恩山　焦体华

审查人员　（按姓氏笔画排序）
　　　　　　卢旭东　朱　雷　孙志华　李伟科　肖自平　余天堡
　　　　　　张凤玲　陈　禄　武秀峰　赵天宏　郝　卫　袁祖伟
　　　　　　曹文荪　焦林生

序

能源是工业的粮食、国民经济的命脉。能源安全是关系国家经济社会发展的全局性、战略性问题，对国家繁荣发展、人民生活改善、社会长治久安至关重要。党的十八大以来，习近平总书记提出不断发展"四个革命、一个合作"能源安全新战略，为我国新时代能源发展指明了方向，开辟了能源高质量发展的新道路。2020年9月，习近平总书记向全世界宣告"双碳"目标，并亲自决策、亲自部署、亲自推动"双碳"工作。

"在中国，煤电是个大事"。作为党的十九大以后第一家重组整合的，多元化、综合型、现代化的能源央企，国家能源集团坚持以习近平新时代中国特色社会主义思想为指导，积极践行"社会主义是干出来的"伟大号召，完整、准确、全面贯彻新发展理念，切实扛起能源强国、能源报国的职责使命，不断发挥"煤电化运"全产业链优势，以具有国能特色的能源发展模式走好能源产业中国式现代化道路，切实把能源的饭碗牢牢端在自己手里。国家能源集团自2017年11月28日成立以来，截至2023年底，火电装机达20873万kW，约占全国火电总装机量的15%；拥有百万千瓦级燃煤发电机组53台，约占全国百万千瓦级发电机组的28%，担当着"能源供应压舱石、能源革命排头兵"的角色，企业生产经营保持良好增长态势，为稳定国家宏观经济大盘作出了积极贡献。

新时代煤电企业被赋予新使命、新任务，成为落实国家加快推进火电绿色扩能工作部署、加快支撑保障型火电建设、增强系统调节功能和常态化保供能力、充分发挥兜底保障作用的"压舱石"，是稳定国家宏观经济大盘的核心力量。立足推动构建现代化能源产业体系、服务"双碳"目标，国家能源集团举全集团之力加强绿色转型发展，大力推进改革创新，深入推进能源革命，全力保障能源安全，推进煤电产业向高端化、低碳化、数字化、综合服务化转型升级，为新型能源体系和新型电力系统建设作出了"国能"贡献。

面对电力工程建设新形势、新任务和新要求，国家能源集团进一步强化工程建设全过程管理，2020年印发了《电力产业建设"两高一低"工程指导意见》，提出以项目全寿命期效益最大化为目标，建设高质量、高速度、低成本优质电力工程；聚焦新型工业化要求，建立了完善的电力基建管理体系，统筹利用集团公司内部电力建设和工程技术领域优势资源，切实发挥各专业机构作用，有效支撑大规模工程建设。

通过不断创新与实践，国家能源集团从体制机制上建立了一整套契合"两高一低"基建管理理念的火电工程建设管理模式，建设了一批国内外领先的标杆电力工程，积累了丰富经验，培育了优秀人才，创造了良好效益，为能源产业走好中国式现代化高质量发展道路探索出科学高效的"国能"方案。2023年12月16日投产的湖南岳阳电厂2×100万kW新建工程，以23个月20天的工期创造了同类型机组建设的最快速度，将"云、大、物、移、智"等技术与电力生产技术深入融合，应用"带平衡发电机的一次再热双机回热技术""冷却塔圆井式中央竖井和渡槽式高位收水槽技术"等四项世界首创技术、"抽背式给水泵汽轮机4抽1排方案""国产大口径无缝钢管低温再热蒸汽管道布置方案"等七项国内首创技术，实现了机组一键启停、定期工作自动执行等功能。机组投产后的实际运行和性能试验数据表明，科技创新在工程中的应用取得了显著的节能效果，供电煤耗率优于设计值267g/kWh，是目前国内一次再热百万千瓦机组最优水平，主要污染物指标排放值均优于国家超低排放标准，充分展现了清洁低碳、安全可靠、资源节约、智慧灵活的"时代特征"和创新引领、价值创造、协同高效、追求卓越的"国能特色"。

国家能源集团电力产业队伍始终秉承"敢为、敢闯、敢干、敢首创"的精神，勇于突破自我、突破现状，开发建设了一批"首创""第一"工程，湖南岳阳电厂2×100万kW新建工程是众多工程项目的优秀代表，基于该工程的建设实践，融合借鉴国内其他工程项目的建设经验，集团公司组织编写了《电力工程建设管理实务　火力发电工程篇》，对火电工程项目建设进行了全面系统的总结和提炼。希望该专著的出版，能够为火电行业工作者在保障项目建设、强化产业管理、提升管控效能上提供有益的帮助，为支持新型电力系统建设，发挥煤电兜底、保障、调节的基础作用提供有力支撑。

2023 年 12 月

前　言

随着我国"双碳"目标的提出和电力市场改革的持续深化，火电行业面临重大的电源结构转型变革、激烈的市场竞争、高企的燃料价格、日趋严格的环保要求等多重挑战。"高质量、高速度、低成本"优质电力工程管理理念是国家能源集团应对能源转型变革，打造世界一流能源企业，适应电力工程建设新形势、新任务和新要求的新理念。按照国家能源集团打造"高质量、高速度、低成本"优质电力工程要求，湖南公司研究制定出岳阳项目建设"两高一低"工程实施方案，将科技创新作为高质量推进工程建设的坚实支撑，通过研究科技创新清单，大力推进设计优化，将"云、大、物、移、智"等技术与电力生产技术深度融合，应用世界首创技术四项、国内首创技术七项，为项目高品质建设提供源源不断的动力，以 23 个月 20 天的工期创造同类型机组建设最快速度。基于该工程的建设实践，充分借鉴国内其他火电优秀工程建设经验，国家能源集团公司组织对火电工程项目建设进行了全面系统的总结和提炼，编写了这本《电力工程建设管理实务　火力发电工程篇》。

本书共二十章，从概述，组织管理，管理策划，合规及风险管理，设计管理，采购管理，开工管理，工程计划及进度管理，安健环及文明施工管理，质量工艺及精细化管理，造价管理，精细化调试，合同管理，物资管理，技术管理、科技创新及智能智慧建设，生产及经营准备，财务管理，档案管理，工程验收及项目后评价，团队建设及企业文化等方面，结合岳阳项目"业主主导、专业咨询"工程管理模式，系统完整地对工程建设管理理念、路径、方法、措施等进行了系统性归纳和总结。本书既涵盖了火力发电工程管理理论性内容，又有案例作为支撑，理论知识与工程实践相结合，充分体现"知行合一"，对火力发电工程建设管理具有较强的借鉴和指导意义。

本书编写时间紧、任务重，囿于水平有限，书中难免存在疏漏和不妥之处，敬请各位读者批评指正。

本书编写组
2023 年 12 月

目 录

序

前言

上 册

下　册

第一章
概　述

　　火力发电工程建设作为电力产业的重要组成部分，对于保障能源供应和推动经济发展具有重要意义。然而，随着技术的不断进步和市场竞争的日益激烈，火力发电工程建设面临着越来越多的挑战。工程建设者应该站在项目整体、业主角度、社会责任、行业发展趋势和风险管理等全局高度来思考工程管理问题。通过全面考虑火力发电工程项目各方面和可能面临的风险和挑战，以及关注行业发展趋势和履行社会责任等因素，可以更好地制定火力发电工程项目管理策略和措施，确保火力发电工程项目顺利实施并取得成功。

　　火力发电工程建设管理对于保障未来电厂安全、高质量运行，降低全寿命周期成本具有非常重要的意义。为管好火力发电工程建设，必须了解火力发电工程项目特点、建设程序、工作内容、常用控制措施、项目管理模式等。项目单位应根据工程及自身实际情况，选择合理的项目管理模式，并明确项目管理理念、项目管理思路、项目管理原则等内容。

　　从火力发电工程建设项目管理实践来看，"业主主导、专业咨询"模式正在逐渐成为项目单位主要选择的项目管理模式，该模式着重体现"业主主导为核心，工期管理是主线，合同管理是纽带，团队建设是路径"的项目管理理念。项目单位围绕该项目管理理念，在火力发电工程建设过程中逐渐形成系统论、全寿命周期效益最大化、"基建为生产、生产为经营"、参建各方"项目共同体""价值共同体""策划引领，过程迭代升级""精细化调试追求所有运行工况精调细试""合同是维系各方实现共赢的重要手段"等一系列火力发电工程管理理念、思路、原则、方法。

第一节　火力发电工程建设项目管理概述

一、火力发电工程项目概述

（一）概念

火力发电工程项目是指以燃烧燃料（包括固体、液体和气体燃料）产生热能通过发电动力装置转换成电能的工程项目。火力发电工程主要组成部分包括锅炉、汽轮机、发电机、电气系统、冷却系统、除尘脱硫脱硝设施、运输系统等系统的土建、安装、调试工作。

（二）特点

火力发电工程建设项目是一项极其复杂和综合性强的工程，除具有一般工程项目特点外，还具有一系列独特的特点。这些特点不仅关系到项目是否能顺利实施和取得良好的质量效益，也反映电力行业未来发展趋势和发展方向。火力发电工程项目具有如下特点：

1. 规模大、投资高

火力发电工程建设项目通常规模较大，需要投入大量的资金和人力资源。火电厂是电力工业的重要组成部分，是能源结构中电力供应的稳定器，需要大规模建设从而满足社会不断增长的电力需求，并提高电网调度灵活性，以保障电网稳定运行。与此同时，随着环保要求的不断提高和能源结构的持续转型，火力发电工程建设项目需要采用更加环保、高效的技术和设备，会增加项目的投资成本。

2. 技术复杂、要求高

火力发电工程建设项目涉及多种先进的技术和设备，新技术、新设备、新工艺、新材料、新流程等"五新"带来技术复杂度高。要求项目团队具备丰富的技术知识和项目管理经验，能够应对各种技术难题和挑战。同时，随着环保和安全要求的提高，火力发电工程建设项目需要满足更加严格的技术标准和要求，会增加项目的技术难度。

3. 周期长、风险大

火力发电工程建设项目的周期通常较长，需要经历多个阶段，包括前期规划、设计、施工、调试和试运行等，会增加项目的风险和不确定性，需要项目团队具备较高的风险管理和应对能力。同时，火力发电工程建设项目需要考虑市场变化和政策调整等因素，会增加项目的造价管控和可持续盈利能力风险。

4. 环保要求高、社会责任重

随着环保意识的提高和可持续发展战略的推进，火力发电工程建设项目需要满足更高的环保要求，采取更加环保的技术和设备，减少对环境的影响。同时，火电厂需要承担更多的社会责任，为社会提供更加稳定、可靠的电力供应，保障经济社会的正常运行和发展。

火力发电工程这些特点要求项目团队具备丰富的经验和专业知识，采取科学合理的项目管理方法和措施。同时，需要加强政策引导和技术创新，推动火力发电工程建设项目的可持续发展和转型升级。

（三）火力发电工程建设项目分类

1. 总装机容量分类

按总装机容量分类，小容量发电厂（总装机容量 <100MW）、中容量发电厂（总装机容量 100 ~ 250 MW）、大中容量发电厂（总装机容量 250 ~ 600 MW）、大容量发电厂（总装机容量 600 ~ 1000MW）、特大容量发电厂（总装机容量 >1000 MW）。

2. 机组参数

按蒸汽压力和温度分类，中低压发电厂（蒸汽压力 3.92MPa，温度 450℃，单机功率 <25MW）、高压发电厂（蒸汽压力 9.9MPa，温度 540℃，单机功率 <100MW）、超高压发电厂（蒸汽压力 13.83MPa，温度 540℃，单机功率 <20MW）、亚临界压力发电厂（蒸汽压力 16.77MPa，温度 540℃，单机功率 300 ~ 1000MW）、超临界压力发电厂（蒸汽压力 >22.11MPa，温度 550℃，单机功率 >600MW）、超超临界压力发电厂（蒸汽压力 >33.5MPa，温度 610℃ / 630℃，单机功率 >600MW）等。

3. 燃料类型

按燃料类型分类，可分为燃煤电厂（煤）、燃油电厂（石油提取汽油、煤油、柴油后的渣油）、燃气电厂（天然气、煤气等）、余热电厂（工业余热、垃圾或工业废料）、生物质发电厂（秸秆、生物肥料）等。其中，按照建厂条件，燃煤电厂又可以分为坑口、港口、路口和负荷中心等电厂。

4. 冷却方式

按冷却方式可分为湿式冷却方式和干式冷却方式。湿式冷却方式分直流冷却和冷却塔 2 种。湿式直流冷却一般是用江、河、湖、海等自然水体中的水作为冷却水。冷却塔的作用是将挟带废热的冷却水在塔内与空气进行热交换，使废热传输给空气并散入大气。干式冷却方式指采用空气的冷却方式。在缺水地区，增补因在冷却过程中损失的水非常困难。当前，用于发电厂的空冷系统主要有 3 种，即直接空冷系统、带表面式凝汽器的间接空冷系统（哈蒙式空冷系统）和带喷射式（混滑式）凝汽器的间接空冷系统（海勒式空冷系统）。

5. 建设性质

根据建设性质，火力发电工程建设项目可分为新建项目和改（扩）建项目两类。新建项目是指完全新建的火电厂，包括厂区选址、土地购置、基础设施建设等环节；改（扩）建厂则是在原有火电厂基础上进行改（扩）建，增加发电能力和设备容量。不同类型火电厂在建设过程中需要考虑的因素有所不同，如新建厂需要考虑土地资源、环境影响等问题，而改（扩）建厂则需关注现有设施的利用和与原有系统的兼容性。

综上所述，火力发电工程建设项目可根据总装机容量、机组参数、燃料类型、冷却方式、建设性质等多种因素进行分类。对于不同分类方式的火力发电工程建设项目，需要制定针对性的管理措施和发展策略。

（四）火力发电工程主要设备

火力发电工程主要设备包括锅炉、汽轮机、发电机、送风机、引风机、一次风机、磨煤机、除尘器、空气预热器、给水泵、循环水泵、凝结水泵、除氧器、高压加热器、低压加热器、主变压器、高压厂用变压器、启动备用变压器、DCS 等。

二、火力发电工程建设主要阶段

新（改、扩）建火力发电工程项目建设程序一般包括投资机会研究、项目前期、工程建设和验收及项目后评价阶段。

投资机会研究：在符合战略规划前提下开展投资项目的前期机会研究工作。

项目前期：包括立项、投资决策（可研）和开工决策等三个阶段。

工程建设：主要包括设计、土建施工、安装、调试等。

验收及项目后评价：包括专项验收、达标投产验收、竣工验收、项目后评价等。

三、火力发电工程建设项目管理

（一）概念

火力发电工程建设项目管理是指对火力发电工程建设全过程、全方位、各环节进行科学的管理和规划。全过程涵盖开工准备、工程建设、生产经营准备、工程验收、项目后评价等，全方位涵盖组织机构、工程策划、设计、采购、安健环、质量、工期、调试、造价、合同、物资、档案等，各环节指涉及工程建设管理的各环节。具体而言，火力发电工程项目管理既涵盖项目前期、项目启动、项目执行和项目收尾等阶段，又涉及项目单位、勘察单位、设计单位、施工单位、监理单位和监管单位等多方参与。

（二）火力发电工程建设目标

在广泛开展同类型项目调研的基础上，充分借鉴火力发电工程建设的先进理念、创新成果和管理经验，明确工程建设的总体目标。包括：

1. 安全目标

明确项目杜绝人身死亡事故，不发生较大及以上施工机械和设备损坏事故，不发生重大及以上火灾事故、负主要责任的交通事故、垮（坍）塌事故等目标。

2. 环保目标

（1）明确项目环保设施必须与主体工程同时设计、同时施工、同时投入生产使用，不发生职业病危害事故和环境污染事故等目标；

（2）列出烟尘、二氧化硫、氮氧化物排放设计值，废水处理及排放目标，灰渣消纳目标等。

3. 造价目标

明确项目工程造价目标，低于"三同"（同时期、同类型、同区域）标杆造价指标。

4. 质量目标

（1）明确工程建设总体质量目标，包括创优目标和机组投产主要技术指标达到或优于设计值；

（2）提出供电煤耗率、厂用电率、空气预热器漏风率、电气/热控仪表投入率、保护投入率、自动装置投入率、机组投产后连续稳定运行天数等主要技术指标。

5. 进度目标

明确项目投产工期目标，以"三同"先进工期为标杆，制定后续工期节点计划，确保工期指标先进。

6. 创新目标

明确项目主要技术创新目标、智慧工地建设等。

（三）火力发电工程建设基本理念及主要控制措施

在火力发电工程建设过程中，以建设目标为统领，以合作共赢为目标；以项目单位为主导，以参建单位为主体，以专业咨询为支撑；以谋划策划为前提，以合同合约为依据，以资源配置为抓手，以协调协同为关键；以工程进度为主线，以安全质量为基础，以科技创新为动力，以生产准备为保障，以团队建设为路径作为火力发电工程建设基本理念。

通过组织措施、管理措施、技术措施、经济措施等一系列措施实现预期目标。

1. 组织措施

组织措施是指从组织方面采取措施来控制和解决问题，实现项目目标，如建立和调整项目组织结构、人员配置和调整、任务分工、建立工作流程及优化调整等。组织措施是实施其他控制措施的前提和保障，一般情况下不需要增加额外费用。

2. 管理措施

管理措施是指达到管理目标和管理标准而采取的具体管理方法和手段，是对于管理原因影响项目目标实现的问题采取的控制措施。如开展和实施工程管理策划、PDCA循环［即 Plan（计划）、Do（执行）、Check（检查）和 Act（处理）］、标准化、规范化、制度化、精细化等管理措施。

3. 技术措施

技术措施是指通过技术手段来控制和解决问题，实现项目目标。如火力发电工程项目中，选择合适的技术路线、设备选型，采取新技术、新设备、新工艺、新材料、新流程等"五新"，对技术方案进行论证，进行施工组织设计审查等，采取对工程造价、进度、质量、安全等进行控制的技术措施。

4. 经济措施

火力发电工程项目建设过程，始终伴随着资金的筹集和使用。无论是对工程造价实施控制，还是对进度、安全和质量实施控制，全都离不开经济措施。项目单位要确保工程款的及时、足额支付，从而保证工程建设顺利进行。同时，项目单位有必要根据合同建立对各参建方经济上的奖罚措施，从而控制工期、质量、安全和造价。

第二节　火力发电工程建设项目管理模式

随着工程建设项目日趋大型化，项目管理模式也发生巨大变革。目前，国际工程市场上广泛采用的工程项目管理模式，主要包括 DBB（设计—招标—建造，Design-Bid-Build）、DB（设计—建造，Design And Build）、EPC（设计—采购—施工，Engineering Procurement Construction）、CM（施工管理，Construction Management）、PMC（项目管理承包，Project Management Contractor）、BOT（建造—运营—移交，Build-Operate-Transfer）、OM（业主自管，Owners Management）等，根据国内常见的工程管理模式，本节重点对 PMC、EPC、OM 三种工程项目管理模式的背景、构成、特点进行分析和探讨。

一、PMC 工程项目管理模式

PMC 工程项目管理模式，即项目管理承包模式，是指业主通过合同委托具有专业资质的工程管理公司，以业主的身份对整个工程项目进行组织、协调、管理，对工程设计、采购、施工进行全面的控制、监督，确保项目按时、按质、按量完成的一种新型的工程管理模式。

PMC 模式具有以下特点：

（1）以业主为核心。业主与工程管理公司共同参与项目的规划、设计、采购和施工等各阶段工作，确保项目目标的实现。

（2）全过程管理。工程管理公司对项目的设计、采购、施工等全过程进行管理和控制，有效避免传统模式下设计与施工脱节的问题。

（3）资源整合。工程管理公司通过整合内外部资源，实现项目各项工作的协调与优化。

（4）成本控制。通过采用成本估算方法，对项目成本进行全面控制，降低成本风险。

（5）质量控制。采用先进的质量管理体系和方法，确保项目质量达到预期水平。

（6）进度控制。通过对项目进度进行全面管理和监控，确保项目按时完成。

PMC 模式是效率、成本与质量的综合优化。

二、EPC 总承包模式

EPC 总承包模式，即设计（Engineering）—采购（Procurement）—施工（Construction）的简称。

EPC 总承包模式是一种广泛应用的工程项目建设模式，它在全球范围内被广泛应用于各种类型的工程项目中。该模式将设计、采购和施工等环节集成到一个承包商的职责范围内，为业主提供全方位、一体化的服务，提高项目实施的效率和质量。工程总承包一般采用"设计总承包"或者"施工总承包"。

在 EPC 建设模式下，由招标选定的 EPC 总承包商与项目单位签订 EPC 承包合同。该合同一般为固定总价合同，也可根据项目的工作范围，对于部分未完全确定的部分采取单价结算或成本加酬金等模式。EPC 总承包商将负责实施合同范围内与工程有关的各项内容。在此合同框架下，EPC 总承包商除承担工程设计外，还作为总承包人与设备供应商、材料供应商、土建及安装施工单位及调试单位等分别签订工程分包合同。EPC 总承包商将承担项目建设过程中整个工程的项目协调及管理。

EPC 管理模式特点：

（1）集成管理：EPC 总承包模式将设计、采购和施工等环节集成到一个承包商的职责范围内，有利于各环节之间的协调和管理，提高项目实施的效率和质量。

（2）责任明确：EPC 总承包模式下，承包商承担项目实施的主要责任，包括设计、采购和施工等环节的风险和成本。业主只需要与一个承包商进行沟通和协调，减少协调和管理的难度。

（3）固定总价合同：在 EPC 总承包模式下，业主与承包商之间通常签订固定总价合同，有利于业主控制成本和减少风险。同时，由于固定总价合同的性质，承包商承担更大的风险，但也获得更大的利润空间。

（4）快速反馈机制：在 EPC 总承包模式下，承包商对项目的实施进行全面把控，能够及时发现和解决问题，建立快速反馈机制，有利于项目的稳定实施。

三、OM 工程项目管理模式

传统"业主自管"工程项目管理模式存在如下几方面问题：

（1）业主管理能力不足：传统模式下，业主通常不具备专业的管理团队和经验，导致项目安全、质量、进度难以得到有效控制；

（2）施工监理不到位：传统模式下，工程项目的安全、质量、进度管控主要借助于施工监理，而施工监理的监督检查，难以保证工程的安全和质量；

（3）设备采购不规范：传统模式下，设备采购往往缺乏规范的管理和监督，导致设备质量和价格难以得到保证；

（4）项目管理不科学：传统模式下，各参建单位的项目管理缺乏统一的理念、方法和手段，难以实现资源的优化配置和造价的合理控制。

为应对这些挑战，火力发电工程建设项目必须采用更高效、更经济、更环保的建设方式。其中，"业主主导、专业咨询"作为传统 OM（业主自管）工程项目管理模式的创新模式，正被越来越多的火力发电工程项目单位采用。

（一）"业主主导、专业咨询"模式的内涵、理念、思路

"业主主导"是指在火力发电工程项目中，业主具备强大的技术实力、管理能力和资源整合能力，能够在项目建设中发挥核心地位和主导作用。"业主主导"不仅要对项目的投资、进度、安全、质量等方面进行全面把控，还要积极参与项目的设计、采购等各个环节，确保项目顺利推进。"专业咨询"是指在火力发电工程项目中，咨询单位具备丰富的专业知识、实践经验和技术能力，能够为业主提供全方位的专业、技术支持。"专业咨询"不仅要参与项目的前期规划、可行性研究、招标代理等工作，还要在项目的实施过程中提供技术支持、质量诊断、风险辨识与评估、造价咨询等服务。

"业主主导、专业咨询"模式充分体现"以建设目标为统领，以合作共赢为目标；以项目单位为主导，以参建单位为主体，以专业咨询为支撑"的火力发电工程建设核心理念。

"业主主导、专业咨询"模式思路是项目单位引领所有参建单位在共同设想的追求下，朝着共同目标、共同方向坚定前行，并形成一种"共建、共赢、共享"良好互动的项目生态，避免"业主高高在上，参建方客大欺主"，能够做到"有问题八方聚力，攻坚克难；有成果大家分享，其乐融融。"

（二）"业主主导、专业咨询"模式主要管控方法

"业主主导、专业咨询"模式下，项目单位需要采用科学的管理方法和技术手段，实现项目的全面管理和监控。

1. 提前建立项目管理体系

项目单位需要建立完善的项目管理体系，包括组织机构、职责划分、规章制度、建设标准等。通过明确各方的职责、权利和义务，确保项目实施过程中有章可循、有据可查。

2. 高度重视工程建设策划

在项目实施前，项目单位需要进行充分策划，包括总体策划、专项策划。通过加强工程管理策划，可以提前预控工程建设过程中发生的一切风险、重要活动的预见与控制，为项目有序推进提供保障。

3. 及时协调资源配置

在项目实施过程中，项目单位需要注重资源整合，包括人力、物力、财力等各方面资源的整合。通过优化资源配置，可以提高资源率。

4. 加强高层沟通协调

在项目实施过程中，项目单位应牵头建立项目主要领导沟通机制，与各参建方建立紧密合作关系，并且要保持及时、有效的沟通协调。例如，可以定期召开协调会议。

5. 注重质量工艺管理

在项目实施过程中，项目单位需要建立完善的质量管理体系，包括质量策划、控制等办法。例如，可以采取一系列如样板引路、内外对标、负面防治、节点条件严控等质量管理手段。

6. 抓住进度刚性管理

在项目实施过程中，项目单位需要制定合理的进度计划，并根据进度计划严格执行，执行到位是工程进度管理关键中的关键。

7. 严控造价影响要件

造价影响要件就是初设阶段的重大技术方案，直接影响项目总投资额。

8. 充分发挥"专业咨询"作用

充分发挥首创技术评审、重大施工方案论证、造价咨询、技术监督与服务、质量检验检测等第三方的作用。

（三）案例分享

某项目坚决贯彻落实上级单位"一个目标、三型五化、七个一流"发展战略，采用"业主主导、专业咨询"管理模式，围绕建设"自然生态、智能指挥、高质高效的世界一流示范电站"总体目标，以"理念创新、技术创新、管理创新"为抓手，积极推进具有时代特征的火力发电工程建设。在工程管理方面，该项目建立业内一流的工程管理团队，对项目的进度、质量、安全等方面进行全面策划、管理和监控。同时加强与各参建方的沟通协调，确保项目顺利进行；在施工监理方面，聘请专业的施工监理单位进行全面监督和管理；在设备采购方面，建立规范的设备采购流程和管理制度；在项目管理方面，采用项目管理软件等现代化工具进行全面管理和监控。

通过这些措施的实施，"业主主导、专业咨询"模式在该项目的应用取得显著成效。具体表现为：提高工程管理效率和水平，实现"23个月20天"同类型机组最短工期的世界纪录；有效保证工程质量和安全；降低工程造价；提高项目整体效益。图1-1为该项目2×1000MW新建工程鸟瞰图。

图1-1 某2×1000MW新建工程鸟瞰图

第二章

组织管理

火力发电工程建设是一项涉及多方主体、多个环节的复杂系统工程，包括业主方、设计方、施工方、监理方、供应商等。组织是火力发电工程建设管理的前提和保障，各方主体的组织管理对于项目的顺利实施具有重要意义。本章在"业主主导、专业咨询"模式下全面阐释项目单位组织架构、岗位设置、人员配置以及各参建方项目部的组织架构及人员配置要求等，以期为项目管理人员提供有益的参考。

第一节　概述

一、组织管理概念

组织管理是指在火力发电工程项目中，建立有效的组织架构，及时配置相应的人员，确保项目目标得以实现的一系列管理活动，是火力发电工程建设管理的前提和基础。

二、组织管理目的和意义

组织管理在火力发电工程建设过程中，具有如下几方面目的与意义：

1. 增强项目成功率

组织管理对于提高项目成功率具有重要意义。通过合理的资源配置、团队协作和风险管理等，组织管理可以确保项目的进度、质量目标得以实现，降低项目风险，提高项目成功率。

2. 提升资源利用效率

组织管理可以通过优化资源配置和提高团队协作等方式,提升资源的利用效率。这不仅可以降低项目成本,提高企业经济效益,还可以减少资源浪费和环境污染,实现可持续发展。

3. 增强团队协作能力

组织管理可以建立有效的沟通机制和协作平台,促进团队成员之间的信息共享、协同工作和互相支持,对于基建期的成功实施至关重要。

4. 培养优秀管理人才

组织管理不仅关注项目的实施过程,还关注管理人员的管理能力和素质培养。通过实践和培训等方式,组织管理可以帮助企业培养一批高素质的管理人才,提高企业的管理水平和发展潜力。

5. 保障工程质量和安全

基建期是火力发电工程项目质量形成的关键时期,组织管理对于保障火力发电工程项目质量具有至关重要的作用。通过严格的质量控制和安全管理措施,可以确保火力发电工程项目质量和安全符合标准。

三、组织管理原则

建好项目最关键的因素是人,基建期更要注重核心团队的组建,加强人员培养,采取"干中学,学中干"方式,逐步提高人员素质,增强人员工作主动性和创造性意识;借助外脑,大力发挥监理、设计、设备制造、施工、调试、咨询(造价、监造、设计优化、档案管理等)各专家力量;牢固树立"人才资源是第一资源"的理念,以打造一流的干部人才队伍为核心,以培养高层次和高技能人才为重点,以建设具有深厚底蕴的基建人才队伍为出发点,建立科学的人才发展管理保障体系。

第二节 项目单位组织管理

一、组织机构设置

项目单位新建火力发电工程项目应首先优选业内一流基建和生产准备人才,组建领导班子,其次一般要成立工程技术部门、安健环监察部门、计划部门、物资部门;综合管理、党建、纪检、财务、生产准备等部门可以合署办公,根据工程进展适时组织专人负责生产试运,由此保证组织机构健全、职责清晰。改(扩)建火力发电工程项目组织机构设置可以借助已有的职能部门实现资源共享。

项目单位应规范职能部门职责,明确责任,制定、完善各类管理制度体系文件,制定科学合理的管理流程并严格执行，使安全文明施工、质量、进度、计划合同、造价、物资、财务等管理体系流程顺畅，协同高效。同时借助第三方管理团队的专业化优势，对工程重点环节，在管理难点、管理短板方面，实施"专业的事情专业队伍干"管理模式。例如，某项目单位基建期组织架构见图2-1。

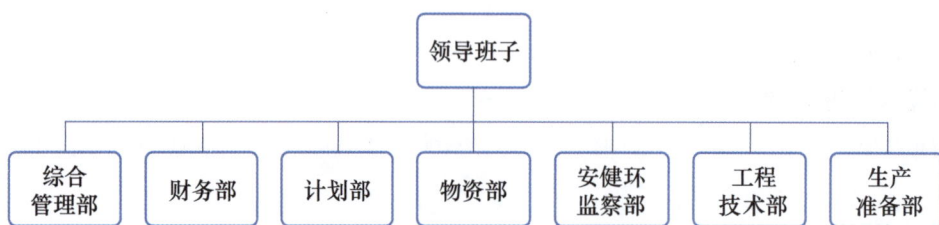

图 2-1　某项目单位基建期组织架构

二、部门、岗位设置及职责

（一）综合管理部门

综合管理部门是基建期综合管理的职能部门，负责党群、纪检、工会、行政、内控、人力资源管理工作。综合管理部门设置主任、副主任、行政后勤主管、文秘、人事培训主管、薪酬福利主管、党建主管、纪检主管等岗位。其主要职责：

（1）负责战略目标计划的制订、分解及执行，对重要工作进行督办、监督落实，保证部门目标与公司总体目标的一致性；

（2）按照国家法律法规和上级单位制度体系，组织制定本单位制度和标准，并监督实施，确保管理的规范性和有效性；

（3）组织建立并持续完善企业内部管控体系，组织风险评估和制定预控措施，实现企业政治、生产和经济本质安全；

（4）负责人力资源规划、组织机构、员工招聘与配置、绩效评价、薪酬福利与社会保险、培训开发、职业规划、员工关系、劳动统计、全口径人工成本和人力资源信息管理等工作；

（5）负责董事会业务、公共关系、内部协调、法务、文秘、档案、行政资产、外事、接待等工作；

（6）负责党群、团青、企业文化、精神文明、纪检、信访维稳等工作；

（7）负责治安保卫、生活服务、车辆、物业、公共卫生、后勤类资产管理等工作。

案例：某项目单位综合管理部岗位设置和职责如表2-1所示。

表 2-1 综合管理部岗位设置和职责

岗位名称	岗位职责
主任	负责部门全面工作，分管公司党建、人力资源管理
副主任	负责协助部门主任开展部门管理工作，分管公司行政及内控管理
行政后勤主管	负责政务督查、公司级会议、接待管理、外事管理工作； 负责行政办公资源配置，办公用品及非生产性固定资产的管理； 负责公司办公环境、餐饮、公寓、公务车辆交通、物业、治安、保卫及消防站等管理
文秘	负责重大事项督办； 负责公司公文写作、校核报批等； 负责公司保密工作的规划、组织实施及监督，防止泄密事件发生； 负责公文处理及归档工作； 负责印件印章、介绍信管理
人事培训主管	负责公司人力资源规划、组织机构、招聘与配置、绩效、劳动关系。负责公司培训、职称评审、技能鉴定管理等工作
薪酬福利主管	负责公司人力资源薪酬、考勤、人力资源统计报表、人工成本管理、个税申报等工作。 负责公司社会保险、住房公积金、补充医疗保险、企业年金管理及人力资源福利等工作
党建主管	负责公司党的建设、精神文明建设、支部建设企业文化及宣传、班组建设等工作
纪检主管	负责公司纪委日常工作、舆情控制、维稳等工作； 负责公司工会、女工、计划生育等工作

（二）财务管理部门

财务管理部门是财务管理职能部门，负责预算、决算、成本控制、资产管理等工作。财务管理部门设置主任、预算主管、核算主管、资金主管、出纳等岗位。其主要职责：

（1）负责分解、落实上级单位下达的年度费用预算指标，组织制定本单位资金计划，确保完成财务目标；

（2）按照国家法律法规和上级单位管理制度，组织评估经济风险，完善财务管理体系、制度，并监督执行，确保经营体系安全高效运作；

（3）负责资金管理、会计核算、预算决算、成本控制、资产管理、税务管理、财务信息披露、财务信息系统管理等工作；

（4）负责经济分析，及时发现偏差，防范财务风险，并制定改进措施。

案例：某项目单位财务部岗位设置和职责如表 2-2 所示。

表 2-2 财务部岗位设置和职责

岗位名称	岗位职责
主任	负责部门全面工作
预算主管	负责为实施公司的战略管理和年度计划，开展公司各项费用预算控制及投资计划管理工作，以确保实现公司年度预算目标
核算主管	负责规范公司资金管理，保障公司资金安全，满足公司资金需求，降低资金成本，及时办理资金筹集、还贷、收支、结算等工作，实现公司资金管理合法、规范及低成本效益

岗位名称	岗位职责
资金主管	负责规范、准确处理会计核算业务，及时准确提供各项财务信息； 负责全面、真实、准确地反映公司物资、固定资产、低值易耗品的核算及管理工作； 负责依法、准确缴纳各项税款并进行税务筹划工作； 负责按时完成会计档案的归档工作
出纳	负责现金、银行出纳工作； 负责财务票据管理、内部文书、内务等综合性工作； 负责保证现金和银行存款的安全； 负责银行账户预留印鉴变更，银行账户开户、注销、变更及其他与银行账户相关业务

（三）计划部门

计划部门是基建计划管理的职能部门。负责工程前期、工程投资、计划统计、施工及服务类采购、工程合同管理、项目后评价工作。计划部门设置主任、统计主管、合同主管、采购主管、技经主管等岗位。其主要职责：

（1）负责建立健全基建计划管理制度体系。

（2）负责组织项目的申报及核准（批复）工作，确保工程建设手续完备、合法；组织项目竣工后的验收工作。

（3）组织制定投资管理目标和相应的投资控制措施，定期组织投资分析，确保工程竣工决算总投资控制在执行概算范围内。

（4）组织编制投资计划，通过有效的投资计划管理，满足工程建设需要。

（5）依据项目总体进度安排，组织编制施工及服务类采购计划，按计划组织采购工作，为工程建设合法、合规、及时配置资源。

（6）负责施工及服务类合同管理工作，监督合同履行情况，及时准确处理工程量及合同变更、合同纠纷，确保合同如约履行。

（7）负责组织工程合同结算工作，在规定时间内，及时、准确完成结算工作。

（8）负责组织基建统计分析工作，并按要求向上级单位及有关主管部门报送统计报表。

案例：某项目单位计划部岗位设置和职责如表2-3所示。

表2-3　　　　　　　　　　　计划部岗位设置和职责

岗位名称	岗位职责
主任	负责部门全面管理
统计主管	负责基建生产统计工作
合同主管	负责合同管理制度的修编；负责合同签订，建立、日常管理各类合同台账、档案、资料，并及时归档
采购主管	负责施工及服务类采购管理制度的修编； 组织、实施施工及服务类采购工作
技经主管	负责各类采购项目的预算编制工作

（四）物资部门

物资部门是基建物资管理职能部门。负责物资采购、设备监造和催交、仓储管理工作。物资部门设置主任、副主任、采购主管、物资主管等岗位。其主要职责：

（1）负责建立并完善基建物资管理制度体系；

（2）根据工程建设总目标，负责制定基建物资采购策略、物资采购计划，组织物资采购工作，确保招投标工作合法、合规，物资供应安全、及时、经济；

（3）负责设备和甲供材料合同、代理协议以及设备代保管合同的商务谈判、签订和执行，确保合同按约履行；

（4）负责设备监造工作，确保供货厂家质量保障体系完善，设备制造质量符合要求，并及时反馈设备制造情况；

（5）根据项目总体进度安排，督促供货厂家及时交货，确保供应商按合同要求提供设备，及时反馈设备交货情况，并组织供应商评价工作；

（6）负责组织设备到货验收、备品备件以及专用工具的开箱验收，确保到货物资符合合同要求；

（7）监督设备代保管单位的设备装卸、运输、保管、保养与出入库工作，根据保管和保养的技术要求，确保物资完好、安全。

案例：某项目单位物资部岗位设置和职责如表2-4所示。

表 2-4　　　　　　　　　　　　　　物资部岗位设置和职责

岗位名称	岗位职责
主任	负责部门全面管理
副主任	负责协助部门主任开展部门管理工作，分管物资
采购主管	负责物资类采购管理制度的修编； 组织、实施物资类采购工作
物资主管	负责组织基建物资验收、储存、发放等工作

（五）安健环监察部门

安健环监察部门是安健环监察的职能部门。负责安全、健康、环保监察工作。安健环监察部门设置主任、安全监察主管、特种设备主管、消防健康环保主管等岗位。其主要职责：

（1）按照国家法律法规和上级单位管理制度，建立健全本单位各级人员安全生产责任制，制订安健环政策、制度及规划，并组织实施和监督检查；

（2）监督各类危险源的辨识与评估，监督制定应急预案，并组织应急演练；

（3）监督检查作业现场的安全文明施工、人员持证上岗情况，施工用电、大型机械、消防、特种设备、劳动防护用品、安全工器具、安全设施的配置和使用情况，发现问题及时督促整改，保障人身安全"四不伤害"，对发现的事故隐患，及时下达通知书，限期整改；

（4）监督承包商安健环管理情况，监督承包商安全监督体系运作情况，并进行考核评价；

（5）监督安全设施、消防设施、劳动安全卫生设施、职业病防护设施、防治污染设施，与主体工程同时设计、同时施工、同时投入生产和使用，并组织消防、职业卫生、环保验收取证；

（6）按照事故调查管理制度和"四不放过"原则组织查处事故，并按要求及时、如实上报；

（7）组织全员安全教育考试，对专（兼）职安全员进行业务培训、取证。

案例：某项目单位安健环监察部岗位设置和职责如表 2-5 所示。

表 2-5 安健环监察部岗位设置和职责

岗位名称	岗位职责
主任	负责部门全面管理； 负责组织建立健全本单位各级人员安全生产责任制； 负责建立本单位安健环风险预控管理体系并组织实施、检查、评价； 负责组织监督安全设施、消防设施、劳动安全卫生设施、职业病防护设施、防治污染设施，必须与主体工程同时设计、同时施工、同时投入生产和使用
安全监察主管	负责智能安防系统建设管理； 负责监督各类危险源的辨识与评估，负责危险化学品管理； 组织制定应急预案、开展应急演练； 负责现场安全监察； 负责高风险作业管理； 负责员工和承包商的安全教育培训工作； 负责事件调查分析； 负责监督承包商安健环管理情况，监督承包商安全监督体系运作情况，并进行考核评价
特种设备主管	负责组织建立基建期内特种设备特种作业监察管理细则，定期更新相关安全技术标准清单； 负责监督特种设备按标准使用和维护保养，组织特种设备定期检验，建立完善台账； 负责监督特种设备人员持证上岗； 负责安全对外协调工作
消防健康环保主管	负责按国家、行业、上级单位的消防、环保、卫生与职业健康相关法律法规、制度标准，建立本单位相关管理体系； 组织消防、职业卫生、环保验收取证； 负责固体废弃物、危险废弃物的处置监管。负责对外协调消防、环保、卫生等监管部门。负责相关信息的对外报送

（六）工程技术部门

工程技术部门是基建工程管理职能部门，负责工程安全、质量、进度、技术、档案管理工作。工程技术部门设置主任、副主任、土建专业工程师、汽机专业工程师、锅炉专业工程师、电气专业工程师、热控专业工程师、化学专业工程师、脱硫除灰专业工程师、燃料专业工程师、金属专业工程师、信息主管等岗位。其主要职责：

（1）组织制定工程管理策划和基建工程目标、计划、措施，协调资源并组织实施，确保完成工程目标；

（2）按照国家法律法规和上级单位制度体系，建立健全基建工程安全保证、质量、进度、技术、档案管理等体系及制度，监督确保各承包商安全保证体系和质量保证体系完善并有效运作；

（3）组织开展施工危险源辨识和风险评估，明确重大风险清单和控制策略，制定安全、技术控制措施，组织各承包商开展安全、质量风险分级管理，并监督执行，实现风险受控；

（4）负责将负面问题清单、二十五项反措、强制性条文和基建管控体系的要求以及国际国内主要先进经济技术指标落实到设计、设备、施工、调试等各个环节；

（5）组织编制施工组织总设计，审核施工方案、施工作业指导书及开工报告，组织制定工程达标创优规划，技术、质量监督计划，并监督其有效实施；

（6）组织基建工程、设备及材料、服务采购技术规范书制定和落实，参与合同谈判，监督合同履行情况，及时准确处理工程量及合同变更，确保合同如约履行；

（7）负责工程组织，协调各承包商（设计、设备、施工、调试、监理等单位）工作，及时解决工程中存在的问题，确保工程安全、质量、进度、技术、档案管理受控；

（8）开展智能电站建设，构建机组全自动运行系统、生产全业务分析与管理系统、服务全方位远程诊断与支持系统、管理全流程上线系统；

（9）按照《基建技术质量负面清单管理办法》，完善设计负面问题落实机制，实施动态管理并跟踪闭环；

（10）负责设备编码工作；

（11）组织确定生产备品备件、工器具、消防器材、仪器仪表、消耗材料的储备标准，并组织实施；

（12）组织三维数字化移交平台建设，按工程节点做好三维数字化移交工作；

（13）按全寿命期设备管理需求，组织对基建期所有设计、设备选型、智能智慧建设、安装调试、变更等过程全部资料纳入智能电站各信息系统中。

案例：某项目单位工程技术部门岗位设置和职责如表2-6所示。

表2-6　　　　　　　　　　　　工程技术部门岗位设置和职责

岗位名称	岗位职责
主任	负责部门全面管理，开展工程管理和部门日常管理工作； 组织建立健全基建工程管理体系； 协调各承包商工作，及时解决工程建设中存在的问题，确保工程安全、质量、进度、技术、档案管理受控，实现工程建设目标
副主任	协助部门主任做好部门管理； 协助开展工程设计等各项管理工作
副主任	协助部门主任做好部门管理； 协助开展工程施工、调试、监理等各项管理工作
土建专业工程师	负责土建专业工程技术管理工作； 负责制定土建专业管理制度和编制土建专业工作计划，实施土建专业施工现场的工程管理、技术管理、安全管理等日常工作，确保土建专业达到质量、安全、进度、环保要求，确保专业设备选型可靠、安装规范，施工现场管理科学、组织有序、生产文明，高品质达标创优

续表

岗位名称	岗位职责
汽机专业工程师	负责汽机专业工程技术管理工作; 负责制定汽机专业管理制度和编制汽机专业工作计划,实施汽机专业施工现场的工程管理、技术管理、安全管理等日常工作,确保汽机专业达到质量、安全、进度要求,确保专业设备选型可靠、安装规范,施工现场管理科学、组织有序、生产文明,高品质达标创优
锅炉专业工程师	负责锅炉专业工程技术管理工作; 负责制定锅炉专业管理制度和编制锅炉专业工作计划,实施锅炉专业施工现场的工程管理、技术管理、安全管理等日常工作,确保锅炉专业达到质量、安全、进度要求,确保专业设备选型可靠、安装规范,施工现场管理科学、组织有序、生产文明,高品质达标创优
电气专业工程师	负责电气专业工程技术管理工作; 负责制定电气专业管理制度和编制电气专业工作计划,实施电气专业施工现场的工程管理、技术管理、安全管理等日常工作,确保电气专业达到质量、安全、进度要求,确保专业设备选型可靠、安装规范,施工现场管理科学、组织有序、生产文明,高品质达标创优
热控专业工程师	负责热控专业工程技术管理工作; 负责制定热控专业管理制度和编制热控专业工作计划,实施热控专业施工现场的工程管理、技术管理、安全管理等日常工作,确保热控专业达到质量、安全、进度要求,确保专业设备选型可靠、安装规范,施工现场管理科学、组织有序、生产文明,高品质达标创优
化学专业工程师	负责化学专业工程技术管理工作; 负责制定化学专业管理制度和编制化学专业工作计划,实施化学专业施工现场的工程管理、技术管理、安全管理等日常工作,确保化学专业达到质量、安全、进度、环保要求,确保专业设备选型可靠、安装规范,施工现场管理科学、组织有序、生产文明,高品质达标创优
脱硫除灰专业工程师	负责脱硫除灰专业工程技术管理工作; 负责制定脱硫除灰专业管理制度和编制脱硫除灰专业工作计划,实施脱硫除灰专业施工现场的工程管理、技术管理、安全管理等日常工作,确保脱硫除灰专业达到质量、安全、进度、环保要求,确保专业设备选型可靠、安装规范,施工现场管理科学、组织有序、生产文明,高品质达标创优
燃料专业工程师	负责燃料专业的技术管理工作; 负责制定燃料专业管理制度和编制燃料专业工作计划,实施燃料专业施工现场的工程管理、技术管理、安全管理等日常工作,确保燃料专业达到质量、安全、进度、环保要求,确保专业设备选型可靠、安装规范,施工现场管理科学、组织有序、生产文明,高品质达标创优
金属专业工程师	负责焊接、金属专业的技术管理工作; 负责设备安装前安全性能检验和监造中的金属试验管理; 负责制定金属专业管理制度和编制金属专业工作计划,实施金属专业施工现场的工程管理、技术管理、安全管理等日常工作,确保金属专业达到质量、安全、进度、环保要求,确保专业设备选型可靠、安装规范,施工现场管理科学、组织有序、生产文明,高品质达标创优
信息主管	负责信息专业的技术管理工作; 负责对本专业的设计、设备选型及采购、施工、调试进行全过程管控; 负责全面、及时地完成公司信息规划、信息项目实施,实现安全、质量、进度、投资等各项目标; 依据国家和地方政府有关法律法规、企业出资人(或委托管理人)的管控要求以及本公司相关制度规定,保障公司业务系统和网络系统的正常运行,深化各业务系统的智能应用,不断促进、提高公司信息管理水平

（七）生产准备部门

生产准备部门是生产准备职能部门，负责生产准备工作。生产准备部门设置主任、副主任、生产准备主管等岗位。其主要职责：

（1）在生产准备工作领导小组指导下，负责生产准备具体工作，确保生产准备各项工作与项目建设同步推进。

（2）组织编制生产准备各类规章制度、标准、规程、报表、图册。

（3）在项目规划、设计、设备选型、施工建设、质量验收等阶段，组织专家参与有关方案技术论证和技术把关。

（4）负责制定生产准备大纲，编制阶段性生产准备实施细则，制定生产准备初步方案（包括机构设置、人员配置、生产组织方式、生产运营方案及人员招聘计划等）。

（5）根据工程项目进度情况，负责编制新进人员阶段性培训计划。

（6）负责生产准备人员、新进人员的培训和定岗，并将人员培训结果纳入岗位晋升和奖惩考核，确保生产准备人员均通过相应的从业资格考试并持证上岗。

（7）按照项目建设进度要求，做好相应生产物资储备，满足项目建设后期的调试、试运和机组整体启动要求。

（8）负责准备辅助生产设施，包括建立或完善专业试验室，按先进实用的原则配置安全工器具、检修工具、仪器仪表，制定备品备件计划，储备必要的备品备件等。

（9）负责交接设备、技术档案。按设备清册与有关单位在现场进行设备（含随机备品、随机工器具、随机资料）交接，签字确认。

（10）检查、验收和指导分部试运和整套启动试运。按照国家相关规定，在试运行指挥部的领导下，做好机组分部试运和整套启动试运工作，确保验收合格后方可进入试生产。

（11）开展生产现场监督检查，纠正违章作业和违章指挥行为，对现场不能处理的安全隐患和职业健康问题，提出整改意见，向有关领导汇报，并跟踪整改落实。

（12）参与事故应急救援预案的制订和演练，分析总结演练存在的问题，完善预案；监督检查劳动防护用品的质量、配备和使用情况；参与项目单位安全教育培训及安全竞赛活动，并记录培训情况。

（13）组织技术管理人员制订有关安全技术措施、安全技术方案，督促实施落实。

案例：某项目单位生产准备部门岗位设置和职责如表 2-7 所示。

表 2-7　　　　　　　　　　生产准备部门岗位设置和职责

岗位名称	岗位职责
主任	负责部门全面工作
副主任	负责组织制订符合智能电站新组织架构的安全生产责任制和生产管理制度、规程、技术标准
副主任	负责制定并实施智能生产人员培训计划，对培训效果进行评价

续表

岗位名称	岗位职责
智能建设及生产准备主管	参与智能巡检、智能分析与管理系统，远程诊断与支持系统建设； 负责智能监盘、定期工作自动执行、系统故障自动处理模型的建立，负责设备异常分析、故障自动诊断、劣化趋势智能分析模型的建立，负责机器训练； 负责沉浸式培训系统建设，开展智能电站的培训工作； 负责生产准备培训、编制检修规程、文件包等技术文件等各项生产准备工作

三、人员配置要求

项目单位各专业技术骨干要求专业技术经验丰富，人员素质较高，人才梯队较为合理。各部门主要工程管理人员、工程技术骨干应分工明确，能够适应工程建设需要。

通常情况，在投资立项批复后，成立工程筹建处；在投资决策完成后，可注册项目公司，按专业成立基建期临时组织机构，开始前期开工准备工作；做出开工建设决策后，成立基建期组织机构，全面开始基建准备及基建工作，人员按照工程实际要求开展情况逐步到位；按照基建转生产要求，及时成立相应生产组织机构，工程安装交调试前三个月，运行人员按生产期定员足额配备，并实施全员培训。

案例：2020 年 8 月某项目正式启动，第一批 18 人（含公司领导）正式调入，设立党建行政人事、财务、工程、计划、物资、安健环 6 个专业；2020 年 9 月 26 日，成立基建期临时组织机构，设立党建行政人事部、计划部、物资部、财务部、安健环监察部、工程技术部、发电部 7 个部门。

2021 年 3 月 21 日，成立基建期组织机构，设立综合管理部、计划部、物资部、财务部、安健环监察部、工程技术部、智能电站准备部 7 个部门，后来基建期组织机构进行调整，共设综合管理部、党建工作部、组织人事部、计划经营部、财务部、工程技术部、安健环监察部、生产技术部、发电运行部、设备管理部、综合能源（新能源）发展部 11 个部门，人员全部到位。

第三节　工程监理单位组织管理

一、工程监理管理范围

根据监理合同约定，依据《建设工程监理规范》（GB/T 50319—2013）赋予的职责，工程监理管理范围一般是：

（1）电厂厂区内（含厂前区）所有建筑、安装工程，"五通一平"工程，以及厂外道路、供水管线、厂外输煤栈桥、施工电源等全部建（构）筑物及安装工程的开工准备、施工、调试、性能考核、专项验收、达标投产验收、移交、后评价；

（2）工程创国家优质工程金奖检查；

（3）工程质量评价［须完成《火电工程质量评价标准》（DL/T 5764—2018）中要求的所有预评价报告编制工作］；

（4）完成中国电力建设协会工程评价复查迎检工作等全部全过程监理；

（5）参加设计优化；

（6）组织设计交底和图纸会审；

（7）参加招标技术规范书审查，参与合同谈判；

（8）参加施工、设备、材料招标；

（9）参加项目单位组织的主要设备和材料的工厂验收及性能试验；

（10）不包括铁路专用线、灰场的监理。

二、监理工作程序

监理服务包括两个方面：一是监理人员行为规范；二是监理业务规范。项目单位应要求监理人员行为须遵纪守法、诚信、公正、科学、严谨、竭诚敬业、服务到位，须遵循监理业务规范，即在开展监理活动时，坚持"每项监理活动都有依据，每项监理活动都有程序，每项监理活动都有标准"。监理人员行为规范和业务规范都要通过程序和标准这两个要素来实现。

程序是对操作或事务处理流程的一种描述、计划和规定，涵盖工作内容、行为主体、考核标准、工作时限。项目单位应要求监理单位将监理人员活动行为准则、工作内容、要达到的标准、工作时限等要求用程序予以明确，然后严格执行，定期考核，由此规范监理人员行为。项目单位应要求监理单位对工程监理的各项任务，依据监理合同和施工合同规定，针对进度控制、投资控制、质量控制、合同管理、信息管理、现场协调及安全生产的控制，都要编制工作程序，并严格执行。如此不但有利于监理单位工作规范化、制度化，而且也有利于项目单位、承包单位及其他相关单位与监理单位之间的配合协调，确保实现规范化监理。

三、现场项目监理部岗位设置及职责

监理单位项目部组织架构见图 2-2。

1. 总监理工程师

项目单位要求监理单位项目部总监理工程师，负责确定项目监理机构人员的分工和岗位职责，并管理项目监理机构的日常工作，主持编写监理规划，审批监理实施细则，审查分包项目及分包单位的资质，并提出审查意见；主持监理工作会议，签发项目监理机构的文件和指令，审查承包单位提交的开工报告、

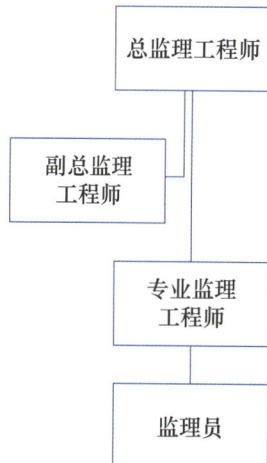

图 2-2 监理单位项目部组织架构图

施工组织设计、方案、计划等。

2. 副总监理工程师

项目单位要求监理单位项目部副总监理工程师须具备土建、安全、安装、调试专业资格，其职责是负责总监理工程师指定或交办的监理工作，按总监理工程师的授权，行使总监理工程师的部分职责和权力。

3. 专业监理工程师

项目单位要求监理单位项目部专业监理工程师须具备土建、汽机、锅炉、热控、电气调试专业资格，其职责是负责编制本专业监理实施细则，组织、指导、检查和监督本专业监理员的工作，当人员须调整时，向总监理工程师提出建议；核查进场材料、设备、构配件的原始凭证和检测报告等质量证明文件及其质量情况，必要时对进场材料、设备、构配件进行平行检验，合格时予以签认；负责本专业工程计量工作，审核工程计量的数据和原始凭证。

4. 监理员

项目单位要求监理单位项目部监理员须具备土建、汽机、锅炉、热控、电气调试专业资格，其职责是检查承包单位投入工程项目的人力、材料、主要设备及其使用、运行状况，并做好检查记录，复核或施工现场直接获取工程计量有关数据并签署原始凭证，按设计文件及有关标准，对承包单位的工艺过程或施工工序进行检查和记录，对加工制作及工序施工质量检查结果进行记录，担任旁站监理工作，核查特种作业人员的上岗证；检查、监督工程现场的施工质量、安全、节能减排、水土保持等状况及措施的落实情况，发现问题及时指出、予以纠正并向专业监理工程师报告，做好监理日记和有关监理记录。

四、人员配置要求

项目单位应当要求监理单位以形成独立监理能力作为项目监理部资源配置的最低要求，要求监理单位按照工程建设监理合同中约定的质量监理工作承诺，选派具备相应资格的总监理工程师和专业配套的合格监理工程师进驻施工现场，配备必要的办公、交通、通信、检测等设施、工具，并备齐与质量监理有关的法律法规、技术标准、规程规定及相关文件。

项目单位要求监理单位监理员应熟悉本专业工作（应具备两年及以上本专业施工、设计、建设管理等相关工作经验），了解工程建设监理基础知识，熟悉监理工作手段和工作要求，经培训合格后方可上岗。

（一）总监理工程师、总监理工程师代表和副总监理工程师任职条件

项目单位应要求监理单位在本项目中配置总监理工程师 1 名，要求其须持有住建部颁发的全国注册监理师证书；总监理工程师代表 1 名、土建副总监理工程师 1 名、安装副总监理工程师 1 名，要求其须持有住建部颁发的全国注册监理师证书或中级及以上职称证书；安全副总监理工程师 1 名，要求其须持有国家注册安全工程师资质证书。

总监理工程师及总监理工程师代表应年富力强，男性年龄小于 60 岁，女性年龄小于 55 岁，身体健康，作风正派，具有较强的组织协调能力，能胜任同规模及以上火电机组监理工作。其他人员年龄结构：最高年龄男性不得超过 65 岁，女性不得超过 60 岁，60 岁以上人数不得超过总人数的 20%。

总监理工程师应具有担任过不少于 2 个及以上同规模及以上火电机组工程施工总监理工程师的业绩。

总监理工程师代表或副总监理工程师具有担任过不少于 2 个同规模及以上火电机组工程施工总监理工程师代表的业绩。

总监理工程师的人选应经委托人认可，并在监理规划中写明。如果须临时离开工程场地，应书面授权总监理工程师代表履行总监理工程师的职责，并通知业主和承包人，同时提交书面授权书。

（二）专业监理工程师及监理员任职条件

专业监理工程师均应具有工程类注册执业资格或具有中级及以上职称证书，各专业监理工程师应承担过 1 个同规模及以上火电机组工程本专业全过程监理的业绩。监理工程师必须经验丰富，身体健康，工作踏实，具有一定组织协调能力，能胜任本工程项目监理管理工作。

安全监理人员应持有国家或行业或相应省份安全管理机构认可的安全监理工程师执业资格证，并且具有担任 1 个同规模及以上等级火电机组建设全过程安全监督管理的经历。

监理员应具有中专及以上学历，并经相关业务机构培训取得监理员岗位证书。

（三）项目监理部人员配备要求

项目单位应要求监理单位项目监理部须配备能够承担本工程项目监理内容和复杂程度的监理人员，监理人员应具有适应本工程项目监理内容和复杂程度的素质，按阶段监理人员到位率应达到 100%。监理单位聘请的技术顾问或项目单位自有人员不能作为项目监理部成员。

项目单位应要求监理单位必须编制本工程的监理规划、监理实施细则及监理单位人员名单及分工，交项目单位审核并存档。其中项目监理部人员应与投标文件中所报的监理单位人员相符，如须变更应事先征得项目单位同意。另外，如有不尽其职或空挂其名的情况，项目单位有权终止监理合同，后果由监理单位自行承担（项目单位有权向监理单位提出其他人选要求，监理单位在接到项目单位书面通知后 5 个工作日内提供候选人名单供项目单位选择）。

项目单位应明确在工程监理过程中，只要在监理范围内，项目单位提出需要进行的监理项目，监理单位须按正常服务要求执行。

（四）对常驻现场人员数量的基本要求

项目单位应要求监理单位须按照服务范围要求，配置能够满足各阶段监理工作需要足够人员常驻现场工作。要求在施工期间，总监理工程师、总监理工程师代表应常驻现场，在提前三天通报项目单位并征得项目单位同意后，总监理工程师、总监理工程师代表才能离开现场，同时要求总监理工程师、总监理工程师代表不能同时离开现场，总监理工程师离开现场必须指定负责人。总监理工程师或总监理工程师代表离开现场的时间每月不得超过 5 天。

副总监理工程师应根据工程需要随时进驻现场，副总监理工程师离开现场须经项目单位同意。

根据工程进度，各专业监理工程师应及时进驻现场，高峰期施工现场应配备足够的监理人员，不能影响监理工作。要求安全监理应有 1 人常驻现场。项目单位有权要求监理单位增加现场监理人数。

（五）专业人员配备

项目单位应要求监理单位监理部人员须按以下专业配备：土建、汽机、锅炉、电气、热工、焊接、化学、测量、岩土、安全、技经、档案等监理人员，各专业人员不允许兼职。

（六）其他要求

（1）监理单位应配备专业人员从事档案管理、合同管理；

（2）监理单位应配备专职人员从事计划进度、技经管理；

（3）所有参与监理的工作人员都应持有相应的专业资格证书。

（七）某 2×1000MW 新建工程监理人员基本配置

总监理工程师 1 人；

总监理工程师代表 1 人；

土建副总监理工程师 1 人；

安装副总监理工程师 1 人；

安全副总监理工程师 1 人；

土建专业监理师 4 名，监理员 3 人；

汽机专业监理师 2 人，监理员 1 人；

锅炉专业监理师 4 人，监理员 2 人；

电气专业监理师 2 人，监理员 2 人；

热工专业监理师 2 人，监理员 1 人；

焊接专业监理师 2 人，监理员 2 人；

化学专业监理师 2 人，监理员 1 人；

安全监理师 4 人，监理员 2 人；

技经专业监理师 1 人；

档案管理师 2 人。

监理人员基本配置共计 44 人。

注：以上监理人员数量配置，可根据工程进度情况经项目单位同意后适当调整。

第四节 设计单位组织管理

设计团队人力资源状况是影响火力发电工程项目设计质量和设计进度的重要因素之一，项目单位会同设计院成立设计工作领导小组，要求设计单位项目团队须由工作领导小组直接领导和管理。

项目执行过程中，项目单位要求设计单位在资源配置上向设计项目部采取倾斜措施，确保设计项目部人力及设备资源是按需配置，确保项目执行风险降到最低，保障项目建设顺利进行。

一、组织机构设置及职责

设计单位项目部组织架构图见图 2-3。

1. 工作领导小组

项目单位应要求工作领导小组组长应由设计单位负责人担任，全面领导本工程设计工作；工作领导小组副组长由设计单位主管发电业务副总经理担任，具体负责本工程人员保障、进度协调、质量保障等工作。

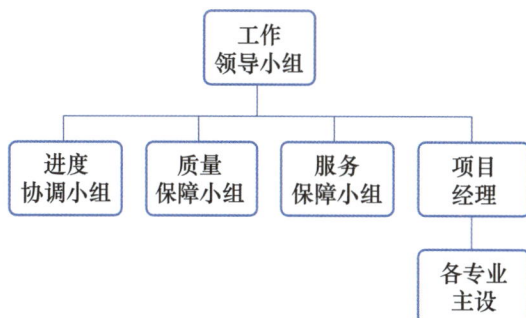

图 2-3 设计单位项目部组织架构图

2. 进度协调小组

项目单位应要求进度协调小组组长应由设计单位主管发电业务副总经理担任，对工程设计进度进行全面协调和控制。进度协调小组组员应由设计单位各专业室主任组成。

3. 质量保障小组

项目单位应要求质量保障小组组长由工程设计总工程师担任，负责本工程质量管理体系的有效运行，对工程全过程进行质量控制，组织制定重大质量技术方案。

4. 服务保障小组

项目单位应要求服务保障小组组长由设计单位相关部门负责人担任，负责本工程会议接待、集中设计服务、图纸出版等工作。

5. 项目经理

项目单位应要求设计单位为工程实行项目经理（设总）负责制，设置双项目经理。项目经理（设总）代表设计单位组织领导工程项目的勘测设计工作，是火力发电工程对内和对外总负责人，全面负责项目设计质量、进度、造价及综合技术管理等。

项目单位应要求设计单位项目经理组织各专业完成相关设计优化及技术创新工作，保证各种设计输入资料的完整性和准确性，审核并批准对外勘测设计接口资料，编写工程设计计划，安排整个工程勘测设计进度，协调各专业间设计接口及配合，组织综合方案策划及评审工作，按设计单位质量程序文件校审成品文件，根据本工程要求，制定限额设计指标，并督促各有关专业落实。

6. 专业主设

项目单位应要求设计单位专业主要设计人员，在本部门负责人以及本专业主任工程师指导下，负责组织本专业开展本工程勘测设计工作。在具体设计工作中，专业主要设计人员须贯彻执行各种审批文件和工程设计原则，负责督促本专业参加设计人员按照工程项目设计计划要求执行，并编写本专业卷册设计计划和卷册设计任务书，跟踪专业设计计划完成情况；验证工程勘测设计输入、输出资料，并指导参加的专业设计人员开展卷册设计工作；负责与其他专业间勘测设计协调配合工作，签收专业间的各种配合资料，完成其他专业图纸的会签工作。

二、人员配置要求

1. 项目单位人员配置要求

（1）工程启动时，项目单位应要求设计单位成立以设计单位负责人担任组长的工作领导小组，工作领导小组为本工程提供强有力的组织保障，并保证在工程各个阶段都保持项目组成员的稳定。

（2）项目单位应要求设计单位实行项目经理（设总）负责制，项目经理具有教授级高级工程师或高级工程师职称，拥有丰富的相同等级机组工程设计业绩及注册工程师或一级建造师证书。

（3）项目单位应要求设计单位从教育、培训、技能和经验等方面确定主设人，所有主设人具有过硬的专业能力，并且具有丰富的设计经验和良好的敬业精神，均具有相同等级机组工程设计业绩。

（4）项目单位应要求设计单位各部门为本工程配备得力的设计骨干，各部门主要领导负责协调本部门各专业之间的人力资源、设备资源，保证本工程各种勘察设计资源充足，能够满足工程勘察设计需要；应要求设计单位强化参与本工程勘察设计人员质量意识，监督、考核所有参与本工程的勘察设计人员，能够严格按照设计单位质量管理体系文件开展勘察设计工作，以保证勘察设计成品质量。

（5）项目单位应要求设计单位各专业主任工程师负责本专业的技术、质量工作，负责本专业设计原则的确定以及设计方案的研究论证工作，负责编制本专业设计原则指示书，审核卷册设计任务书，监督本专业设计人员是否按照项目设计计划、设计原则和质量要求开展设计工作，审核本专业的所有设计文件，组织本专业设计方案的讨论，负责解决本专业各种技术问题。

（6）项目单位应要求设计单位为本工程设置一名计划工程师，全程负责跟踪、检查、监督进度计划的执行情况，并协助项目经理协调各个阶段设计环节以及送印出版等方面问题，缩短设计工期以满足项目单位对工程进度的要求。

（7）项目单位应要求设计单位为本工程设置两名造价工程师，负责实施限额设计，做好工程技术经济指标的跟踪，以期降低整个工程造价。

（8）项目单位应要求设计单位无特殊原因，项目设计团队成员不得更换；若必须更换，需取得项目单位同意。

（9）项目单位应要求设计单位配置设计工代，负责现场协调处理设计进度、质量等问题。

2. 设计单位人员配置要求

设计单位工代资质要求：

（1）设计工代是设计单位派驻施工现场配合施工的全权代表，设计单位应在工程主要设计或主要卷册设计人中选派责任心强、能独立处理专业技术问题人员承担工代工作。

（2）工代人选应在施工图设计准备阶段确定并通知本人。凡勘测、设计工作未满一年人员，不能独立承担工代工作任务。

（3）首次担任工代人员，应经所在单位进行工代服务培训后方可上岗。

设计工代履职内容与要求：

（1）进行设计交底，说明设计意图、设计特点和对施工、安装、调试等方面的要求，并回答各方疑虑，具体处理、解决相应问题。

（2）通过设计变更通知单、工程联系单等方式及时处理施工过程中发现的设计问题。

（3）对业主在施工过程中提出的要求，给予认真考虑，予以协助及配合，并提出建议，供业主参考。

（4）对施工单位在施工过程中出现的问题，给予积极帮助，予以协助及配合，并提出解决建议，供业主和施工单位参考。

（5）进行（或配合进行）工程设计回访及回访报告的编写。对回访过程中反映的设计质量问题，提供解决方案，填写《质量信息反馈卡》，并负责纠正。

（6）在工程竣工达标投产后，参与工程设计总结编写及进行工代资料的归档工作。

三、设计单位管理模式

为保证火力发电工程项目设计进度、设计质量及造价控制，便于设计过程控制和管理，以及方便与项目单位及相关单位的联系配合，项目单位应要求设计单位采用矩阵式设计管理模式，以保证项目信息能及时收集、传递、沟通、处理。矩阵式设计管理模式有利于设计单位各专业之间的联系配合，有利于统一管理和开展综合设计评审及设计质量大检查，提高设计工作效率和设计质量。

案例：某 2×1000MW 新建火力发电工程项目设计团队配置如表 2-8 所示。

本设计项目实行双项目经理制。

表 2-8　　　　　　　　　　　　　　某设计项目团队构成

序号	专业	编制人数
1	总工	1
2	项目经理	1
3	项目经理	1
4	汽机	1

序号	专业	编制人数
5	锅炉	1
6	电气一次	1
7	电气二次	1
8	总图	1
9	输煤	2
10	除灰	1
11	供水 / 消防	1
12	化水	1
13	暖通	1
14	热工	2
15	信息	2
16	水工结构	1
17	结构	2
18	建筑	1
19	施工组织	1
20	系统一次	1
21	系统二次	1
22	通信	1
23	测量	1
24	地质	1
25	水文	1
26	环保	1
27	技经	2
28	计划	1
29	小计	33

第五节　施工单位组织管理

为确保火力发电工程高效率、高质量建设，项目单位应要求施工单位须成立 ×× 工程项目部（以下称项目部），全面负责工程建设。项目单位应要求施工单位须根据工程特点，坚持"建立科学管理体系，创建国家优质工程；营造人本工作环境，保障员工身心健康；提供业主满意服务，坚守诚信追求卓越"的项目管理理念，实行项目经理负责制。

一、项目部组织机构设置及职责分工

项目单位应通过公开招投标方式，优选技术实力强、工艺先进、经验丰富、有同等容量机组业绩并获得国家优质工程奖（金奖和鲁班奖）的施工单位，为实现高标准达标投产、创优打下坚实的基础。

项目单位应要求施工单位项目部项目经理须根据工程特点，明确部门职责和管理人员分工。项目部在施工单位各职能部室归口管理下开展工作，并接受其监督和指导。项目单位应要求施工单位现场组织机构设置须符合项目单位各项管理体系，并根据项目施工特点、管理目标及相关任务，调整岗位设置，减少管理成本，重新核定编制，开展定岗、定员工作。在满足施工项目所要求工作任务的前提下，尽量优化机构，力求精干高效。

项目单位应要求施工单位项目部须设项目经理、项目总工、商务经理、安全总监组成项目决策层 / 项目领导班子；下设工程部（QA/QC 部与工程部合并设置）、HSE 部、财务部、经营部（储运物管部与经营部合并设置）、综合部组成管理层，各专业组成操作层。施工单位项目部组织架构见图 2-4。

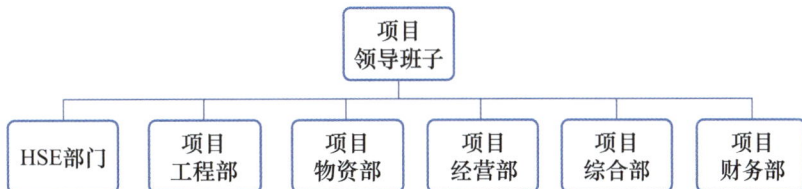

图 2-4　施工单位项目部组织架构图

二、岗位设置及岗位职责

项目单位应要求施工单位尽可能指定和选用有金牌资质的项目经理，并要求施工单位充分发挥其质量体系完善、质量管理严格规范、施工工艺水平高、质量通病防治措施得力，各专业重点施工环节人员精良、储备充足、经验丰富的优势，以确保工程质量创优；项目单位应要求施工单位须保持文明施工管理体系正常运转和良好安全习惯，提高现场文明施工管理水准，降低安全管理难度。某项目施工单位项目部岗位设置及岗位职责见表 2-9。

表 2-9　　　　　　　　　　　　某项目施工单位项目部岗位设置及岗位职责

部门	岗位	编制（人）	职责
项目领导班子	项目经理	1	项目总负责人，对项目建设全过程负责
	项目副经理兼总工	1	负责对工程的计划、组织、控制、协调
	项目副经理兼商务经理	1	负责协助项目经理开展经营管理工作
	项目副总工	1	负责本项目部的技术管理和质量管理工作
	项目安全总监	1	负责协助安全生产第一责任人开展 HSE 管理工作

续表

部门	岗位	编制（人）	职责
小计		5	
HSE 部门	主任	1	安健环管理责任人，全面负责安全文明和施工管理
	安全员	3	负责安健环体系资料管理、档案管理、合同管理、智能安全管理
小计		4	
项目工程部	主任	1	负责项目施工进度、质量、安全和文明施工管理
	副主任	2	负责协助项目施工进度、质量、安全和文明施工管理；分管各专业和外部协调管理
	QA/QC 主任	1	负责施工质量和工艺管理
	QC 工程师	2	负责施工质量和工艺管理，档案编制管理
	资料员	2	负责所有工程文件、资料、图纸等的管理
	资产管理专工	1	负责资产管理、人力资源管理工作
小计		9	
项目物资部	主任	1	全面负责项目采购管理，是采购策划、采买、进度、付款、质量、现场物资管理等的第一责任人
	材料计划员	1	负责材料购置、设备领用工作
小计		2	
项目经营部	主任	1	负责造价、计划、合同、工程经济管理，为计划造价责任人
	预算员	2	负责经营预算、成本控制、工程结算工作
小计		3	
项目综合部	主任	1	全面负责综合管理、保安、保洁、车辆、后勤管理
	秘书	1	分管项目后勤管理
	保卫主责	1	分管项目保安、保洁、消防管理
	后勤主责	1	分管项目后勤管理
	后勤厨师	2	负责后勤炊事工作
	保卫	2	负责保卫安全、保洁、消防工作
小计		8	
项目财务部	主任	1	负责资金管理、成本核算管理
	出纳	1	负责结算付款、资金费用报销工作
小计		2	
总计		33	

三、人员配置要求

（一）项目经理要求

1. 项目经理组织安排要求

项目单位应要求施工单位须任命投标文件中承诺的具有同类型项目工程施工经验、熟悉项目建设全过程的合格人员作为本工程项目经理，并任命若干名项目副经理，要求施工单位任命或更换项目经理均应经项目单位同意，并应在更换14天前通知项目单位和监理单位。要求项目经理代表施工单位履行本合同，接受项目单位及监理单位指令。

项目单位要求负责本标段的项目经理须具有专业一级注册建造师执业资格和有效的安全生产考核合格证书，且未担任其他在建工程项目。

项目单位要求项目经理在本项目施工期间不得担任其他在建工程项目的项目经理，应常驻工程场地，每月在现场工作的时间不得少于22天，如果须临时离开工程场地，应征得项目单位和监理单位同意，并授权1名项目副经理履行项目经理职责。

如果项目单位及监理单位依据更换项目经理要求，撤回对施工单位项目经理的批准，施工单位在收到撤换通知后，在实际可能限度内从速将其调出工地，且不得在工地任何地方再雇用此人，并任命另一位由项目单位及监理单位批准的项目经理。

2. 项目经理能力要求

（1）应具有良好的组织能力和协调能力，能满足现场处置突发状况下协调应急资源的要求；

（2）应具有较好的大局观和良好的沟通能力，能够与相关协作单位进行有效的沟通，解决现场发生的问题和困难；

（3）具有良好的职业道德，能够团结整个项目团队，保证较高的工作效率，推进各项工作顺利进行；

（4）对项目有深刻的理解和认识，针对项目实施能够提出有力的措施和见解。

（二）施工单位现场人员要求

施工单位为完成合同约定的各项工作，应向施工场地派遣或雇佣足够数量的下列人员：具有相应资格的专业技工和合格的普工，特殊工种应持证上岗；具有相应施工经验的技术人员，现场技术员应至少具有1个同规模及以上等级火力发电机组主体施工经验；具有相应岗位资格的各级管理人员。其资格资质要求：

（1）项目部安健环负责人具有注册安全工程师资格且至少具有1个同规模及以上等级火力发电机组主体施工经验。

（2）项目部技术负责人具有高级技术职称资格，专业应为机、炉等主专业且至少具有1个同规模及以上等级火力发电机组主体施工经验。

（3）各项目工地技术负责人、各专业专工（机、炉、电、热主专业至少1名）具有中级及以上技术职称资格，且至少具有1个同规模及以上等级火力发电机组主体施工经验。

（三）安全管理人员配备规定

（1）安全管理人员配备，必须符合相关法律、法规、行业标准以及上级公司相关规定的要求，专职安全员按照参建人员3%比例进行配置。当项目单位根据工程特点认为施工单位有必要增加安全管理人员时，施工单位应当按照要求执行。

（2）施工单位应落实三级安全监察网络，设立独立的安全管理机构（即项目部安全管理部门），其组成人员应持证上岗，且具有较强业务素质及协调能力。其机构由下列人员组成：项目部决策层主管安全副经理（安全总监）1名，安全管理部门负责人（部长或经理）1名，专职安监人员不得少于7名（为主体标段配置，人员包括：安全体系管理、环境管理及安全文明施工管理2名，建筑专业1名，起重机械专业1名，安装专业1名，电气专业1名，消防1名；辅助标段参考配置，要求3～5名）。

（3）主管安全副经理（安全总监），须有从事发电厂安装或土建专业工作，拥有本科学历、工程师以上职称、国家注册安全工程师执业资格或具有安全生产考核合格证书B证及以上或取得省级以上安监机构发的《安全资格证》，拥有从事同等规模机组及以上工程2个，5年以上安全生产管理经历，具备电力施工企业分公司或项目部及以上级别安全生产部门正职（含副总工程师）两年以上工作经验。

（4）安全管理部门负责人（部长或经理），须有从事发电厂安装或土建专业工作，拥有本科学历、工程师以上职称、国家注册安全工程师执业资格或具有安全生产考核合格证书C证及以上或取得省级以上安监机构发的《安全资格证》，拥有从事同等规模机组及以上1台或从事低一等级规模机组及以上工程2个，3年以上安全生产管理经历，担任过电力施工企业项目部级别安监部门负责人2年及以上岗位经历。

（5）安全管理机构（即项目部安全管理部门）专职安监人员，应具有工程系列技术职务任职资格，具有国家注册安全工程师执业资格或安全生产考核合格证书C证或取得省级以上安监机构发的《安全资格证》，具有三年以上相关专业工作经验并且身体健康。

（6）安全管理机构（即项目部安全管理部门）中取得注册安全工程师的专职安监人员，按照不低于15%比例配备注册安全工程师，至少不少于2名。

（7）项目部二级机构（包括专业工地、队、车间）必须设专职安全员，班组应设兼职安全员。施工人员在30人（含30人）以上，应配置专职安全员，每超过30人时应增加1名专职安全员；施工人员在30人以下，可配置兼职安全员；超过30人时，专职安全员按照3%设置；高风险项目必须配置专职安全员；现场安全员不得兼做其他项目的工作负责人。

（8）主管安全副经理（安全总监）、安全管理部门负责人（部长或经理）、安全管理机构（即项目部安全管理部门）专职安监人员、项目部二级机构（包括专业工地、队、车间）专职安全员、班组兼职安全员，投标时应提供相应的资质证件的彩色复印件，包括身份证件、毕业证、五险一金（自开标前一个月往前连续半年加盖当地社保公章的社保缴纳证明）、职称证、岗位资格证、参加过工程项目的证明文件等彩色复印件。

（9）上述所配置的专职安监人员、专（兼）职安全员的能力、资质等应符合现场安全管理的需求，且年龄在 55 岁以下，具有较强协调能力，身体健康，能胜任现场工作。

（10）施工单位任命（包括投标文件拟定）的安全管理机构专职安全管理人员和项目部二级机构专职安全员，不得随意更换，其业务素质不够或数量不符合配置要求时，项目单位有权要求施工单位进行撤换及补充。

（四）撤换施工单位项目经理和其他人员

项目单位应对其项目经理和其他人员进行有效管理。监理单位要求撤换不能胜任本职工作、行为不端或玩忽职守的施工单位项目经理和其他人员时，施工单位应予以撤换。

第六节　调试单位组织管理

项目单位应通过公开招投标方式，优选技术精湛、认真负责的调试队伍，保证调试质量达到深度调试。项目单位应要求调试单位须有同等容量机组调试业绩，调试队伍须制定详细的调试大纲，明确各项调试必须达到的目标，制定单体、单系统调试的项目清单和调试要点，全面优化逻辑组态，确保组态正确可靠。调试单位项目部组织架构图见图 2-5。

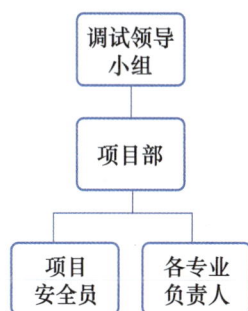

图 2-5　调试单位项目部组织架构图

一、调试单位项目组织机构设置及职责分工

（一）调试领导小组

组长：调试单位负责人。
常务副组长：调试单位安生部主任。
成员：各专业所（中心）负责人及公司职员。

（二）项目部

项目经理：一级调总。
项目副经理：二级调总。
项目安全员：安全员。
项目管理员：资料兼后勤管理员。

（三）专业负责人

汽机专业负责人。

锅炉专业负责人。

热控专业负责人。

电气一次专业负责人。

电气二次专业负责人。

化学专业负责人。

环保专业负责人。

二、岗位职责

1. 项目经理（调总）岗位职责

项目单位应要求调试项目经理是调试标段现场管理职责的第一责任人，全面负责调试项目部各项管理工作：

（1）组织建立项目部安健环管理体系，确保安健环体系有效运作；

（2）组织建立项目部质量管理体系，确保质量体系有效运作；

（3）合理组织、调度现场各专业资源，确保调试工程安全、质量、效率、效益、创新目标的实现；

（4）协调调试后勤服务工作，确保调试现场人员良好的工作生活环境；

（5）负责编制工程调试大纲，负责项目现场的调试技术文件的复审和批准；

（6）组织编制调试工程创优策划、项目管理实施规划、强制性条文执行计划、现场应急救援处置方案等项目管控文件，并负责组织实施；

（7）负责组织调试试运会，确保试运工作有序、和谐推进；

（8）负责调试现场管理，协调并解决调试过程中出现的技术问题；

（9）组织编写调试日（周月）报，调试工作总结，负责调试档案文件的交付；

（10）主持调试项目部周例会，组织调试人员现场业绩评价；

（11）负责处理业主、监理方的意见。

2. 项目副经理（调试值长）岗位职责

项目副经理在调试工程中协助项目经理工作，同时兼任值长，是当值的安全、质量责任人：

（1）负责分管专业现场技术文件的审核和批准；

（2）负责当值调试（包括非标准调试项目）工作的组织、协调及安全、质量、进度管控；

（3）受项目经理委托，负责重大调试项目、调试关键工序的组织、协调及安全、质量、进度管控；

（4）按业主、监理方的规定，组织项目分管范围内调试安全文明施工及标准化作业实施，促进安全管理工作的有效开展；

（5）按照项目部人员分工，分管安健环、质量体系工作；

（6）负责项目经理委派的其他工作的监督、检查和控制；

（7）当项目经理离开现场时，代行项目经理的职权。

3. 项目安全员岗位职责

专职安全员在调试工程中协助项目经理主管安全工作，负责日常安全管理及项目调试过程安全管理：

（1）根据项目工程建设方要求，负责制定调试项目安全文明实施策划方案、现场应急救援处置方案等现场有关安全管理制度。

（2）组织专业负责人（专业兼职安全员）制定、编写调试项目安全风险辨识、强制性条文等有关安全文件。

（3）组织开展调试现场安全检查、督查，对发现的问题，及时安排处理，重大问题提请项目经理协调解决；对调试现场重要节点有关作业面进行现场安全工作监督。

（4）协助项目经理管理交通安全；落实项目部的安全费用和设施投入情况。

（5）负责调试项目有关安全信息的上报，传递和发布；负责对专业兼职安全员工作进行评价。

（6）参加调试期间安委会的工作会议。

（7）配合调试相关安全事故调查。

（8）根据调试项目需要，编写调试安全月（季）报和工作总结。

4. 专业负责人岗位职责

专业负责人在项目部领导下负责本专业调试工作的组织、协调，以及安全、质量、进度管控：

（1）负责专业组日常安全、质量管理，对本调试专业组成员在调试过程中的安全与健康负直接管理职责。

（2）组织专业组人员进行安全、质量、项目部管理制度学习，开展安全技术培训；执行有关基建调试安全的规程、规定、制度及措施，纠正并查处违章违纪行为。

（3）组织本专业组成员开展风险辨识活动，制定并落实风险预控措施。

（4）组织每天作业前班前"三交"（交工作任务、交安全措施、交技术措施），以及作业后点评。

（5）组织本专业调试技术文件的编写；负责本专业调试技术文件的初审和本专业调试大纲、调试总结的编写；负责本专业调试档案文件的交付。

（6）负责组织本专业调试人员，按技术文件实施调试或试验，并提供相应资源；负责调试项目过程控制，对结果进行检查并评价。

（7）要求出任本专业部分调试关键工序，重大风险性试验的试验负责人，负责对本专业重大技术问题组织攻关。

（8）根据现场实际工作情况，和项目经理协商安排调试人员到现场开展调试工作。

（9）协助项目部管理员进行后勤管理，负责本专业组人员的门禁卡管理和餐费管理。

（10）参加项目部周、日例会，根据有关管理制度，对本专业组成员和其他专业人员的工作成效和遵章守纪情况做出评价，提出奖励和考核。

5. 项目调试人员岗位职责

调试人员在项目经理和专业负责人领导下，按调试技术文件实施调试，负责所承担项目的安全、质量、进度管控：

（1）参加专业组和项目部安全、质量相关管理制度学习，开展安全技术培训；遵守有关基建调试安全的规程、规定、制度及措施，纠正违章违纪行为。

（2）负责组织包括生产、安装人员在内的调试组成员，按技术文件实施调试或试验，并对调试项目进行过程控制，对结果进行评价。

（3）组织调试组成员开展风险辨识活动，制定并落实风险预控措施。

（4）组织调试组作业前班前"三交"，以及作业后点评。

（5）负责按照专业负责人安排，编写调试技术文件，参与调试技术文件的初审。

（6）积极参加本专业调试关键工序、重大风险性试验，参与本专业重大技术问题的攻关。

（7）服从项目部管理，遵守项目单位、监理单位和项目部的相关管理制度。

（8）负责承担调试项目的资料归档。

（9）积极参与项目部民主管理，对项目部工作提出批评和建议，促进调试现场工作生活的和谐。

第七节　监造单位组织管理

项目单位应要求监造单位根据监造业务需要，组建工程项目设备监造项目组，选派优秀监造人员组成，监造项目组本着机构精炼、监造工作流程顺畅、信息收集汇总传递方便、分工责任明确、便于组织协调的原则搭建组织机构。监造项目组应实行总监负责制，全面负责监造项目组日常工作。

一、监造项目组织机构设置及职责分工

监造项目组的组织机构见图2-6。

二、岗位设置及岗位职责

监造项目组应对外进行积极协调，促进生产顺利实施，保证监造设备处于受控状态；对内进行严格管理，充分调动监造人员积极性，确保监造工作有序进行。当总监不在现场时，总监代表应授权行使权力。

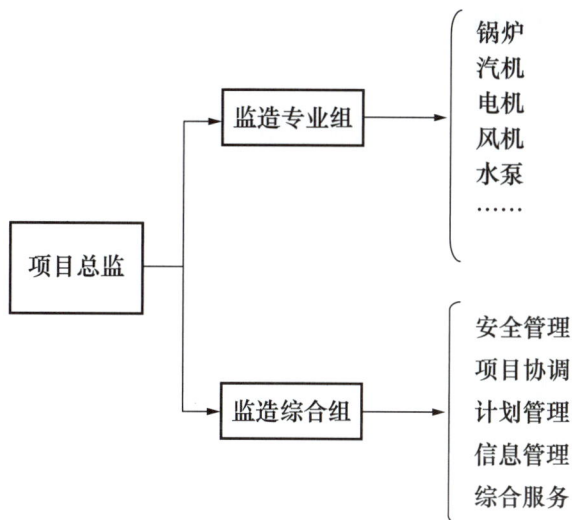

图 2-6　监造项目组组织机构

监造项目组下设专业组、综合组，负责各监造代表组及监造人员的日常工作。

监造专业组下设汽机、锅炉、电机、风机、水泵等设备管理专业，分别负责设备制造期间质量、进度、安全控制及设备材料监造、质量信息的收集和整理工作。

监造综合组下设安全管理、项目协调、计划管理、信息管理、综合服务等专业，分别负责监造现场安全控制、项目协调、合同管理及信息管理等工作。

1. 项目总监职责

（1）项目总监由监造单位委派，承担该项目设备监造工作的负责人，负责组织完成监造合同规定的任务。

（2）组织贯彻执行国家及行业颁发的有关法律、法规、规程、规范、标准和监造单位制定的制度、办法、监造人员守则，以及监造单位与项目单位签订的监造合同。

（3）根据监造合同和监造大纲的内容要求，主持编制设备监造质量计划等作业指导文件，并组织实施。

（4）组织建立监造项目组质量、进度控制和合同、信息管理体系，编制各项管理制度、工作计划，组织实施与协调，并定期检查与协调。

（5）必要时审核确认制造分包单位资质。

（6）审批暂停制造的"监理工程师通知单"和监造项目组对外发出的文件、传真、报告等，审签监造工作总结报告。

（7）代表监造单位参加由项目单位组织的制造协调会议。

（8）组织监造人员参加对生产计划、工艺方案、主要设备和关键部件制造技术措施出现偏差时的审查。

（9）审批一般质量事故处理措施，参加重大质量事故调查和处理措施方案的审查。

（10）组织监造人员会同设备制造厂家和项目单位审查设备缺陷处理措施方案和重要缺陷处理后的复验。

（11）每月向监造单位和项目单位汇报设备制造、监造工作等情况，遇有重要问题时及时向监造单位和项目单位报告。

（12）定期组织监造人员学习、交流、总结工作，不断提高人员素质和工作水平，并按监造单位制度规定对监造人员进行考核和奖惩。

2. 驻厂监造人员职责

（1）在项目总监的领导组织下，开展分管的设备监造工作。

（2）学习掌握并执行有关本专业的规程、规范、标准图纸、监造实施细则及监造项目组制定的制度，严格遵守监造单位颁发的监造人员职业道德守则。

（3）参与审查制造单位编报的作业计划，监督检查计划的执行情况，随时掌握生产动态，协调处理一般制造组织、制造技术问题，对涉及专业之间、单位之间的重要配合问题和重大问题，提出处理意见。

（4）定期提出动态分析报告和分管工作情况分析报告。

（5）检查制造单位投入的人力、材料、主要设备及其使用、运行状况，并做好检查记录。

（6）复核或从生产现场直接获取的有关数据并签署原始凭证。

（7）按设计图及有关标准，对制造单位的工艺过程或制造工序进行检查和记录，对加工制作及工序制造质量检查结果进行记录。

（8）对关键材料、重要部件、关键设备及关键工序的制造质量进行检查验收签证，参加中间产品的检查验收和设备检验过程。

（9）针对用于设备的材料、构件、加工品和油脂、填充料等的出厂合格证明、检测报告及现场检验报告，必要时进行抽检或复验签证。

（10）处理一般质量问题，参加审查事故处理措施和事故处理后的复验。

（11）参加设备缺陷处理措施的审查和处理后的复验。

（12）参加主要设备和关键部件制造技术及工艺措施方案的编制工作，并监督实施。

（13）发现不按规程、规范、标准和设计要求制造，使用不合格的材料，制造不合格产品的行为应立即制止，必要时填写暂停报告。担任旁站工作，发现问题及时指出并向专业监造工程师报告。

（14）做好驻厂监造日志和有关的监造记录。

（15）及时编写监造报告（周报、简报）和监造工作总结。

3. 信息管理员职责

（1）协助项目总监建立项目组信息管理体系。

（2）负责项目组各种文件资料的归档、管理、移交工作。

（3）负责项目单位、监造、有关制造单位之间文件资料的传递、接收及整理归档工作。

（4）负责监造文件的打印、分发（传真）和复印工作。

（5）协助项目总监做好项目组各种管理规定、监造工作总结、监造简报、有关发言等书面文件（简报）的编制工作。

（6）负责项目组的物品管理工作。

（7）协助项目经理做好项目部的后勤服务工作。

（8）负责计算机的日常使用、管理及保养。

三、监造单位项目部人员配置要求

（一）人员配备计划

项目单位应要求监造单位监造项目组须根据招标进度和排产进度灵活安排精干人员，确保满足监造工作需要。

（二）某 2×1000MW 项目监造单位人员配备计划案例

某 2×1000MW 项目监造人员配置如表 2-10、表 2-11 所示。

表 2-10 监造管理人员一览表

序号	职责/监造设备	姓名	性别	职称	相关资质	专业
1	电力业务部主任	—	—	高级工程师	注册设备监理师	电气
2	项目总监	—	—	高级工程师	专业设备监理师	电气
3	哈尔滨区域总代	—	—	工程师	注册设备监理师	热动
4	上海区域总代	—	—	高级工程师	注册设备监理师	电气
5	成都区域总代	—	—	高级工程师	专业设备监理师	热动
6	北京区域总代	—	—	工程师	专业设备监理师	机械
7	华中区域总代	—	—	工程师	专业设备监理师	电气

表 2-11 设备监造代表一览表

序号	监造设备名称	单位	数量	制造厂名称	监造负责人	备注
1	锅炉（含空气预热器、空气预热器旁路低温省煤器等）	台	2	—	—	根据分包情况安排监造代表
2	汽轮机本体及其附属设备（含外购设备，有润滑油箱等）	台	2	—	—	根据制造厂添加、调整人员
	双机回热小汽轮发电机组	台	2	—	—	
3	发电机本体及其附属设备（不含励磁系统）	台	2	—	—	
4	凝汽器（含疏水冷却器）	台	2	—	—	
5	低压加热器（含疏水冷却器）	台	10	—	—	
6	高压加热器（含蒸汽冷却器）	台	8	—	—	

序号	监造设备名称	单位	数量	制造厂名称	监造负责人	备注
7	除氧器及水箱	台	2	—	—	
8	凝结水泵	台	4	—	—	
9	循环水泵	台	6	—	—	
10	给水泵组	套	2	—	—	
11	磨煤机	台	12	—	—	
12	主变压器	台	2	—	—	
13	启动／备用变压器	台	1	—	—	
14	高压厂用变压器	台	2	—	—	
15	500kV GIS	台	2	—	—	
16	高压电缆（10kV）	套		—	—	
17	高压电机（10kV）	台		—	—	
18	引风机	台	4	—	—	
19	送风机	台	4	—	—	
20	一次风机	台	4	—	—	
21	低低温静电除尘器	台	2	—	—	
22	翻车机	台	1	—	—	
23	圆形煤场堆取料机	台	2	—	—	
24	四大管道、管件	套	2	—	—	
25	四大管道配管（技术支持）	套	2	—	—	
26	启动锅炉（技术支持）	套	2	—	—	乙方协助项目甲方进行出厂质量验收，出具见证意见（非监造报告）
27	低温省煤器（技术支持）	台	2	—	—	
28	凝结水精处理设备（技术支持）	台	2	—	—	
29	干式除渣系统（技术支持）	套	2	—	—	
30	浆液循环泵（技术支持）	套	2	—	—	

附件 2-1 专业咨询项目清单

为充分发挥"专业咨询"作用，根据国家、行业相关法规、规范要求和工程管理各环节实际需要，一般聘请专业咨询机构参与工程管理，提供专业支撑和专项监督。专业咨询项目一般包括但不限于：

序号	项目	专业咨询内容
1	铁路监理	工程铁路专用线工程的电厂站建设、铁路区间建设质量控制、投资控制、进度控制、组织协调、合同管理、信息管理、安全文明、环保的施工监理
2	主、辅机设备监造	三大主机、主要辅机及四大管道的设备监造
3	消防设施技术检测	对全厂电气火灾隐患及建筑消防设施进行技术检测
4	工程质量监督检测	对工程质量监督检测提供技术服务
5	锅炉压力容器、压力管道安装质量监督检验	（1）锅炉安装质量监督检验； （2）压力容器现场组合质量的监督检验和安装资料的审查； （3）压力管道安装质量监督检验（包括主蒸汽管道、主给水管道、高温再热蒸汽管道、低温再热蒸汽管道及其一次阀前的疏放水管道）
6	重要金属部件制造质量监督检验	锅炉、压力容器、四大管道及其他重要金属部件制造质量监督检验
7	基建期技术监督	基建期技术监督专业有：金属、锅炉、汽机、化学、环保、热工、绝缘、电测、电能质量、继电保护、节能等方面
8	分系统及整套启动调试技术服务	汽机、锅炉、电气、热工、化学、脱硫、脱硝分系统及整套启动调试
9	机组性能考核试验	机组性能考核试验项目主要包括锅炉热效率、机组热耗率、锅炉的最大出力、汽轮机的最大出力、除尘器效率、制粉系统出力、磨煤机单耗、噪声等测试
10	技经服务	包括标书标底编制，工程结算审查和全过程造价咨询服务
11	保安服务	临建办公房、食堂、宿舍楼及临建区公共区域的治安保卫
12	水土保持监测服务	施工期间水土保持监测和汇总水土保持方案的实施情况，按要求向水利相关部门报送监测报告
13	水土保持监理	工程范围内全部水土保持监理工作，与批复的水土保持报告一致，与水土保持方案报告和水土保持方案的批复意见一致
14	土建第三方检测试验服务	按照住房和城乡建设部第 57 号令以及行业相关检测试验技术规范，由检测试验机构对建筑工程涉及结构安全的材料、试件开展见证取样及检测工作
15	设备代保管服务	物资（单件 50t 以下）接卸、验收、入库、出库、保管、保养等管理工作（含基建 MIS 系统的录入、维护工作），大件物资（单件 50t 以上）交货到施工现场验收、出入库工作，设备、材料催交、催运、设备库区的日常管理和维护，零星物资的提货；厂家服务人员的接送工作；办理返厂物资及库房建设等

第三章

管理策划

工程建设管理策划是现代工程管理中不可或缺的关键环节，其主要的策划对象是项目活动。所谓策划实际就是一种沙盘推演的思维过程，该过程融合多种要素，具有非常强的逻辑思维，能够预判未来发展趋势，并有针对性地制定管理措施，对未来工程建设管理具有极强的指导性。工程建设管理策划是火力发电工程建设管理的前提和必要条件，高水平策划是保证火力发电工程项目成功的重要一环，对于确保项目顺利推进，实现项目全生命周期目标具有重要意义。"策划做不到完美，需过程迭代升级"，策划在火力发电工程建设管理实践中不断实现螺旋式迭代上升。本章详细介绍工程建设管理策划概述、编制要求、案例等内容。

第一节　概述

一、概念

工程建设管理策划是指对工程建设项目各项目标、内容、组织、资源、方法、程序及控制措施进行全面规划和管理，是一种超前性的思维过程，是针对工程建设及其结果所做的筹划，是用来指导工程项目建设管理的纲领性文件。如果缺乏工程建设管理策划，工程管理过程中可能会缺乏条理、手忙脚乱，甚至会出现专业性错误。工程建设管理策划过程是专家知识组织和集成，以及信息组织和集成过程。

二、目的和意义

（一）目的

工程建设管理策划目的旨在推进工程建设管理和工程准备工作标准化和规范化，促进工程建设高效开展，提高工程建设管理水平。其主要目的如下：

（1）确定工程建设项目的功能、性能、技术、造价、工期、质量等方面要求；

（2）制订工程建设主要技术目标和管理目标，明确管理思路和管理方案；

（3）制定工程建设策划和风险控制方案，确定组织机构和职责，确定管理流程和管理标准。

（二）意义

（1）规范建设工程管理程序；

（2）提高工程建设质量和安全水平；

（3）防止或减少工程建设安全和质量事故发生；

（4）促进工程建设高效开展；

（5）促进工程建设目标完成。

三、工程建设管理策划项目分类

依据国家、行业、地方以及上级单位有关标准、规范、制度、规定，上级单位的发展战略、管理要求、项目定位和需求，工程项目的实际情况（自然环境、社会环境、项目特点、管理模式、管理经验、资源条件等），火力发电工程建设管理策划一般分为工程建设项目总体策划和工程建设专项管理策划。

工程建设项目总体策划是工程管理顶层设计，是指导项目建设管理纲领性文件。内容应涵盖工程建设目标、管理目标、管理思路、管理方法及管理手段；工程管理组织机构、职责和程序策划；经济技术指标设计、设计原则及设备选型原则、工程管理模式及施工标段划分原则、智慧工程及智能电站原则、科技创新清单或主要方向等。

工程建设专项管理策划是指开工管理、安全文明施工、造价等某专项工作的管理策划，包括专项管理目标、内容、组织、思路、方法、程序和控制措施等，是指导未来工程专项管理实践的纲领性文件，是工程专项管理的沙盘推演。

火力发电工程建设管理策划项目一般包括但不限于：

（1）工程建设项目总体策划；

（2）设计管理策划；

（3）工程招标及物资管理策划；

（4）工程风险管理策划；

（5）施工组织总设计（大纲）；

（6）高标准开工策划；

（7）技术经济指标管理策划；

（8）造价管理策划；

（9）工程进度管理策划；

（10）安全及文明施工管理策划；

（11）质量工艺及精细化管理策划；

（12）合同管理策划；

（13）监理规划；

（14）调试大纲；

（15）生产准备大纲；

（16）智慧工程（含信息）管理策划；

（17）外围配套工程协调推进策划；

（18）负面清单管理策划；

（19）达标创优规划；

（20）工程建设标准强制性条文、二十五项反措及三十项施工反措落实策划；

（21）职业健康和环境保护管理策划；

（22）绿色施工管理策划；

（23）档案管理策划；

（24）工程验收管理策划。

第二节　工程建设管理策划编制要求

一、内容编制要求

工程建设管理策划应抓早谋先、未雨绸缪，预测未来可能出现的问题，提前做好应对方案，毋临渴而掘井。策划解决的是对工程建设全过程可能发生的各类风险、重要活动的预见与控制，避免走弯路，造成事故或损失。策划旨在培训全体员工尤其是工程新人，明确"开工准备该干什么，开工后应干什么"，保证开工后建设是全员而动、体系运行，而不是"靠个人、凭经验"。

工程建设管理策划内容编制有以下六大要求：

（一）前瞻性

前瞻性是指工程建设管理策划应该具备一定的超前性和预见性，这是工程建设策划最为突出的特点。工程建设管理策划是在工程项目开始之前开展的活动，必须事先预测，凡事想在前面，确保一切风险皆可控制，保证开工后游刃有余、有序施工，而不是紊乱无序、毫无章法。

（二）全面性

全面性是指工程建设管理策划要体现系统性和完整性，要进行全过程、全方位、各环节策划，而不是片面、有选择策划。

例如，某 2×1000MW 项目工程管理策划包括 24 个总体及专项策划（见表 3-1）。

表 3-1　　　　　　　　　　　　　　某 2×1000MW 项目工程管理策划目录

序号	工程管理策划目录	序号	工程管理策划目录
1	项目管理团队介绍	13	精细化管理实施规划
2	工程总体设想	14	施工组织总设计大纲
3	设计管理策划（设计单位合同签订后）	15	施工组织总设计
4	招标采购策划（主设计、主机发标后）	16	安全文明施工总体策划
5	施工总平面布置规划（初设审查前）	17	风险预控与管理大纲
6	厂区及厂前区建筑外观形象设计方案	18	基建技术质量负面清单
7	监理控制要点	19	生产准备大纲
8	监造大纲	20	调试大纲
9	投资控制措施	21	融资方案
10	智能电站实施方案	22	人才发展规划
11	里程碑及一级网络进度计划	23	行政管理策划
12	创优规划	24	后勤管理总体策划

（三）专业性

专业性是指工程建设管理策划里的管理要求和管理措施的技术性、指导性、操作性要强，要能体现真正的专业性，而不是泛泛而谈。

（四）细致性

细致性是指工程建设管理策划要狠抓细节，细节决定工程质量成败。项目单位各级领导要有"细节就是工艺水准，细节就是技术指标水平"的管理意识，在抓大、抓关键点的同时不能忽略细节。如精细化管理策划就是落实上级单位关于设计、设备制造、施工、调试方面的精细化质量管控标准要求。电热方面细节，如接地、盘柜安装、接线、桥架、电缆敷设、电缆套管、防火封堵、涂料、仪表管敷设、仪表安装等；土建、水结、建筑方面细节，如清水混凝土、砌筑、屋面、楼地面、踢脚线、踏步楼梯、栏杆、变形缝、门、窗、吊顶、室内装修、内外墙面、金属板外墙、管道穿楼板及墙体、电缆沟、沉降观测点、标高水准点、室外散水、盖板、孔洞、道路、路沿石、雨水井等各种类型井（标高及型式）、消防箱、散热器等；四大管道、中低压管道（含支吊架、阀门安装）洁净化、精细化安装细节，如转动设备油脂、汽轮机通流间隙、空气预热器密封间隙、真空严密性等。

（五）实操性

实操性是指策划的管理理念、目标、思路、方法、措施与工程实际高度契合，文字简练，图表辅述，便于理解且具有实操性，而非盲目照抄照搬、华而不实、草率应付。缺乏操作性的项目策划，没有任何实质意义。

如安全文明施工策划的目的是创建并持续改善施工作业环境，保证作业过程及时安全，实现工程建设本质安全，但管理实践中很多项目对工程管理理念理解不深入、不到位，策划不切合工程实际，普遍存在照搬照抄现象。有的甚至没抓住管控要点，仍停留于立几面牌子、挂几条横幅的水准，工作尚浮于表面。

案例：某 2×1000MW 新建火力发电工程项目提出"七化"创一流安全文明施工管理思路，明确"3S+"文明施工过程控制原则，见图 3-1。

（六）创新性

创新性是指工程建设管理策划基本流程及涵盖内容基本相同，但是依据工程项目的不同，所涉及的具体内容也不尽相同，因此需要适当地进行创新、创造。

如某 2×1000MW 项目创新性提出"建不一样的电厂"，九大设计原则等。

二、编制分工

（一）项目单位职责

（1）组织编制工程建设管理策划；

（2）向上级单位报送审查工程建设管理策划；

（3）组织实施工程建设管理策划，并迭代更新；

（4）检查、考核各参建单位对工程管理策划的贯彻落实工作。

项目单位各部门按照职责分工编制职责范围内的工程建设管理策划，经批准后实施。项目单位应将工程建设管理策划的有关要求落实到招标文件及合同中。

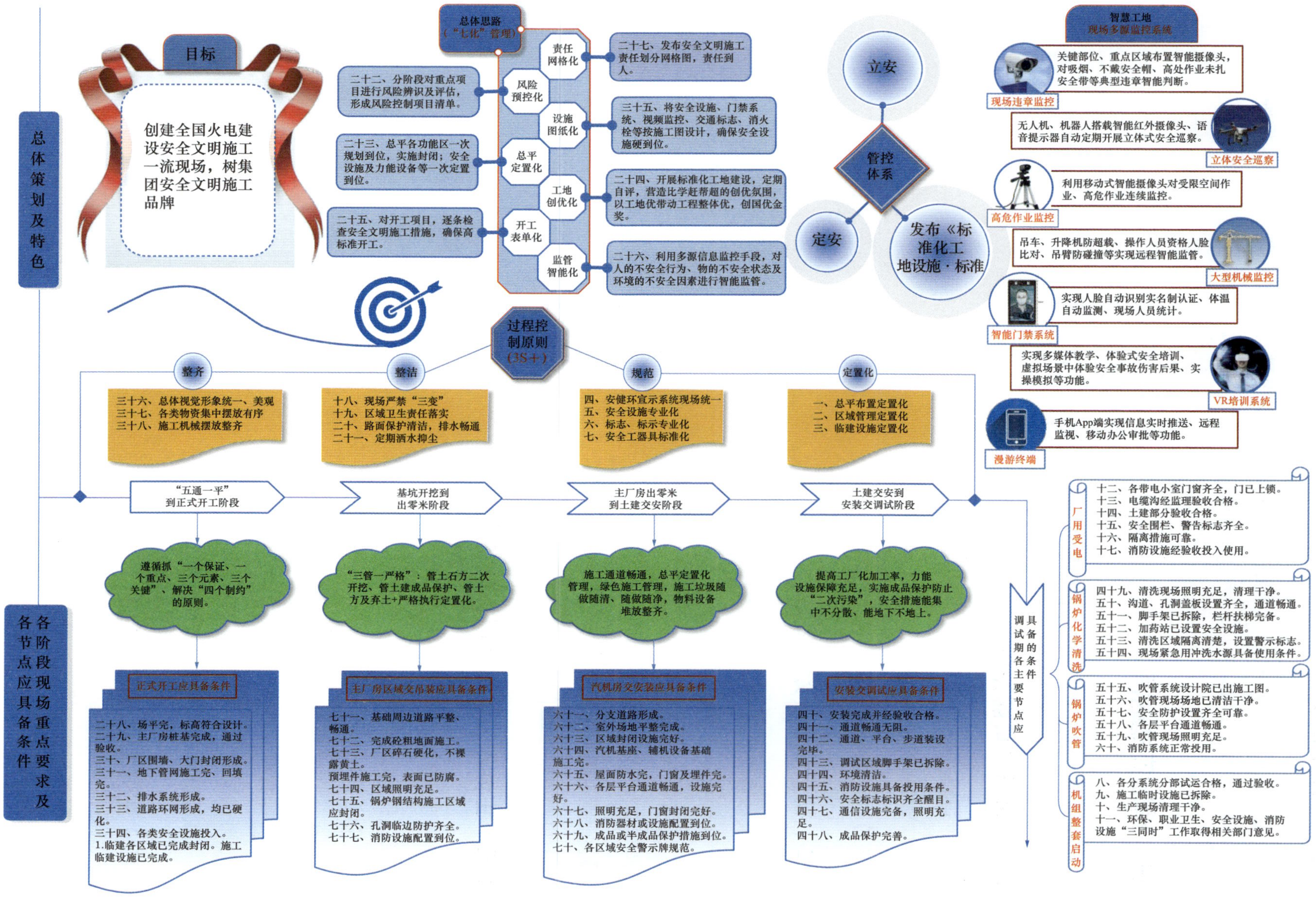

图 3-1 某 2×1000MW 项目安全文明施工策划

（二）参建单位职责

各参建单位应按项目单位工程建设管理策划的要求进行二次策划，制定实施细则并组织实施。

三、编制完成时间

工程建设管理策划项目完成时间要求如下：

（一）可研收口前完成

（1）工程建设项目总体策划；

（2）工程风险管理策划；

（3）造价管理策划。

（二）初步设计开始前完成

（1）设计管理策划；

（2）工程招标及物资管理策划；

（3）高标准开工策划；

（4）技术经济指标管理策划；

（5）智慧工程（含信息）管理策划；

（6）负面清单管理策划。

（三）主体施工单位标招标前完成

（1）施工组织总设计（大纲）；

（2）工程进度管理策划；

（3）安全及文明施工管理策划；

（4）质量工艺及精细化管理策划；

（5）合同管理策划；

（6）外围配套工程协调推进策划；

（7）职业健康和环境保护管理策划。

（四）主体工程开工前完成

（1）监理规划；

（2）调试大纲；

（3）生产准备大纲；

（4）达标创优规划；

（5）工程建设标准强制性条文、二十五项反措及三十项施工反措落实策划；

（6）绿色施工管理策划；

（7）档案管理策划；

（8）工程验收管理策划。

四、某2×1000MW新建工程建设总体策划案例

工程建设总体策划应包含但不限于工程总体目标及定位、主要设计指标、主要设计原则、设计管理措施等。

（一）工程总体目标及定位

工程总体目标及定位是指项目单位结合国家法律法规、行业发展趋势、上级单位要求、建厂实际情况等，综合考量后确定"建什么样的电厂"。

例如，某2×1000MW项目工程总体目标及定位如图3-2、图3-3所示。

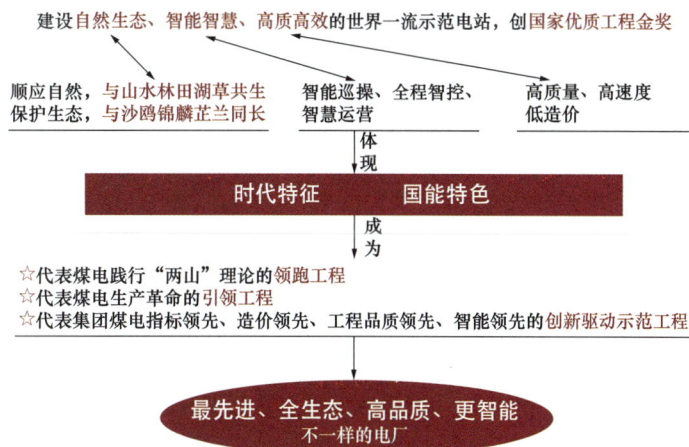

图3-2 某2×1000MW项目工程总体目标

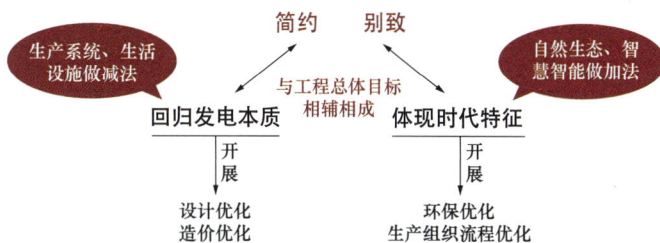

图3-3 某2×1000MW项目工程总体定位

（二）主要设计指标

主要设计指标是指火电厂的主要指标，如供电煤耗率、厂用电率、投资等指标。项目单位应进行同类型机组市场调研，结合火电发展技术，可按照"同时期、同区域、同类型"的先进水平确定工程建设项目主要设计指标，而且主要设计指标要切实可行。表3-2为某2×1000MW项目主要设计指标。

表3-2　　　　　　　　　　某2×1000MW项目主要设计指标

序号	项目	可研值	对标先进值		目标值	备注
			广东某电厂	河北某电厂		
1	背压（kPa）	4.97	4.8	3.3	4.85	
2	供电标准煤耗率（g/kWh）	269.94	268.5	263	267	
3	厂用电率（%）	3.9	3.67	2.96	3.0	
4	与山水林田湖草生命共同体相融共生	—	—	—	全面落实	从保护环境前端入手
5	静态总投资（亿元）	—	—	—	<68.79	

指标估算说明：

（1）以电厂可研数据为基准，通过对广东某电厂、河北某电厂调研，充分借鉴广西某电厂设计优化专题成果，电厂采用深度余热利用、10级双机回热等节能优化技术后，供电标准煤耗率可降低4.85g/kWh。

（2）脱硫系统推广应用脱硫增效剂方案，按每台机组减少一台浆液循环泵1000kW估算，可降低厂用电率0.1%；根据类似电厂技改情况估算，三大风机、循环水泵等采用调速方案，可降低厂用电率约0.2%；煤棚、主厂房屋面设太阳能光伏面板，可降低厂用电率约0.3%，组合应用各种节电技术和方案，厂用电率可降至3.0%以下。若实现热电联产，可进一步降低供电标准煤耗率和厂用电率。

（3）按工程静态总投资控制在可研批复68.79亿元内。

（三）主要设计原则

项目单位应突出"设计是灵魂"理念，根据工程总体目标及定位、主要设计指标等，根据国家、行业、地方有关法律法规、标准以及上级单位有关制度要求等，提出工程项目主要设计原则，并要求设计单位落实。每项设计原则都要进行细化分解，要提出更加细致的落实措施要求。

案例：某项目提出九大设计原则，具体如下（见图3-4）。

1. 坚持"节能高效"原则

（1）选用更高效的先进设备。

1）研究一次再热机组选用28MPa/605℃/622℃高参数的可行性；

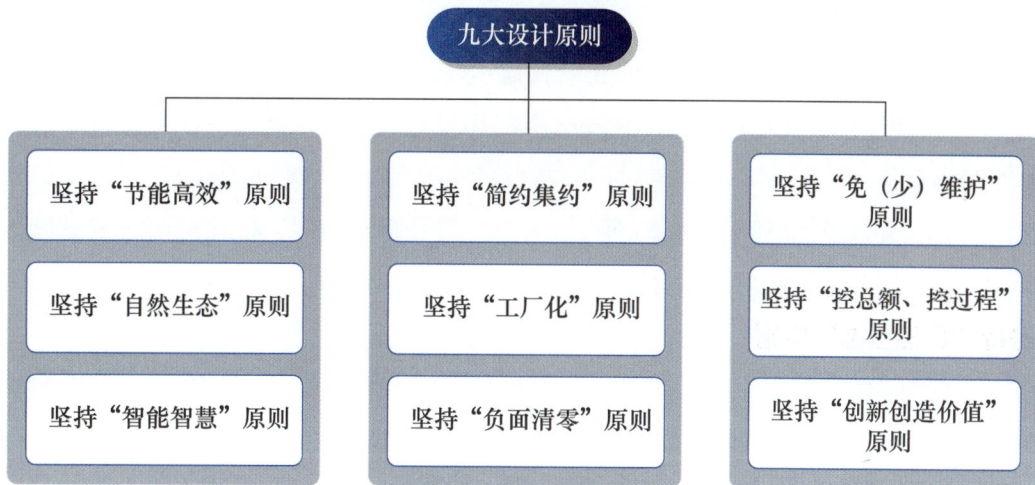

图 3-4　九大设计原则

2）联合设计单位、主机厂共同研究进一步提高进汽参数，优化汽轮机汽封型式、低压缸排汽流场等，争取汽轮机提效有所突破；

3）每台机组设置 $1 \times 100\%$ 容量的汽动给水泵，前置泵与主泵同轴，不设电动启动给水泵；

4）三大风机选用动叶可调的高效风机，脱硫石膏脱水系统采用圆盘脱水机，氧化风机等推广应用磁悬浮离心风机；

5）全厂优先选用板式换热器，节能高效、节省空间，增设高效可靠的冷却水前置过滤装置；

6）真空系统采用水环式真空泵 + 罗茨真空泵组合方案。

（2）集成应用先进的节能技术。

1）采用提高给水温度 + 深度余热利用方案；

2）应用双机 10 级回热方案；

3）协助地方政府开展工业用热规划；

4）实现冷端优化、管道压损优化等；

5）借鉴某工程国产高位收水塔和某电厂烟塔合一工程经验，深入研究带高位收水装置的烟塔合一技术（节电、降噪）；

6）采用闭式水余热利用技术、先导式低压节能栓塞式气力输送技术、永磁调速技术等；

7）研究煤棚、主厂房屋面等采用光伏建筑一体化设计的技术经济可行性；

8）推广应用脱硫增效剂方案，在保证效率的前提下，减少浆液循环泵运行台数，减少石灰石用量；

9）专题论证系统保温节能设计、保温材料选择。

（3）重主不轻辅，全面梳理小系统、小设备，优化设备选型和系统配置。

1）锅炉补给水、生活水、消防水、工业水等供水系统和脱硫废水、含煤废水等废水处理系统统筹设计，减少备用，取消冗余；

2）空压机采用双压系统，适当降低杂用压缩空气压力（节电）。

（4）控制逻辑的节能优化。

1）磨煤机自动运行控制，根据煤质及每台磨煤机特性，尽可能保证磨煤机最大出力运行。

2）通过工况特性分析及反馈控制，自动选择高压供电的间歇供电占空比和运行参数，使静电除尘器始终高效运行。

3）明确循环泵台数与循环水温度、排汽压力对应最佳运行曲线，优化控制逻辑设计，实现自动经济运行。通过辅助、附属系统和设备高效运行，降低厂用电率。

2. 坚持"自然生态"原则

坚持"绿水青山就是金山银山"，"对生态环境最小的干预就是最大的保护，最少的改变就是最好的融合"的原则，尽量减少排放，使之符合国家排放政策。

（1）总体规划时考虑对自然环境的保护。

1）安排专人常驻现场，全过程深度参与地方政府清表交地工作，最大限度保留保护厂界、厂前等区域已有的自然生态资源。

2）探索开展"国家能源生态林"试点建设，根据《大中型火力发电厂设计规范》（GB 50660）"设置防护林"要求，协调地方政府在电厂围墙外 10m 范围种植地方树种，形成电厂的生态廊道。未来新开工项目可以研究取消围墙设置电子围栏可行性，并结合厂内绿化，打造森林中综合能源中心的设计方案。

3）利用灰场周边现有树木，沿灰坝周边提前形成生态防护林；运灰路改造利用现有村道；优化灰场防渗及灰水收集利用方案，库区内实现自然绿化，完成灰场绿色生态治理。

4）优化水源取水管线路径及施工方案，减少对取水沿线生态环境的影响。依据"长江大保护"战略及项目所在地对长江岸线生态保护和绿色发展的要求，研究"无泵房"取水方案。

5）优化铁路专用线设计及施工方案，统筹考虑翻车机房零米和专用线轨顶标高，减少土石方工程量，保护铁路沿线及厂站周边生态环境，打造绿色运煤专线。

（2）总平面布置时考虑对自然环境的保护。

1）因地制宜、顺势布置，保留并利用既有水塘、山体、树木等自然生态资源，煤场区域尽量实现顺势建设。

2）结合自然地形和绿化带，分区收集雨水，减少场地径流系数，把保留的水塘作为蓄水调节池。未来新开工项目可以研究海绵电厂实施的可行性。

3）优化"五通一平"设计，尽可能维持原生态。

4）场地平整的竖向可以改变常规设计思路，依形确定标高，且挖填方量平衡，减少高挖深填。

5）根据竖向标高设计情况，优化生活水、消防水、生活污水、雨排水管的干管及厂区主干道路设计，全部采取永临结合，避免二次开挖施工。

（3）开展电厂建筑融入环境的方案设计。

重点优化建筑群体风格设计、大体量建（构）筑物的立面设计方案，充分考虑与周边生态环境、东山镇区建筑的协调性。建筑理念注重塑造企业文化并适当挖掘地方文化元素，简洁可实施。实现全厂空地绿地率100%。

（4）粉尘、二氧化硫（SO_2）、氮氧化物（NO_x）、废水、废气、噪声、工业废料、粉煤灰渣全面环保达标排放。

1）全过程、全要素、全链条全面环保达标率100%。

2）烟尘、SO_2、NO_x按$3mg/m^3$、$10mg/m^3$、$20mg/m^3$（标况下）超低排放标准设计。

3）全负荷脱硝+精准喷氨，研究取消湿式除尘器的超低排放方案，对比论证选用尿素水解方案。

4）借鉴黄骅港电厂经验，输煤系统应用长效抑尘、回程皮带清洗等技术，实现"输煤不见煤"。

5）开展脱硫废水零排放多种技术路线论证工作，采用预处理+低温浓缩+高温旋转喷雾技术，电除尘应用辅助阴极收尘线技术。

6）从设备选型、系统设计开始，关注设备噪声控制，尤其重视露天布置设备或敞开式辅助设施。

7）实施粉尘、挥发性有机物等无组织排放治理，固体废物处置严格执行国家标准。

3. 坚持"智能智慧"原则

项目单位与设计院共同开展生产、管理流程分解，研究各环节的自动化、机械化、信息化、智能化替代方案，在系统设计、设备选型过程中明确智能智慧具体要求。充分考虑"云、大、物、移、智"等技术与电力生产业务的深度融合，构建安全高效的"三网络、两平台"，打造"全面、融合、智能、安全、柔性"的生产控制网、管理信息网和工业无线网（5G），建设智能生产控制系统（ICS平台）和智慧管理运营系统（ISS平台），实现机组无人巡检、少人值守、一键启停，最终达到减员增效、持续创造价值的目标。

4. 坚持"简约集约"原则

（1）建（构）筑物数量优化。

1）取消——布局简约，"能取消的一律取消"：推煤机库、运灰车库、汽车衡控制室、翻车机控制室、职工活动中心、食堂等。

2）合并——采用多层、联合建筑，集约布置，所有辅助、附属建筑面积结合智能智慧建设实现优化。集控楼、网控楼、化学试验楼、输煤综合楼、脱硫控制楼、生产办公楼、行政办公楼实现"七楼合一"，设智控楼；突破常规，研究与主厂房脱开独立布置方案；材料库、检修车间合并为智检楼；值班宿舍和就餐间合并为工程师休息楼；危化品库和危废库合并设计为危险品库。

3）集中——功能分区明确，布置紧凑，"能集中一律集中"。在其他相关项目基础上，进一步优化整合，将原水预处理、除盐水、工业水、消防水、生活水合并为净水站；将工业废水、含油废水、含煤废水、生活污水合并为废水处理站；两站集中布置为水务中心。灰库、石灰石浆液制备、石膏脱水及石膏库（仓）、尿素车间等集中布置为物料中心。启动锅炉及燃油泵、危化品库房、危废库房等危险性较大的建（构）筑集中布置在煤场北侧。智控楼、智检楼、工程师休息楼等办公生活设施集中布置在主厂房东南侧。脱硫、除尘实现一体化设计，集中为烟气治理中心。

与常规设计相比，通过建（构）筑物取消、合并、集中优化，可减少零散布置的建（构）筑物约20座。全厂建（构）筑物形成一房两塔三中心三栋楼，即一房：主厂房；两塔：1、2号烟塔；三中心：烟气治理中心、水务中心和物料中心；三栋楼：智控楼、智检楼和工程师休息楼。

（2）建筑设计简化。

工程创新主要思想是简捷了当，即"越简单越好"。简化输煤栈桥设计，皮带露天布置，取消水冲洗系统。循环泵、启动锅炉及燃油泵、户外GIS等采取露天布置，即"露天的一律露天"。锅炉补给水设备、污废水处理设备等采取开放布置，即"能加顶不封闭的一律不封闭"。

（3）建筑装修从简。

重设计风格、施工工艺质量，轻装修。辅助车间坚持"功能实现、实用至上"原则，室内外墙面研究采用清水混凝土或混凝土砌块免涂刷工艺，弱电、照明等穿线管采用明敷工艺，全现场不吊顶。办公生活建筑以满足舒适为原则，室内部分区域不吊顶。

（4）优化设备系统。

1）减少设备。扩大100%容量辅机范围设计，适度设置备用；2×100%容量的立式凝结水泵，采用变频调速；脱硫系统采用成品石灰石粉，取消湿式球磨机；取消压路机、运灰车、推土机等灰场机械，采取社会化方式来解决。

2）减少冗余。调研同类型电厂，收集投产后停运或使用频率低且可替代的设备系统相关信息，如：凝汽器水室真空泵等。化学、供水、热机等相关专业应统筹设计，减少冗余设备。如：除氧器上水和凝结水补水系统管道合并，共用水泵可减少水泵数量。

3）简化系统。成套设备由制造厂集装模块化供货，如：补给水系统研究应用全膜法工艺，取消酸碱储存间。设备系统宜分散则分散，减少长距离管道，如：翻车机房、启动锅炉房等宜设独立空压机。全厂应以集中空调为主、单体空调为辅（辅助车间），中央制冷设备组合应用热驱动吸收式制冷机组和电驱动压缩式制冷机组，运行方式灵活。

4）采用更利于实现智能智慧的设备选型和系统配置方案。取消常规燃油系统，采用双层等离子点火系统。采用石子煤斗＋智能电动无人叉车转运方案。按15天储煤量（22万t）对比论证条形煤场、圆形煤场、筒仓方案，在保证储煤量的基础上优化投资。

5. 坚持"工厂化"原则

（1）扩大工厂化加工配置范围，"能工厂化加工的一律工厂化"，如：中、低压管道、烟风道等，钢结构、钢（直）梯、栏杆、沟道盖板、阀门保温罩壳、孔洞盖板等，烟塔预制淋水构件等。

（2）尽可能按有利于实现工厂化方向展开设计，如：扩大钢结构应用范围，厂房、输煤栈桥、综合管架等尽量采用长效防腐涂装的钢结构。

（3）推广应用施工便捷的新材料、新工艺，如：研究推广应用装配式建筑构件、集成式墙板等新型建筑材料的可行性；电缆托架、沟道盖板、检查井盖等采用全厂统一标准的、属于新型复合材料的、定制的成品；研究应用其他行业的新工艺，如：房地产行业推广应用的铝模新工艺等。

6. 坚持"免（少）维护"原则

（1）全厂统一。

同类型设备、阀门等尽量采取同步设计、集中打包、采购统一品牌或设备厂家；门窗、栏杆、盖板等工艺、材质实现全厂统一，包括厂家供货部分；设备用润滑油、润滑脂尽可能实现统一。

（2）推广应用"免维护"新型复合材料。

地埋管道采用"本质防腐"的塑料复合管；组织制定控制管材、管件采购质量的管理办法；脱硫吸收塔实现全塔防腐创新，采用阻燃增韧碳化硅复合陶瓷衬里新技术，具备阻燃、耐磨等优势，全国首次使用；针对电厂多雨、潮湿的气候特点，研究建筑物外墙装饰、屋面防水等新工艺。

（3）检修部位按可拆装设计。

检修部位按可拆装设计，如：应用可拆装式保温。

（4）设备选型系统简单。

脱硫氧化风机采用磁悬浮离心风机，无需冷却水和润滑油系统。

7. 坚持"负面清零"原则

（1）完善设计负面问题落实机制。生产准备人员调研收集已投产的同类型电厂近三年内出现的负面问题，结合新发布的《基建技术质量负面清单》，形成设计问题清单在签订合同时将其作为合同附件，并要求设计单位在初设内审时全部闭环。设计单位中标后收集本单位以往项目负面问题，形成清单，计划司令图鸣放前完成。

（2）负面问题清单实施动态管理。要求设计单位在每一卷册说明书中增加对负面问题落实情况的专项说明，工程部每季度组织召开专题会议检查闭环情况。对一次再热机组进行调研，详尽收集在基建和运行中出现的设计问题，借鉴吸收经验教训。

（3）防"四新"风险，不产生新的负面问题。

8. 坚持"控总额、控过程"原则

（1）总额控制。

1）关注初设原则，如：智能电站项目引起的投资变化。

2）关注重大技术方案，如：煤场方案引起的投资变化。

3）严把主机、主要辅机、主体施工单位的招标文件质量：做好充分的技术和商务调研；合理划分标段和范围；合理设定承包方式和结算原则；合理设置招标门槛，通过市场竞争，降低造价，合理设定评标办法，选好队伍，选好设备。

4）造价贴近市场水平，应比对限额设计参考造价指标，主厂房体积、热力系统汽水管道、烟风煤管道、电缆、建筑三材用量等工程量及时做好比对工作。

（2）过程控制。

1）掌控图纸交付进度及开工前交图量，保证开工后连续施工，防止"窝工"。

2）优化出图顺序，确保施工组织顺畅，以防机具、设备闲置。

3）实施施工图精细化设计，控变更量。

4）强化地下工程、隐蔽工程、零星工程施工图设计深度，严控签证量。

9. 坚持"创新创造价值"原则

（1）积极应用"深度余热利用""双机回热"等新技术，最大程度降低供电煤耗，实现能耗指标最先进目标。

（2）创新要充分进行技术经济分析和论证，考虑投资回报。

（3）项目单位要求设计单位充分消化业主智能电站建设需求，主动、深入推进智能智慧设计，促进生产组织流程变革。

（四）设计管理措施

主要分为设计管理指标与设计管理措施，以指标目标为引导，确定相应的设计管理措施。例如，

1. 某2×1000MW新建火电项目设计管理指标

（1）创国家级优秀设计奖；

（2）供电煤耗率投产年同类型机组全国第一（节能）；

（3）厂用电率小于3.0%（节电）；

（4）每百万千瓦耗水量同期最低（节水）；

（5）尘硫氮水汽声灰渣全面环保达标率100%；

（6）厂区空地绿化率100%；

（7）每千瓦耗材量低于同期行业均值（节材）；

（8）造价低于同期行业均值；

（9）辅助生产厂房和辅助、附属建筑面积较常规减少60%（不含煤场）。

2. 某2×1000MW新建火电项目设计管理措施（图3-5）

（1）设计思想革命。

在设计过程中坚持建最先进、全生态、高品质、全智能"不一样电厂"的九大项主要设计原则。在初步设计、施工图设计阶段要深入贯彻建"不一样电厂"的理念，务求打破常规和惯性思维，统一思想、统一目标。

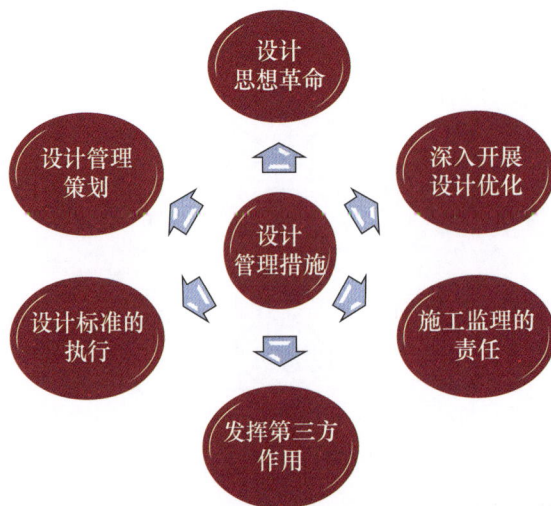

图3-5 某2×1000MW新建火电项目设计管理措施

（2）设计管理策划。

突出"顶层设计控造价、优化创新提指标"的重要性，对照"最先进、全生态、高品质、全智能"目标，明确各设计阶段的创新方向、优化措施、机组指标，为实现各阶段任务而制定组织保障、质量保障、进度保障等管理措施。

1）要求设计单位编制设计管理策划，强化顶层设计审查；

2）总平面、初设原则及初步设计、司令图须组织专家评审；

3）工程部专设经理助理、设计主管加强设计管理，要求设计单位加强三级校核，强化责任，严肃考核；

4）针对设计深度符合率、图纸会审出错率、设计交底及时率、工代服务24h处理率、图纸交付及时率、图纸升版数、设计变更数等指标，明确考核值和考核规定。

（3）深入开展设计优化。

要求设计单位组建勇于创新的高水平设计团队，重点强调总交、建筑、机务、热控、信息等专业设计人员配置，须满足建"不一样电厂"的设计需求；回归发电本质，坚持"九项设计原则"，突破常规；全方位（不放过附属建筑）、全系统（不忽视小系统）开展设计优化；要求设计单位院领导亲自挂帅，开展施工图精细化设计。

（4）设计标准的执行。

严格执行国家、行业、上级单位的标准规范，保证设计深度和质量：关于二十五项反措、强条落实，要求设计单位按专业定期以专题报告方式实现闭环管理；要求设计单位严格按照设计规范设计防水、防火、防爆、防尘、防毒、防化学伤害、防机械伤害、防高处坠落、防滑、防触电、防烫伤、防窒息、防噪声、防振动、防暑、防寒、防潮等相关措施，逐项对照规范落实；要求设计单位落实安全、消防、职业卫生等"三同时"设计要求，确保机组启动前各设施投入率100%；扎实推进项目单位21项设计标准、负面问题闭环、工厂化要求等重点标准和要求的落实。

（5）施工监理的责任。

在监理招标文件中明确监理工程师的设计责任，配置满足智慧电厂建设所需专业能力要求足够人员。

（6）发挥第三方作用。

把"业主主导、专业咨询"用到点上、做到极致，充分发挥工程造价咨询单位、规划院、热工院、科研院校、质量检验检测机构等第三方的作用。做好重大创新项目论证，及时邀请行业内权威专家进行评审。

第四章

合规及风险管理

火力发电工程项目建设过程，因涉及面广、工种多、工期紧、交叉作业多、工序复杂、作业难度大等，是一项隐藏着许多潜在风险的庞大系统工程。为提升风险应对能力，项目单位应按照"强内控、促合规、防风险"思路，构建法务、合规、风险、内控"四位一体"全面风险防控体系，并持续夯实全面风险防控"三道防线"：业务部门是第一道防线，全面风险防控牵头组织部门是第二道防线，审计、纪检、巡视巡察部门是第三道防线。三道防线协同联动、同频共振。基于此，项目单位应逐渐构筑起全方位、全过程、全员的全面风险防控机制，进而确保安全环保、质量、工期、造价、技术创新等工程目标顺利实现。

第一节　合规管理

一、概念

合规是指项目单位及其员工的工程建设、生产经营管理行为符合法律法规、监管规定、行业准则、国际条约和规则、商业惯例以及企业章程、规章制度等要求。

合规风险是指项目单位及其员工因不合规行为，引发法律责任、受到相关处罚、造成经济或声誉损失以及其他负面影响的可能性。

合规管理是指以有效防控合规风险为目的，以企业和员工经营管理行为为对象，开展包括制度制定、风险识别、合规审查、风险应对、责任追究、考核评价、合规培训等有组织、有计划的管理活动。

二、目的和意义

（1）保障项目顺利进行：合规管理可以确保火电工程项目在实施过程中遵守相关法律法规和行业标准，避免因违规行为而受到行政处罚或法律追究，保障项目的顺利进行。

（2）降低法律风险：合规管理可以及时发现和纠正火电工程项目中存在的违规行为，避免因违规行为而引发的法律风险，保障项目的稳定运营。

（3）提高企业声誉：合规管理可以提升火电工程项目的整体形象和信誉度，树立企业的良好形象，提高企业的市场竞争力。

三、体系建设原则

项目单位合规管理体系建设应遵循以下原则：

（1）围绕中心，服务大局。紧紧围绕项目单位工程建设中心任务，注重运用法治合规思维，切实发挥法治与合规在项目单位工程建设各项任务中的支持保障、防范风险和价值创造作用。

（2）全面覆盖，重点突出。将合规管理要求全面融入项目单位工程建设各个环节、贯穿各业务流程、各管理层级、各工作岗位，实现合规管理全覆盖。同时，根据项目单位整体业务特点和外部环境变化，确定合规管理重点领域，把握关键、管控重点。

（3）领导带头，全员参与。牢牢把握领导干部这个"关键少数"，大力提升各级领导干部的合规意识，充分发挥其带头讲合规、践合规的示范作用；进一步强化合规管理宣传教育，培育合规文化，形成全员合规、主动合规的良好氛围和良好循环。

（4）权责明确，高效协同。切实加强组织领导，将合规管理与工程建设同谋划、同部署、同检查、同考核。明确各主体在推进合规管理体系建设中的权责，通过科学合理的工作机制与流程，有效整合资源，形成分工负责、高效协同的合规管理大格局。

（5）防范为主，强化责任。立足关口前移、事先防范和过程控制，建立健全合规管理机制，最大限度防范合规风险。压实主体责任，加大对违规行为的问责追责力度，达到警示和预防的目的。

四、组织机构和职责

（1）项目单位总经理办公会负责审议批准合规管理体系建设方案、合规管理基本制度、合规管理年度报告等重大事项。

（2）项目单位董事长为合规管理第一责任人，负责组织研究、部署、协调、督办合规管理工作中的重点难点问题。

（3）项目单位设立合规管理领导小组，由项目单位领导班子组成，与法治建设领导小组合署，负责组织领导和统筹协调项目单位合规管理工作，建立健全合规管理体系，推动将合规要求嵌入业务流程，研究合规管理重大事项，部署合规管理重点工作等。

（4）合规管理领导小组下设办公室，设在综合管理部，负责合规管理领导小组日常工作，成员由各部门负责人及综合管理部有关人员组成。

（5）项目单位法律工作分管领导兼任合规管理负责人，具体协调、推进项目单位合规管理体系建设，领导合规管理牵头部门开展合规管理各项工作。

（6）项目单位综合管理部是合规管理牵头部门，负责组织、协调和考核评价合规管理工作，提供合规管理支持，主要职责包括：

1）编制合规管理方案与计划；

2）制订合规管理基本制度和通用类规范性文件；

3）组织开展合规风险识别和预警，参与重大事项合规审查和风险应对；

4）负责对相关事项是否符合法律法规进行合法性审查；

5）组织开展合规检查与考核评价；

6）组织开展通用类合规培训；

7）参与对重大违规问题的调查；

8）其他与合规管理有关的工作。

（7）各部门是合规管理专项部门，对本业务领域合规管理专项工作承担管理主体责任，按照"管业务必须管合规"的原则主要履行以下职责：

1）负责制订本业务领域所需要的合规管理专项制度、专项合规指引及规范性文件等；

2）主动排查、识别、评估及应对本业务领域的合规风险；

3）做好本业务领域日常合规管理，负责本业务领域的专项合规审查工作；

4）做好商业伙伴、第三方合规管理工作；

5）将合规管理专项经费列入年度预算，组织开展专项合规培训；

6）协助或者配合违规调查，落实违规行为整改；

7）向综合管理部提供有关合规资料。

（8）项目单位相关部门按照职责分工履行以下合规管理监督职责：受理违规举报，组织调查，进行处理，督促整改，并向合规管理牵头部门提供有关合规资料。

（9）综合管理部（内控）负责将企业合规体系建设与重大合规风险等内容纳入审计范围。

（10）根据工作需要，合规管理牵头部门、专项部门可聘请中介机构作为合规管理顾问，对合规体系建设、标准指引制定及重大合规问题论证、把关等提供专业支持。

五、合规管理重点

1. 重点领域的合规管理

项目单位应加强以下重点领域的合规管理。

（1）招标采购。健全管理制度，规范采购行为，加强供应商管理和监督检查，提高企业资金使用效率。

（2）外部交易。完善交易管理制度，严格履行决策批准程序，建立健全自律诚信体系，突出反商业贿赂、反不正当竞争，规范对外交易活动。

（3）安全环保。严格执行国家安全生产、环境保护法律法规，完善企业生产规范和安全环保制度，加强监督检查，及时发现并整改违规问题。

（4）劳动用工。严格遵守劳动法律法规，健全完善劳动合同管理制度，规范劳动合同签订、履行、变更和解除等行为。

（5）财务税收。健全完善财务内部控制制度体系，严格执行财务事项操作和审批流程，严守财经纪律，强化依法纳税意识，严格遵守税收法律政策。

（6）知识产权。及时申请注册知识产权成果，规范实施许可和转让，加强对商业秘密和商标的保护，依法规范使用他人知识产权，防止侵权行为。

（7）商业伙伴。对重要商业伙伴开展合规调查，通过签订合规协议、要求作出合规承诺等方式促进商业伙伴行为合规。

2. 重点环节的合规管理

项目单位应加强以下重点环节的合规管理。

（1）制度制定环节。强化对规章制度的合规审查，确保规章制度依法合规。

（2）经营决策环节。严格落实"三重一大"（重大事项决策、重要干部任免、重大项目投资决策、大额资金使用）决策制度，在决策程序中增加合规审查环节，强化对决策事项的合规论证把关，保障决策依法合规。

3. 重点人员的合规管理

项目单位应加强以下重点人员的合规管理。

（1）各级管理人员。推动各级管理人员切实提高合规意识，带头依法依规开展经营管理活动，认真履行承担的合规管理职责，强化考核与监督问责。

（2）重要风险岗位人员。根据合规风险评估情况明确界定重要风险岗位，有针对性地加大培训力度，使重要风险岗位人员熟悉并严格遵守业务涉及的法律法规及制度，加强监督检查和违规行为追责。

六、合规管理运行

（1）项目单位合规管理专项部门应根据需要，针对重点领域制定合规管理专项制度，梳理编制合规事项清单及指引，并根据法律法规变化和监管动态，及时将外部有关合规要求转化为内部规章制度。

（2）建立合规风险识别机制。项目单位合规管理专项部门应围绕关键岗位与核心业务流程，定期开展合规风险识别和隐患排查，全面识别各业务领域的合规风险。

（3）建立合规风险评估与预警机制。项目单位合规管理专项部门应综合分析和评估合规风险来源、违规可能性及其后果等因素，根据评估结果制定应对预案，实施动态跟踪管控，采取有效措施及时应对处置。对于典型性、普遍性和可能产生严重后果的合规风险应及时发布预警。

（4）建立分工合作、各有侧重的合规审查机制。项目单位合规管理专项部门应利用信息化系统，将合法合规审查作为必经环节嵌入业务流程。

1）项目单位合规管理专项部门从是否符合本行业政策法规、行业标准与规则、监管规定、上级单位及项目单位规章制度等角度进行"合规性"审查。

2）项目单位合规管理牵头部门从是否符合通用性法律法规的角度进行"合法性"审查。

3）特别重大、疑难复杂的合规事项，项目单位合规管理专项部门可商合规管理牵头部门提供支持，参与审查，共同把关。

（5）建立违规举报与调查问责机制。项目单位相关机构或部门应按照职责分工，公开举报方式，保护举报人的隐私和权益。对于违规举报信息，应及时办理并根据调查结果严肃问责追责。

（6）建立合规管理评估机制。项目单位合规管理牵头部门应定期组织开展合规管理体系评价，及时发现问题，深入查找根源，完善相关制度，堵塞管理漏洞，推动合规管理工作持续提升。

（7）建立年度与即时相结合的报告制度。项目单位合规管理牵头部门应于每年初组织合规管理专项部门编制企业上年度合规管理报告，报总经理办公会审议批准后，根据上级单位要求及时报送。

发生性质严重或可能给企业带来重大合规风险的事件，应及时向合规管理牵头部门通报，并向合规管理领导小组报告，按规定需向有关主管机构报告的及时上报。

七、合规管理保障

（1）项目单位应将合规培训纳入企业整体培训计划，建立常态化培训机制，按照分类的思路开展培训工作，确保全体员工理解、遵循合规管理目标和要求。

1）项目单位应按照通用合规培训和专项合规培训两条线开展工作，通用合规培训由合规管理牵头部门负责组织，专项合规培训由合规管理专项部门负责组织。

2）项目单位应针对管理人员、合规工作人员、其他员工设计合规培训课程，合理安排培训内容。

3）项目单位应将合规培训与普法培训，管理人员培训、业务培训、新员工入职培训等相结合，将法律合规内容作为各类培训班的必修课。

（2）项目单位应根据业务规模、合规风险水平等因素加强合规管理人员配备，坚持按需定岗定编，满足合规管理需要，并通过持续加强合规管理人员专业培训，提升队伍能力水平，建立专业化、高素质的合规管理队伍。

项目单位配备的合规管理人员应具有与其履行职责相适应的资质、经验和专业知识，熟练掌握有关法律法规、监管规定、行业自律准则和项目单位内部管理制度等。

（3）项目单位应将合规管理专项经费列入年度预算，抓好经费落实，为合规管理体系建设提供资金保障。

（4）项目单位应将合规文化作为企业文化建设的重要内容，积极培育合规理念，营造依规办事、按章操作的文化氛围，倡导依法合规、诚信经营的价值观，不断增强员工的合规意识和行为自觉。项目单位要将合规作为社会责任的重要内容，将企业合规文化传导到利益相关方。

第二节　风险管理

一、概念

风险指未来的不确定性对公司实现其目标的影响。风险一般可分为战略风险、财务风险、市场风险、运营风险和法律风险等。

全面风险管理指围绕公司总目标，通过在公司管理的各个环节和经营过程中执行风险管理的基本流程，培育良好的风险管理文化，建立健全全面风险管理体系，包括风险管理策略、风险管理的组织职能体系、风险管理信息系统和内部控制系统，从而为实现风险管理的总目标提供合理保证的过程和方法。

二、风险管理流程

风险管理流程主要包括收集风险管理初始信息、进行风险评估、制定风险管理策略、提出重大风险管理解决方案等关键环节。

（一）收集风险管理初始信息

风险管理初始信息是全面风险管理工作的基础依据，项目单位实施全面风险管理，应广泛、持续不断地收集与本项目风险和风险管理相关的内部、外部初始信息，包括历史数据和未来预测，并把收集初始信息的职责分工落实到各部门。通过对收集的初始信息进行必要的筛选、提炼、对比、分类、组合，为风险评估工作奠定基础。

（二）进行风险评估

风险评估是对收集的风险管理初始信息和各项业务管理流程进行风险辨识、分析和评价并确定重大风险的过程，包括风险辨识、风险分析、风险评价三个主要步骤。风险辨识是查找各项经营活动及重要业务流程中有无风险，有哪些风险；风险分析是对辨识出的风险及其特征进行明确的描述，分析风险发生可能性的高低和风险发生的条件；风险评价是评估风险对实现企业经营目标的影响程度等。

项目单位应开展全面风险评估工作，对重大决策和重要业务可根据管理需要开展专项风险评估。风险管理信息应实施动态管理，对新的风险和原有风险的变化要及时进行重新评估。

风险评估由风险管理部门组织各部门实施，也可聘请有资质、信誉好、风险管理专业能力强的中介机构协助实施。

（三）制定风险管理策略

风险管理解决方案是风险管理策略分解落实到具体风险的管理措施，一般包括：风险管理的具体目标，具体风险的对策，风险管理的组织领导，涉及的业务流程，投入资源，风险事件发生前、中、后可采取的管理措施及风险管理工具。

（四）提出重大风险管理解决方案

根据风险管理策略，风险管理部门应组织各部门针对重大风险制定风险管理应对方案，并制定相应的预防和控制措施。重大风险管理解决方案应经风险管理部门拟定后报主管领导审核，并由总经理办公会审核、主要领导人审批。

三、风险管理组织体系

项目单位应建立由主要负责人总负责，总经理办公会直接领导，以风险管理部门为依托，相关部门密切配合，覆盖所有业务的风险管理组织体系。可以成立以公司主要领导为主任／组长的风险管理／预控专项委员会。

其主要职责：

（1）及时决策各项涉及重大风险项目的立项、资金支付等事宜；

（2）保持与地方政府高层的有效沟通，政企联动，配合精准到位；

（3）针对外部风险有升级迹象时，应及时向上级单位汇报并沟通，共同控制局面；

（4）确保项目单位风险预控体系的有效运作；

（5）对风险预控措施落实不力的部门及责任人进行问责及考核；

（6）保证项目单位应对风险的各项费用、物资等资源充足。

项目单位风险管理归口管理可设在综合管理部门，负责风险管理体系的建设和运转，负责风险管理工作的组织协调，为重大风险管理决策提供专业意见。

项目单位各部门是风险防范和风险应对工作的具体管理部门，负责与本部门业务相关的风险管理工作。各部门负责人是本部门风险管理负责人，各部门至少指派一名风险管理协调员，协助部门负责人开展本部门风险管理工作。各部门应接受风险管理部门的组织、协调、指导和监督。

四、风险管理主要管控要点

项目单位应高度重视风险防控，根据当时当地内外部环境因素，正确识别工程项目投资策划、立项、设计、决策、开工、施工组织、竣工验收、后评估等整个建设工程中的重大风险，并做好风险应对预案。

项目单位应按照项目战略及前期管理、工程建设不同阶段，开展风险识别、风险分析、风险评估工作。

（一）项目战略及前期管理

1. 项目合法性文件

项目建设整个过程应依法合规取得内外部批复文件，并妥善归档永久保持，避免因停建、缓建、行政处罚等导致的损失，避免管理人员受到违规经营投资责任追究等。合法性文件包括但不限于以下内容（以当时当地具体规定为准）：

（1）项目核准；

（2）开工报告批复；

（3）项目可研报告批复文件；

（4）项目初步设计批复文件；

（5）环评批复文件及环评变更批复文件；

（6）规划许可证；

（7）林木采伐许可证；

（8）使用林地审核同意书；

（9）土地使用证；

（10）项目初步设计（概算）批复文件；

（11）移交生产签证书；

（12）安全设施专项验收证书；

（13）消防设施专项验收证书；

（14）环保设施专项验收证书（或脱硫、脱硝、除尘设施先期验收证书）；

（15）水土保持设施专项验收证书；

（16）职业卫生设施专项验收证书；

（17）项目档案专项验收证书；

（18）竣工决算报告批复文件。

2. 火力发电项目战略管理

项目投资计划管理、项目投资监督管理。

3. 火力发电项目核准管理

核准手续管理、支持性文件管理。

项目战略及前期管理的风险管理主要管控要点具体见表4-1。

表 4-1　　　　　　　　　　　　　　项目战略及前期管理风险预控要点

项目	事项	合规风险点	风险预控要点
火电项目战略管理	项目投资计划管理	新建、改建、扩建火电项目未编入本企业年度投资计划	新建、改建、扩建火电项目应编入本企业年度投资计划
			未纳入年度投资计划的项目原则上不得投资,确需追加投资项目的应调整年度投资计划
		未及时向国资委报送年度投资计划及调整后的年度投资计划	中央企业应当于每年3月10日前将经董事会审议通过的年度投资计划报送国资委
			中央企业因重大投资项目再决策涉及年度投资计划调整的,应当将调整后的年度投资计划报送国资委
			中央企业应当履行投资信息报送义务和配合监督检查义务
	项目投资监督管理	新建、扩建、改建火电项目的投资决策权下放违反基本原则,且决策文件形式上不符合要求	向下授权投资决策的企业管理层级原则上不超过两级。各级做出决策,应当形成决策文件,所有参与决策的人员均应在决策文件上签字背书,所发表意见应记录存档
		未制定投资项目的中止、终止或退出机制,导致企业无法及时止损	应当定期对实施、运营中的投资项目进行跟踪分析,针对外部环境和项目本身情况变化,及时进行再决策。如出现影响投资目的实现的重大不利变化时,应当研究启动中止、终止或退出机制
		未对重大投资项目进行专项审计	中央企业应当开展重大投资项目专项审计,审计的重点包括重大投资项目决策、投资方向、资金使用、投资收益、投资风险管理等方面
		未建立本企业适用的投资全过程风险管理体系	中央企业应当建立投资全过程风险管理体系,将投资风险管理作为企业实施全面风险管理、加强廉洁风险防控的重要内容
		未按规定向国资委报送项目投资完成情况	中央企业应当按照国资委要求,分别于每年一、二、三季度终了次月10日前将季度投资完成情况通过中央企业投资管理信息系统报送国资委
			中央企业在年度投资完成后,应当编制年度投资完成情况报告,并于下一年1月31日前报送国资委
			向国资委报送有关纸质文件和材料的同时,还应当通过中央企业投资管理信息系统报送电子版信息
		未建立完善本企业投资管理信息系统	应建立完善本企业投资管理信息系统,加强投资基础信息管理,提升投资管理的信息化水平,通过信息系统对企业年度投资计划执行、投资项目实施等情况进行全面全程的动态监控和管理
	项目后评价管理	未建立本企业适用的项目后评价方法	应按照DL/T 5531《火力发电工程项目后评价导则》相关要求,制定本企业适用的后评价方法
			投资项目后评价成果(经验、教训和政策建议)应成为编制规划和投资决策的参考和依据。DL/T 5531《火力发电工程项目后评价报告》应作为企业重大决策失误责任追究的重要依据

项目	事项	合规风险点	风险预控要点
火电项目核准管理	前期管理	新建、扩建、改建火电项目未编制项目可行性研究报告	应做好项目前期论证设计，所提材料内容深度应达到DL/T 5374《火力发电厂初步可行性研究报告内容深度规定》行业标准要求
		新建、扩建、改建火电项目未纳入电力规划，或不符合电力发展规划、产业政策	新建、扩建、改建的火电项目应当符合电力发展规划，符合国家电力产业政策
			应通过省级发展改革委、省级能源局的优选评议，未经优选的燃煤电站项目不得纳入电力建设规划
			火电站（含自备电站）：由省级政府核准
	核准手续管理	未取得建设项目用地预审与选址意见书	用地预审申请： （1）需在项目申请报告核准前，提出用地预审申请。 （2）用地预审意见是相关部门审批项目可行性研究报告、核准项目申请报告的必备文件。 （3）用地预审文件有效期为三年，自批准之日起计算。已经预审的项目，如需对土地用途、建设项目选址等进行重大调整的，应当重新申请预审
			项目选址意见书： （1）项目用地方式是以划拨方式取得国有土地使用权的，应在核准前，向城乡规划主管部门申请核发选址意见书。 （2）现用地预审意见已与选址意见书合并，需要办理规划选址的，由地方自然资源主管部门核发。 （3）建设项目用地预审与选址意见书有效期为三年，自批准之日起计算
		擅自将农用地改为建设用地，未取得农用地转用审批手续	项目用地需占用国土空间规划确定的城市和村庄、集镇建设用地范围外的农用地，涉及占用永久基本农田的，由国务院批准
			不涉及占用永久基本农田的，由国务院或者国务院授权的省、自治区、直辖市人民政府批准
		未取得无压矿证明文件	非经国务院授权的部门批准，不得压覆重要矿床
			项目选址前，应向省级国土资源行政主管部门查询拟建项目所在地区的矿产资源规划、矿产资源分布和矿业权设置情况
			项目需压覆重要矿产资源由省级以上国土资源行政主管部门审批。不压覆重要矿产资源的，由省级国土资源行政主管部门出具未压覆重要矿产资源的证明
			企业应在收到同意压覆重要矿产资源的批复文件后45个工作日内，到项目所在地省级国土资源行政主管部门办理压覆重要矿产资源储量登记手续。45个工作日内不申请办理压覆重要矿产资源储量登记手续的，审批文件自动失效
		未经审核同意，擅自改变林地用途（修建火电项目如需要占用或者征收、征用林地的）	应当向县级以上人民政府林业主管部门提出用地申请，经审核同意后，按照国家规定的标准预交森林植被恢复费，领取使用林地审核同意书。用地单位凭使用林地审核同意书依法办理建设用地审批手续

项目	事项	合规风险点	风险预控要点
火电项目核准管理	核准手续管理	未按规定办理占用征收林地审核手续	占用或者征收、征用防护林林地或者特种用途林林地面积10hm 以上的，用材林、经济林、薪炭林林地及其采伐迹地面积35hm 以上的，其他林地面积70hm 以上的，由国务院林业主管部门审核；占用或者征收、征用林地面积低于上述规定数量的，由省、自治区、直辖市人民政府林业主管部门审核。占用或者征收、征用重点林区的林地的，由国务院林业主管部门审核
			建设项目需要使用林地的，应当一次申请。严禁化整为零、规避林地使用审核审批
			经审核同意使用林地的建设项目，准予行政许可决定书的有效期为两年。项目在有效期内未取得用地批准文件的，应当在有效期届满前3个月向原审核机关提出延期申请
			需要临时占用林地的，应当经县级以上人民政府林业主管部门批准，临时占用林地的期限不得超过两年，并不得在临时占用的林地上修筑永久性建筑物；占用期满后，用地单位必须恢复林业生产条件
		未经批准非法使用草原（修建火电项目如需要占用或者征收、征用草原的）	项目如需占用草原的，必须经省级以上人民政府草原行政主管部门审核同意后，办理建设用地审批手续
			因征收、征用集体所有的草原的，应当依照《中华人民共和国土地管理法》第四十八条相关规定给予补偿；因建设使用国家所有的草原的，应当依照国务院有关规定对草原承包经营者给予补偿
			应当交纳草原植被恢复费
			需要临时占用草原的，应当经县级以上地方人民政府草原行政主管部门审核同意。临时占用草原的期限不得超过两年，并不得在临时占用的草原上修建永久性建筑物、构筑物；占用期满，用地单位必须恢复草原植被并及时退还
		违规在自然保护区内开发项目	严禁在自然保护区内开展火电开发建设活动；禁止在自然保护区核心区、缓冲区开展任何开发建设活动，建设任何生产经营设施
		火电项目未按规定进行节能审查，或节能审查未获通过擅自开工建设或投产使用	应在开工建设前取得节能审查机关出具的节能审查意见
			应编制固定资产投资项目节能报告，委托有关机构进行评审，形成评审意见，作为节能审查的重要依据
			已通过节能审查的项目，如建设内容、能效水平等发生重大变动的，还应向节能审查机关提出变更申请
			节能审查意见自印发之日起2年内有效
			项目投入生产、使用前，应对其节能审查意见落实情况进行验收

项目	事项	合规风险点	风险预控要点
火电项目核准管理	核准手续管理	未依法报批建设项目环境影响表/报告书，或未按规定重新报批，擅自开工建设	应当在开工建设前将环境影响表/报告书报有审批权的环境保护行政主管部门审批
			环境影响表/报告书经批准后，项目的性质、规模、地点、采用的生产工艺或者防治污染、防止生态破坏的措施发生重大变动的，应当重新报批
			自批准之日起满5年，项目方开工建设的，其环境影响表/报告书应当报原审批部门重新审核
		未进行社会稳定风险评估	应当在项目前期对社会稳定风险进行调查分析，查找并列出风险点、风险发生的可能性及影响程度，提出防范和化解风险的方案措施，提出采取相关措施后的社会稳定风险等级建议
			社会稳定风险评估报告是审批、核准项目的重要依据。报送项目可行性研究报告、项目申请报告的申报文件中，应当包含对该项目社会稳定风险评估报告的意见，并附社会稳定风险评估报告
		未经批准擅自取水，或者未依照批准的取水许可规定条件取水	火电工程建设应当申请领取取水许可证，并缴纳水资源费
			申请利用多种水源，且各种水源的取水许可审批机关不同的，应当向其中最高一级审批机关提出申请
			要求变更取水许可证载明的事项的，应当向原审批机关申请，经批准办理有关变更手续
			取水申请批准后3年内，取水工程或者设施未开工建设，或者项目未取得核准的，取水申请批准文件自行失效；建设项目中取水事项有较大变更的，应当重新进行建设项目水资源论证，并重新申请取水
			应当提交建设项目水资源论证报告书
			取水许可证有效期限一般为5年，最长不超过10年。有效期届满，需要延续的，应当在有效期届满45日前提出申请
		未取得取水申请批准文件擅自建设取水工程或者设施	取水申请经审批机关批准，方可兴建取水工程或者设施
		拒不缴纳、拖延缴纳或者拖欠水资源费	应当自收到缴纳通知单之日起7日内办理缴纳手续

项目	事项	合规风险点	风险预控要点
火电项目核准管理	核准手续管理	擅自在文物保护单位的保护范围内进行工程建设，或工程设计方案未经文物行政部门同意、或因工程建设而破坏、擅自迁移、拆除不可移动文物	需要在文物保护单位的保护范围内进行工程建设的，必须经核定公布该文物保护单位的人民政府批准，在批准前应当征得上一级人民政府文物行政部门同意；在全国重点文物保护单位的保护范围内进行工程建设的，必须经省、自治区、直辖市人民政府批准，在批准前应当征得国务院文物行政部门同意
			在文物保护单位的建设控制地带内进行工程建设，不得破坏文物保护单位的历史风貌；工程设计方案应当根据文物保护单位的级别，经相应的文物行政部门同意后，报城乡建设规划部门批准
			工程建设选址因特殊情况不能避开的，对文物保护单位应当尽可能实施原址保护；实施原址保护的，应当事先确定保护措施，根据文物保护单位的级别报相应的文物行政部门批准，并将保护措施列入可行性研究报告或者设计任务书；无法实施原址保护，必须迁移异地保护或者拆除的，应当报省、自治区、直辖市人民政府批准；迁移或者拆除省级文物保护单位的，批准前须征得国务院文物行政部门同意。全国重点文物保护单位不得拆除；需要迁移的，须由省、自治区、直辖市人民政府报国务院批准。原址保护、迁移、拆除所需费用，由企业列入建设工程预算
		擅自在作战工程安全保护范围内修筑建筑物	修筑建筑物应当征得作战工程管理单位的上级主管军事机关和当地军事设施保护委员会同意，并不得影响作战工程的安全保密和使用效能
		未按规定取得使用港口岸线的批准，擅自使用岸线（如适用）	需要使用港口岸线的建设项目，应当在报送项目申请报告或者可行性研究报告前，向港口所在地港口行政管理部门提出港口岸线使用申请
			应当在取得岸线批准文件之日起两年内开工建设。需要延期的，应当在有效期届满六十日前报批。延期申请只能申请一次，延期时间不超过两年。逾期未开工建设，批准文件失效。批准文件失效后，如需继续使用港口岸线，应当重新办理港口岸线使用审批手续
			批准使用港口岸线后，如因企业更名或者控股权转移导致岸线实际使用人发生改变，或者改变批准的岸线用途，应当重新报批
			港口岸线使用有效期不超过五十年。超过期限继续使用的，港口岸线使用人应当在期限届满三个月前提出申请
		未编制水土保持方案或者编制的水土保持方案未经批准而开工建设	在山区、丘陵区、风沙区以及水土保持规划确定的容易发生水土流失的区域建设火电项目，应当编制水土保持方案，报县级以上人民政府水行政主管部门审批，并按照经批准的水土保持方案，采取水土流失预防和治理措施
			水土保持方案未经批准，项目不得开工建设
		拒不缴纳、拖延缴纳或者拖欠水土保持补偿费	应当缴纳水土保持补偿费

项目	事项	合规风险点	风险预控要点
火电项目核准管理	核准手续管理	火电项目的地点、规模发生重大变化，未补充、修改水土保持方案或者补充、修改的水土保持方案未经原审批机关批准	水土保持方案经批准后，火电项目的地点、规模发生重大变化的，应当补充或者修改水土保持方案并重新报批
		水土保持方案实施过程中，未经原审批机关批准，对水土保持措施作出重大变更	水土保持方案实施过程中，水土保持措施需要作出重大变更的，应当经原审批机关批准
		未进行地震安全性评价	火电项目受地震破坏后可能引发火灾、爆炸等其他严重次生灾害，必须进行地震安全性评价
	支持性文件管理	尚未签署燃料供应协议	可按照 DL/T 5374《火力发电厂初步可行性研究报告内容深度规定》中规定的初步可行性研究报告附件相关要求，准备火电项目评优资料
		未取得铁路专用线接轨文件（如适用）	
		尚未签署灰渣综合利用协议	
		尚未签署脱硫吸收剂供应协议	
		尚未签署脱硝剂供应协议	
		未取得同意供热文件（如适用）	

（二）工程建设管理

1. 火力发电工程建设招标及合同管理

招标计划管理、招标过程管理、招标结果管理、招标合同管理、建设工程合同管理。

2. 建设项目证件管理

建设工程规划许可证管理、建筑工程施工许可证管理、安全生产许可证管理、特种设备生产许可证管理。

3. 工程建设质量及进度管理

质量责任管理、质量事故管理、建设工期管理。

4. 工程建设安全管理

安全生产责任、安全生产标准化建设、安全生产投入、安全风险分级管控和隐患排查治理、人员安全及职业病管理。

5. 工程建设环境保护管理

环境影响报告、环境保护设施、固体废物处理。

6. 工程建设预算造价管理

项目概算管理、项目结算管理。

7. 工程建设验收管理

竣工验收管理、专项验收管理。工程建设管理的风险管理主要管控要点，具体见表4-2。

表4-2 　　　　　　　　　　　　**工程建设管理风险预控要点**

项目	事项	合规风险点	风险预控要点
火电工程建设招标及合同管理	招标计划管理	必须进行招标而未招标	电力基础设施项目属于《招标投标法》第三条规定的必须进行招标的基础设施项目，电力工程建设项目包括项目的勘察、设计、施工、监理以及与工程建设有关的重要设备、材料等的采购，必须进行招标
工程建设招标及合同管理	招标计划管理	应当公开招标而采用邀请招标	国务院发展计划部门确定的国家重点项目和省、自治区、直辖市人民政府确定的地方重点项目不适宜公开招标的，经国务院发展计划部门或者省、自治区、直辖市人民政府批准，可以进行邀请招标
			国有资金占控股或者主导地位的依法必须进行招标的项目，应当公开招标；但有下列情形之一的，可以邀请招标： （1）技术复杂、有特殊要求或者受自然环境限制，只有少量潜在投标人可供选择。 （2）采用公开招标方式的费用占项目合同金额的比例过大
		将建设工程切分发包	发包人不得将应当由一个承包人完成的建设工程切分成若干部分发包给数个承包人
	招标过程管理	向他人透露可能影响公平竞争的情况或者泄露标底	招标人不得向他人透露已获取招标文件的潜在投标人的名称、数量或者可能影响公平竞争的有关招标投标的其他情况的，不得泄露标底
		违法与投标人就实质性内容进行谈判	招标人不得与投标人就投标价格、投标方案等实质性内容进行谈判
		迫使承包方以低于成本的价格竞标	建设工程发包单位，不得迫使承包方以低于成本的价格竞标
		（1）以不合理的条件限制、排斥潜在投标人或者投标人。 （2）对潜在投标人或者投标人实行歧视待遇。 （3）强制要求投标人组成联合体共同投标。 （4）限制投标人之间竞争	（1）资格审查时，不得以不合理的条件限制、排斥潜在投标人或者投标人，不得对潜在投标人或者投标人实行歧视待遇。 （2）不得以行政手段或者其他不合理方式限制投标人的数量。 （3）不得强制要求投标人组成联合体共同投标的，或者限制投标人之间竞争

续表

项目	事项	合规风险点	风险预控要点
工程建设招标及合同管理	招标过程管理	未依法通过媒介发布资格预审公告或者招标公告，限制或者排斥潜在投标人	（1）依法应当公开招标的项目，按照规定在指定媒介发布资格预审公告或者招标公告。 （2）通过信息网络或者其他媒介发布的招标文件与书面招标文件具有同等法律效力，出现不一致时以书面招标文件为准，国家另有规定的除外
		招标文件、资格预审文件的发售、澄清、修改的时限，或者确定的提交资格预审申请文件、投标文件的时限不符合法律规定	（1）自招标文件或者资格预审文件出售之日起至停止出售之日止，最短不得少于五日。 （2）应当确定投标人编制投标文件所需要的合理时间；但是，依法必须进行招标的项目，自招标文件开始发出之日起至投标人提交投标文件截止之日止，最短不得少于二十日
		接受未通过资格预审的单位或者个人参加投标	（1）经资格预审后，应当向资格预审合格的潜在投标人发出资格预审合格通知书，告知获取招标文件的时间、地点和方法，并同时向资格预审不合格的潜在投标人告知资格预审结果。 （2）资格预审不合格的潜在投标人不得参加投标。 （3）经资格后审不合格的投标人的投标应予否决
		接受应当拒收的投标文件	招标人应当拒收存在如下情形的投标文件： （1）逾期送达。 （2）未按招标文件要求密封
		依法必须进行招标的项目，未依法组建评标委员会，未依法确定、更换评标委员会成员	（1）依法必须进行招标的项目，其评标委员会由招标人代表和有关技术、经济等方面的专家组成，成员人数为五人以上单数，其中技术、经济等方面的专家不得少于成员总数的三分之二。 （2）专家应当从事相关领域工作满八年并具有高级职称或者具有同等专业水平，由招标人从国务院有关部门或者省、自治区、直辖市人民政府有关部门提供的专家名册或者招标代理机构的专家库内的相关专业的专家名单中确定；一般招标项目可以采取随机抽取方式，特殊招标项目可以由招标人直接确定。 （3）与投标人有利害关系的人不得进入相关项目的评标委员会；已经进入的应当更换。 （4）评标委员会成员的名单在中标结果确定前应当保密
		终止招标后未退还资格预审文件、招标文件等相关费用	招标人在发布招标公告、发出投标邀请书或者售出招标文件或资格预审文件后终止招标的，应当及时退还所收取的资格预审文件、招标文件的费用，以及所收取的投标保证金及银行同期存款利息

项目	事项	合规风险点	风险预控要点
工程建设招标及合同管理	招标结果管理	将建设工程发包给不具相应资质等级的单位	（1）招标文件中对投标单位的资质、安全生产条件、安全生产费用使用、安全生产保障措施等提出明确要求。 （2）审查投标单位主要负责人、项目负责人、专职安全生产管理人员是否满足国家规定的资格要求。 （3）承包人未取得建筑业企业资质或者超越资质等级的，建设工程施工合同无效。 （4）没有资质的实际施工人借用有资质的建筑施工企业名义的，建设工程施工合同无效
		不按照规定确定中标人	（1）评标委员会推荐的中标候选人应当限定在一至三人，并标明排列顺序。招标人应当接受评标委员会推荐的中标候选人，不得在评标委员会推荐的中标候选人之外确定中标人。招标人可以授权评标委员会直接确定中标人。 （2）国有资金占控股或者主导地位的依法必须进行招标的项目，招标人应当确定排名第一的中标候选人为中标人。 （3）排名第一的中标候选人放弃中标、因不可抗力提出不能履行合同、不按照招标文件的要求提交履约保证金，或者被查实存在影响中标结果的违法行为等情形，不符合中标条件的，招标人可以按照评标委员会提出的中标候选人名单排序依次确定其他中标候选人为中标人。 （4）依次确定其他中标候选人与招标人预期差距较大，或者对招标人明显不利的，招标人可以重新招标。 （5）自收到评标报告之日起三日内公示中标候选人，公示期不得少于三日
		无正当理由不发出中标通知书	招标人应当自收到评标报告之日起三日内公示中标候选人；公示期不得少于三日；中标通知书由招标人发出
		中标通知书发出后无正当理由改变中标结果	中标通知书对招标人和中标人具有法律效力。中标通知书发出后，招标人不得改变中标结果
	招标合同管理	不与中标人订立合同	招标人和中标人应当在投标有效期内并在自中标通知书发出之日起三十日内，按照招标文件和中标人的投标文件订立书面合同
		在订立合同时向中标人提出附加条件	招标人不得向中标人提出压低报价、增加工作量、缩短工期或其他违背中标人意愿的要求，以此作为发出中标通知书和签订合同的条件
		签订合同的实质性条款背离中标合同	（1）招标人和中标人不得再行订立背离合同实质性内容的其他协议。与中标人签订的建设工程施工合同约定的工程范围、建设工期、工程质量、工程价款等实质性内容，应当与中标合同一致。 （2）招标人要求中标人提供履约保证金或其他形式履约担保的，招标人应当同时向中标人提供工程款支付担保。 （3）招标人不得擅自提高履约保证金，不得强制要求中标人垫付中标工程建设资金

项目	事项	合规风险点	风险预控要点
工程建设招标及合同管理	招标合同管理	另行订立背离合同实质性内容的其他协议	在中标合同之外另行签订合同，变相降低工程价款，属于背离中标合同实质性内容，该合同无效
		直接指定分包人	招标人不得直接指定分包人
	建设工程合同管理	与承包人约定放弃或者限制建设工程价款优先受偿权，损害建筑工人利益	与承包人约定放弃或者限制建设工程价款优先受偿权，不应损害建筑工人利益，否则该约定存在不被人民法院支持的风险
		未按照约定支付工程价款	发包人未按照约定支付价款的，承包人可以催告发包人在合理期限内支付价款。发包人逾期不支付的，除根据建设工程的性质不宜折价、拍卖外，承包人可以与发包人协议将该工程折价，也可以请求人民法院将该工程依法拍卖。建设工程的价款就该工程折价或者拍卖的价款优先受偿
		欠付转包人或者违法分包人建设工程价款	如果承包人存在将建设工程转包、违法分包的情形，实际施工人起诉时可以将发包人列为被告。发包人在欠付建设工程价款范围内对实际施工人承担责任
		发包人原因致使工程中途停建、缓建	因发包人的原因致使工程中途停建、缓建的，发包人应当采取措施弥补或者减少损失，赔偿承包人因此造成的停工、窝工、倒运、机械设备调迁、材料和构件积压等损失和实际费用
		发包人原因造成勘察、设计的返工、停工或者修改设计	因发包人变更计划，提供的资料不准确，或者未按照期限提供必需的勘察、设计工作条件而造成勘察、设计的返工、停工或者修改设计，发包人应当按照勘察人、设计人实际消耗的工作量增付费用
建设项目证件管理	建设工程规划许可证管理	建设前未取得建设工程规划许可证	（1）项目单位应当向城市、县人民政府自然资源和规划部门或者省、自治区、直辖市人民政府确定的镇人民政府申请办理建设工程规划许可证。 （2）申请建设工程规划许可证，应向城市、县人民政府自然资源和规划部门提交：使用土地的有关证明文件（用地预审意见）；建设工程设计方案等材料。需要项目单位编制修建性详细规划的建设项目，还应当提交修建性详细规划。 （3）未取得建设工程规划许可证不得进行建设
		未按照建设工程规划许可证的规定进行建设	应按照建设工程规划许可证的规定进行建设，不得擅自改变规划用地性质、建设项目或扩大建设规模
	建筑工程施工许可证管理	未依法办理建筑工程施工许可证或开工报告	建筑工程施工前应当依法取得施工许可证或者开工报告
			工程投资额在 30 万元以下或者建筑面积在 $300m^2$ 以下的建筑工程，可以不申请办理施工许可证（省、自治区、直辖市人民政府住房城乡建设主管部门可以根据当地的实际情况，对限额进行调整，并报国务院住房城乡建设主管部门备案）
		规避申请领取施工许可证	不得将应当申请领取施工许可证的工程项目分解为若干限额以下的工程项目，规避申请领取施工许可证

项目	事项	合规风险点	风险预控要点
建设项目证件管理	建筑工程施工许可证管理	隐瞒有关情况或者提供虚假材料申请施工许可证	申请建筑工程施工许可证，应当具备的条件：①用地批准手续；②建设工程规划许可证；③基本具备施工条件；④已经确定施工企业；⑤建设资金已经落实承诺书、施工图设计文件已按规定审查合格；⑥有保证工程质量和安全的具体措施
			不得隐瞒有关情况或者提供虚假材料申请施工许可证
		采用欺骗、贿赂等不正当手段取得施工许可证	不得采用欺骗、贿赂等不正当手段取得施工许可证
		伪造或者涂改施工许可证	（1）施工许可证应当放置在施工现场备查，并按规定在施工现场公开。 （2）施工许可证不得伪造和涂改
		未在领取施工许可证之日起三个月内开工	应在领取施工许可证之日起三个月内开工
			因故不能按期开工的，应当在期满前向发证机关申请延期，并说明理由；延期以两次为限，每次不超过三个月
	安全生产许可证管理	未取得安全生产许可证擅自进行生产	（1）应当向省、自治区、直辖市人民政府建设主管部门（住房和城乡建设局）申请领取安全生产许可证，并依据《安全生产许可证条例》第六条要求提供相关文件、资料。 （2）未取得安全生产许可证的，不得从事生产活动
		安全生产许可证有效期满未办理延期手续，继续进行生产	（1）安全生产许可证的有效期为3年。 （2）安全生产许可证有效期满需要延期的，企业应当于期满前3个月向原安全生产许可证颁发管理机关办理延期手续。 （3）企业在安全生产许可证有效期内，严格遵守有关安全生产的法律法规，未发生死亡事故的，安全生产许可证有效期届满时，经原安全生产许可证颁发管理机关同意，不再审查，安全生产许可证有效期延期3年
		转让、冒用安全生产许可证	企业不得转让、冒用安全生产许可证或者使用伪造的安全生产许可证
		取得安全生产许可证后，降低安全生产条件	企业取得安全生产许可证后，不得降低安全生产条件，并应当加强日常安全生产管理，接受安全生产许可证颁发管理机关的监督检查
	特种设备生产许可证管理	未经许可从事特种设备生产活动	根据《特种设备生产和充装单位许可规则》办理《特种设备生产许可证》；在中华人民共和国境内使用的特种设备，其设计、制造、安装、改造、修理、充装单位的许可，适用《特种设备生产和充装单位许可规则》（TSG07—2019）

续表

项目	事项	合规风险点	风险预控要点
工程建设质量及进度管理	质量责任管理	提供的设计有缺陷	
		提供或者指定购买的建筑材料、建筑构配件、设备不符合强制性标准	
		未及时检查隐蔽工程	隐蔽工程在隐蔽以前，接到承包人通知后应及时检查
		明示或者暗示设计单位或者施工单位违反工程建设强制性标准，降低工程质量	项目单位不得明示或者暗示设计单位或者施工单位违反工程建设强制性标准，降低建设工程质量
		必须实行工程监理而未实行工程监理	国家重点建设工程或总投资额在3000万元以上的火电建设项目应当实行工程监理
		明示或者暗示施工单位使用不合格的建筑材料、建筑构配件和设备	项目单位不得明示或者暗示施工单位使用不合格的建筑材料、建筑构配件和设备，降低建设工程质量
		未按照国家规定办理工程质量监督手续	项目单位在开工前，应当按照国家有关规定办理工程质量监督手续
	质量事故管理	发生重大工程质量事故隐瞒不报、谎报或者拖延报告期限	建设工程发生质量事故，24h内向当地建设行政主管部门和其他有关部门报告
		违反国家规定，降低工程质量标准，造成重大安全事故	项目单位、设计单位、施工单位、工程监理单位违反国家规定，降低工程质量标准，造成重大安全事故，构成犯罪的，对直接责任人员依法追究刑事责任
	建设工期管理	违规压缩合同约定工期	（1）项目单位应当执行定额工期，不得压缩合同约定的工期。 （2）如工期确需调整，应当对安全影响进行论证和评估。论证和评估应当提出相应的施工组织措施和安全保障措施
工程建设安全管理	安全生产责任	主要负责人未依法履行安全生产管理职责	主要负责人对本单位安全生产工作负有下列职责： （1）建立健全并落实本单位全员安全生产责任制，加强安全生产标准化建设。 （2）组织制定并实施本单位安全生产规章制度和操作规程。 （3）组织制定并实施本单位安全生产教育和培训计划。 （4）保证本单位安全生产投入的有效实施。 （5）组织建立并落实安全风险分级管控和隐患排查治理双重预防工作机制，督促、检查本单位的安全生产工作，及时消除生产安全事故隐患。 （6）组织制定并实施本单位的生产安全事故应急救援预案。 （7）及时、如实报告生产安全事故

项目	事项	合规风险点	风险预控要点
工程建设安全管理	安全生产责任	未设置安全生产管理机构或者配备专职安全生产管理人员	应当设置安全生产管理机构或者配备专职安全生产管理人员
		生产经营单位的其他负责人和安全生产管理人员未依法履行安全生产管理职责	安全生产管理机构以及安全生产管理人员职责如下： （1）组织或者参与拟订本单位安全生产规章制度、操作规程和生产安全事故应急救援预案。 （2）组织或者参与本单位安全生产教育和培训，如实记录安全生产教育和培训情况。 （3）组织开展危险源辨识和评估，督促落实本单位重大危险源的安全管理措施。 （4）组织或者参与本单位应急救援演练。 （5）检查本单位的安全生产状况，及时排查生产安全事故隐患，提出改进安全生产管理的建议。 （6）制止和纠正违章指挥、强令冒险作业、违反操作规程的行为。 （7）督促落实本单位安全生产整改措施
			生产经营单位可以设置专职安全生产分管负责人，协助本单位主要负责人履行安全生产管理职责
		主要负责人和安全生产管理人员未按照规定经考核合格的	生产经营单位的主要负责人和安全生产管理人员必须具备与本单位所从事的生产经营活动相应的安全生产知识和管理能力
			主要负责人和安全生产管理人员，应当由主管的负有安全生产监督管理职责的部门对其安全生产知识和管理能力考核合格
		未按照规定进行安全生产教育并记录培训情况	（1）按照规定对从业人员、被派遣劳动者、实习学生进行安全生产教育和培训，按照规定如实告知有关的安全生产事项。 （2）未如实记录安全生产教育和培训情况
		特种作业人员未按照规定经专门的安全作业培训并取得相应资格，上岗作业	生产经营单位的特种作业人员必须按照国家有关规定经专门的安全作业培训，取得相应资格，方可上岗作业
		未建立健全安全生产组织	项目单位应成立以主要负责人为主任，监理、设计、施工、调试等单位项目负责人为成员的安全生产委员会；各施工单位应成立以项目负责人为主任的安全生产委员会
		对参建单位提出超出安全生产法律、法规和强制性标准规定的要求	项目单位不得对电力勘察、设计、施工、调试、监理等单位提出不符合安全生产法律、法规和强制性标准规定的要求

续表

项目	事项	合规风险点	风险预控要点
工程建设安全管理	安全生产责任	未在有较大危险因素的场所或部位及有关设施、设备上设置明显的安全警示标识	建设、施工单位应在有较大危险因素的场所或部位及有关设施、设备上设置明显的安全警示标识，安全标识必须符合国家现行标准
			安全标识应符合下列规定： （1）建设、施工、调试单位应对施工现场各区域安全标志的布置进行策划并实施，包括安全标志布置图、安全标志布置清单等。 （2）安全标识及使用应符合国家现行标准。 （3）施工环境、作业工序发生变化时，应对现场危险和有害因素重新进行辨识，动态布置安全标识。 （4）安全标识应统一、规范、整齐、设置牢固、位置适宜。 （5）应对安全标识定期检查，对破损、变形、褪色等不符合要求的及时修整或更换
		未按规定安装和维护安全设备	（1）安全设备的安装、使用、检测、改造和报废应符合国家标准或者行业标准。 （2）对安全设备进行经常性维护、保养和定期检测。 （3）不得关闭、破坏直接关系生产安全的监控、报警、防护、救生设备、设施，或者篡改、隐瞒、销毁其相关数据、信息
	安全生产标准化建设	未开展标准化建设	（1）依法依规、自主开展标准化建设。 （2）每年组织开展标准化自查自评工作。 （3）将经上级单位审批的自评报告抄送当地国家能源局派出机构
	安全生产投入	未按规定提取和使用安全生产费用	（1）建设工程概算应当单独计列安全生产费用。 （2）不得在招标投标中将安全生产费用列入竞争性报价。 （3）根据工程进展情况，及时、足额向参建单位支付安全生产费用。 （4）按规定提取和使用安全生产费用，不得挪用
	安全风险分级管控和隐患排查治理	未建立安全风险分级管控制度	应当建立安全风险分级管控制度，按照安全风险分级采取相应的管控措施
		未按照安全风险分级采取相应管控措施	

续表

项目	事项	合规风险点	风险预控要点
工程建设安全管理	安全风险分级管控和隐患排查治理	未建立事故隐患排查治理制度	（1）建立健全安全生产监督检查和隐患排查治理机制，实施施工现场全过程安全生产管理。 （2）及时协调和解决影响安全生产重大问题。 （3）建设、监理、设计、施工、调试单位应对安全生产工作进行检查、定期开展隐患排查，制定整改措施并治理，消除事故隐患。
		重大事故隐患排查治理情况未按照规定报告	（4）对于重大事故隐患，除按规定报送统计分析表外，应当及时向安全监管监察部门和有关部门报告。重大事故隐患报告内容应当包括： 1）隐患的现状及其产生原因； 2）隐患的危害程度和整改难易程度分析； 3）隐患的治理方案
		未将事故隐患排查治理情况如实记录或者未向从业人员通报	事故隐患排查治理情况应当如实记录，并通过职工大会或者职工代表大会、信息公示栏等方式向从业人员通报。其中，重大事故隐患排查治理情况应当及时向负有安全生产监督管理职责的部门和职工大会或者职工代表大会报告
		未规定上报事故隐患排查治理统计分析表	应当每季、每年对本单位事故隐患排查治理情况进行统计分析，并分别于下一季度15日前和下一年1月31日前向安全监管监察部门和有关部门报送书面统计分析表。统计分析表应当由生产经营单位主要负责人签字
		未对事故隐患进行排查治理擅自生产经营	安全检查与隐患排查治理应符合下列规定： （1）定期组织安全检查与隐患排查治理，包括日常检查、综合检查、专项检查、季节性检查、节假日检查。 （2）做到有策划、有检查、有措施、有整改，做到闭环管理。 （3）涉及人身、设备安全的一般事故隐患应立即监督整改，重大事故隐患应制定治理方案，限期整改，整改过程应进行监督。 （4）不能立即整改的，应采取保证安全的临时措施
		整改不合格或者未经安全监管监察部门审查同意擅自恢复生产经营	（1）挂牌督办并责令全部或者局部停产停业治理的重大事故隐患，治理工作结束后，有条件的应当组织本单位的技术人员和专家对重大事故隐患的治理情况进行评估；不具备条件的应当委托具备相应资质的安全评价机构对重大事故隐患的治理情况进行评估。 （2）经治理后符合安全生产条件的，应当向安全监管监察部门和有关部门提出恢复生产的书面申请，经安全监管监察部门和有关部门审查同意后，方可恢复生产经营。 （3）申请报告应当包括治理方案的内容、项目和安全评价机构出具的评价报告等

项目	事项	合规风险点	风险预控要点
工程建设安全管理	安全风险分级管控和隐患排查治理	未采取措施消除事故隐患	生产经营单位的安全生产管理人员应当根据本单位的生产经营特点，对安全生产状况进行经常性检查；对检查中发现的安全问题，应当立即处理；不能处理的，应当及时报告本单位有关负责人，有关负责人应当及时处理。检查及处理情况应当如实记录在案
		拒绝或者阻碍电力监管机构进入施工现场进行监督检查	（1）应按照监管机构要求提供有关安全生产的文件和资料（含相关照片、录像及电子文本等），按照国家规定如实公开有关信息。 （2）应允许监管机构进入施工现场进行监督检查，纠正施工中违反安全生产要求的行为
		存在事故隐患而拒不执行整改措施	存在重大事故隐患的，应当按照监管机构要求，执行整改措施：如被依法责令停产停业、停止施工、停止使用有关设备、设施、场所或者立即采取排除危险的整改措施
		进行爆破、吊装、动火、临时用电等危险作业，未安排专门人员进行现场安全管理	进行爆破、吊装、动火、临时用电以及国务院应急管理部门会同国务院有关部门规定的其他危险作业，应当安排专门人员进行现场安全管理，确保操作规程的遵守和安全措施的落实
		未按照规定制定生产安全事故应急救援预案或者未定期组织演练	（1）制定本单位生产安全事故应急救援预案，与所在地县级以上地方人民政府组织制定的生产安全事故应急救援预案相衔接，并定期组织演练。 （2）根据工程施工特点和范围，制定生产安全事故应急救援预案，建立应急救援组织，配备人员和必要的器材、设备，定期组织演练和评价
	人员安全及职业病管理	未为从业人员提供符合国家标准或者行业标准的劳动防护用品的	必须为从业人员提供符合国家标准或者行业标准的劳动防护用品，并监督、教育从业人员按照使用规则佩戴、使用
工程建设环境保护管理	环境影响报告	未依法报批、备案建设项目环境影响报告书、报告表	（1）开工建设前依法报批环境影响报告书（除燃气发电工程以外）、环境影响报告表（燃气发电）。 （2）环境影响报告书、环境影响报告表未经批准或者重新审核同意，不得擅自开工建设。 （3）环境影响登记表未依法备案
	环境保护设施	未依法向社会公开环境保护设施验收报告	（1）竣工后，项目单位应当按照国务院环境保护行政主管部门规定的标准和程序，对配套建设的环境保护设施进行验收，编制验收报告。 （2）项目单位在环境保护设施验收过程中，应当如实查验、监测、记载建设项目环境保护设施的建设和调试情况，不得弄虚作假。 （3）除按照国家规定需要保密的情形外，项目单位应当依法向社会公开验收报告

项目	事项	合规风险点	风险预控要点
工程建设环境保护管理	固体废物处理	擅自倾倒、堆放、丢弃、遗撒工业固体废物	严禁在施工现场焚烧各类废弃物
		未采取相应防范措施，造成工业固体废物扬散、流失、渗漏或者其他环境污染	项目单位应对建设工程项目废弃物处置统一管理，按国家或当地的规定集中处理
工程建设预算造价管理	项目概算管理	未将固体废物污染环境防治设施投资、环境保护设施投资应纳入建设项目概算	（1）建设项目的环境影响评价文件确定需要配套建设的固体废物污染环境防治设施，应当与主体工程同时设计、同时施工、同时投入使用。 （2）建设项目的初步设计，应当按照环境保护设计规范的要求，编制环境保护篇章，落实防治环境污染和生态破坏的措施以及环境保护设施投资概算。 （3）项目单位应当将环境保护设施建设纳入施工合同，保证环境保护设施建设进度和资金，并在工程建设过程中同时组织实施环境影响报告书、环境影响报告表及其审批部门审批决定中提出的环境保护对策措施
		建设项目初步设计未落实防治环境污染和生态破坏的措施以及环境保护设施投资概算	项目单位编制建设项目初步设计未落实防治环境污染和生态破坏的措施以及环境保护设施投资概算，未将环境保护设施建设纳入施工合同
		合同中确定的建设规模、建设标准、建设内容、合同价格超出经批准的初步设计及概算文件范围	合同中确定的建设规模、建设标准、建设内容、合同价格应当控制在批准的初步设计及概算文件范围内；确需超出规定范围的，应当在中标合同签订前，报原项目审批部门审查同意。凡应报经审查而未报的，在初步设计及概算调整时，原项目审批部门一律不予承认
	项目结算管理	收到承包人的竣工结算文件后，在合同约定期限内不予答复	如果合同约定，发包人收到竣工结算文件后，在约定期限内不予答复，视为认可竣工结算文件：则约定期限内不予答复，法院可以支持承包人请求按照竣工结算文件结算工程价款
工程建设验收管理	竣工验收管理	（1）未组织竣工验收，擅自交付使用	项目单位收到建设工程竣工报告后，应当组织设计、施工、工程监理等有关单位进行竣工验收
		（2）验收不合格，擅自交付使用	建设工程竣工验收应当具备下列条件：

项目	事项	合规风险点	风险预控要点
工程建设验收管理	竣工验收管理	（3）对不合格的建设工程按照合格工程验收	（1）完成建设工程设计和合同约定的各项内容。 （2）有完整的技术档案和施工管理资料。 （3）有工程使用的主要建筑材料、建筑构配件和设备的进场试验报告。 （4）有勘察、设计、施工、工程监理等单位分别签署的质量合格文件 （5）有施工单位签署的工程保修书。 （6）建设工程经验收合格的，方可交付使用
		工程竣工验收合格后，项目单位应当及时提出工程竣工验收报告	工程竣工验收合格后，项目单位应当及时提出工程竣工验收报告。工程竣工验收报告主要包括工程概况，项目单位执行基本建设程序情况，对工程勘察、设计、施工、监理等方面的评价，工程竣工验收时间、程序、内容和组织形式，工程竣工验收意见等内容。 　工程竣工验收报告还应附有下列文件： （1）施工许可证。 （2）施工图设计文件审查意见。 （3）验收组人员签署的工程竣工验收意见。 （4）法规、规章规定的其他有关文件
		未按照国家规定将竣工验收报告、有关认可文件或者准许使用文件报送备案	项目单位应当自建设工程竣工验收合格之日起15日内，将建设工程竣工验收报告和规划、公安消防、环保等部门出具的认可文件或者准许使用文件报建设行政主管部门或者其他有关部门备案
		建设工程未经竣工验收而擅自使用	未经竣工验收而擅自使用后，又以使用部分质量不符合约定为由向承包人主张权利，存在不被法院支持风险
	专项验收管理	机组未经电力建设质量监督机构监督认可	（1）机组移交生产前，必须进行启动试运及各阶段的交接验收。每期工程全部竣工后，必须及时进行工程的竣工验收。 （2）机组的启动试运及其各阶段的交接验收和工程的竣工验收，必须以批准文件、设计图纸、设备合同，国家颁发的有关火电建设的现行标准、规程和法规等为依据。 （3）每台机组都应按基建移交生产达标机组的标准进行考核
		水土保持设施未经验收或者验收不合格将生产建设项目投产使用	水土保持设施应当与主体工程同时设计、同时施工、同时投产使用；生产建设项目竣工验收，应当验收水土保持设施；水土保持设施未经验收或者验收不合格的，生产建设项目不得投产使用

项目	事项	合规风险点	风险预控要点
工程建设验收管理	专项验收管理	需要配套建设的环境保护设施未建成、未经验收或者验收不合格，建设项目即投入生产或者使用	建设项目需要配套建设的环境保护设施，必须与主体工程同时设计、同时施工、同时投产使用
		在环境保护设施验收中弄虚作假	
		竣工验收后，未向建设行政主管部门或者其他有关部门移交建设项目档案	项目单位应当严格按照国家有关档案管理的规定，及时收集、整理建设项目各环节的文件资料，建立、健全建设项目档案，并在建设工程竣工验收后，及时向建设行政主管部门或者其他有关部门移交建设项目档案

第三节　案例介绍：某 2×1000MW 新建工程风险预控与管理大纲

（一）编制目的

为贯彻落实集团"两高一低"指导意见，根据集团电力工程建设有关要求，系统全面地分析湖南某项目所面临的内外部风险，统筹策划，确保开工前各项工作有序推进。根据实际情况，主要应从配套工程建设、资金保证、开拓市场、新技术应用、设备交货、造价控制、现场施工安全等七个方面入手，广泛调研，科学分析，系统地提出解决方案，对内外部风险进行预控，以确保湖南某项目工程顺利通过集团开工决策，进而实现高标准开工，如期实现项目总体建设目标，特编制本大纲。

（二）组织保证措施

1. 成立风险预控专项委员会

主任：董事长

副主任：总经理

委员：公司其他领导

成员：各部门负责人

2. 风险预控专项委员会职责

（1）及时决策各项涉及重大风险项目的立项、资金支付等事宜；

（2）保持与地方政府高层的有效沟通，政企联动，配合精准到位；

（3）针对外部风险有升级迹象时，应及时向省公司汇报并沟通集团主管部门，共同控制局面；

（4）确保全公司风险预控体系的有效运作；

（5）对风险预控措施落实不力的部门及责任人进行问责及考核；

（6）保证项目单位应对风险的各项费用、物资等资源充足。

（三）外围工程不同步的风险分析及管控措施

为全面稳步推进项目单位外围工程，使外围工程建设的各项工作能合理有序地进行，实现外围工程与主体工程配套同步，提升工程管理人员综合能力、协调能力，集合资源，形成合力，分析风险，提前预控，及时沟通解决外围工程施工过程中所出现的问题，保证外围工程施工进度和工程质量，项目单位分别成立铁路、取水、送出线路外围工程专项组进行跟踪协调。

1. 加强组织措施，成立外围工程专项组

由主管基建副总或总助任组长，工程部主任（副主任）、计划部、物资部主任任常务组长，负责领导专项组成员协调、处理外围工程所有勘探、设计、招标、征地、设备、施工等，决策重大问题，专项组组长直接向董事长负责。

专项组成员包括：计划部合同主管，物资部采购主管，工程部电气主管（送出线路），工程部水工主管（厂外取水），工程部输煤主管（铁路专用线）。主标监理单位电气、水工专业，铁路监理单位铁路专业人员。施工单位项目经理或主抓施工的生产副总、工程部部长。

2. 充分发挥各部门协同职责

（1）计划部门职责：负责外围工程的设计、施工招标，征租地、征租地赔偿、竣工结算等事宜。联合政府部门，建立政企联动机制，及时处理涉及取水、铁路征地区域的征地、征地赔偿、居民阻工等问题，必然将外部影响控制在影响最小的范围内。

（2）物资部门职责：负责外围工程设备招标、设备催交等事宜。

（3）工程技术部门职责：负责外围工程的策划、前期文件跑办、施工组织、对外协调、竣工移交对接等事宜。

（4）监理职责：负责配合工程部处理对外协调、施工组织等事宜。

（5）施工单位职责：负责编制详细施工计划并报审，按计划组织施工，协调本部施工资源满足工程需要，配合外围专项组跑办开竣工文件、资料。

3. 各外围工程施工同步推进管控措施

（1）送出线路工程。

1）工程技术部门电气主管负责对接电网公司，报送电厂送出线路的工期需求，按倒送电前3个月完成线路架设考虑；

2）跟踪送出线路的规划设计、征地、施工进展情况，定期向外部工程专项组领导汇报工作；

3）工程技术部门负责涉网设备技术规范书编制，配合物资部采购。

（2）取水工程。

1）工程技术部门配合计划部按时完成水资源论证报告的编制、批复和取水许可申请的批复，

确保取水管线及泵房按时开工。

2）工程技术部门负责取水管线、取水泵房工程的施工招标技术规范书、设备招标技术规范书编制，配合计划、物资进行施工、设备招标。

3）工程技术部门负责施工图设计催交，配合计划部进行取水征租地、征租地赔偿。

4）工程技术部门负责对外协调，处理管线、泵房区域居民阻工问题。

5）工程技术部门负责组织施工单位编制取水管线、取水泵房工程详细施工计划，审核计划并督促实施。

6）工程技术部门负责在项目开工前，组织施工单位将施工计划和方案送长航道管理局备案，并经河道主管机关审查同意后，方可开工建设。

7）工程技术部门负责组织施工单位施工前制定施工期防洪应预案，并当地防汛指挥机构和水行政主管部门备案。

8）工程技术部门负责组织施工单位为减小施工作业与通航环境的相互干扰，申请有资质的第三方机构加强对工程附近水域的现场维护，积极协助海事部门做好施工水域的划定及工程附近水域船舶的交通组织工作。

9）计划部门负责每月工程量结算，保证施工单位资金需求；负责取水工程征租地测量、手续办理、赔偿。

10）物资部门负责设备材料采购、催交，满足工期要求。

11）监理定期组织取水工程盘点，严格按计划实施，组织采取纠偏措施。

12）施工单位定期向取水工程专项组汇报工程进展，提出需协调问题，实施纠偏措施。

（3）铁路专用线工程。

1）工程技术部门负责铁路专用线设计、设备招标技术规范书编制，配合计划部、物资部门进行施工、设备招标。

2）工程技术部门负责联系铁路专用线设计单位勘探设计施工图催交。

3）工程技术部门负责铁路监理招标技术规范书编制，配合计划部门进行铁路监理招标。

4）工程技术部门负责对外协调，处理铁路线路、站场区域居民阻工问题。

5）工程技术部门负责与榆林能源集团铁水联运铁路共线段接轨方案实施，报送电厂铁路共线段的工期需求，按吹管前1个月完成所有验收，具备运煤条件考虑。

6）工程技术部门配合计划部与榆林能源集团铁水联运铁路共线段合作方式。

7）工程技术部门负责向浩吉铁路落实到厂铁路具体车型。

8）工程技术部门负责电厂铁路专用线开工前前置性文件及专题报告梳理。

9）工程技术部门负责协调与武汉铁路局关于电厂铁路专用线设计、施工、验收有关事宜。

10）工程技术部门负责组织施工单位编制铁路专用线工程详细施工计划，审核计划并督促实施。

11）计划部门负责每月工程量及时结算，保证施工单位资金需求；负责铁路征租地测量、赔偿。

12）物资部门负责设备材料采购、催交，满足工期要求。

13）铁路监理定期组织铁路专用线工程盘点，严格按计划实施，组织采取纠偏措施。

14）施工单位定期向铁路专用线工程专项组汇报工程进展，提出需协调问题，实施纠偏措施。

（四）资金风险分析及管控措施

1. 风险分析

该项目动态投资约 70 亿元，资本金为动态投资的 20%，资本金以外所需资金由人民币贷款解决。项目具有现金流量大、收益稳定、银行信用等级高等电力企业突出优势，资金风险相对于一般行业较小。但受"碳达峰""碳中和"政策影响，部分银行对火电审慎放贷，且自 2021 年 1 月起，金融市场融资利率快速上升，为确保资金安全，降低资金成本，拟采取如下预控措施防范资金风险。

2. 风险预控措施

（1）协调上级单位发挥与金融机构间"总对总"的协调优势，帮助本项目尽快完成债务融资工作，并发挥体量优势和良好信誉取得低成本资本。

（2）积极争取上级单位委贷、融资租赁等内部低成本资金，充分发挥内部资源的"撬动效应"，积极拓展外部融资渠道，确保有足够的融资额度，并引入银行竞争机制，加强与银行的议价能力，降低融资成本。

（3）强化"跑钱、要钱、管钱"意识，密切跟踪资金市场，大力推进各银行授信批复、合同签订，并及时获得最新金融信息，充分利用各种金融产品的利率差，加大票据结算力度，早谋划、勤操作，精细化资金管控。

（4）实现业财联动，加强资金计划管理，按月开展现金流测算工作，了解资金需求，并实现资金支付依计划，对不符合制度要求、手续不全、无计划的支出坚持不予支付，严把资金关口，避免资金沉淀。

（五）市场风险分析及管控措施

项目所在地湖南省"缺煤、无油、乏气、水资源不足、新能源开发条件不优"，属于一次能源极度匮乏省份。区域内电力资源禀赋和负荷分布不均衡，电源集中在西部和北部，负荷中心集中在东部和南部，整体呈现"西电东送、北电南送"供电格局，湖南省东部和南部缺少主力电源支撑，湖南省"十四五"期间火电平均发电利用小时数在 3200 ～ 3400h 之间。在备用率优化 2% 以及需求侧管理削峰 5% 的情况下，湖南省"十四五"期间火电平均发电利用小时数在 3600 ～ 3800h 之间，市场利用小时数低是常态，是该项目营销将面对的巨大挑战。

1. 项目单位面临的市场方面的风险

市场形势预估不准确导致销售电量减少；市场交易电量电价下行，影响销售收入；市场化交易规则变化，争取直供客户困难。

2. 市场风险预控措施

（1）跟踪市场交易政策发布情况，提高市场研判能力，在项目投产运营前，编制切实可行的市场营销方案，强化市场营销研究。

（2）投产运营前，寻求大用户合作，与售电公司建立良好的沟通机制，提高公司对外营销管理。

（3）公司建立以董事长为组长的营销领导小组，领导小组成员定期与电网调度进行信息沟通，指导经营人员开展营销工作。

（4）经营人员及时了解掌握电网运行方式和市场动态，跟踪省内火电机组启停情况和水电来水发电情况，区域风、光伏发电对机组负荷影响，做好与电网调度的沟通请示工作，抓好电量计划下达关口，提升机组负荷。

（5）加强与区域内各发电公司的沟通，争取获得其他企业的发电权转让电量，争取提升发电计划指标。

（6）在机组安全稳定运行的基础上，积极抢拿市场电量指标，同步做好竞价交易的相关沟通工作，努力提升机组负荷。

（六）设备交货风险分析及管控措施

1. 交货风险分析

（1）催交催运的组织实施的风险，未能有效地组织起相关的催交催运各部门有效工作。

（2）催交催运单位的能力和责任心的风险；催交催运实施单位在组织上不力，选派人能力、责任心欠缺，未能准确及时提供设备交货信息，使交货存在风险。

（3）设备厂家的经营风险，设备厂家由于经营问题，可能导致将公司的投料款挪用，无法购买原材料、外购件等，交货存在风险。

（4）设备厂家生产饱满度带来的排产、交货的风险，设备厂家在同期接到较多订单，超过生产能力上限，会在排产上有冲突，使交货存在风险。

（5）重要零件、长周期生产零件的生产质量带来的交货风险，重要零件、长周期生产零件是主要设备供货周期，一旦出现质量问题，出现重新加工，必然带来交货风险。

（6）长周期外购件交货风险，主要是进口件受当时新冠疫情的影响可能存在交货风险。

（7）运输风险，设备存在运输途中损毁的风险。

（8）开箱检验后发现缺件或零件的损坏，重复供货影响安装。

2. 风险管控措施

（1）加强组织措施，成立设备催交催运组织机构。

1）由项目单位、监造单位、催交单位、主标段施工单位组成催交催运领导小组。催交催运领导小组组长、常务副组长分别由项目单位和催交单位领导担任。领导小组是本工程设备催交催运工作的领导和决策机构。

2）催交催运领导小组下设主辅机设备催交催运办公室，办公室设在催交单位，具体负责日常管理、协调工作。

3）主辅机催交组的催交人员由催交单位根据各自的催交任务，选派各自催交人员，并实行专人负责制，完成催交领导小组和催交领导小组办公室下达的各项催交任务及其他任务。

（2）有效发挥催交催运小组的职责。

1）本工程的设备催交、催运工作，由某项目物资部负责组织及管理，并负责对设备进度监造、设备代办及施工单位的设备催交催运工作进行监督、考核；

2）本工程主辅机设备催交工作，采取招标方式确定主辅机设备催交单位（包括质量、进度），催交催运单位负责主辅机设备的催运工作；

3）本工程的主辅机设备催交催运工作，由某项目物资部负责组织主辅机设备催交催运单位具体开展催交催运工作；

4）施工单位负责按照施工二级网络进度及月施工计划，向催交催运单位提供设备交货需求计划，并在催交催运单位的组织下参与设备的催交催运工作；

5）施工监理单位按照某项目的要求，参与设备催交和施工进度有关的管理工作。

（3）有效组织催交催运各关联部门，在催交催运领导小组的领导下，在施工总设计编写期间，将设备合同交付计划与施工单位的施工计划结合，各施工单位根据施工二级网络进度及月施工计划，按月向工程监理和催交催运单位提报设备交货需求计划，经物资代办负责统一汇总并结合设备合同规定的交货期编制设备催交计划及催交清册，以及按地区编制催交任务明细表，经项目单位有关主管领导审批后，作为下达催交任务的依据和指令，及时通知设备制造厂商。催交催运有关工作流程如图 4-1 所示。

（4）定期召开物资协调周（月）例会。

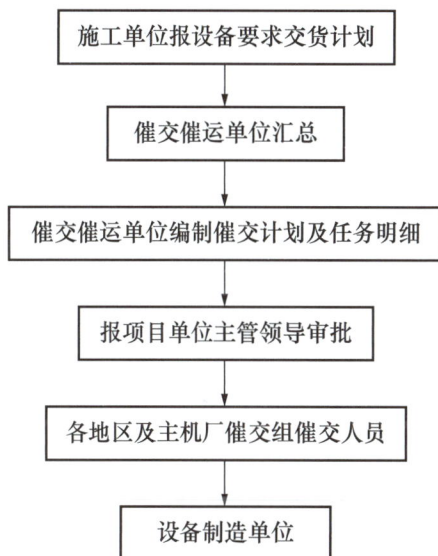

图 4-1　催交催运有关工作流程

由物资部门、主辅机监造单位、催交催运单位组织，工程监理单位、施工单位参加，每月定时在施工现场召集一次设备催交调度例会，审定设备催交计划，明确各阶段催交工作重点，下达催交工作任务，检查和监督设备催交工作的完成情况，协调各有关单位解决设备催交工作中存在的实际问题。

3. 选出优秀的代保管单位

通过招标方式选出优秀的代保管单位，会同主辅机监造单位组织和实施本工程设备催交催运工作。按各地区和主机厂设立催交工作组和选派催交人员（催交人员相对稳定），并实行专人负责制进行管理，完成各项催交及其他有关任务。主辅机监造单位和催交催运单位选派设备催交人员应具有较强的责任心和具备一定的专业知识和业务能力，并应熟悉和掌握本工程与设备供货商签订的经济合同、技术协议内容，了解所负责催交设备的供货范围、交货顺序和交货进度。

4. 充分调研

在招标前期就对设备厂家的生产经营情况进行充分调研，招标过程中，在招标文件中对生产经营情况在招标评分中进行充分体现，尽最大可能选择经营良好、交货诚实守信的单位。

5. 召开设备生产开工会

签订设备合同后，公司物资部组织催交催运单位和设备监造单位到设备合同单位召开设备生产开工会，使生产厂家重视公司设备的生产，考查生产厂家的当期生产饱满度，积极落实制造计划，确定设备原材料、加工部件、外购部件以及总装调试直至发运的计划，力促早日排产，完成整个设备生产、发货。

6. 加强设备催交和监造的管理

落实催交催运、监造单位的催交责任：合同条款已明确催交催运单位、监造单位分别管控确定的设备合同交货期的实现。对市场变化和设备制造厂对合同交货期的态度，催交催运、监造单位必须做大量认真细致的督促提醒工作，特别是对重要零件、长周期生产零件的生产质量带来的交货风险跟踪，监造单位紧跟重要零件制造的质量关口，保障重要零件顺利交货。

7. 提早辨识设备交货对施工计划执行的风险

物资部门催交管理人员积极认真落实施工计划与设备制造厂实际生产计划比对，尽可能早期辨识设备交货对施工计划执行的风险，制定解决控制风险的策略和措施，分步骤，分管控层次并及时协调外部资源和内部管控的实施步骤，承担项目单位催交催运工作责任。具体措施有：

（1）专人负责催交，专人负责监造；

（2）催交催运单位通过智能智慧催交，每周落实催交任务，发布催交催运签报；

（3）催交催运单位收集重要设备、重大外购件交货信息，及时跟踪、协调；

（4）利用生产准备人员到厂学习的良好时机，使其肩负催交催运工作，完成催交催运工作。

8. 补货工作

做好运输货物可能灭失的及时补货工作，对大件运输早策划、早评审，做到万无一失。

9. 及时验货

根据现场安装要求，及时开箱验收，如有缺件，安排催交催运人员，跟踪厂家及时消缺。

总之，营造全公司关注设备资源的氛围，利用集团良好信誉和美好发展前景协调生产厂家的交货进度，创造公司设备资源催交催运的良好环境。对设备交付可能存在的风险有着清醒的思想认识，有完善的管控方案，有可靠的人员管控，调动全公司的力量圆满地完成设备交付工作。

（七）造价控制风险管控措施

该工程受国家、行业相关政策及市场变化影响，对工程造价风险分析如下：

（1）初设审查、收口阶段应多方面考虑政策、市场变化因素，将工程造价控制在合理的水平上，防止工程实施阶段出现超概现象。

（2）初设审查、收口阶段应与设计院配合，尽量落实新理念、新技术、新工艺的实施方案，在工程概算中完整体现，如实反映工程造价。

（3）主体工程招标应提前策划，合理分配标段；与设计院各专业及时沟通，在招标文件、工程量清单及招标控制价编制中体现出施工图阶段的设计意图，防止工程施工阶段出现重大变更，造成工程造价失控。

（4）在合同中设置合理的调价机制，风险共担，尽量减少地材市场价格短期剧烈波动影响合同的履行，避免合同工期变化带来的工程造价增加。

（5）工程建设过程中，应加强过程管控，严格变更、签证审核，对施工单位上报的工程进度报表逐项核对已完成工程量，防止出现工程款超付。

（6）对设计院已出施工图及时计算工程量，与清单工程量进行对比，提前发现重大偏差，分析原因，使工程造价可控、在控。

（7）做好工程量核对，并回归清单，动态反映工程造价，为各项工程的竣工结算打好基础，整体控制整个工程的造价。

（八）新技术应用风险分析及管控措施

根据项目新技术应用情况，进行风险分析，并制定预控措施，新技术应用风险分析及管控措施见表4-3。

（九）施工安全风险分析及预控措施

对工程施工安全进行分析，制定预控措施，施工安全风险分析及预控措施见表4-4。

表 4-3　　　　　　　　　　　　　　新技术应用风险分析及管控措施

序号	新技术内容	风险点	管控措施
1	采用双机回热系统，每台机组设置一台100%容量的汽动给水泵，前置泵和主泵同轴，共同由抽汽背压（抽背）式给水泵汽轮机驱动；配置一台发电机以消纳抽汽背压（抽背）式给水泵汽轮机多余功率，并可作为电动机驱动给水泵上水及启动。无电动定速启动给水泵	抽背式小汽轮机（带小发电机）在国内尚无成熟应用案例；事故状态下调节控制优化；宽负荷运行时（20%～30%）适应性	（1）充分调研，广东某电厂采用了双机回热技术，但未设置小发电机，对其双机回热系统配置情况和机组的运行经验进行充分调研。 （2）江西某电厂采用了双机回热技术，且小汽轮机同样配置了小发电机，与本项目系统配置相同，虽然该单位正在建设中，但其前期做了大量研究工作，项目单位可对其进行深入研究。 （3）江西某电厂调试阶段，本项目派遣专人全程跟踪、参与，学习掌握双机回热系统的调试经验，弄懂其逻辑关系。 （4）与主机厂充分沟通交流，在系统设计中充分邀请行业内外专家进行论证。 （5）提前确定调试单位，调试人员提前研究掌握双机回热技术要点，并参与瑞金电厂调试工作，掌握调试经验。 （6）高压加热器全部切除时，调节控制系统快速反应能力是否能够保证机组安全运行。 （7）负荷低于300MW，且两台机同时低于300MW或只一台运行低于300MW时，是否执行小发电机倒拖运行方式研究，严格审查控制逻辑，在仿真机系统演练。 （8）宽负荷运行时，深入研究调节控制系统的适应性

续表

序号	新技术内容	风险点	管控措施
2	采用单列蛇形管高压加热器,升温速率快、可靠性高,更适合机组深度调峰运行并符合"免(少)维护"的原则	对立式高压加热器不熟悉,不掌握运行调整方法和检修方法	(1)对国内采用蛇形管高压加热器的电厂进行调研。 (2)邀请设备厂家进行专业培训。 (3)运行人员赴蛇形管高压加热器电厂进行实习,学习掌握高压加热器水位控制、调节等操作要点。 (4)检修人员寻找机会参与蛇形管高压加热器的检修工作,掌握检修方法。 (5)提前调研高压加热器漏泄的快速处理方案,如通过机械臂方式进行查漏封堵,查漏封堵工艺等,形成应急预案,并加以演练

表 4-4   施工安全风险分析及预控措施

序号	作业内容	安全风险点	预控措施
(一)	**五通阶段**		
1	厂内土石方机械运输	人身伤害	(1)人员入场前必须严格进行"三级教育",考试合格方可上岗。 (2)司机人员严格执行持证上岗,防止无证操作。 (3)现场主要路段设置醒目的交通标志,载货车速不得超过 5km/h,空车车速不得超过 10km/h。 (4)保持机动车状况良好,定期维护保养,刹车系统、照明系统应完好。 (5)严禁酒后上岗工作。 (6)控制无关车辆随意进入现场。 (7)自卸车卸料时注意车厢上空和附近应无障碍物,向低洼地区卸料时,必须和坑道保持安全距离,防止塌方及翻车。 (8)雨季施工时,机械作业完毕停放在地势较高的坚实地面上。 (9)制定车辆交通事故应急准备及响应措施,并定期组织演练
2	挖掘机及装载机作业	机械伤害	(1)机械设备入场前严格检验,严禁设备带病作业。 (2)挖机作业时,回转半径内严禁人员逗留及其他机械同时作业。 (3)挖机行走时,铲斗应位于机械的正前方并离地面 1m 左右,回转机构应制动状态,上下坡的坡度不得超过 20°。 (4)作业时监护到位,防止施工机械发生碰撞、倾覆事故。 (5)装载机铲斗上严禁站人,装料时,应防止铲斗单边受力,往车辆上卸料时应缓慢,防止与车辆发生碰撞。 (6)铲斗向前倾斜时不得提升重物,提升物体必须在刹车后进行。 (7)作业完毕后,应将铲斗收回平放在地面上,并拉紧制动器。 (8)夜间作业应有足够的照明,并设专人监护。 (9)机械的停放、行走及作业范围应在安全措施中明确

序号	作业内容	安全风险点	预控措施
（二）	**打桩（地基处理）阶段**		
1	桩机运输	机械倾倒或触电	（1）桩机运输要解体运输，不要直立运输，以降低重心与高度，防止失稳倾倒。 （2）装车后要对设备进行固定，设专人在运输过程中进行监护。 （3）桩机转场时，必须由专人指挥，特别要注意高压线、水坑等危险地段，桩机回转范围内严禁站人，各方向监护到位，防止与高压线发生触电
2	打桩作业	机械伤害	（1）桩机操作人员，应经培训合格，持合格操作证上岗。 （2）桩机在工作过程中，操作人员应经常观察各种仪表指示是否正常，若有异常情况应及时停车检查。 （3）操作时要特别注意操作控制手柄要到位，避免系统压力冲击；在使用过程中应检查紧固有压力振动的管接头和油泵紧固螺栓，保证无漏油、漏气现象。 （4）每天使用前检查打桩机械的完好性。 （5）遇到6级以上大风或恶劣天气下停止打桩作业，设备应顺风停置，并加缆风绳。 （6）作业中，停机时间长时，应将桩锤落下，垫好，不得悬挂桩锤检修。 （7）桩机电气绝缘良好，应有接地保护，电源电缆有专人收放，不得随意拖放。 （8）成孔后的桩孔必须用盖板保护，附近不得堆放重物
3	土方开挖基坑施工	土方坍塌	（1）土石方开挖时自上而下进行，土方作业产生的余土严格控制堆高，堆土距离及高度必须符合施工组织设计中规定。 （2）永久性边坡应符合设计要求，临时性边坡坡度应符合GB 50202《建筑地基基础工程施工质量验收标准》的要求，不能达到预留时，应设牢固可靠的支撑。 （3）机械开挖时，就对机械的停放、行走、运土及挖土分层深度制度具体施工措施。 （4）逢连雨天气，注意边坡稳定，及时做好排水，必要时增设支撑措施。 （5）需要机械进出的基坑应设置交通坡道，双车道宽不小于6m，单车道不小于3.5m，做到人车分流。 （6）人员上下边坡时应有专用台阶或铺设防滑走道板，严禁攀登挡土支撑架上下，严禁人员在边坡脚下休息；制定汛期应急预案，并定期组织演练，应急物资及设备准备充足。 （7）开挖深管沟时，设置专职监护人员，并设置醒目标志，夜间要加设红灯警示。 （8）土方开挖及沟道内施工时，注意边坡变动情况，出现滑坡迹象时，应立即停止施工，指挥人员及车辆撤离至安全地带，做好观测记录，由技术人员进出处理

序号	作业内容	安全风险点	预控措施
（三）	建筑结构施工阶段		
1	混凝土主体结构施工	人身伤害	（1）人员入场前必须严格进行"三级教育"，考试合格方可上岗。 （2）司机人员严格执行持证上岗，防止无证操作，严禁酒后上岗工作。 （3）现场主要路段设置醒目的交通标志，载货车速不得超过5km/h，空车车速不得超过10km/h。 （4）保持机动车状况良好，定期维护保养，刹车系统、照明系统应完好。 （5）控制无关车辆及人员随意进入现场。 （6）自卸车卸料时注意车厢上空和附近应无障碍物，向低洼地区卸料时，必须和坑道保持安全距离，防止塌方及翻车
2	脚手架搭设与拆除（主厂房及辅助系统厂房框架、输煤线桥混凝土框架、煤场框架）	违章作业高处坠落坍塌人身伤害	（1）人员入场前进行三级安全教育，凡是高血压、心脏病、癫痫病等不适合高处作业的人员，均不得从事架子作业，凡从事架子工种的人员，必须持证上岗并定期进行体检，作业时正确佩戴和使用安全防护用品。 （2）大型超高脚手架必须按《危险性较大的分部分项工程安全管理规定》（住建部37号令）程序执行。超高脚手架及作模板支撑用脚手架均要由技术人员进行载荷计算及校核，施工时严格按照作业指导书进行施工，施工前应进行安全技术交底，无交底签字严禁进行施工，搭设完毕须经验收合格后方可使用。 （3）脚手架搭设前地面应平整夯实，立杆底部垫枕木及排水沟。 （4）随脚手架的增高，设置抛撑，柱和梁形成后，脚手架竖向每隔4m、横向每隔7m与其牢固连接。 （5）每隔6～7根、脚手架转角及两端应设置支杆及剪刀撑；定期对脚手架扣件紧力进行检查，紧力不足40N·m的重新紧固。 （6）通道脚手板满铺，两侧设双道防护栏杆及挡脚板、密目网，作业面悬挂安全网。 （7）制作手提材料箱存放小型物件，脚手架上设堆料平台集中存放周转性材料。 （8）脚手架两侧设置安全隔离防护区，禁止行人入内。 （9）按脚手架作业面的分布，搭设、使用脚手架严格执行逐层验收挂牌制度。 （10）定期对脚手架扣件紧力进行检查，紧力不足40N·m的重新紧固。 （11）拆除严格按自上而下，先搭后拆顺序进行。必须划出安全区，设警戒标志，并设专人警戒。 （12）拆除脚手架前必须派人检查架子上的材料、杂物等是否清理干净，否则严禁拆除。 （13）拆下的材料。必须绑扎牢固或装入容器内才可吊下，严禁从高处抛掷，严禁凭借脚手架起吊物件。 （14）架子拆除后，应对管材进行调直、除锈、防锈工作，对扣件也必须进行检查、保养，无裂缝滑扣、变形等现象方可调出或入库。 （15）高层脚手架应安装避雷装置，附近有架空线路时，应满足安全距离或采取有效隔离措施。 （16）脚手架荷载应控制在270kg/m²

续表

序号	作业内容	安全风险点	预控措施
3	钢筋绑扎（大体积混凝土基础、汽轮机基础上部结构、除氧煤仓间框架、球型煤场、引风机室框架等）	人身伤害	（1）作业前必须经过三级安全教育，体检合格及安全技术交底。 （2）焊工、电工等称特种作业必须持证上岗。 （3）钢筋骨架要垂直，支撑绑扎、焊接牢固。 （4）材料摆放时要统一轻放不准触摸钢筋的端头（防止刮伤、砸伤）。 （5）立筋保持稳定，不准大幅度摆动，防止筋与筋之间相撞挤手，下方人员要远离钢筋行走方向，防止砸伤。 （6）钢筋绑扎统一协调，钢筋不准集中堆放。 （7）定期对电源箱，小型电动工器具进行检查，检验。 （8）严禁将电线直接挂在闸刀上或直接插入插座内
4	混凝土模板支设	模板倒塌	（1）钢模板的安装应经设计和计算，模板、支撑不得和脚手架混接在一起。 （2）支持基础必须牢固。 （3）模板支设必须边施工边加斜支撑及剪刀支撑，采用斜支撑时角度应大于60°。 （4）支撑必须无腐朽扭裂、劈裂。钢管支撑每根支柱荷载应小于2t。 （5）不得在未浇筑完的模板结构上堆放重物件。 （6）支设4m以上立柱模板时，其四周必须钉牢，操作时搭设临时工作台，支设独立梁模板时，不得站在柱模板上操作或在梁的底模上行走
5	冷却塔施工	安全设施不完善、违章作业、执行技术措施不严密、监督不到位引发人身、设备事故	（1）人员入场前进行三级安全教育及体检，凡是高血压、心脏病、癫痫病等不适合高处作业的人员严禁参与施工。 （2）冷却塔施工必须考虑特殊环境下防火措施及高处逃生通道，并进行详细的技术交底，设专职人员指挥。 （3）冷却塔施工应安排在周边建筑物施工前进行，尽量避免交叉作业，如存在交叉作业必须采取可靠的隔离措施。 （4）施工时按规定落实警戒范围并做好隔离措施，30m以下警戒区范围10m，100m以上警戒区范围30m。 （5）在安全网的内侧设置一道密目网，以防石块等下落物体外溅伤人。 （6）为防止雷击伤害，在井架顶部安装避雷针，与冷却塔的避雷接地极相连，接地电阻应小于10Ω。 （7）卷扬司机、吊笼操作人员必须经过岗位培训、考试，合格后持证上岗，同时要求工作时精力集中，工作责任心强，技术熟练。 （8）平台上人员必须系好安全带，机上杂物必须及时清理，不用的使用电梯运下。 （9）载人及运料电梯使用前必须搭设安全隔离棚，并经常清扫。 （10）严格监督试压混凝土三天强度，最后确定是否可以翻板。 （11）冷却塔施工区域，施工单位应设置独立的门禁系统，控制无人员进入。 （12）剩余钢筋及时吊运到地面并及时清理杂物，严禁爬升平台上集中站人。 （13）巡视人员必须将模板是否脱离筒壁、摩擦接触面是否有杂物障碍等信息及时通知提升人员。

序号	作业内容	安全风险点	预控措施
5	冷却塔施工	安全设施不完善、违章作业、执行技术措施不严密、监督不到位引发人身、设备事故	（14）电梯司机必须持有"特种作业合格证"。 （15）电梯设置操作规程，并按操作规程使用。 （16）上下联系信号清晰、准确，夜间有足够的照明。使用对讲机传递信号时必须有对讲机电池突然断电的措施。 （17）电梯不得超载、超高、超长使用。 （18）标准节上部必须设限位开关2道，并应大于2m的安全距离，底部设缓冲装置和下限位2道。 （19）吊笼停稳卸料时，切断电源。 （20）电梯运行中应平稳，不得随意变换挡位
6	施工现场临时用电	违章作业引发人身伤害、火灾	（1）施工用电的布设应按已批准的施工组织设计进行，并符合当地供电部门的有关规定。 （2）施工用电设施应有设计并经有关部门审核批准方可施工，竣工后应经验收，合格后方可投入使用。 （3）施工用电设施安装完毕后，应有完整的系统图、布置图等竣工资料。施工用电应明确管理机构并由专业班组负责运行及维护。严禁非电工拆、装施工用电设施。 （4）参加施工用电设施运行及维护的人员应取得电工资格证并熟练掌握触电急救法和人工呼吸法。 （5）用电线路及电气设备的绝缘必须良好，布线应整齐，设备的裸露带电部分应有防护措施。架空线路的路径应合理选择，避开易撞、易碰的场所，避开易腐蚀场所及热力管道。 （6）低压架空线路一般不得采用裸线：采用铝或铜绞线时，导线截面积应大于$16mm^2$。 （7）低压架空线路采用绝缘线时，架设高度应大于2.5m；交通要道及车辆通行处，架设高度不得低于5m；其他情况下的架设高度应满足DL 5009.1《电力建设安全工作规程》的要求。 （8）架空线路的转角杆、分支杆及终端杆的拉线应采取防护措施，并在距地面1.5m以下的部分涂红、白色油漆示警。 （9）现场直埋电缆的走向应按施工总平面布置图的规定，沿主道路、组合场、固定的构筑物等的边缘直接埋设，埋深应大于0.7m；转弯处应在地面上设明显标志；通过道路时应采用保护套管，管径不得小于电缆外径的1.5倍，且应大于100mm。电缆沿构筑物架空敷设时，其高度应大于2m。电缆接头处应有防水和防止触电的措施。 （10）现场集中控制的开关柜或配电箱的设置地点应平整，不得被水淹或土埋，并应防止碰撞和物体打击。开关柜或配电箱附近不得堆放杂物。 （11）开关柜或配电箱应坚固，其结构应具备防火、防雨的功能。箱、柜内的配线应绝缘良好，排列整齐，绑扎成束并固定牢固。导线剥头不得过长，压接应牢固。盘面操作部位不得有带电体明露。 （12）导线进出开关柜或配电箱的线段应加强绝缘并采取固定措施。配电箱必须装设漏电保护器，做到一机一闸一保护。 （13）用电设备的电源引线长度应小于5m。距离大于5m时应设便携式电源箱或卷线轴；便携式电源箱或卷线轴至固定式开关柜或配电箱之间的引线长度应小于40m，且应用橡胶软电缆。

续表

序号	作业内容	安全风险点	预控措施
6	施工现场临时用电	违章作业引发人身伤害、火灾	（14）施工用电的运行及维护班组应配备足够的绝缘工具。绝缘工具应定期进行试验。 （15）电气设备附近应配备适用于外灭电气火灾的消防器材、发生电气火突时，应首先切断电源。 （16）不同电压等级的插座与插头应选用不同的结构，严禁用单相三孔插座代替三相插座。单相插座应标明电压等级。 （17）严禁将电线直接勾挂在闸刀上或直接插入插座内使用。 （18）手动操作开启式空气开关、闸刀开关及管型熔断器时，应戴绝缘手套或使用绝缘工具。 （19）熔丝熔断后，必须查明原因，排除故障后方可更换，更换熔丝、装好保护罩后方可送电。 （20）连接电动机械与电动工具的电气创路应设开关或插座，并应有保护装置，移动式电动机械应使用橡胶软电缆。严禁一个开关接两台及两台以上的电动设备。 （21）现场的临时照明线路应相对固定，并经常检查、维修，照明灯具的悬挂高度应不低于 2.5m，并不得任意挪动；低于 2.5m 时应设保护罩。 （22）在有爆炸危险的场所及危险品仓库内应采用防爆型电气设备和照明灯具，开关必须装在室外。在散发大量蒸汽、气体和粉尘的场所，应采用密闭型电气设备，在坑井、沟道、沉箱内及独立的高层构筑物上，应备有独立电源的照明。 （23）电源线路不得接近热源或直接绑挂在金属构件上，不得架设在脚手架上。 （24）工棚内的照明线应固定在地缘子上，距建筑物的境面或顶棚应大于 2.5cm。穿墙时应套绝缘套管，管、槽内的电线不得有接头。 （25）行灯的电压不得超过 36V，潮场所、金属容器及管道内的行灯电压不得超过 12V。行灯应有保护罩，其电源线应使用橡胶软电缆。 （26）行灯电源必须使用双绕组变压器，其一、二次侧都应有熔断器。行灯变压器必须有防水措施。其金属外壳及二次绕组的一端均应接地或接零。采用双重绝缘或有接地金属屏蔽层的变压器，其二次侧不得接地。 （27）锅炉燃烧室内的工作照明采用 220V 的临时性固定灯具时，必须装设漏电保护器，高度应为施工人员触及不到的地方。严禁用 220V 的临时照明作为行灯使用。 （28）在光线不足及夜间工作的场所应有足够的照明，主要通道上应装设路灯。 （29）电动机械及照明设备拆除后不得留有可能带电的部分。 （30）在对地电压 250V 以下的低压电气网络上带电作业时。 1）被拆除或接入的线路、必须不带任何负荷； 2）相间及相对地应有足够的距离，并能满足工作人员及操作工具不致同时触及不同相导体的要求； 3）应有可靠的绝缘措施； 4）应设专人监护； 5）必须办理安全施工作业票。

序号	作业内容	安全风险点	预控措施
			（31）对地电压在 127V 及以上的下列电气设备及设施均应装设接地或接零保护。 （32）中性点不接地系统中的电气设备应采用接地保护，接地线应接至接地网上，总容量为 100kVA 及以上的系统，接地网的接地电阻应小于 4Ω，总容量为 100kVA 以下的系统，接地网的接地电阻应小于 10Ω。 （33）当施工现场采用低压侧为 380/220V 中性点直接接地的变压器时，应按《建设工程施工现场供用电安全规范》（GB 50194—2014）的规定，采用工作零线 / 中性线和保护零线 / 中性线分开的接零保护。 （34）用电设备的保护零线 / 中性线或保护地线应并联接地，严禁串联接地。 （35）地线及零线 / 中性线的连接应采用焊接、压接或螺栓连接等方法，若采用缠绕法时，必须按照电线对接、搭接的工艺要求进行，严禁简单缠绕或勾挂。 （36）采用接零保护的单相 220V 电气设备，应设单独的保护零线 / 中性线，不得利用设备自身的工作零线 / 中性线兼作保护零线 / 中性线。 （37）同一系统中的电气设备，严禁一部分采用接地保护，另一部分采用接零保护。
6	施工现场临时用电	违章作业引发人身伤害、火灾	（38）严禁利用易燃易爆气体或液体管道作为接地装置的自然接地体。 （39）施工现场防雷接地的设置。 　1）高度在 20m 及以上的金属井字架、钢脚手架、机具、烟囱及水塔等均应设置防雷设施。避雷针的接地电阻应小于 10Ω。组立起的构架应及时接地。 　2）独立避雷针的接地线与电力接地网、道路边缘、建筑物出入口的距离不得小于 3m。 　3）防雷接地装置采用圆钢时，其直径不得小于 16mm；采用扁钢时，其厚度不得小于 4mm、截面积不得小于 $160mm^2$。 （40）在有爆炸危险场所的电气设备，其正常不带电的金属部分必须可靠地接地或接零。 （41）在有爆炸危险的场所，严禁利用金属管道、构筑物的金属构架及电气线路的工作零线作为接地线或接零线 / 中性线用。 （42）下列设施必须采取防静电接地措施： 　1）用于加工、储存及运输各种易燃易爆液体、气体或粉末的设备； 　2）施工现场及车间内连接成整体的氧气管道及乙炔管道。 （43）施工用电系统投入运行前，应建立管理机构，设立运行、维修专业班组并明确职责及管理范围。 （44）根据用电情况制订用电、运行、维修等管理制度以及安全操作规程。运行、维护专业人员必须熟悉有关规程制度。 （45）凡需接引或变动较大的负荷时，应事先向用电管理机构提出申请，经批准后由运行班组进行接引或变动。接引或变动前应对设备做好电气检查记录。进行接引或变动电源工作必须办理工作票并设监护人。 （46）施工用电设施除经常性的维护外，还应在雨季及冬季前进行全面地清扫和检修；在台风、暴雨、冰雹等恶劣天气后，应进行特殊性的检查、维护。

续表

序号	作业内容	安全风险点	预控措施
6	施工现场临时用电	违章作业引发人身伤害、火灾	（47）配电室、开关柜及配电箱应加锁、设警告标志，并设置干粉灭火器等消防器材。 （48）施工电源使用完毕后应及时拆除。 （49）配电室的值班巡视工作应按《电力安全工作规程 发电厂和变电站电气部分》（GB 26860）的有关规定执行
（四）	**土建与安装交叉作业阶段**		
1	汽机房屋面、除氧煤仓间各层平台	压型板、底模支撑不牢	（1）人员入场前进行三级安全教育，凡是高血压、心脏病、癫痫病等不适合高处作业的人员，均不得从事架子作业，凡从事架子工种的人员，必须持证上岗并定期进行体检。作业时正确佩戴和使用安全防护用品。 （2）严格按照作业指导书进行施工，施工前应进行安全技术交底，无交底签字严禁施工，脚手架搭设完毕须经验收合格后方可使用。 （3）脚手架搭设前地面应平整夯实，立杆底部垫枕木。 （4）随脚手架的增高，设置抛撑，柱和梁形成后，脚手架竖向每隔4m、横向每隔7m与其牢固连接。 （5）每隔6～7根、脚手架转角及两端侧设置剪刀撑，保持脚手架支撑底模的稳定性。 （6）通道脚手板满铺，两侧设双道防护栏杆及挡脚板、密目网，作业面悬挂安全网。 （7）压型板要及时进行固定，临边要设栏杆或水平绳，堆放的物料要有防风措施
2	汽机房、引风机室等大型房屋架、吊车、A排钢支撑安装	高处坠落高处落物起重伤害	（1）作业人员须经三级安全教育、考试、体检，合格后方可上岗。 （2）司机、起重作业人员持证上岗。 （3）作业人员必须正确佩戴和使用安全防护用品。 （4）高处作业人员使用工具袋，工具系保险绳，传递物品严禁抛掷。 （5）切割的工件、边角余料及螺栓等小型物件放在可靠地方，防止坠落。 （6）严格按照作业指导书进行施工，无交底签字严禁施工。 （7）钢梁水平方向设置临时水平扶绳，垂直攀爬设置钢爬梯及安全自锁器，柱头施工使用标准化托架，各层钢梁满铺安全网。 （8）起重机械及起重工具定期进行维护、保养、检查和检验。 （9）夜间施工必须有充足的照明。 （10）遇有六级及以上大风天气时，停止起重作业和高处作业
3	建筑装修用油漆、涂料	违规存放引发火灾事故	（1）油漆管理和使用人员必须经过专业培训，熟练掌握各类消防灭火器材的使用方法。 （2）油漆存放场所必须单独存放，存放点保持通风良好，要远离火源、电焊区域。 （3）油漆存放场要远离住宅、房屋及其他建筑物，要设明显的禁止烟火标志，并设专人看管，油漆存放场要配备足够的灭火器材。 （4）油漆施工中，油漆、稀释剂等易燃物品存放时必须设隔离带，而且隔离带要大于5m。 （5）电源开关要远离油漆作业场所及油库，防止电弧引燃导致火灾

序号	作业内容	安全风险点	预控措施
4	油漆/涂料施工时吊栏作业	高处坠落	（1）吊栏要求采购正规产品，吊栏主吊绳要满足安全系数，采用卡接法时卡子不少于3个，绳头做安全弯。 （2）吊栏施工要有作业指导书，对挑梁的固定方式进行选择计算，采用预埋铁件或重物堆压做配重的方式时，要对承载力进行计算。吊栏的负荷按设计说明采用，要确保栏内荷载均布，吊篮升降时必须确保各吊点同步升降。 （3）吊栏使用前必须确保负荷试验合格，作业前对吊栏及提升机构进行检查，无误后方可使用，并形成交接班记录。 （4）作业时要设一根安全保护绳，安全带均挂在保护绳上，涂料或油漆作业时，不允许带任何火种进入吊栏，防止火灾事故。 （5）吊栏内使用电焊应有防止打伤钢丝绳的措施；电源应有防触电措施；严禁超载及人员超标使用，同时落实防风措施
5	汽机房等大型厂房外护板（彩钢板）施工	高处坠落及物体打击	（1）作业面要便于人员施工，用尼龙绳紧固铁皮时，防止绳子断裂和铁皮滑脱。 （2）上班前要检查绳子的牢固性。 （3）拆除外护板时，要按照先安装后拆除的顺序施工。拆除的外护板要有顺序地运出。 （4）在转移工作地点时，要将安全带系在手扶绳或其他牢固构件上。 （5）夜间施工突然停电时，不得乱动；要握紧牢固可靠的构件、听从组长的统一指挥，有秩序地下来。 （6）施工前检查脚手架的牢固、可靠性，对于个别不便施工的部位，要重新搭设脚手架、铺设跳板，并绑扎牢固。 （7）对于外护板要及时固定，下班前不得留有未固定件，同时有必要的防风措施。存放在高处作业面上的外护板也必须采取必要的防风措施。 （8）采用吊栏施工时，要按吊栏的有关操作进行。 （9）遇有五级及以上大风，停止相关作业
6	锅炉及电除尘、输煤栈桥桁架等钢结构吊装	人身伤害起重伤害	（1）人员入场前进行三级安全教育和体检，合格人员方能从事高处作业，特种作业人员持证上岗；作业时必须正确佩戴和使用安全防护用品。 （2）严格按照作业指导书进行施工，无交底签字严禁施工。 （3）起吊梁柱前要做好清理、检查工作，确保无浮动物体。 （4）与梁、柱需要一同吊装的结合板要用螺栓拧牢固。 （5）设备安装尽量减少悬吊或临时就位，如需悬吊，所用悬吊工具必须安全可靠，长时间悬吊的构件需采取加固措施（严禁使用导链长时间抛挂构件）。 （6）高处作业使用撬棍时严禁双手施压猛撬。 （7）安装高强螺栓时，使用的工具应随时放在工具袋内，严禁随意放在梁表面或脚手架上。 （8）未安装完的螺栓以及因其他原因不能安装的结合板应及时回收，不得在梁上或脚手架上存放。 （9）安装的焊接梁必须焊接牢固后方可摘钩，使用的焊接工具、焊材、焊条要有防高处坠落的措施。

序号	作业内容	安全风险点	预控措施
6	锅炉及电除尘、输煤栈桥桁架等钢结构吊装	人身伤害起重伤害	（10）吊装用的吊具（如卡环）应有防坠落措施，以防止摘钩过程中失手坠落。 （11）施工人员严禁在吊物下方通过或逗留，防止因坠物造成物体打击事故。 （12）安装钢结构需要高处切割工件时，被切割的部分应有防止坠落的措施。 （13）锅炉钢结构吊装时，平台、步道、楼梯要与栏杆同步安装；各层钢梁必须拴挂牢固的水平手扶绳，严禁施工人员走单梁；钢梁外侧支挂安全网，内侧设置滑线安全网。 （14）夜间施工必须有充足的照明。 （15）遇有六级及以上大风天气时，停止起重作业和高处作业。 （16）起重机械及起重工具定期进行维护、保养、检查和检验。 （17）沙尘暴天气停止起重作业和高处作业
7	金属容器、坑井、地下水池等受限空间内作业	动火作业、防腐作业引发火灾及人身伤害	（1）从事焊接、切割与热处理防腐作业人员，应经专业安全技术教育、考试合格、取得合格证，并应熟悉触电急救法和人工呼吸法。 （2）作业人员必须使用安全劳动防护用品。 （3）严禁站在油桶、木桶等不稳固或易燃的物品上进行作业。 （4）作业开始前应对溶渣有可能落入范围内的易燃、易爆物品进行清除，或采取可靠的隔离、防护措施，并设专人监护。 （5）严禁随身携带电焊导线、气焊软管登高或从高处跨越，应在切断电源后用绳索提吊。 （6）金属容器、地下水池等受限空间内施工用电要求使用小电缆，电压采用12V的安全电压，照明及电源开关要求采用防爆型，开关尽量布置在塔外，严禁将行灯变压器带入金属容器或坑井内。 （7）必须可靠接地或采取其他防止触电的措施。 （8）在金属容器等受限空间内作业时，应设通风装置，内部温度不得超过40℃；严禁用氧气作为通风的风源。 （9）在受限空间内进行作业时，入口处应设专人监护，并在监护人伸手可及处设二次回路的切断开关；监护人应与内部工作人保持联系。 （10）严禁将漏气的焊炬、割炬和气带带入容器内；焊炬、割炬不得在容器内点火。 （11）焊接、切割与热处理作业结束后，必须清理场地、消除焊件余热、切断电源，仔细检查工作场所周围及防护设施，确认无起火危险后方可离开。 （12）高风险作业按制度规定，各级人员旁站监护，并设置移动工摄像头进行智能化监管。 （13）施工区域采用围栏等进行封闭，设立警戒人进行管理，要求防火警示标识齐全，灭火器材充足。 （14）加强受限空间出入管理，设立专人对进出受限空间的人员进行火种检查及进出登记管理工作。 （15）受限空间周边禁止吸烟，并严格禁止动火作业，必须动火的作业要严格审批，落实措施后方可施工。 （16）落实防火、防中毒应对措施，健全应急预案，开工前进行演练

序号	作业内容	安全风险点	预控措施
8	高处作业、交叉作业	高处坠落、物体打击	（1）人员入场前进行三级安全教育和体检，合格者方能从事高处作业。 （2）高处作业必须系好安全带，正确着装。 （3）高处作业人员必须佩带工具袋，大工具系保险绳，严禁随意抛掷物件。 （4）高处作业严禁随意攀爬。 （5）高处作业严禁坐在平台边缘、骑坐在栏杆上、躺在走道或安全网内休息。 （6）严禁酒后进行高处作业。 （7）使用合格的登高工具。 （8）高处作业周围布设安全网；孔洞、沟道装设盖板或围栏。 （9）平台、走道、斜道装设挡脚板。 （10）防护栏杆高度必须要符合要求。 （11）六级及以上大风或恶劣气候停止露天高处作业；霜冻或雨雪天气进行露天高处作业要采取防滑措施。 （12）特殊高处作业危险区设立围栏及警示牌。 （13）带电体周围进行高处作业传递物品时禁止使用金属线。 （14）上下交叉作业搭设隔离层。 （15）在夜间、光线不足的地方加强照明
（五）	**安装高峰阶段**		
1	高处作业、交叉作业	高处坠落、物体打击	（1）人员入场前进行三级安全教育和体检，合格者方能从事高处作业。 （2）高处作业必须系好安全带，正确着装。 （3）高处作业人员必须佩带工具袋，大工具系保险绳，严禁随意抛掷物件。 （4）高处作业严禁随意攀爬。 （5）高处作业严禁坐在平台边缘、骑坐在栏杆上、躺在走道或安全网内休息。 （6）严禁酒后进行高处作业。 （7）使用合格的登高工具。 （8）高处作业周围布设安全网；孔洞、沟道装设盖板或围栏。 （9）平台、走道、斜道装设挡脚板。 （10）防护栏杆高度必须要符合要求。 （11）六级及以上大风或恶劣气候停止露天高处作业；霜冻或雨雪天气进行露天高处作业要采取防滑措施。 （12）特殊高处作业危险区设立围栏及警示牌。 （13）带电体周围进行高处作业传递物品时禁止使用金属线。 （14）上下交叉作业搭设隔离层。 （15）在夜间、光线不足的地方加强照明

续表

序号	作业内容	安全风险点	预控措施
2	脚手架搭设与拆除（空冷岛、管道、吸收塔安装）	违章作业、高处坠落、坍塌引发的人身伤害	（1）人员入场前进行三级安全教育，凡是高血压、心脏病、癫痫病等不适合高处作业的人员均不得从事高处作业，高处作业人员必须定期进行体检；特种作业人员持证上岗，作业时必须正确佩戴和使用安全防护用品。 （2）严格按照作业指导书进行施工，施工前应进行安全技术交底，无交底签字严禁施工，搭设完毕须经验收合格后方可使用。 （3）脚手架搭设前地面应平整夯实，立杆底部垫枕木。 （4）随脚手架的增高，设置抛撑，柱和梁形成后，脚手架竖向每隔4m、横向每隔7m与其牢固连接。 （5）每隔6～7根脚手架转角及两端侧设置剪刀撑。 （6）通道脚手板满铺，两侧设双道防护栏杆及挡脚板、密目网，作业面悬挂安全网。 （7）制作手提材料箱存放小型物件，脚手架上设堆料平台集中存放周转性材料。 （8）脚手架两侧设置安全隔离防护区，禁止行人入内。 （9）按脚手架作业面的分布，搭设、使用严格执行逐层验收挂牌制度。 （10）定期对脚手架扣件紧力进行检查；紧力不足40N·m的重新紧固。 （11）拆除严格按自上而下、先搭后拆顺序进行，必须划出安全区，设警示标志及专人警戒。 （12）拆除脚手架前须派人检查架子上的材料、杂物等是否清理干净，否则严禁拆除。 （13）拆下的材料，必须绑扎牢固或装入容器内才可吊下，严禁从高处抛掷。 （14）架子拆除后，应对管材进行调直、除锈、防锈工作，对扣件进行检查、保养，无裂缝滑扣、变形等现象方可调出或入库
3	受热面、空冷平台、炉后烟道、电除尘、四大管道、主厂房框架结构安装	管理不到位、维护不及时、防护设施失效引发人身伤害、设备事故	（1）人员入场前进行三级安全教育和体检，特种作业人员持证上岗，作业时必须正确佩戴和使用安全防护用品。 （2）施工现场的平台、步道、梯子、栏杆等防护设施必须随设备同步吊装，不能装正式栏杆的平台必须安装标准的临时栏杆。 （3）施工现场各层平台，步道及预留孔洞，孔径在1m以下的应使用花纹钢板，按孔洞形状加工成圆形或方形盖板，油漆成黄黑相间并统一编号封堵；孔径在1m以上的应加设临时围栏，围栏内铺设水平安全网以防落物伤人。 （4）安全网防护；安装工程应随层支挂平网、立网，在吊装区域可支挂便于开合的（滑线式）安全平网；高处作业周期长的作业面下方应支挂首层安全网，支挂安全网作业应由技术人员在支挂前编制施工措施，经审批交底后组织执行。 （5）各单位要对临时栏杆、孔洞盖板进行标准化管理，标准栏杆、盖板应统一设计，以文明施工责任区为单位统一实施和管理，并将栏杆、盖板的数量及布置区域图上报。 （6）在锅炉本体设置垃圾通道要经设计并绘制布置图；布置就位的垃圾通道下口要设围栏并加锁，废料清理要定人定时并挂牌明确。

序号	作业内容	安全风险点	预控措施
3	受热面、空冷平台、炉后烟道、电除尘、四大管道、主厂房框架结构安装	管理不到位、维护不及时、防护设施失效引发人身伤害、设备事故	（7）载人电梯的组装应严格按照厂家说明书进行，自行制作的要经过设计审核批准后可进行，电梯安装完毕后需经过载荷及保险装置的试验，并由质检、安全、安装或制作单位负责人、使用单位、管理部门鉴定合格后，并经地方特种设备检测单位检测合格后方可使用，操作人员持证上岗操作。 （8）采购安全网必有应急管理局《检验合格证》，每种安全网出库、返库均应办理手续。 （9）现场施工过程中的各种防护设施按责任划分区域管理，设专人管理并做好维护检查，确保设施完好。 （10）各单位本着"谁使用，谁维护"的原则，对各类防护设施进行维护、检查和定期保养。 （11）施工现场中的各种安全防护设施，任何单位及个人不得随意挪用或损坏；确需动的，需经主管领导批准，对挪动或损坏的安全设施，必须尽快恢复，在未恢复之前必须设置安全监护人或采取其他可靠措施，严防事故的发生。 （12）施工前应进行安全防护设施检查和验收，由施工单位负责人会同安全部门、质检部门共同进行，验收合格后方可作业
4	空冷构架安装	安装方案和施工次序未按设计规定施工导致结构垮塌、人身伤害	（1）人员入场前进行三级安全教育和体检，特种作业人员持证上岗，作业时必须正确佩戴和使用安全防护用品。 （2）施工现场的平台、步道、梯子、栏杆等防护设施必须随设备同步吊装，不能装正式栏杆的平台必须安装标准的临时栏杆。 （3）施工现场各层平台，步道及预留孔洞，孔径在1m以下的应使用花纹钢板，按孔洞形状加工成圆形或方形盖板，油漆成黄黑相间并统一编号封堵；孔径在1m以上的应加设临时围栏，围栏内铺设水平安全网以防坠物伤人。 （4）安全网防护。应实行随层支挂平网、立网的方式，在吊装区域可支挂便于开合的（滑线式）安全平网；高处作业周期长的作业面下方应支挂首层安全网，支挂安全网作业应由技术人员在支挂前编制施工措施，经审批交底后组织执行
5	吊车滑线、汽机房吊车安装	高处坠落、物体打击、人身伤害	（1）作业人员须经三级安全教育、考试、体检合格后方可上岗。 （2）司机、起重作业人员、架子工持证上岗。 （3）作业人员必须正确佩戴和使用安全防护用品。 （4）严格按作业指导书进行施工，无交底签字严禁施工。 （5）吊车下方设安全隔离区域，悬挂警示牌，无关人员禁止通过或逗留。 （6）脚手架搭设符合规范要求。 （7）作业人员使用工具袋，工具要系保险绳，传递物品严禁抛掷
6	金属射线探伤作业	违章操作、警戒不当、射源泄漏引发射线伤害	（1）人员入场前进行三级安全教育，对从事放射性工作的人员应经专业培训，考试合格并取得合格证；操作时应佩戴剂量仪、含铅眼镜、穿着防护服等防护用品。 （2）凡参加射线探伤的人员，必须进行体检并做好记录；对已从事探伤的人员，应每年进行一次职业体检，并建立体检档案，如发现不适应症，应做妥善处理。

序号	作业内容	安全风险点	预控措施
6	金属射线探伤作业	违章操作、警戒不当、射源泄漏引发射线伤害	（3）用 X 射线探伤机探伤必须做到： 1）操作人员熟悉射线机性能，掌握操作知识； 2）射线机安置处及周围必须干燥，安放时应避免强烈振动； 3）射线机必须有可靠的接地； 4）射线机在第一次使用或停放较长时间后，再用时必须进行一次 X 射线管的训练。 （4）射线探伤现场，必须设立警戒范围，悬挂警告标志，严禁非工作人员进入。 （5）射源处于工作状态时，工作人员严禁离开现场；γ 射源应一人操作一人监护，如发生卡源应采取防护措施后方可处理。 （6）射线机的射线口侧应设铅质滤光隔板。 （7）在高处探伤作业时，应搭设工作平台，并有防止射源坠落的措施。 （8）施工用 γ 射源若发生掉落，应立即撤离现场全部人员，设专人守卫并报告领导及有关部门，在做好防护设施后，方可有组织地用仪器寻找。 （9）施工用射线源应在当地公安机关进行备案
7	起重吊装、大件吊装及运输作业	装卸不当、运输过程捆绑不牢，车速过快、道路狭窄、转弯半径不够引发人身伤害、运输伤害	（1）各施工单位机械管理部门对施工机械的技术状况、维修保养、安全操作和执行制度的情况要定期检查。 （2）施工机械在使用过程中，当其生产技术能力或安全运行可能发生问题时，由机械所属单位负责人组织对其进行安全技术鉴定；经检查发现起重机械有异常情况时，必须及时处理，严禁带病运行。 （3）大型起重设备必须严格执行定人、定机、定岗制度。 （4）起重机械作业时必须按《电力建设安全健康与环境管理工作规定》中规定的项目编制施工作业指导书并办理安全施工作业票，施工时进行安全技术交底。 （5）吊车司机及起重指挥必须对作业环境、行驶路线、物件重量进行全面了解，确认起重臂运行空间无障碍，方可作业。 （6）司机和吊装指挥人员应具备作业资格，使用标准的指挥信号，吊车司机要服从指挥。 （7）起吊时，与工作无关的人员，禁止进入起重工作地点，且任何人不准在吊臂和吊物下行走或停留。 （8）严格执行"十不吊"，遇有照明不足、大雾、指挥人员看不清工作地点或起重驾驶员看不清指挥人员时，不准进行起重作业。 （9）遇有六级及以上大风时，禁止进行露天作业，并采取防风措施，防止事故发生。 （10）起重机吊有重物时，驾驶人员不得离开操作室，作业时操作人员不得从事与操作无关的事或与他人闲谈。 （11）吊装棱角锋利的重物时，应当设钢丝绳护角垫片，禁止横拉斜吊。 （12）吊装钻杆等怕磨损的物件时，要用吊带。 （13）吊装其他物件时，可根据情况合理选择吊具。

序号	作业内容	安全风险点	预控措施
7	起重吊装、大件吊装及运输作业	装卸不当、运输过程捆绑不牢，车速过快、道路狭窄、转弯半径不够引发人身伤害、运输伤害	（14）运输大件时严格执行交通规则（《中华人民共和国道路交通安全法》《中华人民共和国道路交通安全法实施条例》等）和所在单位有关规定，运行中，必须按规定路线行驶，严防发生车辆事故；大型载运设备必须由专人驾驶、保养，驾驶人员"三证"、费用交割手续要齐全。 （15）吊装重物时，吊臂运行要均匀、平稳；需要跨越障碍时，重物底面离开障碍物0.5m以上。 （16）吊装重物时，禁止使用自溜钩；禁止重物上站人；禁止吊重物在空中长时间停留；在吊车满负荷或接近满负荷起吊时，禁止同时进行两种以上操作动作。 （17）两台吊车吊同一重物时，要由专人指挥，钢丝绳要保持垂直；各吊车升降运行保持同步；各台吊车所承载负荷不准超过各自额定起重能力的80%。 （18）吊装作业发生紧急或危险情况时，任何人都可以发出停止作业信号，如发生意外事故及时采取救护措施，并及时向上级领导汇报。 （19）吊装重物靠近安装或装卸地点就位时，吊车应停止起落，等重物稳定，起重工确认可降落时，由指挥人员指挥，缓慢放下重物。 （20）起重机工作完毕后，应摘除挂在吊钩上的千斤，并将吊钩升起；对用油压或汽压制动的起重机，应将吊钩降至地面，吊钩钢丝绳呈收紧状态，悬臂式起重机应将起重臂放到40°～60°，如遇大风，应将臂杆转到顺风方向，刹住制动器，所有操纵杆放在空档位置，切断电源，操作室门窗关闭并上锁后方可离开
（六）	**调试阶段**		
1	厂用受电	电气高压试验及二次回路操作过程中发生人身触电	（1）高压试验设备（如试验变压器及控制台、西林电桥、试油机等）外壳必须接地接地线应使用截面4mm的多股软铜线，接地良好可靠，严禁接在水管线、易燃气体管线等非正规接地体上。 （2）被试设备的金属外壳应可靠接地，高压引线的接线应牢固并尽量缩短，高压引线必须使用绝缘子固定。 （3）现场高压试验区及被试系统的危险部位及端头应设临时遮栏或拉绳，向外挂"止步，高压危险"的提示牌，并设专人警戒。 （4）合闸前必须先检查接线，将调压器调至零位，并通知现场人员撤离高压试验区。 （5）高压试验必须有监护人监视操作，升压加压过程作业人员应集中精神，监护人应大声呼唱，传达口令应清楚准确。操作人应戴绝缘手套、穿绝缘靴或站在绝缘台上。 （6）试验用电源应有断路明显的双刀开关和电源指示灯，更改接线或试验结束时，应首先断开试验电源，进行放电（指有电容设备），并将升压设备的高压部分短路接地。 （7）电气设备在进行耐压试验前，应先测定绝缘电阻。用绝缘电阻表测定绝缘电阻时，被试设备应确实与电源断开，试验中应防止带电部分与人体接触，试验后被试设备必须放电。

序号	作业内容	安全风险点	预控措施
1	厂用受电	电气高压试验及二次回路操作过程中发生人身触电	（8）高压试验设备的高压电极，除试验时外均应用接地棒接地，被试设备做完耐压试验后应接地放电。 （9）进行直流高压试验后的高压电机、电容器、电缆等应先用带电阻的接地棒或临时代用的放电电阻放电，然后再直接接地或短路放电。 （10）使用中的高压设备，其接地线或短路线拆除后即应认为有电压，严禁接近。 （11）遇雷雨和六级以上大风时应停止高压试验。 （12）试验中如发生异常情况，应立即断开电源，并经放电接地后方可进行检查。 （13）试验工作结束后，必须将被试设备上的工具和导线等其他物件清理干净，拆除临时遮栏或拉绳，并将被试验设备恢复原状。 （14）对电压互感器二次回路做通电试验时，高压侧隔离开关必须断开，二次回路必须与电压互感器断开。严禁将电压互感器二次侧短路。 （15）电流互感器二次回路严禁开路，经检查确无开路时，方可在一次侧进行通电试验。 （16）进行与已运行系统有关的继电保护或自动装置调试时，必须将有关部分断开或申请退出运行，必要时应有运行人员配合工作，严防误操作。 （17）做开关远方传动试验时，开关处应设专人监视，并应有通信联络和就地可停的措施。 （18）转动着的发电机、调相机及励磁机，即使未加励磁也应视为有电压，如在其主回路（一次回路）上进行测试工作，应有可靠的绝缘防护措施。 （19）测量轴电压或在转动中的发电机滑环上进行测量作业时，应使用专用的带绝缘柄的电刷，绝缘柄的长度不得小于30cm。 （20）使用钳形电流表时，其电压等级应与被测电压相符。测量时应戴绝缘手套。测量高压电缆线路的电流时，钳形电流表与高压裸露部分的距离应符合国家、行业标准
		发生误操作造成人员感电或被电弧灼伤	（1）操作票由操作人填写，监护人和值班负责人审查，正式操作前在仿真机系统上模拟。 （2）倒闸操作必须由2人进行，操作中每进行一项应严格执行"四对照"。 （3）必须按操作票顺序依次操作，不得跳项、漏项或擅自更改操作顺序，在特殊情况下，需要跳项操作或取消不需要的操作项目必须有值班调度员的命令或值长（运行负责人）的许可、值班负责人的批准，确认无误操作的可能，方可进行操作。操作中严禁穿插口头命令的操作项目。 （4）执行一个倒闸操作任务时，中途严禁换人。 （5）防误锁的万能解锁钥匙按规定保管，使用时须经有关领导批准并登记。 （6）拉、合闸和开关，均须戴绝缘手套，雨天必须操作室外高压设备时，绝缘杆上应有防雨罩，还应穿绝缘靴，雷电时禁止进行倒闸操作。 （7）装、拆高压熔断器，应戴护目镜和绝缘手套，必要时使用绝缘夹钳，站在绝缘垫或绝缘台上操作

序号	作业内容	安全风险点	预控措施
2	辅机试运	试转中系统介质外泄，造成试验人员被击伤或烫伤，试转中误操作或检查不力造成设备损坏	（1）确认安装工作全部结束，场地平整，消防、照明、通信等设施良好。 （2）有关各系统中的手动阀、电动阀、调节阀等均校验合格，动作灵活。 （3）监控系统和画面能正常投用，能真实地显示系统中有关数据。 （4）盘动靠背轮，无卡涩现象。 （5）电动机电气回路安装完毕，绝缘测试合格。 （6）电动机单转完毕，转向正确。 （7）试转辅机的监测设备、仪表和连锁保护装置等安装完毕，经静态试验合格。首次启动时，派专人监视电流、轴承温度、线圈温度，不定期测定试转辅机的轴承振动，发现异常情况及时处理或停运。 （8）参加试转人员组织分工明确，各岗位检查工作完成，调试系统畅通。 （9）试运转区域禁止危及试运转的施工工作，如必须进行施工工作要严格执行工作票制度。 （10）现场照明充足，操作检查通道畅通，现场通信联络设备齐全。 （11）试运转设备及系统周围的安全设施已按设计要求安装完毕。 （12）在试转期间设备各监视点达到报警值时应紧急停运。 （13）试转设备及系统的消防措施和消防设备落实备齐。 （14）首次试转时试验人员应站立于设备转动的非切向位置。 （15）巡检人员在试转期间进行巡检不应在系统的法兰结合处长时间停留。 （16）试转期间发现系统泄漏，应及时处理或停运设备
3	机组化学清洗	人员被药液灼伤或被高温清洗液烫伤	（1）热力系统清洗前，有关人员掌握清洗安全操作规程，熟悉清洗使用的药品性能。 （2）清洗现场必须备用有效的消防设备，消防水管路畅通、现场醒目位置悬挂"注意烫伤""有毒危险"警示牌。 （3）参加化学清洗的工作人员统一佩戴临时工作证，现场隔离措施完备，无关人员禁入。 （4）参加清洗的工作人员应佩戴和正确使用劳动防护用品，如工作服、胶鞋、胶皮手套、防护眼镜等。 （5）不参加化学清洗的系统管道、值班表应有可靠隔离措施。 （6）现场的孔洞、沟盖板、扶梯等安全设施完备，照明充足。 （7）清洗系统采用法兰连接的部位，法兰密封垫使用耐腐蚀、耐高温的材料，防止泄漏发生烫伤。 （8）现场在前置泵、凝结水泵、加药、取样点等应设有冲洗水源，并备有一定量的石灰粉。 （9）清洗过程中，有医务人员值班，并备有酸或碱灼伤和烫伤的急救药品。 （10）化学清洗后产生的废液应进行回收处理，严禁私自排放造成环境污染事件

续表

序号	作业内容	安全风险点	预控措施
4	锅炉制粉系统启停及等离子点火	磨煤机内积粉过多且出口温度偏高，造成煤粉自燃	（1）运行中保持磨煤机进口一次风压不得小于最低值，使磨煤机及一次粉管的出粉状态良好。 （2）控制磨煤机出口温度 80 ～ 85℃，运行中不可超过 95℃。 （3）一旦出现磨煤机出口温度突升，应及时停磨煤机并关闭进出口阀，最后根据温升情况决定是否投入灭火蒸汽
		等离子点火初期煤粉不完全燃烧，炉内煤粉浓度过高造成爆燃	（1）检查等离子点火装置，调整阴阳极间隙，避免电压和电流的大幅度波动，确保拉弧功率维持在 100kW 左右，保证足够的点火能量。 （2）提高煤粉细度。磨煤机出厂时，折向门开度为 50%，对应的煤粉细度 $R_{90}=22\%$ 左右，考虑到等离子点火是无油直接点燃煤粉，适当提高煤粉细度可有助于点燃煤粉，在保证磨煤机出力的前提下，可将磨煤机折向门开度增大，煤粉细度控制在 $R_{90}=14.5\%$。 （3）适当降低磨煤机入口风量，提高风粉混合物中煤粉的浓度，增加煤粉在燃烧器中停留的时间。 （4）提高暖风器参数，使 A 磨煤机出口温度尽量维持在 80 ～ 85℃，以提高煤粉的初温，有助点燃。 （5）给煤量的调整。在投粉的最初阶段，应以较大煤量给煤，当显示火检到后应立即将给煤量降低，以防止煤量太大不能点燃或发生爆燃
5	锅炉吹管	人员灼烫伤、击伤	（1）加强巡视检查等离子系统及燃烧情况，及时调整燃烧工况及参数。 （2）若出现熄灭，马上切断燃烧供给，进入吹扫程序。等离子点火熄火后，吹扫时间不少于 10min。 （3）严禁吹管系统超压、超温。 （4）投入炉膛出口烟温探针保护，严密监视炉膛出口温度不得大于设计值，防止再热器超温。 （5）吹管临时系统必须经过设计院严格计算并下发图纸，合理设置管道、消声器、集粒器、临冲门等临时系统的支撑、悬吊，必须考虑到管道的膨胀及反冲力。 （6）所有不参加蒸汽吹管工作的人员不得进入吹扫区域，特别是排汽口区域，临时管道、消声器、集粒器、临冲门等临时系统应采取保温措施及防烫伤标志，跨越临时管道处必须搭设临时过桥，排放设安全区，以防烫伤和击伤事故发生。 （7）拆换靶板应采用工作票制度，专人监护，人员配备相应防护用品，以保证工作人员的安全。 （8）吹管期间，保证空气预热器吹灰投入，并定期进行吹灰，一般不少于 1h 一次；吹管结束后，对空气预热器，电除尘器及其冷灰斗进行一次检查。必要时进行冲洗及清理。 （9）吹管排放口加装消声器，减少排放噪声。 （10）吹管系统的疏放水集中排放至机组排水槽。 （11）张贴安民告示，安排并加强吹管沿线关键点的保卫工作，防止人员干扰，各岗位需保持通信畅通。 （12）锅炉房、汽机房的消防系统已正常投入。

序号	作业内容	安全风险点	预控措施
5	锅炉吹管	人员灼烫伤、击伤	（13）临炊门开启失灵应停止锅炉升压，用锅炉向空排气门调节锅炉压力，查明失灵原因，及时处理，如短期内无法处理好，采取锅炉降压，停炉处理，临冲门关闭失灵，应采取紧急停炉措施。 （14）电动给水泵勺管调整失灵，采取紧急停给水泵及紧急停炉的措施。 （15）锅炉本体或高压管道膨胀严重受阻或超过允许值时，应采取停炉消缺
6	机组整套启动	机组在整套启动过程中因设备故障、习惯性违章、突发事故等原因，造成设备损坏或人员伤亡	（1）对调试工作中的安全状况进行分析发现不符现象及时采取纠正措施，对潜在问题采取预防措施。 （2）严格执行 DL 5009.1《电力建设安全工作规程》《防止电力生产重大事故的二十五项重点要求》及集团公司、省公司、项目单位的各项安全生产制度。 （3）参加试运行人员，工作前应熟悉有关安全规程、运行规程及调试措施、试运行安全措施，以及试运停、送电联系制度等。 （4）参加试运行人员，工作前应熟悉现场系统设备，认真检查试验设备，工具必须符合工作及安全要求。 （5）对与已运行设备有联系的系统进行调试，应办理工作票，同时采取隔离措施，必要的地方应设专人监护。 （6）试运前必须查明炉膛、空气预热器、烟道、风道、电除尘以及其他容器内的人员已全部撤出。 （7）不得在栏杆、防护罩或运行设备的轴承上坐立或行走。 （8）不得在燃烧室观察孔、高温高压蒸汽管道、水管道的法兰和阀门、水位计等有可能受到烫伤危险的地点停留，如因工作需要停留时应设有防烫伤及防汽、水喷出伤人措施。 （9）输煤皮带运行中严禁用手清除粘在皮带滚筒上的煤或在端部滚筒处用人力阻止皮带跑偏。开启锅炉看火门、检查孔及灰渣门应在炉膛负压的情况下缓慢地进行，工作人员应站在门孔的侧面，并选好向两旁躲避的退路。 （10）安全门的整定必须由具备相应资质的技术人员进行。 （11）进行接触热体的操作应戴手套。 （12）试运中应经常检查油系统是否漏油，严防油漏至高温设备及管道上，油浸染的保温必须全部更换。 （13）在机组甩负荷试验期间，当机组发生下列异常时应立即在机头或主控打闸停机： 1）汽轮机转速达到机组允许最高转速； 2）调速系统摆动无法维持机组空转； 3）汽轮发电机组轴瓦温度超限； 4）汽轮发电机组振动超过定值； 5）主汽温度下降超过规定值； 6）汽轮机差胀、轴位移超限； 7）主蒸汽、再热蒸汽温度在 10min 内突然下降 50℃，或降低至规程要求下限。

续表

序号	作业内容	安全风险点	预控措施
6	机组整套启动	机组在整套启动过程中因设备故障、习惯性违章、突发事故等原因，造成设备损坏或人员伤亡	（14）发现下列情况，应打闸停机（在甩负荷打闸停机时还应降低真空，确保机组安全）： 1）发现机组强烈振动或摩擦； 2）机组超速跳闸后，转速仍不下降； 3）因轴瓦油温或瓦温超限。 （15）若锅炉泄压手段失灵，锅炉超压时应立即停炉。 （16）停机后机组转速不能正常下降，应查明原因，采取一切措施切断汽源。 （17）电气设备及系统的安装调试工作全部完成后，在通电及启动前应检查是否已经做好准备工作。 （18）各项工作检查完毕并符合要求后，所有人员应离开将要带电的设备及系统，非经指导人员许可登记。不得擅自再进行任何检查和检修工作。 （19）带电或启动条件齐备后，应由调试总按技术要求指挥操作，操作应按DL 408《电业安全工作规程》有关规定实行。 （20）在配电设备及母线送电以前，应先将该段母线的所有回路断开，然后再接通所需回路，防止窜电至其他设备。 （21）测量轴电压或在转动中的发电机滑环上进行测量工作时，应使用专用的带绝缘柄的电刷，绝缘柄的长度不得小于300mm。 （22）操作酸、碱管路的仪表、阀门时，不得将面部正对法兰等连接件。 （23）运行中的表计、变送器如需要更换或修理而退出运行时，仪表阀门和电源开关的操作均应遵照规定的顺序进行泄压、停电后，在一次门和电源开关处应挂"有人工作，严禁操作"标牌。 （24）远方操作设备及调节系统执行器的调整试验，应与值长联系并采取措施，防止误排汽、排水伤人。 （25）在远方操作调整试验时，操作人与就地监护人应在每次操作中保持相互联系，及时处理异常情况。 （26）试运中应密切注意机组的运行情况及被试验设备系统各个部分的动作情况，如有异常则应立即停止试验

（十）其他外部风险

1. 国家政策风险

该项目拟建设两台国产超超临界一次再热燃煤发电机组，具有高参数、高效率、低煤耗的特点，符合国家发展改革委《关于燃煤电站项目规划和建设有关要求的通知》（发改能源〔2004〕864号文件）"所选机组单机容量原则上应为60万kW及以上，机组发电煤耗要控制在286g标准煤每千瓦时以下。需要远距离输燃煤的电厂，原则上规划建设超临界、超超临界机组"的政策要求，与目前国家产业政策是相符的，政策风险小。

2. 安全环保风险

国家对火电环保要求日益严格，对火电厂污染物排放的查处力度将会越来越强。鉴于此，本工程同步建设烟气脱硫设施，采用成熟的"石灰石－石膏"湿法脱硫工艺，并采用成熟的脱硝工艺，运用高效除尘器；装设烟尘在线连续监测装置；灰渣和脱硫石膏实现综合利用；脱硫废水、生活污水及其他工业废污水经过处理后重复利用，对电厂周边的水环境影响很小。本工程通过采取严格的环境治理措施后，各项污染物的浓度均能满足《火电厂大气污染物排放标准》（GB 13223—2011）的排放浓度要求，因此安全环保方面的风险较小。

3. 燃料供应风险

该工程建设 2×1000MW 机组，设计和校核煤种均拟采用神府东胜煤，燃料采用浩吉铁路铁运方式。本项目利用上级单位煤炭为本项目提供煤炭，燃料来源有保障，燃煤供应可靠。同时，利用集团煤电一体化优势，在燃料价格方面也具有一定优势，从 2019 年 1 月至 2021 年 5 月，谷价与峰价最大波动幅度为 11.11%。因此，在可预见的范围内，燃料断供的风险甚微，燃料价格波动风险也相对较小。

第五章

设计管理

在火电工程建设领域，"设计是灵魂"，设计管理是至关重要的环节，它贯穿于整个工程建设的始终，直接影响着工程的质量、成本、进度和安全。项目单位应坚持"安全、环保、经济、高效、创新、智慧"的设计原则，严格执行国家法律法规、行业规程规范、强制性标准规定，准确把握国家产业政策导向和技术装备发展趋势，综合平衡市场需求和资源开发条件，以项目全寿命期效益最大化为目标，采用最优的设计方案。

随着火电工程的日益复杂化，设计管理的角色和职责也在不断扩展和深化；随着信息技术的发展，未来的火电工程设计管理将更加智能化，数字化设计将得到更广泛的应用，以提高设计的质量和效率。此外，还需建立科学有效的管理机制，实现技术方案创新、管理思想创新。

第一节　概述

一、设计管理理念

广义上讲，设计管理是运用项目管理方法对工程项目设计阶段全过程实施全面、系统、规范管理的过程，是对项目设计工作展开计划、组织、协调、控制等活动，以确保设计方案符合项目要求，提高设计质量，控制成本和风险。

在火电工程项目建设中，设计管理是特指对电力建设工程的可行性研究、初步设计、设计联络与配合、施工图精细化设计、施工配合、竣工图编制、设计履约考核等全过程进行管理的活动。

在火力发电工程建设中，设计被视为"灵魂"，主要基于以下几个方面的理解：

（一）引领工程方向

火电项目的设计方案为整个工程设定了明确的方向。从选址布局、设备选型、工艺流程到环保措施等各个方面，设计都起到了决策性的作用。优秀的设计能够确保工程顺利、高效地进行，而设计上的缺陷则可能导致工程延期、成本增加甚至出现安全隐患。

（二）优化资源配置

火电项目涉及大量的资金、设备、人力等资源的投入。设计阶段是对这些资源进行最优化配置的关键时期。合理的设计能够确保资源的充分利用，避免浪费，从而实现工程的经济效益和社会效益最大化。

（三）保障工程质量

设计的质量直接关系到工程的质量。精细化的设计能够预见到工程中可能出现的问题，并提前制定相应的预防和应对措施，从而确保工程质量。

（四）推动技术创新

火电项目的设计是技术创新和应用的重要环节。新的设计理念、工艺流程、设备技术等都需要通过设计来得以实现。设计在推动火电行业的技术进步和产业升级中具有不可或缺的作用。

（五）塑造工程形象

火电项目的设计方案往往体现了其所在地区的文化特色。与环境和谐融入、具有艺术美感的设计方案能够提升工程的形象和价值，增强社会认同感。

二、设计管理内容

火电工程项目设计管理内容涵盖从前期论证到竣工验收的全过程，主要包括如下几方面内容：

（一）设计单位选择

工程设计单位必须具有相应的资质，并具有同类工程设计业绩。工程设计单位的选择应依据招投标法和相关规定，在充分考虑设计单位的资质、业绩、质量保证体系、服务质量、资源保证、设计人员配备、报价等因素后，依法合规履行采购程序，择优确定工程设计单位。

（二）可行性研究

应积极采用可靠的先进技术，积极采用高效、节能、节地、节水、节材、降耗和环保的方案。论证建厂的必要性和可行性，厂址推荐，落实建厂外部条件，给出投资估算和财务分析等，为项目决策提供科学依据。

（三）初步设计

政府主管部门对项目批准或核准的文件以及审定的可行性研究报告是编制初步设计文件的主要依据，设计单位必须认真执行其中所规定的各项原则，并认真执行国家的法律、法规及相关标准。

电力设计院是电厂工程建设项目的总体设计单位，对电厂工程建设项目的合理性和整体性以及各设计单位之间的配合协调负有全责，并负责组织编制和汇总项目的总说明、总图和总概算等内容。

工程中应积极采用成熟的新技术、新工艺和新方法，应详细说明所应用的新技术、新工艺和新方法的优越性、经济性和可行性。

初步设计是火电建设的重要环节，初步设计确定电厂主要工艺系统的功能、控制方式、布置方案以及主要经济和性能指标，并作为施工图设计的依据；满足政府有关部门对初步设计专项审查的要求；满足主要辅助设备采购的要求；满足业主控制建设投资的要求；满足业主进行施工准备的要求等。

（四）设计联络与配合

初步设计和施工图设计出图前，项目单位应根据工程进度要求，及时组织设计单位与设备厂家开展资料的交接、设计问题的沟通解决和图纸的确认等联络与配合工作。

（五）施工图精细化设计

施工图设计是指导火电建设施工的关键环节。施工图设计内容深度应充分体现设计意图，满足订货、施工、运行以及管理等各方面要求。设计文件的内容、深度和编制方式应重视建设方的需求，为建设方提供更完善的服务。设计文件的编制应考虑数字化等设计手段，采用更为合理和完善的表达方式。具体工程的施工图设计内容深度、范围应以合同为准。

在此阶段，设计管理需确保施工图的规范性、准确性和完整性，并协调好设计与施工之间的关系。

（六）施工配合

为确保项目总体进度和质量，在施工图设计相关卷册完成后，设计单位还应根据项目单位要求，派驻专业人员到施工现场与项目单位、监理单位、施工单位、调试单位和设备制造单位等配合，就设计意图、结构特点、施工要求、技术措施和有关注意事项进行详细的说明，对参建单位提出图纸中的疑问负责解答，存在的问题拟定解决办法，及时、高效处理现场技术问题。

（七）竣工图编制

竣工图应完整、准确、真实地反映项目竣工时的实际状态，符合相关规定和标准。竣工图编制单位应以设计单位的施工图最终版为基础，并依据由设计、施工、监理或项目单位审核签字的"变更通知单""工程联系单""澄清单"等与设计修改相关的文件，以及现场施工验收记录和调试记录等资料编制竣工图。

竣工图管理是指在火电工程项目竣工后，对竣工图的编制、审核、归档和利用进行管理的过程。

（八）设计履约考核

项目单位为加强设计进度、质量、造价等的管理，必须按合同约定对设计单位进行考核。

三、设计管理目标

火电工程项目的设计管理目标如图 5-1 所示。

四、设计管理原则

图 5-1　火电工程项目设计管理目标示意

安全性：项目单位应要求设计方案考虑到施工阶段安全施工和运营阶段安全生产。

可靠性：项目单位应制定可靠的项目质量管理和进度管理的目标，提出可靠的项目指标要求，要求设计方案考虑工艺系统的可靠性，同时考虑运输、存储等方面的可靠性。

经济性：火电工程的整体经济效益受基建成本和运营成本影响，项目单位应要求设计单位优化设计方案，降低基建成本，同时科学合理地提高运营效益。

先进性：项目单位应发挥主导作用，对标同类项目先进水平，结合项目具体条件进行分析，找出差距及原因，研究制定改进提升措施，确保工程各项技术经济指标达到"同时期、同区域、同类型"工程先进水平。

创新性：项目单位应组织设计单位按合同规定开展重大技术问题研究和科技攻关，积极开展技术创新，提升设计质量。

及时性：项目单位应要求设计单位在科学、合理的前提下，确保设计进度满足工期要求，优化设计方案以满足合理的建设工期。

协同性：在设计工作中，充分沟通是确保项目顺利进行的重要保证。项目单位应主导建立多方沟通机制，建立明确的沟通渠道，确保设备制造单位、施工单位在设计不同阶段和设计单位保持充分沟通。

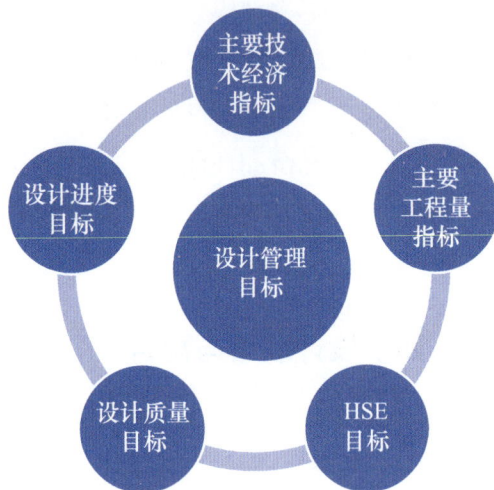

第二节 可行性研究管理

一、总体要求

（一）明确管理目标

火电工程建设中可行性研究管理的目标是确保项目的投资决策、设计方案的科学性和准确性。通过可行性研究，可以评估工程的投资效益、技术方案、环境保护等方面内容，为决策提供科学依据和支持。明确管理目标是提高火电工程建设质量和效益的关键。

（二）建立完善的管理组织

为确保火电工程可行性研究的有效实施和管理，需要建立完善的管理组织。该组织应由项目单位主导，包括设计单位、第三方咨询公司等专业化团队，确保研究的客观性、准确性和全面性。同时，管理组织应明确各成员的职责和分工，制定详细的工作计划和时间表，确保可行性研究工作的顺利进行。

（三）制定规范的管理制度

火电工程可行性研究的管理制度是保证研究质量的重要手段。管理制度应包括研究流程、质量控制、风险管理等方面的规定。同时，管理制度还应明确研究过程中各个环节的衔接和协调方式，确保本阶段工作的顺利进行。通过制定管理制度，可以确保可行性研究工作的规范化、标准化。

（四）严格执行管理标准

为确保火电工程可行性研究的管理制度得到有效执行，项目单位不仅要求设计单位而且自身也必须明确各项管理标准并严格执行。同时，项目单位应建立相应的监督机制，对违反管理标准的行为进行及时纠正和处理。通过确保管理标准的严格执行，可以提高可行性研究的质量。

（五）有效控制投资估算

火电工程可行性研究中，估算控制是重要环节之一。通过严格的估算控制，可以确保项目的投资效益和成本控制。项目单位估算控制应包括研究过程中的各项开支和估算调整的流程，并对超出估算的行为进行及时纠正和处理。同时，项目单位应建立估算考核机制，对估算执行情况进行监督和评估，以确保估算的有效使用和控制。

二、管理原则

客观性原则：可行性研究需要遵循客观性原则，充分了解和分析实际情况，避免主观臆断和片面性。项目单位应要求设计人员对数据和事实进行充分调查和分析，以得出客观、准确的结论。

准确性原则：准确性是火电工程可行性研究的根本要求，它要求研究方法科学、数据真实可靠。项目单位应要求设计人员采用科学的方法和技术手段，对数据进行深入挖掘和分析，以得出有价值的结论和建议。

全面性原则：火电工程可行性研究需要全面考虑各种因素和条件，包括市场需求、技术方案、环境保护、投资效益等方面。项目单位应要求设计人员需要充分了解和分析相关因素和条件，以得出全面、系统的结论和建议。

投资收益原则：火电工程可行性研究需要遵循投资收益原则，对工程的投资收益进行全面评估和分析。项目单位应要求设计人员对工程的投资成本、收益预期、风险等方面进行充分调查和分析，以得出投资收益最大化的方案。

环境影响原则：火电工程可行性研究需要充分考虑环境保护因素，评估工程对环境的影响和风险。项目单位应要求设计人员对工程的环境影响进行全面评估和分析，提出相应的环境保护措施和建议。

三、工作流程

（1）根据项目立项文件，招标确定设计单位，开展可行性研究。

（2）组织设计单位现场踏勘、了解现场条件，收集相关资料。

（3）开展市场调研，包含政府需求、市场需求、建厂外部条件等。

（4）委托单项报告的编制。

（5）取得可行性研究所需要的相关支持性文件。

（6）组织设计单位编制完成可行性研究报告。重点关注：建厂条件的落实，厂址的比选，主机选型的确定，主要系统的工程方案设想，经济效益分析，环境影响分析。

（7）组织内外部评审，组织收口。

四、管控措施

团队建设：建立专业化的可行性研究团队，包括市场调研人员、技术人员、经济分析师（技经人员）等，确保研究的客观性、准确性和全面性。

流程管理：制定科学的可行性研究流程，明确各阶段的任务和目标，确保研究的科学性和规范性。

质量控制：建立完善的质量控制体系，对可行性研究的过程和结果进行全面监督和管理，确保研究的准确性和可信度。

技术经济分析：采用科学的技术经济分析方法，对工程的投资效益进行全面评估和分析，为项目决策提供科学依据和支持。

审核评估：为了确保可行性研究报告的准确性和可靠性，需要按照规定加强对报告的审核和评估工作，确保报告的数据和结论客观、准确。

沟通协调：在火电工程建设中，涉及诸多方面的工作和利益关系。为了确保各方面工作的协调一致和利益的平衡，需要在可研阶段建立完善的沟通机制和协调机制，促进各方面的合作与交流。

第三节 初步设计管理

一、总体要求

（一）设计开展的前提条件具备

项目已核准并通过投资决策，投资决策要求已落实；设计单位已确定，并签订合同；项目可研报告已收口并取得审查意见；项目开展初步设计时间距可研报告收口时间不超两年，否则需进行补充可研，如补充可研概算超过投资决策总投资，需重新履行投资决策程序。

（二）多方案充分比选和论证

项目单位应充分发挥主动能动作用，确保工程初步设计内容深度应满足电力行业 DL/T 5427《火力发电厂初步设计内容深度规定》的要求，主要工艺系统和重大设计方案应进行多方案技术经济优化比较，并提出推荐方案供相关单位审查确定。

在工程初步设计阶段，若采用的工艺系统和方案突破现行规范和标准的规定时，项目单位应要求设计单位进行充分的论证，并经相关单位审查同意后才能在工程中应用。

（三）新设备、新材料谨慎选用

项目单位应确保新设备、新材料的应用必须经权威部门鉴定并出具鉴定许可意见。要求初步设计文件阐述新设备、新材料技术上的先进性以及在其他工程应用情况、在本工程应用的可行性和经济上的合理性。

（四）协调各方满足设计进度要求

项目单位应积极配合设计单位的设计工作，及时提供设计接口资料，并加强对主体工程设计单位与各配套工程设计单位及专题研究单位的接口协调管理，尽可能减少设计接口间的矛盾，保证各项设计进度的顺利推进。

（五）工程概算严格控制

项目单位应确保初步设计工程概算的编制严格执行现行有关规定，初步设计工程概算不得超过项目投决算的批复指标，确因特殊原因超出时，应有详细的分析材料并报相关主管部门审批确定。

二、管理原则

项目单位应组织设计单位编制火电工程项目初步设计原则，对厂区总体规划、总平面布置、主设备选型、主要系统的工艺流程和系统设置等技术方案进行比选。

火电工程项目初步设计原则是指导设计人员进行初步设计的依据，它有助于确保设计方案的合理性、可行性和先进性。初步设计原则基于对业主需求、合同规定、资源配置、国家规范等方面进行综合考虑而制定。其基本原则一般包含以下四个方面：

（1）安全可靠原则：在火电工程建设中，安全是最重要的因素。设计方案应充分考虑各种安全措施和预案，确保工程在施工、安装和营运各阶段的安全可靠。

（2）经济性原则：火电工程建设是一项投资巨大的项目，设计方案应充分考虑经济性原则，以降低投资成本和运营成本。

（3）环保节能原则：随着环保意识的提高，火电工程建设也应注重环保和节能。设计方案应采用环保、节能材料和设备，降低能源消耗、减少环境污染。

（4）灵活性原则：火电工程建设应考虑未来发展前景和变化需求，确保设计方案具有一定的前瞻性、灵活性和可扩展性。

案例：某项目在设计管理的顶层设计纬度进行科学合理的大胆创新，在"建设自然生态、智能智慧、高质高效的世界一流示范电站，创国家优质工程金奖"工程总体设想的基础上提出"九大设计原则"：节能高效原则；自然生态原则；智能智慧原则；简约、集约原则；"工厂化"原则；免（少）维护原则；负面清零原则；控总额、控过程原则；创新创造价值。要求设计单位充分借鉴国内外的先进设计思想，积极采用新技术，优化系统设计、提高设备可靠性及耐久性、降低备用余量，降低工程总投资，确保工程盈利目标，降低资源消耗，节能、节水、节电、节材，建设全寿命期内综合效益最大化的示范电厂，从而为电厂工程项目管理创新定下主基调。

三、工作流程

（1）通过招标确定设计单位。

（2）组织主机招标文件的编制，组织开展主机招标。

（3）组织设计单位编制初步设计原则并负责审查。

（4）组织设计单位开展初步设计工作。

（5）组织初步设计文件及重大专题报告的审查和收口。

四、管控措施

初步设计阶段管控措施对于提高初步设计的质量和效率具有重要意义，可以有效减少项目实施过程中的风险和不确定性，提高项目的综合效益。

（一）质量管理

在初步设计阶段，质量管理是首要任务。质量管理的目的是确保初步设计符合相关法律法规、标准和规范，提高设计的质量。具体措施包括：

1. 项目单位要提出总体要求

项目单位制定总体要求，总体要求包含但不限于主要设计原则、满足项目设计目标、设计负面清单清零、符合国家及行业法律法规标准等。

例如，某项目提出总体要求如下：

（1）坚持"九大设计原则"：节能高效原则；自然生态原则；智能智慧原则；简约、集约原则；"工厂化"原则；免（少）维护原则；负面清零原则；控总额、控过程原则；创新创造价值。

（2）机组性能指标先进，供电煤耗率小于或等于 267g/kWh，厂用电率小于或等于 3.0%，工程静态投资小于或等于 687856 万元；废水零排放，环保达标率 100%。

（3）充分借鉴国内外的先进设计思想，采用先进的设计手段和方法，对工程设计进行创新和优化，努力打造高质量、低造价的优秀设计。

（4）以经济适用、系统简单、安全可靠、高效环保、以人为本为原则的要求，同时满足零排放、环保、废水处理达标的科学设计要求。

（5）满足国家法律法规及有关行业技术规范和标准的要求；满足环保、卫生、劳动保护和消防的要求。

（6）严格执行负面清单清零原则。

（7）依照无断点 APS、智能智慧建设原则，各专业开展相应的工艺系统设计及设备选型。

2. 提出各专业具体要求

设计单位应按照项目单位提出的主要设计原则，落实到各个专业。

例如，某项目提出的九大原则之一节能高效原则要求设计单位落实各专业具体内容。节能高效原则初步设计各专业要求见表 5-1。

表 5-1   某项目节能高效原则初步设计各专业要求

序号	专业	具体内容
1	总图	总图按照工艺流程顺畅、合理进行布置
2	建筑	（1）厂前区建筑智控楼及工程师休息楼，采用绿色建筑方案：采用有保温的墙、复合门、断桥铝窗户型材、双层隔热玻璃。屋面采用种植屋面，既保温又美观。 （2）智能建筑设计方案：可以自动开启窗户，做到自然通风；智控楼中庭采用自动开启天窗，自然采光；光伏板幕墙方案，满足日常智控楼用电。 （3）主厂房和煤场采用安装光伏的方式实现节能。 （4）汽机房屋面采用复合压型钢板，轻型屋面节省用钢量，保温更好；缺点是容易漏水，需采用构造升级防水效果好的产品
3	结构	（1）合理选用混凝土等级，控制钢筋混凝土工程量。 （2）设计中对控制轴压比或受弯构件裂缝的构件进行区分。对荷载比较大的柱，如主厂房、碎煤机室等，提高混凝土的强度等级，满足抗震设计中柱轴压比要求，减小柱的截面，同时综合考虑受弯为主的构件，以控制工程量为原则采用最优的混凝土强度等级，节约资源
4	输煤	（1）卸煤采用双车翻车机系统，较两台单翻节能。 （2）带式输送机驱动装置拟采用永磁滚筒电机＋变频器方案，较普通电机加联轴器加减速机方案节能 10%。 （3）入厂煤采样采用皮带采样，提高翻卸效率。 （4）煤场转运站设置直通侧煤仓分路，避免所有来煤必须经过煤场二次转运。 （5）采用曲线落煤管＋无动力除尘设备，降低诱导风量，减小除尘器过滤面积。 （6）栈桥敞开式设计，封闭带式输送机下部采用混凝土，两侧采用钢格栅板，实现雨水、煤水分离，减少含煤废水处理量，带式输送机外侧栈桥不设冲洗水
5	暖通	（1）为了节约照明用电，通常建筑需在汽机房屋面设置采光天窗，汽机房屋面自然排风采用薄型采光屋顶自然通风器，兼有通风和采光的功能。采用薄型采光屋顶自然通风器可大大改善汽机房运行层的采光效果，与机械通风的方式相比，不用消耗厂用电；而采光型材料的应用，增加了汽机房的自然采光，减少照明的用电。 （2）为提高机组效率、节能减排、保护环境。利用水源热泵冷热水机组回收电厂循环冷却水的废热作为主厂房和厂前区冬季空调热源。夏季冷却水采用电厂工业循环水，不用设置独立冷却塔，降低了设备初投资。与常规集中水冷制冷＋汽水换热系统相比，本工程在制冷时，减少了 3 台 300t/h 的冷却塔，降低了大约 60 万元的设备初投资；在制热时，利用电厂循环冷却水的废热作为热泵机组的低温热源，达到了废热有效利用的目的，全年按 3.5 个月的制热期计算，全年总节约的蒸汽消耗量约 1800t。 （3）煤仓间、转运站、碎煤机室所有转运落料点、翻车机本体及下部落料点设计有干雾抑尘装置，相比较以往工程中皮带喷水抑尘系统，干雾抑尘装置耗水量更小，不仅节约了水资源，更减少了对煤热值的损耗，且干雾抑尘系统与胶带机、犁煤器和翻车机动作信号联锁启停，而不是一直运行，可最大程度地减少系统耗水及耗电量。 （4）煤仓间、转运站、碎煤机室等输煤建筑物的干雾抑尘系统和除尘器的压缩空气气源将采用全厂统一供气，不再针对每套抑尘系统和除尘设备单独设置小型空压机，减少了抑尘和除尘设备的空压机设备数量，减小了分散的空压机耗电量

序号	专业	具体内容
6	除灰	（1）空压机系统采用双压系统方案，降低运行能耗。 （2）除灰系统采用正压密相气力输送系统，对先导式、双套管、单管等输送方式进行技术对比后确定
7	汽机	（1）采用提高参数（28MPa/600℃/620℃）的、10级双机回热高效超超临界汽轮发电机组，目标值：THA工况热耗降低至7150kJ/kWh。 （2）设计平均背压暂按4.85kPa，初设阶段对冷端进一步优化，优选汽轮机凝汽器面积和冷却塔换热面积。 （3）三大蒸汽管道压降优化，目标值：THA工况下主蒸汽系统压降优化0.5个百分点、再热蒸汽系统压降优化0.5个百分点，降低机组热耗5kJ/kWh。 （4）抽汽管道压降优化，合理选择管道流速，管道布置不追求"横平竖直"，在满足管系应力和设备接口推力的前提下尽量避免绕行，减少管道长度和弯头数量，目标值：高、低压抽汽管道压降优化0.5个百分点，THA工况热耗率降低3kJ/kWh。 （5）深度烟气余热利用，推荐采用空气预热器旁路烟道+静电除尘器入口低温省煤器+1级暖风器方案，目标值：THA工况热耗降低75kJ/kWh。 （6）优化加热器端差，目标值：将2号高压加热器上端差由0℃优化至–1℃，THA工况热耗降低1kJ/kWh。 （7）采用变频、永磁调速等节能手段，提高机组在低负荷工况下运行的经济性。凝结水泵采用变频调速、低压加热器疏水泵、闭式循环冷却水泵等辅机采用永磁调速，每台机组可节约运行费用约100万元/年。 （8）抽真空系统采用2×50%容量水环真空泵+2×25%容量水环真空（罗茨）泵的组合形式，正常运行时2×25%容量的泵维持真空，运行功率降低140kW。 （9）保温设计方案及材料优化。高温管道采用硅酸铝制品、局部采用耐高温反射膜和气凝胶保温材料，减少散热损失的同时进一步控制噪声。 （10）考虑机组运行的灵活性；机组升降负荷时，双机回热系统给水泵汽轮机与给水泵功率不易匹配，设置变频发电机以快速响应负荷的变化；采用临机加热系统，利用高压加热器加热法，提高给水温度，改善启动环境提高机组启动速度，节省启动费用。 （11）优化设备选型，减少设备"裕量"，给水泵选型基准点按TRL工况，提高机组低负荷工况运行效率的同时减少设备初投资
8	锅炉	（1）过热蒸汽和再热蒸汽的压力、温度、流量等与汽轮机的参数相匹配，锅炉出口蒸汽参数按29.4MPa/605/623℃。 （2）采用四分仓式空气预热器，每台空气预热器在BRL工况时的漏风率第一年内应小于或等于3.5%，并在1年后小于或等于4.0%。 （3）一次风机、送风机、引风机均采用2×50%的动叶可调轴流式风机，其运行工况在比较宽的范围内能保持高效率；三大风机选型基准点均按照BRL工况下燃用设计煤种时的所需风量或烟气量。一次风机风量裕量为20%，另加温度裕量（按照夏季通风室外计算温度确定），压头裕量为20%，磨煤机和燃烧器设备阻力不考虑阻力裕量系数，取其设备阻力的保证值或最大值，另增加一个校核工况，单台一次风机带50%TRL负荷且3台磨煤机运行（相当于RB工况），两者取较大值；送风机风量裕量为5%，另加温度裕量（按照夏季通风室外计算温度确定），压头裕量为15%，燃烧器设备阻力不考虑阻力裕量系数，取其设备阻力的保证值；引风机风量裕量为10%，另加15℃的温度裕量，风压裕量20%，脱硫吸收塔、静电除尘器、炉膛出口至SCR入口烟气系统不考虑阻力裕量系数，取其设备阻力的保证值。三大风机订货时均增加RB工况。

序号	专业	具体内容
8	锅炉	（4）氧化风机暂定采用空气悬浮离心式风机，利用此风机主要特点节能（整机效率比罗茨风机高约 30%）、降噪（运行中，无摩擦，低于 85dB）、免（少）维护，无需冷却水和润滑油，实现免（少）维护，节能，节水；此风机初投资比多级离心式鼓风机高约 35%，比罗茨式鼓风机高约 270%。 （5）石膏脱水机暂定采用圆盘式脱水机，利用圆盘脱水机占地小（约为真空皮带脱水机占地的 30%），耗水、耗电量小（比真空皮带脱水机降低了约 20%）的特点，实现节水（约 30%）、节电；此脱水机初投资比真空皮带脱水机高约 30% 以上。 （6）有条件的锅炉烟风道采用圆形截面，降低烟风道制作耗钢量（约 320t）。 （7）在保证脱硫效率的前提下，可以考虑采用脱硫增效剂方案，从而减少浆液循环泵运行台数和石灰石耗量
9	化水	水多级分质利用，提高水的利用率： （1）将循环水排污水作为锅炉补给水处理系统主水源，减少取水量。 （2）二级反渗透浓水、EDI 浓水分级回至前端系统水箱，实现系统内的自消化利用。 （3）超滤反洗排水收集送至循环水排污水处理系统回收利用。 （4）膜系统化学清洗废水排至工业废水处理站进行处理后，全厂回用。 （5）反渗透浓水直接至复用水池复用调质后作为脱硫工艺补水。 （6）凝结水精处理系统再生浓废水和冲洗水分开单独收集，做到废水分质利用。 （7）主要水泵（超滤给水泵、高压泵、除盐水泵等）采用变频恒压调速，实现变流量恒压控制，保证系统稳定运行。 （8）脱硫废水浓缩段采用脱硫前的低温烟气余热蒸发减量，降低机组煤耗。 （9）采用最先进的全膜水处理技术，减少酸碱耗量 99%。 （10）SCR 脱硝还原剂优先选用能耗较低的尿素水解制氨工艺制备，降低运行费用。 （11）循环水排水采用结晶造粒技术除硬，固液分离所需时间短，效率高。 （12）设置取样系统样水回收装置，减少除盐水的损失。 （13）采用先进的三点自动全保护加氧，给水加氨量减少一半，精处理混床氢型运行周期将延长一倍
10	供水	（1）优化冷端（包括冷却塔、循环水泵、循环水管、凝汽器）配置规模，找到最佳投资和效益平衡点。 （2）采用高位收水塔，降低循环水泵扬程，同时循环水管炉后布置，减小循环水管长，降低水损，降低能耗。 （3）采取实时气象数据、机组负荷、循环水流量、循环水温度等数据，利用循环水动态节能技术找到最佳运行背压点。 （4）采用高密度沉淀池，没有常规工艺的污泥浓缩系统，降低净水站耗水量，节约运行成本。 （5）全厂用水采用智能计量系统，全厂用排水精细化管理，减少水量的浪费。 （6）取水泵采用变频电机，根据厂内用水情况实时调节，减少水和电的浪费
11	水工结构	—
12	电气一次	电动机节能： （1）采用高效节能电机； （2）可以调速节能的电动机结合各个工艺专业相关专题，确定电机的节能措施（变频器、永磁调速及永磁电机）。 汽机专业：凝结水泵配变频器，疏水泵、开式泵、闭式泵采用永磁调速。

序号	专业	具体内容
12	电气一次	锅炉专业：氧化风机暂定采用空气悬浮式氧化风机（自带变频的，永磁电机）。 水工专业：循环水泵暂定采用变频器。 输煤专业：输煤胶带机暂定永磁滚筒电机加变频器，翻车机系统及圆形堆取料机采用变频的方案。 变压器设备节能： （1）采用三相主变压器，相比3台单相变压器能很好地降低运行损耗。高压厂用变压器、启动/备用变压器拟采用低损耗节能型油浸变压器，低压配电变压器推荐采用低损耗节能干式变压器。 （2）合理进行负荷分配、合理设计接线方案，在此基础上合理配置变压器的容量和台数，使变压器正常运行处于最佳经济负载状态。 照明相关节能： 全厂采用LED灯，厂区路灯带光伏。 光伏发电： （1）厂内设置光伏发电系统，暂定区域为汽机房屋顶、智控楼、工程师休息楼及活动室。特别是智控楼，除了屋面铺设光伏板外，在采光较好的立面采用新型光伏建材代替外立面材料，光伏发电直接接入楼内配电段，力争打造零消耗楼宇的概念（需要调研以及建筑结构的配合）。 （2）灰场由于用电负荷较少可以相应设置光伏以及储能设备，在市电和光伏之间优先消耗光伏发电，达到节能效果。 给水泵汽轮机配套发电机直接接入厂用电，降低厂用电耗。 每台机暂定采用一台高压厂用变压器，较常规设置两台高压厂用变压器，减少变压器损耗。 低压配电尽量采用就近供电的方式，减少线路损耗
13	电气二次	电除尘器采用全高频开关电源技术
14	热控	—

3. 限额下的优化对标

项目单位应要求设计单位积极采用国内外成熟的先进技术，运用新的设计方法和手段，按照"顶层设计控造价、优化创新提指标"的设计思想为指导，以"最先进、全生态、高品质、更智能"目标为原则，通过各专业方案不断优化，把优化设计贯穿设计全过程，使本工程达到同时期、同区域、同类型机组中指标最优、造价最优，机组投产后连续安全稳定运行一年。

4. 明确设计质量要求

督促设计单位制定设计质量标准和规范，明确设计的质量要求和评估标准。

5. 建立严格设计审查机制

项目单位建立严格的设计审查机制，牵头组织对设计方案进行多层次、多方面的审查。

6. 强化设计人员培训

督促设计单位加强设计人员的培训和教育，提高其专业素养和技术水平。

7. 运用先进设计方法和工具

督促设计单位引入先进的设计方法和工具，提高设计的准确性。

8. 案例

某项目，项目单位要求设计单位采取以下措施，提升设计质量。

（1）指标优化。

本项目设计优化在遵守国家及行业有关设计规范、规程、规定的基础上，充分吸取近期同类型机组先进设计理念，重点在设计优化、创新和转变设计观念上进行突破，最终达到提高机组热经济性、降低资源消耗，实现节能、节水、节电和降造价的目的。

在初步设计阶段对国内同时期、同区域、同类型先进电厂的用地、用水、用电、投资、总平布置、系统配置、设备选型、新技术应用等进行调研和对标，讨论确定本项目在投标设计的基础上要采用的新技术和优化项目，对新技术的应用和设计优化项目进行专题研究，提交专题报告，通过初步设计评审确定相应的方案。具体包括：

1）以机组安全、经济、可靠运行为前提，降低工程造价及运行成本，提高收益。

2）在不降低主要辅机性能、质量和安全基础上，合理压缩裕度，取消不必要的备用。

3）保证用电、用地、用水等节能技术经济指标达到国内同类先进水平。

4）总平面布置合理紧凑，最大程度提高土地利用率。

5）各工艺系统进行多方案比较，充分借鉴同容量等级及以上机组的成功经验，系统配置要科学、合理、先进，积极采用成熟的新工艺、新结构、新材料。

6）采用人性化、生态化设计，追求人、设施与环境的和谐统一的匠心之作。

指标优化专题清单示意见表 5-2。

表 5-2　　　　　　　　　　　　　某项目指标优化专题清单示意

序号	专题分类	专题名称
1	综合部分	工艺、标准、选型（材）全厂统一设计导则
2	总图运输部分	全厂总体规划及总平面优化
3		厂区竖向布置方案优化
4		启动锅炉容量选择和选型分析
5		引风机驱动方式选择
6		湿式静电除尘器技术研究（调研）
7		烟气余热深度利用研究
8		磨煤机油站合并模块化集装设计可行性研究
9	机务部分	锅炉三大风机型式、容量及裕量选型研究
10		全负荷脱硝方案研究
11		脱硫氧化风机选型研究
12		石膏脱水机选型研究
13		脱硫增效剂应用研究
14		碳捕捉技术研究

续表

序号	专题分类	专题名称
15	机务部分	烟风道节能优化设计技术
16		原煤斗防堵专题（调研）
17		脱硫吸收塔内部防腐选型（调研）
18		脱硫石膏存储方案研究
19		锅炉本体吹灰系统吹灰器方式选型专题（调研）
20		电除尘灰斗电加热优化专题（调研）
21		烟气深度超低排放之协同治理技术研究
22		回热系统优化研究
23		主蒸汽和再热蒸汽管道选择及优化
24		凝结水泵配置优化
25		给水泵配置优化
26		热经济指标优化
27		真空泵配置方案优化
28		保温材料选型研究
29		主厂房布置优化
30		机组灵活性调峰系统设计
31	输煤部分	翻车机选型优化
32		煤场形式比较
33		带式输送机布置形式比较（调研）
34	除灰渣部分	干渣处理系统选型研究
35		全厂供气中心系统研究
36		气力输送系统选型优化
37		石子煤处理系统选型研究（调研）
38	电厂化学部分	尿素水解及热解方案对比分析
39		锅炉补给水系统选择
40		脱硫废水深度处理方案选择
41		供氢系统设计方案研究
42		水务中心
43	电气部分	电气主接线方案选择
44		高压厂用电系统设计优化
45		降低厂用电率的措施及全厂厂用电率的研究

续表

序号	专题分类	专题名称
46	电气部分	厂内光伏一体化设计研究
47		500kV 配电装置型式比较
48		中压封闭母线的选型优化专题报告
49		照明智能控制系统研究
50		永磁同步电动机在电厂中的应用
51	仪表与控制部分	新基建概念下的智能电站建设方案专题
52		基于 5G 的取水泵房远程监控系统应用研究
53		现场总线技术应用分析
54		机组一键启停（APS）应用分析
55		磨煤机检修安全措施自动执行
56	建筑结构部分	全厂地基处理方案优化
57		汽轮发电机基座结构优化及选型报告
58		附属建筑优化
59		绿色建筑
60		建筑材料专题
61		建筑形象设计
62	采暖通风及空气调节部分	输煤系统除尘器优化选型
63		汽机房通风方案优化
64	水工部分	汽轮机冷端优化设计专题报告
65		高位收水塔与常规塔的对比专题报告
66		高位收水塔循环水泵选型研究专题报告（调研）
67		电厂循环水系统动态节能技术研究
68		全厂智能水务管理
69		取水管线管材选择及取水泵房设计专题报告（调研）
70		采用混凝土 + 钢制塔方案的技术经济可行性研究
71	环保部分	全厂噪声治理专题

（2）具体控制措施。

1）积极开展系统优化和设备配置优化，在主设备以及主要耗能辅助设备的技术规范书编制阶段，与项目单位共同收集已投运同类机组相关设备的实际运行数据，实施参数对标，并根据工程具体情况进行修订。

2）在方案确定、设备参数选择阶段，进行完整的方案技术经济比较，对于主要耗能设备参数应结合实际外部条件以及同类工程运行情况进行细化分析确定，必要时邀请外部专家进行论证。

3）对于经验公式数据与实际情况出入较大或者具体工程条件复杂而使参数选择困难的，必要时应采用数模计算或物模实验的方式确定有关参数。

4）采用全三维设计，力求做到简洁、流畅、美观，节约投资，方便运行检修。

5）吸取典型事故案例，分析经验教训，制定相关措施并落实到设计。

6）调研设备厂家，讨论新技术应用相关难点、重点和关键技术，在保障安全可靠的前提下，最大限度应用新的技术。

7）严格遵循规程规范中关于安全的设计条款，以负面清零原则，编制实施细则，完善设计负面问题落实机制，消灭工程设计质量通病，避免综合汇总不协调不细致而造成错、漏、缺、重等问题。

（二）进度管理

项目单位应发挥业主主导作用，应要求设计单位在人力配备，组织模式、管理模式、过程控制、设备厂商提资协调、先进技术应用等方面制定控制措施，从而保证初步设计进度，具体措施如下：

（1）项目单位组织设计单位制定详细的初步设计计划，明确各阶段的设计任务和时间节点。初步设计进度计划见表5-3。

表 5-3　　　　　　　　　　　　某项目初步设计进度计划

序号	项目	开始时间	完成时间	备注
1	主机招标文件编制			
2	初步设计原则编制			
3	提出初勘任务书			
4	总平面方案内审			
5	现场勘测			
6	编制初勘勘测报告			
7	编制试桩大纲			
8	试桩大纲评审			
9	试桩			
10	初步设计原则审定			
11	配合主机招投标			
12	各专业主要方案拟定			
13	与主机厂配合完成资料交接			
14	收到正式主机资料			
15	各专业互提设计资料			

序号	项目	开始时间	完成时间	备注
16	专业设计文件编制			
17	各专业完成专业评审			
18	初步设计文件综合评审			邀请项目单位参加，主要评审内容包括总平面布置、主厂房布置、地下管网、综合管架等
19	各专业完成技经资料提资			
20	根据综合评审意见修改初步设计文件			
21	各专业提交初步设计文件汇总			
22	初步设计文件成品提交业主			
23	初步设计审查			

（2）项目单位在设计输入控制中予以保证。与主机制造厂联络协调，催交厂家资料；加快现场勘测进度，督促设计单位提前交付勘测中间成果，以满足设计输入的进度要求。

（3）项目单位加强与相关方面的沟通和协调，发挥业主主导作用，确保初步设计进度。

（4）项目单位建立有效的进度监控机制，及时掌握初步设计的进度情况。

（5）项目单位针对延误情况采取有效措施进行补救和调整。

例如，某项目设计单位进度控制措施如下：

项目单位要求设计单位对本项目进度计划实行全过程动态管理，加强调度，周密计划，集中优势兵力，与项目单位密切配合，确保进度目标的顺利实现。为保证设计进度，设计单位应采取包含但不限于以下措施：

（1）在设计体制上予以保证。充分发挥设计单位按产业化专业分公司管理模式运作的优势，加强集中管理力度，统一指挥，统一调度，一切工作服从于项目勘测设计的质量及进度。

（2）在设计组织结构模式上予以保证。设计单位应在本项目采用矩阵式集中设计组织模式，集中优势兵力打歼灭战。并在重要的设计阶段，组织精干队伍，开展集中设计，使设计人员排除干扰，一心一意完成设计任务，在必要条件下本工程将采取封闭集中设计，满足设计进度要求。

（3）在项目管理模式上予以保证。本项目实行项目主管总工归口、项目经理负责的项目管理模式。项目经理在人力调配、设备配置、产值分配等方面赋予一定的权限，使之能较顺利地实施项目的设计工作。

（4）在过程控制中予以保证。在工程全过程选派计划管理工程师对项目计划实行动态管理，每两周召开一次设计协调会，每月召开一次设计调度会，并形成会议纪要或简报，定期向项目单位汇报工程进展情况、存在问题及解决情况。调度会或协调会一般由主管总工或设总主持，重要设计阶段由主管副总经理参加。根据工作中出现的情况，及时调配人力，更新计划，保证各阶段工作按期完成。

（5）在设计输入控制中予以保证。主动与主机制造厂联络协调，催交厂家资料，并充分发挥设计单位在勘测设计中积累的经验，尽可能利用标准设备资料，加快设计进度。加快现场勘测进度，外业完成后，提前交付勘测中间成果，以满足设计输入的进度要求。

（6）三维协同设计平台，在本工程勘测设计实施过程中，建立本工程项目专用工作平台，设计采用先进的 PDMS 三维技术，使得设计更加快捷、直观，提高工作效率以及更重要的是提高设计成品质量，满足工程的实际需要。

（7）在设计计划安排上予以保证。按照工程进度计划的要求，分阶段提前交付设计文件。

（三）造价管理

工程造价控制要从设计源头上进行控制，设计是造价控制影响最大的因素，满足基建需求的基础上，通过不断优化系统配置、设备选型、提升指标、减少资源消耗、精准概算、精细招标采购策划等来降低工程造价。初步设计阶段的造价管理对于整个项目的投资控制具有重要意义。具体措施包括：

（1）项目单位组织制定概算控制方案，明确初步设计的投资目标和预算限制；

（2）项目单位组织加强设计方案的经济性评估，优化设计方案以降低投资。

例如，某项目工程造价，设计单位具体控制措施如下：

1. 限额下的方案细化和优选

回归发电本质，坚持"九大设计原则"，突破常规；全方位（不放过附属建筑）、全系统（不忽视小系统）开展设计优化，院领导挂帅抓施工图精细化设计。

技经主设人应根据核准的投资估算以及主要项目工程量，扣除与限额设计无关的项目及费用，分专业按系统进行投资分解，编制本工程的"核准估算限额任务书"，并分发至各设计专业主设人。

（1）各设计专业主任工程师组织设计人员不断优化方案，重点应做到主机选型最佳、主厂房布置合理、物流简洁顺畅、排放指标先进、总平面布置紧凑，建设和运行成本双优，多方案进行经济比较，推荐优选方案；对主要工程量进行指标分项控制，并提出设计工程量。

（2）积极推行限额设计，从源头控制工程量。技经主设人应根据核准的投资估算以及主要项目工程量，扣除与限额设计无关的项目及费用，分专业按系统进行投资分解，编制本工程的"核准估算限额任务书"，并分发至各设计专业主设人。

（3）设计人员既是设计资料的提出者，又是限额任务的接收者，要求在接收与提出资料的同时，必须与下达的分解投资进行对比，发现问题时，应及时与技经专业沟通。如无特殊原因，相同方案、同一价格水平年的各系统造价不得突破规定额度；由于设计阶段局限性等原因引起的不可避免地突破分配的限额，则应从其他专业优化设计后节省的投资中进行弥补。

（4）通过优化总平面布置和结构形式等措施，降低项目建设初投资。大量建筑物采用联合、多层布置，减少单体建筑数量，如智控楼七楼合一整合，空压机房与脱硫废水楼联合布置。

（5）通过工艺方案的优化和设备选型，使各项技术经济指标处于领先地位，综合分析初投资和运行费用等因素，使系统效率高、全寿命周期效益最大化。

（6）采用标准化和模块化设计，对不适应电厂发展趋势尚未修改的部分现行标准、规范有所突破、有所创新，在保证质量的同时，以优化创新的设计来最大限度地降低工程投资。

（7）加强项目建设全过程内部、外部接口的管理、跟踪和协调，优化接口设计，避免安全系数及裕量过大，出现肥梁胖柱，杜绝一切浪费现象。

2. 初设概算技经专业控制措施

对于设计人员，重点是做好多方案的经济比较，遵循技术先进、经济适用的原则；对于技经人员，重点则是正确掌握国家和行业的政策法规，尽量满足业主需求，及时掌握价格信息，科学合理确定工程投资水平，确保工程概算科学、严谨、合理。

工程概算是控制工程投资的重要主要依据性文件之一，工程概算准确与否对筹集资金、工程招投标、工程结算起到重要作用。因此，编制初设概算前，应积极主动与业主联系，了解业主在投资方面的要求，商议并确定概算编制原则，搜集有关概算编制依据性资料和文件，包括主要设备和新工艺新材料价格。对比国内同类工程概算，确保概算量准价实，保证初设概算的科学、严谨、合理。

技经专业按照本专业的工程量计算规则确定概算口径的工程量，并参考造价指标和同类工程批准概算工程量作为校核，如有异常及时向设计人员反馈，解决落实到位。

第四节　设计联络及配合

一、总体要求

设计联络与配合是初步设计和施工图设计出图前的确认过程，项目单位应根据项目工期要求，及时组织设计单位和设备厂家等开展沟通工作，协调双方设计接口与分工、交接设计输入资料、解决设计问题和确认设计图纸。

二、管理原则

及时性原则：项目单位应及时组织设计联络和配合工作的开展，满足设计单位和设备厂家双方在相关设计阶段急需的图纸和资料。

阶段性原则：设计联络和配合工作可根据设计阶段和工程进度，分阶段开展工作，逐步推进，直到问题全部得到解决。

多样性原则：设计联络与配合可根据具体情况，采用线下会议、线上会议、邮件和传真等多种形式。简单问题的设计联络与配合可以按专业进行组织，复杂问题的设计联络与配合可以组织多专业或者多设备厂家共同完成。

书面性原则：项目单位应要求设计单位把设计联络和配合的成果形成书面文件，作为设计依据，整理后归档。

闭环性原则：项目单位应跟踪设计联络和配合过程中的遗留问题，督促设计单位和设备厂家及时闭环解决。

三、工作流程

（一）设计联络会

（1）项目单位在会议召开前应组织收集整理各方的会议议题并及时将议题提前传达给相关单位。

（2）项目单位在会议召开期间应组织参加会议的各方提供详细方案和资料，进行充分的讨论和交流，解决各项议题，形成书面的联络会纪要，并要求各方签字归档。

（3）项目单位在会议召开后应按照联络会纪要中的内容进行监督检查，敦促落实参会各方按联络会纪要中的要求进行后续配合工作，满足项目质量和工期的要求。

（二）其他设计联络和配合方式

项目单位应将设计单位和设备厂家专业人员的联络方式提供给双方。

设计单位和设备厂家进行设计联络和配合的邮件和传真在编制完成后，需要经过审核和批准才能发出，并均须抄送给项目单位。

项目单位监督检查设计配合内容，敦促落实所有内容及时闭环。

四、管控措施

流程管理：根据工程进度的要求，合理选择设计联络和配合方式，监督落实相关的工作流程，及时闭环设计中的相关问题，确保各阶段的设计进度满足工期要求。

沟通协调：多专业或者多设备厂家参与的设计联络和配合，需要加强协调多方设计进度和设计深度，消除专业之间、专业和设备厂家之间、设备厂家之间沟通障碍，确保及时高效地解决问题，完成预定的目标。

书面依据：设计联络与配合应保留书面文字作为依据并归档。项目单位应安排设计单位编制设计联络会纪要，纪要应包含会议时间、地点、参与人员和会议主要内容、结论及附图。技术方案确认，涉及对工程造价或设备商务部分造成影响的，还应及时取得项目单位的书面批复意见。

第五节　施工图精细化设计管理

施工图精细化设计是火电工程建设中的关键环节之一，其主要目的是将工程的概念设计、方案设计和初步设计转化为具体的施工方案。在施工图设计中，项目单位组织设计单位结合工程实际情况，考虑各种因素，包括设备选型、工艺流程、材料选用等，以实现工程的安全、稳定、高效运行。

一、总体要求

项目单位要求设计单位认真贯彻执行审定的初步设计原则，坚持在设计全寿命周期过程中进行优化设计的思想，在设计中始终遵循服务至上、为业主把好设备选型关、控制工程造价。

项目单位组织设计单位以施工图阶段进一步优化后低于初步设计概算的投资额为准进行限额设计，分解投资和工程量，控制工程投资限额，制定相应的实施办法并要求严格执行。

项目单位组织设计单位完整正确地确定设计输入条件，使用现行有效的国家标准、规范及电力行业标准和规范，充分利用信息反馈，审查原始条件和数据的正确性。

项目单位要求设计单位严格执行施工图设计深度规定，设计文件充分满足施工安装要求。

二、管理原则

施工图精细化设计必须严格按照批复的初步设计进行，并进一步做好技术方案、设备选型论证，以及工程量的细化、优化等工作。

设计团队配置原则：项目单位要求设计单位配备足够数量的优秀人员进入设计团队，进行施工图设计，确保设计思想和设计意图的连贯统一。所有设计人员要坚持设计优化全寿命周期管理的思想。

图纸深度原则：严格执行施工图设计深度规定和设计合同要求，图纸内容应完整、准确，充分满足设备和材料采购、施工安装、调试、运维及检修需求。

设计进度原则：设置合理的设计进度要求，设计单位应按照项目里程碑和施工现场管理要求，完成设计技术规范书编制和图纸设计，保证施工单位连续施工的条件。

负面清零原则：设计开展前组织设计单位整理设计负面清单文件，设计过程监督、落实设计负面清单清零。

设计评审原则：施工图设计文件阶段性完成后，适时组织专家、技术骨干对工程设计的综合质量、专业质量以及是否超出投资限额进行检查，及时解决检查中发现的问题，把设计成品中的差错消除在施工之前。

设计文件版本可控原则：编制设计文件版本管理要求，及时更新设计成品文件，及时下发设计成品文件，对作废文件进行回收处理。

工程造价控制原则：在设备的选择、材料的选用把好设备选型关、控制工程造价。

三、工作流程

（1）项目单位组织设计单位收集和整理工程的相关资料和数据。

（2）组织设计单位编制辅机招标技术规范书编制计划、组织编制招标文件，组织辅机招标采购。

（3）组织设计单位开展司令图编制工作并审查。

（4）催交辅机资料，满足设计要求。

（5）项目单位要求设计单位各个专业之间应及时沟通、协作和配合，确保设计满足现场施工进度。

四、管控措施

（一）人员保障管理

项目单位要求设计单位配备足够数量的优秀人员进行施工图设计。项目单位对项目经理和主设人进行考核，设计单位未经项目单位同意，不得变更项目经理和主设人。

（二）设计进度管理

为确保施工图设计进度满足施工进度要求，项目单位要求设计单位成立设计进度管理机构，编制设计进度计划，并对其进行审批，设计进度计划的编制依据必须是工程里程碑节点计划。

项目单位要求设计进度管理由设计单位按照自主管理原则自觉地进行，设计单位设计进度管理必须以会签生效后公司下发的设计进度（出图计划）为依据。

项目单位对设计单位设计进度计划及其执行情况进行监督管理，对设计进度工作进行评价与考核。

项目单位应要求设计单位及时提交设计成果供其审核，每周向项目单位汇报设计进展，要求施工监理、承包商每周向项目单位反馈施工图设计满足施工进度情况。

（三）设计质量管理

为确保施工图设计质量满足要求，项目单位要求设计单位成立设计质量管理机构，编制设计管理策划文件，建立各类技术小组，深入开展设计优化，提交精细化专项报告给项目单位审核。

严格执行施工图设计深度规定，设计文件充分满足施工安装要求。

按照电力勘测设计成品校审规定和电力设计图纸会签规定等相关要求，做好施工图的设计验证控制和管理，专业主管有针对性地审签部分三级图。

施工图设计文件阶段性完成后，适时组织专家、技术骨干对工程设计的综合质量、专业质量以及是否超出投资限额进行检查。

（四）设计输入管理

为满足高标准、高质量施工图设计要求，项目单位应严格控制相应的条件输入。

项目单位向设备厂家催交设计配合资料；项目单位审核设备厂家设计配合资料，要求设备厂家签发资料核发签认单并在设备设计配合资料移交清单上登记，才能提交设计单位。

（五）控制造价管理

认真贯彻执行审定的初步设计原则，坚持在设计全过程中进行优化设计的思想。

在设备的选择、材料的选用把好设备选型关、控制工程造价。

分解投资和工程量，控制工程投资限额，并制定和严格执行项目单位施工图阶段的有关制度。

（六）经验借鉴管理

项目单位组织同类型机组调研，收集同类型机组设计问题，反馈给设计单位，要求其在设计中避免相似问题重复出现。

项目单位要求设计单位收集本单位以往项目负面问题，同时结合工程《基建技术质量负面清单实施细则》、已发布的《基建技术质量负面清单》，形成设计改进项目任务清单，提交项目单位审定后执行。

五、案例：某项目施工图精细化设计管控措施

精细化设计管理主要是指施工图精细化设计管理，主要包括精细化设计总体要求和管控措施。

（一）总体要求

一般按照工程建设总体策划的设计原则、设计措施以及设计管理策划的施工图设计原则及要求等。例如某项目施工图精细化设计具体如下：

（1）坚持"九大设计原则"："节能高效"原则、"自然生态"原则、"智能智慧"原则、"简约集约"原则、"工厂化"原则、"免（少）维护"原则、"负面清零"原则、"控总额、控过程"原则、"创新创造价值"原则。

（2）坚持六项设计管理措施：设计思想革命、深入开展设计优化、监理的责任、发挥第三方作用、设计标准的执行、设计管理策划。

（3）坚持八项主要施工图设计原则：统一标准原则、布置整齐原则、敷设整齐原则、通道顺

畅原则、重工艺、轻装修原则、能露天、不封闭，能架空、不落地原则、扩大工厂化原则、三维设计原则。

（4）坚持六项设计管理重点要求：设计变更趋零要求、负面清零要求、自然生态、简约集约落地要求、典型施工工艺及感观质量的落实要求、导则编制的原则（工艺及感观质量设计导则、精细化设计导则）要求、"四新"技术的论证充分要求。

（二）管控措施

按照专业及设计项目提出具体设计措施，见表5-4。

表5-4　　　　　　　　　　　　某项目施工图精细化设计措施

序号	优化项目	施工图精细化设计要求	预期实施结果
一、热机专业			
1	锅炉房布置图	拟对主厂房疏放水小管道采用三维出图：统一规划布置，使各小管道布置更加合理和美观。阀门集中布置，利于操作维护，更加合理和美观	各小管道布置更加合理和美观；阀门将实现集中布置，方便操作维护
2	汽机房布置图	拟对主厂房疏放水小管道采用三维出图：统一规划布置，使各小管道布置更加合理和美观。阀门集中布置，利于操作维护，更加合理和美观	各小管道布置更加合理和美观；阀门将实现集中布置，方便操作维护
...	...	...	...
二、输煤专业			
1	输煤皮带粉尘治理	根据电厂现状条件对运煤系统清洁化方案进行研究，分析了曲线落煤管、无动力密封导料槽、紧身封闭带式输送机、微雾抑尘装置、塑烧板除尘器等抑尘设备和技术方案	提出了采用曲线落煤管、无动力密封导料槽、紧身封闭带式输送机、微雾抑尘装置、塑烧板除尘器等防抑尘设备和技术解决方案，形成覆盖翻、堆、取、运作业全过程的粉尘防控体系，根治电厂输煤系统作业时产生的粉尘污染，以实现本质长效抑尘
2	输煤系统雨水、含煤废水分离	露天输煤栈桥结构型式为钢结构支架柱支承的钢梁或钢桁架，胶带机下方栈桥楼面采用压型钢板底模的钢筋混凝土板，巡视步道楼面采用钢格栅	采用紧身封闭带式输送机，和胶带机下方栈桥楼面采用压型钢板底模的钢筋混凝土板，巡视步道楼面采用钢格栅。能够实现含煤废水和雨水的彻底分离

第六节　施工配合

一、总体要求

为确保项目总体进度和质量，在施工图设计相关卷册完成后，根据施工现场进度的需要，设计单位应及时派驻专业人员到施工现场与参建各方进行沟通配合，及时、高效地解答和处理施工阶段的各类问题。

施工配合工作主要包含工代服务、图纸会审和交底、设计变更和变更设计。

二、管理原则

提前策划原则：根据现场的施工进度，提前策划工代派驻计划、图纸会审和交底工作计划。

及时性原则：工代服务、图纸会审和交底、设计变更和变更设计等施工配合工作需及时开展，及时记录，及时闭环。

按图施工原则：施工单位需根据审批后的设计图纸和变更文件开展施工。

组织协调原则：各参建单位应安排专人负责施工配合沟通协调工作，落实分工和统一归口管理人员，降低沟通成本，提高沟通效率。

闭环性原则：项目单位应跟踪设计单位问题处理的进度和质量，督促施工单位及时闭环解决现场施工问题。

三、工作流程

（一）工代服务

（1）项目单位向设计单位提出工代派驻要求，提供现场应急的要求和现场处置方案。

（2）设计单位根据项目单位工代派驻要求，提供工地服务计划文件，内容包括工代分工及职责等。

（3）项目单位在设计单位工代进驻现场前落实现场网络办公条件，使其满足工作要求。

（4）设计单位根据现场施工进度，及时派驻工代人员现场服务。

（5）设计单位工代服务人员/工代人员及时收集处理和答复现场各参建单位提出的意见和问题，不能现场处理的意见和问题，由现场工代服务人员联系设计单位相关人员及时处理答复。一般性问题工代服务人员应在24h内予以答复反馈，复杂性问题的解决时间应跟项目单位达成一致，并将处理解决问题的阶段性成果及时向项目单位汇报。

（6）图纸会审和交底、设计变更和变更设计等施工配合文件处理完毕后，需提交现场各参建单位签字确认并登记归档。

（7）设计单位工代人员离开现场时，应取得项目单位同意，并妥善处理好现场工作交接。

（二）图纸会审和交底

（1）项目单位、监理单位及施工单位收到施工图纸后，应对施工图纸进行详细审阅，并提出书面意见。

（2）在收到施工图纸后，监理单位组织安排施工图会审和图纸交底会议，设计单位须派出该项目主设人或者了解情况的设计人及指定的工地服务人员出席，施工单位的技术人员也必须参加会议，以确保施工质量。

（3）图纸会审和交底会议时，设计单位应先对所相关文件就设计意图、结构特点、施工要求、技术措施和有关注意事项进行详细的说明；会议各方了解设计意图并审查其可操作性，提出图纸中的疑问、存在的问题和需要解决的问题，设计单位负责解答；会议各方针对具体问题进行研究和协商，拟定解决问题的办法。

（4）监理单位负责拟定设计技术交底会议纪要和图纸会审会议纪要，经各方签字后归档，并分发有关单位作为设计图纸完善和修改的依据。

（5）设计单位根据设计技术交底会议纪要和图纸会审会议纪要文件的要求，按照设计变更管理程序修改设计。

（6）监理单位负责监督对图纸会审和交底纪要中意见和建议的闭环。

（三）设计变更和变更设计

设计变更，是指由设计单位对原设计提出修改的工程变更。

变更设计，是指由施工单位、调试单位、设备制造单位等设计单位以外提出的对原设计修改的工程变更。

设计变更和变更设计按其内容的重要性、技术复杂程度和增减投资额等因素分为小型、一般和重大三类。

1. 小型和一般设计变更（变更设计）

（1）由设计单位提出的设计变更。

1）设计单位设计人或设计工代提出"设计变更通知单"并签字；

2）监理单位审签；

3）项目单位工程技术部核签、确认工程量，再送项目单位计划部审查费用，项目单位归档备查；

4）项目单位应要求施工监理对施工程序进行审查，并将通知单副本交施工单位签收并执行；

5）一般设计变更，除上述前4项要求外，还需要增加施工总监审签和项目单位主管领导批准。

（2）由施工单位、调试单位、设备制造商提出的变更设计。

1）变更方填写"变更设计核定单"，提出预算费用并签字；

2）监理单位审签；

3）设计单位核签；

4）项目单位工程技术部审查工程量、计划部审查费用，项目单位归档备查；

5）监理单位按照项目单位要求，将通知单副本交施工单位签收并执行；

6）一般变更设计，除上述前5项要求外，还需增加项目单位主管领导批准。

（3）项目单位、监理单位提出的变更设计。

1）变更方须以"工程联系单"或"传真件"等形式提出设计修改建议；

2）项目单位工程主管领导批准；

3）"工程联系单"或"传真件"等文件主送设计单位，由设计单位按设计变更程序出具"变更设计通知单"及预算费用。

2. 重大设计变更（变更设计）

（1）对涉及原初步设计原则的重大设计变更，项目单位应报上级单位后，由上级单位工程建设部组织评审。

符合以下条件的重大设计变更项目单位应报上级单位审批：初步设计批复已确定的建设规模、技术标准、工艺方案等重大设计变更；设计变更单项投资较大的重大变更项目；在批准的初步设计及概算范围以外新增内容的设计变更。

（2）重大设计变更应由项目单位组织设计单位编制专题报告，按项目核准机构有关管理规定和上级单位要求组织审查，并履行报批程序。

施工单位、调试单位、设备制造商提出的变更设计单填写要求：

1）变更方填写"变更设计核定单"，并提出预算费用并签字；

2）监理单位审签；

3）设计单位核签确认；如变更设计涉及原初步设计原则，项目单位应要求由设计单位提出《变更设计通知单》，执行重大设计变更程序。

（3）项目单位、监理单位提出的变更设计。

1）变更方须以"工程联系单"或"传真件"等形式提出设计修改建议，经项目单位负责人批准；

2）"工程联系单"或"传真件"等文件主送设计单位，由设计单位提出"变更设计通知单"并进行审签。

（4）项目单位要求设计变更审签和变更设计核签程序后，应按如下程序履行重大设计变更（变更设计）审批手续：

1）施工监理工程师和总监审查签字；

2）项目单位工程技术部核签、确认工程量；

3）项目单位计划部审查费用；

4）项目单位主管领导审签确认；

5）项目单位主要负责人审批；

6）上级单位批准；

7）组织交底和会审；

8）通知单副本交施工单位签收并执行；

9）项目单位归档备查。

四、管控措施

（一）工代服务

统一管理：工代服务人员应服从项目单位的统一管理，遵守有关规章制度和劳动纪律。工代服务人员应在要求的时间内到达施工现场。工代服务人员取得项目单位同意，并妥善处理好现场工作交接后才能离开现场。

进度管理：工代服务人员应及时、高效地解答和处理现场问题，及时将现场施工配合需求传达给设计团队相关人员，及时将设计团队的反馈下发参建各方。

安全管理：项目单位向工代服务人员提供现场应急的要求和现场处置方案等安全管理文件和措施，监督检查工代服务人员劳动防护用品的配置。

（二）图纸会审和交底

组织管理：项目单位协调各方参加设计交底、图纸会审等工作，要求重大项目的交底会要由设计单位设计总工程师带队出席；针对直接涉及设备制造商的工程项目施工图，视情况邀请设备制造商代表一起参加设计交底与图纸会审。

合规管理：项目单位针对设计交底与图纸会审中可能出现的设计修改，要求必须符合已批准的初步设计原则和国家、电力行业、上级单位颁发的有关设计标准、规范、要求。

问题分级管理：当通过协商设计和施工方意见仍不能统一时，一般问题，项目单位指定施工监理协调解决，并报项目单位备查；对涉及初步设计原则等重大问题，项目单位要求施工监理提出处理意见，交项目单位核准后，报有关上级单位批准。

流程管理：针对设计交底与图纸会审中已决定必须进行设计修改的，项目单位要求设计单位按设计变更管理程序提出修改设计。要求设计单位出具设计变更通知单，经施工监理、项目单位核签后，交施工监理、施工单位执行。

完整性管理：为体现设计交底与图纸会审作用，项目单位要求在施工图会审纪要中应包括设计答疑方面的有关内容和条文。如经设计交底与图纸会审，对设计没有提出任何问题，项目单位要求也应作出会审纪要，以示对该设计的认可，项目单位要求监理单位对该分册图纸出"施工图纸确认单"并加盖"供使用"章确认。

闭环管理：项目单位要求监理单位将设计交底与图纸会审纪要及"设计技术交底和会审记录单"交项目单位档案室保存原始记录备查，并要求监理单位负责监督对设计交底与图纸会审纪要及"设计技术交底和会审记录单"意见及建议等的闭环。

（三）设计变更和变更设计

当技术方案发生变化时，项目单位应督促设计单位进行设计变更。设计变更原因主要包含设计图纸有差错、设计深度不够、设计与现场情况不符合、设计输入条件发生变化、规程规范内容更新变化等。

风险管理：项目单位应要求设计单位对安全风险较大的变更可能引起的安全风险提出评价意见；要求工程承包单位、监理单位、项目单位工程技术部在审核设计变更时，应分析变更可能引起的安全风险，签署意见中应提出风险评价意见；安全风险评价意见填写在"设计变更通知单"等相关文件中。

造价管理：所有设计变更和变更设计均需要提出工程量和费用预算，经项目单位审批。项目单位应严格控制设计变更和变更设计，必须按照规定的程序和分工进行，严格遵守"先批准，后变更，再实施"的原则，杜绝同一地点或同一原因多次变更。项目单位应建立设计变更和变更设计台账，应对各类变更项目、原因、工程数量、费用增减额进行统计、分析，严格控制投资。

流程管理：项目单位应要求设计变更和变更设计在完成审批手续后才允许施工，严禁先施工而后补办设计变更和变更设计文件。项目单位应要求经签字生效的"设计变更通知单"和"变更设计核定单"与施工图纸具有同等法律效力，必须执行会审和交底程序，要求设计单位、施工单位和项目单位保证至少各归档一份原件。

闭环管理：设计变更和变更设计由施工单位完成后，项目单位应要求施工单位填写设计变更（变更设计）执行结果反馈单，由施工监理、项目单位验证后签署意见。

第七节　竣工图编制管理

工程建设项目竣工图是工程竣工后真实反映施工结果的图样，是项目竣工验收以及竣工后电厂生产、运行、维护、改建与扩建的重要依据。竣工图应完整、准确、规范、清晰、修改到位，真实反映项目竣工时的实际情况。

一、总体要求

竣工图按合同约定由原设计单位负责编制并提供给项目单位，项目单位要求单台机组须按期提供纸质竣工图，同时提供与纸制内容相同的电子版竣工图，项目单位负责接收管理与配合。

二、管理原则

项目单位应要求设计单位根据有关规定编制包含所有修改内容的竣工图，并按合同要求，发布全套能反映工程竣工后真实情况的竣工图，提交项目单位档案室归档。项目单位应要求竣工图的编制工作及时、准确、完整。

三、工作流程

项目单位应在每台机组整套启动试运行结束后尽快向原设计单位提交编制竣工图所需的原始资料，包括设计、施工、监理、调试和项目单位在项目建设过程中的有效记录文件和变更资料等，要求设计单位在收到资料后尽快进行确认。项目单位应要求每台机组投产后，凡能编制分部或分项工程竣工图的，应在机组整套启动试运行结束后规定时间内完成相应的竣工图编制工作并提交项目单位档案室。

项目单位应要求设计单位在本期工程最后一台机组启动试运结束后，须校核已投产机组先期完成的部分竣工图，并在收到末台机组的有关变更资料后规定时间内，提交本期工程全部竣工图。

项目单位应要求竣工图须确切、清楚、完整、统一，与现场实际相符，并附必要的修改说明，文字说明简练、印刷质量良好。工程竣工验收前，项目单位应组织、督促和协助各监理单位、设计单位、施工单位、调试单位等承包商检验竣工图的编制工作；发现有不准确或缺项时应及时采取措施。具体要求如下：

（1）项目单位应要求设计单位根据设计、施工、监理、调试和项目单位在项目建设过程中的有效记录文件和变更资料等编制竣工图（包括材料单与清册），并重新绘制出图；有修改的部位应用引线划至空白处，标明编制依据。

（2）对设计交底过程中形成的文字说明，且无法在图纸上表达清楚的，应在竣工图图标栏上方或左边用文字说明；同时应将在设计交底时提出的变更要求，纳入修改范围。

（3）项目单位要求设计单位对施工图中使用的标准图、通用图可以不出竣工图，但应在图纸目录中列出图号，指明该图所在图纸卷册并在编制说明中注明。

（4）项目单位应要求设计单位对无设计变更的施工图，须逐张核实，确认与现场相符后，根据合同规定重新出竣工图并加盖竣工章。

（5）项目单位应要求设计单位在编制全套竣工图时，须对竣工图编制的编制依据、编制原则、编制方式、范围和深度、特殊要求、竣工图图纸目录等情况编制"竣工图总说明"。在编制各专业竣工图时，应对每卷册图纸的修改内容、修改原因、修改依据等，编制"分册说明"。

（6）项目单位应要求设计单位须按每台机组的实际情况出竣工图，不允许两台机组合在一起编制竣工图。

四、管控措施

（1）项目单位应负责项目竣工图的形成与积累、整理与编制、验收与移交的监督、检查与指导，并负有协调各单位的职责。

（2）项目单位应组织有关单位向设计单位提交编制竣工图所需的各类变更资料，特别是对参建单位各种形式提出的变更设计资料。

（3）项目单位应检查竣工图编制工作的进度和工作质量；对施工单位提交的《施工图变更记录统计及审核表》进行复核，督促和协助竣工图编制单位检查其竣工图编制情况。

（4）项目单位应组织竣工图的审核，对设计单位提交的竣工图进行验收，按照档案分类、编目、归档。

第八节　设计履约考核

一、考核责任

（1）项目单位应对设计单位履行合同职责情况进行监督、评价及考核管理。

（2）设计监理单位应对设计单位执行国家行业标准和履行设计职责情况进行监督管理，对设计单位管理工作进行评价。

二、考核评价原则

（1）客观、公平、公正、公开原则。

设计评价要严格遵照本程序，遵循客观、公平、公正、公开管理原则进行。

（2）分级管理原则。

工程设计评价实行设计单位、设计监理单位、公司分级管理，各负其责。

（3）及时性原则。

设计评价必须及时进行，充分发挥评价的管理作用。

三、考核标准

出现下列情形，按照合同约定对设计单位进行考核：

（1）如因设计原因，未能按照与项目单位商定的交图进度交付图纸及技术条件书等设计成品，对里程碑进度造成影响；

（2）如因设计原因，造成工程投产后的技术经济指标（包括：工程量、厂用电率、耗水量、单位千瓦占地面积）未能达到设计单位所提交的设计文件中提出的相应技术经济指标（以初设审定的技术经济指标为依据）；

（3）因设计错误造成重大工程质量安全事故损失；

（4）因设计方原因造成设计图纸不能满足现场施工进度要求；

（5）因设计原因造成未能按规定内提交竣工图；

（6）设计工代不履行请假手续而擅自离开工地现场。

具体考核内容见表5-5设计单位月度状态评价表。

表5-5　　　　　　　　　　　　　　　设计单位月度状态评价表

单位：　　　　　　　　　　　　　　　　　　填表日期：

序号	评价项目	评价内容	标准分	状态评价			满意度（每项得分）			
				好	较好	一般	设计单位	设计监理	计划部	工程技术部
1	资源配置（15分）	（1）建立以设总为首的本项目组织机构，负责对整个项目所需的人力、物力、信息等资源进行自主的统一协调管理	4	4	3.2	2.4				
		（2）健全各种管理制度，落实管理责任	4	4	3.2	2.4				
		（3）资源配置在数量、质量、资质及时间等方面满足本工程需要及国家、行业规范及标准的要求，并接受甲方对其进行监督管理	3	3	2.4	1.8				
		（4）主设人员资质及数量满足本工程设计工作需要	2	2	1.6	1.2				
		（5）现场工代人员数量及资质满足本工程需要	2	2	1.6	1.2				
2	安健环管理（15分）	（1）建立以设总为首的项目安健环管理组织机构，负责对整个项目的安全、健康、环保工作进行自主的统一协调管理	3	3	2.4	1.8				
		（2）健全各种勘测设计安健环管理制度，落实安健环管理责任，保证工程建设的勘测（含观测）、设计安健环符合国家、行业、集团的规范、标准	3	3	2.4	1.8				
		（3）在整个工程设计过程中，应认真遵守设计规程、强条和二十五项反措等要求	3	3	2.4	1.8				
		（4）实施安全、健康和环境风险预控管理，依据工程项目安健环风险特点制定相应的风险预控措施，并对其有效性、正确性负责，保证设计成品安全可靠	2	2	1.6	1.2				
		（5）现场勘测、现场服务时按照相关检验、检查标准，对机械、工器具、设施等进行定期检查、检测，确保其安全可靠，符合安健环规定	2	2	1.6	1.2				

续表

序号	评价项目	评价内容	标准分	状态评价			满意度（每项得分）			
				好	较好	一般	设计单位	设计监理	计划部	工程技术部
2	安健环管理（15分）	（6）设计单位在整个工程建设期间勘测（含观测）、设计、工代等现场服务人员必须遵守项目的管理制度、法律法规及社会治安，进入现场遵守安规并接受所在区域施工单位的安全管理，出现意外事件及时上报并按照规定编写报告，接受相关规定考核	2	2	1.6	1.2				
3	质量管理（30分）	（1）建立以设总为首的项目质量管理组织机构，负责对整个项目的质量工作进行自主的统一协调管理	1	1	0.8	0.6				
		（2）遵守国家、部颁、行业及集团与本工程有关的所有规程、规范及其相关标准，严格按设计文件进行设计和管理，采取必要的质量控制措施，确保设计质量、消除质量隐患，设计深度应符合国家、地方、集团公司颁发的规程、规范、标准的规定，满足电力行业标准DL/T 5461《火力发电厂施工图设计文件内容深度规定》的要求	1	1	0.8	0.6				
		（3）设计中落实国家强制性标准和二十五项反事故措施，列出图纸清单，在清单中体现出已落实国家强制性标准和二十五项反事故措施，制定相应的措施及执行计划，过程中严格执行并有书面记录，并及时交由监理、业主	2	2	1.6	1.2				
		（4）严格按照初步设计收口方案进行设计，对设计的准确性、规范性负责，图纸会审出错率满足合同及项目单位及上级单位的管理规定	1.5	1.5	1.2	0.9				
		（5）主动开展设计优化工作，及时、准确开展方案论证	1.5	1.5	1.2	0.9				
		（6）积极收集同类型机组出现问题，并在设计中予以避免	1	1	0.8	0.6				
		（7）按照计划及时提供技术条件书、技术规范书并对其正确性、规范性负责	1.5	1.5	1.2	0.9				
		（8）积极参加评标、技术协议签订、技术澄清等工作，并对其正确性、规范性负责	1.5	1.5	1.2	0.9				

续表

序号	评价项目	评价内容	标准分	状态评价			满意度（每项得分）			
				好	较好	一般	设计单位	设计监理	计划部	工程技术部
3	质量管理（30分）	（9）工程开工前，及时进行设计交底，参与由施工监理组织图纸会审等工作，对所提交的图纸向项目单位、施工单位及施工监理就设计意图、结构特点、性能参数、施工要求、技术措施和有关注意事项进行交底，设计交底及时率应达到100%	2	2	1.6	1.2				
		（10）在施工过程中应及时、准确提供设计图纸、清册、设计变更通知单和升版图纸，图纸交付及时率、图纸升版数、设计变更数等指标应符合合同和相关管理规定要求	1.5	1.5	1.2	0.9				
		（11）小口径管道设计应保证布置合理、及时、准确、无遗漏	1.5	1.5	1.2	0.9				
		（12）工程全厂的电缆桥架应设计编号，电缆敷设要按桥架编号明确路径，编制电缆清册（附详细路径）、全厂电缆敷设图，保证电缆桥架的电缆敷设量均匀分配、规范布置	2	2	1.6	1.2				
		（13）了解行业最新发展信息，掌握最新颁布的法律法规、标准、规范，积极采用四新（新技术、新结构、新设备、新材料）技术	1	1	0.8	0.6				
		（14）设计成品均需经过设计单位内部审核、批准才能发至现场	2	2	1.6	1.2				
		（15）图纸会审监理提出问题，设计单位3天内必须给予逐一回复，并抄送项目单位	1.5	1.5	1.2	0.9				
		（16）积极对施工、调试过程中发生的设计质量问题进行分析，并将分析结果呈报	2	2	1.6	1.2				
		（17）遵循"自主管理、设计一次成优"的原则，设计成品优良率100%；优化设计指标，在调试期间及投产后设备性能指标均达到设计值	2	2	1.6	1.2				
		（18）制定沉降观测计划、按计划定期进行沉降观测，及时对沉降观测数据进行分析总结	1.5	1.5	1.2	0.9				

序号	评价项目	评价内容	标准分	状态评价			满意度（每项得分）			
				好	较好	一般	设计单位	设计监理	计划部	工程技术部
3	质量管理（30分）	（19）积极参与单体、分系统、整套启动调试期间的质量评价工作，对设备、系统、机组的安全性、经济性、可靠性进行详细书面分析	2	2	1.6	1.2				
4	进度管理（30分）	（1）建立以设总为首的项目进度管理组织机构，负责对整个项目的设计进度工作进行自主的统一协调管理	4	4	3.2	2.4				
		（2）总设计进度计划满足合同总工期控制目标的要求，使设计各环节均衡推进	3	3	2.4	1.8				
		（3）设计进度满足工程进度要求，施工图纸交付满足施工要求，图纸交付及时率达到100%	3	3	2.4	1.8				
		（4）按照业主调整的工程进度计划，设计进度计划调整落实及时，满足设计进度动态控制的要求	4	4	3.2	2.4				
		（5）定期盘点进度的周边影响与资源影响，提出分析报告，做好设计进度动态控制并及时变更；及时反馈设计进度实际执行情况，必要时对设计进度计划进行调整并报监理、甲方	3	3	2.4	1.8				
		（6）根据本工程特点和其他影响工程进度的因素，制订有关工程设计进度的风险预控方案，有针对性地编制工程设计进度控制措施	3	3	2.4	1.8				
		（7）技术规范书编制计划应能满足甲方的物资采购进度计划	3	3	2.4	1.8				
		（8）参加工程进度风险分析会，在会前向甲方报送分析会发言材料，材料内容包括当前工程设计进度、里程碑节点风险分析等，并针对存在的风险提出建议性的规避措施	3	3	2.4	1.8				
		（9）强化设计进度管理，要求图纸交付及时率达100%，进度控制措施不力造成对工程进度的影响，未能按照商定的交图进度交付图纸及技术条件书等设计成品，对里程碑进度造成影响，此项不得分，同时按合同条款进行罚款	4	4	3.2	2.4				

续表

序号	评价项目	评价内容	标准分	状态评价			满意度（每项得分）			
				好	较好	一般	设计单位	设计监理	计划部	工程技术部
5	综合管理（10分）	（1）及时参加基建工程的安全、质量、进度协调会、图纸会审、重大方案、施工交底、设计联络会等会议，对上期会议提出的问题及时反馈	2	2	1.6	1.2				
		（2）在工程建设期间做好现场服务工作，工代服务24h处理率应达到100%，现场设计工代人员资质、数量应满足施工现场需要的要求；如需更换，需经甲方和监理批准后，用同等资质的人员	1.5	1.5	1.2	0.9				
		（3）项目单位根据工程需要提出必须要更换设计人员时，设计单位应尽快完成相关人员的变更与工作交接，并保证工程相关设计、服务工作等高质量完成	1.5	1.5	1.2	0.9				
		（4）出图1.5个月前提取设备厂家配合资料，当设备范围不全或深度不够时，及时向业主反馈	1.5	1.5	1.2	0.9				
		（5）向监理、甲方提交或汇报的各种报告、报表等必须真实、有效	1.5	1.5	1.2	0.9				
		（6）归档资料内容要完整、准确、清晰、系统，真实反映工程设计全过程，归档文件材料要满足归档的具体要求	2	2	1.6	1.2				
分数小计			100	100	80	60				

$A=$［监理评分合计 $\times 30\%$+（计划部评分＋工程技术部评分）$\div 2 \times 70\%$］

下列情况为扣、加分项，所扣、加分在平均分中扣加，但是最后每月实得分不得超过100分

序号	评价项目	评价内容	张（份）数（次）	业主扣分	业主加分
6	典型事件	（1）业主通知单每份扣3分			
		（2）发生质量事故，根据大小，扣10～25分			
		（3）违背岳电管理程序，发现一次，扣1～5分			
		（4）对设计单位发出监理通知单，每份扣1分			
		（5）设计正式蓝图，经监理审查后，设计单位在施工期间的设计变更（含材料代用）累计额小于基本预备费的1/3加1～2分			

序号	评价项目	评价内容	张（份）数（次）	业主扣分	业主加分
6	典型事件	（6）发现重大质量隐患，避免事故的发生，每发现一次加3～10分			
		（7）在设计优化、竣工图质量表现突出每项加3～10分			
		（8）其他			
分数小计					
最后每月实得分 =A+ 业主加分 – 业主扣分					
监理单位	评价意见：	监理工程师：		总监理工程师：	
计划部	评价意见：	专责工程师：		计划部经理：	
工程技术部	评价意见：	设计主管：		工程技术部经理：	
主管领导	评价意见：				

说明：1. 本表由主管领导签字生效；
　　　2. 本表的最终考核分作为考核的依据

四、考核规定

（1）对设计单位的评价每月进行一次。

（2）设计评价、考核结论经项目单位主管领导批准后生效。

五、考核程序

（1）项目单位应要求设计单位每月底按照设计单位月度状态评价表完成自我评价，并报设计监理评价。

（2）监理单位在每月初完成对设计单位管理状态的评价。

（3）项目单位在每月初完成对设计单位的评价，并将评价结论及时反馈给设计单位。设计履约考核评价流程如图5-2所示。

（4）项目单位应根据评价结果，对设计单位进行设计监督管理。

设计单位执行国家标准履行设计合同

监督
管理

设计单位每月底前完成自我状态评价报监理单位

监理单位每月初的2日前完成对设计单位的状态评价
并报项目单位

评价
考核

项目单位工程技术部门、计划部门每月初的5日前完
成对设计单位的状态评价

项目单位将评价结果反馈设计单位，按照设计管理合
同条款对设计单位进行设计管理

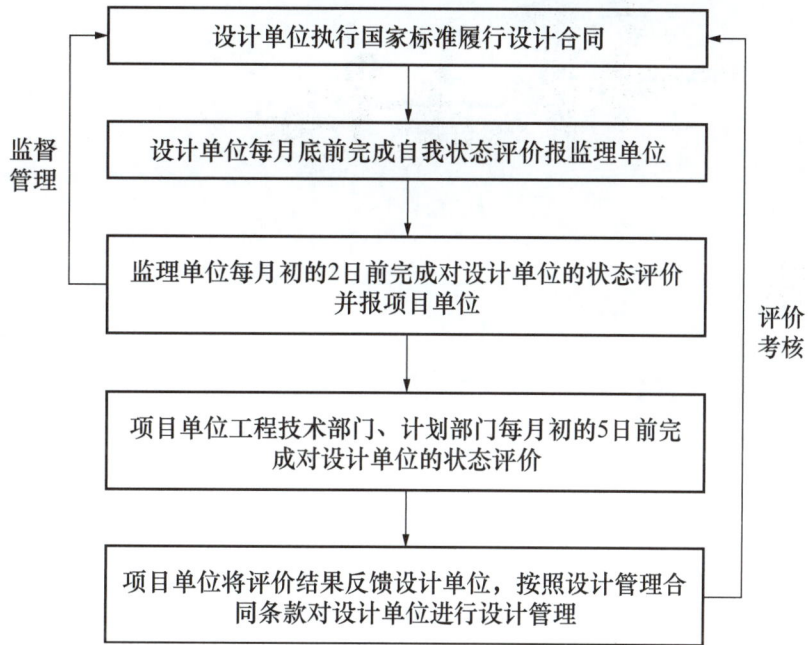

图 5-2　设计履约考核评价流程图

第六章

采购管理

火力发电工程项目建设过程中，需要大量的设备材料、工程建设服务、技术咨询服务等支撑，故项目单位在整个火力发电工程建设过程中将会有大量的采购活动。采购管理深刻影响着火力发电工程项目的成本、进度和质量等。加强采购管理，对火力发电工程项目高质量建设具有重要意义。科学合理的采购管理能够有效降低火力发电工程项目的造价和成本，保障物资、工程、服务供应的及时性，缩短火力发电工程项目的建设工期。本章以采购管理体系为指导，结合火力发电工程建设项目特点，重点讨论项目单位视角下如何做好火力发电工程建设项目采购的采前、采中和采后管理工作。

第一节　概述

一、基本概念

采购是指以合同方式有偿取得物资、工程和服务的行为。

采购活动是指企业为满足采购需求，依据法律法规和企业规章制度，组织实施采购的过程。采购活动是企业、供应商、市场三方的协同，是经济活动、价值活动、组织活动的集合。

采购人是指需要进行采购活动的法人或非法人组织。采购人是采购活动的责任主体。

采购平台是指采购人开展采购活动的媒介平台，如采购管理信息系统和电子商务平台等。

采购方式是指采购人为达到采购目标而在采购活动中运用的方法。通常针对不同的采购需求，采购人会采取适当的采购方式。

采购管理是指对采购业务过程进行计划、组织、实施与控制的管理过程。现代化的采购管理，强调"采购人从外部目标市场（供应商）获得使火力发电工程建设活动处于最有利位置所需资源的过程"。采购管理是火力发电工程管理系统中一个重要的组成部分。

二、目的与意义

（一）采购管理目的

在取得火力发电工程建设所需物资的过程中，运用 PDCA 循环［即 Plan（计划）、Do（执行）、Check（检查）和 Act（处理）］管理原则，进行事前规划，事中采购作业及事后采购绩效评估等采购管理活动，保证火力发电工程建设项目所需物资、工程、服务供应和质量，提高采购效率，降低采购成本，同时防范采购风险，以达到维持高质、高效的工程建设活动的目标。通过科学合理的采购管理，可以实现以下目的：

（1）实现成本控制：通过建立规范的采购流程和审批机制，企业可以更好地管理采购成本，降低采购风险，并确保采购决策的经济合理性；

（2）规范采购流程：采购管理制度可以规范采购流程，明确各个环节的职责和权限，提高采购效率，减少时间和资源浪费；

（3）确保合规性：采购管理制度能够确保采购活动符合法律法规和公司内部的规章制度，遵守相关的行业标准和道德准则，防止腐败、不当竞争等不道德行为的发生；

（4）提高采购质量和可靠性：通过制定明确的供应商选择标准和评估机制，采购管理制度可以提高产品和服务的质量，减少供应风险，确保采购品的可靠性和稳定性。

（二）采购管理重要意义

采购是火力发电工程建设过程中的一个重要基础环节，它的管理状况关系着整个火力发电工程的进程，及时选择良好的合作伙伴对工程质量、进度和安全文明施工有着较大的影响。因此，做好火力发电工程的采购管理工作，对整个火力发电工程建设活动的顺利进行至关重要。

三、原则与分类

（一）采购管理原则

（1）策划引领原则。应充分重视和发挥提前策划、精心策划的作用，以服务工程建设为目标，把采购策划做专做实，用策划引领和指导采购执行，保证采购管理的有效性和规范性。

（2）采购与工程进度匹配原则。以切实保障工程进度为目标，依据工程进度计划，制定进度匹配的采购计划，并通过设备监造、催交催运等管理手段，保障采购进度与施工进度相匹配。同时，注意辅机的招标进度与设计提资需要相匹配，整体保障工程进度。

（3）依法合规原则。合规合法开展采购工作，遵循国家招投标法，坚持"应招标必招标、应公开必公开"，遵循公平、公正和诚实信用原则，加强采购方式选择、采购程序的合法合规性把关与审查。

（4）采前精心准备原则。采购管理重心应该前移，侧重采前管理。精心实施采购策划、合理划分标段（包）、以满足工程进度为前提精准编制采购计划并着重保证采购文件质量。

（5）性价比最优原则。采购的设备质量在能够满足火力发电工程建设的质量标准要求的基础上，也要避免质量功能冗余过剩；项目整体设备水平要保持统一性、一致性，避免出现某些设备的质量水平参差不齐的情况。同时采购价格也要杜绝一味地追求低价，选择性价比高、能价比高的材料、设备、队伍和服务。

（二）采购分类

（1）按照采购对象种类的不同，火力发电工程中的采购可以分为物资类、工程类、服务类。

物资类：是指各种形态和种类的物品，建设过程中所需的设备、材料、备件、办公用品、劳保用品、软件产品及授权等。

工程类：是指火力发电工程施工（含各类工程总承包项目），包括建筑物和构筑物的新建、改建、扩建及其相关的装修、拆除和修缮，设备安装、检修、技改等。

服务类：指工程和物资以外的其他采购对象，包括勘察、设计、监理、调试、运行维护、咨询、代理、法律服务、审计服务、技术开发与服务、软件开发和实施等以及其他需要通过采购获得的服务。

（2）按照采购方式不同，可以将采购分为招标采购和非招标采购。招标采购指采购人通过发布招标公告或者投标邀请书等方式邀请投标人参加投标，招标人按照规定的程序和规则从投标人中确定交易对象，购买物资或者工程、服务的行为。招标采购包括公开招标和邀请招标两种方式。按照国家招投标法规规定，火力发电工程建设项目包括项目的勘察、设计、施工、监理以及与工程建设有关的重要设备、材料等的采购，必须进行招标。

非招标采购方式一般又包括询价采购、单一来源采购、竞争性谈判、竞价采购、直接采购和紧急采购等方式。

询价采购：是指采购人向 3 家以上不特定供应商或符合资格条件的特定供应商发出询价采购文件，要求供应商一次报出不得更改价格的报价文件，在此基础上确定成交供应商的采购方式。询价采购分为公开询价、邀请询价。

竞价采购：是指采购人制定并宣布初始报价基准和相应的报价规则，由参加竞价的供应商按照报价规则进行报价，至约定时间或某一条件时，所有竞价人不再参与进一步报价时，由采购人宣布采购成交的采购方式。竞价采购分为公开竞价、邀请竞价。

竞争性谈判采购：采购人通过发布公告或邀请两家及以上供应商就采购事宜。

直接采购：是指符合采购有关条件和要求，可以直接与供应商签订合同的采购方式。

紧急采购：是指在不可预知的突发事件发生后，为避免损失扩大，实施故障处理、事故抢修、防疫抗灾抢险等所需的采购；或者因时间紧急，为完成本单位安全、生产重大隐患治理或政府机构安全、环保、保供、维稳等任务临时要求而进行的采购。

（3）按照采购手段分类，可将采购分为传统的线下采购和运用现代电子信息手段的电子采购两种方式。在信息化时代，除法律法规有明确要求或紧急采购、零星采购等制度规定允许的情形外，一般都采用电子采购方式。

四、目标与内容

（一）采购管理目标

采购管理目标可以概述为：以最合适的总成本为企业提供满足火力发电工程建设工期和质量需要的物资、工程及服务。即以服务工程建设为目标，通过提前精心策划、规范化采购执行来实现适时、高效、高质量的采购，保证以合适的价格、合适的进度获得火力发电工程建设所需的高性价、高价能的材料、设备、队伍和服务等，并保证采购的一次成优率。

（二）采购管理内容

采购管理主要内容包括制定采购战略与计划、组织采购计划实施和采购评价等。

五、采购管理总体管控要求

项目单位在开展采购管理工作时，应统筹安排采前、采中和采后管理工作：

（1）扎实做好市场调研。设计水平、设备质量和施工能力是决定火力发电工程项目成败的关键，项目单位应在招标前广泛开展调研工作，充分了解市场价格水平和价格趋势，掌握潜在投标人资质和业绩情况，合理设定资格条件，选择业绩优、信誉好、能力强的投标人参与工程建设。

（2）科学做好采购策划。项目单位应结合上级单位有关标段划分要求和工程总体进度目标，科学制定分标方案，合理确定主辅设备采购批次，并按上级单位要求及时报备。

（3）提高采购文件质量。项目单位应按照行业或上级单位发布的采购文件范本编制项目采购文件。编制采购文件时，应针对客观条件和不可抗力因素可能导致未来的合同变化，对招标文件中有关条款进行适应性调整和细化，设置合理的调整机制。

（4）加强评标专家管理。项目单位应针对采购项目具体情况，选用专业对口、水平高、综合素质好、熟悉采购需求等的内部专家作为项目单位评审专家，从而确保评标的专业性，提高评标工作质量。

（5）规范采购合同签订。在规定时间内，严格按采购文件要求组织合同签订。

六、采购组织与职责分工

采购活动是一个需要多专业、跨部门的分工合作、有机协同活动，是一项系统、复杂的工程。合理有效、职责分工明确的采购组织，将有效保障采购活动质量和效率。

（一）采购组织

火力发电工程项目建设期间，项目单位应该成立作为采购管理决策机构的采购管理委员会或采购领导小组，以及采购管理部门、采购需求部门、安健环监察部门、纪检和内控管理部门、法务管理部门、财务管理部门等采购相关部门共同参与的组织体系。

（二）职责与分工

项目单位应该明确采购管理委员会或采购领导小组，以及采购管理部门、采购需求部门、安健环监察部门、纪检和内控管理部门、法务管理部门、财务管理部门等采购管理相关部门的职责权限划分。

1. 采购管理委员会或采购领导小组

项目单位采购管理委员会或采购领导小组按照国家法律法规、上级单位管理规章制度、本公司管理规章制度，统一领导项目单位采购管理工作。组长、副组长原则上由公司董事长、总经理分别担任，成员由分管工程副总经理、分管计划/物资副总经理等班子成员组成。其主要职责：

（1）审核公司采购管理办法。

（2）审核采购计划。

（3）审批采购特殊事项：两次公开招标失败转为其他采购方式；两次公开询价失败转为其他采购方式；需变更实质性商务或技术要求重新采购等。

（4）按相关规定开展供应商管理工作。

（5）审核/审批其他重要采购事项。

（6）审批权限内的采购结果。

2. 采购管理部门

项目单位应该明确采购管理部门是采购活动的归口管理部门，负责采购活动的组织和实施，其主要职责：

（1）负责宣传、贯彻国家有关招投标的法律、法规及规章。

（2）贯彻落实上级单位采购管理制度、流程和管理要求，负责组织制定和修订项目单位《采购管理办法》，并负责宣传、培训、贯彻实施。

（3）负责根据各业务部门提报的采购需求（概算外项目的立项审批单、概算内项目采购需求审批单）和采购文件技术部分（技术规范书），提出采购方式意见，组织编制采购文件商务部分、合同文本和限价文件。

（4）负责组织完成采购文件、采购方式的公司内审批，取得采购文件相关审核意见（招标采购、非招标采购）；对单一来源和直接采购方式的项目，还需完成单独的采购方式审批单。

（5）负责组织采购文件和限价文件的报审。

（6）负责按要求组织编报采购计划（含采购方式和采购文件），并跟踪后续采购程序。

（7）配合业务部门进行潜在供应商的市场调查，负责复核潜在承包人的合法资格及相应资质。

（8）负责采购结果审批的跟踪工作。

（9）负责采购资料归档，并按照采购后评价要求，定期组织采购后评价工作。

（10）负责对各部门采购管理工作的绩效完成情况进行检查、评价与考核。

（11）协助有关职能部门监督和处理招投标投诉事项。

3. 采购需求部门 / 业务部门职责

采购需求部门 / 业务部门包括工程、生产、行政、人事、后勤等各类在工作中履行对应职能需要产生采购需求的部门。

（1）负责提出采购需求，组织完成采购需求（概算内项目的采购需求审批和概算外项目的立项审批）的审批程序。

（2）负责组织采购文件技术部分（技术规范书）的编制和公司内审核程序，向采购管理部门提供完成公司审核的采购文件技术部分（技术规范书）和完成公司审批程序的立项单或采购需求审批单；对需技术支持单位审查的技术规范书，组织技术支持单位审核并取得审核意见。

（3）负责进行潜在供应商的市场调查。

（4）依据实际业务需要，确定设备、材料的交货时间及工程工期。

（5）负责采购过程中招标文件或询价文件技术部分的澄清答疑。

（6）负责组织投标人进行现场踏勘（若有），并发放招标图纸。

（7）参与工程、物资、服务的技术评标（评审）工作及技术协议的签订。

4. 安健环监察部门职责

负责编制采购文件的安全文明施工要求、安健环协议等工作，并配合采购工作。

5. 纪检和内控管理部门职责

优化监督方式，纪检机构通过处置违规违纪问题线索、查处案件、专项检查和巡视巡察整改等方式，继续强化对采购及招投标活动的监督。

6. 法律管理部门职责

（1）负责审核采购文件是否符合法律、法规及上级单位管理制度。

（2）负责对采购活动进行法律事务指导。

7. 财务管理部门职责

负责审核采购文件中的税务条款、履约保函条款、付款条款等。

第二节   采前管理

一、采购策划

一项质量良好的采购活动，需要策划先行。

（一）策划目的

为实现火力发电工程项目建设目标，严把采购准入关，规范采购流程，吸取以往项目采购经验，规避采购风险，实现采购目标，故需编制采购策划，以指导火力发电工程项目的采购工作。

（二）策划原则

采购策划应按照"事前、事中、事后"分阶段管理原则，以"采前精心准备、采中规范程序、采后总结复盘"方式开展招标采购工作，主要工作原则如下：

（1）坚持"公平、公正、公开"原则。

（2）坚持"采购一次成优"原则。

（3）坚持"高质量采购也可以降低造价"理念，实现工程整体造价最优目标。

（4）坚持市场调研原则，通过市场调研确定采购门槛，进行价格分析，编制评标办法。

（5）坚持"以严控采购文件质量为核心"原则，通过竭力做好采购文件设计，实现"选好队伍、选好设备"目标。

（6）坚持负面清零原则，确保采购负面问题均有防范措施。

（三）策划内容

采购策划主要包括如下内容：

（1）如何做好采前准备，包括策划采购目标、策划工程标段划分、策划市场调研相关要求和标准、策划采购文件编制相关要求和标准、策划采购计划制定和审批管理要求等内容。

（2）如何开展采购实施工作，包括招标采购和非招标采购程序规范要求、重点管控要素与要求等。

（3）如何实施采后管理，明确采后管理内容和要求，如策划采购质量、效率的保障措施、采购结果保密性措施，采购总结相关要求等。

项目单位在工程建设期，采购管理重心应该前移，侧重采前管理，采前管理大量工作都由项目单位负责和执行，采前管理好坏，直接影响采购质量和效率。采中管理，项目单位通常依照上级单位规定程序实施采购、照章办事，能参与和决策内容相对较少。

（四）典型采购策划案例

某 2×1000MW 项目招标采购策划如图 6-1 所示。

二、标段划分

标段划分是依据法律法规、客观条件，将采购项目划分为不同采购包，实施招标采购，标段划分是决定招标结果重要因素，合法合理标段划分有利于施工项目过程管控，有利于潜在投标人形成竞争性，是实现招标结果质优价廉有效手段。

（一）施工类标段划分

项目单位在火力发电工程建设过程中应加强招标策划，结合工程总体目标，科学制定施工分标方案，火力发电工程施工标段划分应有利于竞争、有利于项目单位管控、有利于专业化施工。

标段划分一般可遵循以下原则进行划分：

（1）客观务实。结合项目建设特点和施工进度计划，实事求是划分标段，充分考虑被划分工程特殊性，包括潜在竞标对象具体情况、施工方资金能力和管理能力等一切客观因素，确保采购范围完整，各项工作有序衔接。

（2）利于竞争。通过合理划分标段，提高采购项目竞争力，选择业绩优、信誉好、能力强施工单位。

（3）便于施工组织。结合施工平面布置和施工组织总设计，充分发挥施工单位专长，便于施工单位组织施工资源，最大程度降低现场施工交叉干扰，推进项目安全施工、快速建设。标段划分要满足工艺流程、施工顺序、作业方便和管理流畅需要，尽量减少标段，这样可以减少交叉施工，减少标段接口和施工接口，火力发电工程施工可按照主体工程、公用系统、环保系统、附属生产工程和厂外工程等施工内容、系统进行标段划分，其中公用系统在标段划分时，考虑系统完整性和施工组织便利性。

（4）规模平衡。各标段主要工程量平衡划分。标段规模较小，数量较多，则有较强实力大型电建单位可能参加投标意愿不强，同时增加管理协调工作量，可能造成工程投资增加；标段规模过大，则可能参加竞争企业较少，有可能引起投标价格提高，不利于工程造价控制。

（5）兼顾市场环境。标段划分应充分考虑社会施工方组织模式实际，标段划分原则要与市场环境变化相匹配。

标段划分其他原则：

1）考虑到高标准开工要求，"五通一平"可单独招标或划入 A 标段或 B 标段。

2）考虑到桩基处理专业性，可考虑设置独立标段。

3）对于钢结构主厂房，主厂房地上钢结构、汽机房屋面钢结构及钢煤斗由 A、B 标段负责采购及安装。

某2×1000MW新建工程 招标采购策划图解

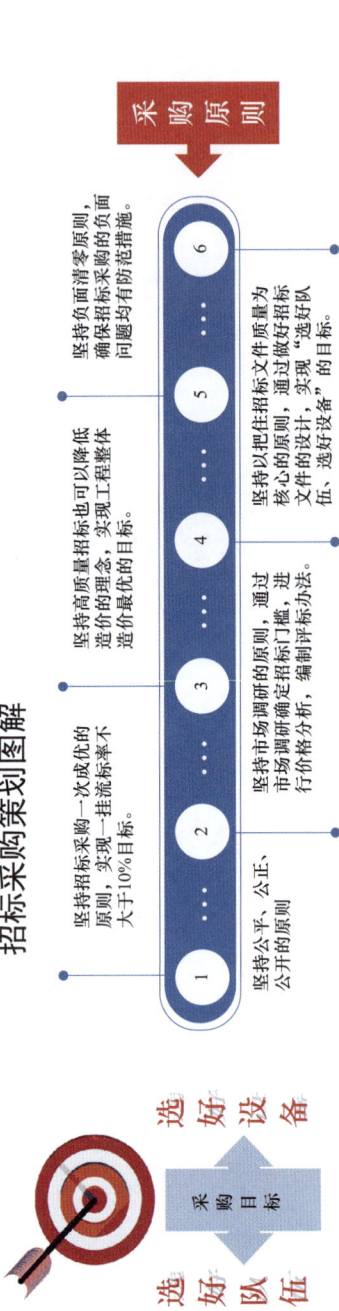

采购原则

1. 坚持公平、公正、公开的原则。
2. 坚持招标采购一次成优的原则，实现一、二、三类招标率不大于10%目标。
3. 坚持市场调研确定招标原则，通过市场调研确定招标门槛，编制评标办法。
4. 坚持高质量招标也以降低造价的理念，实现工程最优的目标。
5. 坚持以把住招标文件质量为核心的原则，通过做好招标文件的设计、实现"选好设备、选好队伍"的目标。
6. 坚持负面清零原则，确保招标采购的负面问题均有防范措施。

采购目标

选好设备　选好队伍

服务 物资 施工

标前精心准备

标前澄清 ①	现场踏勘 ②	开评标 ③
及时对投标人提出的问题进行答复、澄清答疑，并履行报审及时性要求及时答复，并及时报送及项目公司公司内部及总部公司的审批程序。	精心策划、组织好现场踏勘，对于需要现场踏勘的项目，积极安排，尽最大可能让投标人熟悉了解工程现场和相关的周边环境情况，避免出现因为对现场实际情况理解不足而导致的投标价格偏差过大。	1. 精选技术评标人员。2. 与招标要求不符的部分及时向评委会提出。3. 多种方案其他地报价，及时向评委主任及其辅助调研技术关键点，评委会会启动主动清标程序。4. 严格按照评标办法对技术标人进行评分。

标段划分

施工类：
原则上以施工单位具有独立的施工区域为标准，标段划分好管理的需要。
1. 按现有工艺流程进行合理管理。
2. 满足工艺流程、施工顺序，作业平衡有管理流程的需要。
3. 减少交叉施工、减少平行作业。
4. 全标段主要工程量的平衡原则。
5. 公用系统考虑参考系统完整性和施工组织的便利性。

服务类：
按现有"小业主、大管理"模式，充分借助社会力量，发挥第三方咨询服务作用，解决工程等、质量控制、关键技术突破等难题，将咨询保障确立生等等原则，职业生等"三同时"标段入审查辅助咨询等原则。满足基建项目安全、环境、消防、检测、监理、技术咨询等四项主要服务合理开展相关工作。

设备类：
为减少招标采购频次、加快采购进度、实现集约化目标，本项目设备招标采购分三大主机及辅项（其中机电及设备采购为分三类，其中辅项分三类辅助主要辅助设备。主要为影响工厂布置、结构设计及制造周期长的重要设备。
1. 一主机设备：主要为主机设备。
2. 二辅设备：重点关注进口及设备内市场价格波动的缺点。
3. 三辅设备：相对前三类辅助对设计和现场的施工影响较小、制造周期短及市场价格较短或者不影响本项目关键工期的设备。

市场调研

市场调研是通过考察在销供方市场的广泛、工解有潜在参与招标采购项目投标人的各方面情况，潜在招标的人数量、技术装备、供货实力、人员数量、管理能力。通过调研工具调研确定的供应商数量，价格合理化及发现问题，形成以技术了解为主要辅助调研的关键情况并专门调研评判。

商务调研：
1. 对潜在供应商进行商务交流或业务等等调研。
2. 建立调研信息库。
3. 做好市场价格研分析，收集施工项目招标等相关资料，建立了项目价格库。
4. 通过调研预判采购规模及采购供时间为编制评标办法提供可靠的依据。

技术调研：
1. 对专业角度的设备全系统进行调研论证，深入且有效的调研水平，提升设备本技术水本规书的编制水平，为供货能力论证。
2. 组织项目采技术本规书采规书技术方案优化，为决定商方改善提供辅助状态。
3. 通过调研将技术本规见的关键点本评分办法，设置合理技术评分办法。
4. 建立全过程严格的技术评分并制定防范措施，避免本项目发生问题本项目的可靠。

招标文件编制

采购项目的招标文件编制是整个招标采购活动的核心。做好招标文件，是工程项目招标采购前的核心工作，把住招标文件的编制质量是项目招标采购能否成功的前提条件，是实现"选好设备、选好队伍，选好价格"的关键所在。

商务文件：
1. 招标文件是否具备备方案，以机组主体设置符审设备设置审设计方案进行主动督查，不可商务设置是否明确且各实条件，倒排采购进度的管理、创建采购能否变更情况。
2. 明确是否确采选购采中明本的设备本变更管理。
3. 落实其他电气选购的关键点实施。
4. 减少不可预见因素变更数量。

技术文件：
1. 合理设置技术方案。
2. 招标范围设置需要明确（或合标）、分包采标等。
3. 招标内容、供货范围、评价性能要求本表达清晰、准确无误。
4. 本过程严格解同见问题本，制定工程进度及质量要求。
5. 标的物的设明见问题本范围内、避免本项目发生问题。
6. 质量合理性需要本本管质量要求。

标后总结复盘

招标结果的即办	招标结果的保密	招标工作的总结
派专人即办采购结果项目经项目公司审核，必要时请示公司领导进行沟通协调，提高采购结果的审批效率。	加强对采购结果的保密工作，任何人不得随意打听，对于任何打听采购结果的行为进行存案记录。	1. 总结采购项目，研究后续解决方案。2. 对招标过程中发生的问题解决方式进行宣传。3. 遇到共同类问题，汇总失信承包进行及时处置，审核失信承包送集团公司。

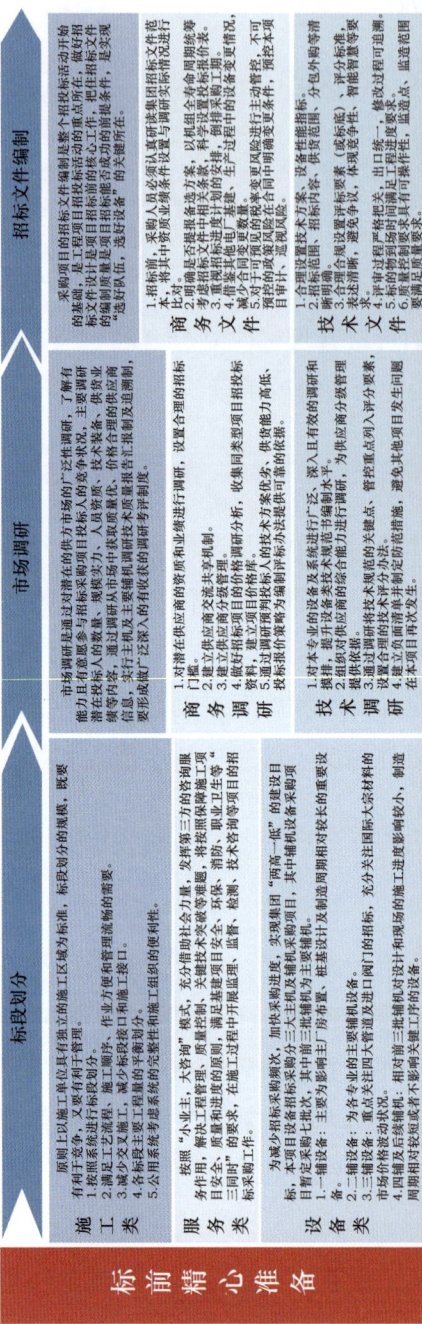

招标文件评审流程

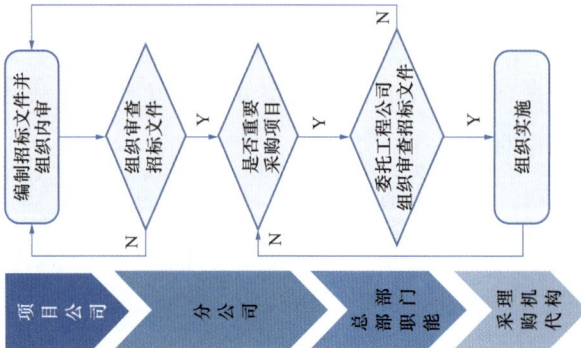

```
项目公司：编制招标文件并组织招标内审
           ↓
分公司：组织审查招标文件 ──Y──
           ↓ N                是否重要采购项目 ──Y──
总部职能部门：                  ↓ N        委托工程公司组织审查招标文件 ──Y──
                                                    ↓ N
采购代理机构：                                     组织实施
```

图6-1　某2×1000MW 项目招标采购策划图

·160·

4）化学水系统建筑安装工程原则上应采用 EPC 模式建设。

5）脱硫废水零排放系统可划入脱硫 EPC 或化学水系统 EPC 标段。

6）厂内其他附属建筑生产工程根据情况可以与 A、B 标段合并。

7）考虑到煤场封闭钢网架结构专业性，可考虑设置独立标段。

8）对于一次循环的电厂，根据情况可将取排水构筑物单独设一个标段。

9）背压机、6F 级燃机项目 A、B、C 标段可以合并一个标段。

10）厂前区工程和绿化工程可考虑设置独立标段。

11）考虑到特殊消防专业性，可考虑设置独立标段。

案例：某项目主要划分为 16 个施工标段，划分明细见表 6-1。

表 6-1　　　　　　　　　　　　　　　某工程施工标段情况

序号	划分方案	标段范围
1	A 标段：1 号机组主体建筑安装 + 锅炉补给水等公用系统安装 + 辅助建筑	（1）1 号机组汽机房、除氧间、锅炉房、电除尘（不含安装调试）以及 A 列外至 GIS 区域所有的建筑安装工程（不含脱硫）。 （2）公用系统： 1）智控楼建筑安装。 2）锅炉补给水系统、工业废水处理系统、生活污水处理等系统。 3）空压机房、灰库、供氢站、启动锅炉房、消防站（若有）建筑安装。 4）循环水泵房区域设备安装；循环水泵房至主厂房循环水管道安装。 5）全厂综合管架
2	B 标段：2 号机组主体建筑安装 +GIS+ 取水泵房等公用系统建筑安装	（1）2 号机组汽机房、除氧间、锅炉房、电除尘（不含安装调试）以及 A 列外至 GIS 区域所有的建筑安装工程（不含脱硫）。 （2）公用系统： 1）智检楼建筑安装。 2）GIS 建筑安装。 3）取水泵房建筑安装
3	C 标段：烟塔标段	（1）烟塔工程全部建筑施工，玻璃钢烟道制作安装及防腐施工（不含塔芯设备安装）。 （2）循环水泵房、配电室、循环水加药间等建筑工程
4	D 标段：输煤建筑和安装工程	（1）翻车机至侧煤仓沿线所有建筑和安装（碎煤机室、转运站及栈桥等）。 （2）储煤场区域建筑和安装（不含封闭）
5	E 标段：铁路专用线建筑安装工程	负责厂外铁路专用线施工及试运行
6	F 标段：厂外补给水管线、取水泵房供电电缆施工	（1）厂外取水泵房至水务中心沿线补给水管道施工。 （2）厂区至取水泵房供电电缆施工
7	G 标段：灰场建筑安装	厂外灰场范围建筑和安装工作
8	H 标段：场平施工	厂区、施工区、进厂道路场地平整工作

续表

序号	划分方案	标段范围
9	I标段：五通施工	（1）厂区施工用水、施工用电；雨污水管道；消防水管道；永临结合道路。 （2）厂区围墙、截洪沟、护坡等建筑、安装工作
10	J标段：桩基施工	全场桩基施工工作
11	K标段：煤场封闭EPC	煤场封闭设计、采购、施工
12	L标段：脱硫+废水零排放EPC	（1）脱硫系统设计、采购、施工及试运行。 （2）废水零排放设计、采购、施工及试运行
13	M标段：厂外施工电源施工	（1）厂外两条施工电源线路施工。 （2）高压配电室建筑安装
14	N标段：厂内特殊消防系统安装工程	厂区特殊消防系统安装及试运行
15	O标段：厂区绿化工程	厂区绿化施工
16	P标段：厂前区建筑工程	厂前区工程师休息楼、大门等建筑装修工程

（二）服务类标段划分

项目单位按照"业主主导，专业咨询"模式，充分借助社会力量，发挥第三方咨询服务作用，解决工程管理、质量控制、关键技术突破等难题，将按照保障施工项目安全、质量和进度原则，满足基建项目安全、环保、消防、职业卫生等"三同时"要求，在施工过程中开展监理、监督、检测、技术咨询等项目采购工作。

案例：某工程服务类项目清单内容见表6-2。

表6-2　　　　　　　　　　　　　某项目服务类项目清单

序号	采购项目	采购内容
1	主体勘察设计	本期工程初步设计及施工图设计阶段勘测和设计（包括竣工图）、现场服务以及与勘测设计有关的其他技术服务
2	施工监理	包括除铁路工程外，全部建筑和安装工程施工、调试、竣工验收（含脱硫、脱硝等配套工程）全过程监理。包括但不限于以下内容：主厂房与附属生产建筑、与厂址有关的单项工程、施工过程中临时增加的零星项目、厂外取水、排水设施、补给水、灰场、五通一平、桩基工程、临建工程、临时水电道路、厂前区工程等项目
3	铁路专用线勘察设计	本期工程铁路专用线工程勘察设计技术服务
4	环境监理	工程范围内全部环境监理工作，与环评报告和环境影响报告书批复意见一致
5	铁路监理	工程铁路专用线工程电厂站建设、铁路区间建设质量控制、投资控制、进度控制、组织协调、合同管理、信息管理、安全文明、环保施工监理
6	主、辅机设备监造	三大主机、主要辅机及四大管道设备监造

序号	采购项目	采购内容
7	消防设施技术检测	对全厂电气火灾隐患及建筑消防设施技术检测
8	工程质量监督检测	对工程质量监督检测提供技术服务
9	锅炉压力容器、压力管道安装质量监督检验	（1）锅炉安装质量监督检验； （2）压力容器现场组合质量监督检验和安装资料审查； （3）压力管道安装质量监督检验（包括主蒸汽管道、主给水管道、高温再热蒸汽管道、低温再蒸汽管道及其一次阀前疏放水管道）
10	重要金属部件制造质量监督检验	锅炉、压力容器、四大管道及其他重要金属部件制造质量监督检验
11	基建期技术监督	基建期技术监督专业有：金属、锅炉、汽机、化学、环保、热工、绝缘、电测、电能质量、继电保护、节能等方面
12	分系统及整套启动调试技术服务	汽机、锅炉、电气、热工、化学、脱硫、脱硝分系统及整套启动调试
13	机组性能考核试验	机组性能考核试验
14	业主工程师服务	工程技术服务人员主要承担工程建设期内专业技术管理工作，主要工作部门为项目单位计划管理部门、物资管理部门、工程技术管理部门、安健环管理部门。工程技术服务人员的岗位职责与项目单位相关岗位相同
15	技经服务	包括标书商务部分编制、最高投标限价审核、工程结算审核等全过程造价咨询服务
16	保安服务	临建办公房、食堂、宿舍楼及临建区公共区域的治安保卫
17	水土保持监测服务	施工期间水土保持监测和汇总水土保持方案实施情况，按要求向水利相关部门报送监测报告
18	水土保持监理	工程范围内全部水土保持监理工作，与批复的水土保持报告一致。与水土保持方案报告和水土保持方案的批复意见一致
19	土建第三方检测试验服务	按照住房和城乡建设部第57号令《建设工程质量检测管理办法》以及行业相关检测试验技术规范，由检测试验机构对建筑工程涉及结构安全的材料、试件开展见证取样及检测工作。
20	设备代保管服务	物资（单件50t以下）接卸、验收、入库、出库、保管、保养等管理工作（含基建信息系统的录入、维护工作），大件物资（单件50t以上）交货到施工现场验收、出入库工作，设备、材料催交、催运，设备库区的日常管理和维护，零星物资的提货；厂家服务人员接送工作；办理返厂物资及库房建设等

（三）物资类批次划分

项目单位在物资类批次采购过程中，应注意如下几方面事项：

（1）重点关注设备采购进度要求，设备采购应满足设计工程进度需求，辅机采购建议本着"能早则早"的原则进行开展。设备采购完成后应及时协调设备厂家进行设备提资，为设计输入创造条件，同时还需与现场施工相匹配，合理确定主要辅机采购批次及各批次设备清单。为实现高标准开工和连续施工的目标，原则上开工前完成前两批次辅机的招标采购，满足配合设计提资，实现连续施工的出图需求。

（2）重点关注进口设备采购工作，进口设备供货周期较长，需提前策划，尽早提交技术规范书，确保其采购进度满足工期要求。

（3）重点关注设备智能智慧、环保技术要求，以实现自然生态、智慧电厂的建设目标。

某项目设备采购批次划分见表 6-3。

表 6-3　　　　　　　　　　　　　　某项目设备采购批次划分表

序号	采购项目	采购内容及要求	采购方式
1	三大主机	包括锅炉、汽轮机、发电机，设计单位确定后应立即开展三大主机招标工作，为初步设计工作创造条件	公开招标
2	第一批辅机	初步设计完成后应立即开展第一批辅机的招标工作，为司令图设计创造条件。 一辅设备主要为影响主厂房布置、桩基设计及制造周期相对较长重要设备，考虑到智能智慧要求，将 DCS 提前为第一批辅机招标项目，以确保 DCS 厂家与各大辅机系统厂家沟通互联，做出精品。主要包括：DCS、仿真机、磨煤机、三大风机、给水泵组、高低压加热器、凝汽器、除氧器、静电除尘器、循环水泵、主变压器、厂用变压器、启备变压器、500kV GIS、真空泵、汽机房行车、堆取料机、翻车机、干渣机、湿式静电除尘器等主要辅机	公开招标
3	第二批辅机	司令图完成后应立即开展第二批辅机招标工作，为后续施工图设计工作奠定基础。 二辅设备为各专业主要辅机设备，二辅设备主要包括：化学加药装置、汽水取样装置、原水预处理系统、凝结水精处理、冷却塔塔芯材料、循环水泵液控蝶阀、筛煤机、碎煤机、带式输送机、开冷水泵、油净化装置、气力除灰系统、干灰分选设备、给煤机、启动锅炉、弹簧阻尼隔振器、磨煤机过轨吊、低温省煤器、取水泵、锅炉电梯等设备	公开招标
4	第三批辅机	二辅招标完成后应立即开展第三批辅机的招标工作，重点关注四大管道及进口阀门的招标，充分关注国际大宗材料的市场价格波动状况，找准时机开展四大管道管件、进口阀门的招标采购工作，努力争取采购到质优价廉产品。 三辅设备主要包括：四大管道管件、进口阀门、空压机、汽轮机旁路、封闭母线、氧化风机、浆液循环泵、供氢系统、尿素制氨装置、锅炉补给水系统、胶球清洗装置、电力网络计算机监控系统（NCS）、机组 UPS、工业闭路电视等设备	公开招标
5	第四批及后续辅机	相对前三批辅机对设计和现场的施工进度影响较小，制造周期相对较短或者不影响关键工序的设备	公开招标
6	调试及生产准备物资	主要为调试和试运行期间使用的相关物资，充分考虑将规格、型号、材质、用途一致的零星材料进行打包采购，降低采购频率，以规模效应提升经济效益	公开招标

三、市场调研

市场调研是通过对潜在供方市场的广泛性调研，了解有能力且有意愿参与招标采购项目投标人的竞争状况，主要调研潜在投标人数量、规模实力、人员资质、技术装备、供货业绩等内容，通过调研从市场中获取质量优、价格合理的供应商信息。项目单位应实行主机及主要辅机调研技术质量报告汇报制及追溯制，形成广泛深入、有价值的调研考评机制。

市场调研分为商务调研和技术调研。

（一）商务调研

项目单位在商务调研时可以重点关注以下几方面内容：

（1）建立潜在供应商遴选机制。对潜在供应商资质和业绩进行调研，根据调研情况设置合理招标门槛，确保资质好、业绩优供应商入围，形成具有竞争能力的潜在供应商名单。

（2）建立供应商交流共享机制。在项目设计和设备选型阶段，可提前与供应商进行沟通交流，发挥供应商商务技术资源优势，持续挖掘和利用供应商在生产、技术、服务等方面专业能力，为后续编制招标文件奠定基础。

（3）建立供应商分级管理。针对技术含量较高、影响机组长周期运行设备，通过调研可推荐业绩好、质量优供应商；针对附属设备、不影响机组长周期运行、有备用设备，通过调研可推荐价格合理、质量好供应商。

（4）强化招标项目价格调研分析。收集同类型项目招投标资料对采购的设备、工程、服务进行价格分析，建立项目"价格库"，为设置项目预算和投标限价及确定采购方式提供市场依据。

（5）调研完善评标标准。通过调研预判投标人的技术方案优劣、供货能力高低、投标报价策略，可以为编制评标办法提供可靠的依据。

（二）技术调研

项目单位在技术调研时可以重点关注以下几方面内容：

（1）通过调研提升招标文件技术规范书编制水平。项目单位业务部门专业技术人员应对本专业设备及系统的技术方案、技术参数、产品质量、性能指标、进口范围等情况进行广泛、深入且有效的调研和摸排，通过调研提升设备类技术规范书编制水平，一方面多方案比选确定技术输入条件，选好设备；另一方面在市场调研基础上合理设置技术门槛，使招标具有竞争性，通过市场手段降低造价。

（2）建立供应商分级管理。项目单位业务部门应组织对供应商的生产施工能力、服务能力、供货能力、人员资质、合同执行情况等内容进行调研，为供应商分级管理提供依据。

（3）调研提升招标文件技术评分标准。项目单位通过调研将技术规范的关键点、管控重点列入评分要素，设置合理的技术评分办法，从而选择质优价廉的队伍及设备。

（4）建立同类型项目设备及技术负面清单机制。项目单位通过调研设备及技术在同类型项目的使用情况，收集使用中出现的各类问题，建立负面清单并制定防范措施，避免其他项目发生问题在本项目再次发生。

四、采购计划制定

项目单位采购计划的编制、提报、审批等工作应严格遵守上级单位有关采购管理制度规定，并以满足工程进度为前提，精准编制采购计划。采购计划要周密得当，准备充分，保障采购一次成优率。

（一）采购计划内容

采购计划是招标计划和非招标采购计划的统称。

采购计划主要内容包括：采购依据、费用预算、采购方式、采购管理权限、资格审查方式、采购项目名称、联系人、计划编号、需求时间、采购范围内容或数量、主要技术要求、资格条件、评标或评审办法等。

管理工作包括采购计划和采购文件的编制、提报、审批工作流程和执行标准，以及相关统计分析、监督检查、考核评价等。

（二）采购计划分类

（1）按类别分：物资类、工程类和服务类。

（2）按计划周期分：临时计划、月度计划、季度计划和年度计划。

（3）按采购方式分：招标计划及各类非招标采购计划。

采购计划应根据项目特点、标的特性、管理要求、采购方式、采购周期等信息确定分类属性。

（三）采购计划管控要点

项目单位在采购计划编制过程中，总体要求做到"以服务工程建设为目标，精心做好招标采购策划""以满足工程进度为前提，精准编制招标采购计划"，最终实现"计划周密，准备充分，保障采购一次成优率"。

1. 以服务工程建设为目标，精心做好招标采购策划

招标采购活动不仅仅是一个市场竞价行为，而且是为工程建设组织施工资源和技术资源。采购的高效、及时，选择良好的合作伙伴对工程质量、进度和安全文明施工有着较大影响。

招标采购策划先行。项目单位在开工准备阶段应根据工期目标编制《招标采购策划方案》，将采购重心前移，重点关注标段划分、市场调研、招标采购文件的编制质量。

项目单位应按照"标前精心准备、标中程序规范、标后复盘总结"总体原则，分解招标采购各阶段任务，明确任务完成相关要求，确保招标采购工作井然有序，为工程顺利开展打下良好

基础。

案例：某项目的一次火力发电工程建设招标采购，得益于计划周密，准备充分，火力发电工程项目招标采购一次成优率较高。选择的设备供应单位、施工单位和服务单位总体评价优良。所有采购工作完成期间，未出现任何违约事件，未发生供应商堵门或其他极端恶性事件。

2. 以满足工程进度为前提，精准编制招标采购计划

项目单位采购计划编制工作要立足于"早"，树立"早招标、快速招标是施工组织有序的一个条件"理念。

以工程里程碑节点和一级网络进度计划为纲，密切配合设计进度，合理策划施工标段划分及设备采购批次，合理规划采购周期，精准编制采购计划，确保招标采购计划踩准工程节奏，满足设计和施工进度要求。

为保证招标工作顺利进行，设计工作务必先行，确保设计工作满足招标工作需要。

3. 采购计划编制模板

项目单位编制采购计划，可参考使用如下模板，见表6-4。

（四）采购文件编制及评审

采购项目采购文件编制是整个采购活动开始的基础，是采购计划内容的一部分，更是火力发电工程项目采购活动的重点所在，做好采购文件编制策划是项目采购前的核心工作，控制采购文件的编制质量是项目采购能否成功的前提条件，是实现采购目标关键所在。

1. 采购文件编制管控要点

（1）建立多方参与共同编制机制。项目单位应根据法律法规、上级单位管理制度规定、采购文件范本等，组织采购代理机构、设计单位等共同编制。

（2）采购文件应当符合招标项目的特点和需要。采购文件应当包括对招标项目的技术要求、投标人资格审查的标准、投标报价要求和评标标准或评审/谈判等所有实质性要求和条件，以及拟签订合同的主要条款。

（3）采购文件按规定程序实施审查。采购文件编制完成后应当按上级单位审查制度组织审查并形成审查记录，作为采购计划的组成部分。

（4）技术要求简单以询价通知单方式实施。技术要求简单的询价采购项目可不编制采购文件，以询价通知单的方式实施。

2. 工程、服务类采购文件编制的重点管控措施

（1）商务文件重点管控措施。

工程、服务类商务文件编制的管控重点包括资质业绩设定、潜在供应商调研、预算价格设定、价格清单设置、付款条件及付款比例、供货范围划分、市场材料价格波动影响、设计变更结算等方面，具体管控要求和管控措施见表6-5。

表 6-4　XX 电厂火电机组新建工程 20XX 年度采购计划

序号	批准标记	编报依据	采购单位名称	重要采购项目录内对应项目名称	标的物类别	物料小类	物料编码	项目编码	装机总规模（万kW）	项目描述	采购项目描述	采购计划内容描述	数量	计量单位	预算费用（元）	年度采购计划关联的本年度累计采购金额	年度采购计划关联的本年度累计采购数量	拟采用的采购方式	合同执行周期	计划实施采购时间	其他需要说明的事项

表 6-5   工程、服务类商务文件重点管控措施表

序号	要求	重点管控措施
1	施工采购前，采购人员必须认真研读公司采购文件范本，将其中资质业绩条件设置与调研实际情况进行比对	发现范本设置与实际情况相差过大，可能导致采购失败后，应第一时间上报公司，并开展采购文件修改备案工作，避免因此出现项目主线工期的延误
2	充分考虑施工期间，市场材料价格的波动情况对施工合同执行情况的影响	原则上施工期在 3 个月以上的，需要设定相应的材料价差调整条款，利于合同的执行
3	工程量差（经会审的或施工图交底时的施工蓝图工程量与采购文件工程量清单提供的对应项工程量之差）的结算方式	仅发生工程量差的项目，按照中标合同报价中的对应综合单价，调整工程量后进行结算
4	设计变更（由设计单位出具并经发包人批准的设计变更，引起结算时实际工程量与经施工图会审后的施工蓝图工程量的差异）的结算方式	综合单价如在中标合同报价中有相同或相近项目的，参考其报价计算；如没有，则应当设定计价原则：采用变更发生时的定额最新版本及相应取费文件（定额选取顺序应进行明确，一般情况为：电力建设工程预算定额、地方相关定额、其他定额）
4	施工标段的划分	标段划分原则上以施工单位具有独立的施工区域为标准，规模既要有利于竞争，又要有利于管理。同时兼顾系统的独立性，满足工艺流程、施工顺序作业方便和管理流程的需要，减少交叉施工、标段接口和施工接口，公用系统考虑系统的完整性和施工组织的便利性
4	供货范围的划分	明确甲供物资和乙供物资划分原则，编制甲乙供物资采购表。明确凡是在分工采购表中未明确采购方的设备，均由甲方负责采购，凡是采购表中未明确采购方的材料，均由乙方采购
5	清单漏项或设计漏项、零星委托项目的结算方式	参阅第 4 条内容执行，即综合单价如在中标合同报价中有相同或相近项目的，参考其报价计算；如没有，则应当设定计价原则：采用变更发生时的定额最新版本及相应取费文件（定额选取顺序应进行明确，一般情况为：电力建设工程预算定额、地方相关定额、其他定额）
6	加强现场安全文明施工管理，相应费用要确保使用到位	安全文明施工费用在报价表中应单独列支，专款专用。进度款项支付时，需由安健环管理部门进行确认
7	施工工艺上有特殊要求的项目，在工程量清单编制时需要关注	参照技术规范书对特殊工艺的要求，在工程量清单的项目特征中要清晰描述。确保投标人在查阅清单编写报价时能够关注其特殊性
8	付款比例	付款比例要根据市场供求关系的变化，合理设置付款比例、方式等

（2）技术文件重点管控措施。

工程、服务类技术文件编制重点包括清晰准确描述采购范围和采购内容、工期、废标条款、有特殊施工工艺要求的项目、施工场地及资源的提供情况等，具体要求和管控措施见表 6-6。

表 6-6 　　　　　　　　　　　　工程、服务类技术文件重点管控措施表

序号	要求	重点管控措施
1	采购范围和采购内容	采购范围和采购内容必须要描述清晰准确，标段接口无误，避免产生合同执行歧义
2	采购人需要提供给投标人的相应信息和要求	信息要描述清楚，尽量避免歧义或者描述不清晰、不完整的情况。编制人员应当以投标人的角度来看待标书编制，确保信息完整
3	采购文件中需引用或遵守的规章、制度及规范	属于国家标准或行业标准的，可以仅提供名称和编号；属于企业标准的，在采购文件中要作为附件提交投标人
4	有特殊施工工艺要求的项目	技术规范书中对有特殊施工工艺要求的项目，要将项目特征描述清晰，避免投标人的理解有误
5	施工场地及资源的提供	采购人需要提供给投标单位的场地、资源等情况，要描述清楚，施工过程中如发生调整，根据合同约定，可作为结算调整的依据
6	施工组织的要求	要求投标单位在投标方案中对施工组织、施工措施进行明确描述，施工过程中如发生调整，根据合同约定和责任划分，可作为结算调整的依据

3. 物资类采购文件编制的重点管控措施

（1）技术文件重点管控措施。

物资类技术文件编制重点主要包括合理设置技术方案、合理设置设备性能指标、供货范围应清晰明确、加强分包外购的管控、设备交货时间应满足工程进度要求、质量控制要求具有可操作性，以及监造点、监造范围要满足质量要求、合理合规设置评分标准、规范采购文件的修改流程等方面，具体要求和管控措施见表 6-7。

表 6-7 　　　　　　　　　　　　物资类技术文件重点管控措施表

序号	要求	重点管控措施
1	合理设置技术方案	对设备及系统的技术方案、特性、关键点进行广泛深入的调研论证，设置合理的技术方案、技术参数，避免技术条件不完善，不合理，造成无法采购
2	合理设置设备性能指标	性能指标应量化，应与工程整体性能相匹配，不单纯追求某个单一指标最优
3	供货范围应清晰明确	对供货范围、进口范围及设计分界点要清晰明确
4	加强分包外购的管控	（1）深入调研同类型机组的分包外购情况，对分包外购设备的性能、质量进行描述。 （2）分包外购确定按采购管理办法流程执行
5	设备交货时间应满足工程进度要求	依据工程进度计划确定设备到货时间，依据监造、催交信息协调制造厂家按进度、施工工序生产交货，既要避免延期到货对工期的影响，也要避免提前到货造成的资源浪费

序号	要求	重点管控措施
6	质量控制要求具有可操作性，监造点、监造范围要满足质量要求	（1）质量控制标准要求符合国家、行业标准。 （2）根据上级单位设备监造项目清册，设备的技术特点及生产厂家实际情况确定监造点、监造范围。 （3）在采购文件列出设备制造质量的负面清单，要求制造厂家列出防范措施，编制"零重大缺陷""锅炉投产首年不发生因制造质量问题导致的泄漏""制造负面清单清零"的质量管控措施
7	合理合规设置评分标准，评分标准要体现竞争性、智能智慧等要求	（1）严格按照上级单位采购管理规定、采购文件范本、评分标准编制评标办法。 （2）加大调研力度，收集同类型设备的投标资料，对生产厂家各类设备进行深入了解，将技术规范关键点、管控重点列入评分细则。 （3）评分办法中重点突出对施工组织策划、先进制造品质、智能智慧、优秀人力配置等要求
8	规范采购文件的修改流程	采购文件应按采购管理办法规定实施逐级审核，采购文件的修改必须能够追溯到修改人，评审过程严格把关，出口统一，修改过程可追溯

（2）商务文件重点管控措施。

物资类商务文件编制重点从设备采购前资质业绩条件合理设置、合理安排采购进度计划、科学设置投标报价表、以机组全寿命周期统筹考虑采购文件中相关条款、合同变更控制措施、税率变更风险管控、审计风险管控、明确是否能提报备选方案等，提出具体要求和管控措施，详见表6-8。

表6-8　　　　　　　　　　　　物资类商务文件重点管控措施表

序号	要求	重点管控措施
1	设备采购前，采购人员必须认真研读上级单位采购文件范本，将其中资质业绩条件设置与调研实际情况进行比对	发现调研情况与上级单位采购范本设置资质业绩要求偏差过大，可能导致流标，应按照上级单位规定开展采购文件修改备案工作，避免出现项目采购失败
2	重视采购进度计划的安排，以公司开工前网络计划为基准，倒排采购工期	以45天提前量倒排非采购项目工期，以120天提前量倒排采购项目工期，并主动提醒技术人员开展技术调研、技术规范书编制等工作，避免上一环节的问题导致采购工期紧张
3	注意设备技术经济的可转化性，科学设置投标报价表	采购前物资部商务人员必须深入了解设备特性，通过仔细阅读技术规范书，细心咨询专业主管、设计单位、潜在供应商、咨询单位，寻找技术经济转化的合理途径，避免在设计报价表时漏项
4	以机组全寿命周期统筹考虑采购文件中相关条款	以前瞻性系统思维统筹采购文件整体内容，充分考虑设备监造、催交、出厂包装、装车、运输、卸车、仓储、出库、领用、安装、调试、生产等全流程工作内容，基于设备特点分析可能出现的风险、后续解决方案以及费用问题，在采购文件中积极落实

序号	要求	重点管控措施
5	借鉴其他电厂基建、生产过程中的设备变更情况，减少合同变更数量	以其他电厂同类设备合同变更为借鉴，深挖其变更原因，分析应对策略，在采购文件编制中逐条落实，减少未来合同的变更发生次数
6	对于可预见的税率变更风险进行主动管控，对于不可预控的政策风险在合同中明确变更条件	关注国家法律、规范、政策、地方规章、税率等方面的调整情况，提前结合变化情况及时调整采购文件内容，避免因变化而导致的合同变更
7	通过调研其他基建项目的审计风险事项，预控本项目审计、巡视风险	收集同类设备采购项目审计、巡视相关问题，在可能发生审计风险的采购文件条款进行重点分析，会同专业人员、财务人员共同商议措施方案，在采购文件中进行明确
8	在采购文件中明确是否能提报备选方案	采购文件需要投标人提供备选方案时，应要求明确主方案，并明确主方案的报价，避免后期评标过程中出现难以抉择的问题

第三节　采中管理

采购过程中应严格执行法律、法规及公司关于采购的管理规定，确保整个采购过程依法合规，程序规范。

一、采前澄清

项目单位采购管理部门，应组织工程技术部门等相关部门及时对投标人提出的问题进行答复，澄清答疑工作需要及时有效，并按公司管控要求履行好审批程序。

二、现场踏勘

如组织现场踏勘，需集中踏勘，统一时间地点，由项目单位采购管理部门组织工程技术部门等积极安排现场踏勘，尽最大可能让每个潜在投标人获取对等工程场地和相关周边环境情况，避免出现因为对现场实际理解程度不足而导致出现投标价格偏差过大情况。

三、开评标

（一）评标人员选择标准

项目单位应当选派有较丰富工作经验和较强工作能力、熟悉采购项目需求、责任心强的专业人员作为采购人代表参加评标工作，原则上为参与采购文件编制的主要人员。

（二）评标重点注意事项

（1）认真研究投标文件。

采购人代表在评标过程中，要认真对投标文件进行阅读，对与采购要求不符的部分要及时向评委会提出。

（2）进行投标解决方案模糊项澄清。

招标人代表对于提供多种方案报价，并且不明确主方案及其报价情况的，及时向评标委员会申请启动澄清程序。

（3）严格按评标方法评标。

采购人代表严格按照评标办法对投标人进行评分，选择价廉质优的供应商。

第四节　采后管理

采购过程完成后项目单位应及时盯办采购结果的审批进度，对采购结果应严格保密，并及时总结在采购过程中出现的各类问题，制定防范措施，避免后续采购过程中出现类似问题。

一、采购结果盯办

项目单位派专人盯办采购结果审批进度，必要时请示公司领导进行沟通协调，提高采购结果的审批效率。

二、采购结果保密

项目单位应加强采购结果的保密工作，采购结果未经正式审批确定，任何人不得随意打听，对于任何打听采购结果的行为进行备案记录。

三、采购工作总结

（一）定期总结复盘

项目单位应定期对当季发生的各项采购项目进行总结，对于过程中发生的各种特殊情况进行复盘，研究后续解决方案，形成报告材料。

（二）经验宣贯分享

项目单位应组织项目商务负责人和技术负责人对采购过程中发生的问题和解决方式进行宣贯，确保相关人员皆受教育。

（三）经验应用

项目单位不但要善于总结复盘、经验宣贯分享，而且要及时实现经验应用。

（1）将相关处理经验应用到下次采购过程中，避免出现同类问题，发生问题重复出现时，建议对相关人员进行严肃考核。

（2）对失信承包人进行及时处置，形成失信承包人的总结报告，公司采购领导小组审核后报送上级单位。

第五节　四大管道集中采购案例

某2×1000MW新建工程四大管道管材、管件及工厂化配制招标采购项目，项目亮点为集采、高质量招标标准。具体情况和措施如下：

一、采购项目基本情况

（一）招标采购时间与内容

招标名称：××电厂一期2×1000MW新建工程四大管道管材、管件及工厂化配制采购。

招标时间：2022年4月。

具体采购内容：2台机组的高温高压管道（主蒸汽、高温再热蒸汽系统管道、低温再热蒸汽系统管道、高压旁路管道、低压旁路管道、高压给水管道、给水再循环管道、高压旁路减温水管道、低温省煤器Ⅰ给水管道，以及主蒸汽、热段管道的疏水、疏汽、加药取样、热工测量及杂项管道）的管材、管件和工厂化加工配制等。

（二）四大管道招标背景情况

1. 四大管道招标行业现状

四大管道作为火力发电工程项目重要设备材料，由于管材、管件、工厂化配制、温度元件等生产制造周期长、涉及国产进口厂家较多、技术标准清单连锁性变化、标段间配合矛盾、疫情期间各流程管控等方面的情况，长期以来存在招标困难、采购一次成功率低、标段分散、管理困难等问题。故四大管道采购模式和标段划分深刻影响着安装工期、施工质量和成本控制，是火电项目基建管理阶段的一大难题。

2. 火力发电工程项目工期紧

电厂于 2017 年 7 月 5 日注册成立，规划建设 4×1000MW 超超临界燃煤发电机组。一期工程（2×1000MW 机组）于 2021 年 12 月正式开工，以"建设自然生态、智能智慧、高质高效的世界一流示范电站，创国家优质工程金奖"为总体目标。

规划的火力发电工程项目基建施工周期目标为 22+2 月，整体投资大、工期紧张，设计、招标、制造、安装周期缩短，标段间协调时间较为紧凑。同时电厂技术力量较薄弱，且外部存在疫情风险，供货风险较大。常规实施四大管道采购，需要 6 ~ 7 个标段，耗时长，可能导致招标、制造、监造等工作难以控制，最终影响工期目标，急需高质量合规采购。

3. 倡导集约化采购

项目单位上级单位贯彻"绿色发展、优质高效、价值创造、智慧监管"采购工作理念，遴选该项目单位一期新建工程为试点，明确要求创新管理模式、加大集中采购范围与力度要求。

二、四大管道招标主要做法

（一）高质量策划采购模式

四大管道采购，属于集团规定的重要采购项目目录范围内的重点监控项目，集团对采购计划、招标文件、评标过程有严格的监管规定。对于采购模式的策划和选择，该项目单位主要采取以下做法：

（1）收集并全面梳理近 10 年来的火力发电工程四大管道采购项目资料，研究主要采购模式，并对采购项目所采取的主要采购模式从招标采购、项目执行、质量管控、责任划分、成本控制、寻源控制等 6 个难度系数进行归纳、总结。

（2）组织集团公司物资监管部门、电力管理部门、上级单位、集团国际工程公司召开专题研讨会，对"全部分散模式""部分组合模式""总包模式"3 种采购模式进行比较论证，明确各模式适用的环境，所需具备的条件、能力，在招标采购、质量管控、责任划分、成本控制和寻源控制等五个方面的难度系数情况。

（3）根据四大管道生产制造特点，结合项目单位自身管理能力、工期安排、技术水平、行业认知等因素，最终决定采用总包模式采购。三种模式评价比较分析见表 6-9。

表6-9 三种模式评价比较分析

采购模式	全部分散模式采购		部分组合模式采购		总包模式采购	
招标采购难度	高	标段多,可能出现标段之间的矛盾或遗漏	中	标段较多,可能出现标段之间的矛盾或意见	低	招标简化为1～2次,标间矛盾较少
项目执行难度	高	供货商和生产厂家较多,前期需与设计院配合,制造期需特检院实物监检,后期需与安装公司协调。因此项目执行过程中各方的配合与协调难度高	中	管材管件供货厂家、配管厂家较多,配合与协调难度较高	低	(1)唯一合同便于管理减少分歧,能有效降低造价。(2)设计联络会组织快捷高效,对产品的检测、检验更为真实有效。(3)总包方承担大部分与其他供货商的沟通协调工作
质量管控难度	高	四大管道项目所涉及的产品种类、规格、材质、形式、产地、加工厂比较多,质量管控困难	中	四大管道项目所涉及的产品种类、规格、材质、形式、产地、加工厂比较多,质量管控较为困难	低	中间环节的质量管控则全部为总包方职责范围,对总包方的能力要求较高。包装、运输、保养及现场服务保障体系健全
责任划分难度	高	设计院、安装单位、众多制造单位之间责任划分难度大	中	设计院、安装单位、众多制造单位之间责任划分难度较大	低	减少推诿扯皮可缩短加工周期,监督管控到位提高质量保障。责任划分难度较小
成本控制难度	高	四大管道属于边设计边招标项目,合同众多,任一设计变更将导致大范围连锁合同变更,导致成本上升	中	任一设计变更导致成本控制难度较大	低	管材加工裕量可控制在2%以内,比常规的3%裕量节省1%
寻源控制难度	高	符合资质业绩条件的供应商少,难以有效控制管材来源,难以有效控制加工制造质量	中	符合资质业绩条件的供应商较多,但其中加工制造企业质量管控参差不齐	低	符合资质业绩条件的供应商少,采购来源能有效控制,分包外购执行简单高效

分析过程如下:

结合两种采购模式评价比较和电厂自身情况分析,该项目整体工期紧张,技术力量较薄弱,且外部存在疫情风险,供货风险较大。

如采用分散模式采购,招标成功率低,采购周期延长,且四大管道项目对工程的后续设计及安装有重大影响,从而影响项目整体工期,后期安装过程更面临着同时协调7～8家以上外委单位的难题。

如采用总包模式，招标成功率高，通过资格条件设置，入围的潜在投标人均为国内知名企业，采购来源能够有效控制，分包外购执行简单高效；管材加工裕量可控制在 2% 以内，比常规的 3% 裕量节省 1%，能够有效降低造价，节约投资成本；减少推诿扯皮可缩短加工周期，监督管控到位提高质量保障；包装、运输、保养及现场服务保障体系更加健全。

综上所述，电厂项目四大管道管材、管件及工厂化配置采用总包模式采购。

（二）高质量进行市场调研

在四大管道采购过程中，项目单位严格执行公司制定的《高质量招标应具备的标准》中关于"市场调研应具备的条件和深度"的规定，从技术和商务两个维度，全面调研国内有供应能力的供应商 14 家，收集制造能力、工艺水平、业绩情况等资料 500 余项，并进行分类统计，拟定初步的招标资质和业绩门槛、商务与技术评分办法，确定合理的市场价格水平，完成初步的技术方案和技术路线、具有竞争性的供应商短名单编制，收集本项目招标的负面清单，为合规采购打下了坚实基础。

（三）高质量编制招标文件

根据项目招标采购策划和关于"招标文件编制应具备的条件和深度"的高质量招标标准有关规定，项目单位在集团现有招标文件范本基础上，从技术规范、设计条件、供货范围、技术要求、质量管理要求、进度管理要求、安健环管理要求、设备、材料的供应、交付、技术规范书附件、评标办法、合同条款等 77 个方面，认真编制四大管道采购招标文件的技术文件与商务文件，按规定上报上级单位、集团公司审批，迅速获得了批准，符合集团重要采购项目目录制度相关规定。

（四）高质量完成招标工作

项目单位周密组织招标，强化过程监管，以"工匠"精神对待招标工作，从项目单位提报采购计划，到招标代理机构发出中标通知书，仅用时 46 天完成招投标流程。根据集团公司高质量招标标准制度相关要求，项目单位进行了招标公章检查、评价与反馈，完全符合集团重要采购项目目录制度的相关规定。

三、实施效果

项目单位按照项目招标采购策划和公司高质量招标应具备标准等制度规定，进行总结复盘，该公司四大管道集中采购取得了以下成果：

（一）采购成本显著降低

（1）与项目预算比较节支 6663 万元。项目单位四大管道集中采购预算金额 19000 万元，中标金额 12337 万元，节支 6663 万元，节支比例 35%。

（2）与近年同类项目预算比较节支显著。项目单位四大管道采购中标金额与 3 个同类项目比较，分别节支 5.06%、32.44%、35.07%。

（二）采购质效显著提升

1. 采购周期显著缩短

按照四大管道常规采购的历史经验，需要 6 ～ 7 个标段招标，耗时大都在 2.5 ～ 3.5 个月，并且在招标过程中伴随着众多投诉、异议。项目单位四大管道采购，因采用项目招标采购策划和高质量招标标准进行采购管理，从采购计划提报至中标通知书发出仅用时 46 天，相较于传统采购方式节约时间 30 天以上，采购周期显著缩短。

2. 供应链嫁接，规模效应明显

中标单位是国内锅炉用钢采购需求量最大且密集的企业之一，形成了完整而规范采购流程，具备一套成熟而庞大的供应链系统，项目顺利推进得到了可靠保证。管材加工裕量可控制在 2% 以内，比常规节支 1%，有效降低造价，节约投资成本；总包合同便于减少管理分歧，对产品的检测、检验更为真实有效，提高质量保障；设计联络会组织快捷高效；包装、运输、保养及现场服务保障体系更加健全。项目单位将四大管道采购成功嫁接中标单位的供应链系统，共享了原材料质优价廉的优势和供应商资源调配优势。

3. 采购模式创新

项目单位执行项目招标采购策划和高质量招标标准制度规定，在集团系统内首次采用火电厂四大管道集中打包采购模式，优选国内顶尖制造商和供应商，为确保一期工程快速推进创造了条件，为集团后续集采项目积累了创新经验。

4. 资源提前锁定

由于当下国际贸易不确定性日益增加，多家海外供应商将排产与付款全面挂钩，增加了资金保障与材料寻源难度。项目单位四大管道采购成功利用了中标单位具有的资金保障能力，锁定了原材料资源。

（三）供货进度显著加快

项目单位实施高质量合规招标采购，有效减少整个四大管道采购、预制过程中与供应商的沟通时间，同时有利于中标单位内部科学调控各步骤时间，整体直接把控最终交货期，避免不同供应商推诿扯皮，避免出现某单一步骤供货时间不合理或出现意外情况而导致最终交货期延迟，缩短加工周期，供货进度显著加快。

第七章

开工管理

火力发电工程是一项涉及多专业、多工种的技术密集型、劳动密集型复杂系统工程，其建设过程工序交接多、中间产品多、交叉作业多，而开工管理是整个工程项目成功实施的关键环节之一，开工策划全不全、开工条件好不好、开工标准高不高将直接体现项目管理水准及文明施工水平，并对整体工程的顺畅有序实施产生重要影响。

第一节 概述

一、概念

火力发电工程开工管理包括开工建设决策和主体工程开工两个阶段。

开工建设决策是指项目已核准（备案）、通过投资决策并列入项目单位当年开工备选计划后，由决策单位对项目内外部建设条件落实情况进行复核，决策是否同意准备工程开工建设工作。

主体工程开工指各项建设条件具备后，下达开工令并正式启动项目主体工程建设工作。

二、目的和意义

（一）目的

火力发电工程开工管理的目的是规范工作程序和工作标准，有效控制建设风险，确保开工依法合规，实现工程建设目标。

（二）意义

（1）确保开工依法合规，有效控制项目风险。

（2）规范工作程序和工作标准，确保开工工作有条不紊地进行。

（3）实现高标准高质量开工，确保实现工程建设目标。

三、工作内容

（一）开工准备的工作内容

项目取得上级单位投资决策批复后，项目单位可开展以下工作：

（1）确定主体工程勘察设计单位，组织开展初步设计工作。

（2）确定铁路专用线、热网等外部配套工程勘察设计单位，组织开展初步设计工作。

（3）确定主机、主要辅机及工程监理预中标单位，签订技术协议，明确商务合同暂不生效。

（4）初步设计审查通过后，确定"五通一平"、地基处理等工程预中标单位，待项目通过开工建设决策后签订合同。

（二）开工建设决策申请条件的工作内容

（1）项目取得国家或地方投资主管部门核准（备案）。

（2）项目通过投资决策并列入上级单位当年开工备选计划。

（3）电力、热力、燃料市场已落实，具有较好的市场空间。

（4）工程开工外部必备审批事项已落实，取得环境影响评价报告批复、水土保持方案批复、水资源论证报告批复及取水许可、接入系统批复、节能审查意见等。

（5）配套工程满足主体工程建设进度需要。

1）送出工程取得核准或完成初步设计，并列入电网公司建设计划。

2）配套煤矿、运煤铁路、公路或码头、中水供应工程（若有）等取得核准（备案）。

3）天然气项目燃气主管道已建成，进厂输气管道工程取得主管部门关于规划、路由以及土地等方面的批复，建设方案落实。

4）热电项目外部热网（自建或趸售）项目取得主管部门批复，建设方案及建设资金已落实，供热协议已签订。

5）外部水源水质、水量、管线以及相关规划、批复文件等已落实。

（6）项目单位已成立，项目组织机构、岗位设置已确定，工程管理人员按需要足额到位，人员熟悉并能胜任所承担的工作，满足开工需要。

（7）股东方资本金按规定注入，融资方案已落实，已签订银行贷款协议。

（8）建设技术方案成熟，项目技术路线（如装机方案、环保设施方案等）没有颠覆性的变化，初步设计报告已完成审查。

（9）政府积极支持项目建设，无重大外部条件制约，环保、移民、资源条件较好，地方政府同意征、占用土地、林地的手续已办理，拆迁安置方案已落实。

（10）投资决策中所部署的工作已落实或制定解决方案。

（三）取得开工建设批复应开展的工作内容

（1）开展现场"五通一平"、厂前区附属建筑物、桩基等工程施工。

（2）开展施工图设计。

（3）已定标主机和主要辅机、工程监理单位的合同生效，支付预付款。

（4）在初步设计完成、初步设计概算审定后，通过采购程序确定主体施工单位，并确保施工单位进场至工程正式开工前，具有足够时间完成施工总平面布置、办公及生活临建设施施工、施工组合场地布置、主要施工机具进场等开工条件准备。

（5）开展其他辅机的采购工作。

（四）主体工程开工标准要求的工作内容

1. 项目单位组建及人员配备

（1）项目单位已经依法设立。

（2）项目单位各阶段组织机构、岗位设置已编制。部门职责和岗位规范已确定，开工前满足岗位要求的管理人员足额配备到位。

2. 项目开工依据

工程项目已取得核准批复，已履行项目开工建设决策程序并取得同意开工批复。

3. 审批事项

工程已取得环境影响评价报告批复、水土保持方案批复、水资源论证报告批复及取水许可、接入系统批复、节能审查意见、建设用地（含临时用地）规划许可证、建设用地批准书、建设工程消防设计审核、建设工程规划类许可证、施工许可证等必备审批手续。

4. 项目建设资金

（1）年度投资计划和资金计划已下达。

（2）项目资本金已注入，并符合资本金注入规定（注入期限、分期注入比例等）。

（3）融资银行已落实，贷款承诺手续已完备。利用外资项目的国外贷款合同已生效。

5. 工程设计

（1）工程初步设计已通过审查，收口已完成并正式批复。

（2）项目单位联合施工监理、主体施工标段与设计单位共同讨论确定施工图交付计划，并严格落实施工图交付计划。施工图纸已经通过会检，主体工程施工图至少可满足连续 3 个月施工需要，零米以下基础、沟道、管道等施工图满足地下设施同时出零米要求，并进行设计交底。

（3）设计单位工地代表已到位。

（4）配套工程（送出、铁路 / 码头、灰场、运煤公路等）建设有关条件已落实。

6. 设备、材料及工程施工项目采购

（1）主机设备、主要辅机设备和材料采购合同已签订，交付计划已落实。

（2）主体工程施工、监理等合同已签订。

（3）铁路专用线、大件码头等施工合同已签订。

7. "五通一平"及生产设施、生活临建设施

（1）现场征地、拆迁和"五通一平"已完成，现场环行施工道（永临结合）和施工现场排水、消防水已基本完成。

（2）生产、生活临建设施按规划建成，满足集中办公、施工队伍进场需要。

8. 施工组织设计

（1）《施工组织总设计纲要》已通过上级单位审定。

（2）《施工组织总设计》已通过上级单位审定并发布。

9. 施工总平面及安全文明施工规划

（1）现场施工总平面已按规划实施，施工场地布置做到紧凑合理、符合流程、方便施工、节省用地、文明整洁。

（2）项目单位应完成现场安全文明施工策划，编制《工程建设安全设施"标志"标识标准化图册》，并实施到位。

10. 工程管理

（1）项目单位管理制度体系已建立，各种管理制度已健全，并正常运转。

（2）工程建设总体目标已确定，实施策划方案已编审。

（3）工程建设总体质量目标及保证措施已确定，工程质量管理体系已建立，工程精细化管理策划、实施细则已编审完成。

（4）工程造价目标已下达，造价控制措施已制定。

（5）工程安全生产委员会已成立，安全监督和保障体系已建立，安监人员已经培训上岗。

（6）工程总体工期进度计划已报上级单位批准，年度工程里程碑节点计划已确定。

（7）工程建设期信息管理系统已完成并投入运行（涵盖各参建单位）。

（8）工程首次质量监督检查工作已完成。

四、总体要求

火力发电工程开工阶段应坚持依法合规、风险可控、能力匹配、目标明确，必须依法取得各类行政审批文件，落实各项内外部条件，选优配强建设管理团队，明确项目建设目标和保障措施，确保高质量开工。

项目单位应严格落实各项开工条件，履行开工审批程序。未取得开工建设决策批复的项目不得进行施工准备工程建设，未下达开工令的项目不得进行主体工程建设。

火力发电工程项目主体工程开工前，项目单位应明确工程建设的安全、环保、质量、工期、造价等控制目标。

第二节　开工条件

火力发电工程开工条件分为主体工程开工条件和单位（分部）工程开工条件管理。

一、主体工程开工条件

项目单位完全达到主体工程开工条件标准并履行开工审批程序后，才能正式开工。

主体开工条件一般涉及项目单位组织机构、项目开工依据、工程设计、生产、生活临建设施、项目建设资金、设备、物资采购及工程招标、"五通一平"及开工准备、安全管理与文明施工、工程管理制度、工程建设目标、精细化管理策划、施工组织设计等内容。

（一）项目单位组织机构

1. 项目单位组建

（1）项目单位按照国家对项目法人的要求，依法注册成立。

（2）根据上级单位相关要求，结合项目单位和工程实际情况，编制项目单位各阶段组织机构、岗位设置，并按规定程序履行报批手续。

（3）岗位职责和岗位规范已编制完成。

2. 人员配备

工程管理人员按需要足额到位，人员熟悉和胜任所承担的工作。

（二）项目开工依据

1. 项目核准

（1）项目已取得核准批文。

（2）项目的规划、土地、环评、取水、水土保持、燃料运输方式、接入系统、施工许可等已取得国家或行业主管部门批复或备案。

2. 开工依据

项目已通过上级单位开工建设决策程序并取得同意开工批文。

（三）项目建设资金

1. 投资计划

工程造价目标、年度投资计划和资金计划已下达。

2. 资本金

项目资本金已注入，并符合资本金注入规定（注入期限、分期注入比例等）。

3. 融资

（1）资金来源已落实，符合国家有关规定，承诺手续完备。

（2）年度投资计划和资金需求计划已下达。

（3）年度资金到位，满足工程建设需要。

（四）工程设计

1. 初步设计

工程初步设计已通过审查，并正式批复。

2. 图纸供应

（1）图纸总清册编制完成。

（2）项目单位与设计单位已确定施工图交付计划。

（3）主体工程施工图至少可满足连续3个月施工需要，施工图纸已经过会审，并进行了设计交底。

（4）零米以下基础、沟道、管道等施工图满足地下设施同时出零米要求。

3. 设计人员

（1）设计单位成立项目组，设总及各设计人员配备齐全。

（2）设计单位工地代表已到位。

4. 配套工程

配套工程（送出、铁路/码头、灰场、运煤公路等）建设的有关条件已落实（包括投资主体、设计工作、征地拆迁、工程招标、工程进度安排等）。

（五）设备、物资采购及工程招标

1. 设备与材料采购

（1）主机设备、主要辅机设备完成招标，并签订合同，交货进度已落实，满足工程建设要求。

（2）主要辅机的技术资料满足施工图设计要求。

（3）施工用原材料及大件设备运输条件已落实，合同或协议已签订，并已备好保证连续施工的材料用量。

2. 工程招标

（1）工程设计、施工、监理等单位，通过招标且已确定，并签订合同。

（2）脱硫、脱硝、铁路、大件码头等工程承包商已通过招标选定，合同已签订。

（3）工程开工前需完成土建第三方试验室招标，试验室应具备取样、制样条件，能够正常开展实验工作。

（六）"五通一平"及开工准备

1. "五通一平"

（1）永临道路完成，道路满足施工机具、人员进出与运输需要，满足各种气候条件下的施工需要。

（2）内/外电话、通信、网络畅通。

（3）供水管网形成，供水畅通，施工用水与生活用水的品质和用量满足施工和人员生活需要。

（4）施工用电有保障，建设双回路电源，满足工程高峰负荷需要，满足特殊作业的不间断电源需要，并备有应急柴油发电机。

（5）氧气、乙炔、压缩空气等保障供应，有可靠的气源与供应商。

（6）现场平整，场平标高基本达到设计要求。

2. 开工准备

（1）设计、施工、监理单位现场组织机构已成立，人员已按计划到位，满足工程连续施工要求；

（2）开工后的重大施工项目制定施工措施。

（3）技术方案与图纸经过会审，施工人员熟悉各作业施工要求。

（4）现场机械、机具、材料满足工程连续施工要求。

（5）桩基工程施工，包括桩基监测、确定主厂房土方开挖方案等。

（6）主厂房开挖完成，具备浇筑第一罐混凝土的条件。

（7）工程首次质量监督检查已完成。

（七）生产、生活临建设施

1. 生产设施

（1）现场办公设施具备使用条件，模块化封闭管理。

（2）各类堆放场、库房、试验室建设完成，并投入使用。

（3）混凝土搅拌站、钢筋加工场、木工场、设备组合场、加工配制场具备使用条件。

（4）厂区平面、高程控制网建设完成。

（5）施工机械、工器具已进场，力能供应到位，满足开工要求。

2. 生活设施

满足施工人员进驻与生活需要，住宿、医疗、食堂、浴室、厕所、活动场所等设施已全部投用，模块化封闭管理。

（八）安全管理与文明施工

1. 安全管理体系

（1）工程安全保障体系和监督管理体系已建立，并正常运转。

（2）工程安全生产委员会已成立，并正常开展工作。

（3）工程安全应急管理体系已建立，《突发事件总体应急预案》已发布。

（4）制定并发布《安全健康环境管理制度》（安健环管理责任制、工作例会、安全检查、事故统计报告、考核奖惩、安全保证金等制度）、《施工机械管理制度》《脚手架管理制度》《消防安全管理制度》《环境保护制度》及《交通安全管理制度》等。

（5）安全管理台账已建立。

（6）项目单位与参建单位签署"安全管理协议"和"安全管理责任状"。

（7）施工单位安全事故应急预案已编审完。

2. 人员与机具管理

（1）安监管理人员已通过安全培训，持证上岗。

（2）特殊工种人员已通过培训，考试合格，持证上岗。

（3）现场全体员工已通过身体健康检查，并建立体检档案。

（4）现场全体员工已经过安全健康环境管理知识教育培训，考试合格，佩戴"胸卡证"上岗。

（5）现场全体员工均办理人身意外伤害保险。

（6）施工用电及起重运输作业等机具符合安全规程，机具报检手续齐全。

3. 文明施工

（1）建立安全文明施工管理制度和台账。

（2）编制安全文明施工总体策划，现场按照策划予以实施。

（3）施工单位安全文明施工二次策划、安全施工措施完成审批，并开始实施。

1）各类安全设施完善，符合安全要求。

2）道路畅通、排水畅通、照明充足。

3）消防水系统已投用，必要的消防器材布置完毕。

4）文明施工责任明确，施工场地平整，现场整洁、有序、美观。

5）现场安全宣传、标志、标识、警示、色标醒目完善。

6）现场水冲式厕所、吸烟及饮水棚已投用，弃土场、废料垃圾存放场已建立并标识、封闭。

7）厂区围墙已全部完成，并设置电子监控装置。

4. 保安门卫管理

现场保卫人员上岗执勤，建立通行检查管理制度。

（九）工程管理制度

1. 管理文件

项目单位的管理制度体系已建立，各种管理制度已健全，并正常运转。包括但不限于：

（1）工程施工管理制度及工作流程。

（2）工程进度控制管理制度及工作流程。

（3）工程造价管理制度、工程招标管理制度、合同管理制度。

（4）设计变更、变更设计、材料代用、施工图会审、设计交底以及设备技术规范书审查等管理制度及工作流程。

（5）物资采购、供应、验收、监造、保管以及现场物资不合格品处理等管理制度及工作流程。

（6）生产准备大纲和生产准备控制程序（制度）。

（7）工程档案管理制度及竣工图、竣工文件编制规定。

2. 三标体系

有条件的项目单位根据质量、环境、职业健康与安全"三标一体"的贯标要求，建立"三标体系"并颁布执行。

（十）工程建设目标

（1）工程建设总体目标及实施策划方案：工程建设总体目标已确定，实施策划方案已编审。

（2）工程安全目标及保证措施：工程安全目标及保证措施已确定。

（3）工程质量目标及保证措施：工程质量目标及保证措施已确定。

（4）工程工期目标及年度进度计划。

1）工程项目总工期及里程碑进度计划已审批确定。

2）年度工程进度节点计划已确定。

（5）工程造价目标及控制措施：工程造价目标、执行概算及控制措施已制定。

（十一）精细化管理策划

1. 精细化管理

（1）建立精细化管理组织机构，明确各方职责。

（2）成立专项攻关小组，正常开展工作。

（3）业主制定并发布《精细化管理实施规划》，以及相关管理制度。

（4）参建单位编制《精细化管理实施细则》及相关措施，并完成审批。

（5）精细化管理要求要明确在各参建方合同中，编入施工组织总设计中，纳入质量保证体系中。

（6）制定宣贯、培训、学习计划，并实施。

2. 目标和指标

（1）明确工程技术经济指标。

1）供电煤耗率。

2）厂用电率。

3）汽轮机热耗率。

4）真空严密性。

5）空气预热器漏风率。

6）汽轮发电机最大轴振。

7）发生四管泄漏次数。

（2）目标指标分解量化，责任落实到人。

（十二）基建信息系统

1. 基建 MIS（工程建设项目管理信息系统）

（1）基建 MIS 系统建设完成，并能正常投用。

（2）基建 MIS 基础数据已录入，现场涉及的业务单据已在系统中流转。

2. 进度计划管理体系

（1）P6（项目管理软件）或其他应用软件进度计划管理正常投用。

（2）工程里程碑计划、各级网络进度计划已编制录入，并实现定期更新。

（3）有条件的项目单位实现物资、图纸、工程量等资源加载。

（十三）施工组织设计

（1）《施工组织总设计纲要》已经由上级单位审定。

（2）《工程施工组织总设计》已通过上级单位组织专家审定并发布。

二、单位（分部）工程开工条件

（一）单位（分部）工程开工条件

（1）设计交底完成、施工图已会审。

（2）施工组织设计已审批。

（3）质量管理体系、安全生产管理体系已经建立并满足要求。

（4）管理及施工人员到位。

（5）特种作业人员满足工程需要。

（6）本工程机械已进场，具备使用条件。

（7）物资、主要工程材料准备能满足连续施工的需要。

（8）进场道路、水、电、气、通信已满足要求。

（9）现场测量控制网已复测合格。

（二）单位（分部）工程开工总体要求

（1）各标段施工单位应按照"科学管理、合理组织施工"原则，在单位（分部）开工之前，充分做好各项开工准备工作，并在开工前按照相关程序办理开工报告。

（2）原则上，各施工承包商应按单位工程办理开工报告，但对由几家施工承包商独自承担属于一个单位工程中有关分部工程的项目，也可按分部工程办理开工报告。

（3）（涉及）生产区域的工程开工之前，应确认以下危险源的辨识工作并已采取有效措施：

1）地下给水、排水管线；

2）地下气、汽管道；

3）地下电缆、沟道；

4）地上生产设施；

5）附近的高压电气设备；

6）施工可能影响生产的因素。

第三节 "五通一平"及地基处理

"五通一平"和地基处理是施工准备的重要内容，对工程造价有着重大影响。

一、"五通一平"

（一）"五通一平"的概念

火力发电工程"五通"是指施工现场具备与外部的公路、铁路、电源、水源、排水及通信联通的条件；"一平"是指完成施工场地平整。火力发电工程的"五通一平"是开工准备的重要一环，它直接决定工程开工的水准，并对后续施工的顺畅有序进行产生重要影响。

（二）"五通一平"控制要点

"五通一平"应按照"统一规划、永临结合"原则进行设计和施工。"五通一平"阶段控制要点是施工道路、施工用水、施工排水、施工用电、施工通信，土方量平衡、土建工程地下设施及电气接地网预埋等。

1. 施工道路规划布置

厂区施工道路按照"方便施工、永临结合"原则进行规划布置和施工。路基按照设计要求全部进行施工，面层则可分期实施。

2. 施工用水规划布置

现场施工用水主要包括施工生产用水、施工机械用水、生活用水和消防用水，施工用水量依照"永临结合、经济合理"原则按照最大需水量进行考虑。

施工用水源线路应根据水源的种类、水质及水源地至施工现场的距离等因素，经技术经济比较后确定，各类管线应根据"永临结合"原则一次性敷设到位。

3. 施工电源规划

施工用电要按照"统一规划、方便施工"原则进行设计和施工，确保电力容量及施工接电方便和安全。建设双回路电源，满足工程高峰负荷需要，同时为满足特殊作业的不间断电源需要，须备有应急柴油发电机。水源地、灰场远离厂区时，施工电源应考虑永临结合。

4. 施工排水规划布置

现场排水主要有雨水和生活污水，按照永临结合方式进行设计和施工。

5. 施工通信规划

施工通信包括电话、网络、通信广播等。施工通信要统一规划，做到全现场统一，方便维护使用。如某 2×1000MW 新建火力发电项目按照"全工地一张网络、一个通信入口"原则进行设计和施工，方便联系和沟通。

6. 土方量平衡

"五通一平"设计时所提出的土（石）方工程量是初平工程量，场地整平标高也是初平标高。由于"五通一平"施工在先，本阶段土方平衡不能考虑厂区基础及地下设施余土场地整平标高也不能使用设计标高，本阶段土方平衡以预留场地标高的虚拟平衡方式。场地设计标高要待工程施工以后，用基础及地下设施余土对场地实行细平时才能达到。因此，要求设计必须根据厂区不同的地质条件及相应的基础处理方式作细化工作，对厂区以后的基础及地下设施余土要计算准确，不能轻易照搬已建同类型电厂的基础及地下设施余土方量。

7. 土建工程地下设施及电气接地网预埋

在"五通一平"施工过程中，对电气接地网要事先预埋。对土建工程地下设施，有条件时最好预先施工，减少二次开挖工程量；没有条件时，也应在"五通一平"施工填土过程中尽量做到不填或少填。

8. 建设场地边界

建设场地边界应严格按"厂区用地红线图"控制，要求设计单位设计时不得超出红线，确保依法合规。

二、地基处理

（一）地基处理意义

火力发电工程地基处理技术是火力发电工程建设中不可或缺的一部分，它对保证火力发电工程建设质量、安全性和稳定性具有重要作用。

（二）地基处理方法

地基处理除应满足工程要求外，应遵循"因地制宜、就地取材、保护环境和节约资源"原则。火力发电工程地基处理方案应根据建（构）筑物安全等级、地基基础设计等级和地基条件综合确定。地基处理方法主要换填垫层法、预压法、强夯法等。

1. 换填垫层法

换填垫层法适用于浅层软弱土层不良层或不均匀土层的地基处理。当软弱或不良土层较厚且无法全部置换时，下卧土层应满足强度与变形要求。垫层按换填材料不同，可分为素土垫层、灰土垫层、砂石垫层、粉煤灰垫层及其他工业排渣垫层。

2. 预压法

预压法适用于处理淤泥、淤泥质土、冲填土等饱和软弱地基。预压法按处理工艺可分为堆载预压、真空预压和真空－堆载联合预压。

3. 强夯法

强夯法适用于处理碎石非饱和细粒陷性黄土、素填土和杂填土等地基。强夯法根据加固原理、适用条件可分为强夯法和强夯置换法。强夯置换法适用于处理高饱和度的粉土与软塑－流塑状的淤泥、淤泥质土等地基，宜用于对变形控制要求不严格的工程。

4. 注浆法

注浆法适用于砂土、粉土、黏性土和填土等地基，可作为已有建（构）筑物地基的加固或纠偏的辅助措施，也可用于防渗。对于地下水流速较大的工程应慎用。

5. 碎（砂）石桩法

碎（砂）石桩法可用于处理砂土、粉黏性、素填和杂填土等地基，不加填料的振冲法可用于处理黏粒含量不大于10%的中砂、粗砂和松散的砂卵石地基。碎（砂）石桩法根据施工工艺可分为振冲碎石桩法和干振碎石桩法。

6. 挤密桩法

挤密桩法可用于处理地下水位以上的粉土、黏性土、素填土、杂填土和湿陷性黄土等地基。挤密桩法根据施工成孔工艺可分为灰土挤密桩、钻孔挤密桩。

7. 水泥粉煤灰碎石桩法

水泥粉煤灰碎石桩法可用于处理黏性土、粉土、砂土和自重固结已完成的素填土地基。对于处理淤泥质土应根据地区经验或现场试验来确定其适用性。水泥粉煤灰碎石桩按施工工艺不同，可分为振动沉管灌注成桩、长螺旋成孔管内泵压灌注成桩。

8. 水泥土搅拌法

水泥土搅拌法可用于处理淤泥、淤泥质土、粉土、饱和松散砂土、黄土、素填土等地基承载力小于 120kPa 的地基。水泥土搅拌法宜采用湿法施工。

9. 高压喷射法

高压喷射法可用于砂土、粉流塑 - 可塑黏性土、淤泥质土、黄土及人工填土等地基。可按注浆形式的不同分为旋喷、定喷和摆喷。

（三）地基方案选择前应进行的工作

（1）搜集岩土工程勘察成果、建（构）筑物的安全等级、结构类型、荷载大小以及上部结构、地基和基础共同作用等资料；

（2）了解相似场地同类工程当地地基处理经验、施工条件和使用效果；

（3）根据工程设计和施工进度要求，确定地基处理目的、范围和处理后达到的技术要求；

（4）掌握周边环境的保护要求和周边建（构）筑物、地下工程和管线的分布情况。

（四）地基处理技术方案的选择

（1）高度重视地基处理方案在工程投资控制中的重要性。不同地基处理方案，工程投资差别较大，设计优化成果显著。为此，地基处理方案设计阶段需重点关注初步勘测（含勘测成果及勘测报告审核）、试桩大纲编制及审核（联合电力规划总院审查）、设计试桩、审定桩基方案以及桩位图、桩基施工图设计的各环节，并投入足够的工程技术力量进行过程优化控制。

（2）根据场地勘察资料和建（构）筑物对地基的要求，分析场地地基条件，明确需进行地基处理的建（构）筑物的特点及其外部条件，要求勘察设计单位初步选定几种可供选择的地基处理方法。

（3）综合场地岩土工程条件，根据加固原理、适用范围、预期处理效果、施工机具、施工工期、周边环境及工程造价等条件，要求勘察设计单位对初步选定的地基处理方法进行比较，选定适宜的地基处理方法。

（4）对选定的地基处理方法，在代表性场地实施地基处理原体试验，获得地基处理设计参数、施工工艺和相应的处理效果，并根据原体试验结果优化地基处理方案。

（5）地基处理施工图设计时，应提出在施工和运行期间实施监测与检测的要求。

（五）其他要求

（1）对同一建（构）筑物地基宜采用同一种地基处理方法。当两种或以上地基处理方法在同一地基经验证适合可行时，可联合使用、综合处理。

（2）当利用大面积淤泥、淤泥质土深厚回填土或新近吹填土等作为工程建设场地时，宜进行场地预处理。

（3）新建工程一、二级建（构）筑物的地基处理应进行原体试验。对于扩建工程，当场地或工程条件有较大变化时，宜进行地基处理原体试验。

（4）地基处理的施工图设计，应掌握充分的场地岩土工程勘察资料。当已有资料不能满足设计需要时，应进行专门勘察。

（5）地基处理施工前，宜进行试验性施工。在确认施工技术条件满足设计要求后，才能进行地基处理的正式施工。

（6）地基处理时，应对施工质量进行控制，并对处理效果进行检验。当检验结论表明处理后的地基达不到设计要求时，应查明原因，采取补救措施或调整设计参数。

（7）项目单位应要求施工单位编制地基处理施工组织设计，施工时应设专人负责施工检验与质量的监督，做好各项施工记录。

（六）桩基工程

火力发电工程桩基选型考虑的因素较多，如建（构）筑物使用时要求掌握基础持力层的分布、制桩材料、沉桩机械设备及其使用效率、周围环境的制约或施工对环境的影响、建设工期和费用、当地建筑经验等，造型时要坚持"技术可行、经济合理、安全适用、确保质量"基本原则。

例如，某 2×1000MW 项目地基处理方案及管理思路如下：

地基处理方案：主厂房、锅炉房、烟囱等主要建构筑物采用超挖换填砂砾石的地基处理方案，换填厚度为 1～4m；冷却塔采用超挖换填毛石混凝土的地基处理方案；除尘器、脱硫吸收塔、引风机室等炉后设施、转运站、输煤栈桥、碎煤机室、除灰综合楼、灰库、综合服务楼等附属与辅助建（构）筑物采用灰土挤密桩复合地基。

管理思路：地基处理重点抓好施工作业人员、施工机械安全管理工作，做好原材料进场质量验收，强调过程控制、实施安全文明标准化管理，严格现场监督考核，实现现场设施标准、行为规范、施工有序、环境整洁，确保地基处理满足设计要求。

某 2×1000MW 项目地基处理质量工艺管理目标及措施见表 7-1，地基处理进度管理目标及措施见表 7-2，地基处理造价管理目标及措施见表 7-3。

表7-1　某2×1000MW项目地基处理质量工艺管理目标及措施

控制内容	目标	措施	施工单位	监理单位	项目单位
灰土挤密桩质量工艺	灰土挤密桩承载力达到设计要求，各项指标符合设计规范	（1）施工计量设备必须经过计量标定且检定合格，主要工种施工人员持证上岗； （2）施工材料有出厂合格证，需要进场检验的应按规定抽样检测，不符合要求的不得使用； （3）灰土挤密桩施工，应保证有效桩的桩孔直径、桩孔深度、夯击次数，灰土桩夯击次数、填料含水量满足设计要求	（1）机械设备进场安装后，应报技术监督部门完成验证工作； （2）施工材料进厂后，及时通知监理见证取样，复检合格后方可使用； （3）严格控制灰土桩的桩孔直径、孔深、夯击次数，必须确保满足设计要求	施工过程中全程旁站监督，重点检查桩孔直径、数、夯击次数、填料含水量和规范要求，不符合设计和规范要求不予验收	明确建设、监理、施工单位职责，监督各参建单位质量管理体系的建立和运行情况
级配砂砾石换填质量工艺	压实度满足设计要求，地基承载力满足设计要求	（1）级配砂砾石拌合均匀，粒径、含泥量符合设计要求，保持最佳含水率控制在8%～12%； （2）严格控制填料分层厚度每隔10m设置标高控制桩，画上分层厚度标高控制线，并拉线，以控制回填料的厚度及压实平整度； （3）碾压采用吨位较大的振动压路机，轮距搭接不小于50cm，边缘和转角处应用人工或蛙式打夯机补夯务密实，要一夯压半夯、夯夯相接，全面夯实； （4）回填料不得含有树根、杂草等有机杂物，含泥量不得超过5%	（1）做好原材料质量控制，对进场原材料严格把关，使用前必须复检合格，严格控制泥量； （2）严格控制填料含水量，含水量偏差控制在最优含水量的±2%范围内； （3）回填料必须拌合均匀，防止出现离析； （4）严格控制回填标高，回填分层厚度小于或等于500mm，实实密度达到设计规范要求	（1）复查回填量、含泥量、检验报告，不符合要求严禁使用； （2）施工过程中全程旁站监督，对分层厚度、填料含水量进行重点控制； （3）做好见证取样试验，压实度不符合要求严禁回填上一层	参与回填压实取样复检，不符合要求禁止下道工序施工
毛石混凝土质量工艺	地基处理后承载力满足设计要求	（1）毛石应选用坚实、未风化、无裂缝、洁净的石料，强度等级符合设计要求； （2）毛石尺寸不大于所浇筑部位最小宽度的1/3，且不得大于30cm； （3）毛石混凝土应将混凝土浆体充分包裹毛石，毛石在结构体空间中应保持均匀布置摆放，毛石不超过换填体积的30%；	（1）严格控制毛石粒径，强度必须符合设计要求； （2）毛石投放必须用木板和溜槽向下清落，不得有泥土带入，不得随意乱抛； （3）严格控制毛石含量，施工前进行收方确认，多余毛石不得堆放在施工现场；	（1）检查毛石强度复检报告，不符合要求严禁使用； （2）控制毛石粒径及含量，严禁超量； （3）抽查混凝土搅拌站，确保配合比满足设计要求；	过程质量监督，发现问题及时督促施工单位整改

续表

控制内容	目标	措施	各单位职责		
			施工单位	监理单位	项目单位
图片			灰土挤密桩承载力试验　 桩体完整性检测　 级配砂石回填　 毛石原材		

表7-2　某2×1000MW项目地基处理进度管理目标及措施

控制内容	目标	措施	各单位职责		
			施工单位	监理单位	项目单位
进度管理	进度满足二级、三级网络计划要求，不影响下道工序施工	（1）提前存储施工材料，确保工程能连续施工； （2）合理安排施工时间、人员，确保施工进度； （3）确保施工有足够资金； （4）施工机械定期维保，确保状态良好	（1）根据工程工期要求，合理配置足够的人力、机械、物资等资源，以满足工程需要； （2）在工程开展过程中，每周进行计划进度与实际进度的比较，发现偏离及时采取措施，保障工程进度计划； （3）及时上报进度款结算； （4）做好机械日常保养，并做好记录	（1）监督现场施工人员，物资投入情况，不满足进度要求时及时通知施工单位增加； （2）召开进度分析会，进度滞后时督促施工单位采取赶工措施	根据集团公司下达的工期目标，合理制定工程一级网络进度计划

表 7-3　　　　　　　　　某 2×1000MW 项目地基处理造价管理目标及措施

控制内容	目标	措施	各单位职责			
			设计单位	施工单位	监理单位	项目单位
造价管理	控制在概算造价内	（1）灰土挤密桩桩孔尺寸、深度严格按设计施工，严禁超挖； （2）基坑尺寸、标高严格按设计、规范要求控制，严禁超挖； （3）严格控制地基处理范围尺寸，严禁超填； （4）设计图纸及时到位，避免窝工	（1）成立地基处理设计优化小组； （2）对同区域已投产火电机组地质、地基处理方案进行收资对比； （3）对本项目拟采取地基处理方案与本地区内其他已建电厂地基处理方案进行综合比选，采取最优处理方式； （4）编制地基处理方案造价对比专题报告，并推荐最优方案	（1）严格按照基坑开挖边线开挖，控制基坑底标高，严禁超挖； （2）加强灰土挤密桩成孔质量控制，成孔直径、深度偏差控制在规范要求范围内； （3）地基处理施工前，对地基需处理范围进行放线，并报监理、业主验收	（1）严格验收基坑、灰土挤密桩成孔质量，超过设计、规范要求范围的，工程量不予计量； （2）严格验收地基处理范围边线，对超填工程量不予计量	（1）参加基坑、灰土挤密桩桩孔质量、地基处理范围边线验收，超出工程量不予计量； （2）做好设计图纸催交

第四节　施工组织总设计

一、概念

施工组织设计是指以建筑、安装工程项目为对象编制的，用以指导施工技术、经济和管理的综合性文件，分为施工组织总设计、标段施工组织设计、专业施工组织设计。

施工组织总设计是建设工程施工的总体规划与安排，是指导其施工全过程中各项施工活动管理、技术的综合性、纲领性文件，是编制标段施工组织设计和专业施工组织设计的重要依据。

二、内容及编制依据

施工组织总设计应包含工程概况、现场组织机构与人力资源配置、施工综合进度、施工总平面布置及力能供应、主要施工方案及重大施工技术措施、质量管理、职业健康与安全管理、环境管理、物资管理、现场教育培训、工程信息化管理等内容。

编制依据如下：

（1）工程施工合同、招投标文件和与工程有关的其他合同。

（2）已批准的初步设计及有关文件。

（3）工程概算和主要工程量。

（4）设备清单及主要材料清单。

（5）主要设备技术文件。

（6）新设备、新材料试验资料。

（7）现场情况调查资料。

三、编制要求

（1）施工组织总设计由项目单位在项目开工前组织监理单位、主标段参建单位共同参与编制完成，重点对建设工程作总体表述、对施工技术和施工组织管理作总体规划及安排，报上级单位，并由上级单位组织专家评审，按评审意见修改完成、履行审批程序后执行。

（2）标段施工组织设计由各标段施工单位在各标段项目开工前编制完成，详细描述本标段工程范围内的施工组织、管理方法和主要施工技术原则方案等，组织内部评审后报监理、项目单位审查，按审查意见修改完成、履行审批程序后执行。

（3）专业施工组织设计由各标段施工单位对应专业工地在专业开工前编制完成，详细描述对应专业工程范围内的施工组织、管理方法和主要施工技术原则方案等，组织内部评审后报监理、项目单位审查，按审查意见修改完成、履行审批程序后执行。

（4）项目单位应在吸纳同类工程先进经验的基础上，结合工程实际情况，在专业化管理、智能化管理、精细化管理等方面不断创新。

（5）施工组织总设计一经批准，现场参建单位应认真贯彻实施，未经审批不得修改。凡涉及扩大施工用地，修改重大施工技术方案，改变职业健康安全、环境、绿色施工的保证措施，应对相应的施工组织总设计进行修改，并履行原审批手续。

（6）施工组织总设计主要内容应列入工程技术交底的范围。

四、施工总平面布置

（1）施工总平面布置应充分研究、统一规划、合理布置。

（2）施工总平面布置宜采用彩图，并附必要的文字说明和计算数据。

（3）总平面布置图应包括下列内容：

1）建筑标准图例，并带有坐标方格网和风玫瑰；

2）厂区围墙及出入口；

3）厂区生产建（构）筑物布置；

4）厂区施工生产和生活临建设施，含组合场、大型施工机械、搅拌站、试验室、各种加工场地和堆放场地；

5）永临结合的厂区道路、施工道路、铁路（含轨道式吊车铁道），大件运输路线的规划；

6）永临结合的厂区排水、防洪系统；

7）厂区施工电源系统；

8）厂区施工生产、生活和消防等供水系统；

9）氧气、乙炔、氩气、施工用压缩空气设施和管道系统；

10）生产、生活供热、采暖设施。

（4）总平面布置中应附有下列数据及计算资料：

1）各施工单位（标段）生产和生活用地面积统计；

2）各施工单位（标段）大型临建型式及建筑面积统计；

3）施工、生活、消防等用水量计算及管路设计；

4）施工、生活用电量计算和供电容量及系统设计；

5）现场道路、排水及防洪等系统的简要说明。

（5）总平面管理的原则方案。

1）应制定施工总平面管理制度；

2）总平面的用地管理应执行"统一规划、分界管理"原则；

3）明确施工单位（标段）的责任管理范围；

4）施工用水、施工用电、通信、照明、排水系统、施工道路等使用、维护及管理的原则要求。

第八章
工程计划及进度管理

工期短、质量优、造价低是火力发电工程建设的最佳目标，合理的建设工期对控制工程造价及提高投资收益有着重要的作用。工程计划及进度管理是工程组织和实施的核心内容，是工程管理最核心的工作之一，是保障工程质量、安全、造价等最核心的管理控制要点。科学合理的工程计划就是要实现工期、质量、造价、安全的均衡协调。因此，项目单位应通过市场调研，综合考虑建厂自然条件、施工条件、图纸和设备的供应、施工组织、意外事件、资金情况等影响工程计划的主要因素，充分发挥业主主导及协调作用，制定科学合理的工程计划目标，编制相应的工程进度计划，以工程进度管理为主线，坚持"四早"（早谋划、早发现、早协调、早预警）原则，采取有效的组织、管理、技术、经济和合同等措施，在保证质量、安全、造价的前提下，实现工程有序均衡推进，确保工程计划目标如期实现。

第一节　概述

一、概念

火力发电工程计划是指从设计招标开始到最后一台机组投产的综合工程计划，分为工程开工前准备和工程建设两个阶段。

工程开工前的准备工作主要包括支持性文件获取、开工建设决策、初步设计、外部建设条件（送出线路、取水、铁路专用线或水运码头、灰场等）落实、主设备厂商招标采购、主要施工单位及主要技术服务单位招标采购、开工决策、地基处理及现场五通一平等。

工程建设期是指从主厂房基础垫层浇筑第一罐混凝土开始至工程投产（即机组全部经过 168h 或者 72+24h 试运行合格移交生产）结束。

工程进度管理是指采用合理的方法确定工程进度目标、编制进度计划、进行进度协调与控制，实现预期计划目标。

二、目的和意义

（一）管理目的

工程计划及进度管理的目的就是保证火力发电工程建设能够按时完成，达到预期的效果。

（二）管理意义

1. 维护业主利益，保障项目成果

工程项目的按时完成直接关系到业主的投资回报和项目的实际效益。对于业主来说，项目按时成功交付使用是其最重要的利益所在。通过有效的工期管理，可以确保项目的顺利完成，使业主获得预期的投资回报和项目成果。

2. 优化资源分配，降低项目成本

工程计划及进度管理不仅是保证项目的进度，而且还需要资源的优化分配。合理的工程计划安排可以更好地优化人、财、物等资源的分配，提高资源利用效率，从而降低项目的成本。

3. 确保项目按时完成，降低工期索赔风险

通过合理的工程计划安排及过程协调控制，可以确保项目按时完成，减少因人为因素或不可抗力导致的工期延误，从而降低因工期延误引发的索赔风险。

4. 参建各方实现价值创造，提升企业美誉度

合理的工程计划及进度管理可以使参建各方能够更加专注地投入工作，提高工作效率和质量，同时也可以塑造企业的良好形象，提升企业的市场竞争力。

三、管理的主要内容

工程计划及进度管理的主要内容包括编制工程计划、进度控制与协调、总结与评估三个方面。

1. 编制工程计划

编制工程计划是工程计划及进度管理的第一步，计划目标必须合理、计划要详尽且可行。

2. 进度控制与协调

进度控制与协调是工程计划及进度管理的关键环节。要随时监控工程项目的进展情况，针对进度偏差采取强有力的有效措施来保证工程项目进度按时按量完成，并根据工程实际动态调整有关进度计划，以满足整体进度控制要求。

3. 总结与评估

工程结束后对工程计划及进度管理进行总结，评估整个项目的效果，吸取经验教训，将优秀经验和做法固化，为后续工程项目提供借鉴。

四、工程计划分类

工程计划是综合计划，应涵盖采购工作计划、设计工作计划、施工准备计划、资金计划、工程管理计划、施工网络进度计划、图纸交付计划、设备交付计划、质量监督计划、厂外工程计划、调试计划、生产准备计划、工程验收计划等，将影响工程建设进展的所有工作纳入计划管理体系，各计划与施工计划匹配，同步推进各项计划的落实。

工程计划按照阶段一般分为开工前准备工作计划和工程施工进度计划。

（一）开工前准备工作计划

开工前准备工作计划包括但不限于以下内容：

（1）采购工作计划：涵盖设计招标计划、设备招标计划、监理招标计划、施工招标计划，咨询服务类招标计划（采购计划一直延续到工程开工后全部采购工作结束）。

（2）设计工作计划：涵盖工程初步设计计划、施工图交付计划、现场服务、设计质量检查等。

（3）施工准备计划：涵盖现场总平面布置规划，地基处理、五通一平工作，施工生产生活临建设施准备，施工单位人员和机械设备进场，改造工程中的建筑和设备过渡、拆迁计划及厂前区布置策划、施工手续办理等。

（4）资金计划：根据工程项目需要，配置合理的资金计划。

（5）工程管理计划：涵盖机构设置及人员配置、管理制度制定、工程管理策划编制等。

（二）工程施工进度计划

工程施工进度计划包括但不限于以下内容：

（1）工程施工网络进度计划：应涵盖里程碑计划、一级计划、二级计划、三级计划、四级计划等。

1）里程碑计划。里程碑计划是确定主要里程碑的概要性进度计划，是以工程中某些重要事件完成或开始时间作为基准所形成的计划。里程碑计划是整个工程重点控制节点进度目标，是各级工程网络进度计划和控制的根本依据。

2）一级计划。一级计划也称一级工程网络计划，是在里程碑进度计划的基础上，根据工程实际情况，增加一些重要阶段或重要工程活动的开始或结束时间而形成的工程总体计划。一级计划是工程指导性与控制性进度计划，以里程碑进度计划和机组投产日期为依据，对全部工程项目进行综合安排，应以施工准备开始到工程建成移交投产为止，应能反映出工程进度关键路线及各工程项目的控制日期。

3）二级计划。二级计划也称二级工程网络计划，是在一级网络计划的基础上，继续深化至各子系统关键交接点、重大形象进度，深度到单体工程。二级计划是工程各标段综合施工进度计划，以一级工程网络进度计划为依据，各施工单位对本标段各单位工程的土建、安装工作的实施进行综合安排的进度计划。二级计划应明确施工流程及主要工序（项目）的衔接、定义、配合等方面的要求。

4）三级计划。三级计划是各承包商根据二级计划制订的标段工程计划，深度到分部工程。三级计划是工作层进度计划，是以二级工程网络进度计划为依据，施工单位对主要单位工程（一般指工程量大，土建与安装关系较密切的项目，如：升压站、主厂房、集控室、燃料系统、大型水工工程、除灰系统、消防系统、脱硫系统等）或专业工程（一般指土建、汽机、锅炉、电气、智控、化水等）在满足关键路线和 / 或主要控制工程计划的前提下，应尽可能保证单位工程或专业工程的自身均衡施工，工程计划安排尽量适应季节和现场条件，达到工序合理、综合进度实现效果好的目的。

5）四级计划。四级计划是对三级计划的进一步分解，由各承包商在三级计划的基础上根据开工时间的先后，逐渐进行细化编制。为保证实现一、二级工程网络进度及均衡施工，施工单位可根据需要，编制重点专业工程，如土石方、预制件、大件吊装、配装加工等的施工综合进度。

（2）工程施工资源进度计划：包括图纸交付计划、设备交付计划、施工劳动力资源配置计划、机械进场计划等。

（3）调试工作计划：第一台机组厂用受电开始到最后一台机组通过 168h 试运移交生产的调试工作计划，包括单体调试、单机试运、分系统试运、整机启动试运等。

（4）生产及经营准备计划：涵盖生产人员招聘、培训、技术准备、生产规程制定等计划。

（5）工程验收计划：项目单位应制订验收工作计划以便开展各项监测和验收工作。如消防验收、环保验收、水保验收、档案验收、安全验收、职业卫生验收、达标投产验收、竣工验收等。

（6）设备监造计划：根据工程进度需要，制订相应的设备监造计划。

五、管理目标

火力发电工程建设工程计划及进度管理目标就是要在规定的时间内，制订出经济合理的进度计划并进行过程检查控制，保证项目按时完成，实现主辅同步、机组交接后零甩项、零尾工、零缺陷的管理目标。

六、管理原则

工程计划及进度管理一般可遵循早谋划、早发现、早协调、早预警的"四早"原则。

（一）早谋划

早谋划是火力发电工程管理的第一原则。在开工准备阶段，就要制订详细的进度策划，明确项目的目标和需求，确定工程的范围和时间计划，并制订合理的资源配置（施工图进度，设备到货进度等）计划。要明确各项工作任务的逻辑关系，提前预判项目实施过程中可能遇到的问题，制定相应的解决方案，并确保项目能够按照计划有序进行。

（二）早发现

项目单位要实时监控项目的实际进度，并与项目计划进行对比，充分利用各种项目管理工具和技术，如一级网络计划图、关键路径分析，项目管理软件（如 P3/P6）等，及时了解项目的进展情况，及早发现和解决潜在的问题和延迟风险。

（三）早协调

影响工程进度的问题如果不及时解决可能会引起一系列的衍生问题，导致问题扩大化、复杂化，更难解决，因此对问题要及时协调解决，按照分级决策程序及时决策，及时协调，尽早给出解决方案，有效减少不同标段、不同专业、各参建单位之间的冲突和误解，提高工程活动的协同效率，保证项目能够顺利进行。

（四）早预警

早预警可以帮助项目单位和各参建单位识别项目中的风险和挑战，及时调整工作计划，避免问题进一步扩大，确保能够按时、按质量完成项目。

七、工程进度计量

计量工程进度，了解工程实际进度与计划的差异是进行工程进度管控的前提。目前工程进度计量以里程碑/一二级工程计划节点统计或者投资进度统计为主，这并不精准。为更加准确地计量工程进度，项目单位可以进行相关课题研究，在统计和计量工程形象进度和里程碑计划时，可以考虑将工程按照土建、安装设置不同权重，结合工时、社会平均劳动时间等方法，计算工程量和工程进度，使工程计量更加精准，进度计划控制更加科学。

第二节　工程计划及进度管理组织分工

在火力发电工程建设工程进度管理中，要明确项目单位和各参建单位工期计划及进度管理的职责分工，做到分工明确，职责清晰，确保工程进度受控、可控。

一、项目单位进度管理组织架构及分工

项目单位应成立工程进度领导小组，项目单位领导层与工程进度相关各部门相互协调配合，明确职责分工，共同承担工程进度管理的职责。具体分工如下：

（一）工程进度管理领导小组

（1）在施工和安装阶段，项目单位牵头组织各参建单位成立工程进度管理领导小组，工程进管理领导小组组长一般为项目单位主要负责人，副组长为项目单位分管领导和各参建方的项目经理，成员为项目单位及各参建单位相关部门负责人。工程进度管理领导小组下设工程进度管理办公室，负责工程进度日常工作，办公室可设置在工程技术部门或计划管理部门。

（2）机组启动试运阶段，项目单位牵头组织成立机组启动验收委员会和机组试运指挥部，机组的试运及各阶段的交接验收应在试运指挥部的领导下进行。机组整套启动试运准备情况、试运中的特殊事项和移交生产条件，必须由启动验收委员会进行审议和决策。

（二）工程技术部门

（1）组织工程计划的编制及提出动态调整意见。

（2）提出工程设备、材料采购招标及设备材料的交付进度意见。

（3）组织协调各标段承包商编制标段节点、标段内各专业节点。

（4）组织各标段承包商编制初期目标计划及初期目标计划报告书。

（5）负责进度偏差确定、进度预警及发布。

（6）组织审核执行层上报偏差纠正方案。

（7）定期在公司局域网上发布工程进度的最新信息和预警。

（8）负责指导和协调监理单位和各标段施工工程进度管理软件的应用与管理工作。

（9）向计划部门、监理单位提交与设计院达成的施工图交付计划。

（10）及时掌握、反馈施工图实际交付情况。

（11）负责对施工图交付计划进行审查和调整，并协调、监督施工图交付计划实施。

（12）对造成施工图交付进度滞后的原因进行分析，协调解决影响交图进度的各种问题。

（13）严格控制影响关键路径的施工图交付进度和设计进度，确保工程施工顺利进行。

（14）复核经监理单位审批的二级网络进度计划及月进度计划。

（15）掌握工程实际进度与已完成的工程项目情况。

（16）复核监理单位进度调整报告和进度分析报告。

（17）及时提供工程开工信息。

（三）计划管理部门

（1）组织编制服务类项目招标计划。

（2）参与工程进度的整体协调和管理工作，参与各级工程进度计划的审查和调整修改，及时提供工程招投标进度信息、施工合同工期信息。

（3）参与工程里程碑进度计划和一级进度计划的编制及动态调整修改，向相关部门反馈修改信息及执行情况。

（4）参与各标段承包商施工图交付需求计划的审核工作。

（四）物资部门

（1）负责向工程技术部门提交设备招标计划及实际执行情况、与供应商达成的物资交付计划、设备监造计划。

（2）及时提供物资的实际交付情况。

（3）对造成设备到货进度滞后的原因进行分析，协调解决影响设备进度的各种问题。

（4）严格控制影响关键路径的设备到货进度，确保工程施工顺利进行。

（5）参加各级工程进度计划的审查和调整。

（五）安健环监察部门

负责向工程技术部门提供安全主要风险预控点，并负责对安全主要风险点进行定期风险提示。

二、各参建单位进度管理职责

（一）监理单位

（1）执行项目单位有关工程进度管理制度，依据批准的里程碑计划，参与工程一、二级进度计划的编写及动态调整、施工图交付计划、物资交付计划的编制和动态调整。

（2）审批施工单位编制的三级进度计划及工程月进度计划。

（3）负责检查施工单位进度计划的实施情况。

（4）严格控制进度计划中的关键路径及节点的按期实现。

（5）协调各工程项目的及时开工。

（6）负责周、月盘点工程进度，组织周进度协调会和月进度分析会，对造成工程进度滞后的原因进行分析，及时提出改进、调整进度计划的意见与建议。

（7）协调解决影响施工进度的各种问题。

（8）审查施工单位填报的关于工程进度、工程量和费用、资源方面的报表，并将审查结果报工程技术部门、计划部门核定。

（9）检查施工单位上报的工程周进度、月进度报表。

（二）设计单位

（1）合理安排设计力量，保障施工图纸出图量满足工程建设需求。

（2）严控设计变更，对已确定的设计变更，要及时组织人员进行设计，及时出变更图纸。

（三）施工单位

（1）负责三级及以下各级进度计划的编制、实施、调整修改，并报监理单位审批和计划部门备案。

（2）负责工程各级进度计划的具体实施。

（3）提交为保证工程进度计划的实施而需要的物资交付计划、图纸交付计划、工序交接要求等。

（4）参加项目单位组织的二级进度计划的编制与调整。

（5）做好本单位施工进度的实际跟踪记录，按规定的时间将工程进度、工程量、资源费用方面的完成情况进行更新，按时向监理单位报告工程周进度和月进度的实现情况，同时报项目单位工程技术部门、计划管理部门。

（6）主标段施工单位要组建自己的进度管理系统，制定自己的进度管理制度，并报工程技术部门备案。

（四）调试单位

（1）尽早参与工程建设过程，熟悉工程设计和设备性能，确保调试工作顺利进行。

（2）严格按国家法律法规及行业标准要求，合理组织、协调调试试运工作，保障调试试运工作按计划顺利完成。

（五）设备制造单位

按照合同规定备料、制造，保质保量按时供货。

第三节　工程计划管理

一、工程计划目标的确定

（一）制约工程计划目标的主要影响因素

影响和制约火力发电工程建设工程计划目标的主要因素有建厂自然条件、施工条件、图纸和设备的供应、施工组织（包括施工设备、材料、人员）、业主主导作用及协调、意外事件的出现、资金到位情况等。

1. 建厂自然条件

火力发电工程的建厂条件主要包括地、水、电、煤、灰、路六大项。地是指厂址的地质自然条件，如工程需要采用人工地基，与天然地基相比，其工期要延长4～6个月。水是指施工用水、生产用水水源。如果电厂水源与电厂距离远，管线敷设难度大，自然会影响到工程工期。电主要是指施工电源、启备电源及送出线路，尤其是跨省的送出线路建设周期长，对工程工期有非常大的制约因素。煤主要是指电厂的燃料是采取就近的汽车运输，还是长距离的铁路运输，如果还需要新建运煤专线，会给工期带来很大压力。灰主要是指贮灰场属山谷灰场还是平原灰场或滩涂灰场，山谷灰场相对平原灰场施工期要长，滩涂灰场又比山谷灰场的施工期要长。路主要指电厂水、陆基础交通是否便利，能否满足设备、材料顺利运达现场的需要。

2. 施工条件

在火力发电工程建设过程中，对施工条件有很大依赖性。地质、人文、气候环境等外在环境状况都容易产生对施工进度的影响，如不正常电网停电、疾病、暴雨、台风、高温、洪水等。火力发电工程建设很大程度上会受到气候的影响，而且这种影响会因地域的不同而有所差异，如南方的冬季较短，冬季施工的影响较小。

3. 图纸设备供应

如火力发电工程建设在密集期，会导致电力设计单位和设备制造单位超额地开展生产工作。由于图纸无法按时完成、图纸错误、设计单位人力资源紧张无法提供及时的现场服务，以及设备无法及时供货等因素成为影响工程进度的主要因素。

4. 施工组织管理

施工组织管理是火力发电工程建设有序进行的重要保障，机具设备、人力资源的配置是施工组织的核心，交叉施工的协调配合会对施工产生较大的影响。

5. 业主主导作用及协调

在工程计划及进度管理中，业主是整个工程保证按里程碑计划进度实施的关键因素。

在控制投资、选定主要方案、选择主要设备、确定设计队伍及施工队伍、协调解决现场阻工问题、与外部的联系等方面，业主主导作用及协调尤为关键。

6. 意外事件的出现

重大事故、罢工、地震、战争等意外事件，都会对施工进度产生重大影响及造成工程停滞，从而影响工程进度计划。

（二）工程计划目标确定原则

项目单位在充分调研的基础上，根据国家政策、市场环境、建设条件和项目特点，可参照同时期、同区域、同类工程先进水平制定工程计划目标。火力发电工程计划目标的确定遵循以下原则：

1. 市场调研原则

项目单位必须进行充分市场调研，重点调研同时期、同区域、同类型机组的工期以及新的施工技术发展情况，从而提出项目的总工程计划目标。

2. 科学合理原则

项目单位应根据国家政策、市场环境、建设条件和项目特点，确定科学合理的工程计划目标。如有必要，组织邀请火电基建专家进行工程计划目标论证，确保计划目标科学合理。如某2×1000MW新建火电项目工程主体计划目标为22+2个月，开工前和建设初期邀请火电基建专家进行了工期可行性论证，经专家论证认为，在主机设备厂家生产线不超负荷，没有不可抗力和极端恶劣天气影响的情况下，"22+2"工期理论上是可行的。通过实践，该项目工程里程碑节点全部按期或者提前完成。

3. 贴合实际原则

火力发电工程项目的建设往往不是简单地复制，每个火力发电工程项目都有自己的独特性，如不同的建厂条件、不同的技术路线、不同的"五新"技术应用等，要根据项目实际和特点，制定贴合实际的计划目标。

二、工程计划编制

（一）工程计划编制方法

目前，建设项目进度计划方法有以下几种，分别是甘特图法（横道图法）、网络计划法、工作分解结构法、里程碑事件法等。

1. 甘特图法

甘特图，也称条形图或横道图，实质为坐标图。甘特图的横轴表示顺序时间，纵轴表示各项活动安排，横线表示各项活动的起止，线条表示该活动在工期上的计划和实际完成情况，甘特图可以直观反映出每一项活动在项目工期内的耗时和偏差。甘特图形象简单、明了、易于编制，因此成为当前项目管理中编制项目进度计划最常用的工具之一。

2. 网络计划法

网络计划法是一种利用网络计划对项目工作进度进行规划和控制，以确保实现项目预期控制目标的科学计划管理方法。网络计划法主要包括关键线路法（CPM）、计划评审技术（PERT）、图形评审技术（GERT）、前导图法（PDM）、箭线图法（ADM）等。

3. 里程碑事件法

里程碑事件法是基于甘特图或网络计划法等方法，在甘特图或网络图上标示出一些工程项目的关键事件或事件的关键点，使得这些关键事件或事件的关键点突出显示，能够被直观地确认。里程碑事件法一般用于标示项目进度计划执行的过程中每个阶段的控制目标情况，确保被控目标在既定的时间内被完成。通过关键事件或事件关键点的完成情况能够反映出工程项目进度计划执行情况，由此来制订并修正项目进度计划。例如，在火力发电厂新建工程中，锅炉点火、汽轮机冲转、发电机并网发电等都是一些里程碑事件，通过控制这些关键事件和事件的关键点，能够有效地进行项目进度控制，达到预期的目标。

4. 工作分解结构法

工作分解结构是面向项目可交付成果的成组项目元素，这些元素组织和定义了该项目整体的工作范围。每下降一层代表对项目组成要素更加详细地定义，项目组成要素可以是项目可交付的产品，也可以是项目服务活动。

5. P3/P6 等软件法

P3/P6 等工程项目管理软件都是成熟优秀的工程项目进度管理软件，是使用最为广泛的网络进度计划软件之一，特别适合用于工程规模大、施工工序多、逻辑关系复杂的工程。使用 P3/P6 等软件可使工程进度的动态管理变得方便、简洁。

在实际应用中，对于多种项目进度计划方法应如何选择，项目单位应根据项目实际情况，综合考虑项目规模、复杂程度、紧急程度、对项目细节的掌握程度、有无相应的技术力量和设备等因素后选择合适的方法。

（二）工程计划编制要求

1. 工程计划编制总体要求

（1）项目单位应建立工程综合进度计划体系，将影响工程建设进展的所有工作纳入计划管理体系，各计划与施工计划匹配，同步落实推进。

（2）应依据工程建设项目整体性的特性，坚持"主辅系统同步建设"、"厂内厂外设施同步建设"、"生产生活设施同步建设"及"高标准交安装、高标准交调试、高标准整套启动"的理念。依据工程建设分阶段的特性，要坚持前期工作不能与主体工程交叉，坚持五通一平不与主体工程交叉，减少气候条件限制的交叉，建筑施工与安装施工减少交叉，安装与调试减少交叉。

（3）工程进度安排还应考虑某些施工项目对地域环境、季节的适应性，如高温、多雨的气候的影响。

（4）对施工过程的平面顺序、空间顺序和专业顺序应进行细致考虑，一般应考虑：

1）多机组连续施工，应在主体工程中组织土建、安装阶梯型分段流水施工，扩大各专业的施工工作面，减少主体工程间和不同专业间的干扰。

2）优先安排主导工种的流水作业，带动其他工种的平衡，如土建中的混凝土和构件吊装等。

3）尽量避免高空和地面作业的相互影响，如烟塔和炉后烟尘系统的施工要尽量错开。

4）集中管理、技术、资源优势，优先保证关键路径项目的日程及总工期。

5）及时调整非关键路径项目的开、竣工日期，使之既符合控制进度，又达到均衡施工。

（5）设计图纸、设备材料交付进度计划的编制要求。工程施工进度计划编制完成后，进度计划工程师会同项目单位有关人员及监理单位，根据工程施工进度计划、图纸设计、设备材料及施工招标要求，倒排出设计图纸及主要设备材料最晚交付时间，同时留有必须进行的审图、交底、招标、施工准备或安装前设备检查等工作所需的时间，编制设计图纸交付进度计划和设备材料交付进度计划。

2. 开工前准备工作计划

工程开工前准备工作计划见表8-1。

表8-1　　　　　　　　　　　工程开工前准备工作计划

××火力发电工程

序号	项目前期工作内容	节点计划 ×年×月×日	备注
一	初步设计		
1	初步设计原则确定		
2	总平面图审查		
3	初步设计审查		
二	组织机构建立		
1	项目公司成立、管理人员配备		
2	管理制度制定、管理体系建立		
三	资本金注入，融资手续完备		
四	设备采购及工程招标		
1	主设备招标		
2	第一批辅机招标		
3	主体施工招标		
五	外部条件落实		
1	建设用地批复		
2	征地、拆迁工作完成		
3	施工许可证办理		
六	现场五通一平及开工准备		
1	五通一平施工完成		
2	施工组织设计审查		
3	桩基试桩		
4	主体桩基施工		
5	开工条件检查		
七	项目开工（主厂房基础浇筑第一罐混凝土）		
八	计划投产时间		

3. 工程施工网络进度计划编制分工及时间要求

（1）里程碑进度计划。里程碑进度计划在初步设计阶段编制，由项目单位工程技术部门提出初稿，由项目单位主管副总经理组织公司其他部门、监理单位及主要施工单位进行修编，必要时由公司组织有关专家审核，并报上级单位审批。火力发电工程里程碑进度计划见表8-2。

表 8-2 火力发电工程里程碑进度计划

×× 火力发电工程　　　　　　　　　　施工工期：　　个月

序号	工作内容	计划完成时间	
		× 号机组	× 号机组
一	厂内工程		
1	主厂房基础浇筑第一罐混凝土		
2	主厂房基础出零米		
3	主厂房封闭完		
4	集控楼交付安装		
5	烟囱外筒壁结顶		
6	冷却塔外筒壁结顶		
7	锅炉钢结构吊装开始		
8	锅炉大板梁验收完		
9	锅炉水压试验完成		
10	锅炉风压试验完成		
11	锅炉酸洗完成		
12	锅炉吹管完成		
13	汽轮机台板 / 轴承箱就位		
14	汽轮机扣盖完成		
15	汽轮机油循环开始		
16	机组分散控制系统（DCS）上电调试开始		
17	机组厂用电受电完成		
18	化学水制出合格水		
19	脱硫系统具备通烟气条件		
20	脱硝系统具备通烟气条件		
21	机组整套启动开始		
22	机组首次并网完成		
23	机组 168h 试运完成		
二	厂外工程		
1	运煤铁路 / 码头开工		
2	运煤铁路 / 码头具备投运条件		
3	送出工程开工		
4	送出工程验收完成		
5	厂外供水系统开工		

序号	工作内容	计划完成时间	
		× 号机组	× 号机组
6	厂外供水系统交付使用		
7	供热管网开工		
8	供热管网交付使用		
9	灰场开工		
10	灰场投用		

某 2×1000MW 新建工程工期为 22+2 个月，具体里程碑计划见表 8-3。

表 8-3 　　　　　　　某 2×1000MW 新建工程工期为 22+2 个月的具体里程碑计划

序号	工作内容	里程碑节点计划	
		1 号机组	2 号机组
一	厂内工程		
1	主厂房浇灌第一罐混凝土	2021-12-26	
2	主厂房基础出零米	2022-04-30	
3	主厂房封闭完	2023-02-20	
4	集控楼交付安装	2023-03-10	
5	化学制出合格除盐水	2023-05-20	
6	烟塔结顶	2023-01-31	2023-03-31
7	锅炉钢结构吊装开始	2022-04-10	2022-06-10
8	锅炉大板梁验收完	2022-10-10	2022-12-10
9	锅炉水压试验完成	2023-06-10	2023-08-10
10	锅炉风压试验完成	2023-08-25	2023-10-25
11	锅炉酸洗完成	2023-08-10	2023-10-10
12	锅炉吹管完成	2023-09-05	2023-11-05
13	汽轮机台板就位	2023-02-25	2023-04-25
14	汽轮机扣盖完成	2023-07-31	2023-09-30
15	汽轮机油循环开始	2023-06-30	2023-08-31
16	机组 DCS 上电调试开始	2023-05-10	2023-07-10
17	机组厂用电受电完成	2023-05-31	2023-07-31
18	脱硫系统具备通烟气条件	2023-08-20	2023-10-20

续表

序号	工作内容	里程碑节点计划	
		1号机组	2号机组
19	脱硝系统具备通烟气条件	2023-08-20	2023-10-20
20	机组整套启动开始	2023-09-25	2023-11-25
21	机组首次并网完成	2023-09-30	2023-11-30
22	机组168h试运完成（含脱硫、脱硝）	2023-10-31	2023-12-31
二	厂外工程		
1	运煤铁路工程开工	2021-12-31	
2	运煤铁路工程具备投运条件	2023-07-31	
3	送出工程开工	2022-06-30	
4	送出工程验收完成	2023-09-20	
5	厂外供水系统开工	2022-02-20	
6	厂外供水系统交付使用	2023-05-20	
7	灰场开工	2022-06-30	
8	灰场投用	2023-08-15	

（2）一级计划。一级计划由项目单位工程技术部门提出初稿并组织其他部门、监理单位及主要的施工单位进行修编，必要时由项目单位组织有关专家审核，一般报上级单位审批。一级进度计划在初步设计完成之后，施工招标开始之前完成。某2×1000MW新建工程一级计划见图8-1。

（3）二级计划。二级计划一般可由项目单位工程技术部门牵头，计划部门、物资部门、生产准备部门、监理单位及施工单位共同参加编制，编制完成后由项目单位分管领导审批后下发执行。二级工程网络进度计划一般在初步设计完成之后，施工招标开始之前完成。

（4）三级计划。三级计划是由各标段承包商（包括设计、设备制造、施工及安装、调试等）在中标后一个半月内编制完成，经工程监理单位审核后，报项目单位备案，工程监理单位负责动态监督。

（5）四级计划。四级工程计划由各承包商负责管理，四级进度计划是各承包商在三级计划的基础上根据开工时间的先后，逐渐细化进行编制，报项目单位备案，工程监理单位负责动态监督。

三、工程计划更新与调整

工程计划是计划、执行、检查、分析和调整的动态循环过程，应不断滚动、更新。工程计划确需变化应通过技术经济方案论证，充分考虑投资综合效益，不得随意压缩工期。当发现某项活

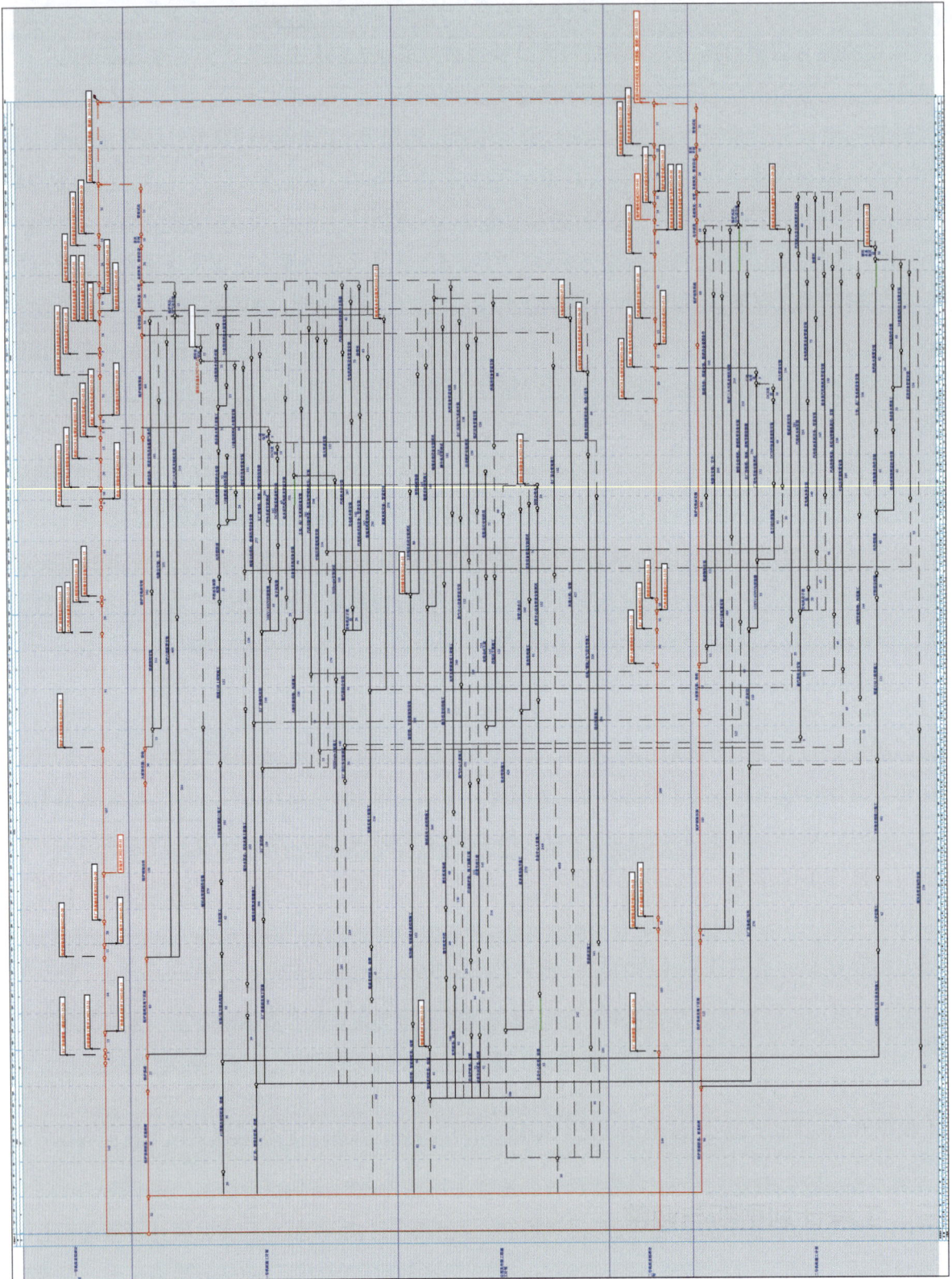

图 8-1 某 2×1000MW 新建工程一级计划

动进度有延误，并对后续活动或者工程计划总体目标有影响时，一般需对进度进行调整，以实现进度目标。调整进度的方案有多种，如关键工作的调整，改变某些工作的逻辑关系，重新编制计划，非关键工作的调整，增减工作，资源调整等，项目单位需要根据实际情况需要择优选择。

火力发电工程建设里程碑节点计划、一级计划和年度建设计划原则上不予调整。如遇较大的工程变更或其他特殊情况，应组织编制进度计划调整报告并经报批后实施。

二级计划的变更一般由项目单位牵头，会同监理单位及相关承包商共同研究。

其他工程计划由项目单位每月进行跟踪、检查各承包商计划的执行情况，承包商每月应滚动更新一次。三、四级进度计划的滚动更新责任人为各标段承包商，其计划的变更一般要报项目单位工程技术部门和监理单位备案。

第四节　进度控制及协调管理

项目单位一般通过组织措施、管理措施、技术措施、经济措施和合同措施五大措施，围绕人、设备、材料、机械、图纸、资金、场地等要素进行控制和协调，保证工程按期完成。

一、组织措施

组织措施就是建立进度控制的组织系统，落实各层次的控制人员及其职责分工，建立各种有关进度控制的制度和程序，强化工程进度控制与协调。

（一）建立工程进度例会制度

项目单位应建立进度协调会议制度，包括协调会议举行的时间、地点，协调会议的参加人员等。项目单位可根据项目的具体情况确定会议召开的频度，一般每周都召开进度协调会议，协调解决工程进度的各种问题。进度协调会议一般由施工监理单位总监或其授权人主持，项目单位工程、安全、计划、物资分管领导、部门负责人及相关专业人员，各参建单位项目部负责人及相关专业人员参加。项目单位根据工程实际情况，随时召开专项会议或现场会议，解决影响进度的重大专项问题或现场问题。

（二）建立进度报告与偏差分级处理机制

（1）各级施工单位根据经批准的二级工程网络进度计划做好实施记录，每周将实施结果报施工监理单位，记录主要内容（不限于）：本周实际形象进度、完成的工程量、与计划偏差原因分析、资源需求、下周工作计划等。

（2）监理单位收到施工单位工程周进度报告后应与一级网络进度计划对照，并根据施工各设备、材料的交付计划和实际情况进行分析，做好跟踪记录，并及时向项目单位工程技术部门提交跟踪记录。

（3）工程进度偏差分级处理。项目单位工程技术部门应根据施工监理单位的跟踪报告，对一级工程网络进度计划进行盘点。凡与计划中的开工、完工、进度不一致的节点，即已构成偏差，项目单位进度管理工程师应对已产生的偏差进行分析，实行分类管理。偏差共分为三类，未造成专业（单位工程）控制节点和里程碑节点滞后的为一般偏差，已造成专业（单位工程）控制节点滞后的为重要偏差，已造成里程碑节点滞后的为重大偏差。

对于一般偏差，监理单位应向施工单位提出明示，要求尽快纠正，并通知工程技术部门。对于重要偏差，项目单位工程技术部门向监理单位提出进度预警，要求施工单位立即提出纠正报告，报监理单位，并向项目单位主管副总经理及相关部门报告，工程技术部门应配合监理单位调查、处理。对于重大偏差，项目单位工程技术部门向总经理报告，同时向监理单位提出警告，要求立即组织相关施工单位进行处理，项目单位各部门应配合监理单位调查、处理。

（三）针对重点难点成立专班

根据火力发电工程建设过程中的重点难点项目，强化主线和关键路径重要节点管控，制订专项计划，成立相应的专门组织机构或者专班机构，专班跟进，重点攻坚，定期盘点纠偏，及时协调相关资源，确保专项工程进度满足工程整体进度要求。如成立送出工程专班、铁路专用线专班、厂用受电专班、化学制水专班、新技术应用专班等专班，重点攻坚。

（四）要求承包商投入更多施工资源

项目单位根据项目进展实际情况，可以要求各承包商增加工作面，组织更多的施工队伍；增加每天的施工时间（如采用三班制等）；增加劳动力和施工机械的数量等组织措施，保证工程进度。

二、管理措施

管理措施就是通过内部管理提高进度控制水平，通过管理消除或减轻各种因素对进度的影响。

（一）充分发挥业主主导作用

（1）统一火力发电工程管理理念、思路、目标、重点要求。项目单位应向主机厂、主体施工单位宣贯工程管理理念、思路、目标，督导三大主机厂召开并参加主机生产开工会，召开主体工程施工标段保高标准开工、保总工期目标动员会，从而要求各参建单位统一思想、统一目标、统一标准、统一行动、统一精神风貌。

（2）谋划开工准备各项条件，明确逻辑关系。项目单位应以设计、招标采购、开工准备工程三大项为主要内容，结合项目实际，编制开工前准备工作网络进度图（如图8-2所示）及开工标准及任务分解表（如表8-4所示），理顺相关任务间逻辑关系，分解任务，落实责任，有力促进项目开工条件的落实，如期实现各项开工条件要求。

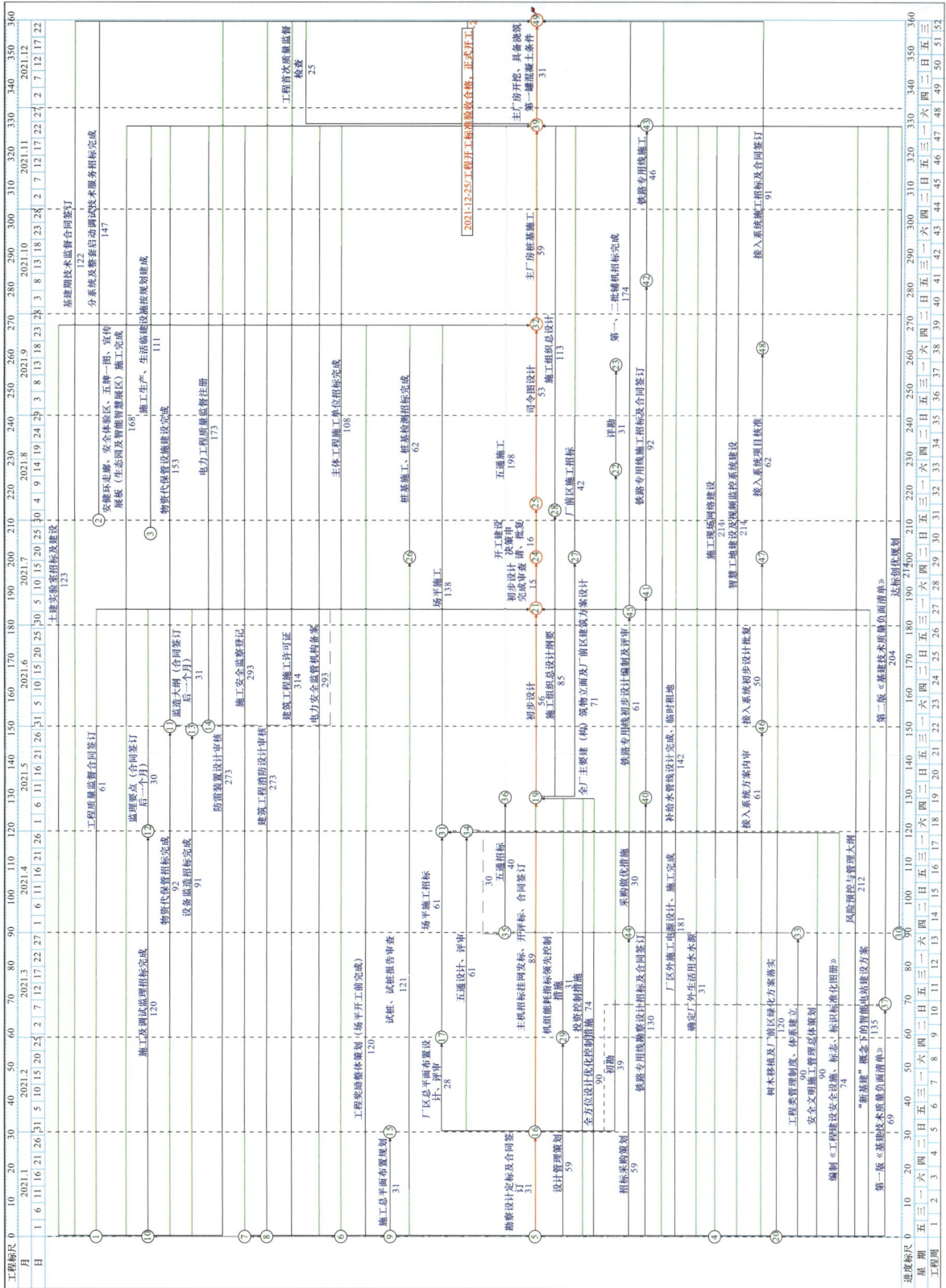

图 8-2 开工前准备工作网络进度图

表 8-4 开工标准及任务分解示意表

序号	项目	工作内容、要求	责任部门	计划完成时间	配合部门	备注
一	项目公司组织机构					
1	项目公司组建	项目公司按照国家对项目法人的要求，依法注册成立	综合管理部			
		…				
2	人员配备	技经、土建、电气、信息、质量、进度相关专业工程管理人员配备到位，并能胜任所承担的工作	综合管理部			
二	场平开工依据					
3	项目核准	项目已取得核准批文	计划部			
		…				
4	开工依据	文物保护和考古完成，取得许可文件	计划部			
		…				
三	项目建设资金					
5	投资计划	年度投资计划和资金计划已下达	计划部、财务部			
6	资本金	2021 年度项目资本金已注入，并符合资本金注入规定（注入比例等）	财务部			
7	融资	融资银行已落实，贷款承诺手续完备，满足场平自己资金使用需求	财务部			
四	工程设计					
8	初步勘察	完成现场初步测量、地勘，勘察报告深度满足场平施工要求	工程技术部			
		…				
9	图纸供应	完成设计交底	工程技术部			
10	设计人员	设计院成立项目组，设总及场平阶段设计人员配备齐全	工程技术部			
		…				
11	配套设计	完成水塘维护方案设计	工程技术部			
五	设备、物资采购及工程施工项目采购					
12	设备与材料采购	现场监控摄像头及配套系统设备材料采购完成	工程技术部			
		…				
13	服务采购	施工监理招标完成并合同签订	工程技术部、计划部			
14	工程施工项目采购	场平招标完成并合同签订	工程技术部、计划部			

续表

序号	项目	工作内容、要求	责任部门	计划完成时间	配合部门	备注
六	场平开工准备					
15	开工准备	设计、施工、监理单位现场组织机构已成立，人员已按计划到位，满足工程连续施工要求	工程技术部、安健环部			
		…				
七	生产、生活临建设施					
16	生产设施	施工单位按招标要求设置现场集装箱，现场办公设施具备使用条件	工程技术部			
		…				
17	生活设施	场平阶段现场具备业主、监理及工代办公条件，满足业主值班住宿、餐饮、通勤条件	综合管理部			
八	安全管理与文明施工					
18	安全管理体系	工程安全保障体系和监督管理体系已建立，并正常运转	安健环部			
		…				
19	人员与机具管理	安监管理人员已通过安全培训，持证上岗	安健环部			
		…				
20	文明施工	建立安全文明施工管理制度和台账	安健环部、工程技术部			
		…				
九	工程管理制度					
21	管理文件	根据集团公司基建相关管理制度，项目公司的管理制度体系已建立，各种管理制度已健全，并有效运转	工程技术部			
十	工程建设总体目标及场平工程目标					
22	工程建设总体目标	工程建设总体目标已确定	工程技术部			
23	工程安全目标及保证措施	场平工程安全目标及保证措施已确定	安健环部、工程技术部			
24	工程质量目标及保证措施	场平工程质量目标及保证措施已确定	工程技术部			
25	工程工期目标及年度进度计划	场平工程项目工期计划已制定	工程技术部			
26	工程造价目标及控制措施	场平造价目标及控制措施已制定	计划部			
十一	精细化管理策划					
27	精细化管理策划	建立精细化管理组织机构，明确各方职责	工程技术部			
		…				

续表

序号	项目	工作内容、要求	责任部门	计划完成时间	配合部门	备注
十二	基建信息系统					
28	现场多源信息监控系统（MSM）	视频监控摄像头投入使用	工程技术部			
29	进度计划管理体系（P6）	P6应用软件投入使用	工程技术部			
十三	施工组织设计					
30	施工组织设计	《场平工程施工组织设计》已经项目公司审定并正式出版	工程技术部 安健环部 计划部			

（3）建立与合作方良好合作的机制。建立与设计单位、主机厂、参建单位本部主要负责人良好的沟通机制，亮明工期、高质量要求，争取各项工作得到各参与方领导支持。

（4）提前策划主厂区出零米标准。如某1000MW新建火力发电工程项目为实现主厂区"一次出零米"的出图要求，设计单位打破常规，优化设计流程和团队组织，提前投入充足的人力，压缩设计工期。工艺专业将常规的"系统设计、布置设计、设备安装设计"压缩为"系统设计、布置及设备安装设计"，土建专业将常规的"桩基设计、基础设计、上部结构设计、零米设备基础设计"调整为"桩基设计、基础及零米设备基础设计、上部结构设计"等，实现了现场主要建构筑物基础同时出零米，有力地加快了工程整体进度。

（5）注重先进工期带来的思考方式与工作方法的变化。先进工期必然带来新的资源投入和思考方式。如某2×1000MW新建工程，项目单位开工前组织制定"22+2"与常规"26+3"工期差异分析表（见表8-5），找到施工差异，提前谋划，制定先进工期等应对措施，并在工程实施过程中落实，确保该项目的所有里程碑节点均按期或提前完成。

表8-5   "22+2"与常规"26+3"工期差异分析表

序号	施工区域	施工标段	一级节点	网络节点代号	节点日期	本项目工期	常规工期	有无差异	资源配置措施	其他措施	本部支持举措	备注
1	1号锅炉	A标段	1号锅炉基础及地下设施完成	67	2022-03-19	83天	83天	无				
2			1号锅炉钢结构吊装开始	68	2022-03-20			无				重要
…	…	…	…	…	…	…	…	…	…	…	…	…

（6）强化工程进度风险管理。项目单位需建立工程进度风险预警机制。以里程碑计划为龙头，

逐级分解细化，明确各单体工程节点目标，可利用红、橙、黄、蓝四色风险预警机制（里程碑节点、一级节点风险等级按照风险程度分为四级，分别用蓝色、黄色、橙色、红色圆点标注。蓝色表示风险可控，可按时或者提前完成；黄色表示有滞后风险，需采取纠偏措施；橙色表示已滞后，需采取专项措施或者领导出面升级管控；红色表示严重滞后，已不能按期完成，需要调整节点），在每周工程例会上进行风险提示。督促施工单位制定具体纠偏措施，以"五定"原则落实相关问题，及时消除潜在风险，确保整体进度可控、在控。

（二）统筹资源匹配工程施工进度

（1）合理安排主辅机高速招标。火力发电工程的施工过程中，设备供货和图纸出图为影响进度管理的两大主要因素。项目单位应树立"早招标、快招标是施工组织有序的重要条件"的理念，提早准备，部门联动，及早快速完成主辅机招标，为设备供货和图纸设计创造良好条件，满足现场施工进度需求。如某 2×1000MW 新建工程，项目单位采购部门提前考虑，三大主机、前三批辅机、建安工程在开工前招标全部完成，浇筑主厂房基础第一罐混凝土，烟塔、输煤、铁路专用线同时开工，实现了主辅工程同时设计、同时招标、同时开工，开创了行业先河。仅用 10 个月完成开工准备的各项工作，比一般同规模项目提前半年完成开工准备工作。开工前完成一辅、二辅、主体施工 AB 标、烟塔、输煤、铁路脱硫工程总承包（EPC）等招标采购 67 项。开工后一个月完成三辅、水务中心 EPC、取水管线招标等，开工前招标采购的高速度为"22+2"工期创造了条件。

（2）紧密跟踪各阶段施工资源与施工进度。土建阶段，要重点抓辅助招标和施工图交付工作，梳理施工机械及人力，乙供材料到货等工作，确保施工所需各项资源满足全厂建筑全面铺开的需要。安装阶段，要重点抓主机和主要辅机设备及时到场工作关注施工机械及安装人员及时到位情况，确保施工资源及时到位，满足施工需要。

（3）强化物资保供一体化体系稳定运作。某 2×1000MW 新建工程推行物资供应"1+3"滚动需求计划，从施工单位提报的"1+3"（"1"是指下个月施工需要的设备物资，"3"是指 3 个月内施工需要的物资）滚动需求计划入手，加强项目单位、施工单位、厂商代保管单位、设计单位、监造单位等多方联动的物资进度管理机制建设。物资管理部门紧盯落实"1+3"滚动需求计划"1"的制造情况，跟踪"3"的投料、排产、分包情况，确保设备制造的每个节点踩准节奏。每周召开物资协调会落实现场急需的设备，确保现场施工进度，总结"1+3"滚动需求计划落实情况，分析偏差和原因，落实责任，通过物资保供持续推进物资滚动需求计划管理工作。

（4）强化四方联动监造工作模式，协调解决重要设备物资的各种问题。某 2×1000MW 新建工程加强设备监造管控，形成物资管理部、工程技术部门、生产准备部门和监造单位的四方联动监造工作模式。为强化监造的重要性，可以专门派遣中层干部专项主抓监造工作，对外加强与监造单位总监沟通协调，对内抓好各专业小组的监造监督管理，以监造周报、月报、质量问题清单、负面清单、监理工程师通知单为工作抓手，不定期召开监造碰头会，协调解决监造工作中出现的各项问题，落实监造问题闭环，形成有效的四方联动监造工作模式。

（三）按照并行原则开展工作

在合法合规的前提下，优化施工组织流程，尽量开展并行工作，大大缩短关键路线，缩短工期。如某 2×1000MW 新建工程，初步设计在主机未招标的情况即开始，主机厂商提资后不到一个月即完成电力规划设计总院审查。各参建单位合规性提前落实开工资源等准备工作，如图纸、劳动力、机械、场地、开工手续办理等，一旦监理与业主审批同意第一时间开工，节省大量准备时间。

（四）避免重主轻辅，厂内、厂外工程均衡推进

（1）在主抓主厂房锅炉房建安工程的同时，根据系统试运先后逻辑，科学排定辅助系统施工计划。如某 2×1000MW 新建工程，启动炉、尿素水解车间、煤水澄清池、危险品库、灰库、综合管架等公用辅助系统和主厂房同步出零米，上部结构和安装工程根据系统功能合理调剂施工，确保辅助系统满足系统试运需要。

（2）地企联动、上下联动，保障厂外工程顺利推进。如某 2×1000MW 新建工程与地方政府建立长期联动机制，依靠当地政府部门，协调厂外取水管线、灰场、专用线征租地及处理村民阻工等问题，保证外围工程顺畅推进。

（五）调试提前介入，以调试促安装

调试要提前介入，以调试促安装，如某 2×1000MW 新建工程在厂用受电前完成调试大纲审批，在安装工程中期完成分系统试运计划及调试方案的编审批。厂用受电后，每周一三五召开调试协调会，分部及整机试运阶段每天召开调试协调会，盘点调试条件，促使施工单位落实相关要求，极大地促进了工程后期施工进度。

三、技术措施

技术措施就是采用先进的进度计划控制技术、先进的施工工艺、优化施工组织等技术手段保证进度控制有效进行。

（1）优化施工组织设计，结合项目特点，机械和机具的布置不得影响地下设施、建（构）筑物上部结构施工以及设备安装。如某 2×1000MW 新建工程通过优化锅炉大板梁、空气预热器吊装方案，炉后未布置履带吊，保证了前烟道支架与主厂房同步施工，为后续空气压缩机、送风机、一次风机和前烟道安装，赢得了时间。

（2）项目单位可要求施工单位采用网络计划技术如 P3/P6、斑马软件等，对建设工程进度实施动态控制。

（3）项目单位根据项目实际，可要求施工单位改进施工工艺和施工技术，缩短工艺技术间歇时间；采用更先进的施工方法，以减少施工过程的数量（如将现浇框架方案改为预制装配方案）；

采用更先进的施工机械等技术措施，从而保证工程进度。

四、经济措施

经济措施就是保证工程进度计划实现所需资金、资源投入和加快施工进度的经济考核激励约束措施。

（一）工程进度考核奖惩措施

1. 工程进度考核组织分工

项目单位一般由工程技术部门组织进度考核标准的制定，参加设计、施工、调试进度的考核评审，负责对监理单位的工作进行考核评审。

监理单位负责按照项目单位进度考核标准对本工程的施工、调试进度进行考核。依据考核标准对承包商的管理体系、施工中的进度控制、试运进度进行考核、确认。

2. 工程进度考核内容

进度节点考核按照月度进行，对每月度内的里程碑节点、关键控制节点完成情况（若本月度无关键控制点，则用网络计划完成率代替）以及工程进度管理日常工作进行考核。节点考核包括对里程碑节点和关键控制节点完成情况的考核，考核依据为里程碑节点和关键控制节点完成条件。

计划实施过程中，因外部因素造成施工单位工期延误，而施工单位通过调整计划，加大资源投入，达到原目标计划的，根据合同约定可获得部分从其他责任方扣除的进度考核奖励。

（二）其他经济措施

（1）按照合同约定，及时办理工程预付款及工程进度款支付手续。

（2）对于工期延误的情况，按照合同约定收取承包商误工期损失赔偿金。

（3）对经业主审核允许的不可抗力情况下的应急赶工给予承包商相应的赶工费用。

（4）对于工期提前的情况，根据合同约定可给予施工单位适当奖励。

五、合同措施

合同措施就是采用有利于进度目标实现的合同模式、合同条款，通过签订合同明确工程进度控制责任，以合同管理为手段保证进度目标的实现。

（1）加强合同管理，制定合理工期，严格按照合同工期排定施工计划，保证合同进度目标的实现。

（2）在合同中应充分考虑风险因素及其对进度的影响，并明确相应的处理方法。例如，在合同中明确以下条款：

1）工程的进展不符合进度计划时，甲方及监理人有权要求乙方修改计划。因进度计划修改造成的费用增加由乙方承担，非乙方原因导致进度计划修改的除外。

2）甲方引起的工期延误。在履行合同过程中，由于甲方的下列原因造成工期延误的，乙方有权要求甲方延长工期和增加费用。需要调整合同进度计划的，按照合同约定执行。

a. 由于甲方原因引起的变更；

b. 未能按照合同要求的期限对乙方文件进行审查；

c. 因甲方原因导致的暂停施工；

d. 未按合同约定及时支付预付款、进度款；

e. 甲方按提供的基准资料错误；

f. 甲方迟延提供材料、工程设备或变更交货地点的；

g. 甲方未及时按照专用合同条款附件《技术协议》履行相关义务；

h. 甲方造成工期延误的其他原因。

3）乙方引起的工期延误。由于乙方原因，未能按合同进度计划完成工作，或监理人认为乙方工作进度不能满足合同工期要求的，乙方应采取措施加快进度并承担加快进度所增加的费用。由于乙方原因造成工期延误的，乙方应支付逾期竣工一定数额或者一定比例的违约金。

4）合同内项目，因乙方自身原因不能施工的或不能满足甲方进度、质量、安全等要求的，甲方委托第三方替代施工，结算时按甲方委托的实际费用扣除。

第九章

安健环及文明施工管理

安健环及文明施工是国家、地方、行业相关法律法规等的强制性或者倡导性要求，火电工程参建各方必须重视和遵守。项目单位应贯彻"安全第一、预防为主、综合治理"的方针，参建各方应严格落实安全生产主体责任，坚持"主动预防、以体系保安全"原则，加强工程项目全过程安健环及文明施工管理，营造安全文明施工的良好氛围，创造良好的安全施工环境和作业条件，预防和控制安全、健康、环境事故，保证火电工程项目安健环及文明施工目标的实现。本章重点介绍安健环组织制度体系、安健环及文明施工主要管控措施、安全管理重点环节及管理要点、文明施工管理重点环节及管理要点、环境保护管理重点环节及管理要点等内容。

第一节　概述

一、安健环及文明施工管理概念

安健环是指安全生产、职业健康、环境保护三者合一的简称。安健环管理是指安全管理、职业健康管理和环境保护管理三者合一的简称。安健环管理就是企业对内外部环境进行全面管理和控制，以确保人员和资产的安全，保护环境和保证人员健康，履行社会责任，并提高企业的竞争力和可持续发展能力。

文明施工是指在工程施工过程中，遵守相关法律法规、规范要求和保持良好的作业环境、卫生环境和工地秩序，保护环境、文化遗产和社会资源，尊重社会公众合法权益，注重施工质量和安全，最大限度地减少对环境和社会的不良影响的一种施工方式。一个工地的文明施工水平是所在企业管理水平的综合体现。

火电工程项目安健环及文明施工管理的目的是通过安健环及文明施工管理，创造良好的施工现场工作环境和作业条件，促进工程项目活动安全化、文明化、环保化、健康化，避免或减少安全和环保事故的发生，保证员工的健康和安全。

二、安健环及文明施工管理内容

安健环及文明施工管理的内容包括安全管理、职业健康管理、环境保护管理和文明施工管理，主要管理内容如下：

（一）安全管理

工程安全管理的对象是工程建设过程中一切人、机（施工机械）、料（施工材料）、法（施工方法）、环（施工环境）的状态管理与控制。火电工程建设安全管理的主要包括以下内容：

（1）安全生产责任制：建立健全安全生产责任制，明确各级管理人员和岗位工作人员的安全职责和责任。建立健全安全管理组织，制定和完善火电工程建设的安全生产制度和规章制度。

（2）安全规划和设计：指为控制和减少风险，编制安全规划和设计，规范设备、场所、操作等方面的安全要求。

（3）风险识别和评估：指对潜在的风险进行识别和评估，从而明确危险来源和影响后果。

（4）安全监控和检查：指实施安全监控和检查，及时发现和处理安全隐患，并对安全措施进行评估和审查。

（5）安全培训和教育：指对内外部人员加强安全生产宣传教育，提高其安全意识和防范能力。

（6）事故应急管理：建立健全的安全事故应急预案和应急管理机制，做好事故发生时的紧急处理和事故事后处理工作。

（7）安全持续改进：指通过安全持续改进，加强安全生产管理，提高安全质量和效益。

（二）职业健康管理

职业健康管理的主要内容包括职业健康评估、职业健康促进和职业病预防、健康监测和管理、职业康复管理、职业环境监测和管理、事故应急管理。

（1）职业健康评估：通过对工作环境、工作过程和职业暴露危险因素进行评估，确定职业健康风险的存在和程度。

（2）职业健康促进和职业病预防：制订和实施健康促进和疾病预防计划，包括宣传教育、工作环境改善、行为改变等措施，从而提高员工的健康意识和自我管理能力。

（3）健康监测和管理：对职业群体进行定期健康监测和管理，包括体检、职业病筛查、职业病诊断和治疗等。

（4）职业康复管理：对因职业病或工伤导致的健康问题进行康复管理，包括诊疗、康复训练、职业适应培训等，帮助患者恢复工作能力。

（5）职业环境监测和管理：对工作环境进行定期监测和评估，包括空气污染、噪声、化学物质、工艺设备等方面，确保工作环境符合职业健康标准。

（6）事故应急管理：制订安全应急管理和突发事件处理计划，包括应急演练、事故应急处置、紧急疏散和救援、危险源控制等，保护员工的生命安全和健康。

（三）环境保护管理

环境保护管理的主要内容包括以下几个方面：

1. 环境影响评价

环境影响评价是指企业在开展工程、项目等活动前，对其可能对环境造成的影响进行评估和预测，并对可能存在的环境风险进行分析和控制。

2. 环境监测

环境监测是指对环境中各种因素的变化进行观测、记录和分析，包括大气、水体、噪声、土地、放射性物质等多个方面。

3. 环境污染防治

环境污染防治是指通过控制和减少污染源的排放，推广环保技术和产品，加强环境监管等手段，保护环境免受污染或者恢复和改善已经受到污染的环境。

4. 环境宣传教育

环境宣传教育是指通过各种宣传手段，向员工普及环保知识，是推动环保工作的重要手段。

5. 事故应急管理

事故应急管理是指建立健全的环境事故应急预案和应急管理机制，做好环境事故发生时的紧急处理和事故事后处理工作。

（四）文明施工管理

文明施工管理的内容包括规范场容，保持作业环境整洁卫生；创造文明有序、安全生产的条件；减少对居民和环境的不利影响三大方面。具体内容包括施工现场标示、施工现场设施、设备材料堆放、施工现场用电、施工现场机械布置、施工现场道路、施工现场安全、施工现场生活设施、施工现场防火、施工现场环境保护等。

第二节　安健环及文明施工管理目标与管理策略

一、安健环及文明施工管理目标

项目单位应结合工程实际，制定工程安健环目标和年度安健环目标。勘察设计、施工、监理单位应有效分解项目单位制定的工程安健环目标和年度安健环目标。目标的确定要符合国家、行业、地方及上级单位的管理要求。

安健环目标设定应具体，可衡量、可分解、可评测，目标应包括人员、机械设备、交通、火灾、环境、职业卫生等事故的指标。工程安健环总体目标应不低于如下要求：杜绝人身伤亡事故；不发生较大及以上设备损坏事故；不发生较大及以上火灾事故；不发生垮（坍）塌事故；不发生职业病危害事故；不发生环保水保事件。

项目单位应与勘察设计、施工、监理单位签订年度安健环目标责任书，实施分级管控，并应每年度对相关单位目标的完成情况进行考核、奖惩和总结，形成文件并保存。

二、安健环及文明施工管理策略

（一）安健环管理原则

安健环管理一般遵循以下原则：

（1）风险预控原则：企业应对企业建设或者生产经营中的安健环风险进行识别和评估，采取预防措施，防患于未然，从而避免、减少安全事故、职业健康、环境污染事件的发生，或者降低安全事故、环境事故的损失。

（2）综合治理原则：企业应采取综合治理措施，将人身财产安全、人员职业健康和环境保护相互关联，综合管理，最大程度地实现资源高效利用，从源头上控制危险因素，确保安全生产。

（3）"四全"管理原则：即全员、全面、全过程、全天候安全管理，做到"横向到边，纵向到底"的全面管理。"四全"管理的本质要求就是人人、处处、事事、时时都要将安健环工作放在心上，持之以恒地开展安健环工作。全员即企业全体领导员工（包括合同工、临时工和实习人员）都要参与安健环工作；全面就是指各单位、各部门都要抓安健环工作；全过程就是指工作人员在工作的各个环节都要自始至终地做好安健环工作；全天候就是指工作人员每时每刻都要注意和做好安健环工作。

（4）持续改进原则：企业要定期或不定期检查评估安健环管理方案和制度的实施效果，并不断改进和完善。

（5）"三同时"原则：新建、改建、扩建工程项目，环保、劳动安全、职业卫生设施与主体工程要同时设计、同时施工、同时投产使用的原则。

（二）文明施工管理原则

文明施工遵循"3S+"管理原则，即整齐（shipshape）、整洁（seiktsu）、规范（standard）、定置化（+）原则。"3S+"原则见图9-1。

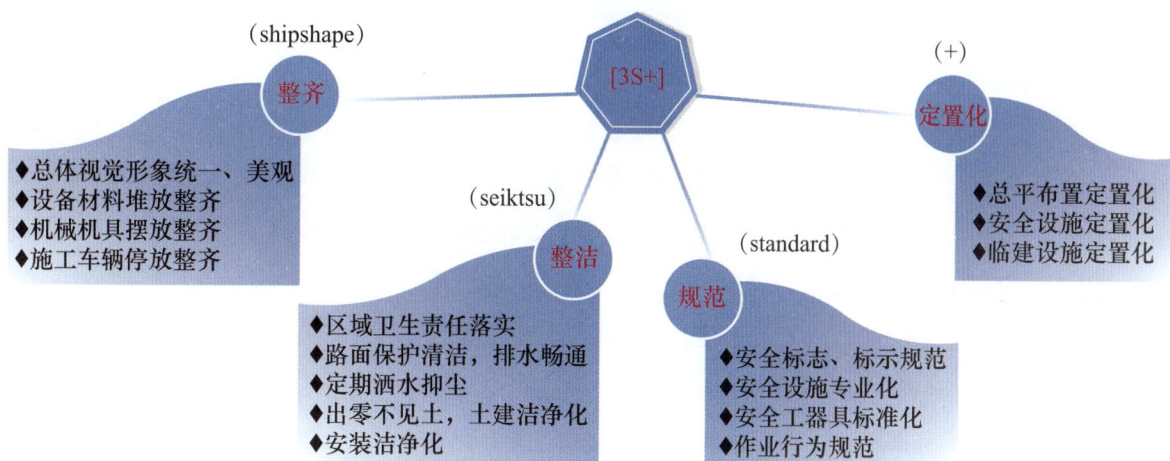

图 9-1 "3S+"原则

第三节 安健环组织体系和制度体系

一、安健环组织体系

安健环组织体系包含安全生产委员会、安健环保证组织体系、安健环监督组织体系。

（一）安全生产委员会

项目单位应组织成立安全生产委员会（简称安委会），作为工程项目安健环及文明施工工作的最高决策机构。安委会主任由项目单位主要负责人担任，成员由项目单位其他领导人员、项目设总、项目总监理工程师、施工和调试单位项目经理及有关参建单位主要负责人组成。安委会应设置办公室，一般设在项目单位安健环监察部门，负责安委会日常工作。

项目单位应建立安全工作例行会议制度，定期研究解决存在的问题，发布指令性工作计划和措施。安全例会一般分安委会季度会议、月度安健环例会和周安健环监督网络会议三类。

1. 安委会季度会议

安委会应由安委会主任主持，在工程开工前召开第一次会议，以后每季度召开一次工作例会，可与每季度最后一月的安健环月度例会合并召开。会议主要内容有：会议总结季度工作，通报季度安全、文明检查情况及竞赛评比结果，传达贯彻上级有关安全、文明施工文件，部署下季度安全、文明施工任务及要求，协调解决施工中重大安全、文明施工问题，交流安全、文明施工经验。

2. 月度安健环例会

应每月召开一次，分析当月的安全文明施工管理情况，提出下月的安全工作计划和措施。会议一般由施工监理单位总监主持，如有变动由监理单位通知。安健环月度例会会议参加人员有：

项目单位安委会领导和成员，工程安全主管，工程现场施工的土建、安装、调试、设计、主设备供应方等分承包方的项目经理和安健环监察部门部长、安全主管人员。

项目单位应督促施工单位每月召开一次安全工作例会或根据工程现场的实际状况，组织召开专题安全工作会议，研究解决现场存在的安全文明施工问题，贯彻项目单位、监理单位对安全文明施工的有关要求，保证工程项目安健环管理制度和各项措施的贯彻落实。

3. 周安健环监督网络会议

项目单位安健环部门和监理单位每周组织召开一次安全专业工作例会，必要时扩大到施工单位工地专职安全员参加。会议一般由监理单位安全副总监主持，总结本周安全文明施工情况，协调解决安全文明施工中存在的问题，提出下周安全工作的措施。

（二）安健环保证组织体系

参建单位应建立以主要负责人为核心的安健环保证体系，保障安健环工作的人员、物资、费用、技术等资源落实到位，各级人员应具备相应的任职资格和能力。

参建单位主要负责人应每月主持召开安健环工作例会，总结、布置安健环相关工作，提出改进措施并形成会议纪要。

（三）安健环监督组织体系

参建单位应按国家相关规定建立健全安健环监督网络，设立安健环监督管理机构，配备专职安全生产管理人员，组织排查生产安全事故隐患，督促落实生产安全事故隐患整改措施。

参建单位安健环监督机构应定期召开安全监督会议，并做好会议记录；检查安全生产状况，提出改进安健环管理的建议。

二、安健环管理制度及管理台账

（一）安健环管理制度

工程建设项目开工前，项目单位应明确发布工程建设应执行的适用安全法律法规清单，并检查确认参建各方是否备齐适用法律法规和建设工程强制性标准。

在工程开工前应由建设单位组织召开首次安委会，通过并发布工程建设安健环有关的管理制度，并以此作为工程建设项目参建各方共同遵守的安全规章制度。项目单位安健环管理制度包括但不限于安委会工作制度，安全生产责任制及承诺制度，安全教育培训制度，安全工作例会制度，分包安全管理制度，安全检查制度，安全风险分级管控制度，生产安全事故隐患排查治理制度，现场交通消防保卫管理制度，施工机械设备安全管理制度，安全生产奖惩制度，事故报告、调查、处理、统计管理制度，应急管理制度，建设工程安全生产费用管理制度，重大危险源管理制度等。例如，某 $2 \times 1000MW$ 项目根据国家、地方法律法规和行业标准要求，结合项目实际共建立安全制度 37 个，其目录见表 9-1。

表 9-1 　　　　　　　　　　　某项目安健环管理制度目录

序号	制度名称	序号	制度名称
1	安健环及文明施工考核办法	20	受限空间作业管理办法
2	基建现场封闭式管理办法	21	施工现场交通安全管理办法
3	安健环文化建设管理办法	22	安全信息管理办法
4	安健环例会管理办法	23	职业健康管理办法
5	大型施工机械管理办法	24	危大工程安全管理办法
6	施工现场治安保卫管理办法	25	安全事故报告和调查处理管理办法
7	施工消防安全管理办法	26	安健环委员会工作办法
8	气瓶安全管理办法	27	安健环策划管理办法
9	安全检查工作办法	28	安全生产责任制管理办法
10	安全隐患排查治理办法	29	安全设施管理办法
11	承包商安全管理办法	30	应急管理办法
12	法律法规与规范标准识别和获取管理办法	31	安全生产费用管理办法
13	安全工器具管理办法	32	工程分包安全管理办法
14	危险品管理办法	33	安全风险分级控制管理办法
15	未遂事件管理办法	34	区域网格化管理办法
16	施工环境保护管理办法	35	新能源安全检查工作办法（试行）
17	基建安全监理管理办法	36	安防中心值班管理办法
18	施工现场动火安全管理办法	37	脚手架监察管理办法
19	安全培训教育管理办法		

在工程开工前，项目单位应督促施工单位编制工程项目部安健环相关管理制度和管理程序、重大危险源清单和安全管理台账目录，报送监理单位审查同意后执行。

（二）安健环管理台账

项目单位安健环监察部门应该建立和完善安健环管理台账。安健环管理台账包含但不限于：

（1）适用法律法规与上级安全文件。

（2）工程项目安健环管理制度、安全策划资料、图册。

（3）安全工作计划、总结、汇报材料和安全文件、安全发文记录。

（4）施工组织设计、安全合同文件、责任书、安全管理协议、二次策划、单位工程安全策划资料。

（5）危险源辨识及安全应急管理、安全风险管理、应急设备台账、应急演习记录。

（6）安全信息（通报、简报、安全管理、监理人员建档登记）。

（7）安全会议记录（会议纪要、通知、签到簿、原始记录）。

（8）承包商安全考核记录、月（年）度基本情况统计表。

（9）安全检查、安全施工问题通知单，停工整顿通知单，整改、反馈记录，安全检查纪要。

（10）安全考试登记、安全教育登记台账。

（11）安全奖励、惩处登记台账，安全罚款通知单。

第四节　安健环及文明施工主要管控措施

安健环管理措施主要包括策划引领机制、责任网格化机制、安全风险分级管控和隐患排查治理双重预防机制、安全文明施工标准化工地建设机制、安全检查常态化机制、技术保安机制、安全培训及事故警示教育常态化机制、应急响应机制、安健环文化氛围建设机制、安健环奖惩机制十大机制。

一、策划引领机制

工程施工准备阶段，项目单位应进行安全文明施工总体策划；施工单位按照项目单位安全策划的要求，进行安全文明施工二次策划和单位工程安全策划；监理单位进行安全监理工作方案策划，形成工程建设全过程系统性安全策划方案。项目单位应审定施工单位二次策划和单位工程安全策划，并监督实施。

以安全文明施工总体策划为引领，制定四清单（安全设施"三同时"负面清单、环境设施"三同时"负面清单、职业健康设施"三同时"负面清单、消防设施"三同时"负面清单），创造本质安全的安全文明施工基本条件，确保火电工程安健环风险全过程受控、在控，确保工程建设在安全、可靠、文明、绿色环境下有序开展。

监理单位审查施工组织设计时，应逐条核对安健环管理和控制策划是否已经落实相应的管理和控制措施，并形成专项核查表，保证其得到有效落实和执行。

二、责任网格化机制

火电工程建设安全生产责任制实行第一责任人制度，公司党委书记、董事长和总经理同为安全生产第一负责人、基建副总经理为安全生产直接负责人。项目单位各部门、岗位根据"谁主管，谁负责""谁使用，谁负责"的原则，结合工程建设和部门的实际工作情况承担岗位安全责任。参加工程建设的施工、监理、设计、调试等单位按照国家有关规定以及与项目单位的合同和《承包商安健环协议》，承担各自的安全管理责任。

火电工程项目施工具有工期紧、技术性强，工艺复杂、交叉作业多、作业人员繁杂等特点。为有效开展安全管理，更加深入地打造安全生产责任体系，实现网格化管理已然成为推进安全生产工作的一个有效举措。层层夯实安全责任，按区域、专业划分网络，根据施工总平面布置划分各单位安全文明施工主区域，各区域分别明确项目单位、监理单位、施工单位的责任人，压实三级安全网络责任，实行网格化管理，实现"横向到边、纵向到底"100%全覆盖。建立定期联合检查机制，对所负责区域的文明施工情况进行动态管理，确保安全文明施工管理责任落实到位。责任网格化机制的最大优点在于"以点带线，以线带面"，充分发动一线职工、现场管理人员的主观能动性，开展立体式、有效常态管理。责任网格化具体做法如下：

（一）明确责任网格化划分职责分工

项目单位工程技术部门负责施工现场的网格化网格划分。安健环监察部门负责监督检查区域网格化落实情况。

（二）明确网格化网格基本要求及标准

（1）施工单位各网格施工区域必须采取隔离防护措施，设置安全通道口。

（2）区域网格责任人员应按照业主、监理、施工单位各级管理人员名单确定，形成网格信息二维码并设置在施工区域入口处。某项目网格信息二维码示意见图9-2。

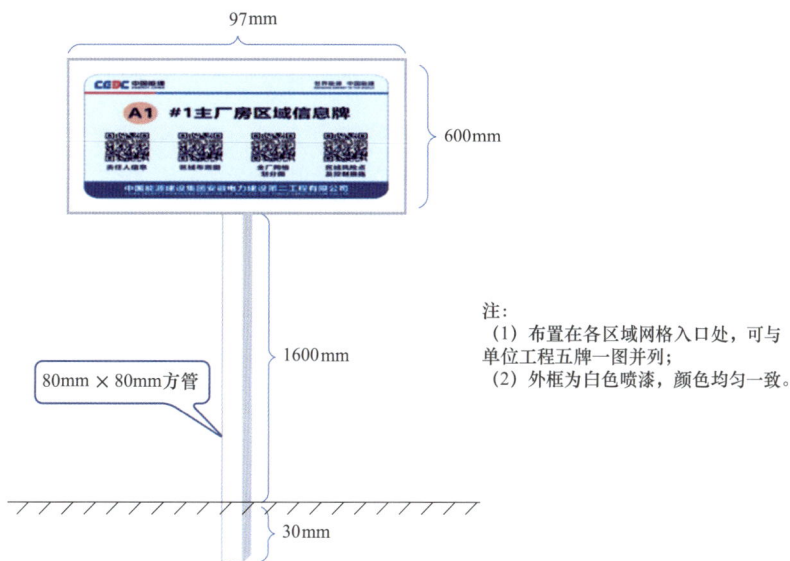

图9-2 某项目网格信息二维码示意

（3）区域网格应挂相应的警示和指令等安全标志标识，网格进口处集中设置警示标识（多个警示标识一起布置时，应按警告、禁止、指令、提示类型，先左后右、从上至下的顺序排列）。

（4）施工单位各区域网格严格按照安全文明施工管理要求合理布置功能区。

（5）区域网格堆放的材料，应按划分的区域放置整齐美观。

（6）区域网格内须保持干净、整洁、卫生、无杂物和垃圾，排水系统畅通，场地路面平整无积水。

（7）区域网格临时用电和地下埋设电缆设置明显标志。

（8）区域网的各类安全防护和隔离设施应完善。

（9）网格责任人在左上臂佩戴网格负责人袖标。

（三）开展网格检查与评比

（1）项目单位应制定网格化检查评分标准，评分标准要具有可操作性，可以从安全管理、安全设施管理、施工用电、动火、消防管理、脚手架、劳动保护、环境保护、特种设备、气瓶管理、文明施工等方面，分别制定相应的考核内容及评分标准。

例如，某 2×1000MW 项目，将"横向到边、纵向到底"的安全责任做到 100% 覆盖；项目现场划分成 32 个网格，推行"3S+"管理，分别落实三级管理责任人，每月查评并兑现奖罚。某 2×1000MW 新建工程网格检查评分表见表 9-2。

表 9-2　　　　　　　　　某 2×1000MW 新建工程网格检查评分表

序号	项目	检查内容	标准分	评分标准	实得分	备注
1	安全管理	作业项均已完成方案报批流程，开工前有交底，并有交底记录	8	每缺一项内容扣 1 分		
		认真开展站班会，作业风险与控制措施符合实际要求	4	记录不及时或不完整，每次扣 1 分		
		按相关规定，已履行作业票手续	3	缺一项扣 1 分		
		按要求开展区域自查，并有闭环记录	3	检查记录，缺一次扣 1 分；无闭环记录，缺一次扣 0.5 分		
		对施工工器具均自检合格，并贴有自检合格证	5	每发现一台不合格，扣 1 分；无自检合格证，每次扣 0.5 分		
		施工车辆牌证齐全，并有标段标识	5	每发现一台无牌证或无标识车辆，扣 1 分		
2	安全设施管理	现场临边、孔、洞、坑等栏杆、盖板等设施齐全，且符合安规及图集要求	15	每发现一处设施缺失，扣 2 分；不符合安规或图集标准，每处扣 1 分		
		机械转动部位应有保护设施	5	每发现一处保护设施缺失，扣 1 分		
		安全通道稳固畅通	3	每发现一处不符项，扣 1 分		
		交叉作业防护设施齐全	5	每发现一处不符项，扣 2 分		
		高处攀登作业，应有速差自锁器、攀登自锁器等	5	每发现一处不符项，扣 2 分		
		危险作业场所应设安全隔离、屏蔽设施，并有醒目的警示标识	5	每发现一处不符项，扣 2 分		

续表

序号	项目	检查内容	标准分	评分标准	实得分	备注
3	施工用电	配电箱、开关柜、电缆铺设按规定要求设置	5	每发现一处不符项，扣1分		
		定期对电箱进行检查，形成记录	3	每发现一处不符项，扣0.5分		
		严禁一闸多接	3	每发现一例，扣1分		
		漏保装置灵敏有效，且参数符合规范要求	3	每发现一处不符项，扣1分		
		电箱、现场集装设施、电气设施应做接地或接零保护	4	每发现一处不符项，扣1分		
4	动火及消防管理	防火重点部位、易燃易爆区周围动火作业，须办理动火作业票，经审批并落实措施后方可作业，监护人员须认真履责	5	未办理作业票，每次扣2分；监护人不在岗或干与监护不相关的工作，每次扣2分		
		动火作业点需配置消防器材	3	无消防器材，每次扣1分		
		消防器材完好，并定期检查、有记录	5	每发现一处不符项，扣1分		
		动火点周围无可燃物	4	每发现一处不符项，扣1分		
		严禁流动吸烟	3	每发现一例，扣1分		
		乙炔瓶防回火装置齐全、氧气乙炔表完整无破损	3	每发现一处不符项，扣0.5分		
		气瓶胶圈齐全，安全距离符合规范要求	3	每发现一处不符项，扣0.5分		
		严禁乙炔瓶横陈倒卧	3	每发现一例，扣1分		
		重点防火部位或区域，应设置防火标志	5	每发现一处不符项，扣1分		
5	脚手架	架体搭设符合已审批的方案要求	3	每发现一处不符项，扣0.5分		
		架体经验收合格后，挂牌使用	5	未经验收或验收不合格，扣5分；验收合格但未挂牌即投入使用，扣2分		
		架体上严禁出现使用单板或跳板不绑扎的情况	5	每发现一处不符项，扣1分		
		架体搭设或拆除时，应有警戒区及监护人，严禁无关人员进入	3	每发现一处不符项，扣1分		
		搭设或拆除人员，须持证上岗	5	每发现一例无证上岗，扣1分		
		严禁超荷使用作业层	4	每发现一例，扣2分		

序号	项目	检查内容	标准分	评分标准	实得分	备注
6	劳动保护及环境保护管理	作业人员应统一工装，并正确穿戴合格的防护用品	8	每发现一例不符项，扣2分		
		在有粉尘或噪声等有害环境中作业时，应给作业人员配置满足要求的劳动防护用品	5	每发现一例不符项，扣1分		
		严禁随意倾倒混凝土浇筑的余料	3	每发现一处不符项，扣1分		
		应集中处理施工废弃物或废液	4	每发现一例不符项，扣1分		
		须委托有资质的单位处理化学废弃物或包装	3	每发现一例不符项，扣1分		
		待开挖区域须铺设密目网，封闭围栏与道路间须绿化	5	每发现一处不符项，扣1分		
		土石方作业区，扬尘高度不得大于1.5m	2	每发现一例不符项，扣1分		
7	特种设备及气瓶管理	对特种设备应执行定期检验规定，并在有效期内	5	不在有效期内，扣5分		
		对特种设备按要求做好日常维护保养，且记录齐全	5	记录不全，扣2分		
		气瓶储存符合相关规定，并配备灭火器材	5	每发现一处不符项，扣2分		
		气瓶安全附件、防震圈齐全有效	5	每发现一处不符项，扣1分		
8	文明施工	物料摆放符合定置化要求	5	每发现一例不符项，扣1分		
		每日施工结束后，应工完、料净、场地清	3	每发现一例不符项，扣1分		
		施工道路应硬化、物料堆场需硬化或铺设碎石、待开挖区域用密目网覆盖、无裸露的黄土	5	每发现一例不符项，扣1分		
		区域按要求悬挂警示标志、安全文化宣传及环境保护标识等，应及时更换破损的标识	5	标示不足，每一小区域扣1分；破损的标识每一块扣0.5分		
		小区封闭完成，并符合策划要求	3	未完成扣2分		
		人员无习惯性违章等行为	6	每发现一例，扣1分		
合计			220			
检查人签名						

（2）网格责任人员应开展日常和联合安全检查，对责任网格范围内的安全文明施工情况进行管控，发现不符合项应立即安排责任单位及人员整改。

（3）每周由施工单位网格责任人进行自查，责任监理进行监督，否则，对未自查的责任单位进行考核并对未履责的责任监理单位进行追责；每月由监理单位组织项目单位、施工单位参与评比，并进行奖励，并追责未履责责任的监理。

（4）每月由监理单位组织开展网格星级评价，月度获得五星级的网格可在季度考评时获得加分奖励，项目单位根据季度考评结果对获胜网格进行安全文明施工样板授牌。星级与网格化评分标准对应示意表见表9-3。

表 9-3   **星级与网格化评分标准对应示意表**

实得分	分值小于70分	分值大于等于70分且小于80分	分值大于等于80分小于90分	分值大于等于90分
星级	无星	三星	四星	五星

三、安全风险分级管控和隐患排查治理双重预防机制

项目单位应建立健全安全风险分级管控和隐患排查治理双重机制，定期开展覆盖安全生产全过程的风险辨识、分析和评估，制定风险控制措施。各参建企业都要进行风险预控，经常性开展隐患排查，及时整改治理。

（一）安全风险分级管控机制

项目单位应要求施工单位结合工程建设实际情况适时对所承建工程项目的危险因素进行辨识、评价，确定安全风险程度，制定预控措施，并报送监理单位审核确认后根据工程进展情况开展危险预控活动。对危险因素的控制，实行风险分级控制。项目单位和监理单位监督施工单位、施工单位监督分承包单位，重点是实现对重大危险因素的有效控制。项目单位应配套健全的基建风险预控体系制度，从事前、事中、事后三个阶段对人、机、环、管四个要素全面控制。

1. 风险分级职责分工

（1）项目单位安健环监察部门的职责：负责建立健全安全风险分级控制管理办法，并监督检查该办法的执行情况；负责组织风险评估，并确定风险等级；负责督促、落实现场风险预控措施的落实情况；定期汇报项目公司级风险的辨识、管控情况。

（2）项目单位工程技术部的职责：负责组织工程危险源辨识、风险评价工作；负责编制工程管理中的危险源辨识、风险评价表工作，并监督、检查控制措施的实施情况；负责定期向上级单位汇报风险管控情况及工程控制级风险辨识、管控情况；负责检查监理单位风险辨识的相关工作。

（3）监理单位的职责：组织各参建单位开展安全风险辨识工作；组织各参建单位编制工程项目整体安全风险分级划分表；组织各参建单位编制月度安全风险控制计划表；监督各参建单位风险预控措施的执行情况，并进行月度评价，编制月度安全风险控制评价表；组织编制风险控制项

目后评价报告。

（4）施工单位的职责：严格执行国家及项目单位安全风险分级控制管理规定和制度；开展作业范围内的安全风险辨识，制定相应的预控措施；按规定上报风险控制的相关报表。

2. 风险识别范围、原则、依据

（1）识别范围。识别工程勘察、设计、制造、施工、调试等各过程及管理活动中所涉及的安全方面的风险；原则上分为施工、调试、其他三部分，其他部分包括勘测、设计、制造等。

（2）识别原则。在风险识别和风险评估过程中，针对某一作业活动，不但要对危险源进行辨识和分析，而且还应根据施工环境、条件的变化以及事故发生过程中存在的危险，进行全面识别和分析。

在风险识别和风险评估中，不但要根据当前的工程管理状况，同时还应结合过去的工程管理情况、未来工程建设和管理趋势，以及同类型工程的经验，进行综合性分析。

所有风险识别、风险评估和控制工作的责任主体是参建单位，根据风险等级，安健环监察部门对较大以上级别的风险进行重点跟踪、检查和评价。

（3）识别依据。识别依据主要为国家法律法规、国家和行业标准、上级有关规章制度；该工程或同类型项目施工经验和教训；员工及相关方的意见和建议。

3. 风险分级划分原则

风险等级划分主要采用事件发生的可能性和后果严重度二维半定量风险矩阵的风险评估方法进行。根据某项作业的评估结果，可划分为低风险、一般风险、较大风险和重大风险四个风险等级；也可分为较小、一般、较大、重大、特别重大五个风险等级。五级安全风险划分表见表 9-4。

表 9-4　五级安全风险划分表

发生概率	严重程度				
	人员轻伤	3人以下死亡或10人以下重伤	3人以上死亡或10人以上重伤	10人以上死亡或50人以上重伤	30人以上死亡或100人以上重伤
很小可能	较小风险	较小风险	一般风险	较大风险	重大风险
一般可能	较小风险	一般风险	较大风险	较大风险	重大风险
很可能	较小风险	一般风险	较大风险	重大风险	特别重大风险
非常可能	一般风险	较大风险	重大风险	重大风险	特别重大风险

注　表中所称"以上"包括本数，"以下"不包括本数。

4. 风险控制分工

项目单位应狠抓责任落实分级管控、一级保一级。上级单位控制重大风险及以上的项目；项目单位控制较大风险及以上的项目；承包商控制一般及风险以上的项目。

项目单位应要求施工单位建立危险因素管理台账，安全风险在较大级以上的部位，其危险区域应设置明显的警示标志，同时应制定相应的应急预案，施工中应由安全监理工程师实施旁站监理。项目单位级风险控制项目开工前，安健环监察部门应组织对开工条件进行检查，确认条件完善后方可开工。针对上级单位级风险控制项目，安健环监察部门应明确专项责任人。施工单位应编制具有针对性的施工方案（或措施、或作业指导书）、施工组织措施、应急预案或应急措施，在项目开工前组织应急演习和演练。上级单位级风险控制项目施工作业结束后，安健环监察部门应组织重大危险作业项目后评价，主要针对风险辨识、控制措施、管控效果、改进方向等方面进行评价，并形成书面评价报告。

5. 风险识别与控制

项目单位应在风险分级管控的基础上，坚持把年度、季度、月度、周风险管控计划制订好、落实好。

（1）项目开工之日起 1 个月内，监理单位应根据规定要求，组织编制工程整体的施工、调试、其他部分的风险分级划分表，报项目单位批准后发布。某项目安全风险分级划分表示意见表 9-5。

表 9-5　　　　　　　　　　　某项目安全风险分级划分表示意

工程名称				时间					2021 年 12 月 26 日～ 2023 年 10 月 31 日					
序号	单位工程	分部工程	风险分析综述	风险等级					控制措施综述	控制级别			责任单位	备注
				特别重大	重大	较大	一般	较小		上级单位级	公司级	承包商级		
一	建筑工程													

（2）落实季度风险责任。项目单位根据施工进度计划，落实季度风险责任，并组织制定季度风险责任落实卡，具体责任到人。某项目一季度较大以上风险责任落实卡示意见表 9-6。

表 9-6　　　　　　　　　某项目一季度较大以上风险责任落实卡示意

序号	区域或项目	风险类型	风险等级	责任人
1	高压加热器吊装、低压缸就位及大型变压器卸车等	起重事故造成人身伤害	较大	项目单位：××；施工单位：××、××
2	锅炉水冷壁吊装	高空坠落或高空落物伤人	重大	项目单位：××；施工单位：××、××
...				

（3）每月 5 日前，监理单位根据工程整体风险分级划分表，结合本月工程进度计划，组织各参建单位确定当月风险控制项目，并根据当月项目进度情况分析对应的风险因素，制定相应的风险控制措施，编制月度安全风险控制计划，经项目单位安健环监察部门审批后，下发各参建单位执行。某项目月度安全风险控制计划表见表 9-7。

表 9-7　　　　　　　　　　　某项目月度安全风险控制计划表

| 序号 | 工程名称 | | 风险控制等级 | | | 风险及后果描述 | 控制措施 | 年　月 | |
	单位工程	分部工程	上级单位级	项目单位级	承包商级			责任单位	责任人
1									
2									
3									
...									

（4）每月 10 日前，监理单位应组织各参建单位进行上月风险控制执行效果评价，并经项目单位安健环监察部门审批。某项目月度安全风险控制评价示意表见表 9-8。

表 9-8　　　　　　　　　　　某项目月度安全风险控制评价示意表

| 序号 | 工程名称 | | 风险控制等级 | | | 风险及后果描述 | 控制措施 | 责任单位 | 责任人 | 控制措施执行评价 |
	单位工程	分部工程	上级单位级	项目单位级	承包商级					
1										
2										
...										

（5）监理单位应根据月度安全风险控制计划，组织参建单位将风险项目细化分解到周重点工作中，明确每周有什么风险项目、什么等级、什么管控级别、谁来负责、谁来监督到岗到位，过程中实行责任签证且跟踪把关。某项目周风险各级管控示意表见表 9-9。

表 9-9　　　　　　　　　　　某项目周风险各级管控示意表

| 风险等级 | 保证体系 | | | | | 监察体系 | | |
	班组	施工管理部门	项目部	监理	项目单位	施工单位	监理	项目单位
较小	技术员／班长	—	—	—	—	班组安全员	—	—
一般	技术员／班长	专工／副主任	—	专业监理	工程部专工	安全科监察主管	安全监理工程师	—
较大	技术员／班长	部门主任／副主任	项目副经理／总工程师	副总监	工程部主任／副主任	安全科长／总监	安全副总监	安全监察主管
重大	班长／队长	部门主任	项目经理	总监	基建副总经理	安全总监	安全副总监	安健环部门主任
特别重大	班长／队长	部门主任	项目经理	总监	总经理／董事长	安全总监	安全副总监	安健环部门主任

（二）隐患排查治理机制

规范电力安全隐患排查治理工作，建立隐患监督管理长效机制，是防范电力安全事件发生的重要手段。隐患排查治理要按照"谁主管、谁负责"和"全方位覆盖、全过程闭环"的原则，遵循"一二三四五六"要求，即一个理念：风险预控理念；两种方法：控制方法和根治方法；三个阶段：应急、过渡和根治阶段；四不原则：不制造、不传递、不接受和不隐瞒；五级责任：岗位、班组、专业、部门和项目单位五级岗位的责任落实；六步闭环：排查、记录、汇报、整改、验收和考核六步完成闭环。隐患管控明确责任主体、落实职责分工，实行分级分类管理。

隐患排查机制主要由隐患分级、隐患排查、隐患整改治理、隐患治理监督评价四个部分组成。

1. 隐患分级

根据隐患的危害程度，隐患分为一般隐患和重大隐患。一般隐患是指危害和整改难度较小，发现后能够立即整改排除的隐患。重大隐患是指危害和整改难度较大，应当全部或者局部停工停产，并经过一定时间整改治理方能排除的隐患，或者因外部因素影响致使各单位自身难以排除的隐患。

（1）一般隐患由施工单位项目部管控。

（2）重大隐患由项目单位管控。

2. 隐患排查

（1）依据国家、行业有关安全工作的法律法规与标准规范进行，按照隐患排查流程执行。

（2）项目单位工程技术部门组织监理单位、施工承包商每年根据工程进展情况，制订分阶段、有重点、有步骤的年度隐患排查治理工作计划，并填写/完善隐患管理台账。

（3）责任单位或部门对不能及时整治的重大隐患应及时向项目单位请示延期，待项目单位工程技术部门和安健环监察部门批准后方可延期。

（4）工程技术部门在月度安健环例会上，盘点和分析各单位隐患排查工作，明确治理和防控措施，布置下月隐患排查任务。对当月未能治理的重大隐患，责令责任单位制定专项整治方案并限期解决。

3. 隐患整改治理

在进行安全隐患整改治理时，要遵循"五定"原则，即定位、定责、定时、定人、定措施。定位是指确定安全隐患的具体位置和范围；定责是指明确安全隐患的责任人；定时是指明确安全隐患排查的时间；定人是指明确安全隐患排查的人员。"五定"原则是安全隐患排查的基本方法，也是保障企业安全的重要手段。

（1）监理单位监督各参建单位对排查出的隐患按照"五定"原则实行闭环管理。对重大隐患必须及时下达监理通知单，即停工整改令。

（2）监理单位负责工程项目隐患排查治理数据的汇总统计并向项目单位工程技术部门和安健环监察部门报送。

（3）项目单位工程技术部门按程序组织对隐患治理情况进行验收，并及时更新公司的安全隐患管理台账。

（4）隐患治理完成后，项目单位要及时更新隐患管理台账。对重大隐患，应编写治理总结报告。安全隐患治理的方案、会议纪要及总结由各责任单位留存备查。

4. 隐患治理监督评价

（1）监理单位在每月安健环例会上专题总结工程项目施工隐患排查治理情况，提出安全风险评估报告。

（2）项目单位工程技术部门在公司每季度安委会上专题报告工程项目隐患排查治理情况，并提出是否需要改进隐患排查治理工作的建议供项目安委会决策。

四、安全文明标准化工地建设机制

项目单位应根据国家、地方有关法律法规、行业标准及上级单位制度，全面推进安全文明施工标准化建设，做到"作业过程即时安全"，为作业人员创造一个安全的作业环境，真正做到"高高兴兴上班、平平安安回家"的本质安全。项目单位应坚持"3S+"（整洁、整齐、整理、定置化）过程控制原则，实现施工总平面模块化、物料摆放定制化、现场文明施工标准化、作业人员行为规范化、环境卫生清扫日常化，达到"设施标准、行为规范、施工有序、环境整洁"的安全文明施工效果，保证工程建设全过程安全文明施工能控、可控、在控。

项目单位在推行安全文明施工标准化工地建设中，可采取以下措施确保安全文明施工标准化在项目现场落地。

（一）标准引导，确保工程项目一致性

项目单位应制定安全文明标准化工地规范，制定安全文明标准化工地设施标志、标示图集，一标准一图集作为各承包商落实标准化工地建设的规范和依据，要求各承包商严格按照规范和标准落实。

如某 2×1000MW 项目，项目单位制定并发布《标准化工地规范及创优评级标准》，标准化工地规范共分为 18 个元素，1000 分。项目单位组织制定安全文明施工标准化图示图集，统一文明施工图集规范要求，各施工单位必须按照图集进行施工。该项目标准化工地图集见图 9-3，标准化工地规范及创优评级标准见图 9-4，标准化工地展示见图 9-5、图 9-6。

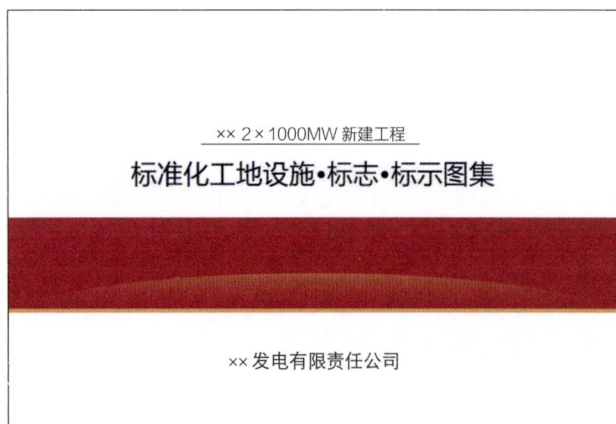

图 9-3　标准化工地图集

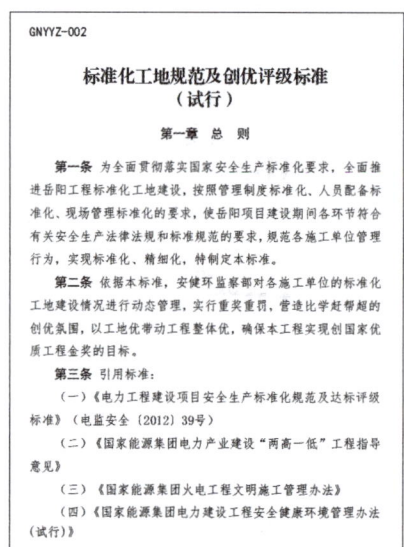

图 9-4　标准化工地规范及创优评级标准

图 9-5 项目标准化工地展示（一）

图 9-6 项目标准化工地展示（二）

（二）强化标准化工地培训

在落实标准化工地过程中，需要对承包商相关人员进行相关的培训，使相关员工充分认识到标准化工地建设的重要性，并且及时调整和完善管理方式。同时，还需要定期对相关员工进行考评和培训，以确保员工始终具有较高的业务和管理水平。

（三）开展标准化工地检查评比，形成有效的促进机制

持续推进"3S+"，做到"设施标准、行为规范、施工有序、环境整洁"。标准化工地建设关键

在于常态化保持，而不是一时一阵子。项目单位应组织对施工单位文明施工状况进行定期和不定期的检查，发现问题及时提出整改意见并限期整改，限期内未整改的，应对责任单位进行问责。项目单位要求监理单位应对现场文明施工做好全过程监督工作，及时督促整改项目的落实。项目单位要求施工单位对本单位辖区内的文明施工应进行经常性的自查，发现问题及时处理。

项目单位每季度应组织文明施工检查评比活动，对安全文明示范工地进行授旗表彰，形成"你争我赶"的有效促进机制。如某 2×1000MW 新建火电项目将标准化工地评级分为一级、二级、不达标三个层。其中：标准化工地评分大于 90 分为一级工地，大于 80 分为二级工地，小于 80 分的为不达标工地。对一级工地的施工单位授予"示范工地"流动红旗；对标准化工地评价得分小于 80 分的施工单位进行通报，限期整改；对标准化工地评价得分小于 70 分的施工单位下令停工整改。

（四）开展安全生产标准化达标创建工作

项目单位应组织开展安全生产标准化达标工作，可依据《电力工程建设项目安全生产标准化规范及达标评级标准》（电监安全〔2012〕39 号）的要求，全面提升建设项目标准化水平，如某项目拟申报国家级创优项目，建设期间完成了安全生产标准化一级评审工作。

五、安全检查常态化机制

项目单位应开展多种形式的安全检查，安全检查重点在闭环管理，按照检查结果，要实行重奖重罚。安全检查可分为一般性检查、阶段性检查、专业性检查和季节性检查等方式进行。

项目单位、监理单位和承包商的各类安全检查，可结合阶段性、季节性和专业性安全检查一并进行，以避免重复性检查。安全检查一般分为日常安全检查、定期安全检查、专项安全检查和综合安全检查。

（一）日常安全检查

（1）日常施工过程中，各承包商安全员应按照每天划分的安全监督区域进行安全监督，落实安全监督区域责任制，对施工人员的精神状态、安全防护装备的使用、行为违章、现场的安全设施状况、安全文明施工等进行检查。各施工人员要采用互相之间的安全监督措施，确保消除各类安全隐患。日常工作过程中，食堂、车队、保洁等班组的安全员应对工作人员的精神状态、安全防护装备、消防设施的使用及人员行为等进行检查，确保后勤工作区域无安全隐患。

（2）监理单位安全主管坚持对施工现场日巡查和不定期开展"三检查"（定期检查安全措施执行情况、检查违章作业、检查冬雨季安全施工设施），查"三违"（违章指挥、违章作业、违反劳动纪律），查"三宝"（安全帽、安全带、安全网），查"四口"（楼梯口、电梯口、预留洞口、通道口），查"五临边"（在建工程的楼面临边、屋面临边、阳台临边、升降口临边、基坑临边）。对重要工序、重大施工项目、重要部位、危险作业区、多层交叉作业区，监理安全专工要进行重点监督、检查、防范，连续作业要跟踪监督检查。后勤管理人员定期对车队、食堂、办公楼及生活区域进行检查，查用电安全、查防火防盗、查消防安全等隐患，发现问题及时闭环整改，彻底消除安全隐患。

（3）项目单位安全监察主管不定时深入现场及后勤区域进行认真细致的检查，发现问题及时通知承包商项目部、主管部门。对个别工地或区域安全管理不到位的情况进行督促整改，整改不及时的，要求监理单位签发整改通知书，并限期整改；对之后整改仍然不及时的，要给予停工或处罚。

（二）定期安全检查

（1）承包商各班组专职安全员每天对本施工区、工作区进行安全巡查，发现安全隐患及时整改并上报主管部门。

（2）承包商各班组每周至少组织一次所属施工区域的安全检查。

（3）承包商项目部的安健环监察部门每周至少组织一次施工现场的全面安全检查。

（4）承包商项目部每月至少组织一次施工现场的全面安全检查，由承包商项目经理组织进行。后勤区域主管部门每月至少组织一次后勤施工现场的全面安全检查，由后勤主管部门相关人员组织进行。

（5）监理单位每周由安全副总监组织各承包商安健环监察部门经理参加的现场安全大检查。

（6）监理单位每月由项目总监会同项目单位安健环监察部门组织各承包商项目经理、安健环监察部门经理进行一次月度现场安全、文明施工大检查。

（7）每季度由项目单位安健环监察部门组织监理单位项目总监、项目单位工程技术部及各承包商项目经理、承包商安健环监察部门经理进行一次季度现场安全、文明施工大检查。

（8）上述定期检查与日常检查相结合，监理单位进行周安健环状态评价，每月汇总评价，按"日巡查、周评价、月总结"的方式进行评价。

（三）专项检查

（1）安全设施检查，承包商进行日常的检查，监理单位和项目单位安健环监察部门安全主管进行不定期检查。

（2）大型施工机械检查，每季度由承包商、监理单位进行一次大检查。

（3）小型电力工具检查，承包商、监理单位进行日常检查。

（4）施工用电检查，承包商、监理单位进行日常检查。

（5）环境卫生检查，每季度由承包商、监理单位进行一次大检查。

（6）防火防爆检查监理单位和项目单位一般每年3、11月份进行联合大检查。

（7）防汛、防雷检查，监理单位和项目单位一般每年6～9月份进行联合大检查。

（8）防暑降温检查，监理单位和项目单位一般每年7～9月份进行一次联合大检查。

（9）每年春季、秋季的安全大检查由项目单位安健环监察部门、监理单位组织进行。

（10）节前安全检查，节假日前主管部门组织一次大检查。

（四）综合性检查及安全大检查

（1）综合性检查及安全大检查要结合春、秋检进行，每年由项目单位安健环监察部门组织两次综合性检查及安全大检查。

（2）综合性检查及安全大检查，应事先编制安全检查表或从《电力建设工程安全健康环境评价标准库》中随机生成检查表，对所检查的单位和工程给予定性和量化评价。

（3）综合性检查及安全大检查的主要内容应以查领导、查管理、查现场、查隐患、查措施为主，同时应将文明施工、环境保护等纳入检查范围。

查领导——查安全第一责任者工作是否到位；查执行"安全第一、预防为主、综合治理"的方针是否到位；查是否做到"五同时"以及安全施工责任制的落实情况。

查管理——查各项安全管理制度和账表册卡的建立及执行情况；查各级专职安全管理人员和安全监理的管理效能；查安全管理网络的组织和活动情况；查承包商项目部和班（组）安全管理情况。

查现场——工程开工阶段重点查现场总体布局和安全文明施工基础条件；施工阶段重点查建筑与安装交叉安全文明施工控制措施执行情况和起重吊装机械安全技术状况，以及重要、关键工序安全措施的制定及落实情况；分步试运及整套启动阶段重点查现场安全文明试运条件、工作职责分工，查现场成品保护和防止"二次污染"措施；此外，还要查环境保护措施的执行和环境卫生、生活安全卫生情况。

查隐患——查违规违制；查施工现场存在的安全隐患；查反措的执行情况。

查措施——查是否按规定编审与执行作业指导书施工技术措施和安全施工措施；查是否按规定实施安全设施（包括脚手架）和安全标志、标识标准化；查是否按规定制定了安全事故应急预案，是否进行应急演练。

六、技术保安机制

安全技术措施是指运用工程技术手段消除物的不安全因素，实现生产工艺和机械设备等生产条件本质安全的措施。项目单位应强化施工单位安全技术措施管理，以技术措施保安全；并推行智慧工地建设，做到安全监控智能化，提升安全管控手段和管控能力。

（一）强化安全技术措施管理

1. 安全技术措施

安全技术措施由施工单位工程技术人员在施工准备阶段编写，施工单位技术负责人对管理范围的安全技术措施编制工作负责。安全技术措施在实施前必须经审核审批。需要论证的安全技术措施应按规定要求进行论证。

2. 安全技术交底和执行

一切施工项目必须有安全施工措施（专指作业指导书中的专题安全技术措施），严禁未交底作业、无计划作业、无方案作业、无监护作业、无风控作业和变措施作业。

施工项目动工前，项目单位应督促设计单位、设备厂家、施工单位、调试单位等依据国家有关安全生产的法律法规、标准规范的要求和工程设计文件、施工组织设计、安全技术计划和安全技术专篇（安全技术计划）、专项施工方案、安全技术措施等安全技术管理文件的要求进行安全技术交底。并明确安全技术交底分级的原则、内容、方法及确认手续。

危大工程专项施工方案实施前，编制人员或技术负责人应当向现场管理人员和作业人员进行安全技术交底。施工作业前班组长应向作业人员进行作业内容、作业环境、作业风险及措施的安全交底。施工过程中，施工条件或作业环境发生变化的，应补充交底；连续施工超过一个月或不连续重复施工的，应重新交底。安全技术交底应按照相关技术文件要求进行。交底应有书面记录，交底双方应签字确认，交底资料应由交底双方留存。

对于危险性较大的施工作业（指有可能引发火灾、爆炸、触电、高处坠落和设备事故等），项目单位应要求施工单位事先进行安全技术交底，严格审查分承包商的施工组织措施、技术措施、安全措施、施工方案和应急预案，并监督其实施。项目单位应要求劳务分承包商不得独立承担土石方爆破、大体积混凝土浇筑、设备吊装、高处作业、临近带电体作业等危险性较大、专业性较强的施工。

3. 编制危大工程清单，强化危大工程管理

项目单位应根据国家、地方有关法律法规、行业标准和上级单位要求制定危大工程管理制度。监理单位组织各参建单位对危险性较大的分部分项工程、超过一定规模的危险性较大的分部分项工程的作业项目进行危险源辨识，对风险进行分析和评估，结合工程实际确定该项目的危大工程项目。监理单位将危大工程项目清单报项目单位工程技术部门和安健环监察部门，由项目单位安健环监察部门组织审核，经项目单位主管领导批准后下发执行。

项目单位工程技术部门、监理单位、承包商应明确危大工程项目专项责任人，明确相关人员职责和责任。在危大工程施工前，承包商必须编制专项方案；对于超过一定规模的危险性较大的分部分项工程，承包商应当组织专家对专项方案进行论证。

专项方案由承包商组织编制；实行施工总承包的，专项施工方案应当由施工总承包单位组织编制。工程实行分包的，专项施工方案可以由相关专业分包单位组织编制。编写完成后由承包商技术部门组织本单位安全、质量等部门的专业技术人员、安全管理人员进行审核。审核合格后，由承包商技术负责人签字，并加盖单位公章。

不需要专家论证的专项方案，经承包商审核合格后报监理单位，由项目总监理工程师审核签字，加盖执业印章，报项目单位工程技术部门经理签字、项目单位主管安全领导批准。超过一定规模的危险性较大的分部分项工程专项方案，应当由承包商组织召开专家论证会对其进行论证。实行施工总承包的，由施工总承包单位组织召开专家论证会。专家论证前专项施工方案应当通过施工单位审核和总监理工程师审查。专家应当从地方人民政府住房城乡建设主管部门建立的专家

库中选取，符合专业要求且人数不得少于5人。与本工程有利害关系的人员不得以专家身份参加专家论证会。专家论证会后，应当形成论证报告，对专项施工方案提出通过、修改后通过或者不通过的一致意见。专家对论证报告负责并签字确认。

监理单位应当将危大工程项目列入监理规划和监理实施细则，应当针对工程特点、周边环境和施工工艺等，制定安全监理工作流程、方法和措施。

（二）安全监控智能化

项目单位应充分利用信息化手段推进智能安全监控。项目单位根据先进实用、永临结合、统筹规划、分步实施的原则推进智慧工地建设。项目单位应推行工区智能化全封闭管理，采用门禁识别、视频监控、远程广播、人员定位、典型违章识别、高风险作业监测等方式，实现作业现场全员、全过程、全方位动态立体定位，提升安全管控手段和管控能力。

如某2×1000MW新建工程，搭建智能安防平台，包含人员管理（承包商管理、人员管理、区域准入）、现场安全管理（车辆管理、户外宣誓、人员定位、施工力能统计、视频监控、道路测速、典型违章识别）、大型机械和危大工程在线监控（塔基安全监测、吊钩可视化、升降机安全监测、深基坑检测、大体积混凝土测温）和其他应用（电子围栏、应急广播、二维码应用）等，以智能化手段强化施工现场监管，保证作业安全可控受控。

七、安全培训及事故警示教育常态化机制

工程建设安全教育培训实行逐级负责制，确保全员受到应有的安全工作方针政策、法律法规、规章制度和相应的安健环知识、应急救援及救护知识的教育培训。安全教育培训管理内容包括项目单位安全培训管理、承包商安全教育培训管理、外来人员安全培训管理三个方面内容。

（一）严格按规定落实项目单位安全培训管理

对从事安全生产工作的相关人员、主要负责人和安全生产管理人员、特种作业人员，应坚持教考分离、统一标准、统一题库、分级负责的原则进行培训和考试。项目单位应分类分级培训。

1. 严格落实三项岗位人员培训要求

三项岗位人员是指各单位的主要负责人、安全管理人员和特种作业人员。主要负责人是指公司的董事长、总经理等。安全生产管理人员是指分管工程、安全、生产专业的副总经理、总工程师、副总工程师，安全生产管理机构负责人及其他管理人员，各生产部门负责人等。特种岗位作业人员是指直接从事特种作业的从业人员。

主要负责人、安全管理人员和特种岗位作业人员必须按规定参加培训，培训课时符合规定要求，经考试合格后持证上岗。项目单位主要负责人、安全生产管理人员应按照国家有关规定接受安全教育培训，初次接受安全培训时间不少于32学时，每年接受再培训时间不少于12学时。

项目单位安健环监察部门对各部门的负责人和专业技术人员及公司的正副职领导、总工程师、

工程技术部门负责人，一般每年进行一次有关安全法规和规程制度的考试。

项目单位员工上岗和转岗均应接受相关内容的安全教育培训，由所在部门负责，并做好记录。

2. 严格落实其他作业人员培训要求

其他从业人员是指除了主要负责人、安全生产管理人员和特种作业人员以外的其他从事生产活动的人员。

新上岗的从业人员，安全培训时间应不得少于72学时，每年再培训的时间不得少于20学时。

各单位新上岗的作业人员，安全培训合格后必须签订师带徒协议，在有经验的工人师傅带领下实习满4个月，方可独立工作，严禁实习期单独上岗。

作业人员调整工作岗位或离开本岗位达到规定时间重新上岗前，或采用新工艺、新技术、新材料，使用新设备的，应对其进行相应的安全培训，经培训合格后方可上岗作业。

3. 严格落实新员工三级教育机制

项目单位新员工入厂应接受全面的安全教育，分公司教育、部门教育和班组教育三级进行。项目单位新员工入厂应接受全面的安全教育，分项目单位教育、部门教育和班组教育三级进行。项目单位级培训内容一般为：国家安全生产法律法规和方针政策；公司概况；生产性质及特点；特殊危险场所；安全生产制度和规定；安健环知识及安全基础知识；入厂安健环教育片；公司安健环考核细则；公司紧急应变；防止人身伤害措施；员工行为准则等。部门教育培训内容为本部门的概况、生产特点；部门各项管理制度；安全生产规定；危险物品的使用情况及注意事项；危险操作和以往典型事故教训；有毒有害物质的理化性质、中毒症状、预防措施和急救方法等。安健环的各项管理标准；生产现场文明施工管理规定；安健环考核细则；生产现场危险场所及重大危险源辨识。班组教育培训内容为安全生产责任制、岗位责任制；安全操作规程和安全规定；以往事故案；预防事故措施；安全装置、安全器具、个人防护用品使用方法；重大危险源的防范措施；安规的相关知识学习等。

4. 严格落实安全培训内容

安全教育培训的内容主要包括国家和地方安全政策及法律法规、安全生产知识、风险分级管控、隐患排查治理、安全生产标准化体系、应急管理、职业健康管理、警示教育培训等。

5. 采取多种培训形式，确保培训效果

安全教育培训形式多样，项目单位应持续创新安全教育培训模式，提高培训质量。按培训组织方式分，可以分为内部培训和外部培训。按培训教育方式分，可以分为线上线下教学、仿真设备体验、实操教学和师带徒、经验交流、参观等形式。

项目单位应建立完整的员工安全教育培训台账，准确、真实、及时地做好各类人员的安全教育培训记录，全面统计培训信息。

某项目通过企业大讲堂开展安全和技术培训，以考促训；严格进行安全三级教育，保证每年再培训课时，特殊工种单独建档管理；落实"三现"管理，到一线班组讲安全；对行业内外部安全事故保持敏感性，做到及时学习，覆盖全员，吸取教训。

（二）强化承包商安全培训管理要求

工程开工前，项目单位安健环监察部门与工程技术部门应组织一次针对承包商"项目经理、安全监察负责人、班组长"的专项安全培训，重点宣贯项目单位的安健环理念以及管理标准等相关内容。

承包商应针对本单位、分包商建立全员、完整的安全教育培训管理台账、档案，并定期更新，同时应将台账、档案报监理单位、公司安健环监察部门备案。

项目单位应要求承包商对新入厂人员进行三级安全教育培训，经考试合格后允许上岗工作。承包商每年应组织一次由技术人员、管理人员、专职安全员和班队长参加的安全培训和考试，监理单位全过程监督。

承包商应通过培训教育，使全体施工人员熟练地掌握触电、中毒、外伤等现场急救方法和消防器材的使用方法。

承包商从事电气、起重、焊接、爆破、特殊高处作业的人员和架子工、机动车驾驶员、吊车司机，以及接触有害气体、射线、剧毒等特殊工种作业人员，必须经过有关主管部门的培训教育并取证后，方可上岗作业。

对于施工中采用新技术、新工艺、新机械（机具）以及员工调换工种等，必须进行适应新操作方法、新岗位的安全技术培训教育，经考试合格后上岗作业。

项目单位应督促施工单位各班组每周开展一次安全日活动；每天进行"三交""五查"站班会（"三交"指交任务、交技术、交安全；"五查"指查安全帽、查安全带、查安全鞋、查衣着、查精神状态）。

项目单位应要求各承包商制订年度安全教育培训计划，确保新入场人员（含分承包商作业人员）在上岗前经过不少于72学时的安全教育培训，全员每年再培训时间不少于20学时，受到应有的安全工作规程、规定、制度和安健环知识、应急救护知识教育，并经考试合格，建立全员安全教育培训档案；从事特殊工种作业人员，应经政府主管部门培训取证后，方可上岗工作。项目单位安健环监察部门还应对监理及分包单位的负责人及安全管理人员每年进行一次安规、制度的考试。

项目单位应要求施工、监理单位定期将员工的安全教育培训情况报送项目单位安全管理部门备案，接受项目单位的监督检查。项目单位对施工、监理单位安全教育培训情况每季度进行一次集中检查（抽查考试卷、体检表、奖惩记录），并做好检查记录。

使用劳务派遣者和外委承包商的单位，应将劳务派遣者和外委承包商单位员工纳入本单位从业人员统一管理，对被派遣劳动者和外委承包商单位的员工应进行岗位安全操作规程和安全操作技能的教育和培训。

（三）严格外来人员安全培训管理

工程现场外来参观、检查工作、实习、参加临时劳动或进行其他公务活动的人员，应由其接待单位（项目单位或承包商单位）交代安全注意事项后，安排专人陪同进入现场。

八、应急响应机制

为正确应对各类突发事件，有效控制事故发展和损害程度，项目单位、监理单位、施工单位必须高度重视安全事故应急处理工作，建立在紧急情况下快速、有效的事故抢险、救援和应急处理机制。

（一）应急组织体系

项目单位应严格按照国家、地方有关规定，建立完善的应急管理体系，成立应急领导小组，全面领导应急管理工作。应急领导小组组长一般为项目单位主要负责人（一般为董事长或总经理），副组长为项目单位副总经理（常务）、监理单位总监、主标段施工单位项目经理、调试单位项目经理，成员为项目单位其他领导、基建相关部门经理、监理单位副总监、施工调试单位项目副经理。应急领导小组下设应急管理办公室，应急管理办公室下设设备抢修、医疗救护、治安消防、物资保障、技术支持、后勤保障、信息保障、人力资源及抢险救援等小组。

项目单位应要求施工单位成立应急工作小组，负责工程项目安全事故预防与应急处理，并将机构、人员名单、联系方式报工程应急办公室备案。

（二）应急预案和处置方案

项目单位应组织制定项目综合应急预案、专项应急预案和现场处置方案。

火电工程项目具有施工标段多、高处作业多、立体交叉作业多、动火作业多、大型施工机械使用多等共同特点，不仅面临因气候、环境引起的自然灾害，而且在各项作业活动中存在不同的危险源和可能导致的事故。项目单位应该组织开展覆盖整个基建工程项目的危险源和环境因素识别，采用适宜的评估方法进行风险评估和分析，编制并发布重大危险源和重要环境因素清单，根据风险评估结果确定应急预案编制清单。

项目单位应全面分析本单位面临的主要风险，有针对性地编制专项应急预案，重点包括火灾事故应急预案、垮（坍）塌事故应急预案、触电事故应急预案、机械事故应急预案、高处坠落事故应急预案、地质灾害应急预案、防洪度汛应急预案、地震应急预案、恶劣自然天气应急预案、重大疫情及传染病应急预案等。

（三）应急培训及演练

项目单位应将应急知识培训工作纳入年度培训计划，组织现场参建单位学习应急预案和紧急救护等知识，通过培训，增强防范意识，提高现场救护技能和工程应急防范能力。

项目单位每年度应制订应急演练计划，明确演练规模、方式、内容、频次。项目单位每年至少组织一次综合应急预案演练，根据本单位事故风险特点每半年至少组织一次专项应急预案演练和一次现场处置方案演练，地质灾害、防洪度汛等重点应急预案应每年演练。应根据演练和事故应急发现的问题，及时组织评审应急预案，并修订完善。

突发事件威胁和危害得到控制或消除后，相关单位或应急救援组织机构应停止应急响应。应急处置工作结束后，相关单位应对突发事件的原因进行分析，对损失进行评估，总结经验教训，制定改进措施，相关问题整改完毕后，尽快组织恢复施工和工作秩序。

项目单位安健环监察部门应定期组织对应急管理的执行情况进行检查和评价，并在每季度安委会对检查和评价情况进行通报，对存在的问题落实整改。

九、安健环文化氛围建设机制

安健环文化建设是企业安全生产管理现代化不可或缺的要素，是安全管理机制稳固的前提。安全文化必须借助长效机制，逐步培养人们对待安全生产的心态，令员工构筑起稳固的安全生产思维模式、价值观体系以及行为规范。安健环文化建设要以关注人的生命、健康，提高全员安健环文化素质为核心，以安健环文化建设规划、安健环宣传、安健环教育、安健环管理为手段，贯穿于生产经营全过程，逐步将安健环管理工作融入企业整个管理实践中，形成企业各级人员所共同认知、遵守的日常安全习惯，以安健环文化的力量保障企业安全发展。

如对于某项目，统一发布安健环宣示系统；统一规划现场文化展板；统一安全标志，标示体现专业化；构建项目现场大党建格局，全现场一家人。某项目安健环宣示系统见图9-7。

图9-7　某项目安健环宣示系统

十、安健环奖惩机制

为落实安全生产责任制，在项目建设过程中做到奖惩分明，重奖重罚，形成安全管理高压态势，对严重违章形成强震慑，充分发挥安全生产奖惩约束作用和激励作用，调动各级员工及参建承包商的工作积极性，从而实现工程建设的安全目标。项目单位应制定并发布《安健环及文明施工考核办法》，条目清楚，并作为考核奖惩依据。该办法应明确是招标文件或合同附件的一部分，有合同约束力。项目单位设立违章及隐患举报电话，对发现人进行奖励。开展季度安全文明评比奖励，颁发流动红旗，对各施工单位现场管理亮点及安全管理先进个人给予奖励。

安健环考核奖惩主要由安健环考核职责分工、考核内容及奖惩标准和考核奖惩程序三部分组成。

（一）安健环考核奖惩职责分工

项目单位安健环监察部门职责：负责对所有参建单位及部门的安健环工作开展情况进行监督、检查和考核，并建立考核台账。

项目单位工程技术部职责：负责落实主体责任对所辖区域的安全及文明施工负管理责任，按规定标准提出考核或奖励机制；督促监理单位各专业监理工程师对所辖区域的安全及文明施工负管理责任，依据规定标准提出考核或奖励机制；督促承包商按要求进行整改并验收。

项目单位计划部门职责：负责将考核条款列为合同内容；负责依据所下发的有效考核通知单在当月结算中扣除罚款或奖励。

监理单位职责：负责组织对各承包商的安健环进行检查评价，提出考核意见，并对实施过程进行监督；对检查及考核情况及时汇报公司安健环监察部门；依据项目单位规定对承包商进行安全考核与奖励。

承包商职责：认真执行和积极落实项目单位有关安健环考核奖惩有关规定；对查出的问题及时整改闭环，举一反三；及时交纳安全及文明施工管理的相应考核款项。

（二）安健环考核内容及奖惩标准

安全工作实行严格的"四不放过"原则。对于工作失职、"三违"造成事故的人员给予重罚。安健环考核奖惩工作实行严格的"四不放过"原则，应拉开档距，严禁平均分配。

监理单位、项目单位安监人员及各专业专工均可依据项目单位有关安健环考核制度要求提出考核意见（需附照片），并填写罚款通知单。

考核奖励一般分为一般奖励和月度安全奖励，具体考核内容及奖励标准由项目单位根据实际情况制定。

考核罚款项目一般分为通用项目、入场规定、建筑安装、施工用电、施工机械、起重作业、消防管理、车辆安全、治安环境、环境管理、定置管理、安全文明施工、安健环、安全管理、日常管理等。

（三）安健环奖惩审批程序

考核可由监理部或项目单位业务部门执行，原则上不重复考核，安健环考核奖惩审批程序遵循及时性和慎重性原则，一般根据奖惩金额大小设置不同的审批程序和权限。

考核罚款一律向被罚单位收取（不对个人收取），被罚单位必须对违章个人进行处罚，并将处罚结果报公司安健环监察部门备案。

为强化考核的刚性执行情况，各被考核单位接到罚款通知三天内向项目单位财务部门缴纳罚款，否则将从工程进度款中加倍扣罚。

第五节　安全管理重点环节及管理要点

根据火电工程建设周期长、工艺技术复杂、交叉施工多等特点，安全管理环节较多，整体上可以根据建设阶段划分为安全管理总体要求、开工准备阶段、土建阶段、安装阶段、调试阶段五大阶段，每个阶段的安全管理重点环节并不相同。对于每个安全管理重点环节都要有明确的目标、控制措施和监督检查方法，从而实现闭环管理。控制目标可以是定性目标，也可以是定量目标。控制措施要具体、有针对性和实操性。

一、安全管理总体要求

（一）安全教育培训管理要点

（1）工程建设安全教育培训实行逐级负责制，确保全员受到应有的安全工作方针政策、法律法规、规章制度和相应的安健环知识及应急救援、救护知识的教育培训。项目单位安健环监察部门负责编制《安全教育培训管理办法》，明确不同人员所需接受的安全教育培训内容。各参建单位应根据工程建设的特点，制订和实施本单位安全教育培训计划。

（2）参建各单位主要负责人、项目负责人和专职安全生产管理人员应具备相应的安全生产知识和管理能力，取得相应安全资格证书。项目单位每年组织1次覆盖各参建单位的安规考试。

（3）新入场人员在上岗前，必须经过岗前安全教育培训，经考试合格后方可上岗，培训时间不得少于72学时，每年再培训时间不得少于20学时，培训内容应符合国家及行业有关规定，并保存完善的培训记录。

（4）特种作业人员必须经有关主管部门专项培训取证后，方可上岗。资格证书需报监理单位安全监理工程师审核、项目单位安健环监察部门备案。

（5）工程现场外来参观、检查工作或进行其他公务活动的人员，应由其接待单位进行安全事项告知后，安排专人陪同进入现场。

（6）检查各参建单位安全教育培训台账、安规考试成绩单、安规考试试卷、特种作业人员资格证等。

（二）安全生产费用管理要求

（1）项目单位在组织编制工程概算时，应当按照国家、行业有关规定计列安全生产费用，并在招标文件中予以明确。列入非竞争性费用，在竞标时不得删减，列入标外管理。承包商在合同中必须承诺将此费用全部用于本工程建设的安全、健康和环保工作中；安全生产费用过程结算支付原则等相关要求应写入施工合同。

（2）安全生产费用实行过程结算管理，项目单位应制定安全文明施工费用管理流程，明确各部门及参建单位责任，严格安全费用管理。

（3）项目单位安健环监察部门定期组织对安全生产费用管理中发现的问题进行分析，对查出安全费用使用不规范、安全投入不到位等情况给予相应的处罚，并在月度安全例会、安委会上进行通报。

（4）项目单位安健环监察部门应建立对承包商的安全生产费用管理的检查评价及考核机制。项目单位安健环监察部门应不定期根据监理单位的检查评价情况，组织进行抽检，核查监理检查评价的质量，对执行情况在每季度安委会上进行通报，对存在的问题监督落实。

（5）监理单位应每月对承包商的安全生产费用管理进行检查评价，检查评价内容包括计划的准确性、计划的执行情况、承包商单独账户管理的规范性、资金流向的符合性等，并在月度安健环例会进行通报，提供考核依据。

（三）安全检查管理要点

（1）实施三级检查制度：安监人员必须坚持每天到施工现场进行安全检查；项目单位安健环监察部门和监理单位组织实行每周一次的安全文明纠察活动；安委会组织每月进行一次全现场的安全大检查和评比；结合季节特点和施工特点，进行专项重点检查。

（2）在上级单位及政府部门组织的检查前，由项目单位安健环监察部门和监理单位组织全面自查。

（3）对安全检查中发现的问题和隐患，应填写安全检查整改通知单并送至被检单位，责任单位均应进行及时纠正，限期整改，闭环管理。

（4）对检查中发现的各类违章违纪行为，以及不能按规定时间及时整改的问题，进行必要的考核。

（四）危险源辨识与安全交底管理要点

（1）各项施工作业均应有针对性地进行危险源辨识、危险评价，对风险值较大的重大危险源进行重点预防和控制。涉及的分项工程在作业指导书中须列出清单并提出预防与控制措施。安全施工措施应具有针对性、可操作性、可靠性。

（2）重大施工项目、重要施工工序、特殊作业、危险作业，应执行安全施工作业票程序，其安全施工措施的编制与执行应遵守《危险性较大工程安全专项施工方案编制及专家论证审查办法》的有关规定。

（3）严格执行安全交底程序，交底与接受交底人双方签字确认。一般施工项目技术交底，宜使用多媒体设备进行，以保证交底效果。

（4）施工人员应严格按照作业指导书施工，未经批准，不得擅自更改措施。

（5）监督检查方法：检查作业指导书、安全施工作业票、安全施工措施安全交底记录等。

（五）安健环协议管理要点

火电工程建设安全管理，应以合同管理为纽带，实行与经济挂钩的管理办法。除项目单位应与承包商签订《安全责任状》，落实安全责任制外，还应单独签署安健环协议以作为合同附件。安健环协议是指将项目单位对设计单位、施工单位、监理单位的安健环管理要求、责任、考核奖惩等以合同正文或者单独签署安健环协议作为合同附件，强化承包商履行安健环责任和义务，从而强化安健环管理，实现项目安健环管理目标。

安健环协议文本要涵盖乙方所要求的资质及应持有的文件、甲（项目单位）乙双方的安全责任、乙方安健环管理目标、甲乙双方的安全职责要求、交通安全管理、安健环考核等方面的内容，每个方面的内容要根据项目进行细化，尽可能做到安健环管理方面责权利清晰，没有模糊地带。

（六）工程分包管理要点

（1）杜绝非法转包、违法分包、违规分包。

（2）施工单位发包工程，无论是工程分包或劳务分包，必须事前报经项目单位批准后工程项目方可分包，但安全责任仍由施工单位直接负责，禁止以包代管。

（3）分包商单位各项资质，必须报监理单位审查批准后方可使用。

（4）以下工程不允许分包：建筑工程包括主厂房、烟囱、冷却塔、循环水泵房等；安装工程包括锅炉本体、汽轮发电机组本体、调油系统、给水泵组、磨煤机、四大管道、电气热控二次部分。

（5）对于连续使用的分包商，安全施工资质每年初审查1次。对安全管理混乱、事故频发的分包商，不得继续使用。

（6）施工单位招用分包商与临时工，应按《合同法》和《劳动合同法》的有关规定，双方签订有效合同和安全管理协议后方可使用。

（七）反违章管理要点

（1）按规定做好安全教育和安全培训。严禁不熟悉安规、对现场不了解、无防护用品和酒后上岗。

（2）各施工单位作业班组应坚持做好班前会和班后会，每周开展安全活动日活动。

（3）按规定进行严格的习惯性违章考核，对于同一施工班组连续发生重复的习惯性违章、参建单位管理人员习惯性违章，加倍考核。

（4）项目单位安健环监察部门及监理单位根据施工特点，每月组织反习惯性违章专项检查和评比活动，奖优罚劣。

（5）通过宣传画、宣传标语、曝光栏等形式营造安全施工氛围。

（八）大型施工机械安全管理要点

（1）在项目单位和监理单位监督检查下，施工单位应建立各项机械安全管理制度、管理台账，施工单位应设专人负责机械管理，做到管理规范、资料完整。监理单位应设负责大型施工机械与特种设备的专职安全监理，原则上应取得相应的培训资质证书，具备专业管理能力。

（2）进场大型施工机械必须持有主管部门核发的安全检验合格证书。施工单位必须制定大型施工机械作业指导书和安全措施，报送监理单位审签、交底后方能施工，需现场组装的大型施工机械安装完毕后要经过监理单位检查验收后方能使用。

（3）施工单位需按国家有关要求及项目单位要求执行各项使用和维保工作，认真填写各项内容。

（4）在同区域或相邻区域施工机械共同作业前，监理单位应组织有关施工单位签订《大型施工机械防互碰安全协议》并落实相关安全措施。

（九）脚手架安全管理要点

（1）施工单位应编制《脚手架安全管理制度》，报建设、监理单位审查和备案。

（2）从事脚手架搭设、维修、拆除作业的人员必须持证上岗。

（3）搭设脚手架所用物资、部件须经监理单位检验合格后方可使用。

（4）搭设不同规模的脚手架，应分别编制搭拆作业指导书、施工图，必要时需进行立杆地基承载力计算，并报监理单位审查后方可实施。

（5）搭设脚手架须经监理单位检验合格后发放脚手架使用证后方可使用，脚手架使用证需悬挂在对应脚手架上，脚手架的使用须符合有关规定，且不得将脚手架借用于其他作业。

（6）对长期使用的脚手架应进行定期检查和维修，室外脚手架在大风、雨雪等天气下需进行检查和维修，超过使用期限的应由监理单位进行再次检验合格后方可继续使用。

（十）施工用电安全管理要点

（1）施工用电的变压器、配电箱、开关箱、电缆、电动工器具及其他用电设备应经检查合格后方可使用，并粘贴牢固使用标识。

（2）施工用电线路的连接、拆除、维修等应由电气专业人员作业，电缆敷设应符合规程规范，地埋电缆应有防护措施及地上标识。

（3）用电设备操作人员必须掌握安全用电基本知识，熟悉有关设备的正确操作方法，使用前应按规定穿戴合格的绝缘防护用品。

（4）各参建单位应对用电安全进行不定期检查，发现安全隐患及时整改。

（十一）施工现场消防安全管理要点

（1）消防工作实行"谁主管，谁负责"的原则。施工现场的消防工作，项目单位拟委托一家施工单位负责管理协调，各施工单位责任区域的消防管理自行负责，并接受项目单位和监理单位的检查和监督。

（2）各施工单位应建立符合公安消防部门要求的消防组织，制定严格的消防制度，配置专职消防人员和充足（完好）的消防器材，编制消防计划和措施，全面开展消防工作。

（3）监理单位和施工单位的消防专职人员应对现场消防工作中存在的问题及时下达整改通知，存在问题的单位应制定相应整改措施并督促整改措施实施。

（4）其他事项，施工单位按照国家及地方政府法律法规及上级单位规章制度和项目单位《施工现场消防管理办法》执行。

（十二）职业健康管理要点

（1）施工单位应建立体检档案，并对从事有毒有害作业的人员定期进行身体健康检查。

（2）作业人员进入现场应佩戴和使用劳动保护用品。

（3）尘、毒作业场所应有良好的通风除尘及防止中毒措施。

（4）员工食堂与食品间应符合卫生防疫要求，定期对饮用水及饮食卫生进行检查，预防肠道疾病的发生，同时应严防食物中毒。

（5）员工宿舍应制定专项管理措施，应有良好的居住条件，并保持通风与干净整洁。

（6）夏季露天作业应采取防暑降温措施，防止人员中暑。冬季做好防寒、防冻和防滑工作。

（7）施工作业人员应无妨碍作业的生理缺陷和禁忌症，年龄及身体状况应符合相关法规要求。

（十三）危大工程管控要点

根据《危险性较大的分部分项工程安全管理规定》（中华人民共和国住房和城乡建设部令 第37号），编制专项安全技术措施文件，超危大工程的专项安全技术措施文件需经专家论证合格后实施。安全管控重要环节依据《危险性较大的分部分项工程安全管理办法》分类，危险性较大的分部分项工程安全专项施工方案是指针对危险性较大的分部分项工程单独编制的安全技术措施文件。专家论证是指对于超过一定规模的危险性较大的分部分项工程，施工单位还应当组织专家对专项方案进行论证。

二、开工准备阶段安全管理要点

（一）做好安全文明总体策划

（1）项目单位组织编制《安全文明施工总体策划》和《安全文明施工设施·标志·标识标准化图册》，对工程现场安全文明施工提出高标准、严要求，并规范建筑物、机械设备、装置型设施、安全设施、标志牌等式样、标准，达到现场视觉形象统一、整洁、美观的整体效果。

（2）《安全文明施工总体策划》和《安全文明施工设施·标志·标识标准化图册》由各施工单位按不同区域分包实施。

（3）各施工单位负责各自范围内的二次策划（含区域布置方案），报监理单位审核，经项目单位批准后实施。一般的策划方案由项目单位安全监察部批准，重要的策划方案由项目单位分管副总经理批准。

（二）落实开工必备条件

（1）安全管理开工必备条件一次通过上级单位检查。

（2）管理制度落实。一是项目单位与各施工单位签订工程承发包合同、安全施工管理协议及安全责任书，明确安全施工保证金预留额度和奖惩兑现制度。二是安全文明施工总体策划已编制完成并实施。三是项目单位已建立基本的安健环管理制度；监理单位应结合项目单位安健环管理制度制定具有操作性的控制措施；施工单位应按项目单位安健环管理制度提出的各项要求制定实施细则。四是项目单位、监理单位和各施工单位安健环管理台账已建立齐全。五是建立人员车辆通行检查管理制度，按规则出入。

（3）施工人员落实。一是进入现场的全体员工经过安健环管理知识教育培训，考试合格持证，以及佩戴胸卡证上岗。二是特殊工种人员全部经过培训考试合格，持证上岗。三是各施工单位进入现场的全体员工经过身体健康检查，并建立了体检档案备查。四是各施工单位已与保险机构签订了保险合同，为现场从事危险作业的人员办理了人身意外伤害保险手续。五是现场保卫人员上岗执勤。

（4）施工机具落实。一是进场大中型施工机具必须持有主管部门核发的安全检验合格证书，并经实际检查合格，杜绝带病进场。二是大中型施工机具进场装卸必须编制作业指导书和安全措施，报送监理单位审签、交底后方能施工，并由专业队伍完成。三是特种设备使用前应由政府主管部门进行检查，其他施工机具应由监理单位组织检查，合格后方可使用。

（5）现场条件落实。一是现场办公、生活、生产临建设施完善，已具备使用条件。二是现场"五通一平"符合相关规定标准，厂区围墙已全部建成，主要混凝土道路已形成网络。三是现场工程建设项目管理信息系统已建成投用，并覆盖所有各施工单位和安全文明施工管理的工作程序。

三、土建阶段安全管理要点

（一）基坑开挖阶段安全管理要点

（1）重点管控风险：滑坡、坍塌、机械伤害、交通事故。

（2）土方开挖前，沿场地四周布设排水沟和截水沟，避免地表水流入开挖基坑内。挖土从上而下分层分段依次进行，在挖方边坡上如发现有滑坡等土体，及时清除和采取相应措施，以防塌方与下滑。在机械挖出坡面后，要求人工及时修正边坡。基坑维护紧随上方开挖进行。

（3）基坑开挖如在雨季施工时，工作面不宜过大，应逐段、逐片地完成，并应切实制定雨季施工的安全技术措施。

（4）基坑四周须按要求安装防护栏杆，加挂安全网，敷设光带用于夜间警示，严禁上下抛掷工具、材料。

（5）土方运输车辆遵守厂内交通规则，限速行驶。

（二）桩基工程阶段安全管理要点

（1）重点管控风险：机械施工违规作业、高处落物、触电、塌陷。

（2）桩基施工机械进场时必须对设备合格证和特种作业人员操作证报监理单位审核，组装完毕后必须经验收合格后方可使用。

（3）在施工期，施工单位应有专人对桩机进行定期检查、维护、保养和消缺。

（4）管桩起吊、搬运应遵守起重作业规程。

（5）桩机、电焊机等用电设备的使用应遵守安全用电规程。

（三）钢筋工程阶段安全管理要点

（1）重点管控风险：机械伤害，触电和火灾，物体打击等。

（2）对钢筋工程所用机械，如切断机、卷扬机、除锈机、调直机、弯曲机等应进行安全检查，防止设备带病使用，并由施工单位经培训后的专人操作使用。

（3）钢筋加工、搬运时，应防止钢筋崩、弹、甩动造成碰伤、烫伤和触电事故。

（4）电焊作业应遵守安全作业规程。

（四）混凝土浇筑阶段安全管理要点

（1）重点管控风险：坍塌、高处坠落、触电等。

（2）使用输送泵输送混凝土时，应有两人以上人员牵引布料杆管道的接头，安全阀、管架等必须安装牢固，输送前应试送，检修时必须卸压。

（3）浇灌高度 2m 以上的框架梁、柱模混凝土，应搭设操作平台，采取安全防护措施，作业人员佩戴安全带，严禁站在模板或支撑上作业。

（4）混凝土振捣器使用前必须经电工检验确认合格后方可使用，操作人员必须穿绝缘鞋、戴绝缘手套。

（五）基坑回填阶段安全管理要点

（1）重点管控风险：坍塌、机械伤害、触电等。

（2）作业前检查打夯机是否完好，严禁夯机带病运转，专人正确操作，防止触电和机械伤害。

（3）土石方滑坡、坍塌，人身和物品坠落，厂内交通事故等控制措施参照基坑开挖阶段。

（六）墙面、屋面施工阶段安全管理要点

（1）重点管控风险：脚手架坍塌、高处坠落、物体打击等。

（2）脚手架、安全网等搭设符合规程规范。

（3）人员高处作业必须系好安全带。

（七）装修（含水电暖施工）阶段安全管理要点

（1）重点管控风险：机械伤害、火灾、触电、脚手架坍塌、高处坠落等。

（2）各类手持电动工器具使用前应检查合格，使用时应注意用电安全，遵守操作使用规程。

（3）油漆涂刷、焊割等作业应注意防火。

（4）人员高处作业必须系好安全带。

（八）烟塔施工阶段安全管理要点

（1）重点管控风险：机械伤害、坍塌、高处坠落等。

（2）做好脚手架搭设、模板支护、混凝土浇筑等安全控制措施。

（3）人员高处作业必须系好安全带，外侧设置安全网。

（4）烟塔施工周边设置安全区域及警示标识，施工单位安排专人负责现场通行管理。烟囱外筒砌筑期间，炉后区域一定范围内不得交叉作业。

四、安装阶段安全管理要点

（一）设备吊装安全管理要点

（1）大型起重机械执行国家有关法律法规要求，认真落实上级单位有关的各项要求。

（2）风力在六级以上时，严禁进行室外吊装作业。

（3）设备进行两车抬吊或吊车负荷达 90% 以上时，应办理安全施工作业票。

（4）每一层锅炉钢架吊装完后应立即拉设水平安全网，未经项目单位允许不准随意拆除水平安全网。

（5）施工中应尽量减少交叉作业。必需交叉时，层间必须搭设严密、牢固的防护隔离设施。

（6）夜间施工时照明应充足。

（二）管道安装安全管理要点

（1）车辆运输管件要绑扎牢固，人力搬运起落一致。禁止在未经过荷重检验的脚手架和工作台上放置管件和其他重物。

（2）高处作业、吊装作业、焊割作业、用电作业等应符合相关安全作业规程要求。

（三）电缆敷设安全管理要点

（1）所有参加施工的人员必须服从施工负责人统一指挥和监护。

（2）施工负责人应向全体参加施工人员讲明作业要求、联络信号及注意事项。

（3）安全负责人严把安全关，监督所有人员不违章，做好自保互保，敷设电缆时必须戴手套，以免碰伤手指。

（4）高处或者高梯作业时，注意脚下，防止踩空或绊脚。

（5）电缆转盘前严禁站人，转盘严禁转得过快，防止侧翻。

（6）搬运电缆盘要用合格的起重设备，严禁过载使用。

（7）电缆盘在运输过程中不允许平放，以免压伤电缆。卸车时禁止将电缆线盘从车厢内推下，以免损伤电缆。

（四）保温施工安全管理要点

（1）加强对施工人员的安全教育和有针对性的技术交底。

（2）脚手架搭设符合规程规范要求，人员高处作业必须正确使用安全带、安全绳。

（3）各类手持电动工器具使用前应检查合格，使用时应注意用电安全，遵守操作使用规程。

（4）各工种进行上下立体交叉作业时，不得在同一垂直方向上操作，严禁从上向下抛掷任何物料。

（5）室外场所在雨天和雪天进行高处作业时，必须采取可靠的防滑、防寒和防冻措施。

（五）控制盘（台、箱、柜）安装安全管理要点

（1）盘柜的装卸和运输应由专人负责指挥。应在无雨、无大风的天气进行，以防设备开箱淋雨受潮。

（2）盘柜在运输过程中，应采取措施防止倾倒和遭受剧烈震动。

（3）注意盘柜翻倒、就位时不要碰伤人及压脚。

（4）使用带漏电保护的工作电源。

（5）焊接时，注意穿好电焊服，戴护目镜，做好防止火花烫伤人和烧坏二次设备的措施。

（六）焊接和切割安全管理要点

（1）施工人员要有上岗证书和相应的焊接资质。

（2）加强对施工人员的安全教育培训。

（3）对电气设备漏电和保护装置定期进行检查试验。

（4）工作场所的易燃物品要及时清理或隔离，设置足够的灭火器具。

（5）高处或者高梯作业时注意脚下，防止踩空或绊脚。

（6）施工中应尽量减少交叉作业。必需交叉时，层间必须搭设严密、牢固的防护隔离设施。

（七）金属探伤安全管理要点

（1）相关作业人员要有上岗证书和资质。

（2）射线探伤区域设置警示标志。

（3）金相腐蚀、电解的操作室要有良好的通风。

（4）控制辐射源的距离大于安全距离。

（5）防止无关人员误入射线辐射场所。

（八）汽轮机本体安装安全管理要点

（1）进入施工现场时作业人员必须正确佩戴安全帽，严禁穿拖鞋、高跟鞋及酒后进入施工现场，缸上作业人员必须穿着符合要求的连体工作服。

（2）安装前施工技术员进行技术及安全交底，让参与作业人员明确施工方案的内容及施工方法。

（3）汽轮机设备及附件在吊装过程中，吊物下严禁站人或有人员通过，必要时设红白绳以隔离并挂警告牌。

（4）用汽油或煤油清理设备零件时，废油、废棉纱等应集中处理，并保证安全不会引起火灾。

（5）钢丝绳要保证安全系数足够，避免与设备棱角直接接触，严禁使用打结、扭曲、磨损、断丝的钢丝绳。

（九）凝汽器组装及穿管安装安全管理要点

（1）安装现场施工用材料、措施性材料应摆放整齐，摆放位置应不阻碍安全通道且利于施工，施工剩余边角料应及时回收，做到工完、料尽、场地清。

（2）保证施工现场容器内应有足够的照明通风设备设施。

（3）经常通行的地方要设安全通道，施工用脚手架必须安全规范，不得随意搭拆。高处作业的特殊危险区应设围栏及"严禁靠近"警告牌，危险区内严禁人员逗留或通行。

（4）电动工具外壳、手柄无裂缝、无破损，保护接地线或接中性线连接正确、牢固。电动工具插头完好，开关动作灵活。

（5）严格按操作规程操作机械工具，使用前先检查安全防护装置、保险装置是否齐全完好，确认正常状态下方可使用，移动工具时不得提着电线或工具的转动部分。

（6）规范使用电焊及割刀，正确佩戴面罩和防护眼镜，做好火花隔离措施及监护工作。

（十）吸收塔安装安全管理要点

（1）通风措施到位，保障工作现场通风良好。

（2）防腐喷涂作业人员佩戴呼吸装备、防护手套、防护眼镜等。

（3）避免集中作业，防止现场有毒气体浓度超标。

（4）作业区域禁止存放大量防腐涂料。

（5）对所有工作人员进行培训，使其掌握吸收塔内部涂料及设施材质的特性，熟悉作业现场环境。

（6）焊接、照明等临时电源，应使用防水电缆和防爆灯具。

（7）防腐喷涂期间不得进行焊割作业。

（8）采取防护措施，防止焊割火花溅落到可燃、易燃物品上。

（9）监护人员随时检查、清扫现场可燃物品。

（十一）施工用电安全管理要点

（1）制定《施工用电安全技术与管理措施》，建立相应的技术档案，并严格执行。

（2）从事电工作业人员必须持有有效电工证上岗，严禁无证操作。

（3）带电设备必须有明显的带电标示。

（4）总配电箱、开关箱必须使用与用电设备相匹配的漏电保护器，配电箱内动力和照明线路应分开设置。

（5）用电设备必须按规定做好接地、接零保护。

（6）各配电箱、开关箱必须有防雨设施并上锁，由专职电工负责安装、检修。配电箱、开关箱上必须注明负责人姓名及警示标识。检修作业要停电进行，并悬挂停电标志，严禁带电作业。

（7）开关箱应由末级分配箱配电。每台用电设备应有自己的开关箱，严禁用一个开关电器直接控制两台及以上的用电设备。

（8）严禁不用插头直接将电线的金属丝插入插座。

（9）配电箱、开关箱应装设在干燥、通风及常温场所，不得设置在瓦斯、烟气、蒸汽、液体及其他有害物质中，也不得装设在易受外来固体物撞击、强烈振动、液体浸溅及热源烘烤的场所。

五、调试阶段安全管理要点

（一）反误操作安全管理要点

（1）严格执行工作票、操作票制度，认真落实各项安全措施。

（2）调试操作人员应熟悉系统、设备、流程和现场环境，经培训合格后方可上岗操作。

（3）现场设备、阀门、介质流向等标识正确、清晰。

（4）重大操作和首次操作执行监护制度。

（5）带电设备、带电区域设置红外提醒报警功能。

（二）单体试运安全管理要点

（1）各设备单体试运前应进行外观检查，系统连接正常。

（2）严格执行工作票、操作票制度，认真落实各项安全措施。

（3）按照设备说明书进行启停操作，并应在设备供应商工代指导下进行单体试运。

（4）试运过程中发现问题应立即停运并检查原因，问题消除后方可重新试运，防止缺陷扩大。

（三）分系统试运安全管理要点

（1）调试单位应结合工程特点编制分系统调试方案、措施，履行会签和审批程序后方可实施。

（2）严格执行工作票、操作票制度，认真落实各项安全措施。

（3）操作人员应熟知各设备、系统相关知识，调试措施。

（4）各设备应经检查合格，调试系统连接完整、正常，无关系统做好有效隔离，杜绝带病调试。

（5）试运过程中发现问题应立即停运并检查原因，问题消除后方可重新试运，防止缺陷扩大。

（四）锅炉酸洗安全管理要点

（1）锅炉酸洗所涉及区域的场地应平整，照明充足，道路疏通，孔洞及沟道盖板齐全，平台及楼梯的防护栏杆齐全、可靠。

（2）清洗现场通风、消防系统已投入使用。

（3）清洗区域应与施工区域隔离清楚，并设置安全警示牌。特别是存放清洗药品的区域应有特殊警示标志。

（4）现场配备中和药品和应急药品，并备有一定数量石灰粉。

（5）参加锅炉酸洗的操作、化验人员须经过安全培训合格后方可上岗，进入现场应穿戴相应的工作服和防护用品。

（6）锅炉酸洗时，禁止在清洗系统上进行其他工作，尤其不准进行明火作业。在锅炉酸洗现场范围内，禁止吸烟。

（7）参加清洗的工作人员必须佩带上岗证，在锅炉酸洗范围内应有相应的保卫措施，非清洗工作人员不得进入清洗现场。

（8）清洗临时系统的法兰连接处必须用塑料布进行包扎，以免在发生泄漏时飞溅伤人。

（五）锅炉风压安全管理要点

（1）风压试验前对系统应做全面检查，确认无杂物及工作人员后将所有检查门、检修孔、人孔等进行封闭。

（2）风压检查切忌用眼睛直接对漏风处进行检查，以免异物刺伤眼睛。

（3）试验宜安排在白天进行，检查部位应有照明设施，照明用电必须符合安全要求。

（六）锅炉吹管安全管理要点

（1）锅炉吹管前，要组织相关人员对吹管措施进行认真讲解和答疑，确保相关人员清楚吹管措施、熟悉吹管设备系统、熟练现场操作画面。

（2）吹管所用设备、临时系统应经专业人员检查合格后方可使用。

（3）吹管全过程必须有监理、调试、施工、生产各专业人员在岗，以确保锅炉吹管工作的安全顺利进行。

（4）在吹管锅炉附近应停止一切安装工作，设置安全警示线，除检查人员外，其他人员应撤离。在拆装靶板时应有专人指挥，严禁擅自行动。排汽口（消声器）周围 50m 区域不应有人，周围应设警示线和警示灯，派专人 24h 值班守卫，禁止无关人员逗留在吹管现场。每次开临时吹扫门前要专人确认更换靶板人员全部离开，并确保所有人员离开吹洗管线到安全地方。锅炉吹管期间，严禁人员靠近阀门、人孔门、安全门、检查孔、防爆门。

（5）在锅炉吹管过程中危及人身及设备安全时，应立即停止吹管工作。

（七）锅炉水压试验安全管理要点

（1）操作人员具有上岗证，熟悉设备系统，安全措施落实到位。

（2）试验过程中发生危及人身安全和设备时，要立即停止升压，并采取有效措施减轻危害程度。

（3）与试验无关人员撤离现场，试验中的检查人员熟悉安全措施。

（4）锅炉与汽轮机确已隔离。

（5）按规程规定严格控制升压速度。

（6）水压试验最好安排在白天进行，以便观察清楚。

（7）水压试验过程中，操作人员应严密监视锅炉压力情况，做好防止锅炉超压的各项预防措施。

（八）汽轮机冲转安全管理要点

（1）升速期间应按规定项目进行全面检查，并重点检查各瓦轴颈振动变化情况。

（2）汽轮机冲转升速、暖机过程中，应尽量保持蒸汽压力、蒸汽温度及水位等参数稳定。

（3）在升速过程中，严禁在临界转速区停留。

（4）注意汽轮机本体、管道无水冲击及异常振动现象，汽轮机疏放水系统是否正常，有无水、汽外漏现象。

（5）注意汽缸热膨胀、各缸差胀、轴向位移、上下缸温差、内外缸温差、轴承振动及各轴承温度是否正常。

（6）注意润滑油压、润滑油温度、油箱油位、发电机氢压、氢气温度、密封油压、密封油氢/油压差是否正常。

（7）注意旁路及各辅机的运行情况。

（九）汽轮机抗燃油（EH 油）系统调试安全管理要点

（1）EH 油系统设备及油管路已按设计要求安装完毕，并经油循环合格，系统可以正常投入运行。

（2）EH 抗燃油有轻微毒性，调试过程中应注意安全，防止溅到皮肤上或眼睛内，否则应及时用水冲洗。EH 油系统耐压试验合格，各安全阀、伺服阀完好无损且安装正确。

（3）系统中 EH 油泵、EH 油循环油泵、EH 油循环油泵电动机空载试运合格，转向正确。

（4）油系统拆装时，不得让任何杂质进入。

（5）定期检查 EH 油系统油站、沿线管理阀门，如有泄漏及时消除。

（6）做调节保安系统试验时，注意保护好阀门，避免不必要的机械冲击。

（7）拆装气门、弹簧等部件时，注意人身安全。

（8）启动前，注意排净 EH 油系统内的空气，防止阀门摆动。

（十）电除尘器调试阶段安全管理要点

（1）对一次设备充电时，现场应有专职人员进行监视和检查，发现异常必须停止试验，待查明原因后及时处理。

（2）必须服从统一指挥，不得随意改变作业程序。如需更改，应与指挥人员联系，获得同意后由指挥人员发令才能操作。

（3）对已带电设备做好标记，带电设备与施工设备之间必须有隔离，并挂警示牌。

（4）静电高压设备外壳必须可靠接地，高压试验区必须有效隔离，并用安全带围起。

（5）试验区域内有专人值班，无关人员严禁入内。

（6）开关室受电后，房门必须上锁。严格执行工作票制度，现场配备安全用器具。

（7）电除尘器在运行状态下禁止打开人孔门。

（十一）厂用电受电安全管理要点

（1）制定厂用电系统受电技术方案及反措，并严格执行。

（2）建立良好、合理、通畅的操作联系制度，严格执行《电力安全工作规程》和工作票、操作票制度。

（3）厂用电系统受电操作必须由专人监护，杜绝人员误操作。

（4）设备具有完备、良好的防误闭锁装置。

（5）严格执行危险因素控制卡制度，防止人身伤亡事故。

（6）防止变压器本体及绝缘损坏。

（7）防止开关及电动机损坏。

（8）防止继电保护"三误"事故。

（十二）DCS 首次受电安全管理要点

（1）系统电源设计应有可靠的后备手段，备用电源的切换时间应小于 5ms（应保证控制器不能初始化）。

（2）电源电压正常，不能太高或太低。

（3）系统电源故障应在控制室内设立独立于 DCS 之外的声光报警。

（4）DCS 接地良好，接地电阻必须满足要求；否则禁止受电。

（5）DCS 接地必须严格遵守技术要求，所有进入 DCS 控制信号的电缆必须采用质量合格的屏蔽电缆，且有良好单端接地。

（6）把好设计关，防止将强电信号接入弱电信号模件。

（7）在遥测动力电缆和信号电缆的绝缘电阻时，应将电缆从端子上解下，以免击穿半导体元件。

（8）仔细检查接线，防止接线错误。

（十三）整体启动及 168h 试运阶段安全管理要点

（1）成立启动验收委员会，按国家有关规定标准对整体启动各项必备条件进行全面细致检查，合格后方可进入整体启动阶段。

（2）消防和生产电梯等特种设备已验收合格，临时消防器材准备充足且摆放到位。

（3）严格现场保卫制度，无关人员严禁进入现场。

（4）严格执行两票三制制度。

（5）试运过程中应遵循保人身、保设备、保电网的原则，防止缺陷和事故扩大化。

第六节　文明施工管理重点环节及管理要点

火电工程建设文明施工每个重点环节都应有明确的控制目标、控制措施和监督检查方法，从而实现闭环管理。控制目标可以是定性目标，也可以是定量目标。控制措施要具体，有针对性和实操性。

一、文明施工管理总体要求

安全文明管理总体施工可以分为施工总平面模块化、物资材料摆放定置化、现场文明施工设施标准化、生清扫日常化。

（一）施工总平面管理模块化

（1）项目单位组织、监理单位负责、施工单位参与，根据工程特点、标段划分和施工进度，进行最合理的施工组织设计，对工程现场施工总平面按实际功能划分为各个功能模块（分为办公区、生活区、施工区、堆料区、加工区、机械停放区等）。

（2）总平面布置以及各区域的布置，都必须突出安全文明施工管理和环境管理的要求，区域功能明确、工艺流向合理、物流供应顺畅、设备物资周转率最高。

（3）功能区应根据施工顺序合理安排，力求布置紧凑，利于施工中加快场地周转，提高施工场地的利用率。

（4）各功能区主要由现场环形混凝土道路、塑钢网板、铁艺栏杆、钢管栏杆等分割而成。

（二）物资材料摆放定置化

（1）施工单位负责根据经批复的文明施工二次策划，保证施工现场设备材料实行分区堆放，定置化管理，施工现场做到三无（无污迹、无漏水、无灰）、三齐（拆下零件摆放整齐、检修工具摆放整齐、材料备品堆放整齐）、三不乱（电源线不乱拉、管路不乱放、杂物不乱丢）、三不落地（工器具与量具不落地、设备零部件不落地、油污不落地）。

（2）各类物资摆放有序，标识清楚，设备材料码放整齐，安全可靠。

（3）严格控制领用设备、材料，当天领当天用完。严禁将施工场所作为设备、材料堆放场使用。

（4）施工后旧料应按使用价值划分等级，回收利用。无使用价值的残料、金属配件和材料的包装品等都应及时回收处理。

（5）施工现场及仓储区的电源线拉引合规，各类设备、材料、工器具以及杂物等均应按相应要求实行定置摆放。

（6）施工现场所有工作区域都铺设保护，地面防护率要求达到100%，随时清理现场卫生。

（7）物资、材料开箱验收要在指定地点进行，验收合格应立即转移到指定地点。

（三）现场文明设施标准化

（1）项目单位组织在施工单位入厂前编制《安全文明施工设施·标志·标识标准化配置手册》，力求对施工现场文明施工管理内容全覆盖。

（2）各施工单位入厂后严格落实项目单位编制的《安全文明施工设施·标志·标识标准化配置手册》，内容、规格、尺寸、色彩、材质、数量等应符合要求。

（3）施工现场悬挂、粘贴标语、宣传画等，需报经项目单位安健环监察部门审核、批准。

（4）施工期应注意对现场文明施工设施的保护和维护，发现破损需及时处理。

（四）作业人员行为规范化

（1）项目单位安健环监察部门牵头组织编制《施工现场人员行为规范化指导手册》，组织各参建单位宣贯执行。

（2）各参建单位各级管理人员以身作则，并均有义务纠正他人在施工现场的不规范行为。

（3）施工单位应加强对进入现场人员的培训教育。

（4）现场设置合理的厕所、集中休息点，创造便捷条件。

（5）成立专职纠察保卫部门，保证施工区、生活区的保卫工作。

（6）对施工现场人员不规范行为，在纠正无效或重复发生时，严格按制度予以考核。

（五）作业人员着装统一化

（1）设计单位、监理单位、施工单位（含分包商、临时工）、调试单位应保证本单位人员进入现场时佩戴上岗证，安全帽、工作服等统一并有明显标识。

（2）项目单位负责本单位人员及设备供应商工代、外来参观调研人员进入现场时统一安全帽、工作服等工作。

（3）现场保卫发现有人员未按上述要求着装，有权拒绝其进入现场。

（4）对施工现场人员不统一着装，在纠正无效或重复发生时，严格按制度予以处理。

（六）环境卫生清扫日常化

（1）项目单位负责统筹规划现场垃圾分类存放地点，监督各参建单位执行统一管理要求。

（2）各参建单位均应制定环境卫生清扫制度，报监理单位审核、项目单位安健环监察部门批准后执行。对责任区域应根据不同的地点、不同的施工时段确定合理的清扫周期，明确各区域卫生清扫责任人。

（3）各参建单位均应教育参建人员爱护环境卫生。

（4）遇有大风、雨雪等天气，应采取必要的防护措施，并及时对环境卫生进行清扫、清理。

（5）可在施工区入口设置车辆冲洗装置，委托一家施工单位负责日常管理和车辆保洁工作，防止交叉污染。

（6）监督检查方法：现场检查。

二、开工准备阶段文明施工管理要点

开工准备阶段文明施工管理要点包含做好安全文明总体策划和落实开工前文明施工必备条件两个方面。

（一）做好安全文明总体策划

（1）项目单位组织编制《安全文明施工总体策划》和《安全文明施工设施·标志·标识标准化图册》，对工程现场安全文明施工提出高标准、严要求，并规范建筑物、机械设备、装置型设施、安全设施、标志牌等式样、标准，达到现场视觉形象统一、整洁、美观的整体效果。

（2）《安全文明施工总体策划》和《安全文明施工设施·标志·标识标准化图册》由各施工单位按不同区域分包负责实施。

（3）各施工单位负责各自范围内的二次策划（含区域布置方案），报监理单位审核，经项目单位批准后实施。一般的策划方案由项目单位安全监察部门批准，重要的策划方案由项目单位分管副总经理批准。

（二）落实开工前文明施工必备条件

（1）各施工单位应落实《安全文明施工总体策划》和《安全文明施工设施·标志·标识标准化配置手册》相关要求。

（2）施工现场围挡应沿工地四周连续设置，不得留有缺口，围挡底边要封闭。围挡安装应牢固、稳定、整洁、美观，且样式符合本工程要求。

（3）施工区、堆料区、加工区的道路及部分场地做硬化处理，在合适的区域进行绿化。

（4）办公区、生活区各类临建应统一规格，临建房屋应满足牢固、美观、卫生、通风、保温、防火、疏散等的要求。

三、施工阶段文明施工管理要点

施工阶段是文明施工的具体落实和保持的关键环节，具体管理要点如下：

（一）全面落实文明施工创优策划

（1）在新的作业场所开工前，均应按照《安全文明施工总体策划》和《安全文明施工设施·标志·标识标准化配置手册》相关要求进行文明施工设施安装，报经监理单位和项目单位安健环监察部门检查合格后方可开始进场作业。

（2）监理单位和项目单位安健环监察部门应加强日常检查，发现问题督促责任单位按期整改，必要时予以考核。

（3）施工单位必须以正确的施工工艺流程组织施工，不得颠倒工序，防止后道工序损坏或污染前道工序，全过程负责其施工区域内成品、半成品和设备保护工作。

（4）施工单位必须全过程、全方位保证负责区域文明卫生达到要求，并规范各自参建人员在工程现场的行为。

（二）基坑开挖和回填阶段文明施工管理要点

（1）基坑土临时堆放处应执行相关水土保持措施。

（2）由施工单位负责，每班对基坑、沿途道路及堆放土处进行清扫，每日进行一次洒水。

（3）在基坑内开挖沉淀池、排水沟，有序将施工产生的污水排放到沉淀池内，经沉淀后排放到指定的污水管道。

（4）回填土质量应符合有关标准要求。

（三）大规模混凝土浇筑阶段文明施工管理要点

（1）现场加工混凝土用的砂石、水泥等应分区合理堆放，临时堆放处应覆盖苫布。

（2）商业混凝土运输车辆进出施工区应通过车辆清洗装置进行保洁。

（3）现场浇筑时，应对洒落的混凝土进行及时清扫。

（四）设备、材料大规模进场阶段文明施工管理要点

（1）按规定要求分区、定置摆放、堆放。

（2）现场实现三无（无污迹、无漏水、无灰）、三齐（待组装的零部件摆放整齐、施工机具摆放整齐、材料备品堆放整齐）、三不乱（电源线不乱拉、物资不乱放、杂物不乱丢）。

（3）施工现场材料保管应采取必要的防雨、防潮、防冻、防火、防爆、防损坏等措施，特殊物品及时入库，专库专管，并建立严格的领料手续。

（五）安装阶段文明施工管理要点

（1）各施工单位认真落实物资材料摆放定置化、环境卫生清扫日常化等要求。

（2）施工现场实现三不落地。

（3）认真落实成品保护各项要求，防止设备损坏、污染，必要时予以考核。

（4）现场保卫加强人员进出管理，进入施工区域人员必须符合着装要求。

四、调试阶段文明施工管理要点

（1）施工单位应保证安装质量工艺，零缺陷进入 168h 试运行，并应在 168h 试运结束后 1 个月内全面消除基建痕迹。

（2）在设备代保管前后分别由施工单位和生产单位负责对生产现场及设备卫生的定期清扫工作。

（3）应及时发现设备、系统存在的缺陷，监理单位督促责任单位按期消除缺陷，并经文明生产验收合格后方可封闭缺陷，缺陷未按期消除且影响较大者，应严格考核。机组投产后现场无跑冒滴漏现象。

（4）所有已安装设备标识齐全，油漆粉刷完毕。

（5）对现场所有设备、管道保温设施进行检查，发现问题及时整改。

（6）检查门窗设施、地面，发现问题及时修理。

第七节 环境保护管理重点环节及管理要点

火力发电工程建设环境保护每个重点环节都应有明确的控制目标、控制措施和监督检查方法，从而实现闭环管理。控制目标可以是定性目标，也可以是定量目标。控制措施要具体，有针对性和实操性。

一、环保管理总体要求

（1）各参建单位均应在项目建设过程中严格落实环评批复意见和国家有关法律、法规和标准要求，确保环保资金足额投入，监督环保设施设计、施工、安装、调试、设备验收等全过程管理，发现问题及时纠正，确保环保设施与主体同期完工，并验收达标。任何人、任何单位不得擅自降低环保设施设计标准，修改环保设施建设方案。

（2）建设期如遇国家、地方、行业的法律、法规、标准更新，或外界条件发生变化影响到环保设施建设方案时，应及时对建设方案进行评估、修正和优化，并组织专业人员进行评审，通过采取措施确保新方案优于环评批复意见，并与相关环保部门做好沟通。

（3）环保设施设计方案应有足够的裕量，并适度超前于现行标准。

（4）对建设期产生的废水、噪声等应及时进行监测，确保达标排放。

（5）加强施工期管理，针对施工期污水产生过程不连续、废水种类较单一等特点，可采取相应措施有效控制污水中污染物的产生量。

（6）在施工现场，应因地制宜，建造沉淀池、隔油池等污水临时处理设施，对含油量高的施工机械冲洗水或悬浮物含量高的其他施工废水需经处理后方可排放，砂浆、石灰等废液宜集中处理，干燥后与固体废物一起处置；对施工队伍的生活污水，则需设置化粪池进行处理或经管道输送至母管，统一排到污水处理厂。

（7）水泥、黄砂、石灰类的建筑材料需集中堆放，并采取一定的防雨措施，及时清扫施工运输过程中抛洒的上述建筑材料，以免这些物质随雨水冲刷污染附近水体。

（8）在五通一平施工时，按照永临结合标准，将雨排水管网、污水管网等一并施工。

（9）施工期产生的废水经处理达标后，排入污水管网。

（10）施工现场砂石料统一堆放，水泥应设专门库房堆放，并尽量减少搬运环节，搬运时做到轻举轻放，防止包装袋破裂。

（11）开挖时，对作业面和土堆适当喷水，使其保持一定湿度，以减少扬尘量。而且开挖的泥土和建筑垃圾要及时运走，以防长期堆放表面干燥而起尘或被雨水冲刷。

（12）运输车辆应完好，不应装载过满，并尽量采取遮盖、密闭措施，减少沿途抛洒。及时清扫散落在地面上的泥土和建筑材料，冲洗轮胎，定时洒水压尘，以减少运输过程中的扬尘。

（13）应首选使用商品混凝土，因需要必须进行现场搅拌砂浆、混凝土时，应尽量做到不洒、不漏、不剩、不倒；混凝土搅拌应设置在棚内，搅拌时要有喷雾降尘措施。

（14）当风速过大（超过5级）时，应停止室外施工作业，并对堆存的砂粉等建筑材料采取遮盖措施。

（15）对排烟大的施工机械安装消烟装置，以减轻对大气环境的污染。

（16）施工大门口和各标段现场入口设置车辆冲洗设施。

（17）项目单位组织监理单位、施工单位明确各区域固废、垃圾临时存放地点，在人员集中、工程量集中的区域设置生活、施工封闭式垃圾箱分类收集废弃物。

（18）施工单位应明确每班至少清理一次场地，做到工完、料净、场地清。

（19）收集的固体废弃物应存放至项目经理部指定的存放区域地点。生活垃圾由个人收集并存放至指定的区域地点。不得随意乱丢或任意倾倒垃圾和随便存放垃圾。

（20）应及时将固废、垃圾清运至当地政府同意的处置场所，严禁采用现场焚烧方式进行处理。

（21）加强施工管理，合理安排施工作业时间，严格按照施工噪声管理的有关规定执行，夜间应限制高噪声施工作业。如确实需要连续操作的高噪声夜间作业，则应征得相关环保部门的同意。

（22）尽量采用低噪声的施工工具，如以液压工具代替气压工具，同时尽可能采用施工噪声低的施工方法。

（23）在高噪声设备周围设置掩蔽物。

（24）混凝土需要连续浇灌作业前，应做好各项准备工作，将搅拌机运行时间压到最低限度。

（25）锅炉吹管前，向市环保局备案，并向周边居民通告说明，尽可能在白天完成吹管作业，编制并落实吹管噪声控制措施。

（26）施工中坚决贯彻预防为主，防治结合的方针，落实"三同时"制度。施工单位应优化施工组织，减少扰动地表范围，施工中应当加强对施工场所的临时防护措施。

（27）水土保持监测单位加强现场监测，及时提出现场存在的问题及建议，协助做好水土流失防治工作，及时报送水土保持监测报告。

（28）水土保持监理单位加强现场监理，协助做好现场水土保持措施落实工作，做好现场记录，及时提交水土保持监理报告。

二、施工阶段环保管理要点

（一）基坑开挖和回填阶段环保管理要点

（1）由施工单位负责，每班对基坑、沿途道路及堆放土处进行清扫，每日进行洒水。

（2）如遇大风等恶劣天气，项目单位有权暂停施工作业。

（3）渣土运输车辆进出施工场地应进行车辆冲洗。

（4）各施工单位应建立弃土台账，明确弃土去向。

（二）临时土方堆放环保管理要点

（1）进行精细化设计，尽量减少挖方工程量。

（2）合理安排施工组织设计，缩短临时土方堆放时间。

（3）采取必要的防护措施：堆放体按自然边坡堆放，坡面洒水拍实，四周边坡用装土草袋拦挡护坡，草袋采用双排摆放，临时土方上部应及时覆盖苫布。为防止水土流失，在堆土区附近布设临时土质排水沟。

（三）大型机具作业噪声管理要点

（1）加强施工管理，合理安排施工作业时间，严格按照施工噪声管理的有关规定执行，夜间应限制高噪声施工作业。夜间如确实因工程或施工工艺需要连续操作产生的高噪声，则应征得环保部门的同意，并做好与周边居民的沟通和解释。

（2）尽量采用低噪声的施工工具，如以液压工具代替气压工具，同时尽可能采用施工噪声低的施工方法。

（3）混凝土需要连续浇灌作业前，应做好各项准备工作，将搅拌机运行时间压到最低限度。

（4）施工单位合理安排施工时间，建筑材料及设备的运输、安装安排在居民非休息的时间内进行；车辆在进出施工区域要控制车速，禁止鸣笛。

三、调试阶段环保管理要点

（一）化水系统调试阶段环保管理要点

（1）针对化水系统率先调试的特点，应合理安排调试顺序，优先调试废水处理系统。

（2）报当地政府同意后，安装废水处理出口临时排入市政污水管网的临时系统。

（3）严格控制废水处理程序，确保废水达标排放。

（二）锅炉酸洗阶段环保管理要点

（1）与锅炉酸洗有关的给排水系统、废水系统正常投运。

（2）项目单位应组织环境监理单位等对酸洗方案的环保措施进行评审。

（3）锅炉酸洗现场应备有一定数量的石灰粉，用于中和可能泄漏的酸液。

（4）酸洗废液应由酸洗单位妥善处理。

（三）锅炉吹管阶段环保管理要点

（1）调试单位组织编制锅炉吹管噪声控制措施。

（2）锅炉吹管前，项目单位应向工程所在地环保局备案，并向周边居民通告说明，吹管作业尽可能在白天完成。

（3）通过精细化施工提高安装工艺质量，缩短吹管时间。

（4）安装先进的消声器，对于消声器排汽口的位置，应根据厂区条件尽量增加与边界的距离；排汽方向不允许直接朝向厂区边界，一般应选为直接朝向空中。

（5）项目单位委托环境检测单位在周边界区进行噪声测量，并将测量结果及时传递给调试单位。当检测噪声超出控制范围时，及时向调试单位报告，并确定需进一步采取的措施。

（6）现场作业人员应佩戴防噪用具。

（四）除尘脱硝脱硫等调试阶段环保管理要点

（1）调试单位编制合理的调试措施，报相关单位会审。

（2）调试前应检查各系统是否已施工完毕，不得甩项、丢项。

（3）调试单位应本着"精调""细调""深调"的原则，充分挖掘设备的潜力，暴露存在的问题并及时督促有关单位进行处理。

（4）在带负荷调试前，生产单位负责提前备足设计煤种和校核煤种。

（5）各在线表计等检测设备状态良好，协调环境监测单位进行试验。

（6）施工单位做好设备消缺处理工作。

（五）整套启动前应具备的条件

（1）通过分系统及提前调试，各环保设施处于良好状态，无尾工、无尾项、无影响正常运行的缺陷。

（2）环境监测单位做好准备工作，在整套启动过程中开展有关水、气、声检测的试验。

（3）整套启动前应征得地方环保主管部门同意进入试生产阶段，项目单位办理环保"三同时"手续，及时启动环保验收程序申请验收。

（4）石灰石粉、尿素等储备充足，项目单位联系灰、渣罐车。

第十章
质量工艺及精细化管理

火力发电工程项目具有投资大，技术复杂、建设周期长、运营稳定性要求高等特点，对工程质量管理提出了更高的要求。火力发电工程建设必须秉承"质量是生命"的理念，坚持创建"精品工程"的原则，强化从工程设计、设备、施工、调试等全过程、各环节质量管理，事前做好质量策划、事中强化质量管理、事后严格质量验收，不断强化工程工艺及精细化管理，全面实现工程建设质量目标。

第一节　概述

一、概念

（一）质量管理

工程质量管理是指为保证和提高工程质量，运用一整套质量管理体系、手段和方法所进行的系统管理活动。在条件允许情况下，质量体系要延伸至设备制造单位。

（二）工艺管理

工程的工艺是指在建设过程中经济合理地选择材料和器具、作业条件、作业流程，使工程满足规定的性能、外观和质量要求。感观质量主要是指工程建设在满足规定的性能和质量要求的同时，应充分考虑与周围景观的一致性，方案、布局和色彩既要整体和谐，又要达到经济、实用、美观的效果。工程的工艺、感观质量是展示形象，体现管理水平，实现工程创优目标的重要因素。

工程工艺管理指在工程建设过程中，对工程建设过程进行系统、有序的规划和管理，确保工程建设期间工程进度的合理安排和工程工艺及外观质量的正确实施，以达到预期的工程质量和效果。

（三）精细化管理

精细化管理起源于日本，是20世纪50年代日本首次提出的概念。精细化管理以"精、准、细、严"为基本原则，要求管理中的每个环节和每道工序都要规范清晰、有机衔接，精益求精，节约管理资源、降低成本、提高效率。

工程精细化管理是指通过标准化和精细化管理，应用先进技术、先进装备和先进的管理手段，使工程各项管理工作更加标准化、规范化、专业化、程序化和系统化，在保证工程项目实施期间的质量、成本、进度、安全的同时，提高工程项目管理的效率和提升工程管理水平。

二、目的和意义

（一）管理目的

火力发电工程质量工艺及精细化管理的目的就是通过标准化、规范化、精细化的工程质量管理、工艺管理及精细化管理，创建优良工程，打造在行业内具有品牌影响力的精品工程。

（二）管理意义

1. 规范管理

秉承质量是工程建设生命线的理念，坚持高起点、高标准，创新设计理念，弘扬工匠精神，规范管理体系运行，将细节落到实处，确保工程管理工作顺利开展，实现整体质量目标。

2. 注重工程品质

通过质量工艺及精细化管理，增强工程管理人员的责任心，有效控制和消除工程建设过程中的各种不良因素，提高工程质量。

3. 加快工程进度

通过科学合理的质量工艺及精细化管理，加强全过程质量管控，一次创优，过程创优，减少或避免返工，加快工程进度。

4. 提升品牌影响力和竞争力

通过工程质量工艺及精细化管理，打造行业有影响力的精品工程，提升行业品牌影响力和竞争力。

三、主要内容

（一）质量管理的主要内容

火力发电工程质量管理的主要内容包括建立质量管理体系、确立质量管理目标并从设计质量管理、设备和材料质量管理、施工质量管理、调试质量管理等各环节进行管控。

（二）工艺管理的主要内容

火力发电工程工艺管理的主要内容包括工艺管理组织、工艺管理目标、工艺重点环节及控制措施等。

（三）精细化管理的主要内容

火力发电工程精细化管理的主要内容包括建立精细化管理体系，确立精细化管理目标，以及精细化设计管理、精细化设备制造及监造管理、精细化施工管理和精细化调试管理等。

四、管理原则

质量工艺及精细化管理一般遵循如下原则：

（1）策划引领原则：坚持策划引领，谋定而后动，有条不紊地推进质量工艺及精细化管理工作。

（2）坚持负面清单清零原则：坚持从设计、设备招标和制造、施工、调试各阶段按专业收集整理近几年的负面清单，项目单位应结合项目的工程特点及实际编制负面清单并每月进行更新，在工程实施过程中逐项落实，实现负面清单清零闭环管理。

（3）标准化管理原则：按照工艺标准和质量标准的要求，严格进行质量和工艺把关。

（4）精细化管理原则：工程建设在抓关键点、重点的同时，要关注细节，进行精细化管理。

（5）全面管理原则：坚持全过程、全方位、各环节的原则，开展质量工艺及精细化管理工作。

第二节　质量管理

一、质量管理职责

在项目单位统筹协调和主导下，设计单位、设备制造单位、施工单位、调试单位等分别对设计、施工、调试工作建立健全质量保证体系，监理单位承担工程质量控制职能。按照凡事有人负责、凡事有人监督的要求，工程质量管理体系应做到全过程全覆盖。明确项目单位、监理单位、设计单位、设备制造单位、施工单位、调试单位的质量管理职责。

（一）项目单位质量管理职责

（1）根据工程建设的实际情况，建立健全工程质量管理体系，制定本工程的质量管理实施办法。

（2）依据质量管理相关规定，规范质量管理体系运作，事前策划，全过程控制。包括设计质量管理、设备质量管理、施工质量管理、调试质量管理、质量档案管理、质量事故调查与处理等。

（3）明确建设、监理、设计、设备制造、施工、调试等单位的质量管理职责，检查监督各参建单位质量管理体系的建立和运行情况。

（4）按照国家及上级单位要求，依法通过招标选择有资质和质量保证能力的各参建单位和供货商。在招标文件及合同文件中，明确质量标准以及合同双方的质量责任，建立相应的质量保证金制度。监督核实各参建单位落实合同承诺的投入本工程的技术力量、设备和其他质量保证资源。

（5）做好现场质量管理工作，定期组织开展工程质量检查、考核和奖惩。认真开展工程精细化管理，制定精细化管理实施规划，组织施工单位编制实施细则。

（6）项目单位应以达标创优为管理主线，制定本工程达标创优规划，通过过程达标创优实现工程高标准达标投产、争创国家或行业优质工程的目标。

（7）积极配合工程质量监督和上级公司质量检查工作。

（8）每月召开质量工作例会，进行质量状态评价，严格施工技术、工艺管理，提高工艺水平。

（二）监理单位质量管理职责

（1）建立健全监理的质量管理体系和质量管理制度，按合同选派具备相应资格的总监理工程师、监理工程师等监理人员。

（2）配合项目单位编制施工组织总设计，审批施工单位的施工组织设计、施工技术措施，并督促检查施工单位严格执行审定的施工技术措施。

（3）编写工程调试监理实施细则，明确调试过程监理主要控制项目和标准，严格进行试运前条件检查和签证，加强工程调试过程对标管理，严格检查和验收，做好调试监理记录，审查调试单位编写的调试方案、调试总结。

（4）做好施工图实施前的质量控制，组织监理部内部施工图预检、专业间交叉互审，组织各参建单位进行施工图会检。

（5）加强工序质量控制，严格执行相关的工序交接、节点条件标准，统一监理检验工作行为和质量控制标准。

（6）加强对施工单位土建试验室、金属试验室、热工仪表室及混凝土现场搅拌站、焊接材料库、钢材库的管理，从源头上控制好质量。

（7）负责工程质量的事前检查和全过程控制，对施工重点部位及关键工序实行旁站，并做好旁站记录。

（8）加强隐蔽工程的质量管理，按质量验收划分表提前做好隐蔽工程清单，并在工程建设过程中列入周、月工作计划。

（9）负责监督和控制工程质量，定期编报质量分析报告。重点做好原材料和工程成品质量控制。

（三）设计单位质量管理职责

（1）严格按照"策划周密、控制全面、检查到位、改进及时"的设计质量管理原则进行设计工作。

（2）制订工程设计质量管理计划，包括制定质量管理目标、质量管理亮点、质量目标的分解、质量保证的资源配置、各阶段质量职责和权限分配、质量管理奖惩制度。

（3）勘察单位提供的地质、测量、水文等勘察结果必须真实、准确。设计单位的设计文件应当符合国家规定的设计深度要求。所有勘察设计结果必须满足工程建设强制性标准要求。

（4）建立健全质量管理体系，所有的勘察设计文件都必须按规定程序进行校审和核签。

（5）积极开展设计优化，提高设计质量，降低工程造价。设计采用新材料、新技术、新工艺、新流程和新设备时，在保证质量的前提下，应进行技术经济论证。对重大的技术问题，必须进行多方案比较论证，选择技术经济综合比较最优的方案。

（6）按合同和供图计划，保证供图的进度和质量。应在施工现场派驻设计代表，及时协调解决现场的有关设计方面的问题。

（7）严格履行设计变更审批程序，控制和减少工程变更造成的损失，明确设计变更的原因和责任。

（8）对设备和材料选型的标准和技术规范负责，选型时应明确设备、材料的标准和技术规范，选用的设备和材料必须符合国家质量标准。

（四）设备制造单位质量管理职责

（1）按合同履行相应质量保证条款。

（2）按合同约定和现场施工安装进度情况分期分批发货。

（3）委派经验丰富的技术代表进驻工地，及时处理相关质量问题。

（五）施工单位质量管理职责

（1）依法取得具有相应等级的资质证书，建立健全施工质量管理体系和质量管理规章制度，并在施工过程中保证其正常运行和贯彻落实。

（2）按照项目单位的总体质量目标，认真履行合同承诺，并制定具体的施工质量目标。针对工程特点制定科学合理的标段及专业施工组织设计方案，包括管理人员、专业人员和劳动力安排，施工方案，施工机具配置，力能供应，保证质量的技术措施等。

（3）工程开工前建立《强制性条文》实施组织机构，明确主管部门，明确各级、各岗位相关职责。编制《强制性条文》实施计划及各专业《强制性条文》实施细则。在专业施工组织设计、作业指导书中设置《强制性条文》对应执行条款。技术交底应将《强制性条文》规定交底于一线施工人员，交底记录中应体现《强制性条文》的具体条款，施工中应按要求进行《强制性条文》实施情况检查。

（4）严格按设计图纸和施工技术标准施工。严格执行内部验收程序，加强施工过程中各个环节、工序的质量检验，上一工序质量不合格不得进入下一道施工工序。

（5）组织员工（包括临时工）的技术培训，坚持员工按要求持证上岗，对分包单位进行严格的管理和监督，并对其承担的工程的质量负责。

（6）定期向项目单位和监理单位报告质量管理情况和工程质量状况，提交试验、检查验收资料，并保证资料的真实性、准确性和完整性。

（7）消除质量通病，严格执行现行的技术规范和验收标准，成立质量管理（QC）小组开展质量管理活动。

（六）调试单位质量管理职责

（1）具有相应的调试资质文件及安全、质量、职业健康、环境认证文件。

（2）针对工程特点所做的调试大纲、调试方案应经过工程试运指挥部（或项目单位）批准。

（3）调试工作应按照现行《火力发电厂基本建设工程启动及竣工验收规程》和《火力发电工程启动调试工作规定》等文件的要求进行。

（4）在调试工作开始前制定《强制性条文》实施细则并报审，调试过程中严格实施，并做好记录。

（七）设备制造单位质量管理职责

按照合同要求制造生产设备、接受设备监造，按时提供符合合同质量要求的设备。在调试过程中必须严格执行两票三制制度，即工作票、操作票，交接班制、设备巡回检查制、设备切换轮换制。

二、质量管理目标

（1）满足国家、行业强制性条文要求，达到设计标准。

（2）节能、生态环保指标符合国家及地方标准，建设生态友好型工程。

（3）机组主要技术经济指标达到国内同类工程先进水平。

（4）工程档案管理规范，文件归档齐全，内容详细、真实准确，并在合同约定的时间内完成移交。

（5）机组长周期安全稳定运行，高标准实现达标投产，争创国家行业优质工程。

具体到某一工程项目，项目单位结合工程实际及上级单位要求，提出工程项目的具体质量目标。

三、工程质量监督

火力发电工程必须按照《建设工程质量管理条例》《火力发电建设工程质量监督检查大纲》等规定，依法接受国家工程质量监督管理，具体如下。

（1）工程开工前，项目单位须按照国家有关规定办理工程质量监督注册手续。

（2）项目单位要制订年度质量监督计划，并在规定时间内报相关质量监督机构。

（3）项目单位要根据工程建设进度，按照《火力发电建设工程质量监督检查大纲》的要求，分阶段申请开展质量监督检查，具体阶段划分为首次监督检查、地基处理监督检查、主厂房主体结构施工前监督检查、主厂房交付安装前监督检查、锅炉水压试验前监督检查、汽轮机扣盖前监督检查、厂用电系统受电前监督检查、建筑工程交付使用前监督检查、机组整套启动试运前监督检查、环保工程脱硫防腐前专项监督检查等，并组织各参建单位做好自查、迎检、整改、闭环工作，确保如期取得相关质量监督文件，满足工程整体进度要求。

四、设计质量管理

（一）设计质量整体控制要求

（1）项目单位要加强勘察、设计单位资质审查，严禁无证设计或越级设计，要求设计单位不得转包或者违规分包工程设计。

（2）勘察设计合同必须明确规定质量目标和质量要求，并对工程勘察设计全过程实施严格的合同管理。

（3）工程勘察设计应执行国家、行业颁布的现行法律、法规、标准、规定，必须按照工程建设强制性标准进行勘察、设计，并对其勘察、设计的质量负责。

（4）项目单位可在设计合同中约定设计优化条款，鼓励设计单位积极开展设计优化，提高设计质量，降低工程造价。

（5）要求设计单位建立健全质量管理体系，严格执行勘察设计大纲、勘察试验任务书、采购技术规范书、设计计算书、设计报告及说明书、科研试验报告、图纸、设计变更通知等勘察设计文件的校审和核签程序。

（6）对于总平面、初设原则及初步设计、司令图，项目单位须组织内外部专家评审，评审通过后，按照上级单位要求报审或备案。

（7）组织设计单位积极开展精细化设计，加强项目细部结构、管路和电缆等设计质量管控，提升设计工艺水平。

（8）组织设计单位根据设计合同约定及时进行设计交底，收集施工信息，对存在的问题及时向项目单位反映意见并提供技术支持。施工监理单位、施工单位、调试承包商每周向项目单位汇报设计质量情况。

（9）项目单位应建立设计变更管理制度，严格履行设计变更审批程序，设计单位对变更设计的设计成果质量负责。

（10）项目单位应加强设计单位供图计划的协调工作，保证供图的进度和质量。

（11）设计单位应按合同约定派出专业技术骨干组成工地代表小组常驻工地现场，及时解决设计存在的问题，满足现场施工需要。

（12）对设计履约情况按照合同约定及相关的制度进行考核。

（二）初步设计质量控制措施

（1）通过技术经济综合比较，选择最具性价比的设计方案。

（2）着重对系统、方案、指标进行优化。

（3）通过论证拟定合理的工艺系统及设备选型、配置，做到简化系统，减少备用，降低裕量。

（4）在方便生产、安全运行、缩短工期和满足检修维护的条件下，大力压缩建筑体积，减少管道、电缆等材料用量。

（5）采用先进可靠的控制系统设计思路，提高全厂综合自动化水平，节约用地、用水，降低工程造价，降低运行能耗和管理成本，提高设计质量，满足环保要求。

（三）司令图、施工图设计质量控制措施

（1）根据现场施工需求安排相关专业工代提前一个月驻厂，在施工图到厂后及时组织监理、施工、设计各方人员认真进行施工图交底和审核，对由于设计疏漏、设计进度偏差、专业协调不清等引起的管道、桥架碰撞、基础移位等及时进行设计修改和变更，满足工程进展需要。

（2）设备厂商揭资及设计单位各专业间揭资要做到精准详尽，减少和避免设计裕量的层层传递。

（3）厂区地下管道，尽可能做到设计一次到位，提前出图，杜绝现场二次开挖。

（4）重视小口径管设计，应做到整体规划、整齐美观，阀门集中布置、便于操作，不影响通道。

（5）电缆通道设计，采用先进的三维设计技术，解决电缆桥架与管道、设备碰撞的问题，保证电缆桥架准确定位，并优化电缆路径，合理设置电缆及电缆桥架的宽度和层数，减少电缆及电缆桥架的用量。

五、设备和材料质量管理

（一）招标采购管理

（1）要求设计单位在编制招标技术规范书的过程中加强设备和材料的选型的综合比较，在满足技术条件的基础上，选择先进、可靠、经济的型号，并明确设备、材料的技术标准和性能参数。

（2）设备材料采购时，项目单位应对报价供应商的资质、业绩、质量管理体系进行审查，采购文件和相关合同中应明确供应商的质量责任，明确设备、材料的制造标准、性能参数，以及监造、检验、验收、分包和技术服务等质量要求。

（3）要求供应商加强工厂化加工管理，在运输、吊装、就位允许的条件下，扩大管道、钢结构等部件工厂化加工范围，尽最大限度减少现场焊接、二次预制工作量，提高工程施工质量，提升机组洁净化安装水平。

（二）设计联络会制度

建立重要设备设计联络会制度，协调设计技术要求与设备制造之间出现的矛盾以及设计供图和设备供货计划。设计联络会应由项目、设计、监理、厂家等单位参加。

（三）设备制造及监造管理

加强对设备监造的质量管理，委托有资质的单位按照监造合同约定和监造大纲开展设备制造工艺流程、产品质量的监督、检查、见证工作。禁止供应商将有质量问题的材料和零部件用于设备制造，禁止质量不合格或无质量合格证的产品出厂。

对于有特殊要求的设备，督促供应商按合同技术条款的要求，编制专门的工艺、感观设计文件，经项目单位审查后进行制造。在监造和验收过程中，凡不符合合同要求的必须进行返修或返工，经出厂验收合格后才能交货。

（四）设备材料仓储运输管理

（1）设备、材料的生产和运输过程，应做好包装和运输组织工作，安排好运输方式和运输线路，防止运输途中损坏设备。

（2）设备、材料到货验收及开箱检验应严格按照国家有关法律法规的规定和合同约定进行，并由项目单位会同监理单位、接收单位、供货单位等相关单位共同验收，严禁使用不合格或不符合合同规定的设备、材料。

（3）项目单位应根据设备、材料的数量和保管要求，设立必要的仓库并配备有经验的仓储管理员，制定完善的仓储管理办法和责任制度。

（五）质量管理体系管理

为进一步提高设备、材料制造过程中的监管水平，保证设备、材料的出厂质量，在签订重要设备的监造合同时，项目单位可要求监造单位对设备制造单位的质量管理体系进行定期检查，确保设备制造单位质量管理体系正常运行，减少出现质量问题的概率。

（六）设备和材料缺陷管理

设备和材料缺陷是设备在制造、运输、装卸、保管、安装、调试、试运等过程中发现的外在和内在的质量问题。

1. 设备缺陷的认定

（1）监理单位组织施工单位、供货单位、项目单位工程技术部门进行设备缺陷责任鉴定，如属施工单位造成的，由施工单位处理。如属供货单位责任的，由供货单位处理；如供货单位不在现场，由项目单位工程技术部门、物资部门协助施工监理通知供货单位来厂处理或确认处理方案。

（2）对较大的设备（如主机、重要辅机设备及对安装影响重大的设备）缺陷，除上述单位技术总负责人及专业人员参加外，还应通知项目单位主管领导及物资部共同参加鉴定，并由工程技术部门将缺陷处理方案抄送项目单位主管领导、物资部及监造单位。

（3）试运中因性能、制造材料达不到设计要求的设备、材料，业主与供货单位意见不同无法协调时，由项目单位工程技术部门组织有资质的鉴定单位进行鉴定。

2. 设备缺陷的处理

（1）为保证现场施工进度，在本着不影响质量的前提下，尽量在现场进行设备缺陷处理。只有现场条件不足，确实无法进行消缺时，方可进行退厂返修或由供货单位更换设备。

（2）施工监理单位组织施工单位、供货单位、项目单位工程技术部门及相关单位研究确认缺陷及出具缺陷处理方案，共同签字后交施工单位执行。

（3）现场确实无能力处理的设备缺陷，由项目单位物资部负责联系供货单位，征求厂商意见，确定是否由供货单位派人到现场处理或将设备返厂处理。

（4）特别严重的设备缺陷和处理过程所需时间会延误投产工期的，项目单位应呈报上级公司批准。

（5）施工监理组织供货单位、施工单位、工程技术部门人员跟踪设备缺陷的处理过程，并进行设备缺陷的处理验收。设备缺陷处理完毕后，由施工单位按规定填写设备缺陷处理说明及报验意见，经供货单位自检合格，施工监理、施工单位、项目单位工程技术部门确认合格后签字，送档案室存档，并由项目单位工程技术部门抄送分管领导、物资部及供货单位。

（6）供货单位处理设备缺陷后，施工监理应再次组织施工单位、工程技术部门进行设备鉴定工作。

（7）未经鉴定，没有处理方案的设备缺陷，施工单位不得自行处理。

（8）凡已办理出库手续的设备，施工单位在安装过程中发现属于制造的一般设备缺陷，如变形、裂纹、孔洞错位、漏焊、锈蚀和渗漏等，由施工单位无偿处理；因施工单位施工不当或现场保管不力造成部件丢失、损坏、变形并经施工监理和工程技术部门认定后，由施工单位无偿负责修复或补齐。

3. 消缺费用处理及索赔

（1）属于供货单位制造责任并委托施工单位处理缺陷所发生的费用，由双方自行协商结算，供货单位拒绝支付时，项目单位按设备合同条款向供货单位索赔。

（2）属于施工单位责任需返厂处理或由供货单位到现场处理设备缺陷所发生的相关费用均由施工单位承担。

（3）项目单位物资部门负责按设备合同条款向供货单位索赔因制造原因发生的消缺费用。

（4）在运输过程中造成的设备损坏、丢失，由物资代保管单位 / 物资保管部门取证，并负责向供货单位索赔。

（5）属于国外进口设备的商检、质量问题、索赔等，由被委托订货单位负责，项目单位物资部门催办。

六、施工质量管理

（一）坚持质量策划引领

项目单位要严格按照工程建设精细化管理标准，编制质量策划书，包括工程建设质量目标、质量管理大纲、达标投产规划、工程创优规划、精细化管理策划等，并组织各参建单位落实。

（二）强化施工单位管理

（1）加强施工单位资质审查，确保施工单位具有相应等级的资质证书及同类工程施工经验。

（2）工程施工合同必须明确规定质量目标和质量要求，明确质量验收程序，建立质量保证金制度，质量不合格项目不得计量结算。

（3）工程施工禁止转包。主体工程不允许分包，未在施工合同中明确的工程需要分包时，应经监理单位和项目单位的书面批准。

（4）督促施工单位建立健全施工质量管理体系和质量管理规章制度，严格按照经审批的施工组织设计和作业指导文件施工，并按有关制度、文件进行质量控制和检查，充分发挥质量保证体系的作用，做到事前预防、事中控制、事后总结，并按照预防为主的原则，控制好每个环节、每道工序的工程质量，通过过程控制来保证整体工程质量。

（5）督促施工单位认真履行合同承诺，做好施工质量控制。针对工程特点，制定科学合理的施工组织设计方案，制定详细可靠的工程质量控制措施，投入足够的人力和机械设备资源，确保满足施工需要。

（6）加强对施工单位质量管理工作的检查，确保质量检验机构及其配备人员与其承担的工作任务相适应，确保专职质量管理和质量检验人员持证上岗并保持相对稳定。

（7）督促施工单位规范施工行为，确保按照工程设计图纸和施工技术标准施工，定期组织员工进行技术培训，坚持员工按要求持证上岗，对分包单位进行严格管理和监督，并对其承担工程的质量负责。

（8）要求施工单位定期向监理单位报告质量管理情况和工程质量状况，提交试验、检验、验收资料，并保证资料的真实性、准确性和完整性。

（三）加强监理单位履职检查

加强监理单位履职工作检查，在工程施工过程中，发现工程质量有问题或有违规的施工行为时，应责令施工单位停工或返工，有权要求撤换不重视工程质量的施工人员和管理人员，有权根据有关制度进行考核。

（四）严格落实二十五项反措质量管控要求

严格落实电力建设工程二十五项反措的质量管理要求，从设计、设备招标采购和施工、调试等不同阶段对相关参加方分别提出不同阶段的管控要求。

七、调试质量管理

（1）项目单位根据工程进展情况，合理选择调试单位采购时间，择优确定调试单位，原则上与主体施工单位同步采购，使调试人员提前介入工程建设的各个阶段，熟悉工程条件和技术资料，做好调试策划，及时组建启动验收委员会和试运指挥部。

（2）保证合理的调试工期，严格落实国家、行业及上级单位精细化调试工作要求，确保规定的性能试验和调试项目全部完成。未按规定完成必须的调试试验项目或内容时，不允许进入下一阶段的调试。

（3）在调试准备、单体调试、分部试运、整套启动试运、总结评价各阶段做好调试质量控制策划工作，在调试大纲、措施方案策划文件中明确各方责任、提出调试质量控制目标指标和具体质量管控措施，在调试过程中严格执行条件确认及工序流程，详细做好质量记录，强化各阶段质量验收、分析、改进工作。

（4）实施精细化调试，主要控制汽水品质、供电煤耗率、厂用电率、汽轮机热耗、汽轮机真空严密性、发电机漏氢量、热控保护及自动投入率和正确动作率、电气保护及自动投入率和正确动作率等关键指标，确保机组主要经济技术指标达到或优于设计值或合同保证值，实现长周期、可靠、稳定、高效运行的目标。

（5）实行调总负责制，加强监理单位的监控作用，认真执行国家、行业上级单位有关规定要求，全面实现调整试验与技术指标中的质量目标、指标。

（6）严把质量关，切实落实各项试运工作应具备的条件，真正做到不具备条件的不进行试运，及时解决试运中发生的问题，保证各分系统在试运结束后都能满足机组整套启动要求。

（7）调试人员要对参加试运人员进行技术交底，指导运行人员对投入的系统和设备进行操作，认真监护，发现问题及时处理，确保设备系统运转正常、安全。

（8）除主体调试单位承担的项目外，提前妥善安排好其他单位（例如制造厂家、环保、消防、电网等）承担的试验、调试项目，提前安排特殊试验项目。

（9）加强外围系统的调试工作，严格执行规程规范和调试措施。

八、质量档案管理

督促各参建单位按照国家有关规定，建立健全工程质量档案管理体系及相关制度，并配备专业人员负责工程质量档案管理。定期组织质量档案检查，并邀请业内知名档案专家对各参建单位档案管理人员进行必要的培训，确保工程质量档案满足国家及行业要求，满足工程达标投产及创优要求。

九、质量事故调查与处理

工程质量事故分为一般质量事故、较大质量事故、重大质量事故和特别重大质量事故四类。

事故发生后，事故单位应严格保护现场，采取有效措施抢救人员和财产，防止事故扩大。当质量事故危及安全或不立即采取措施会使事故进一步扩大时，应立即停工上报，并立即组织有关单位的专家进行研究，提出处理措施。

质量事故的报告：项目发生较大及以上质量事故，必须按要求及时向上级单位报告，及时将事故分析报告（包括发生的时间、部位、经过、损失估计、事故原因的初步判断、相关影像资料等）上报。政府主管部门对质量事故报告有明确要求的，按要求办理。

事故调查权限：按照国家及上级单位规定要求执行。

事故调查应遵循"四不放过"的原则，即事故原因不查清不放过，事故主要责任者和职工未受到教育不放过，补救和防范措施不落实不放过，事故责任者未受到处理不放过。

事故处理方案：事故处理方案按照国家及上级单位要求按照权限进行处理，事故处理方案必须严格履行审查程序后实施。

第三节 工艺管理

一、工艺管理思路

以各专业工艺策划为切入点，以工艺图集及样板为引领，以工艺亮点和成品保护为抓手，实现布局合理、整齐有序、外形美观、和谐统一的管理目标。

强化二次设计，以民用建筑装饰工艺标准为抓手提升建筑装饰工艺水平，以高水平的建筑结构工艺带动安装工艺水平的提高。

二、工艺管理目标

工艺管理目标分为建筑工艺目标和安装工艺目标。

（一）建筑工艺目标

（1）基坑开挖上、下口边线顺直、边坡平顺、坡面倾向一致。

（2）道路平整、无积水、无裂缝、无起砂、排水畅通、道牙安装完整、顺直。

（3）管道安装顺直、无渗漏、排水通畅。

（4）普通混凝土结构内实、几何尺寸准确、表面平整、无破损、无麻面、无裂缝、无漏筋、无蜂窝。

（5）清水混凝土结构内实外光、几何尺寸准确、色泽均匀一致、棱角顺直、表面平整光滑、埋件方正准确、接缝顺直平整、模板对拉螺栓处理美观、无破损、无麻面、无裂缝、无漏筋、无蜂窝、无明显气泡、清洁无污染、观感顺直流畅。

（6）埋件方正、顺直、平整；埋管顺直、端口平整、切口无毛刺、打磨平整。

（7）砌体灰缝饱满、均匀顺直、表面平整、墙面垂直、无裂缝。

（8）地面平整、不起砂、不脱皮、无裂纹、无积水、不空鼓、接缝顺直美观。

（9）墙面平整、色泽均匀、线条平直，阴阳角方正、垂直、墙面不开裂、无起皮、无脱落、洁净美观。

（10）屋面排水通畅、无渗漏，排气管安装材质、高度、弯管弧度及布置方向一致，安装间距均匀、顺直。

（11）吊顶平整、色泽均匀、线条平直，阴阳角方正、洁净、接缝顺直美观。

（12）门窗安装牢固方正、开关灵活、密封严密、无变形、无倒翘。外窗台排水顺畅，无渗漏。

（13）水工结构无渗漏；地下混凝土防腐厚度均匀、平整、无开裂、无起皮、无脱落、无气泡；地下沟道排水通畅、无积水，沿口顺直。

（14）沟道表面顺直平整，沟边棱角分明，预埋件、孔洞位置准确，埋件平整顺直，排水畅通；盖板表面光洁、平整，棱角顺直、完整，周边角钢无锈蚀，安装稳固。

（二）安装工艺目标

（1）各类管道系统，达到规定标准；不发生污物击伤、损坏、阻塞、污染设备或系统部件的现象。

（2）管、线布置合理、规范、整齐、美观，方便管理。

（3）油漆着色规范、色泽一致，无流痕、无皱纹、无气泡、无返锈、无脱落、无污染。

（4）保温平整、无损坏、无脱落；保温护板安装规范牢固、色泽一致、表面平整、接缝严密顺直、无划痕、无损坏。

（5）消除或减少设备的漏煤、漏风、漏汽、漏气、漏水、漏油、漏粉、漏灰、漏烟。

（6）电缆桥架安装平直整齐；电缆敷设排列整齐，弯曲度一致；二次接线整齐美观，标志明确，封堵完整。

（7）仪表管和阀门、仪表排列整齐美观；对仪表管和小口径管的敷设进行二次设计，管束集中布置、间距一致，转向弯度一致，坡度符合标准、规范要求；固定支架间距均匀，横平竖直。

（8）穿管顺直，管口平整、长短一致、固定规范牢固。

（9）路杆安装牢固、无掉漆、无生锈。

（10）支吊架安装牢固，负荷分配均匀。

（11）扶梯、栏杆排列均匀、顺直有序，焊接牢固，焊缝饱满光滑、光洁度一致，与踏步距离统一并符合要求，无划痕、无碰撞、踢脚板安装顺直。

（12）钢结构无变形、损伤；油漆色泽一致、均匀，无皱纹、返锈、气泡、起皮、脱落，焊缝饱满光滑，高强螺栓安装齐全。

（13）盘柜、设备、管道、阀门等标识齐全、正确、醒目、清晰、规范。

三、工艺管理职责

项目单位牵头，组织各参建单位成立精细化管理领导小组，领导本工程工艺管理工作。领导小组下设精细化管理办公室，由项目单位工程部门负责日常工作。建立多个精细化专业管理组，具体见本章第四节。

（一）项目单位工艺管理职责

（1）明确工程工艺管理目标，并督促各参建单位具体落实。

（2）做好工艺策划，编制适用于本工程的《典型施工工艺图集》，推动施工工艺专业化、标准化、规范化。

（3）落实工艺控制，以工程创优为目标，做好现场施工工艺管理工作。

（4）狠抓工艺纪律，定期组织开展施工工艺检查、考核和奖惩。

（二）各参建单位工艺管理职责

1. 监理单位工艺管理职责

（1）协助项目单位做好施工工艺策划。

（2）严格审查施工单位二次策划和各项作业指导书，尤其是小口径管、电缆二次设计等施工单位编制的现场设计方案。

（3）严格落实检查验收制度，对施工工艺不合格的项目督促施工单位做好整改。

（4）负责监督和控制施工工艺，定期编报工艺分析报告并在质量例会上通报。

2. 设计单位工艺管理职责

（1）坚持"工艺控制，设计先行"的原则，在项目设计阶段，积极采用先进的三维技术设计，优化设计方案。

（2）从施工图纸质量和进度计划、设计变更的管理、质量通病防治措施的落实、强制性条文的执行、标准化工艺的采用、设计现场服务等方面制定具体的切实可行的创优措施。

（3）注重设计创新，细化工艺要求，明确设计工艺标准。

3. 设备制造单位工艺管理职责

（1）负责制定设备制造工艺并严格执行。

（2）负责按照合同外观要求进行设备工艺设计及制造。

（3）负责接受设备制造过程的监造。

4. 施工单位工艺管理职责

（1）充分考虑施工因素，结合本工程实际情况，对制约工艺标准的关键环节予以合理分析，并制定各项施工工艺实施细则。

（2）严格按设计图纸、施工技术标准及项目单位策划的相关技术文件（图集、样板等）施工。加强施工过程中各个环节、工序的施工工艺检验。

（3）组织对员工（包括临时工）的技术培训，对分包单位进行严格管理和监督，并对其承担的工程的工艺负责。

（4）强调细节，通过精细化管理实现施工工艺尺寸偏差控制。

（5）开展形式多样的工艺竞赛活动，提高施工工艺观感质量。

四、工艺管理总体管控要求

在招标设计阶段，项目单位应组织设计单位就保证工程重要部位（包括重要设备）的工艺、感观质量的技术要求在技术条款中详细说明，必要时，应提供专项设计文件或标准化图册。

投标单位在其报价文件的施工措施和报价中必须响应采购文件的工艺、感观质量的要求。项目单位应将工艺、感观质量的响应性作为报价文件评审的重要指标。

项目单位应在合同技术条款中约定重要工程部位的工艺、感观质量要求，要求施工单位制定并提交专项施工措施文件，经监理单位审批同意后，才能进行施工。必要时，可在开工前组织工艺精湛的工人制作工艺样板，确保工艺、感观质量满足合同技术条款的要求。

项目单位应督促重要设备的制造商按合同技术条款的要求，编制专门的工艺、感观设计文件，经项目单位审查后进行制造，在监造和验收过程中，凡不符合合同要求的必须进行返修或返工，经项目单位验收合格后才能交货。

在工程开工前，项目单位组织监理、设计、施工各单位，根据工艺策划的结果，结合工程实际情况，编制有针对性的工艺控制计划。工艺控制计划需要明确工艺控制的要点（如：施工人员、进场材料、施工机具、具体施工方法、工艺控制参数、工艺控制标准等）；明确工艺控制的流程，明确工艺控制的责任人。确保人、机、料、法、环满足工艺条件要求。

施工过程中，严格实施样板引路，加强过程控制，强化监理旁站、巡视、检查力度，多措并举，以提高工艺策划的落实效果。要加强实体工艺样板的引路，加强工艺样板参数的优化，加强工艺流程化管理，加强关键项目的旁站。对关键项目的质量控制进行旁站策划，明确本工程的旁站项目及旁站检查要点，明确各关键项目的旁站方法及旁站记录格式，落实相关责任人员，确保关键项目的工程质量。

工程质量评定中，对有工艺、感观质量要求的重要部位，应将工艺、感观质量作为重要的检查内容和检测项目，并据此进行分项工程质量评定。分项工程的工艺、感观质量不合格的必须进行处理，直至合格。

严把工程质量验收关。项目单位组织监理单位制订工程验收计划、工艺验收计划，明确检验批、分项工程、分部工程、单位工程质量验收条件、验收人员、验收标准，增加工艺标准专项验收，在满足工艺标准要求下，方可进行检验批工程的验收。通过工艺标准的专项验收，确保工艺标准的严格执行，从而强化工艺标准的控制。

五、工艺管理重点环节及控制措施

（一）设计阶段工艺管理要点

设计阶段工艺管理要点主要分为做好三维设计、厂区地下管网和架空管廊设计，以及小口径管设计和电缆通道设计等环节。

1. 做好三维设计

（1）对主要部位重点关注。

（2）借鉴系统内外单位的经验，达到最佳效果。

2. 厂区地下管网和架空管廊设计

（1）合理布置、统一考虑。

（2）合理设计管线埋深尺度和架空管廊的高度和走向。

3. 小口径管设计

（1）施工单位负责对小口径管进行现场二次设计，且需经监理单位、项目单位审查批复。

（2）必要时对小口径管进行三维设计，有效解决现场管道的干涉碰撞问题，提高现场的观感质量。

（3）统一规划布置整个厂房的小管道，做到规格一致；统一设计、制作小管道支架。

4. 电缆通道设计

（1）施工单位负责对电缆敷设具体走向进行现场二次设计，且需经监理单位、项目单位审查批复。

（2）确定最优路径。

（3）电缆防火封堵必须采用设计要求的防火阻燃工艺。

（二）开工准备阶段工艺管理要点

项目单位在开工准备阶段的工艺管理要点主要为编制《典型施工工艺图册》，确定亮点工程和示范项目、主体施工合同中工艺控制要求等。

1. 编制《典型施工工艺图册》

按照《典型施工工艺图册》对工程施工质量细节的要求，制定施工质量工艺卡，并下发至施工单位在施工中具体落实，施工单位要按照施工质量工艺卡的图片要求建立样板项目。

2. 确定亮点工程和示范项目

对于亮点工程和示范项目，必须采取现场样板引路的方式提高工艺质量水平。

3. 主体施工合同中工艺控制要求

（1）按照工程工艺要求编制合同文件。

（2）合同签订时，明确工艺相关条款。

（3）招标文件有范本的，按范本编制合同。

（三）施工阶段各专业工艺管理要点

项目单位可根据项目的具体特点及专业的配置情况制定相应的管理要点，具体参照本章第五节某 2×1000MW 新建工程各专业工艺管理要点。

第四节　精细化管理

一、精细化管理机构及职责

（一）精细化管理领导组及职责

项目单位应根据项目的具体特点成立精细化管理组织机构，明确各参建单位精细化管理职责，强化精细化管理的有效落实，建立精细化管理的长效机制，按照精细化管理要求对工程精细化管理进行全方面策划，落实责任，确保在工程实施过程中取得实效。

（1）精细化管理领导组组成：

组长：项目单位总经理。

副组长：项目单位分管基建领导、分管经营领导。

成员：项目单位各部门负责人、监理单位总监、EPC 项目经理、设计单位设总、调试单位调总、性能试验单位负责人、施工单位项目经理。

（2）精细化领导组职责：

1）全面领导项目单位工程精细化管理工作。

2）研究确定精细化管理总体目标。

3）组织编制并批准本项目精细化管理实施方案。

4）审批各参建单位编制的精细化管理实施细则。

5）监督、检查、考核工程各阶段的精细化管理实施情况，审议奖励与考核决定。

6）协调解决实施过程中的重大问题。

领导组要承担起督导、检查、考核的职责，制订活动开展计划，组织、协调各专业组开展好相关活动。要不断总结经验和教训，进一步完善管理办法。

领导组每季度至少召开一次会议，听取专业组开展活动情况的汇报，审定考核意见，协调解决重大问题。专业组要有月度、专题和阶段性总结报告，并及时上报。

（二）各专业精细化管理组及职责

项目单位应根据项目的具体特点及专业的配置情况成立相应的精细化管理专业组，如精细化设计管理组、精品样板引领管理组、洁净化安装管理组、汽轮机通流间隙质量控制组、保温控制组、金属监督质量控制组、空气预热器密封间隙质量控制组、汽轮机真空严密性质量控制组、精细化调试质量控制组、精细化监造控制组、土建施工质量控制组、中低压管道安装质量控制组、大型施工机械安全质量控制组、成品保护控制组等，具体落实精细化管理各项工作。

1. 各专业精细化管理专业组人员组成

（1）精细化设计管理组：

组长：工程技术部门设计负责人。

成员：工程技术部门各专业工程师、设计单位各主设人等。

（2）精品样板引领管理组：

组长：工程技术部门工艺负责人。

成员：工程技术部门各专业工程师、EPC 单位负责人及各施工单位负责人、监理单位负责人等。

（3）洁净化安装管理组：

组长：工程技术部门负责人。

成员：工程技术部门各专业负责人，物资部门、监理单位各监理工程师，施工单位各专业负责人，施工单位各工区负责人，设计单位各主设人等施工单位专业负责人。

（4）汽轮机通流间隙质量控制组：

组长：工程技术部门汽机专业负责人。

成员：监理单位汽机专业监理工程师、施工单位专业负责人、施工单位汽轮机工区负责人、汽轮机厂家代表。

（5）保温质量控制组：

组长：工程技术部门专业负责人。

成员：监理单位专业监理工程师、施工单位专业负责人、施工单位工区负责人。

（6）金属监督质量控制组：

组长：工程技术部门金属监督专业负责人。

成员：监理单位专业监理工程师、施工单位专业负责人、施工单位工区负责人、检验检测机构专业工程师。

（7）空气预热器密封间隙质量控制组：

组长：工程技术部门锅炉专业负责人。

成员：监理单位专业监理工程师、施工单位专业负责人、施工单位锅炉工区负责人、空气预热器厂家代表。

（8）汽轮机真空严密性质量控制组：

组长：工程技术部门汽机专业负责人。

成员：监理单位汽机专业监理工程师、施工单位专业负责人、施工单位汽轮机工区负责人、汽轮机厂家代表。

（9）精细化调试质量控制组：

组长：生产准备部负责人。

副组长：调试单位调总、监理单位安装副总监、施工单位项目经理、各相关施工单位技术经理、设计单位设总、性能试验单位负责人。

成员：生产运行人员，工程技术部门各专业负责人，工程物资部门、调试单位各专业负责人，监理单位各监理工程师，施工单位各专业负责人，施工单位各工区负责人，设计单位各主设人，各主要设备供货商代表等。

（10）精细化监造控制组：

组长：工程物资部门负责人。

副组长：工程技术部门负责人。

成员：工程物资部门各专业负责人、工程技术部门各专业负责人、施工单位各专业负责人、派驻设备制造单位的监造人员、物资代保管单位负责人。

（11）土建施工质量控制组：

组长：工程技术部门土建专业负责人。

副组长：监理单位土建副总监。

成员：监理单位土建专业监理工程师、施工单位各专业负责人、施工单位土建工区负责人等。

（12）中低压管道安装质量控制组：

组长：工程技术部门专业负责人。

成员：监理单位专业监理工程师、施工单位专业负责人、施工单位工区负责人等。

（13）大型施工机械安全质量控制组：

组长：安全监察部门负责人。

副组长：工程技术部门负责人、监理单位安全总监、各相关施工单位安监科长。

成员：安全监察部门专责、工程技术部门各专业专责、施工单位专业负责人、施工单位各工区负责人等。

（14）成品保护控制组：

组长：工程技术部门负责人。

副组长：工程物资部门负责人。

成员：工程技术部门各专业负责人、工程物资部门负责人、安全监察部门负责人、监理单位专业监理工程师、代保管单位负责人、施工单位专业负责人、施工单位项目负责人等。

2. 各专业精细化管理组职责

专业组是精细化管理的重心，要认真组织开展好各项活动，做到有组织、有计划、有目标、有措施、有检查、有考核。每项工作要标准明确，措施具体，责任到人，奖惩分明。具体职责如下：

（1）全面负责本专业精细化管理工作，制定本专业精细化管理实施细则，督促施工单位（调试单位）编制各专业精细化管理手册，并组织实施。加强精细化管理知识的学习。

（2）定期召开专业组工作会议，研讨有关问题，持续改进。

（3）组织开展各项活动，做到有组织、有计划、有目标、有措施、有检查、有考核。每项工作要标准明确，措施具体，责任到人，奖惩分明。

（4）制定专项工作方案和保证措施，确保各项指标顺利完成。

（5）编写月度、专题和阶段性总结报告，并及时上报。

二、精细化管理实施目标

项目单位应根据国家政策、上级单位要求及项目特点提出适合工程实际的精细化管理实施目标。

（一）精细化设计管控目标

精细化设计管控目标应包括设计性能指标、总布置指标、耗材指标、工程投资指标、健康安全环境（HSE）指标和设计质量指标等。

例如，某 2×1000MW 新建工程，工程设计争创中国电力规划设计协会优秀工程设计一等奖，具体设计目标如下。

1. 设计性能指标

设计性能指标见表 10-1。

表 10-1　　　　　　　　　　　　　设计性能指标

序号	项目	单位	初步设计值
1	全厂热效率	%	47.45
2	发电标准煤耗率	g/（kW·h）	259.22
3	全厂厂用电率	%	3.0
4	供电标准煤耗率	g/（kW·h）	267
5	每百万千瓦耗水量	m^3/（GW·s）	0.447

2. 总布置指标

总布置指标见表 10-2。

表 10-2　　　　　　　　　　　　　总布置指标

序号	项目	单位	指标数据
1	总用地面积	hm^2	104.70
2	厂区用地面积	hm^2	31.68
3	每千瓦占地面积	m^2/kW	0.159
4	建筑系数	%	45.77
5	场地利用系数	%	70.39
6	挖方工程量	万 m^3	87.86
7	填方工程量	万 m^3	86.77
8	厂区绿地率	%	20.52
9	每千瓦主厂房容积	m^3/kW	0.187
10	每千瓦主厂房面积	m^2/kW	0.013

3. 耗材指标

耗材指标见表 10-3。

表 10-3　　　　　　　　　　　　　耗材指标

序号	项目	单位	指标数据
1	发电工程每千瓦钢材消耗量	t/kW	0.035
2	发电工程每千瓦木材消耗量	m^3/kW	0.0004
3	发电工程每千瓦水泥消耗量	t/kW	0.085
4	动力电缆	km	470
5	控制电缆	km	2740

4. 工程投资指标

工程投资指标见表 10-4。

表 10-4   工程投资指标

序号	项目	单位	指标数据
1	发电工程静态总投资	万元	686505
2	发电工程静态单位造价	元 /kW	3433
3	发电工程动态总投资	万元	719816
4	发电工程动态单位造价	元 /kW	3599

5. HSE 目标

（1）不发生因设计原因引起的人身伤亡或重大环境污染事故。

（2）设计方案应减少施工现场环境破坏和水土流失。

（3）设计方案应降低资源、能源的消耗。

（4）设计过程中不发生人员死亡事故。

（5）设计过程中不发生重大火灾事故。

（6）设计过程中保持员工身心安全健康。

6. 设计质量目标

（1）设计质量争创中国电力规划设计协会优秀工程设计一等奖。

（2）满意率达到 95% 以上。

（3）产品优良品率达到 95% 以上。

（4）施工图差错率为零、变更率趋于零。

（5）工艺达标、观感符合美学要求。

（6）合同履约达到 100%。

（7）严格执行相关法律法规，强制性条文执行率达到 100%，严格执行国家优质工程档案管理要求。

（8）电力二十五项重点反措执行率达到 100%。

（二）精细化设备制造及监造管控目标

精细化设备制造及监造管控目标应包括总体目标、监造分目标等。

例如，某 2×1000MW 新建工程的管控目标如下：

1. 总目标

制造合格率 100%，验收一次合格率 96%，机组启动一次成功，并要达标投产。

（1）质量控制目标：设备质量满足国家、行业相关验收规范及质量检验评定标准要求。工艺优良，不发生重大制造事故，设备零缺陷出厂、零部件零返厂，锅炉一年内不发生因制造质量导致的泄漏事故。

（2）进度控制目标：确保按工程进度计划完成。

（3）信息管理目标：信息传递、汇总及时。

（4）协调目标：及时协调处理设备制造过程中相关单位之间存在的问题，创造和谐的生产环境。

（5）管理目标：做到"凡事有人负责，凡事有章可循，凡事有人监督，凡事有据可查"。通过强有力的组织与科学管理措施，确保实现设备监造的总目标。

2. 监造分目标

（1）设备制造质量控制分解目标。按"监造项目实施内容"执行，严格控制设备制造质量，提高生产工艺水平，制造产品合格率为100%，并达到：

1）文件见证（R点）、现场见证（W点）、停工待检（H点）三大见证率为100%；

2）各类主要原材料检验合格率100%；

3）重点、关键加工件，见证率100%，合格率100%；

4）锅炉设备整机、汽轮机、汽轮发电机等关键部件优良率100%；

5）辅机等设备出厂合格率100%。

（2）进度控制目标。按业主规定的生产进度进行监督、检查，对关键部件、监造设备进行100%进度监控，准确率力争达98%。未按计划完成的重要关键部件、重点设备，48h内报告业主，误报率、漏报率、迟报率为1%以下。

（3）信息管理目标。建立完善的信息管理体系，提供及时、可靠、准确、完整、公正、客观的设备监造的信息，为项目单位及时、正确地解决制造中出现的各种问题提供有效帮助，做到"凡事有据可查"，形成完整的历史记录。

（4）工作协调目标。以质量、进度顺序为原则，及时协调处理设备制造过程中相关单位之间存在的问题，分清责任，理顺关系，使相关单位有机协调地配合工作，实现监造的设备保质量、保进度地交付给项目单位。

（5）管理目标。建立完善的监造管理体系，确保设备制造过程中始终处于受控状态。

（三）精细化施工管控目标

精细化施工管控目标应包括精细化施工管理目标、洁净化安装目标等。

例如，某2×1000MW新建工程的管控目标如下：

1. 精细化施工管理目标

某2×1000MW新建工程精细化施工管理目标见表10-5。

表10-5　　　　　　　　　　　某2×1000MW新建工程精细化施工管理目标

序号	精细化管理分类	精细化管理具体目标
1	汽轮机通流间隙质量控制	1）汽轮机热耗值优于或达到设计值，试验热耗值低于设计值的0.5%。 2）中、低压转子叶顶汽封间隙、隔板汽封间隙及端部汽封间隙均取设计值的中下限，偏差下限为−0.05mm。 3）机组振动符合达标验收标准，质量评价为优良

序号	精细化管理分类	精细化管理具体目标
2	空气预热器密封间隙质量控制	1）空气预热器的漏风率（单台）在投产第一年内不得高于 3.45%。 2）三块扇形板的机械加工面与径向密封片间的距离应达到 0～1mm；以及要做好调整记录。 3）径向密封间隙、轴向密封间隙、周向密封间隙与规定值偏差不大于 0.5mm；以及要做好调整记录。 4）转子热端端部法兰的平面度不大于 0.5mm
3	转动设备安装	1）设备基础表面不得有裂纹、蜂窝、空洞、露筋等缺陷。 2）设备基础尺寸和位置偏差在 10mm 以内。 3）预埋地脚螺栓无油污、积水和杂物，螺栓的螺纹与螺帽完好，螺栓无倾斜。 4）垫铁位置和数量符合相关要求。 5）在设备进行精找平、找正后，隐蔽工程检查合格后 24h 之内进行二次灌浆。 6）设备定位基准的面、线、点的平面偏差小于 2mm，标高偏差小于 1mm。 7）设备轴向水平偏差小于 0.1/1000，横向水平偏差小于 0.2/1000。 8）各转动部件运转正常，无异常声响和摩擦现象，滑动轴承温度小于 70℃，滚动轴承温度小于 80℃。 9）各设备振动小于设计及规范值
4	油系统冲洗	1）主油箱、轴承箱、轴承间隙、顶轴油管连接，进油管及轴承清理干净。 2）汽轮机套装油管路、汽轮机顶轴油管路、汽轮机净化油系统等的冲洗。 3）冲洗流量 200～600m³/h、冲洗油泵压力约 0.65MPa、压力损失小于等于 0.07MPa。过滤精度：精过滤器 60μm 或 36μm、高精过滤器 20μm 或 10μm，总功率 263.7kW。 4）高压顶轴油系统的油质化验的清洁度应达到 NAS6 级，EH 油的清洁度应达到 NAS5 级，颗粒度符合标准要求
5	混凝土浇筑质量控制	1）对于清水混凝土模板，要求在现场配置成大块模板，必须具有一定的刚度，不易变形，选用 18mm 厚 1220mm×2440mm 的酚醛覆膜大木模板。 2）模板组合拼装时，严禁模板缝、聚氯乙烯（PVC）内贴板缝与方木接合缝三缝合一，三缝均要错开，木方加固要与模板拼装垂直设置。 3）模板加固时，框架柱严禁使用对拉螺栓。对于大截面基础必须采用中间对拉时，应合理布置对拉螺栓位置。为提高结构的观感效果必须在梁、柱以及外露设备基础等阳角处加设圆弧线条。 4）钢筋绑扎前表面应洁净，油渍、漆渣及用锤敲击时能剥落的浮皮、铁锈等应在使用前清理干净，以保证钢筋与混凝土之间的有效黏接，同时为防止钢筋绑扎丝头外露污染表面，应全部折向内部。 5）首选同批号、同强度硅酸盐水泥，粒径 5～25mm 的碎石，细度模数在 2.5 以上、含泥量在 2% 以下的砂子。 6）浇筑时间合适，分层厚度不超过 30cm，振捣深度控制在 5～10cm、无汽泡泛起 15s 后再进行下一步工作。 7）清水混凝土构筑物的侧模应在 48h 后拆除，养护时间一般不得少于 14 天

序号	精细化管理分类	精细化管理具体目标
6	土建施工质量控制	1）工程结构安全可靠，建、构筑物功能齐全，满足设计和使用功能及结构的耐久性要求。 2）混凝土结构表面光洁、平整、无色差，达到清水混凝土等级。 3）装饰装修工程材料环保、美观大方、功能齐全。 4）建筑成品无污染和损坏，成品保护100%到位。 5）主厂房工程、构筑物工程质量评价得分达到95分以上。 6）目标创优的工程项目土建工程三个子/单项得分达到95分以上。 7）混凝土外露无装饰要求的柱、梁、板采用新胶合模板。 8）水工建筑无渗漏、拼缝平缓、无色差
7	保温质量控制	1）严控保温材料入场检验关，所有保温材料及制品必须经现场抽样检验合格，确保符合国家有关标准。 2）环境温度不高于27℃时，设备和管道保温结构外表面温度小于50℃；环境温度高于27℃时，保温结构外表面温度高于环境温度25℃以内。 3）保温层厚度符合设计要求，设备保护层表面平整，管道保温层粗细均匀一致。保温层同层错缝、上下层压缝，拼缝严密、固定牢靠
8	金属监督质量控制	1）金属监督部件检验合规率100%。 2）金属监督部件缺陷处理率100%。 3）受监焊接接头检验率100%，一次检验合格率大于等于98%，合格率为100%。 4）焊缝外观质量评价为一档，得分率大于等于95%。 5）焊接质量评价为一档，受热面、压力容器及管道、烟风管道严密性试验合格，无焊接质量原因产生的渗漏现象。 6）焊接工程部位评价结果得分率大于95%。 7）不发生因金属材料缺陷或焊接质量问题而发生的重大质量事故
9	汽轮机真空严密性质量控制	1）真空系统无明显漏点，机组调试期间真空系统严密性不大于200Pa/min。 2）机组投运后真空严密性指标小于等于100Pa/min，力争小于等于80Pa/min
10	精细化调试质量控制	1）调试前，各项验收签证资料应完整、齐全，条件不具备的，不得进行调试。 2）单体调试质量相关技术指标达到设计要求。 3）阀门在各种运行工况下无外漏及内漏现象，测试各阀门的内、外漏情况并做好记录。 4）对现场所有热控测量元件进行100%校验，并提供校验报告。 5）发电机风压试验，泄漏率达到优良值。 6）及时组织对单体调试进行质量验收。 7）配合好调试单位做好分系统、整体启动调试工作。 8）执行机构全程传动灵活、平稳，无松动及卡涩；操作指令小于1.5%，反馈正确，运动方向无障碍；并提交力矩设定值、行程时间、电磁阀线圈与阀体间的绝缘电阻表单、调节型执行器全行程内每25%开度间隔指令及反馈记录表单。 9）电气测点和仪表投入率不小于99%，指示正确率不小于99%。 10）对电缆100%进行对地、线间绝缘检查，并提供检查表。 11）在无断点APS（自动启/停控制系统）调试前各子分系统设备均已调试、试动完成，具备投入条件

续表

序号	精细化管理分类	精细化管理具体目标
11	中低压管道安装质量控制	1）对管道内外壁进行100%喷砂除锈，对焊缝进行100%金属检测。 2）管子组合前或组合件安装前，将管道内部清理干净，管内不得遗留任何杂物，组装后成品100%做到临时封堵，以防杂物进入。现场竖向管口必须采用钢板封堵并点焊固定。 3）DN400以下阀门100%水压试验合格。 4）工厂化加工率100%。 5）支吊系统可靠，膨胀顺畅。 6）管道安装正确，系统严密，阀门无内漏，管道无外漏。管道及系统洁净、无杂质，未发生系统滤网频繁堵塞情况，缩短系统冲洗时间
12	成品保护质量控制	1）工程建设过程中产生的成品、半成品，必须采取防止磕、碰、砸、踩、踏、污染等措施。 2）工程实物的外观整洁美观，无施工痕迹，避免二次修补。 3）成品保护的质量控制关键部位：混凝土结构及基础表面、棱角，建筑装饰装修工程表面，主机、辅机设备，设备及管道保温、油漆，电控盘柜，电缆及桥架，变压器及封闭母线，热控小径管等

2. 洁净化安装目标

某2×1000MW新建工程洁净化安装目标见表10-6。

表10-6　　　　　　　　　某2×1000MW新建工程洁净化安装目标

序号	洁净化安装分类	洁净化安装具体目标
1	洁净化安装总体目标	1）锅炉自整套启动至投产一年内不发生因洁净化问题引起的非停事故。 2）凝结水系统、低压给水系统自整套启动至168试运结束清理次数不超过2次。 3）汽轮机润滑油系统轴承系统循环油质合格时间小于7天。 4）汽轮机EH油系统进油动机循环油质合格时间小于7天。 5）四大管道吹扫后，管道内无铁屑、氧化铁、焊渣、油垢、灰尘等杂物
2	锅炉汽水系统洁净化安装	1）受热面管100%通球，并做好记录，通球后每个管口必须封闭完整，不得发生通球遗失情况。 2）受热面管排按要求达到100%，并做好包装，做好相关记录。 3）启动分离器最后一次封门前应对其内部进行检查，确保无异物后再封闭，办理隐蔽签证。 4）锅炉水压试验前，各管道及水系统必须冲洗合格并有合格签证。 5）化学清洗后对下集箱进行割手孔检查。 6）锅炉吹管后对上下集箱进行开手孔检查。 7）不发生受热面管排堵塞及锅炉爆管泄漏事件
3	汽轮发电机组油系统洁净化安装	1）油系统洁净度NAS≤6级，油系统冲洗过程，轴承及轴颈无划伤、沟痕。 2）油系统设备安装前，用洁净压缩空气吹扫或酒精等溶剂清洗，用面团、布进行清理，严禁使用棉纱，对不便进行检查的部位，采用内窥镜进行检查。 3）不锈钢油系统管道使用前必须采用绸布蘸酒精在管道内擦拭，并密封管口；管道支吊架的管部加装不锈钢垫片。 4）所有油循环用的临时管道清洗、安装要求，与正式油管道安装要求一致

序号	洁净化安装分类	洁净化安装具体目标
4	凝结水、除氧给水系统洁净化安装	1）机组调试期间前置泵、给水泵、凝结水泵入口滤网清扫不高于两次，机组投运后滤网差压小于等于 0.05kPa。 2）保证汽水品质，一年内不发生因汽水系统洁净化问题引起的非停事故
5	发电机冷却系统洁净化安装	1）组调试期间不发生定冷水电导率超标现象。 2）提高发电机冷却系统内部清洁度，顺利完成整套启动调整试运及生产运行安全，一年内不发生因发电机冷却系统洁净化问题引起的非停事故
6	四大管道洁净化安装	1）100% 工厂化配管。 2）稳压、降压结合方式吹管，连续两次打靶均合格，靶板上的斑痕粒度小于 1mm，靶板痕迹小于等于 2 个 $/cm^2$。 3）保证汽水品质，一年内不发生因四大管道洁净化问题引起的非停事故
7	发电机洁净化安装	1）穿转子前采用吸尘器或用猪油和面粉调成的腻子对定子及腔内进行黏吸，然后采用干净、干燥、无油压缩气体吹扫干净。 2）作业人员穿连体服、无钉软底鞋进入定子腔内，除工具外未携带其他物件，带入工具有专人登记、清点，无遗留物件在内。 3）封盖前内部无杂物、遗留物，气封通道畅通。 4）发电机交直流耐压试验前全面清理瓷套表面，保持干净。 5）确保发电机有良好安装环境，提高发电机的安装质量和绝缘水平，一年内不发生因发电机洁净化问题引起非停
8	电力变压器洁净化安装	1）运输过程中保证充油套管油位正常，无渗漏，瓷件无损伤，散热器、连通管、净油器等密封良好。 2）现场安装基础和构架满足安装要求。 3）注油前经脱水、脱气处理，油质达到 GB 50150《电气装置安装工程 电气设备交接试验标准》规定的要求。 4）器身检查时的空气相对湿度小于 75%、器身温度不低于周围环境温度，且露空时间不超过规范和厂家要求。 5）工作人员穿连体服、无钉耐油软底鞋进入器身内，除工具外身上无其他物件，进出变压器内部前后应有专人登记、清点带入工具。 6）器身检查结束后用合格变压器油进行冲洗，并清洗油箱底部，保证无遗留物。 7）确保电力变压器设备有良好的绝缘状态和工作环境
9	SF_6 断路器及气体绝缘金属封闭开关设备（GIS）洁净化安装	1）设备应经施工、监理单位检查并办理隐蔽签证手续后方可进行封闭。 2）设备受电前对瓷套、筒体进行全面清扫干净。 3）确保 SF_6 断路器及 GIS 有良好的绝缘状态和工作环境，一年内不发生故障
10	控制、保护屏柜洁净化安装	1）屏（柜）安装前，屏（柜）基础应施工结束、灌浆完毕、验收合格。 2）屏（柜）搬运和安装已采取防震、防潮、防倾倒、防屏（柜）架变形及漆面损伤等措施。 3）屏（柜）采用螺栓固定，盘面误差小于等于 1mm，水平误差小于等于 2mm，柜体接地及地网连接良好，柜门接地采用大于等于 $4mm^2$ 的多股软铜线，二次等电位接地网采用大于等于 $100mm^2$ 的软铜线与等电位接地网专用铜排连接。 4）屏（柜）底下孔、洞及预留备用孔洞及时做好防火封堵，封堵严实。 5）暖通管道吹扫已采取防尘措施。空调出风口避开屏（柜）顶，防止滴水受潮

序号	洁净化安装分类	洁净化安装具体目标
11	取样和取源管道洁净化安装	1）取样和取源管道安装前应吹扫并清理干净。清理后的管道两端应临时封闭。 2）取样和取源管道切口应平整、无裂纹、无缩口、无凹凸，应及时清理管道内部的重皮、毛刺、氧化铁、铁屑等杂质。管径 8mm 及以下的取样和取源管道应使用专用管子割刀切割。 3）系统管道上应采用机械钻孔，并清除钻渣、钻屑。管道安装工作如有间断，应及时封闭管口，防杂物进入。管道临时封闭必须采用外封闭的方法，禁止用棉纱、破布或纸团等塞入开口部位，封闭应牢固严密。 4）取样及取源管道焊接应采用氩弧焊焊接方式。 5）取样及取源管道安装后应采取必要的防护措施，防止受到破坏及二次污染。 6）一年内不发生因取样和取源管道洁净化问题引起的非停事故

（四）精细化调试管控目标

做好充分的调试准备，完成全部设备的单体调试、分系统调试和整套启动过程中的全部试验，一次性通过 168h 试运。机组各项性能指标达到设计值（或合同保证值）。

例如，某 2×1000MW 新建工程精细化调试管控目标如表 10-7 所示。

表 10-7 　　　　　　　　　　某 2×1000MW 新建工程精细化调试管控目标

序号	项目	单位	技术指标	备注
一	主要性能指标			
1	锅炉出口蒸汽参数	MPa/℃/℃	29.4/605/623	
2	汽轮机蒸汽参数	MPa/℃/℃	28/600/620	
3	机组发电效率	%	≥ 47.45	
4	汽轮机热耗率	kJ/（kW·h）	≤ 7138	
5	锅炉效率	%	≥ 95.02	
6	发电标准煤耗率	g/（kW·h）	≤ 259.22	
7	全厂厂用电率	%	≤ 3.0	
8	供电标准煤耗率	g/（kW·h）	≤ 267	
9	汽轮机真空严密性	Pa/min	≤ 80	
10	发电机漏氢量	m^3/d（标准状态下）	≤ 8	
11	空气预热器漏风率	%	≤ 3	
12	电气仪表投入率	%	100	
13	热控仪表投入率	%	100	
14	电气保护投入率	%	100	
15	热控保护投入率	%	100	

续表

序号	项目	单位	技术指标	备注
16	电气保护正确动作率	%	100	
17	热控保护正确动作率	%	100	
18	自动装置投入率	%	100	
19	每百万千瓦耗水量	$m^3/(GW \cdot s)$	≤ 0.447	
二	主要环保指标			
1	低低温静电除尘器效率	%	≥ 99.96	
2	除尘器出口排放浓度	mg/m^3（标准状态下）	≤ 10	
3	烟尘排放浓度	mg/m^3（标准状态下）	≤ 3	
4	脱硫效率	%	≥ 99.5	
5	二氧化硫排放浓度	mg/m^3（标准状态下）	≤ 10	
6	脱硝效率	%	≥ 90	
7	NO_x 排放浓度	mg/m^3（标准状态下）	≤ 20	
三	智能智慧调试目标			
1	APS		全程无断点	
2	智能报警		100% 可靠	
3	燃料智能化		100% 人工替代	
4	可视化实时状态监测及故障诊断		100% 准确	
5	三维数字可视化		100% 覆盖	
6	5G 应用		100% 全投用	

三、精细化设计管理

精细化设计管理主要是指施工图精细化设计管理，具体内容见第五章。

四、精细化设备监造管理

设备监造是电力行业普遍采用的设备质量控制措施。

（一）设备监造总体控制措施

1. 监造项目组内部控制措施

（1）项目总监造工程师是监造项目组的最高领导，对设备监造负全责；当项目总监理师不在现场时，总监代表行使项目总监造师职责。

（2）项目监造工程师严格按照监造合同，有关法规、规程、规范，以及项目单位颁布的有关制度等开展监造工作。

（3）项目总监组织监造工程师根据监造合同和监造大纲，认真编写监造质量计划及监造实施细则，并据此开展监造业务。监造工程师对出现的问题应及时协调并提出相应的书面监造意见，协调不了的要认真做好记录并向上级汇报；汇报工作要按程序化、责任制的要求进行，一般情况下应逐级汇报，一级对一级负责。如遇紧急、重大问题可直接向总监汇报。

（4）监造工程师离开制造单位要向项目总监请假；考勤工作由专人负责，填写要认真、准确。月底考勤员应将考勤记录报公司。

（5）坚持每周一次监造代表组例会，由项目总监或指定人员主持，各监理工程师汇报本专业的工作情况，研究、确定下一步工作目标。

（6）项目总监定期检查、考核监造记录、报表等表格的填写工作，保证其质量；工程监造简报由信息管理员负责汇总、编辑出版，由项目总监签发，信息管理员定期向有关单位做书面汇报。

（7）监造项目内部分工合理、明确，职责清晰，责任落实到位。

（8）岗位设置齐全，能够覆盖监理工作范围。监造总监制订派遣计划，人员按时到位，不能影响现场工作。

（9）监造项目组制定严格的组织纪律，严守职业道德，确保监造工作可靠、规范和高效。

2. 监造交底控制措施

由总监造工程师主持召开监造交底会，监造项目组有关专业监造工程师、监造代表和被监造单位的项目经理及有关人员参加（应邀请项目单位有关人员参加），交底的主题就是介绍监造质量计划有关内容，提出监造要求，让被监造单位明白工作程序和标准并签署三方《监造协议》。主要内容如下：

（1）监造依据。

（2）监造工作范围与内容。

（3）实施监造的基本程序和方法。

（4）监造有关报表格式与要求。

（5）经项目单位、制造单位、监造单位三方确认签字后，监造代表按确认内容执行。

3. 监造实施细则（内部资料）控制措施

（1）监造实施细则必须符合监造质量计划的要求，并结合设备制造的专业特点，做到详细具体、具有可操作性；工作范围清晰，接口界限明确，监造措施全面。监造细则主要有锅炉、汽轮机、电气、热控、焊接检验、安全、信息管理、技经、设备材料等。对于通用设备按照《监造作业指导书》执行。

（2）监造实施细则由专业监造工程师编制，经总监造工程师批准后实施。

（3）监造实施细则编制的依据和主要内容应符合公司质量体系文件的相关规定。

（4）在监造工作实施过程中，监造项目组应对监造实施细则根据实际情况及时进行补充、修改和完善，同时作为内部资料管理。

4. 制造单位及其分包单位质量体系的控制措施

（1）技术措施。监造项目组坚决按照规程、规范和有关标准工作，充分发挥监造网络优势，在审核技术措施、方案时严格把控。

（2）经济措施。对于违反合同、标准、规范、规程的制造，特殊工艺的制造实施、未经检查认可擅自修改设计的制造等情形，监造工程师要及时制止、纠正，如无效，立即对其下发监理工程师通知单并通报项目单位，直至提请处罚。

对于拒不执行监理工程师通知单、恶意继续制造等情形，监造工程师应根据实际情况通报项目单位，由业主进行协调处理，直至处罚。

（3）组织措施。根据设备生产制造情况，以及在现场的具体表现情况，可以通过项目单位、制造单位及其上级主管单位，对相关制造单位及分包单位提出人员调整和撤换的建议，对设备的重大决策进行控制。

5. 计量器具、精密仪器控制措施

（1）监造代表对计量器具、精密仪器的规格型号、检定单位、检定日期、有效日期进行检查，看是否在有效期内。如果超过了检定日期，监造代表应要求不准在生产中使用该仪器，并督促制造单位尽快到有资质的检定单位进行检验。

（2）监造代表检查制造单位的计量器具投入数量是否满足设备制造进展要求。

6. 制造机械控制措施

（1）监造代表对其中制造机械的型号、检定单位、检定日期、有效日期进行检查，看是否在有效使用内。如果超过了检定日期，监造代表要求不准在生产中使用该制造机械。

（2）监造代表检查保管制度，对维护和使用记录进行核查。

7. 制造单位、人员资质控制措施

（1）监造代表对加工机械、设备操作人员的资质进行审查，不符合要求的人员不准进行现场操作。

（2）必要时，监造代表对各分包单位的资质、人员资质进行审查，不符合要求的通知制造单位更换分包单位或更换分包单位的管理、制造人员。

8. 制造资料全过程控制措施

（1）制造单位提交的所有报审、报验资料必须符合设备采购合同的要求。对于不符合要求的资料要退回制造单位修改，重新上报。

（2）监造人员检查制造资料是否编、审、批齐全，该盖章的资料是否履行了盖章手续。

（3）监造人员检查制造资料的内容是否符合现场制造和验收的实际情况，数据填写是否准确。

（4）监造人员监督制造单位对制造资料的整理、存档，并及时按要求移交给项目单位。

9. 装配试验阶段的缺陷管理

（1）装配试验过程中发现的缺陷需消缺后经监造工程师见证确认后方可开展下一步工作。

（2）对于重大缺陷，需要全面修改设计的，监造项目组要严格执行上报审批程序。

10. 出厂验收

对于进入生产现场的材料、设备，项目单位（或监造单位）认为有必要进行复检或做性能试验时，首先要依据合同执行，对承担出厂性能试验单位编写的试验大纲进行审查，提出监造意见；监造代表在现场实施旁站监造，并对试验结果进行确认。

（二）设备质量控制措施

根据设备特点及监造工作内容，监造工程师采用动态控制方法对设备质量控制实行预控、检查、验评，以使该设备质量达到合同要求。设备质量控制分三个阶段进行。即：制造前质量控制，制造过程中质量控制，设备验收的质量控制。具体如下：

1. 制造前质量控制

（1）监造代表根据生产准备条件（如：工艺、图纸、作业指导书是否编写完毕，并经过审批；材料、设备的到货情况，机械、劳动力的组织情况，制造能力、环境是否具备制造条件等）进行审查，对制造中可能出现的问题提出预防性的措施，防患于未然。对制造所需的图纸及时组织会审工作，以利于设备制造的顺利进行。

（2）设备上所使用的原材料、半成品、加工件和外购件必须具备完整的材质合格证件和技术文件，经监造工程师审查确认后方能在设备中使用。

（3）对设备中使用的新材料、新工艺、新结构、新技术必须具备完整的技术鉴定证明和试验报告，经监造工程师审查确认后方可在设备中使用。

（4）监造工程师按有关规定定期检查制造单位的实验室及试验人员、测量人员和特殊工种的资质、资格证件，检查试验仪器、计量器具的检验证明是否在年检有效期内。

（5）监造工程师需审查制造单位编制的生产计划、工艺、技术方案，制造作业指导书，制造质量计划，制造质量保证措施，冬、雨季和高温季节工艺措施，安全文明工艺措施；参加重要项目工艺技术方案和工艺措施讨论和制定，参加技术交底并监督实施；在审查技术方案和作业指导书过程中要对易发生质量通病和生产工艺容易放松的项目及结构部位进行重点审查，并视情况提出克服质量通病，提高工艺质量的监造意见。

（6）监造项目组各专业监造人员在设备制造过程中适时编写出各专业监造实施细则，经总监造师审批后实施。

2. 制造过程中质量控制

凡未按合同约定及三方监造协议要求进行制造时，监造单位有权责令制造单位采取措施立即纠正。对于不能保证设备质量的制造设备，监造单位有权阻止制造单位投入使用。如发现可疑之处，监造单位可提出复试要求。对不合格的监造单位有权禁止使用，制造过程质量控制主要内容包括制造质量情况、设备进展情况、机械设备及人员情况、设计变更情况、图纸交付情况、设备到货情况、监造工作情况、其他情况。

（1）三方监造协议签订后，按照监造组制定的巡视检查制度和各专业监造的实施细则，监造工程师应深入现场对相关工序进行巡视检查，以便及时发现问题，督促制造单位尽快解决。

（2）监造工程师应审查制造单位的质量计划，经制造方、业主方和监造方共同确定见证"W"点和停工待检"H"点，对重要的制造环节、关键部位、关键工序进行跟踪监造，及时解决问题，不留后患。

（3）监造工程师在现场检查中，重点检查制造人员是否按照规程、规范、技术标准、设计图纸、制造作业指导书和生产工艺标准进行制造。

（4）监造工程师检查制造过程中的重要原始记录和自检记录，对关键工序进行旁站检查。

（5）对于重要工序，如铸造、焊接、探伤、热处理、动平衡等，监造工程师要重点检查特殊工种人员是否持证上岗，生产环境及采取的保证措施能否保证特殊工序的制造质量等。

（6）对于发生设计变更的部位，监造工程师应检查是否按照已批准的变更文件进行制造；在质量事故处理过程中，监造工程师应检查是否按照有关的事故处理程序进行处理。

（7）加强对质量通病的控制，对于易出现质量问题的工艺流程，现场监造工程师在巡视检查和验收时，按照"争创优质设备"的标准，不迁就、不手软，保证生产工艺水平达到精品设备的标准。

3. 设备验收的质量控制

（1）监造单位对生产完成的部件、成套设备，要按照国家及行业制定的验收规范和验评标准进行验收、检查、试验评定。

（2）监造单位对生产工艺系统分步试运转完成后的中间检查验收及具有独立使用功能的单项设备的成品检验签证工作。

（3）监造单位配合质量监督站做好设备质量的监督检查。

（4）监造单位审查制造单位提交的检验报告报告。设备检验、试验报告采用文件包的管理方式，监督制造单位及时完成移交工作。

（5）设备质量事故的处理：设备质量一般事故的处理，监造工程师参与事故原因的分析，审核事故处理措施，对事故处理后的质量进行检查验收和评价；对于重大质量事故的处理，总监造工程师和有关专业监造工程师参加事故调查、原因分析和对事故处理措施的审查并监督制造单位按照确定的方案处理，参加事故处理后验收工作并提出监理评价意见。

（三）设备生产进度控制措施

（1）设备由多家制造单位承担制造任务，需有关各方密切配合、积极协调，促进设备制造顺利进行。

（2）根据项目单位批准的合同进度和制造单位编制的排产计划，监造单位应重点检查其关键路径、工序生产进度情况是否满足合同要求。

（3）在设备生产前，监造单位应检查图纸、材料及外购设备等的落实情况，确保生产后，不会因图纸、材料、外购设备等原因影响进度。

（4）监造单位应审查制造单位的月度生产计划并监督落实。

（5）监造单位应审核制造单位特殊生产时期（例如高温季节、低温季节、雨季及大风季节）

的工艺措施并监督落实。

（6）监造单位应督促有关单位做好设备催交催运和到货清点工作。

（7）监造单位应加强对现场实际生产进度的检查并与计划进度进行对照比较，发现偏差要督促制造单位立即分析原因并采取补救措施及时纠正。定期审核制造单位进度报表。

（8）需要时监造单位应提请项目单位组织召开生产协调会，协调各方之间关系。

（四）设备合同管理措施

以合同文件为依据，监造人员要了解和掌握相关合同的内容。监造人员实行履约检查制度。对合同管理执行情况，以程序化、标准化管理为合同管理的核心，加强设备纵向、横向联系和接口协调。具体如下：

（1）监造人员加强合同实施过程中的履约检查。

（2）监造人员审查合同，发现问题及时通报项目单位及相关单位，并配合组织协调解决。

（3）监造人员拟订基本的检查阶段，如：制造准备、重点及关键设备制造以及完工收尾阶段等；同时，保持现场跟踪检查，针对生产过程中普遍存在和特别严重的个别问题审时度势地加大检查频度和力度，并监督其限期整改。

（4）检查内容：

1）制造单位的分包与合同规定相符，不允许非法分包、外协。

2）设备进度和质量符合合同（含补充协议）要求。

3）设备管理、设备技术文档齐全、真实、规范。

4）监造人员加强对实际进度的监控，对进度计划提出监造意见，以保证生产总体进度计划和目标计划的最终实现。

5）监造人员对合同执行过程中发现的问题进行协调并提出监造意见。

（五）设备制造过程信息管理措施

（1）信息管理规定：

1）加强信息的收集工作，专业监造工程师要及时准确地收集制造单位进度、质量等方面的信息，发现问题及时通报。

2）按规定通过简报、总结、纪要等方式提供资料，形成设备制造全过程的信息管理。

3）监造组向项目单位提供的信息资料有监造月报、会议纪要、监造记录、监造工作联系单、监理工程师通知单、监造总结等。

4）监造信息采用网络、传真等形式进行信息传递。

5）监造组对各类信息反映的问题进行分类，处理并整理建档。

6）监造组在制造监造中发现问题时提出《监造工作联系单》或《监理工程师通知单》，以使问题得到及时纠正和改进，并参与督促处理及处理后复查签认。制造单位接到通知后，进行整改并给予回复意见，同时将处理情况书面反馈给监理公司。

7）项目单位、监造公司、制造单位三方之间建立畅通的信息传递通道。

（2）监造与报告：

1）监造人员编制整理监造工作的各种文件、通知、记录、检测资料等。

2）监造人员以书面形式或电子文件形式，向项目单位提供报告。具体包括如下内容：监造计划（监造合同签订后一个月内编制完成）；监造简报（每半个月一期，高峰时期每周一期）；监造专题报告（重大技术问题或应向项目单位专门汇报的问题）；监造工作总结。

（3）采用《电力设备制造项目监造典型表式》，作为设备监造过程中项目单位与监造单位之间，监造单位与制造单位（制造阶段）之间，监造单位内部信息填写、传递、报送的主要管理依据。

（六）组织协调

（1）随时掌握各制造单位的工作进展，提前预测可能发生的矛盾和问题，采取预防措施。

（2）发生争议时，深入调查并了解情况，认真听取各方意见，提出的解决方案符合设备实际情况、公正合理、能被各方接受。

（3）需要时，监造小组提请项目单位组织召开设备协调会，提早安排预期工作，使各单位工作准备充分，矛盾早暴露早解决。

五、精细化施工管理

（一）施工质量总体控制措施

1. 坚持全方位质量策划、全过程管控

（1）项目单位在开工前应根据工程项目特点，结合相关国家、行业、企业标准，编制一系列质量管理文件，建立质量目标、强化体系运作，坚持"全过程管控"原则，每月对参建单位质量体系健全情况进行检查，确保质量体系有效运行。

如某 2×1000MW 项目在开工前编制了"两规划"[《工程达标创优（投产）规划》《精细化管理实施规划》]、"两标准"（《施工质量检验标准》《关键工序、节点交付条件标准》）、"一图集"（《典型施工工艺图集》）、"五清单"（精细化项目清单、洁净化项目清单、标准化项目清单、精品项目清单、基建技术负面清单）等质量管理文件，对规范工程质量管理程序，提升质量管理水平起到了良好作用。

（2）质量管理体系力求专业化，遵循样板引路、规范施工、一次成优的质量过程控制原则；遵循内外部对标管理，坚持负面问题清零、工厂化扩大原则；严格落实施工质量奖惩等措施，充分发挥监理单位的监督检查作用，进一步强化施工单位自主化管理，提升施工质量管理水平。

2. 坚持样板引路，精品引领示范

项目单位在开工前应根据工程项目特点，广泛调研收集类似项目优良的施工工艺做法，编制涵盖各专业细部工艺的《典型施工工艺图集》。同时打造高标准的工艺样板间和实体样板，作为施工工艺标准和参考，要求施工单位对照样板对工人进行技术交底和岗前培训，并为质量检查和质量验收提供直观的判定尺度，做到"有样可遵，有板可循"。

如某 2×1000MW 项目，项目单位历时一个月，编制《典型施工工艺图集》，包括土建、机务、电仪、焊接、保温油漆等专业共计 138 个样板图片作为现场典型施工工艺的参照标准。同时项目单位组织施工单位打造主厂房柱框架、防火墙工艺、输煤栈桥框架、管道焊口焊接、中低压管道、热控仪表管路等 10 个精品工艺样板，切实起到引领示范作用，对现场施工实体质量起到了很好的示范作用。油系统管道安装样板、防火墙清水混凝土样板、人字柱清水混凝土样板、1 号主变压器防火墙清水混凝土外观、1 号煤斗实体样板、1 号煤斗方圆节和灰斗防腐工艺规范、2 号圆形煤场整体效果、二级过热器进口集箱焊接工艺见图 10-1～图 10-8。

图 10-1 油系统管道安装样板

图 10-2 防火墙清水混凝土样板

图 10-3 人字柱清水混凝土样板

图 10-4 1 号主变压器防火墙清水混凝土外观

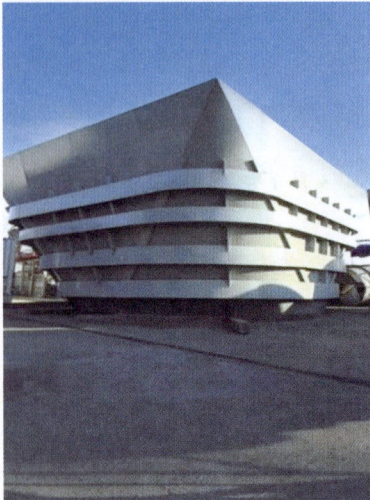

图 10-5　1 号煤斗实体样板

图 10-6　1 号煤斗方圆节和灰斗防腐工艺规范

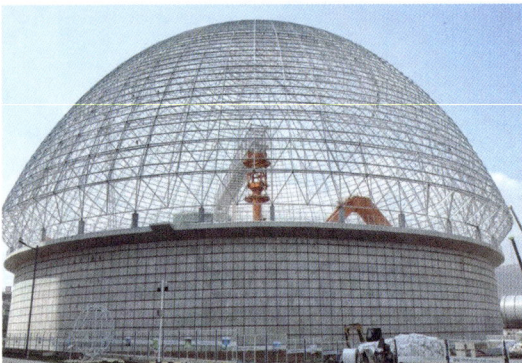

图 10-7　2 号圆形煤场整体效果

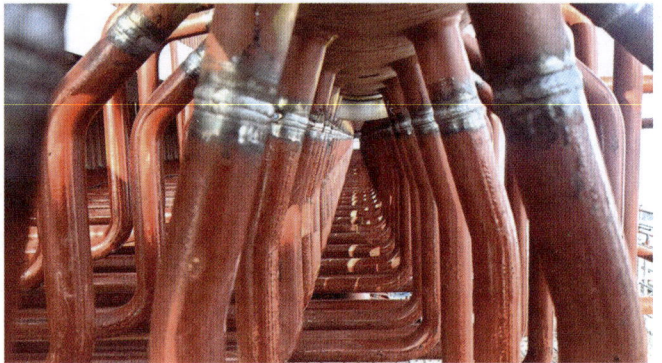

图 10-8　二级过热器进口集箱焊接工艺

3. 制定质量标准，坚持标准不妥协

（1）项目单位可根据工程项目的特点利用二维码的形式在现场布置质量检验标准，方便作业人员查询相关质量检验标准，在施工过程中做到心中有数。使质量管理回归国家规程标准，从经验管理向标准管理转变。

（2）推行"三牌"制度。对重要节点实施举牌验收制，对原材料入场实施检验贴牌制，做到问题可追溯；将施工质量检验标准立牌，确保质量可控。

4. 引进创优咨询单位，确保过程创优

项目单位可结合工程项目的创优目标，提前确定创优咨询单位，制订创优咨询工作计划，开展创优培训、专家答询、质量评价等工作，从档案体系、实体质量进行阶段性检查并提出整改意见。同时对创优工作的程序、工作开展的关键点、节点及注意事项进行培训，使各参建单位明白怎么创优、如何创优，以利于实现过程创优、一次创优。

5. 强化施工工艺观感管理

具体见本章第三节工艺管理有关内容。

6. 加强施工缺陷管理

（1）施工缺陷是由设计导致的，由项目单位联系设计单位出具设计修改单，下发施工单位进行缺陷修复。

（2）施工缺陷是由施工导致的，由监理下发整改单，施工单位提出整改方案，经监理、项目单位审批后进行缺陷修复。

（3）施工缺陷处理工作完成、验收合格后，施工单位方可安排下道工序施工。

（4）重大施工缺陷必要时应由项目单位组织专家论证，确定处理方案后下发施工单位进行处理，同时报上级单位备案。

（5）施工缺陷的整理汇总由监理单位负责，并由其监督相关处理文件及时归档。

（二）施工阶段各专业重要环节质量管理要点

项目单位可根据项目的具体特点及专业的配置情况制定相应的管理要点，具体参照本章第五节案例：某2×1000MW新建工程各专业施工质量管理要点。

（三）精细化项目控制措施

火力发电工程精细化安装项目一般包括（不限于）汽轮机通流间隙、空气预热器密封间隙、混凝土浇筑、土建施工、保温、金属监督、汽轮机真空严密性、中低压管道安装、成品保护等，项目单位可根据项目的具体特点及专业的配置情况制定相应的控制措施，具体参照本章第五节案例：某2×1000MW新建工程精细化项目及控制措施。

（四）洁净化项目控制措施

火力发电工程建设洁净化项目一般包括（不限于）锅炉汽水系统洁净化安装、汽轮发电机组油系统洁净化安装、凝结水和除氧给水系统洁净化安装、发电机冷却系统洁净化安装、四大管道洁净化安装、发电机洁净化安装、电力变压器洁净化安装、SF_6断路器及GIS洁净化安装、控制和保护屏柜洁净化安装、取样和取源管道洁净化安装等，项目单位可根据项目的具体特点及专业的配置情况制定相应的控制措施，具体参照本章第五节案例：某2×1000MW新建工程洁净化项目及控制措施。

六、精细化调试管理

精细化调试管理具体内容见第十二章。

第五节　案例介绍

一、某2×1000MW新建工程各专业施工工艺管理要点

（一）土建专业工艺管理要点

土建专业工艺控制要点包括地下管网工艺、道路路基工艺、地基处理工艺、模板工程工艺、混凝土浇筑工艺、砌体工程要求工艺、烟塔施工工艺、回填土施工工艺、厂区道路及地面施工工艺、墙面施工工艺、屋面施工工艺、门窗安装工艺、装修工程工艺等。具体举例如下：

1. 地下管网工艺管理要点

（1）控制目标：地下管网工艺符合规范要求。

（2）控制措施：

1）预先了解地下障碍物分布情况。

2）根据进度计划和实际施工需要进行测量放线。

3）所有管道必须进行防腐措施。

4）地埋管道安装应采取分段开挖，分段安装回填方式。

2. 道路路基工艺管理要点

（1）控制目标：道路路基工艺达到设计要求。

（2）控制措施：

1）控制路基边坡的坡比。

2）填方材料必须经监理检验。

3）路基填方的松铺厚度符合要求。

4）道路模板支设采用标准槽钢，固定牢固；道路面层采用机械整平、平整美观。路基工艺处理平整、厂区混凝土路面见图10-9、图10-10。

3. 地基处理工艺管理要点

（1）控制目标：地基处理符合强制性条文要求，一类桩、二类桩比例达到设计规范要求。

（2）控制措施：

1）严格审核把关地基处理相关文件，做好地基处理各项策划措施。

2）做好地基处理过程监控，落实监控措施。

3）严格地管理和控制桩基检测试验，全过程贯彻沉降观测，确保地基施工质量满足设计要求。

图 10-9 路基工艺处理平整

图 10-10 厂区混凝土路面

4. 模板工程工艺管理要点

（1）控制目标：模板支撑体系可靠，混凝土浇筑尺寸和外观达到要求。

（2）控制措施：

1）为达到清水混凝土的效果，模板的选用非常重要，模板的优劣直接关系到混凝土工程的表面光洁度。如某工程明确清水混凝土木模板选用大模板，模板材质必须选择优质品，模板内侧粘贴 2mm 厚 PVC 板，厚度均匀，规格准确，不吸水。其他部位零米以上的所有框架梁、板（除压型钢板底模）、柱，以及零米以上设备基础的模板均采用大模板支模，采用普通脚手管加固的形式。

2）模板的围棱及支顶必须可靠。阳角用 PVC 圆角倒角，圆角粘贴平直、无缝隙、接缝严密。

3）钢筋与垫层接触部位必须衬垫同标号混凝土垫块，主筋与立柱模板加衬木垫块。

4）地脚螺栓应采用分组焊接、整体固定方式，通过找正固定于模板上，模板整体又通过坑口大梁的吊装或底部预制垫块支撑来固定；插入角钢通过下端预制可调垫块或"假肢"来固定。

模板支撑工艺、烟塔基础模板见图 10-11 和图 10-12。

图 10-11 模板支撑工艺

图 10-12 烟塔基础模板

5. 混凝土浇筑工艺管理要点

（1）控制目标：轴线通直、尺寸准确；棱角方正、线条顺直；表面平整、清洁、色泽一致；表面无明显气孔，无泌水现象；表面无蜂窝、麻面、裂纹和露筋现象；模板接缝、对拉螺栓和施工缝处理符合规范要求；模板接缝与施工缝处无挂浆、漏浆。

（2）控制措施：

1）控制好混凝土原材料质量（粗细骨料、水泥、水、外加剂、粉煤灰等），混凝土原材料宜根据施工范围和方量一次备足；当连续浇筑的混凝土方量较大、工期较长时，应采用同一规格、同一生产源地的原材料，保持原材料的颜色和技术参数始终一致。

2）控制钢筋系统工程的主要管理要点：钢筋原材的管理、加工配制及其成品半成品的质量体系完备，钢筋接头、钢筋绑扎、防止浇筑混凝土时对钢筋间距和扰动的策划与控制等。

3）控制模板体系工程的主要管理要点见模板工程工艺管理要点。

4）控制对拉螺栓端头及伸缩缝止水带的工艺措施。

5）根据天气情况进行必要的微调混凝土配比设计和试验。

6）对大体积混凝土施工方案的设计、温度的计算、测温点的布置、温度升降梯度的控制和调整、混凝土的养护进行控制。

7）确保混凝土浇灌工序组织质量的策划实施（搅拌系统的保证、现场环境的控制、运输机械浇灌机械的准备、浇灌工序的安排、浇灌工艺实施和施工人员的组织等）。

8）加强预埋件、预留孔的准确性、精确性的管理。应先设计好吊点、埋管位置等，一次成型后加强对成品的保护。清水混凝土框架见图10-13。

图10-13 清水混凝土框架

9）分季节进行科学养护。夏季采用毛毯覆盖，每两小时浇淋一次水，保持基础表面湿润；冬季采用暖棚加温、蒸汽养护。清水混凝土样板、清水混凝土房屋外观、清水混凝土框架柱见图10-14～图10-16。

6. 砌体工程工艺管理要点

（1）控制目标：砌体工程达到工艺观感要求。

图 10-14　清水混凝土样板

图 10-15　清水混凝土房屋外观

图 10-16　清水混凝土框架柱

（2）控制措施：

1）组砌方法正确、灰缝应饱满，墙体应无通缝、瞎缝、裂缝。

2）清水墙面应无污染和泛碱；勾缝均匀、光滑、顺直、深浅一致；平整度、垂直度符合创优标准。

3）变形缝的处理应符合设计和规范要求，变形缝平直、宽度一致。砌体工艺要求见图 10-17。

7. 烟塔施工工艺管理要点

（1）控制目标：筒壁工程观感质量平整、顺畅、洁净、无渗漏、色差基本一致，整体达到工艺验收标准。

（2）控制措施：

1）施工图纸会审。

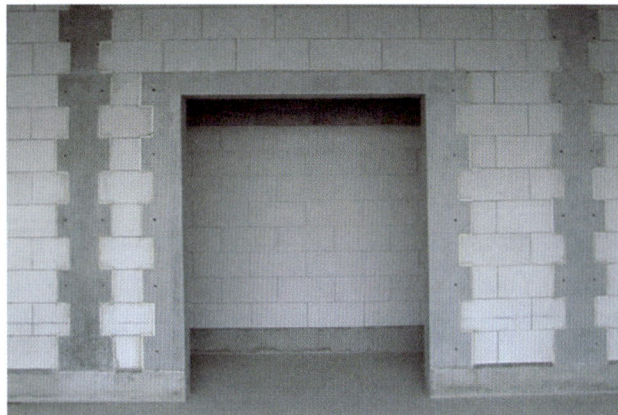

图 10-17　砌体工艺要求

2）作业指导书编审、备案。

3）混凝土原材料应保持一致。

4）混凝土浇筑后采取保温保湿养护措施。

5）大体积混凝土施工符合有关要求。

6）烟囱、冷却塔混凝土施工采用定型专用钢模板。烟囱外观、冷却塔外观见图10-18、图10-19。

图 10-18　烟囱外观

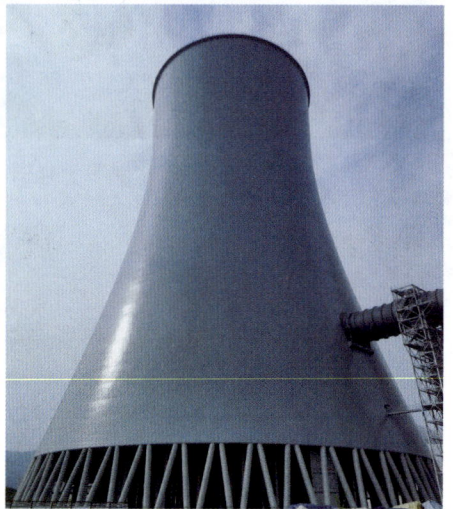

图 10-19　冷却塔外观

8. 回填土施工工艺管理要点

（1）控制目标：回填土密实度符合要求，表面平整，回填后地面、基础不开裂，沉降均匀。

（2）控制措施：

1）落实回填条件。

2）回填前清理基底、布置水平标高控制线。

3）按标准进行回填。

4）各层回填土取样符合要求。

5）回填土质量报告及填完后标高符合要求。

9. 厂区道路及地面施工工艺管理要点

（1）控制目标：

1）地面工程平整、洁净，不起砂、不脱皮、无裂纹、不渗水、地面拼缝匀直、不空鼓。

2）胀缝及缩缝留置符合标准。

3）路缘石铺砌顺直、牢固、勾缝饱满。

（2）控制措施：

1）保证回填土质量：保证土质、控制含水率、控制分层厚度、控制碾压夯实。不允许在含水率过大的腐殖土、亚黏土、淤泥等原状土上回填。若在回填的基底或某层某部位有局部呈现橡皮土时，应及时进行翻晒、重新夯实或换土处理。

2）回填后尽可能地有较长的静置时间、粗面层与面层的浇灌应有足够的间隔时间，让回填土和粗面层有一个自然沉实的过程。

3）浇筑工艺的控制：分隔缝的设置、压面时间和次数的控制、不同季节对各种地面施工完的养护。

4）各种预埋管线要深埋，最好埋在粗地面之内。

5）在正常的情况下适当增加分格数量，减少地面单块面积。

6）在回填厚度陡然变化之处设分格缝（沉降缝）。

7）切割的伸缩缝在其施工时必须切到底、切到位。

8）对经常承受较大荷载的地面增加钢筋网片等。

9）设备基础和架构基础四周要与地面设置伸缩缝。

10）在混凝土中掺加玻璃纤维或钢纤维等材料，以提高混凝土的抗裂性能。

11）路缘石应规格统一、尺寸准确。铺砌应稳固、线直、弧线流畅、勾缝严密、顶面平齐。路缘石背部回填应密实。平整的马路、地面平整美观见图10-20、图10-21。

图 10-20 平整的马路

图 10-21 地面平整美观

10. 墙面施工工艺管理要点

（1）控制目标：墙面不开裂、平整、美观。

（2）控制措施：

1）控制好砌体原材质量，尤其是要注意灰砂砖、粉煤灰砖等出釜停放期不应小于28天，宜在45天以上，上墙含水率宜为5%～8%。

2）严格抹灰工艺流程，包括基层的清理润湿、单层抹灰的厚度、层间间隔时间、面层收水压抹的时间和遍数、不同季节操作的要点和区别。

3）严格执行和控制各种抹灰砂浆的配比与强度。

4）采取有效的辅助措施，如加挂铅丝网、钢板网，增设分隔缝，做好镶嵌材料的优选，做好嵌缝的工艺处理等。

5）以压型钢板为墙面时，要保证拼缝咬合稳固严密，除边板要弹线安装外，中间部位还必须增加多根控制线，同时应使用仪器进行监测；压型钢板外墙在窗口、檐口、阴阳角收口等部位要做好深度策划和统一。墙面施工工艺、墙面平整美观见图10-22、图10-23。

图10-22　墙面施工工艺

图10-23　墙面平整美观

11. 屋面施工工艺管理要点

（1）控制目标：屋面不渗漏，满足观感要求。

（2）控制措施：

1）对施工图纸给出的设计方案进行细致的研究，必要时应做二次设计，突出需要控制的关键点，以便实施中作重点控制。

2）对使用的防水材料，特别是新型的材料要研究其性能、熟悉工艺、做好样板带路。

3）要对黏接、接缝、封口、坡度、泛水、底层处理、上层防护这些量大的工作统一筹划、有序安排。

4）对细部工艺进行专项策划，例如：天沟、檐口、阴阳角、落水口、变形缝、伸出屋面的管道和排气口、跨越管道的过人钢步梯等制作工艺。屋面防水工艺、分隔效果见图10-24、图10-25。

图10-24　屋面防水工艺

图10-25　屋面分隔效果

12. 门窗安装工艺管理要点

（1）控制目标：门窗安装牢固，位置正确，开关灵活、关闭严密，无变形、倒翘。

（2）控制措施：

1）落实安装条件。

2）门窗安装符合工艺要求。

3）抹灰前门窗保护膜完好，发泡剂填充到位，密封胶堵缝宽窄一致、顺直、表面平整光滑。

13. 装修工程工艺管理要点

（1）控制目标：全局效果要统一协调，工艺精良、细部精细、精致美观。

（2）控制措施：

1）装修材料质量符合要求。

2）建构筑物色彩及材料选择与周围环境相协调。

3）建筑物室内色彩的选择与室内设备、仪表盘、管道等的色彩相协调。

4）建筑物室内卫生洁具、灯具的选择与室内装修标准统筹考虑。

5）必须满足节能、环保的要求，必须保证安全功能和使用功能。

6）在了解设计意图且熟悉图纸的基础上，做好二次设计。开敞式控制室装修见图10-26。

图10-26　开敞式控制室装修

（二）锅炉专业工艺管理要点

锅炉专业工艺管理要点主要是锅炉平台楼梯栏杆安装工艺管理，炉墙保温、外护安装工艺管理，中、小径管道及阀门安装工艺管理和锅炉燃油系统安装工艺管理等，具体控制措施如下：

1. 锅炉平台楼梯栏杆安装工艺管理要点

（1）控制目标：达到工艺精良、观感质量高的要求。

（2）控制措施：

1）做好设备开箱检查、验收及清点、编号，不得混用、代用。每层平台严格按照图纸尺寸要求对隔栅板（尤其是异性隔栅板）复合尺寸，对大平台保证隔栅板拼缝平直。

2）锅炉各层平台安装应与每层锅炉钢架安装同步施工，平台安装应与扶梯栏杆踢脚板安装同步施工，栏杆管（弯头）焊接应与焊缝打磨同步施工。

3）格栅板铺设方向应与平台长度方向一致。

4）设备、管道穿过平台格栅时，要将其周围格栅修理整齐，且不应妨碍设备、管道保温厚度和热态膨胀要求。

5）使用花纹钢板前应预先找平，与平台梁面层焊接为满焊。

6）扶梯安装的角度应核对图纸，保持踏步水平度，不得随意加长或切割。

7）栏杆安装要保持平直，中间各立柱间隔均匀。同一层平台两侧栏杆立柱应保持在同一断面上，相邻各层平台同一部位的栏杆立柱应在同一垂直线上。

8）围板转角处应呈棱角或圆滑过渡。

9）栏杆弯头焊接接头牢固且打磨平整，打磨完成后及时进行油漆防腐，油漆不得有漏刷、滴流现象。栏杆弯头的制作，围板端头倒角，间距均匀的栏杆立柱，格栅板的铺设，锅炉格栅板、围栏、楼梯整体图见图 10-27～图 10-31。

图 10-27 栏杆弯头的制作

图 10-28 围板端头倒角

图 10-29 间距均匀的栏杆立柱

图 10-30 格栅板的铺设

图 10-31 锅炉格栅板、围栏、楼梯整体图

2. 炉墙保温、外护安装工艺管理要点

（1）控制目标：保温质量、厚度符合要求，外护板布局合理，整齐牢固，达到工艺精良，观感质量高的要求。

（2）控制措施：

1）保温材料合格，并进行外观检查和抽样检测。

2）保温层砌块符合要求。

3）保温层的伸缩和间隙等符合设计规定和技术要求，填充密实。

4）保护层的平整度符合要求，无裂纹。

5）外护安装符合规定，不得有豁口、翻边、明显的凹坑等。锅炉炉墙外保温见图10-32。

图 10-32　锅炉炉墙外保温

3. 中、小径管道及阀门安装工艺管理要点

（1）控制目标：母管布置整齐美观，小管集中布置，走向合理，间距均匀。

（2）控制措施：

1）施工前，会同施工单位、监理等单位相关人员共同确认小径管道的二次设计详图。

2）管道安装时，应走向合理，不得影响其他设备安装，且弯管选用规格一致，安装标高一致或对称，膨胀弯在满足管道热补偿和锅炉膨胀的同时安装朝向统一。

3）如有多根管道从炉顶引出，则要求管道从连接管座引出后管线标高一致，固定方式统一。

4）管道连接时防止强力对接。

5）阀门应尽量集中或小范围集中布置，阀门成排成线并整体协调，且便于操作检修，同排阀门手轮应尽量大小一致。

6）自行设计的阀门检修、操作平台应按照正式检修、操作平台施工工艺执行。

7）如设有放水漏斗，则安装位置应便于检查，有牢固滤网及上盖，且工艺美观。

8）阀门安装验收完毕后应尽可能设置同规格外护皮，并统一挂牌标识。炉外管道安装、本体输水操作平台见图 10-33、图 10-34。

图 10-33 炉外管道安装

图 10-34 本体输水操作平台

4. 锅炉燃油系统安装工艺管理要点

（1）控制目标：操作台整齐划一，管道、金属软管安装满足膨胀或伸缩要求，无随意设置的疏水、放油点。

（2）控制措施：

1）管道在安装前必须进行管内清扫，清除锈皮和杂物，必要时考虑采取喷砂的方法。

2）管道安装时如需在其他管道开孔，不允许熔渣和铁屑落入管内。

3）锅炉房内燃油主操作台要整齐美观，且便于操作和检修，不得影响通道。引至油枪的分操作台处小范围集中布置。

4）自行弯制的同径弯头应做到弯曲半径一致，展开长度一致。

5）所有支吊架安装完毕后，必须仔细检查验收，确保各支吊架和导向支架按图施工。

6）管道安装完毕后应试压吹扫合格，确保管道吹扫不留死角，管内清洁无杂物。

（三）汽机专业工艺管理要点

汽机专业工艺管理要点主要为汽水油系统安装工艺管理和小口径管道安装工艺管理，具体控制措施如下：

1. 汽水油系统安装工艺管理要点

（1）控制目标：外形美观、整齐，不漏汽、不漏水、不漏油。

（2）控制措施：

1）施工前，施工单位会同有关厂家、项目单位、监理单位一起确定二次设计详图。

2）管道安装时，应走向合理，不得影响通道及其他设备安装，且弯管选用规格一致，安装标高一致，膨胀弯安装朝向统一，满足热膨胀要求。

3）多根管道从同一系统引出时，要求管道从接管座引出后标高一致，固定方式统一。

4）阀门应尽量集中或小范围集中布置，阀门成排成线并整体协调、美观，且便于操作与检修，同排阀门手轮应尽量大小一致。电动阀门接线盒方向一致，方便电气接线。

5）施工单位自行设计的阀门操作平台应按照正式的平台施工工艺施工。

6）阀门开关位置应标识清晰，开关灵活到位。汽轮机疏水管道、汽轮机油系统见图10-35、图10-36。

图 10-35　汽轮机疏水管道

图 10-36　汽轮机油系统

2. 小口径管道安装工艺管理要点

（1）控制目标：规律布置、整齐美观，便于操作。

（2）控制措施：

1）小口径管道安装由专人负责统筹设计、专人负责分片施工，在大管道施工的同时做好整体策划、二次设计优化布置。

2）加强小口径管道安装前的图纸审查。管道不得影响通道及其他设备安装，安装标高一致或对称，考虑小口径管的膨胀变形，膨胀弯安装朝向统一。

3）管道弯管采用机械冷弯工艺，且弯管选用规格一致。

4）管道均采用全氩或氩弧焊打底工艺。

5）热工、化学不锈钢管焊口位置的现场设计符合一定规则。小口径管道共生支架见图10-37。

图 10-37　小口径管道共生支架

（四）电气专业工艺管理要点

电气专业工艺管理要点主要为电缆桥架和电缆敷设工艺管理和控制盘柜安装工艺管理。具体控制措施如下：

1. 电缆桥架和电缆敷设工艺管理要点

（1）控制目标：外形美观，布局合理，载重符合设计要求，便于电缆敷设。

（2）控制措施：

1）桥架安装平直，无较大变形或弯曲，布置要与热力设备、吊物孔和通道保持一定距离。

2）桥架断面选择合理，桥架上电缆不宜过多。

3）电缆敷设走向合理，保持均匀平直，无交叉，外观质量美观；必要时可对电缆敷设的走向进行二次设计。

4）电缆弯曲半径符合规程规定，在转弯处每根电缆应依次排列整齐。

5）电缆固定和捆绑质量好，电力电缆和控制电缆按规定分层布置，在同一层时，应用隔板隔开；不得穿在同一根电缆管内；电缆在终端头与设备接线端子附近留有适当的备用长度。

6）电缆管埋设或管口尺寸或电缆保护管符合有关规程要求，预埋管管口光滑，电缆管线的引出线套管规范统一。

7）电缆防火封堵所需的阻燃材料必须经鉴定合格后使用。电缆桥架铺设、电缆敷设见图10-38、图10-39。

图10-38　电缆桥架铺设

图10-39　电缆敷设

2. 控制盘柜安装工艺管理要点

（1）控制目标：控制盘柜排列整齐美观，符合验评标准。

（2）控制措施：

1）落实安装条件。

2）控制盘安装地点符合设计要求。

3）搬运和安装控制盘时，不得损坏盘上设备，防止盘柜表面二次污染。

4）控制盘的型钢底座按施工图制作且符合规定，盘体与接地网接地连接标识规范，接地连接可靠。

5）在二次抹面前安装盘底座。

6）控制盘单独或成列安装时应符合规定。盘柜基础、成套电气控制柜、二次接线整体效果图见图10-40～图10-42。

图 10-40 盘柜基础

图 10-41 成套电气控制柜

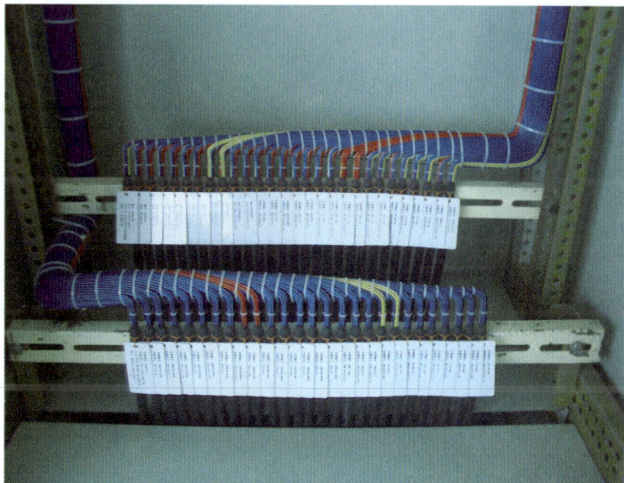

图 10-42 二次接线整体效果图

（五）热控专业工艺管理要点

热控专业工艺管理要点主要为热控仪表管路安装工艺管理和热控仪表取源部件及敏感元件安装工艺管理。具体控制措施如下：

1. 热控仪表管路安装工艺管理要点

（1）控制目标：

1）仪表管路长度：压力测量管路小于等于100m；微压、真空测量管路小于等于50m；水位、流量测量管路小于等于30m。

2）仪表管路：油、水管路与热表面间距大于等于200mm。

3）仪表管对口：异径管内径偏差小于等于0.8mm。

（2）控制措施：

1）对合金钢仪表管材质应进行光谱复查；管子内外表面应光滑，不应有针孔、裂纹、锈蚀等现象。

2）管子的坡度、坡向应符合设计要求，并应考虑热膨胀的补偿。

3）管子配制前应做好样板，使用专用工器具进行配制。

4）支吊架应使用镀锌卡子进行固定；不锈钢管与支架应安装隔离垫片。

5）仪表管之间的连接一般宜采用套管接件方式，套管内径应与仪表管外径匹配，采用全氩弧焊接工艺；成排管路焊口位置应一致。

6）管子需分支时，应采用与管材相同的三通管件，禁止在仪表管上直接开孔焊接。

7）管子敷设在地下、穿越平台或墙壁时应加保护套管。

8）应对阀门的支架进行统一规范，支架开孔应使用机械加工，阀门固定应采用规格相符的镀锌卡子和螺钉。

9）成排阀门布置间距应一致，水平高差小于3mm。

10）管子安装结束后应进行严密性检验。仪表管单孔双管卡固定见图10-43。

图10-43　仪表管单孔双管卡固定

2. 热控仪表取源部件及敏感元件安装工艺管理要点

（1）控制目标：

1）取源部件测孔：测孔直径偏差小于等于0.8mm；开孔垂直偏差小于等于2mm。

2）取源部件插座：插座垂直偏差小于等于0.8mm。

3）成排布置的变送器、控制开关、电磁阀等：中心高度小于等于1mm；间距偏差小于等于3mm。

（2）控制措施：

1）取样测点的温度插座、压力取样装置经检验合格后应做好标识，并分类存放到专用的仓库。

2）管道上的测点定位开孔一般应采用机械加工，开孔后应做好测孔周围的清理工作。

3）在汽水管上的焊接应采用氩弧打底，垂直度和同心度应符合设计要求。

4）在烟风道上应先进行电焊定位，在垂直度和同心度满足要求后，方可焊接。

5）锅炉壁温块安装应在水压试验前完成，固定块安装应牢固。

6）成排变送器、控制开关、仪表阀门等设备安装应协调统一、整齐美观。烟气测点取样、风烟取样装置、测点位置选择、热电偶集中布置见图 10-44～图 10-47。

图 10-44　烟气测点取样

图 10-45　风烟取样装置

图 10-46　测点位置选择

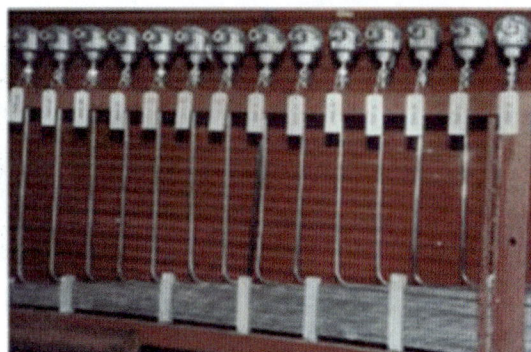

图 10-47　热电偶集中布置

（六）保温专业工艺管理要点

保温专业工艺管理要点主要为保温外护板安装工艺管理和刷漆、防腐工艺管理。具体控制措施如下：

1. 保温外护板安装工艺管理要点

（1）控制目标：保温外护层表面平整美观、边角顺直。管道外护层粗细均匀一致、筋线饱满、顺水搭接且纵向搭接线笔直，搭接处严密无缝。

（2）控制措施：

1）应从选材、下料、搭接、铆固等多个环节进行策划和控制。

2）虾米弯片数应大于等于 5 片，环向接缝应采用"扣接"方式，筋线加工时应考虑搭接处紧凑、不张口情况，先加工纵向，再加工环向筋线。所有虾米弯均应采用"双铆钉"工艺。

3）同一设备或管道的纵向、环向铆钉安装均应保证横竖呈直线布置，且间距均应一致。

4）矩形烟风道或面积较大平壁设备金属外护板采用压型板加包角板工艺，安装前应合理布置支撑骨架。

5）支吊架金属外护板应安装"吊架保温外护盒"，拼接方式采用咬口工艺，原则上应尽量小而精致，且须明确支吊架结构与管道之间的关系。管道弯头保温、锅炉烟风道保温、加热器端部保温、管道分层保温见图 10-48～图 10-51。

图 10-48　管道弯头保温

图 10-49　锅炉烟风道保温

图 10-50　加热器端部保温

图 10-51　管道分层保温

2. 刷漆、防腐工艺管理要点

（1）控制目标：达到工艺精良、观感质量高的要求，符合验评标准。

（2）控制措施：

1）原材料符合设计施工要求。

2）环境条件符合要求，确认具备保温条件，防止油漆和保温交叉污染。

3）刷漆应根据设计要求严格执行各道工序，表面处理达到要求。

4）严格防腐油漆涂装前的表面预处理工序，达到标准要求；对重要结构和管道应组织中间验收。

5）刷漆大面积施工时先进行小样试刷，涂刷均匀，色调一致，避免流痕、漏刷以及二次污染。

6）底漆、中间漆和面漆施工符合设计要求，全厂所有设备管道及钢结构按其位置和防腐等级做到色彩统一、协调。管道油漆、设备油漆见图 10-52、图 10-53。

图 10-52 管道油漆

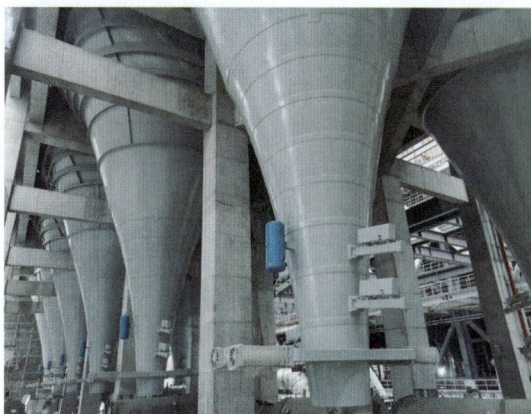

图 10-53 设备油漆

（七）水岛 EPC 工程工艺管理要点

水岛 EPC 工程工艺管理要点除包括土建、锅炉、汽机、电气、热控、保温专业所列出的管理要点外，还应包括锅炉补给水处理车间地面防腐工艺管理要点，具体控制措施如下：

锅炉补给水处理车间地面防腐工艺管理要点：

（1）控制目标：表面平整，花岗岩铺砌不得有十字缝。

（2）控制措施：

1）用环氧稀胶泥打底固化 24h，待干燥后再进行花岗岩铺砌。

2）花岗岩与花岗岩之间的灰缝要错开，不应有十字通缝。

3）地面养护不得小于 7 天。

4）花岗岩地面与沟盖板结合处应平整且易于玻璃钢盖板放置。锅炉补给水处理车间地面见图 10-54。

图 10-54 锅炉补给水处理车间地面

（八）输煤专业工艺管理要点

输煤专业工艺管理要点主要为皮带输送机工艺管理要点，具体控制措施如下：

（1）控制目标：达到工艺精良、观感质量高的要求，符合验评标准。

（2）控制措施：

1）预埋件与预留孔的位置和标高应符合设计要求。

2）皮带机支架安装符合设计要求，横平竖直；防护栏杆安装符合标准，钢材材质达到标准，漆面色调一致。输煤皮带见图 10-55。

3）皮带胶接头合口对正，厚度均匀，不得有凸起和裂纹。

4）垂直拉紧器滑道应平行，安全防护栏横平竖直。

5）落煤筒、导料槽管壁应光滑且漆面色调均匀。

6）电动机、减速器固定牢靠，联轴器找正准确，旋转部分防护符合标准。

7）标志牌明显清晰，固定牢靠。

（九）灰硫专业工艺管理要点

灰硫专业工艺管理要点主要为吸收塔工艺管理要点。具体控制措施如下：

（1）控制目标：达到工艺精良、性能优异的要求。

（2）控制措施：

1）严格按照施工工艺进行施工，针对施工对接应采取必要的工具或措施，便于对接过程中消除对口偏差。

2）罐体的垂直度、椭圆度施工中应严格控制，罐体钢

图 10-55　输煤皮带

板的卷制偏差必须控制在允许范围内，钢板下料时其长宽、对角等几何尺寸准确。

3）罐底板制作后应平整，与基础面接触良好，底板铺设前认真验收检查基础面的平整度，应符合设计要求。

4）设备安装前应按规范要求进行抽检，主要查看设备外表有无裂纹、砂眼、起皮、弯曲、扭曲等缺陷情况及外形尺寸，并做好记录，确保安装质量。

5）所有接管位置在开孔前必须仔细核对图纸，在确定无误后方可进行接管安装。吸收塔本体、除雾器安装见图 10-56、图 10-57。

图 10-56　吸收塔本体

图 10-57 除雾器安装

二、某2×1000MW新建工程各专业施工质量管理要点

（一）土建专业施工质量要点

1. 沉降观测点安装及监测质量管理要点

（1）控制目标：

1）沉降观测点布置应符合设计要求及有关规范规定；观测点应选用不锈钢材质，安装牢固稳定，点位安全；焊点应打磨光滑，能长期保存。

2）沉降观测点要布置合理，选型要美观，样式统一，标示明确，有保护罩；观测点与柱身（墙体）距离一致，要保证在观测点上能垂直布置测量尺和有良好的通视条件，安装标高应一致。

（2）控制措施：

1）沉降观测点安装的规格型式、安装位置、安装数量、标识等要符合设计及规范要求。应有足够刚度，并采取有效保护措施。

2）沉降观测：各个阶段的观测必须定时进行，不得漏测或补测；沉降观测所用仪器应符合要求，承担观测的单位和人员应具有相应的资质；要遵循点位稳定，所用仪器、设备稳定，观测人员稳定，观测的环境条件基本一致，观测路线、镜位、程序和方法固定的"五定"原则。当沉降速度大于等于2.0mm/d时应停止施工，分析原因，采取措施；当沉降速度大于等于1.0mm/d时应减缓加载速度并增加观测次数。

3）做好控制点与监测点布置。合理布设监测控制网，垂直位移监测控制网、水平位移监测控制网埋设正确。

4）各建构筑物沉降观测要委托有相应资质的单位进行，沉降观测精度及观测周期、次数符合要求。

2. 桩基工程质量管理要点

（1）控制目标：一类桩比例大于等于96%，杜绝三类桩。

（2）控制措施：

1）施工前，应编制详细的施工组织设计方案，并按规定程序审批。

2）施工机械必须鉴定合格，计量设备应经计量标定且能保证正常工作，主要工种施工人员应持证上岗。

3）施工中材料应有出厂合格证，进场要进行外观等检查，需要进场检验的应按规定抽样检测，不符合要求的不得使用。

4）桩基工程施工，应保证有效桩长和进入持力层深度。当以桩长控制时，应保证有计量措施。

5）桩基（地基处理）施工后，应有一定的休止期，保证桩身强度、周边土体超孔隙水压力的消散、被扰动土体强度的恢复。

6）桩基（地基处理）工程验收前，按规范和相关文件规定进行桩身质量（地基强度）、承载力检验。检验结果不符合要求的，在扩大检测和分析原因后，由设计单位核算、出具处理方案以进行加固处理。

3. 隐蔽工程质量管理要点

（1）控制目标：隐蔽工程一次检验合格率大于等于98%，整改检验合格率为100%。

（2）控制措施：

1）制定《隐蔽工程质量检验管理办法》，重点做好隐蔽工程的全过程跟踪验收管理工作。

2）隐蔽工程验收前，施工单位应提前48h通知监理人员，监理人员（必要时项目单位参加）应按时到现场检查验收。若施工单位自行隐蔽，监理人员有权要求施工单位挖开或解体接受检查，施工单位不得拒绝，否则监理人员有权不予验收签字。

3）通过现场拍摄隐蔽工程验收影像的手段，作为事后质量分析追踪的依据。"隐蔽工程影像包"作为重要资料应及时归档。

4. 基础回填质量管理要点

（1）控制目标：符合设计要求。

（2）控制措施：

1）土方回填要事先落实好土源，开挖出来的好土被用作回填土时，要覆盖防雨。

2）严禁用淤泥、腐殖土、冻土、耕植土和含有机质大于8%的土作为回填土。

3）回填前基坑内要排净水、杂物要清理干净，严禁基坑有水时回填。

4）回填基土应均匀密实，压实系数符合设计要求。

（3）重点控制的质量通病：

1）回填土出现橡皮土。

2）回填土密实度达不到要求。

3）基坑（槽）泡水。

4）房心回填土沉陷。

5. 主体结构质量管理要点

（1）控制目标：符合《混凝土结构施工及质量验收规范》要求。

（2）控制措施：

1）结构施工前，施工单位应编制施工作业指导书，报监理单位审查。作业指导书应根据框架结构的规模、层次、变形缝位置和施工技术条件，全面策划结构施工的区段和层次，合理确定施工缝的留设位置。框架结构的施工缝应严格按设计图纸、施工技术规范和作业指导书留设。

2）应对模板支护施工编制施工方案，方案应包括施工平面及立面布置、施工要求和技术保证条件，具体明确支模区域、支模标高、高度、支模范围内的梁截面尺寸、跨度、板厚、支撑的地基情况、主要搭设方法、工艺要求、材料的力学性能指标、构造设置以及检查、验收要求等内容。施工单位应严格按照施工方案施工。

3）对于清水混凝土，宜根据施工范围和方量，一次备足原材料；当方量较大、工期较长时，应采用同一规格、同一生产源地的原材料，保持原材料的颜色和技术参数始终一致。

4）伸缩缝、抗震缝、沉降缝施工，必须保证缝隙竖直、均匀，宽度符合设计和规范要求。

（3）重点控制的质量通病：

1）条线基础模板的缺陷：条形基础模板上口不直，宽度不准；下口陷入混凝土内；侧面混凝土麻面、露石子；拆模时上段混凝土缺损；底部上模不牢。

2）梁模板的缺陷：梁身不平直、梁底不平，下挠；拆模后发现梁身侧面有水平裂缝、掉角、表面毛糙；局部模板嵌入柱梁间，拆除困难。

3）圈梁及构造柱模板的缺陷：局部胀模造成墙内侧或外侧水泥砂浆挂墙。梁内外侧不平，砌上段墙时局部挑空。构造柱模板的支设及固定不好，致使混凝土浇灌完毕，构造柱跑模或水泥砂浆挂两侧墙。

4）柱模板缺陷：炸模造成断面尺寸鼓出、漏浆、混凝土不密实或蜂窝麻面；偏斜使得一排柱子不在同一轴线上；柱身扭曲。

5）钢筋工程表面锈蚀，箍筋不规范，焊接对焊不合格。

6）混凝土结构局部出现蜂窝、麻面、孔洞、露筋、缝隙、夹层、缺棱掉角、表面不平整、强度不够、均质性差、塑性收缩裂缝、干缩裂缝、温度裂缝等缺陷。

6. 墙体砌筑、建筑外护板质量管理要点

（1）控制目标：符合《砌体工程施工质量验收规范》等要求。

（2）控制措施：

1）控制砌筑材料的复检，砂浆配合比及试块强度检验。

2）检查拉结筋和构造柱合格。

3）检查墙体整体平整度、垂直度合格。

4）由外护墙板主体工程设计院确定总体效果。

5）控制墙板骨架施工质量，加强验收管理。

6）施工过程中加强墙板材料的保护和成品保护。

7）墙板保温材料的检验。

（3）重点控制的质量通病：

1）砖砌体裂缝。

2）砖砌体承载力不够。

3）砖砌体组砌混乱。

4）墙体留置阴槎，接槎不严。

5）配筋砌体钢筋遗漏和锈蚀。

6）采用干砖砌筑，砌体黏结不良。

7）灰缝薄厚不均。

8）砂浆不饱满。

9）门窗部位渗漏水。

7. 室内外装修、地面、屋面质量管理要点

（1）控制目标：

1）符合《建筑装饰装修工程质量验收规范》《建筑地面工程施工质量及验收规范》《外墙饰面砖工程施工及验收规程》等要求。

2）室内地面平整，不起砂、脱皮，无裂纹，不渗水，块材地面拼缝匀直、不空鼓。

3）屋面施工确保室内不渗漏，避免在调试和运行期间出现因屋面渗水影响电气设备正常运行等的现象。

（2）控制措施：

1）严把材料关，进场材料须经监理单位检验合格。

2）实施装修精细化管理，注重细节控制。

3）屋面采用3+3柔性材料防水卷材铺贴，电脑排版，保证排水通畅。屋面排气管、雨水口等均做工艺化处理。

4）对室内装饰块材进行二次排版，达到缝缝相通，线线相连。事先策划卫生洁具、地漏的位置，使之与砖缝对称布置。

5）小室灯具布置要利用电脑排版，力求方案合理、美观简洁。

6）雨水井、检查井井盖板选用新型的环保型井盖和井座，安装后美观大方。在井座边增加细石混凝土泛水现浇带，并用雨花石在周边进行点缀，防止泥土随雨水流入井内，也能提高观感质量。

7）雨棚、窗口、檐口板滴水线槽，采用专用定型线条。

（3）重点控制的质量通病：

1）卷材防水层空鼓、开裂。

2）卷材转角部位后期渗漏。

3）墙体门窗框交接处抹灰层有空鼓、裂缝、脱落现象。

4）内墙面抹灰层空鼓、裂缝。

5）墙抹灰后向内渗水。

6）外墙抹灰接槎明显，色泽不匀，有明显抹纹。

7）外墙抹灰分格缝不直不平，缺棱错缝。

8）吊顶主龙骨、次龙骨纵横方向线条不平直。

9）涂刷工程有流坠、刷纹、起泡、涂膜开裂现象。

8. 烟囱、冷却塔质量管理要点

（1）控制目标：结构安全；筒壁工程观感质量达到平整、顺畅、洁净、无渗漏、色差基本一致。

（2）控制措施：

1）严把材料关，进场材料须经监理单位检验合格。

2）实施装修精细化管理，注重细节控制。

3）对模板及其支架进行监护，发现异常情况应及时进行处理。

4）混凝土施工不得出现冻胀、湿陷现象。

5）作业指导书或施工方案应通过审批并报审查，必要时宜进行评审，其措施应可行、可靠，确保目标实现。

6）冷却塔环梁模板与筒壁模板相同，均采用专用定型 1000mm×1300mm 钢模板（全套新钢模）。

7）烟囱筒壁模板采用专用定型 600mm×1000mm 钢模板，内筒筒身的设计、施工采用 EPC 总承包模式保证玻璃钢内筒壁的制作及安装工艺质量。

（3）重点控制的质量通病：

1）液压滑膜施工中，出现混凝土坍落、裂缝、蜂窝麻面及露筋、混凝土表面外凸、缺棱掉角、倾斜、操作平台扭转及偏移等现象。

2）翻模施工中，出现筒壁混凝土表面错台、模板缝漏砂或过大、筒壁混凝土颜色不一致、筒壁几何尺寸不准、筒壁表面挂浆等现象。

3）冷却塔人字柱内弯、分隔不均匀、扭转。

4）冷却塔下环梁不平。

5）冷却塔筒壁颜色不一致、出现"双眼皮"和"黑脖子"现象。

6）冷却塔筒壁漏水、曲线不流畅。

9. 沟道及盖板质量管理要点

（1）控制目标：沟道及盖板外观顺直、平整，表面光洁、棱角完整。预埋件、孔洞位置准确。角钢无锈蚀，尺寸偏差达到规范要求。

（2）控制措施：

1）对全场方格网、高程控制网严格进行复测与维护。

2）浇筑前应重点检查顶面（或企口）标高、轴线、边线、预埋件的位置是否正确。

3）加强沟道盖板制作中的监督检查。

4）制定沟道盖板专项验收规范标准。

（3）重点控制的质量通病：

1）混凝土施工缝渗漏水。

2）预埋件部位渗漏水。

3）水泥砂浆防水层空鼓、裂缝、渗漏水。

10. 厂区道路质量管理要点

（1）控制目标：混凝土表面平整、洁净，无起砂、露筋、裂纹和油污现象。路缘石铺砌顺直、牢固、勾缝饱满。厂区道路美观洁净，达到设计要求。

（2）控制措施：

1）混凝土强度指标到达设计要求。

2）严把材料关，进场材料须经监理单位检验合格。

3）加强对基层、混凝土、胀缝及缩缝、路缘石进行验收。

4）根据不同季节采取相应的养护措施。

（3）重点控制的质量通病：

1）地面起砂、空鼓、面层不规则裂缝。

2）铺贴地面空鼓。

（二）锅炉专业安装质量管理要点

1. 锅炉受热面安装质量管理要点

（1）控制目标：

1）锅炉受热面焊口一次检验合格率大于等于98%。

2）投运三年内不出现因基建期焊接质量而出现的四管泄漏事故。

（2）控制措施：

1）认真做好设备监造工作，确保锅炉厂内焊接质量。

2）做好到厂验收关，确保设备或管材材质使用正确。

3）施工期间严格执行受热面安装五级验收制度。

4）所使用的测量器具必须经过计量部门鉴定合格并定期复检，做好受热面安装几何尺寸控制及找正。

5）做好受热面联箱、容器等隐蔽工程的质量控制工作。

6）检查强制性条文执行情况。

7）按照上级单位的《洁净化安装管理规定》，做好通球试验。

（3）重点控制的质量通病：

1）各受热面之间的间隙不符合设计规定。

2）管道接口渗漏。

3）阀门安装不合理或不符合规定。

4）管子内部不清洁。

5）材质用错或不符合设计要求。

6）焊接质量不合格。

7）焊口检验漏检。

2. 支吊架安装质量管理要点

（1）控制目标：

1）支吊架安装位置、方向符合设计、数量要求。

2）成排支吊架紧力均匀，排列整齐、工艺良好。

（2）控制措施：

1）检查部件外观质量，确认无裂纹、重皮、严重锈蚀；螺纹部分无损伤，牙形、牙高正常；螺纹表面加工质量精良、无毛刺。

2）安装前进行组装或试装配，装配前应清理内外螺纹。

3）支吊架螺杆、螺母装配时应阻力均匀，松紧适度，切忌强力装配。

4）同一设备的吊杆承力后应进行调整，保证各吊杆受力均匀；调整吊杆受力应使用专用扳手对调整螺母进行调整，紧力调整后及时上紧锁紧螺母等防松装置。

（3）重点控制的质量通病：

1）投入使用后管道发生弯曲现象。

2）管道标高和疏水坡度误差太大。

3）投入使用后的管道支架松脱、变形或倾斜。

4）U形卡箍固定孔用火焊切割，滑动支架滑动面清理不干净，影响膨胀。

3. 辅机振动与轴承温度质量管理要点

（1）控制目标：

1）滚动轴承的正常工作温度小于等于70℃，瞬时最高温度小于等于95℃，轴承温升小于等于55℃。

2）滑动轴承的最高工作温度小于等于75℃。

3）振动速度有效值符合国家、行业及上级单位要求。

（2）控制措施：

1）设备台板及垫铁安装符合规范要求，二次灌浆达到要求后方可继续安装。

2）机壳、进气箱和扩压器等类似部件，装卸时应避免部件变形。

3）转子组件安装前应检查无缺陷，吊装时应用尼龙吊带绑扎以防止划伤轴颈。

4）辅机前后进出口管道、消声器、流量测量装置等支吊形式合理，符合设计要求，防止形成共振。

5）滑动轴承轴瓦表面与轴颈接触应均匀；接触弧面不应小于60°；接触面与非接触面之间不应有明显的界限；轴向接触长度不应小于轴瓦长度的80%；轴承推力瓦与主轴推力盘之间的接触均匀，接触面积不应小于止推面积的70%；轴瓦与轴颈之间的径向总间隙宜为轴颈直径的1.5‰～3‰。

6）轴承用油合格，注入量合适，轴承座冷却水系统连接正确。

（3）重点控制的质量通病：

1）设备基础标高超标，基础中心线偏移。

2）地脚螺栓预留孔不符合要求，螺栓孔灌浆不符合要求。

3）联轴器找正超标。

4）滑动轴承瓦的接触角不符合要求。

5）轴承漏油。

6）变速箱密封不良。

7）变速箱运行有噪声。

4. 烟风管道制作安装质量管理要点

（1）控制目标：管道无漏泄，保证安全稳定运行。

（2）控制措施：

1）控制原材料质量。

2）100%检验几何尺寸及焊接质量。

3）支吊架安装质量合格，满足膨胀要求，在调试恒力、弹簧支吊架前取掉限制卡块。

4）非金属补偿器对设备制造质量、现场安装质量、成品保护进行控制。

（3）重点控制的质量通病：伸缩节安装不当。

5. 炉顶密封施工质量管理要点

（1）控制目标：实现锅炉本体无烟气、灰分泄漏。

（2）控制措施：

1）施工图纸、作业指导书会审合格。

2）作业指导书详尽明确、重点突出且具有可操作性。

3）部件清点与检查无误。

4）密封部件安装前复查受热面管组标高、间距等合格。

5）密封部件安装应按规范的先后顺序进行，搭接关系与位置精度符合图纸要求。

6）密封部件安装后保持平整，成排安装的密封部件整齐、一致。

7）密封部件的焊接质量合格。

8）二次密封部件安装过程中，应与保温施工密切配合，确保密封部件内的耐火材料填充密实、牢固。

（3）重点控制的质量通病：

1）因安装缺陷及施工用孔洞密封不严，造成炉顶密封出现漏点、积灰等现象。

2）膨胀不畅造成焊缝开裂，导致炉顶密封严密性降低。

6. 制粉系统防漏管质量管理要点

（1）控制目标：实现安装完系统运行一年内不泄漏。

（2）控制措施：

1）施工图纸、作业指导书会审合格，施工交底签字齐全。

2）钢材及接口密封材料应完全符合图纸要求。

3）加工中应采用地面组合的方法，减少高处作业量。

4）焊接质量合格，对所有焊缝应做渗油试验，不能做渗油试验的焊口应进行100%外观检查。

5）所有阀门、孔、法兰的附件（密封盘根、垫片、密封胶圈等）安装应符合规定。

6）煤粉管道和其他设备交叉较多，应合理安排好交叉作业，确保工程质量。

7）消除设备厂家法兰口和加工法兰口对接不严的通病。

8）设备、管道、支吊架全部验收合格后，才能进行保温操作。

7. 空气预热器密封质量管理要点

（1）控制目标：空气预热器密封间隙调整至下限，确保空气预热器运行后漏风率小于合同值。

（2）控制措施：

1）加强对设备监造的管理，确保设备重要部件全过程跟踪监造到位，保证制造质量。

2）施工方案中应有保证空气预热器间隙的控制措施。

3）施工单位编制空气预热器安装作业指导书和施工质量计划应经审查批准，且作业指导书中必须明确保证空气预热器间隙的标准。

4）空气预热器间隙调整期间，制造厂工地代表应全程现场指导、监督并在相应质量控制文件中签证。

5）施工单位按照要求做好密封安装及间隙调整工作。

（3）重点控制的质量通病：

1）因安装质量造成的间隙过大，直接漏风，或间隙过小导致积灰造成的空气预热器漏风。

2）因空气预热器烟风道以及各弯头、挡板门、膨胀节位置设计安装不合理，形成"烟气走廊"，造成空气预热器漏风。

8. 金属监督质量管理要点

（1）控制目标：不发生因金属材料缺陷或焊接质量问题而引发的重大质量事故。

（2）控制措施：

1）设立监督机构，每周定期召开会议，汇总检查情况，对监督中发现的问题落实解决方案和措施。

2）技术协议中应明确金属监督检查项目、检查比例、质量标准等内容。

3）施工单位应编制金属检验检测作业指导书，并经监理单位和项目单位审查批准。

4）做好设备监造阶段金属监督质量控制工作。

5）安装前按相关规程要求做好安全性能检验工作。

6）安装阶段金属监督主要控制要点为金属材料质量、焊接质量、无损检测。

9. 钢结构安装质量管理要点

（1）控制目标：钢结构整体长期稳定，从而保证锅炉整体稳定。各层的垂直支撑和水平支撑强度满足要求。

（2）控制措施：

1）施工详图、作业指导书会审合格，施工交底签字齐全。

2）制造钢结构件的钢材和焊接材料均必须有材料质量证明书（非原始质量证明书必须加盖经销单位的红章），材料、半成品的质量检查表。

3）正式入库前严格执行检验制度（数量、品种与订货合同相符；钢材上打印的记号与钢材的质量保证书符合；核对钢材的规格尺寸；钢材表面质量检验等），产品验收文件等相关资料齐全。

4）对于重要工序或对整体工程质量有影响的工序，在自检互检的基础上，还要加强质检人员巡检力度，并进行工序交接检查。

5）所有焊缝 100% 外观检验合格，对一级和二级焊缝必须进行探伤检查，焊接变形符合设计与规范要求。

6）进行高强度螺栓连接摩擦面的抗滑系数试验和复验，现场处理的构件摩擦面应单独进行摩擦面的抗滑系数试验（包括扭剪型高强度螺栓连接副预拉力复验，高强度螺栓连接副扭矩检验），其结果应符合规范要求。

7）防火涂料涂装前钢材表面除锈及防锈底漆涂装应符合设计要求和国家现行有关标准的规定，防火涂料的黏结强度、抗压强度符合国家现行标准。

8）各类构件能够按照设计规定的位置就位，吊装时保证构件完好，保证螺栓钻孔尺寸、位置准确，安装前应对螺栓孔及安装面做好相应准备，精细化消除钢部件小拼装偏差，防止偏差累积；螺栓紧固程度保持一致。

（3）重点控制的质量通病：

1）地脚螺栓螺纹破坏。

2）柱底板垫铁放置不规范。

3）钢结构标高尺寸超标。

4）钢结构垂直度超标。

5）立柱高度误差超标，牛腿、托架处高度有错误。

6）基础下沉。

7）螺栓孔不准确。

8）螺栓外露长度不一致。

9）钢结构连接板接触面处理不符合规定。

10）终紧后的螺栓最终力矩值达不到标准要求。

11）钢结构变形。

12）平台、扶梯、栏杆工艺不美观。

（三）汽轮机专业安装质量管理要点

1. 汽轮机安装质量管理要点

（1）控制目标：符合《电力建设施工及验收技术规范　汽轮机机组篇》各项要求。

（2）控制措施：

1）汽轮机出厂随机技术文件、资料检查。

2）在安装前必须按《电力建设施工及验收技术规范　汽轮机组篇》中的规定对设备进行检查。

3）设备中用合金钢或特殊材料制造的零部件和紧固件等都应在施工前进行光谱分析和硬度检验，以鉴定其材质，确认其与制造商图纸和有关标准相符。

4）控制台板与垫铁的接触，汽缸轴承座底部与台板的接触等符合要求。

5）汽缸安装前对设备的有关制造质量应进行检查，并应符合要求，必要时应做出记录，不符合要求时应研究处理。

6）汽缸轴承座水平及轴颈扬度应符合制造商安装说明书的要求。

7）滑销系统间隙、汽缸法兰结合面间隙应符合制造商安装说明书的要求。

8）对汽缸螺栓与螺母应按要求进行检查。

9）汽缸正式组合前，必须进行无涂料试装，各结合面的严密程度应符合要求。应按其工作压力和温度正确选用汽缸的密封涂料。组合好的汽缸，其垂直结合面的螺母应在汽缸最后封闭以前锁紧。

10）转子联轴器找中心允许偏差应符合制造商安装说明书的要求。

11）汽封及通流间隙应符合上级单位的有关规定。

（3）重点控制的质量通病：

1）台板基础二次灌浆质量差，垫铁配置不规范，地脚螺栓安装不符合要求。

2）台板与轴承座接触不均，滑销系统装配不当，影响机组膨胀。

3）轴瓦在安装过程中造成磨、碰损伤。

4）轴承座内部不清洁，污染油质。

5）汽轮机转子轴颈损伤，对轮找正不精确、不规范。

6）汽轮机转子叶片及隔板清理不干净。

7）汽缸结合面存在间隙，汽缸漏汽。

8）扣缸后汽缸跑偏。

9）汽缸水平面螺栓热紧不规范。

2. 汽轮机通流间隙质量管理要点

（1）控制目标：汽轮机通流间隙实际安装符合厂家设计标准下限。

（2）控制措施：

1）汽轮机汽封在制造厂原有汽封型式的基础上，尽可能选用成熟的、在同类型机组上有应用业绩的新型先进汽封。同时，在技术协议中应明确各部分汽封间隙标准，以及该标准的设计依据。为实现现场汽封间隙的精细化调整，汽封制造时应留有现场调整的余量。

2）项目单位应加强对设备监造的管理；建立并落实相应的考核问责制度，同时应加强对重要设备的监造力量，增派有关人员与监造单位一起工作，确保设备重要部件全过程跟踪监造到位，保证制造质量。整机出厂前应严格按照合同要求进行厂内总装，总装质量应符合合同要求。

3）通过采取合理的措施，避免设备运输、装卸、仓储期间出现问题。

4）施工单位应依据制造厂安装说明书的要求和制造厂代表的交底要点编制汽轮机安装作业指导书，经监理单位和项目单位审查批准。作业指导书中必须明确保证汽轮机通流间隙的标准和控制措施。汽轮机间隙调整期间，制造厂工地代表应全程现场指导、监督并在相应质量控制文件中签证。

5）汽轮机通流间隙调整工期编制应合理，留有充足的时间，不得在汽封调整期间抢工期。汽封调整工期应服从质量要求，不达到既定标准严禁扣缸。

6）汽封调整工艺执行上级单位有关要求。

7）汽轮机启动时应按规程严格控制冲转参数。汽轮机首次冲转升速过程中，应严格控制升速率。在低速（600r/min）应停留，断汽听音并进行摩擦检查，充分检查机组动静间摩擦情况。为保证各部位膨胀均匀，观测机组振动情况，应适当延长中速暖机时间。升速过程如发现振动增加，应避免强行升速，可采取多点暖机方式升速至额定值。如果确信机组发生了动静摩擦，机组强烈振动时，应立即打闸停机，原因未分析清楚并采取措施消除的，严禁再次启动汽轮机。

（3）重点控制的质量通病：

1）汽封齿损坏。

2）通流间隙测量不准确、不规范。

3. 汽水管道洁净化安装质量管理要点

（1）控制目标：保证调试期汽水品质合格，系统内阀门无内漏。

（2）控制措施：

1）制定汽水管道洁净化安装实施细则。

2）管道安装前进行喷砂除锈。

3）管道管口密封保护到位。

4）安装过程进行质量控制。

5）实行一件一卡和一口一卡制。

6）地下管道回填前，须经水压、防腐验收合格、监理批准后方可进行回填。

（3）重点控制的质量通病：

1）管子、管件、阀门、管道附件等存在质量缺陷。

2）管道焊接不规范，法兰安装不规范，管道内部清洁度不满足系统运行要求。

3）未严格按照有关质量标准和施工方案进行施工、冲洗和吹扫。

4）系统未安排必要的严密性试验。

4. 油系统清洁度质量管理要点

（1）控制目标：

1）润滑油清洁度小于等于 MOOG 四级（NAS 七级）。

2）抗燃油清洁度小于等于 MOOG 二级（NAS 五级）。

3）调速保安系统动作无卡涩、迟缓。

（2）控制措施：

1）管道焊接采用全氩弧焊接工艺以保证管道清洁度。

2）安装前复查套装油管组件内部清洁度。

3）对油管敞口部分应临时封堵，防止灰尘或杂物落入管道内部。

4）清扫封闭油管后，不得再在上面钻孔、气割或焊接，否则应重新清理、检查和封闭；禁止在管道焊缝及其边缘上开孔。

5）认真做好油系统循环过滤工作。

6）油系统安装期间保证周边环境清洁度。

（3）重点控制的质量通病：

1）制造厂设备、材料存在缺陷，内在清洁度不符合要求。

2）没有严格按照质量标准和施工方案进行施工、冲洗。

3）项目部在安排进度计划时，施工单位的油冲洗时间不足。

4）油系统冲洗合格后，对汽轮机进行翻瓦检查时，防尘和封堵措施不到位。

5. 汽轮发电机组振动质量管理要点

（1）控制目标：机组轴系振动小于等于 $70\mu m$。

（2）控制措施：

1）设备质量控制措施：

a. 设备制造期间，项目单位派专人到设备厂监督设备制造情况。

b. 安装过程中，施工单位检查设备状态，发现问题及时联系制造厂处理。

c. 安装过程中，应对制造厂提供的安装技术数据进行确认，防止安装所依据的数据不准确。

2）施工过程质量控制措施：

a. 全面实行"零缺陷工作制"，严格按照制造厂施工工艺进行施工作业，遵守三级质量验收标准，严格把好质量关，层层控制，并建立规范有序的质量体系。

b. 施工前，每一个施工人员必须熟悉图纸及领会施工工艺及标准，由技术员进行详细交底，交底不清不得施工，以防盲目施工而影响施工质量及施工工艺。

c. 运用 P6 控制软件实施全过程动态控制，合理有效地安排施工进度及施工内容，并及时详细地记录整个施工过程，以及施工中出现的问题和解决的方法，为今后的工作提供非常实用的参考依据。

d. 在整个施工过程中，要详细记录每一步施工所涉及的数据，施工结束后，要及时地做好技术记录，并经相关质检人员验收、签字确认。

e. 汽轮机本体部分的施工，尤其是轴系部分的施工步骤及工艺要求，要完全按照制造厂的标准及要求进行。凡是有意见不统一的地方，施工单位应事先与制造厂工代协商并最终达成一致意见。不得在未征得制造厂同意的前提下，盲目施工。

6. 管道工厂化施工质量控制要点

（1）控制目标：

管道：安装符合设计要求，膨胀自由，小径管布置合理。

阀门：安装规范、操作方便，集中布置、整齐美观，阀门开关方向有明显标志。

支吊架：安装牢固、受力合理、膨胀自由，符合设计要求。

（2）控制措施：

1）进厂前管道和预制焊接完毕管段应标识清晰的系统名称、图纸号、管件号、焊口编号、介质流向等。

2）管道配制工作应根据设计图纸和现场情况画出预制图纸，进行管道分段，标明各接口和测点位置，确定预制和现场焊口。

3）管道配管前应进行酸洗或喷砂，合金管材必须光谱检验合格。

4）根据工厂化部件图下料时，优先选用磁力切割或等离子切割方式。

5）管道酸洗钝化应按照方案执行，定期化验酸液，保证酸液浓度合格，从工艺流程及时间上控制，确保酸洗效果。酸洗、钝化并干燥后的管道应及时封堵存放，码放整齐做好标识。

6）阀门入库应由专人核对清点，做好记录，查验随阀门到达的资料与采购清点或者施工图保持一致；建立阀门发放台账，专人管理统一发放，领用及时填写，对不符合项或缺陷项阀门应区别集中存放，设明显标示，不得发放使用。

（3）重点控制的质量通病：

1）弯管角度不准、半径不符合规定。

2）管道防腐处理不符合规范。

3）管道支座不符合使用要求，焊口位置影响管道运行。

4）预制加工管道、管件不符合安装要求。

5）加工工艺差，内部不清洁。

7. 汽轮机真空严密性质量控制要点

（1）控制目标：真空下降速度小于等于 200Pa/min。

（2）控制措施：

1）项目单位签订制造合同、安装合同和监理合同时，必须明确真空系统严密性质量控制要求，在合同中明确奖罚条款。

2）监理单位在安装前应组织对施工方案进行审查。施工方案中应包括保证真空系统严密性的控制措施，项目单位应参与审查并提出意见。

3）施工单位应依据施工图工艺要求和设备安装说明书要求编制涉及真空系统设备和管道系统安装的作业指导书和施工质量计划。施工质量计划设置质量控制点，经监理单位和项目单位审查批准。作业指导书中必须明确保证真空系统严密性施工的标准、控制措施和组织措施。

4）施工单位应根据洁净化要求明确真空系统洁净化施工工具体措施。

5）凝汽器现场组合安装施工过程中，必须制定严格的焊接方案，并有相关焊接质量跟踪记录。焊缝分工明确，定点定人，不准同一位置交叉施工。与大气相通的密封焊缝必须作为质量检查的重点。焊缝检查严格按规程操作，检验合格方可转入下道工序。

6）对凝汽器易渗漏的重点部位重点防范，强化冷却水管的胀接、焊接质量，焊接时注意挡住气流，避免影响焊接质量。焊后进行 PT（表面渗透）、TV（目视）检查，有问题及时处理。

7）条件允许时，凝汽器喉部膨胀节组装焊接验收合格后整体就位。组合完成后，必须进行灌水试验。

8）提高与凝汽器连接的外接系统安装质量，特别是水封管道的安装。外接系统所有阀门安装前必须进行严密性试验检查，确保合格。处于负压状态的阀门必须采用真空型或水封型阀门。系统管道焊接应采用氩弧焊打底工艺。

9）汽轮机低压缸前后轴封、给水泵汽轮机轴封等间隙应调整合理，不能放大间隙保安全，应按厂家设计要求的下限值调整。主机低压缸和给水泵汽轮机排气缸紧力按厂家设计要求的上限紧固，防止汽缸变形时产生泄漏，安装过程中必须保证紧 1/3 螺栓的情况下，该处 0.03mm 塞尺不入。

10）外接系统管道保温工作应执行国家及上级单位有关规定中交接验收的要求，在灌水试验结束后进行，在保温前应严格检查管道上是否有遗留的孔洞或未安装的测点。

（3）重点控制的质量通病：

1）管道等焊接不符合要求。

2）真空严密性灌水检查，水位、灌水时间不符合要求。

3）真空严密性灌水检查，与凝汽器连接的其他负压系统没有灌水检查。

（四）电气专业安装质量管理要点

1. 发电机转子穿装质量管理要点

（1）控制目标：发电机转子穿装一次成功，穿转子过程中设备无碰撞、损伤。

（2）控制措施：

1）各项前置工作完成并经验收合格。

2）汽轮机房两台行车安全性能良好，其他机具准备充分。

3）转子拖运导轨安装合格。

4）调整转子位置，使其磁极中心在垂直位置。

5）按转子穿装示意图要求绑扎吊装钢丝绳，两台行车配合，安全平稳地将转子穿入发电机。

6）将转子搁放在轴瓦上，拆除汽端、励端吊架。

（3）重点控制的质量通病：

1）设备吊点选择不当或安装过程中发生碰撞。

2）转子轴颈在安装中损伤，影响机组安全。

3）转子对轮找正不精确、不规范。

4）转子叶片及隔板清理不干净。

5）发电机漏氢。

2. 大型变压器安装质量管理要点

（1）控制目标：主变压器、高压厂用变压器、启动备用变压器等大型变压器安装一次合格。

（2）控制措施：

1）变压器对空排氮完成，拆除临时附件。

2）变压器器身和附件检查合格。

3）在厂家等指导下，按作业指导书进行吊装。

4）抽真空注油合格。

5）附件安装合格。

（3）重点控制的质量通病：

1）油箱、法兰连接处渗漏油。

2）密封垫圈尺寸与密封面不一致。

3）油位计指示不真实。

4）冷却系统风扇震动。

5）连接栓受力不均匀，升高座 TA 接线端不牢固，有渗漏油现象。

3. GIS 安装质量管理要点

（1）控制目标：GIS 安装一次合格。

（2）控制措施：

1）GIS 仓位整体布置合理，在就位前中心划线及安装参考点定位上做到精确一致。

2）充气小管路及控制电缆布置走向横平竖直，弯头自然。

3）支架制作做工细腻、安装形式一致，焊接成型、美观。

4）GIS 法兰间跨接线规格适宜，安装位置合理。

5）GIS 机座固定或连接法兰的螺栓应朝向一致、露扣符合规范要求。

6）GIS 安装过程中做好内部清洁度及防尘、防潮控制措施。

7）其他安装细节，如保护管配置合理、接地规范，油漆完整无色差，相色标志鲜艳、铭牌清晰。

（3）重点控制的质量通病：

1）SF_6 气体泄漏。

2）设备底座接地不规范。

3）法兰片间无跨接线。

4）设备相色标识不规范。

4. 发电机及冷却系统洁净化安装质量管理要点

（1）控制目标：保证发电机系统良好的安装环境，确保安装质量及内部清洁度，顺利完成整套启动调试。

（2）控制措施：

1）制定发电机及冷却系统洁净化安装实施细则。

2）保持发电机安装现场环境干净、整洁。

3）穿转子前按规定程序对定子及膛内进行清洁及吹扫。

4）封盖前确保内部无异物、遗留物及气封通道畅通，经各方代表确认并办理隐蔽签证手续。

5）发电机水冷、氢冷系统管道应采用氩弧焊打底焊接工艺。

6）发电机水冷系统安装结束后，用合格的除盐水进行管路冲洗。

7）发电机的冷却水质、氢品质应符合国家有关标准规范和制造厂的规定要求。

（3）重点控制的质量通病：

1）异物进入发电机内。

2）发电机内通道不畅通。

3）水冷、氢冷系统管道内有异物，造成堵塞。

4）发电机冷却水水质、氢品质不符合规定。

5. 大型变压器洁净化安装质量管理要点

（1）控制目标：确保大型油浸变压器有良好的绝缘状态和工作环境。

（2）控制措施：

1）制定主变压器、启动备用变压器和高压厂用变压器洁净化安装实施细则。

2）变压器器身检查时温度及空气湿度应满足相关规定，暴露在空气中时间不超过规范和厂家要求。

3）器身检查后应用合格变压器油进行冲洗，并确保无遗留物。

4）变压器油注入前应保证油质达到 GB 50150《电气装置安装工程　电气设备交接试验标准》规定的要求。

5）注油结束静置时应排尽残余气体。

6）冷却装置安装前应按产品技术要求进行严密性检查。

（3）重点控制的质量通病：

1）变压器体内有遗留物。

2）密封面清洁不彻底，有渗油。

3）变压器内进水，擦拭不尽。

4）变压器油质不符合规定。

5）变压器内有残留气体。

6）冷却装置管路不通畅。

6. GIS 洁净化安装质量管理要点

（1）控制目标：通过采用洁净化安装工艺确保 GIS 有良好的绝缘状态和工作环境。

（2）控制措施：

1）制定 GIS 洁净化安装实施细则。

2）安装场地应始终保持清洁，并有防尘措施。

3）预充了 SF_6 气体的灭弧室、罐体、筒体等应保证规定的正压，防止受潮。

4）对于 GIS 安装工作，特别是打开气室时环境及空气相对湿度应符合相关规范要求。

5）每批 SF_6 气体检测结果应符合 SF_6 气体技术条件。

6）按产品技术要求充气，达到要求的压力值后，检漏及微水含量检测应符合规定要求。

7）安装过程中应按规定回收 SF_6。

（3）重点控制的质量通病：

1）GIS 筒体内有遗留物。

2）连接处密封清洁不彻底，SF_6 气体泄漏。

3）GIS 微水含量超标。

4）SF₆气体品质不符合规定。

7. 成套配电柜安装质量管理要点

（1）控制目标：成套配电柜安装符合规定，无施工痕迹。

（2）控制措施：

1）成套配电柜安装前核实盘柜位置及尺寸，以保持柜面安装后平直。

2）盘柜安装后保持盘面整洁完整并无缺件。

3）盘柜安装后柜内清洁，无遗留物，电器元件完好，无施工痕迹。

4）成套配电柜无色差，标牌齐全、清晰。

5）规范盘柜基础与接地网接地连接标识，确保柜体与基础接地连接可靠。

6）做好盘柜成品保护措施，防止配电盘柜表面受到二次污染。

（3）重点控制的质量通病：

1）盘柜柜面偏差大。

2）盘柜铭牌缺失，标识不准确。

3）盘柜内元件有损坏。

4）保护措施不到位，柜面油漆损坏。

5）盘柜内留有安装痕迹。

8. 接地装置安装质量管理要点

（1）控制目标：接地装置齐全并符合规定，无施工痕迹。

（2）控制措施：

1）接地装置安装严格按安装设计施工图、GB 50169《电气装置安装工程接地装置施工及验收规范》、DL/T 5161（所有部分）《电气装置安装工程质量检验及评定规程》的要求进行。

2）在设备接地线安装前确认设备接地端子的位置，主接地网接地引出线要尽量靠近设备的接地端子。

3）接地线安装宜在设备或钢结构的基础完成后进行。

4）明敷接地扁钢在安装前需平整，确保安装横平竖直。

5）接地线安装应做到"明显、可测、可靠、统一"。

6）同一区域接地装置的安装形式、安装方向、高度和条纹标识宽度应统一、规范。

（3）重点控制的质量通病：

1）接地体埋深、焊接搭接长度不足，防腐处理不规范。

2）一个接地线中串联几个需要接地的电气装置。

3）构架爬梯、防火墙爬梯、电缆沟支架未可靠接地。

4）重要设备和设备构架未双接地。

5）连接栓受力不均匀，升高座 TA 接线端不牢固。

9. 电缆防火封堵质量管理要点

（1）控制目标：电缆防火封堵符合规定，无遗漏，无施工痕迹。

（2）控制措施：

1）按设计要求对全厂防火封堵工作分区域、分类型进行施工前技术准备。

2）用防火包（枕）封堵时，交叉堆砌整齐，封堵严密。

3）用防火隔板封堵时，裁切嵌镶及固定要可靠。

4）用有机柔性堵料封堵时，必须正方成型，封堵严密。无机堵料表面要平整，厚薄要均匀。

5）防火涂料施工时，必须要涂刷均匀、整齐。

6）电缆防火封堵工作尽可能安排在电缆敷设结束后，避免交叉施工造成损坏。

（3）重点控制的质量通病：

1）电缆沟内防火封堵有疏漏。

2）防火封堵不严密，工艺不美观。

3）防火材料使用不当。

4）防火涂料涂刷不规范。

5）交叉作业造成防火封堵损坏。

（五）热控专业安装质量管理要点

1. 就地检测和控制仪表安装质量管理要点

（1）控制目标：符合验收评定标准。

（2）控制措施：

1）就地仪表的安装应符合技术规范的要求。

2）对于同类型的安装工艺，设置工艺示范样板，使安装要求标准化和统一化。

3）合理选择仪表的安装位置，满足防震、防雨和防尘的要求，便于调试和检修。

4）加强就地热控装置的成品保护工作，采取可靠的防护措施。

（3）重点控制的质量通病：

1）热控装置在安装前未进行周密的工艺策划和技术交底，施工的随意性导致现场安装工艺粗糙。

2）由于交叉作业和成品保护措施不到位，造成就地热控装置损坏。

2. 汽轮机安全监视系统探头安装质量管理要点

（1）控制目标：符合厂家的安装要求。

（2）控制措施：

1）探头支架和探头试装合适。

2）探头支架安装正确、牢固。

3）探头安装位置正确，间隙满足厂家要求，与被测面垂直。

4）探头周围不能有其他金属性物体。

5）高频引线布置合理，且应与强电电缆分开。

（3）重点控制的质量通病：

1）安装位置不合理，不满足要求。

2）安装间隙不符合要求。

3）安装不牢固。

4）线端连接不牢固，线号标识不正确、不清楚。

5）标识牌悬挂不牢固，字迹不清楚。

3. 电缆桥架安装质量管理要点

（1）控制目标：符合验收评定标准。

（2）控制措施：

1）根据电缆清册数据对电缆桥架布置进行二次设计，确定走向、宽度、层数和负载量。

2）做好成品保护工作，防止二次污染。

3）桥架的布置应与热力设备、吊物孔和通道保持一定的距离。

4）吊支架和桥架异型件尽可能选用厂家配套产品。

5）桥架的接地符合要求。

（3）重点控制的质量通病：

1）在现场加工的电缆槽盒工艺粗糙、观感效果差。

2）电缆桥架盖板不规范、油漆色差明显。

3）电缆槽盒安装半径不规范、焊接工艺差。

4. 电缆保护管安装质量管理要点

（1）控制目标：符合验收评定标准。

（2）控制措施：

1）电缆保护管安装时，保护管应尽可能靠近设备接线盒（在不影响设备检修时）。

2）明管管路敷设横平竖直，支架间距均匀一致。

3）金属软管安装接头要配套，安装牢固。

4）预埋保护管应保证深度，弯头不外露。

（3）重点控制的质量通病：

1）电缆保护管敷设歪斜，支架固定不规范。

2）电缆保护管接头不匹配引起松脱。

3）电缆保护管敷设不规范，金属软管过长。

4）金属软管与保护管连接未使用管接头。

5）金属软管布置与热力管道距离太近，不符合规范要求。

5. 电缆敷设质量管理要点

（1）控制目标：符合验收评定标准。

（2）控制措施：

1）对电缆敷设的路径及控制进行二次设计，提高电缆敷设的合理性和观感质量。

2）小规格电缆敷设时，避免将电缆放出电缆盘外过多，造成电缆不平整、打死结。

3）电缆按规格分层布置。

4）电缆敷设应保持平直，转弯应满足电缆最小弯曲半径的要求。

5）电缆与热力管道的距离符合要求或采取有效的保护隔离措施。

6）保护管内电缆数量符合设计要求。

7）电缆整理和固定应满足要求。

（3）重点控制的质量通病：

1）电缆敷设转弯半径与设计不符，导致部分电缆溢出电缆桥架。

2）电缆敷设交叉、排列不整齐、分层不合理。

3）电缆敷设超出桥架承载容量。

4）进入盘柜的电缆敷设未进行二次设计，随意敷设。

6. 电缆二次接线质量管理要点

（1）控制目标：符合验收评定标准。

（2）控制措施：

1）制定统一的接线工艺要求。

2）电缆接头剥线长度、样式一致。固定绑扎符合要求，电缆牌挂列整齐、字迹清楚。

3）制作电缆头前，严格按照端子排布置"从上到下、从内到外"的编排连接电缆原则，对盘内电缆进行绑扎。

4）导线成束绑扎间距均匀，走向布置整齐、美观。

5）电缆屏蔽接地线排列整齐，绑扎合理。

（3）重点控制的质量通病：

1）对盘、柜、箱内的电缆布置未策划好，排列不合理，对电缆接线端子未按"从上到下、从内到外"的电缆编排原则。

2）成束导线绑扎间距不均匀、走向歪斜。电缆接线备用长度不一、排列不整齐、电缆标识牌及标号套管字迹不清。

3）屏蔽电缆屏蔽层未按设计要求的接地方式接地。

7. 仪表管路安装质量管理要点

（1）控制目标：符合验收评定标准。

（2）控制措施：

1）仪表管路外观检查，仪表管道材质和规格符合设计要求。

2）对集中布置的热控仪表管路进行施工二次优化设计。

3）仪表管路的制作、焊接、敷设和固定应符合要求。

4）仪表阀门的型号规格符合设计要求，成排安装间距均匀、整齐。

5）仪表管路的固定应牢固、美观。

6）仪表管路严密性检查符合要求。

（3）重点控制的质量通病：

1）仪表管路走向随意，集中敷设的管路间距不均匀，布置不合理。

2）现场交叉作业过程中仪表管路支架固定不规范，仪表管路被碰弯，仪表阀门被损坏。

8. 控制盘（台、箱、柜）安装质量管理要点

（1）控制目标：符合验收评定标准。

（2）控制措施：

1）安装前核实盘柜的位置和尺寸，确保安装后平直。

2）安装后，保持柜内清洁、电气元件完好且无施工痕迹。

3）基础与接地网接地连接标识规范，柜体与基础接地连接可靠。

4）做好盘柜成品保护措施，防止受到二次污染。

（3）重点控制的质量通病：

1）盘柜间距、垂直度、平直度不符合要求。

2）安装过程中保护措施不到位，造成柜面油漆损坏。

3）盘柜固定不用螺栓，而采用焊接。

4）盘柜接地不符合规范要求。

（六）化学专业安装质量管理要点

1. 高密度沉淀池安装质量管理要点

（1）控制目标：符合验收评定标准。

（2）控制措施：

1）搅拌设备：分组编号校验搅拌器叶片；确认叶片的安装方向（提升水流或下压水流）；安装前检查轴的直线度公差符合要求。

2）螺杆泵：确认工作介质的进出口方向。

3）刮泥设备：确定各零配件放入池中的顺序。特别注意若有多套同时安装，一定注意区分各零配件的搭配组合，避免混装。

4）斜管和集水槽：检查设备数量，对于斜管，特别注意根据池体尺寸，检查不同型号的斜管数量。

（3）重点控制的质量通病：

1）刮泥机刮泥不均匀。

2）斜管倾斜角度不合适。

2. 超滤装置安装质量管理要点

（1）控制目标：符合验收评定标准。

（2）控制措施：

1）应轻拿轻放膜组件，使其不受额外应力。

2）膜组件的内部清洁无杂质、无内漏。

3）对装置进行水压试验和冲洗合格。

4）配管连接时不应损伤膜组件。

5）安装后应采取保护措施。

（3）重点控制的质量通病：

1）膜组件掉落、破损。

2）未垂直安装膜组件。

3. 反渗透装置安装质量管理要点

（1）控制目标：符合验收评定标准。

（2）控制措施：

1）安装膜组件环境应清洁、温度在 4～35℃。

2）中心线、标高、水平度偏差符合要求。

3）框架安装牢固、焊缝平整。

4）装卸膜元件一侧的预留空间应大于单只膜元件长度的 1.2 倍。

5）水压试验压力不应低于高压泵的最大扬程。

6）对于膜组件，应逐支推入膜壳内进行串接，每只组件应承插到位。

7）安装后应采取保护措施。

（3）重点控制的质量通病：

1）焊渣、杂物落入管道、阀门。

2）设备与管道对接时使用强力，设备承受附加应力。

4. 离子交换器安装质量管理要点

（1）控制目标：符合验收评定标准。

（2）控制措施：

1）设备中心线、标高、垂直度偏差符合要求。

2）容器找正后，支脚、垫铁与基础埋件应焊接牢固。

3）离子交换器内各配件用螺栓紧固时应采用大垫片保护防腐层完好。

4）应对配水装置做通水试验，配水装置应布水均匀。

5）设备内部应清理干净。

6）石英砂垫层高度、二氧化硅含量符合要求，化学稳定性试验应合格。

7）装填树脂时离子交换器内应加水形成水垫层，保护底部和中间排水装置。

（3）重点控制的质量通病：

1）石英砂乱层。

2）阴阳树脂比例失调。

3）高速混床水帽松动。

（七）输煤专业安装质量管理要点

1. 皮带输送机安装质量管理标准

（1）控制目标：符合质量标准和验收评定标准。

（2）控制措施：

1）安装前检查：预埋件与预留孔的位置和标高应符合设计标准并经检查验收合格；减速机、滚筒、托辊、逆止器、胶带等符合设计标准；金属构架型钢无扭曲变形；长、宽、高的尺寸偏差不大于 10mm；弯曲不大于其长度的 1/1000，全长不大于 10mm。

2）基础化线偏差应符合技术规范的要求。

3）构件安装：每节构架中心与设计中心偏差不大于 2mm；标高偏差为 ±8mm；横向水平度偏差不大于 2mm；纵向起伏平面度偏差不大于 8mm。

4）皮带胶接头合口对正，厚度均匀，不得有凸起和裂纹，胶接头总的扯断力不应低于原胶带总扯断力的 80%。铺设和胶接符合技术规范要求。

5）垂直拉紧器滑道应平行；配重块安放牢靠，一般按 2/3 设计量配重，打滑时再增加，保证皮带无打滑现象。

6）落煤筒、导料槽管壁应光滑，煤闸门应严密并有开关标志，切换用煤挡板应灵活。

7）相邻托辊高差不大于 2mm，托辊表面光滑无毛刺且转动灵活。

8）皮带机的附属设备以及附件安装牢固、到位，运转灵活，符合图纸和设备技术规范。

（3）重点控制的质量通病：

1）皮带机基础不正。

2）皮带输送机胶带跑偏。

3）减速机振动大。

4）滚筒基础、托辊支架安装不正，轴承温度高。

5）联轴器找正，两轴中心存在偏差，间隙存在偏差。

2. 翻车机安装质量管理标准

（1）控制目标：符合质量标准和验收评定标准。

（2）控制措施：

1）安装前检查：活动平台的进、出车方向应符合设计要求；检查液压元件的出厂合格证；传动齿轮与齿圈的接触应符合设备技术文件的规定；活动平台的每个托辊均应与承压面接触良好。

2）轨道铺设应符合相关设计规定。

3）翻车机在零位时平台上的钢轨与基础上的钢轨应对准，两钢轨端头应留有 5～10mm 的间隙，轨面高低差不大于 1mm，两侧面差不大于 1mm；平台两端面与基础滚动止挡面的间隙：进车端不大于 5mm，出车端不大于 1mm；平台复位弹簧应调整一致。

4）润滑油系统的油管应布置紧凑、整齐；组装前必须清洗干净，组装后固定牢靠。

5）液压油系统管内壁应光滑清洁，组装时不得带入污秽杂物；平行或交叉布置的管子之间需留有 10mm 以上的间距；系统严密性试验的试验压力为工作压力的 1.5 倍；各种仪表均应经检验合格。

6）牵车平台、调车装置等符合设备技术规范。

（3）重点控制的质量：

1）翻车机基础固定不牢固，轨道不正。

2）轴承振动大。

3）轴承温度高。

4）油系统不清洁。

3. 斗轮堆取料机安装质量管理标准

（1）控制目标：符合质量标准和验收评定标准。

（2）控制措施：

1）安装前的检查：液压设备及液压元件上的铅封应完好无损。

2）安装时应以回转轴承的上平面为基准，水平偏差不大于上座圈最大直径的 1/2000。

3）悬臂皮带输送机应符合技术规范，并且进料胶带落煤管与转盘同心。

4）俯仰液压油缸应平行，并垂直于水平面；垂直度偏差不大于高度的 1/1000；两液压油缸的活塞柱的升降应同步，升降高度应一致。

5）润滑油系统的油管应布置紧凑、整齐；组装前必须清洗干净，组装后固定牢靠。

6）液压油系统管内壁应光滑清洁，组装时不得带入污秽杂物；平行或交叉布置的管子之间需留有 10mm 以上的间距；系统严密性试验的试验压力为工作压力的 1.5 倍；各种仪表均应经检验合格。

7）各车轮必须与轨面接触，夹轨器符合规定。

8）轨道铺设符合相关技术规范。

9）斗轮机各部件符合设备技术标准。

（3）重点控制的质量：

1）斗轮机轨道基础安装不正。

2）轴承振动大。

3）轴承温度高。

4）油系统不清洁。

5）斗轮机悬臂皮带的安装不符合技术规范（同皮带机质量通病）。

4. 碎煤机安装质量管理标准

（1）控制目标：符合质量标准和验收评定标准。

（2）控制措施：

1）安装前检查：每个锤环在环轴上能灵活转动；锤环、碎煤板、大小筛板、内衬板均不得有裂纹，各部件应固定牢靠；各门孔应开关灵活，密封良好；筛板的调整装置应灵活可靠。

2）锤环装配重量分布均等，其不平衡重量的偏差应符合设备技术文件的规定。

3）碎煤机安装标高及中心线偏差不大于 10mm；纵、横向水平偏差应符合设备技术文件的规定，一般分别不大于其长度的 0.5/1000 和 0.1/1000；转子主轴水平偏差不大于 0.3mm/m；机体和机盖的结合面应严格密封，密封垫应良好，不得漏煤粉。

4）碎煤机各部件符合设备技术标准。

（3）重点控制的质量：

1）各层垫铁点焊接不牢固，碎煤机基础找平。

2）联轴器找正，两轴中心存在偏差，间隙存在偏差。

3）转子两端轴承清洗不干净，注油量不符合标准。

4）锤环装配重量偏差大。

（八）灰硫专业安装质量管理要点

1. 脱硝系统安装质量管理要点

（1）控制目标：

1）选择性催化还原（SCR）反应器系统无泄漏，保证安全稳定运行。

2）催化剂安装紧密，无损坏、变形。

（2）控制措施：

1）严格按照 SCR 反应器安装顺序进行安装。

2）SCR 反应器支吊架严格按照图纸尺寸安装，以保证完全吸收热膨胀量。

3）所有在烟道进行拼装和组合时，对影响密封的焊缝要进行煤油渗透试验，检查焊缝的严密性。

4）对有变形的烟道散件先进行加温校正处理后再进行拼装。

5）使用专用装置将催化剂模块提升吊装至安装平面、安装催化剂。

6）采取防护措施，避免工具、金属块、焊接火花等落在催化剂上。

7）调整防尘罩安装位置，确保完全密封以防烟气外漏。

（3）重点控制的质量通病：

1）催化剂安装不符合厂家要求。

2）烟气通道围护护板焊接不严密。

3）膨胀节安装方向与指示牌不一致。

2. 静电除尘器安装质量管理要点

（1）控制目标：

1）每道工序合格率为 100%。

2）保证系统密封良好、强度可靠、刚度稳定、安全环保。

（2）控制措施：

1）施工前对工作人员进行详细的施工技术交底。

2）严格按照图纸要求进行安装，安装完成后进行测量、矫正，保证安装尺寸在允许范围内。

3）严格实行验收制度，对不符合要求的项目及时整改。

4）采用可靠的连接与密封技术，保证本体漏风率在允许范围内。

（3）重点控制的质量通病：

1）电除尘阴极芒刺线、螺栓脱落。

2）阳极板脱落。

3）阳极振打装置窜动、落灰管安装偏差大。

3. 吸收塔安装质量管理要点

（1）控制目标：

1）焊接一次合格率大于等于98%。

2）控制安装精度，确保安装调试一次成功。

（2）控制措施：

1）严格按照图纸设计要求、技术规范执行。

2）做好质量的过程监督和控制。

3）严格按照预组装的编号及顺序组装。

4）壳体安装过程中随时检查筒体直径、标高和垂直度等尺寸，误差控制符合优良标准。

5）吸收塔内管道及支架结合紧密，安装角度及方向正确。

6）吸收塔内部装置安装时不得破坏防腐内衬。

（3）重点控制的质量通病：

1）防腐层空鼓、脱落，设备腐蚀漏浆。

2）材料错用，吸收塔水平、垂直度差，管道堵塞、漏水、漏气。

3）支吊架错用、安装位置偏差、垂直度差。

（九）焊接专业质量管理要点

（1）控制目标：受监焊口一次检验合格率大于等于98%，焊接分项工程优良率大于等于95%。运行期间焊口无泄漏。

（2）控制措施：

1）审查焊接人员资质，严禁无证上岗或越级焊接。

2）审查焊接工艺及施工管理程序文件。

3）领用焊材时，焊工必须核对型、牌号和规格，确保无误。

4）检查定位焊缝的焊接质量，如有缺陷要立即清除，重新焊接。

5）氩弧焊打底焊接应严格执行焊接工艺卡要求，需要背部充氩保护的高合金管道，打底开始前应检查确认保护效果。

6）依照焊接工艺卡规定的参数进行焊接操作，施焊要注意接头质量，多层多道焊要将接头错开。每层焊接完毕后应清除干净焊渣、飞溅等。自检合格后焊接次层。

7）施焊过程控制层间温度，焊接工作宜持续完成，如有中间探伤要求或者被迫中断，需采取防止裂纹产生的措施，再行焊接时检查无裂纹后方可继续施焊。

（3）重点控制的质量通病：

1）焊缝成型差。

2）防火封堵不严密，工艺不美观。

3）防火材料使用不当。

4）防火涂料涂刷不规范。

5）交叉作业造成防火封堵损坏。

（十）保温专业质量管理要点

1. 保温通用质量管理要点

（1）控制目标：保温层厚度符合设计要求，设备保护层表面平整，管道保温层粗细均匀一致。保温层要同层错缝、上下层压缝，拼缝严密、固定牢靠，热态运行后无超温现象。

（2）控制措施：

1）保温前，工艺管道验收完毕，水压试验、通风试验合格。

2）施工组织设计要包括保温工程专项措施。

3）保温材料比选、采购、到货检验、存放管理。

4）专门会审保温部分施工图。

5）控制保温施工工艺。

（3）重点控制的质量通病：

1）保温材料无合格证或资料不全。

2）保温材料保管混乱，造成材料的错误领用、使用。

3）耐火材料受潮变质。

4）保温材料填充度不足。

5）保温层表面不平、厚度不足。

6）不留拆检空间。

7）保温层紧固不牢。

2. 锅炉重点部位保温质量管理要点

（1）控制目标：锅炉大罩壳顶部、大风箱顶部、折焰角区域等重点部位，采用不定型保温浇筑料的，施工后平整、无裂缝；采用定形保温材料的，拼接严密、固定牢靠；运行温度符合规程要求。

（2）控制措施：

1）锅炉大罩壳顶部保温浇筑前应将金属表面彻底清理干净，所用浇筑料应搅拌均匀，将浇筑料按设计要求的厚度进行铺设、抹压，并按要求预留膨胀缝。应进行自然养护，养护最佳温度为15～25℃。

2）对于大风箱顶部、折焰角区域等，应将保温材料平行于设备表面按压并紧密贴敷、固定在设备表面；对于保温层同层错缝、分层压缝，尤其要注意将设备与管道连接处的各层保温进行错缝处理。

（3）重点控制的质量通病：

1）砌筑灰浆不饱满。

2）耐火可塑料不密实。

3）浇筑料配比不正确。

4）膨胀缝填充不实。

3. 汽轮机本体保温质量管理要点

（1）控制目标：

1）保温层固定牢靠，厚度均匀一致且符合设计要求。

2）铁丝网铺设平整、严密，绑扎牢固并紧贴主保温层。

3）抹面层标准煤平整美观，过渡圆滑自然，无裂纹、剥落。

4）机组投入运行后，保温层表面温度及上下缸内部温差符合设计及相关规范要求。

（2）控制措施：

1）施工前将缸体、阀体及管道表面彻底清理干净。

2）每层保温材料敷设完毕后用镀锌铁丝进行绑扎固定，各层保温做到同层错缝、上下层压缝。

3）汽轮机下缸保温时，每隔 3～5 层保温材料即兜设一层镀锌铁丝网，防止保温层下坠脱缸。

4）上下汽缸结合面、法兰等部位应做成可拆卸式的独立保温结构。

5）保温层外部铁丝网的铺设应平整、牢固并紧贴在主保温层上，铁丝网表面不应有鼓包和空层等缺陷。

6）抹面层应分为粗抹和细抹两次操作。当第一次达到 60% 强度时，方可进行第二层抹面施工。

7）待抹面层完全干燥后，将玻璃丝布粘贴在抹面层表面，搭接量不应小于 20mm；玻璃丝布粘贴后应平整，无鼓包、飞线、翘边等缺陷。

8）玻璃丝布完全干燥后，按设计要求在其表面均匀涂刷防油阻燃涂料，涂层厚度应达到设计要求。

9）应将设备和管道上的温度计插座、热工取样点、分线盒、丝堵、铭牌、导线、电缆等露在保温层外部，并在施工过程中采取保护措施防止热工、电气元件被破坏。

（3）重点控制的质量通病：

1）砌筑灰浆不饱满。

2）耐火可塑料不密实。

3）浇筑料配比不正确。

4）膨胀缝填充不实。

（十一）厂外配套工程质量管理要点

1. 铁路专用线工程质量管理要点

（1）控制目标：符合铁路专用线现行铁路工程质量标准及竣工验收评定标准。

（2）控制措施：

1）专用线勘测设计图纸和文件符合铁路设计规范；资料齐全，数据准确，设计合理，工程结构安全可靠。

2）专用线工程线路路径、站场符合环保、地震、地质灾害等设计规范、标准。

3）专用线工程材料、设备符合铁路设计规范、标准。

4）按照设计参数和图纸进行工程施工，施工结果符合质量验收评定标准。

2. 厂外取水工程质量管理要点

（1）控制目标：

1）厂外取水管线的管道、配件、附件等安装质量达到有关国家标准技术要求。

2）工程施工质量应符合相关施工规范和相关专业验收规范的规定。

3）工程施工质量应符合工程勘察、设计文件要求。

（2）控制措施：

1）对于各分项工程，应按照施工技术标准进行质量控制，每项分项工程完成后，必须进行检验。

2）各相关分项工程之间必须进行交接检验。对所有隐蔽分项工程必须进行隐蔽验收，未经检验或验收不合格的，不得进行下道工序施工。

3）加强管道采购、验收、仓储等环节管理力度。管道安装前做好相应的检查工作。

4）加强地基检查，重点检查地基处理强度或承载力检验报告、复合地基承载力检验报告。

3. 工业热网工程质量管理要点

（1）控制目标：热网工程建设质量必须全面达到或超过国家及行业各项标准、规范的规定及要求，争创优质工程。

（2）控制措施：

1）各单位工程经业主或监理人员的复查签证确认后方可开工；各停工单位工程，经业主或监理人员确认并提出书面复工通知后方可继续施工。

2）施工单位应严格落实施工技术控制措施，按施工作业指导书组织施工；加强图纸会审和技术交底控制；建立质量管理计算机网络；加强施工技术质量文件的流转和执行控制。

3）各相关分项工程之间必须进行交接检验，对所有隐蔽分项工程必须进行隐蔽验收，确保上道工序未验收合格不进行下道工序施工。

4）严格控制和把好各类焊接质量关，要求所有焊工必须持证上岗，上道工序不合格，不得进入下道工序施工。

5）严格执行混凝土浇筑交接班制度，要求交接班人员做好详细的浇筑记录。

6）管线基础开挖前做好定位放线工作，做好控制桩的检测及保护工作；开挖过程中，应对土质情况、地下水和标高等变化经常进行检查，做好原始记录及断面图，回填选择符合要求的材料，控制每层铺土厚度和压实遍数，对完成的回填按要求取样试验。

7）管道焊缝质量控制措施：内管对接缝采用 X 射线 100% 探伤检验，外管对接缝采用超声波 100% 探伤检验。

8）管道安装完毕后，应进行水压试验。水压试验根据设计说明要求及相关规范要求进行。

9）管网试运行必须缓慢升温。在低温热运行期间，应对管网进行全部检查；在低温热运行正常后，再缓慢升温到预热温度。在热运行期间，应详细观察管网和设备的工作状态，完成应该检验和考核的各项工作，做好热运行数据的记录工作。

三、某 2×1000MW 新建工程精细化项目及控制措施

某 2×1000MW 新建工程精细化项目及控制措施见表 10-8。

表 10-8　　　　　　　　　某 2×1000MW 新建工程精细化项目及控制措施

序号	项目	控制措施
1	汽轮机通流间隙质量控制	安装质量控制： （1）项目单位签订安装合同和监理合同时，必须明确汽轮机通流间隙等质量控制要求，在合同中明确奖罚条款。 （2）监理单位在安装前应组织对施工方案进行审查。施工方案中应包括保证汽轮机通流间隙的控制措施，项目单位、制造厂工地代表应参与审查并提出意见。 （3）开始安装前，项目单位应联系制造厂代表到达现场并进行安装交底。监理单位、施工单位和设计单位相关人员参加，交底的重点是安装过程中关键环节的要求。 （4）施工单位应依据制造厂安装说明书的要求和制造厂代表的交底要点编制汽轮机安装作业指导书，并经监理单位和项目单位审查批准。作业指导书中必须明确保证汽轮机通流间隙的标准和控制措施。 （5）汽轮机间隙调整期间，制造厂工地代表应全程现场指导、监督并在相应质量控制文件中签证。 （6）滑销系统应满足汽轮机膨胀的要求。安装时，滑销和销槽的配合间隙应符合制造厂安装规定，各滑动配合面应无损伤和毛刺。 （7）为保证汽轮机通流间隙调整后的安全，对汽轮机轴系调整应进行严格控制，确保轴系振动在优良范围内，具体如下： 1）汽轮发电机组基础稳定，基础沉降观测记录符合规定，记录完整、齐全、准确。 2）汽轮机安装前，对轴承座、轴瓦、转子、汽缸、隔板等进行详细的测量及记录，各部件流道应光滑。 3）汽轮机轴系初找中心应在安装标准范围内。初找中心时要综合考虑各方面的影响因素，以减少对轮连接前轴系中心最终调整量，汽轮机中心在汽封调整前应复测一次。初找中心结束后，方可进行隔板、轴封洼窝找正。汽轮机安装过程中转子中心、隔板中心和轴封洼窝中心应保持一致。 （8）汽轮机间隙调整前应设置施工控制节点，调整前监理单位应组织进行一次全面检查、验收和签证。 （9）汽轮机通流间隙调整工期编制应合理，留有充足的时间，不得在汽封调整期间抢工期。汽封调整应服从质量要求，不达到既定标准严禁扣缸。 （10）汽轮机通流间隙调整中，应按以下标准控制： 1）在测量通流轴向间隙时，对于叶轮前后两侧的轴向间隙均要进行逐级测量，与设计值一一对应比较。对超标的所有数据逐一确认，对直接影响出力的应进行返厂处理。 2）对于通流径向汽封间隙测量及调整工作，应按照有关标准进行：汽封间隙控制标准要与厂家协商，共同确定一个既可保证启动安全又要保证经济性的标准。原则上，应保证汽封间隙调整值尽可能接近制造厂设计标准的下限值，不得超过上限值

序号	项目	控制措施
2	空气预热器密封间隙质量控制	（1）项目单位签订安装合同和监理合同时，必须明确空气预热器间隙标准、空气预热器漏风率等质量控制要求，在合同中明确奖罚条款。 （2）监理单位在安装前应组织对施工方案进行审查。施工方案中应包括保证空气预热器间隙的控制措施，项目单位、制造厂工地代表应参与审查并提出意见。 （3）开始安装前，项目单位应联系制造厂代表到达现场并进行安装交底。监理单位、施工单位和设计单位参加，交底的重点在于安装过程中关键环节的要求。 （4）施工单位应依据制造厂安装说明书的要求和制造厂代表的交底要点编制空气预热器安装作业指导书和施工质量计划，经监理单位和项目单位审查批准。作业指导书中必须明确保证空气预热器间隙的标准和控制措施。 （5）空气预热器间隙调整期间，制造厂工地代表应全程现场指导、监督并在相应质量控制文件中签证。 （6）空气预热器本体安装过程的质量控制是空气预热器密封间隙调整的基础，本体安装过程中需确保转子垂度，扇形板水平度符合要求。 （7）安装和调整空气预热器密封装置是一项十分细致的工作，应认真按照制造厂有关图纸及技术要求进行安装。空气预热器密封间隙调整应按照制造厂说明书要求预留热态变形余量。 （8）空气预热器密封安装及间隙调整要求如下： 1）调整前的测量： 测量调整前的密封间隙，做好记录。 检查密封片，密封片应完好，对严重磨损、变形、腐蚀的应更换。 检查 T 字钢圆度不大于 1.5mm。 2）径向密封片的安装和调整： 按照厂家说明安装径向密封标尺，并作为调整依据。 任选两块相邻的径向隔板，装上两条径向密封片，使得每条径向密封片都与径向密封检验标尺靠齐（成一直线），利用这两条径向密封片调整所有上部扇形板，使得三块扇形板的机械加工面与径向密封片间的距离为 0 ~ 1mm。 安装热端和冷端径向密封片，并将热端与冷端径向密封片与密封标尺之间距离调到技术标准的要求。 通过调整外侧调节装置来调整下部扇形板与冷端径向密封片的距离，使之满足技术标准要求。 密封片、补隙片及压板的组装顺序、安装方向应正确，螺栓应拧紧；密封间隙与规定值偏差不大于 0.5mm。 3）轴向密封片的安装和调整： a. 按照厂家说明安装轴向密封标尺，并作为调整依据。 b. 逐条安装轴向密封片，并使之贴紧轴向密封检验标尺。 c. 检查轴向密封装置可以沿空气预热器直径方向自由调节，不得有卡涩现象。 d. 调整轴向密封板的位置，以便间隙符合密封间隙标准规定的要求，并紧固轴向密封板。 e. 密封间隙与规定值不大于 0.5mm。 4）周向（旁路）密封片的安装及调整应符合设计要求，密封间隙与规定值不大于 0.5mm。 5）中心筒密封圈的安装应符合设计要求。 6）固定密封按有关技术图纸调整，并采用密封焊接方式焊接热端及冷端固定密封装置中的密封板等钢板，必须保证扇形板可以自由调节，不得有卡涩现象。 （9）所有密封部件安装完毕，应做一次全面检查，保证： 1）各部分间隙符合图纸和技术文件规定的数值。

序号	项目	控制措施
2	空气预热器密封间隙质量控制	2）所有密封焊缝符合密封要求，不得泄漏。 3）要求可动的部分有符合图纸要求的间隙存在，可以按要求进行调节。 4）必须拆去径向和轴向密封检验标尺。 5）检查密封件安装螺栓的紧固情况，确保螺栓紧固到位。 6）同时由监理单位和厂家工地代表对上述环节逐一进行检查验收。 （10）对于安装有漏风控制系统的空气预热器，应进行以下检查： 1）传感器及执行机构应洁净化安装，保证工作环境的清洁；控制系统安装工作完成后，应进行调试，达到设计要求。 2）对执行机构进行检查，扇形板升降应灵活、无卡涩，能达到高低限位；扇形板的固定、调节装置应完好。 3）检查转子热端端部法兰的平面度，平面度不大于0.5mm，法兰表面应光洁。 4）以转子法兰面的最高点为基准调整每块径向密封片的高度（借助密封校正组件），使每块径向密封片与扇形板之间的间隙符合技术要求。 5）对探头及传感器进行检查及修复；探头校验，外部指示正确
3	混凝土浇筑质量控制	模板表面清理干净，不得黏有水泥砂浆等杂物。浇灌混凝土前，模板应浇水充分湿润，模板缝隙应用油毡纸、腻子等堵严；模板隔离剂应选用有效期长的，涂刷要均匀，不得漏刷；混凝土应分层均匀振捣密实，至内部所有气泡排除为止。表面做粉刷的，可不处理；表面无粉刷的，应在麻面部位浇水充分湿润后，用原混凝土配合比石子砂浆将麻面抹平压光。 蜂窝：认真设计、严格控制混凝土配合比，经常检查，计量准确，混凝土拌和均匀，坍落度合适；浇灌应分层下料，分层捣固，防止漏振；模板缝应堵塞严密，浇灌中应随时检查模板支撑情况防止漏浆，基础、柱、墙根部应在下部浇完间歇1～5h，沉实后再浇上部混凝土，避免出"烂脖子"现象。 小蜂窝：洗刷干净后，用1:2或1:2.5水泥砂浆抹平压实；较大蜂窝，凿去蜂窝薄弱松散颗粒，刷洗净后，支模用高一级细石混凝土仔细填塞捣实；较深蜂窝，如清除困难，可埋压浆管、排气管，以及表面抹砂浆或灌筑混凝土封闭后，进行水泥压浆处理。 孔洞：难以下料的地方，可采用人工摊铺混凝土浇筑；正确的振捣严防漏振，边角加强振捣；防止土块或木块等杂物的掺入；选用合理的下料浇筑顺序；加强施工技术管理和质量检查工作。 露筋：浇筑混凝土前，认真检查，保证钢筋位置及保护层厚度；钢筋密集时，选用适当粒径的石子；若使用木模板，浇筑前浇水润湿木模板，并认真堵好缝隙。 缺棱掉角：模板在浇筑混凝土前应充分湿润或刷涂均匀脱模剂，混凝土浇筑后应认真洒水养护；拆除侧面非承重模板时，混凝土应具有足够的强度；拆模时不能用力过猛过急，注意保护棱角，严禁模板撞击棱角；加强成型混凝土保护。 缝隙夹层：认真按施工验收规范要求处理施工缝及变形缝表面；接缝处锯屑、泥土砖块等杂物应清理干净并洗净；混凝土浇灌高度大于2m应设串筒或溜槽，接缝处浇灌前应先浇50～100mm厚配合比无石子砂浆，以利于良好结合，并加强接缝处混凝土的振捣密实。缝隙夹层不深时，可将松散混凝土凿去，洗刷干净后，用1:2或1:2.5水泥砂浆填密实；缝隙夹层较深时，应清除松散部分和内部夹杂物，用压力水冲洗干净后支模，灌细石混凝土或将表面封闭后进行压浆处理。 表面不平整：严格按施工规范操作，灌筑混凝土后，应根据水平控制标志或弹线用抹子找平、压光，终凝后浇水养护；模板应有足够的强度、刚度和稳定性，应支在坚实地基上，有足够的支承面积，以防止浸水，以保证不发生下沉；在浇筑混凝土时，加强检查，凝土强度达到1.2N/mm^{2}以上，方可在已浇结构上走动。

序号	项目	控制措施
3	混凝土浇筑质量控制	强度不够,均质性差:水泥应有出厂合格证;砂、石子粒径、级配、含泥量等应符合要求,严格控制混凝土配合比,保证计量准确;混凝土应按顺序拌制,保证搅拌时间和拌匀;防止混凝土早期受冻,按施工规范要求认真制作混凝土试块,并加强对试块的管理和养护。 当混凝土强度偏低,可用非破损方法(如回弹仪法,超声波法)测定结构混凝土实际强度,如仍不能满足要求,可按实际强度校核结构的安全度,研究处理方案,采取相应加固或补强措施
4	保温质量控制	(1)施工组织设计中应有保温工程专项措施,监理单位、项目单位对施工组织设计审查时应有审查意见,对有专业性分包的施工单位应进行相应资质的审查,同时应征得项目单位同意。 (2)施工单位在施工组织设计保温专项措施中应制订保温交接验收计划,一般情况下汽轮机本体应整体交接,管道及设备宜分系统或分段,锅炉炉墙宜在锅炉水压前分区域进行检查,水压实验合格后再办理交接验收。部分部位如刚性梁、门孔等需在水压试验前进行保温的,应单独办理交接验收。炉顶保温则宜根据图纸及说明书情况,在有关专业组织设计中明确安装与保温的工序,决定交接的时机和频次,浇筑料与保温安装应分别验收。 (3)保温施工前,施工单位应编制保温作业指导书,至少包括保温质量标准、保温工艺要求、保温施工工序、保温现场安全文明施工要求等内容。重点部位的保温施工作业指导书应单独编制,例如汽轮机本体、锅炉本体及烟风道密封、炉墙及锅炉门孔的保温,热力管道的保温,容器的保温等重点部位。 (4)保温施工前必须具备的条件: 1)设备和管道安装完毕,所有临时设施、部件均已全部拆除,管道支吊架安装齐全并调整完毕,管道的严密性检查合格(含风压、水压、渗油、烟幕试验等)。 2)对设备和管道应进行的防腐工作已完成。 3)仪表测量元件和表管、蠕胀测点、伴热电缆等安装完毕。 4)管道焊口经检验合格,如合金钢焊口还须热处理。 5)完成保温施工前工序交接验收手续和保温施工开工报告。 (5)在对烟风系统、煤粉管道、燃烧器及法兰等部位进行保温前,需进行风压试验。风压试验不具备条件时,应对焊缝进行严密性检查,保证烟风系统、煤粉管道、燃烧器的严密性。 (6)保温项目施工前,主要工作面的土建、安装工作基本结束,应避免交叉作业。保温现场禁止有漏水或洒水施工项目。设备、管道安装未完成的,严禁保温施工,以免保温材料碎屑进入到设备、管道内。 (7)保温工程中,应采取措施对施工现场进行降尘处理,以防保温材料碎屑飞扬。 (8)保温工程中,对已完成的保温部分应采取必要的成品保护措施。特别是保温保护层未施工前,严禁水、汽、油、粉尘对保温层产生污染。 (9)保温工程中,保温层施工验收后,应及时进行保护层的施工。 (10)保温工程中,保护层施工完毕后,保护层应美观、规整
5	金属监督质量控制	(1)金属材料质量控制: 1)金属材料质量管理的主要内容是文件见证(质保书、检验报告)和合金钢材料、部件的光谱复查,对材料质量发生疑问时应按有关标准进行抽样检查。 2)安装前合金钢管100%进行光谱检验;受热面安装焊缝光谱复查达到20%;其他合金管道焊缝光谱复查达到100%。 3)对高合金部件光谱分析后应磨去弧光灼烧点。 4)P91/P92材质的支吊架进场时进行硬度检验。

序号	项目	控制措施
5	金属监督质量控制	（2）焊接质量控制： 1）人员资质审查：资质审查的对象包括所有的焊接相关人员，包括焊接技术人员、焊接质量检查人员、焊接检验人员、焊工及焊接热处理人员。 2）焊接工艺及施工管理程序文件审查：焊接工艺及施工管理工程文件审查建议由焊接监理工程师负责。施工单位须按 DL/T 868《焊接工艺评定规程》进行焊接工艺评定和制定工艺文件。凡涉及新钢种、新规格及其新的焊接工艺，未经评定，不得使用。 3）焊接材料控制要点：焊丝、焊条等焊接材料应选用配套进口材料或国内知名品牌的产品，产品质保资料完整且在同类工程中具有良好的业绩。焊材进库前应检查质保书、合格证，核对牌号并进行外观检验；合金焊材进库前必须按批号进行光谱抽查，在用于工程前须报监理审核后方可在工程中使用。不锈钢宜选用配套焊材 YT-304H 和 YT-HR3C。 4）焊接前准备控制要点：受热面管排吊装前须进行 100% 的通球检查，检查合格后，所有敞口的管口须用封盖封闭，并有监理人员现场见证；联箱等大口径管，在对口封闭前，须检查内部清洁度，保证不留异物，并有监理人员见证；焊接坡口应采用机械加工，对口前清理坡口两侧的污锈；除设计规定的冷拉口外，其余焊口应禁止用强力对口，严禁用热膨胀法对口，以防引起附加应力。 焊接现场应有防止雨、雪和大风的影响措施；气温在 5℃ 以下工作时，须有专门的保温、预热、焊接与热处理措施。 5）焊接过程质量控制：焊接质量跟踪检查要求焊接质量管理人员及时发现问题及时制定对策，将问题消灭在萌芽阶段。检查的内容包括焊接材料管理、焊接工艺执行情况、焊口外观质量等。 施工单位应对承压部件的焊接接头进行 100% 的外观检查并做记录。每天要对完成焊口数进行统计，每周要有已完成焊口数量及焊口检验完成情况的报表，以便分析质量波动的原因，督促施工单位采取有效措施，使焊接质量处于受控状态。 6）热处理控制要点：焊接跟踪检查时要注意加热块的安装宽度、包扎情况及热电偶安装数量和位置，并抽查热处理自动记录图，上述内容有异常时应做硬度值抽查。被查部件的硬度值超过规定范围时，应按班次做加倍复检并查明原因，对不合格接头重新做热处理。 7）大口径管道焊接质量控制要点：大口径管（包括主蒸汽管道、再热蒸汽管道、连接管和主给水管道等）到达现场时，应对其进行外观、壁厚、硬度、金相组织的检查，并查阅产品质量证明书等相关技术资料，要严格控制焊前预热温度、层间温度及焊后热处理温度。施工单位在进行 P91/92 钢焊接热处理时每半小时有 1 次层间温度监测记录，监理应旁站监督。 8）锅炉受热面管焊接质量控制要点：锅炉受热面（包括水冷壁、省煤器、过热器、再热器）小径管焊接，采用全氩焊接工艺。非承压部件与受热面相连的焊接工作，焊接人员、工艺要求与承压部件要求相同。 （3）无损检测控制要点： 1）金属试验室必须取得一级金属试验室资质和省、市有关部门颁发的"射线工作许可证"和"X 射线装置工作许可证"。金属试验室必须配备足够的无损检测人员和仪表仪器，可以满足现场的检验要求。 2）无损检测人员必须持有与实际工作相适应的有效资质证件，熟悉所从事专业的施工程序。负责金属材料和焊口的检验、试验、鉴定以及出具相应的试验报告、整理移交竣工资料等工作。 3）在施工开始前，必须对施工仪器、仪表进行校验合格，未进行计量校验或超出校验有效期的不得使用。γ 射线源应存放在专用的房屋内，现场临时存放应存放在铅房内并有醒目的标志。

序号	项目	控制措施
5	金属监督质量控制	4）所有受监焊口的检验首先须满足 DL/T 869《火力发电厂焊接技术规程》及 DL 438《火力发电厂金属技术监督规程》的要求，受监焊口需进行外观、无损检验、光谱分析、硬度和金相等检验检测工作。 5）探伤过程中如发现焊工焊口一次合格率低于 90%，应责令其停止所从事的焊接工作
6	汽轮机真空严密性质量控制	（1）管理措施： 1）项目单位签订制造合同、安装合同和监理合同时，必须明确真空系统严密性质量控制要求，在合同中明确奖罚条款。 2）监理单位在安装前应组织对施工方案进行审查。施工方案中应包括保证真空系统严密性的控制措施，项目单位应参与审查并提出意见。 3）施工单位应依据施工图工艺要求和设备安装说明书要求编制涉及真空系统设备和管道系统安装的作业指导书和施工质量计划。作业指导书和施工质量计划需经监理单位和项目单位审查批准。作业指导书中必须明确保证真空系统严密性施工的标准、控制措施和组织措施。 4）施工单位应根据洁净化要求编制真空系统洁净化施工具体措施。 （2）凝汽器本体组合安装的质量控制措施： 1）凝汽器现场组合安装施工过程中，提高焊接质量的控制是保证真空严密性的重要环节。 2）施工前必须制定严格的焊接方案，并有相关焊接质量跟踪记录。 3）所有的焊缝应分工明确，定点定人，不允许同一位置交叉施工；对于外部和大气相通的密封焊缝必须作为质量检查的重点。 4）焊缝质量的检查应按照有关规程进行严格操作，检验合格后方可转入下道工序。 5）对易渗漏的部位进行重点防范。如板与板之间的首、尾部，焊缝之间的接头处，位置狭窄不易施焊的地方，与外部连通的管道密封部位等。 6）提高冷却水管的胀接、焊接质量。在胀完后焊接时，应彻底清除端板上的异物，凝汽器两端应用帆布挡住气流，避免气流影响焊接质量。焊接后应立即进行 PT（表面渗透）、TV（目视）检查，发现问题及时处理。 7）条件允许时，对于凝汽器喉部膨胀节，建议先组装焊接验收合格后，再进行整体就位。 8）组合安装完成后，必须进行凝汽器灌水试验。 （3）外接系统安装质量控制措施： 1）提高下列外接系统的安装质量：加热器、箱罐、主机低压汽缸、给水泵汽轮机、轴封、向空排气及所有蒸汽排往凝汽器的疏水管道等。 2）外接系统特别是水封管道的安装必须符合 DL/T 5210.3《电力建设施工质量验收规程 第 3 部分 汽轮发电机组》的规定。 3）外接系统中所有阀门安装前必须经过严密性试验，确保阀门合格。处于负压状态的阀门必须采用真空型或水封型阀门。 4）系统管道焊接应采用氩弧焊打底工艺。 5）汽轮机低压缸前后轴封、给水泵汽轮机轴封等间隙应调整合理，不能通过放大间隙保安全，应按照厂家设计要求的间隙下限值进行调整。 6）给水泵汽轮机排汽缸和主机低压缸法兰连接结合面紧固螺栓的紧力应按照厂家设计要求的上限进行调整，以防止汽缸变形时该位置变形量大易产生泄漏。在安装过程中应该重点检查结合面间隙，必须保证在紧 1/3 螺栓的情况下，该处 0.03mm 塞尺塞不进。 7）外接系统管道保温工作应执行国家级项目单位有关交接验收的要求，在灌水试验结束后，在保温前应严格检查管道上是否有遗留的孔洞或未安装的测点

续表

序号	项目	控制措施
7	中低压管道安装质量控制	（1）管道安装： 1）安装时，应检查管道封堵完好，否则须重新进行检查。管道与设备连接前，应检查设备内有无异物，可采用内窥镜进行检查。 2）管道对口前，清除距管子和管件坡口 10～15mm 的管道内、外壁上的铁锈、铁渣、油污等，检查并及时清理管内可能存在的异物，确保已安装的管道内部洁净。 3）热力系统所有中、低压管道焊接采用氩弧焊打底工艺，对不采用氩弧焊打底工艺的循环水管，焊接须在背面采用清根工艺。 4）管道对接焊口，焊缝药皮应清除干净，并打磨清除飞溅和对口临时铁件。 5）安装过程中，严禁将施工工具、焊条、焊丝、螺栓、螺帽、安装用的其他辅助工具等放到管道内，应将其分别放在专用的工具箱袋内。 6）施工过程中，禁止与铁素体钢制造的起重和装卸装备接触。不锈钢管道与碳钢支吊架之间应加垫不锈钢皮（或其他非铁素体材质垫片）。 （2）支吊架安装： 1）项目单位指定专人审核施工图，统一设置预埋铁件编号，确保埋件位置准确、无漏埋和错埋现象。 2）施工单位编制管道施工作业指导书，管道支吊架应先行于管道系统安装就位，杜绝临时抛挂和临时吊点。对于 DN80 以下单列小管道（如疏放水管道系统等），可采用管道与支吊架同步施工安装的方法。 3）工厂化配管设计支吊架，管部易采用管夹方式，如设计时采用焊接管部，应现场焊接。 4）根据图纸复查预埋件纵横中心线偏差、复测根部标高，核对确定支吊架根部几何尺寸位置。 5）支吊架根部配制，管部、根部、连接件的安装，遵照 DL 5190.5《电力建设施工技术规范 第 5 部分：管道及系统》中的规定。 6）管道在组合场预组合后被运至现场，经支吊架吊挂管道就位，同步安装支吊架管部部件。 7）若发生个别支吊架供货遗漏、缺失、错误的情况，必须采用临时支吊架固定的情况，应报项目单位和监理单位批准，临时支吊架应大于正式支吊架强度，正式支吊架到货后应及时安装替换
8	成品保护质量控制	（1）工程策划阶段，项目单位应根据相关要求详细编制工程成品保护操作手册，制作成品、半成品的样板间，样板间应统一策划，就近布置；工程施工过程中，项目单位应在工程现场张贴成品保护的样板图片，随时提醒按标准保护。 （2）施工单位应编制有关成品、半成品及设备保护的管理规定，并根据现场情况编写成品、半成品及设备保护措施，报监理单位审核。 （3）施工单位必须以正确的施工工艺流程组织施工，不得颠倒工序，防止后道工序损坏或污染前道工序。 （4）监理单位对施工单位报审的成品、半成品及设备保护措施进行审核并提出修改意见，同时对经审批的措施落实情况进行监督检查。 （5）监理单位在现场巡查中如发现成品、半成品及设备遭到污染或损坏，有权要求施工单位立即停止，同时要求施工单位制定整改措施并进行整改。 （6）由于施工原因、设计变更等因素引起的需要对成品、半成品及设备的状态进行改变时（须移动、拆除已有的成品、半成品或设备等），须提前三日填写成品、半成品及设备更改申请单，报监理单位审查，项目单位工程管理部门批准后方可实施。

序号	项目	控制措施
8	成品保护质量控制	（7）对需填写成品、半成品及设备更改申请单的项目，必须注明更改部位、更改原因、更改措施及恢复方案，同时对因更改带来的质量和观感影响进行评估。 （8）成品、半成品及设备保护遵循谁施工、谁负责的原则，各施工单位负责对自身施工区域内本方及其他施工单位施工的成品、半成品及设备进行保护，采取保护措施，协调本单位专业内及各专业间的成品、半成品及设备保护工作。 （9）施工单位在办理内部工序交接及施工单位之间办理施工中间交接时，需满足交接条件，同时必须明确成品、半成品及设备保护的内容和要求，并进行相互监督

四、某 2×1000MW 新建工程洁净化项目及控制措施

某 2×1000MW 新建工程洁净化项目及控制措施见表 10-9。

表 10-9　　　　　　　　　　某 2×1000MW 新建工程洁净化项目及控制措施

序号	项目	控制措施
1	锅炉汽水系统洁净化安装	（1）锅炉受热面系统管排、散管管口在通球前进行打磨，坡口打磨完毕后进行防锈处理。 （2）受热面管严格按规范要求在组合和安装前进行吹扫通球，试验用球采用钢球，并编号和严格管理，未有球遗留在管内；通球选用球径不小于计算球径。 （3）通球前采用足够压力的洁净干燥压缩空气进行吹扫，通球后做好可靠的封闭措施，监理单位做好记录并办理通球合格签证。 （4）对于通球过程中发现不通的管排已做好记录、标记，调试单位已制定处理方案，消除堵塞，并重新通球检验。 （5）管口打磨和吹扫通球作业一旦完毕须立即对管口进行封闭，避免管子长时间敞口。 （6）受热面在对口前，如发现有管口封盖掉落，及时进行封闭，以防杂物进入。 （7）所有管口焊接均采用氩弧焊打底工艺。 （8）对不进行焊接后通球的焊口，进行拍片检查，处理明显的焊瘤。 （9）对安装后需要进行更换的管子，在切割和磨口、焊接过程中已采取措施防止异物进入
2	汽轮发电机组油系统洁净化安装	（1）对于油系统设备和管道，应进行清理、洁净压缩空气吹扫或酒精等溶剂清洗；对于油箱、轴承座等人可进入的设备、容器，采用面团、布等进行清理，严禁使用棉纱；对于方便检查的部位，应采用内窥镜进行检查。 （2）对于碳钢类油系统管道，必须先进行酸洗钝化或其他除锈、除氧化皮、除杂质等清洁工作，再密封管口、连接口以防再次氧化、污染；不能及时安装时，应将其存放在环境干燥、通风洁净的地点，并采取防护措施进行妥善保管。 （3）对于不锈钢类油系统管道，使用前必须用绸布蘸酒精在管道内擦拭，清除管道内浮尘、杂质，目测绸布干净后，密封管口；对于不便采用绸布蘸酒精进行清理的小管道、管件，应采用酒精灌注方式进行清洗。 （4）对于油系统阀门，必须进行解体检查，必要时应进行碱洗。 （5）在油管道安装过程中，对封闭保管的管道，要避免一次拆开多根，以防造成再次氧化、污染。 （6）油系统管道上的热控测点开孔应在油系统管道组合、安装前完成。如需再次开孔，应采用机械钻孔，清除遗留物。 （7）对于现场弯制的小管道（DN＜50），应采用冷弯法，弯制完成后用压缩空气将弯管内吹扫干净。 （8）油系统管道在现场进行加工、下料时，应采用机械切割方式。

续表

序号	项目	控制措施
2	汽轮发电机组油系统洁净化安装	（9）油系统管道安装必须采用氩弧焊打底焊接工艺，套装油管道必须采用全氩焊接工艺。 （10）套装油管道的内装管焊接后，应清除遗留物并进行检查确认合格后，再对外套管进行施焊。 （11）不锈钢管道安装中，必须采用绸布进行清理，严禁使用棉纱；需磨削时，应采用铝基无铁砂轮进行磨削，并且该砂轮不得与磨削铁基材质的砂轮混用；施工过程中，禁止与铁素体材质接触；其管道支吊架的管部应按设计要求加垫，如无设计时，宜加装不锈钢垫片（或其他非铁素体材质垫片）。 （12）所有油循环用的临时管道清洗、安装要求，与正式油管道安装要求一致。 （13）油系统管道和油循环临时管道安装完成后，首先进行外部进油循环冲洗，并采取油箱内加装磁棒、交替变温、铜锤木锤敲击、倒油箱等措施，经检查油质合格后，再进轴承开始全系统循环。 （14）油系统轴承座进油前，应采用洁净压缩空气进行吹扫，并用白布、面团彻底清扫轴承及轴承座内的灰尘污物，以及立即封闭，进行全系统进油循环。油质合格后进行翻瓦检查清理恢复，且应一次恢复完
3	凝结水、除氧给水系统洁净化安装	（1）凝汽器现场组合的对接焊口药皮已清除干净，飞溅和对口铁件已打磨清除。 （2）凝汽器冷却管穿胀前达到下列要求：隔板的管孔无毛刺、锈皮；胀接冷却管的管板孔内壁应光洁，无锈蚀、油垢；壳体内部已彻底清扫，顶部妥善封闭；冷却管表面应无腐蚀、毛刺和油垢等缺陷，管内应无杂物和堵塞现象；工作现场已采取专门遮蔽措施，严防灰尘。 （3）凝汽器冷却管在穿胀时达到下列要求：穿管前使用白布以不易燃脱脂溶剂擦拭，除去油污，并用塑料布盖好；冷却管有防油包扎者，在穿管前不得打开；穿管用导向器以及对管端施工用的工具，每次使用前都采用酒精清洗，并不得使用铅锤；施工人员穿干净的工作服及工作鞋，戴脱脂棉手套，每班更换一次，当被油脂污染时立即更换；管孔未用手抚摸，临穿管前用酒精清洗；扩管及切管机具清洗干净，每扩管1～3根后即用酒精清洗一次，扩管时未使用扩管机油，用酒精作清洗剂；管子胀好后，管用酒精清洗板外伸部分。 （4）对于凝汽器两端水室和管板，按设计规定涂刷防腐层。 （5）除氧器在现场组合的对接焊口清根后已按要求将氧化物清除干净。对焊缝表面及时进行了防锈蚀保护。 （6）除氧器、高低压加热器、凝结水泵、给水泵等设备在就位、安装过程中，对管口均进行临时封堵。 （7）凝汽器在整个安装过程中有防止杂物落入汽侧的措施。 （8）管道安装前已完成有关清洗等工作。管子、管件、阀门等内部已清理干净，无杂物。 （9）在管道上应开的孔洞在管道安装前已开好。开孔后内部清理干净，未遗留钻屑或其他杂物。 （10）若必须在已安装好的管道系统上开孔，采用磁力钻钻孔，内部铁屑已清除。 （11）管道安装工作如有间断时，管口已封闭，已用棉纱、破布或纸团等塞入开口部位，封闭牢固严密。 （12）阀门严密性试验合格后，将体腔内积水排除干净，分类妥善存放。阀门安装前应清理干净。 （13）弯管制作后已将内外表面清理干净。 （14）坡口的制备采用机械加工的方法。若使用火焰切割方式切制坡口，表面的氧化物、熔渣及飞溅物已清理干净。 （15）系统管道采用氩弧焊打底焊接。 （16）凝汽器、除氧器内部清理和检查人员穿连体工作服和软底鞋，鞋底应擦净。 （17）管道与设备连接前检查干净，无任何杂物。

序号	项目	控制措施
3	凝结水、除氧给水系统洁净化安装	（18）凝汽器、除氧器、高低压加热器、凝结水泵、给水泵最终封闭前，内部清洁干净，无任何杂物。 （19）设备及管道的水压（灌水）试验用水水质清洁，水压完成后进行防腐或保养。 （20）流量孔板（或喷嘴）、节流阀阀芯、滤网和止回阀阀芯在管道系统清洗前除设计要求外，已拆除，并妥善存放，清洗结束后进行清洁复装。 （21）管道系统清洗后已对可能留存脏污杂物的部位进行人工清除。 （22）系统恢复时采取措施保证清洗后的管道系统未被二次污染，并办理系统封闭签证
4	发电机冷却系统洁净化安装	（1）对发电机水冷、氢冷系统设备、管道（含直管、弯管及管件、阀门），使用前应采用清理、压缩空气吹扫或酒精等溶剂清洗，清除管道内浮尘、杂质及油污等杂物，清除完成后，密封管口。 （2）水泵、冷却水箱、离子交换器、冷却器、电解槽、分离器、洗涤器、调整器、干燥器、贮气罐等设备在安装中需解体检查时，必须清理内部所有杂质，且用绸布蘸酒精或滤纸在设备内擦拭，清除内部浮尘、锈蚀、油污，目测绸布、滤纸干净后，进行组装及密封连接口。 （3）发电机冷却系统安装过程中，对封闭保管的管道（含直管、弯管及管件、阀门）及设备，要避免一次拆开多根管道及设备连接封口，以防造成氧化、污染。 （4）系统管道上的热控一次取源件和其他部件，应在系统管道安装前安装完毕，随同系统管道一起进行清洁处理，严禁在已安装好的系统管道上开孔装件。若必需加装，应采用磁力钻钻孔，并将内部铁屑清除干净。 （5）现场弯制小径管（DN < 50）时，应采用冷弯法，弯制完成后用洁净压缩空气将弯管吹扫干净。 （6）现场配制系统管道时，应使用机械切割。 （7）不锈钢管道安装过程中，应采用白布进行清理，严禁使用棉纱；需磨削时，应采用铝基无铁砂轮进行磨削，不锈钢管道禁止与铁素体材质接触；其管道支吊架的管部应按设计要求加垫片，如无设计时，宜加装不锈钢垫片（或其他非铁素体材质垫片）。 （8）发电机水冷、氢冷系统管道焊接应采用氩弧焊打底工艺。 （9）发电机水冷系统安装结束后，用合格的除盐水先对外部管路循环冲洗，水质合格后，再进行整套循环冲洗。所有发电机水冷系统循环冲洗的临时管道，安装要求与主管道相同。 （10）冲洗结束拆除临时管道时，应对管道开口部分进行检查并清理，对可能留存脏、污、杂物的部位应进行人工清扫，然后密封，同时要按规定进行养护
5	四大管道洁净化安装	（1）现场组合加工处理的直管、管件，组合安装前应采用喷砂、压缩空气吹扫、拉钢丝刷、链条冲击擦刷或化学清洗等方式进行清理。组合配管中，焊接坡口严禁采用火焰切割方式制作；组合配管后经彻底清理洁净，然后进行封闭保存。 （2）在四大管道安装过程中，封闭保管的管道、管件、阀门等，应避免一次拆开多个封闭口，以防造成再次氧化、污染。 （3）对于系统管道上的热控取源件和其他部件（应提前与性能试验单位、设计单位共同确定性能试验有关接口），应在系统管道配管时同时完成，随同管道一起进行清洁处理。 （4）四大管道系统管道安装过程中，严禁在管口和管道内存放任何物件。 （5）四大管道系统管道安装焊接应采用氩弧焊打底工艺，焊接工艺须通过评价。 （6）蒸汽吹扫临时管道安装前，内部应清理干净，焊口焊接采用氩弧焊打底工艺。 （7）蒸汽吹扫方案应尽量避免形成吹扫死角，对不参加吹扫的管道应预先进行喷砂处理；对无法避免的吹扫死角，蒸汽吹扫后，应进行割管清理。 （8）炉前系统管道进行化学清洗前，应进行充分的水冲洗。 （9）水冲洗、化学清洗和蒸汽吹扫结束后的系统恢复阶段，应对管道开口部分进行检查并清理，对可能留存的脏、污、杂物进行彻底清扫

序号	项目	控制措施
6	发电机洁净化安装	（1）汽轮机平台应有专人保洁，以保持现场环境干净、整洁。 （2）发电机铁芯、绕组、机座内部应保持清洁，无尘土、油污和异物。 （3）穿转子前清理时，首先采用吸尘器或用猪油和面粉调成的腻子对定子及膛内进行黏吸，然后采用干净、干燥、无油的压缩气体吹扫。 （4）人员进入定子膛内工作应穿连体服、无钉软底鞋，除工具外身上不应携带任何物件，进出膛内前后应专人登记、清点所携带工具。 （5）端盖打开后，未进行相应作业时应及时用篷布遮盖，减少灰尘侵入。封盖前内部应无异物、遗留物且气封通道畅通，经施工、监理、项目单位和厂家的代表检查确认并办理隐蔽签证手续后封盖。 （6）封盖前内部无杂物、遗留物，气封通道畅通。 （7）埋入式测温元件的引出线和端子板应清洁、固定牢固、绝缘良好。 （8）引线及出线的接触面应用符合产品技术规定的清洁剂进行清洗，保持干净、无油垢。 （9）发电机的冷却水水质、氢气品质符合国家有关标准规范和制造厂的规定要求。 （10）发电机交直流耐压试验前全面清理瓷套表面，保持干净
7	电力变压器洁净化安装	（1）变压器油为同一厂家、同一批次，到达现场后要取样进行简化分析试验，油质符合GB 50150《电气装置安装工程 电气设备交接试验标准》的规定要求。 （2）注油前经脱水、脱气处理，油质达到GB 50150《电气装置安装工程 电气设备交接试验标准》标准规定的要求。 （3）现场油处理设备及管道、油箱布置合理，内部清洗干净、无铁锈；油处理系统不渗漏，消防器材配置齐全、供电可靠，现场设有专用废油桶、盛油盘等。 （4）器身检查时的空气相对湿度小于75%、器身温度不低于周围环境温度，且露空时间不超过相关规范和厂家要求。 （5）工作人员穿连体服、无钉耐油软底鞋进入器身内，除工具外身上无其他物件，进出变压器内部前后应有专人登记、清点带入工具。 （6）器身检查结束后，应用合格变压器油进行冲洗，并清洗油箱底部，不得遗留杂物。 （7）备有足够的高纯氮气或干燥空气，在器身检查后，当天附件安装未完之前，应抽真空注气，保证本体内处于正压，防止受潮。 （8）冷却装置安装前按产品技术要求进行严密性检查，试验无渗漏现象；并用合格变压器油经压力式滤油机循环冲洗干净，排尽残油。 （9）对于运输过程中使用的密封垫（圈），在安装中拆卸后更换新的密封圈，且按产品技术要求用清洁剂清洗密封垫（圈）、法兰连接面，擦拭干净并涂以密封胶后安装。已用过的密封垫（圈）放入专用的垃圾桶内，或立即标识，防止误用。 （10）套管、法兰颈部均压球内壁干净，无积水，顶部结构密封垫安装正确，密封良好。导电部分接触面干净，导通良好。 （11）外部油管路干净，无锈蚀。 （12）注油结束静置时从套管、升高座、冷却装置、气体继电器等部位多次放气，直至残余气体排尽。 （13）气体继电器及压力释放装置已加装防雨罩。 （14）变压器安装全过程中无油渗漏，采油时用专用油盘，废油集中回收至废油桶中。 （15）安装结束后补漆，过程中无油漆污染套管。 （16）受电前套管表面干净，本体上无遗留物，散热片中无杂物堵塞；临时设施已拆除

序号	项目	控制措施
8	SF₆断路器及GIS洁净化安装	（1）安装时空气相对湿度小于80%、无风沙、无雨雪。防尘、防潮、防小飞虫等措施到位，室外安装前根据具体情况洒水，用塑料布或油布覆盖必要的场地，设挡风遮栏防止灰尘。 （2）接装配场地清洁，有防尘措施，工作人员必要时须穿戴防尘服。 （3）现场应备有SF₆气体回收装置，工具应有专人保管、清点并保持干净。 （4）密封垫（圈）、密封槽面清洗干净，无划痕。已用过的密封垫（圈）不再使用，并放入到专用的垃圾桶中。 （5）密封脂未流入密封垫内侧与SF₆气体接触。 （6）接线端子表面平整，无氧化膜，并涂以薄层电力复合脂，镀银层完好，载流部分平整光洁，无锈蚀。 （7）设备应经施工、监理单位检查并在办理好隐蔽签证手续后方可进行封闭。 （8）SF₆气瓶存放场所防晒、防潮和通风良好，附近无热源和油污，阀门未沾染水分和油污，SF₆气瓶未与其他气瓶混装、混放。 （9）充气设备管路干净，无水分、渗漏。 （10）充气前按产品技术要求对设备进行抽真空处理，抽真空时有防止真空泵突然停电或误操作而引起的倒灌事故措施。 （11）按产品技术要求充气到要求的压力值后检漏，48h后进行微水含量检测，结果应符合规定要求。 （12）安装过程中SF₆气体要回收处理，不能排入大气中。室内有通风设施，必要时安装SF₆气体含量报警器。 （13）设备安装结束后，对漆面损坏和工厂内没有涂漆的部分按规定补漆。 （14）设备受电前对瓷套、筒体全面清扫干净
9	控制、保护屏柜洁净化安装	（1）屏（柜）安装前，屏（柜）基础应施工结束，灌浆完毕，验收合格。 （2）屏（柜）搬运和安装已采取防震、防潮、防倾倒、防屏（柜）架变形及漆面损伤等措施。 （3）设备安装调试中，工作结束及时关好柜门，清洁室内。 （4）对屏（柜）底下孔、洞及预留备用孔洞及时做好防火封堵，且封堵要严实，施工中因增加电缆而损坏防火封堵时要及时修复。封堵时拌料及切割防火板等工作在室外进行。室内配置必要的消防器材。 （5）对于暖通管道吹扫，已采取防尘措施。空调出风口避开屏（柜）顶，防止滴水受潮。 （6）安装调试工作结束后进行全面检查和清扫，清除屏（柜）内杂物，用吸尘器吸尽屏（柜）内灰尘。防火封堵牢固、严实、平整
10	取样和取源管道洁净化安装	（1）对合金钢、不锈钢取样和取源管道进行光谱分析，材质符合设计要求。 （2）进行外观质量检查，管道内外壁光滑，表面无锈蚀点、裂纹，无机械损伤及制造缺陷。 （3）取样和取源管道安装前进行吹扫并清理干净。清理后的管道两端已临时封闭。 （4）管道安装时与管道支架间已采取隔离措施。 （5）管道支架采用切割机切割和电钻开孔；制作完成后及时油漆。 （6）取样和取源管道切口平整，无裂纹、缩口、凹凸，管道内部的重皮、毛刺、氧化铁、铁屑等杂质已清理干净。管径8mm及以下的取样和取源管道使用专用管子割刀切割。 （7）系统管道上采用机械钻孔，钻渣、钻屑已清理干净。 （8）管道安装工作如有间断，管口及时封闭。 （9）对于管路临时封闭，采用外封闭的方法。封闭牢固严密，禁止用棉纱、破布或纸团等塞入开口部位。 （10）取样及取源管道焊接采用氩弧焊焊接方式。 （11）取样及取源管道严密性试验用水水质符合要求，严密性试验完成后及时将水放尽。 （12）取样及取源管道安装后未受到破坏及二次污染

第十一章

造价管理

工程造价管理是指在火力发电工程建设的全过程中，通过科学的方法和对资源的合理利用，实现在规定的时间、质量和范围内工程造价得到有效控制和管理的过程。造价管理水平的高低，直接影响工程项目投资效益水平和市场竞争力。加强火力发电工程项目的造价管理，有益于火力发电工程项目和火力发电企业经济的健康发展。

第一节　概述

一、概念

工程造价指火力发电工程项目建设投入的全部费用（预期支付或实际支付费用总和），是火力发电工程建造的价格。

全过程工程造价管理是对建设项目在投资决策阶段、设计阶段、项目实施阶段以及竣工结算阶段实行全过程、全方位的工程造价管理，在建设项目中合理地使用人力、物力、财力，把建设项目的投资控制在批准的投资限额内，确保项目管理目标的实现，并实现预期的投资收益。

二、造价管理的目的和意义

（一）目的

造价控制和管理的主要目的：为积极开展项目投资控制工作，制定切实可行的投资控制措施，助力建设低成本工程，确保火力发电工程项目造价可控、在控，提升投资管控水平，保障实现项目投资收益目标，建成同区域、同时期、同类型火力发电工程造价指标最优的电厂，提升项目市场竞争力。

（二）重要意义

（1）工程造价管理是营造公平竞争环境、优化市场资源配置的需要。加强火力发电工程项目造价管理，维护市场公平，有利于项目单位确定合理造价，更好保证工程质量；也有利于项目单位节约成本，降低工程造价。

（2）加强工程造价管理是规范市场秩序，保护项目单位和各参建方正当权益的重要手段。

（3）合理的造价控制和管理，有利于资金计划安排，有利于项目顺利进行。

三、造价管理思路

围绕火力发电工程总体目标，坚持"控总额、控过程"原则，以设计管控为要求，发挥市场竞争作用，加强过程管控，针对设计管理、招标采购、施工组织、实施过程管控、资金成本等方面的控制要点，制定造价控制措施，对火力发电工程项目造价进行全过程动态管控，最终实现造价控制目标。

四、造价管理原则

（一）合理规划造价目标原则

在工程项目开始之前，需要对火力发电工程总造价进行合理的规划和预算。结合项目建设特点、技术方案、招投标情况及当地价格水平，制定合理的工程造价目标，确保在项目执行过程中有充足的资金支持，原则上造价目标是项目实施阶段投资控制的上限。

（二）设计源头控造价原则

设计的节约是最大的节约。在项目可行性研究、初步设计、施工图设计等不同设计阶段关注造价控制，通过有效的设计管理，源头控制项目造价，优化工程投资。

（三）合理配置资源原则

合理配置资源是工程造价控制的重要原则之一。通过科学的方法和数据分析，确定各个环节所需的资源，并根据实际情况进行合理分配，包括人力资源、参建队伍资源、材料、设备和服务支持等，都要根据项目需求进行合理的规划和管理。在资源使用过程中，要注重效益和效率，避免资源的浪费和不必要的成本支出。

（四）质量与成本平衡原则

工程造价控制中需要注意质量和成本之间的平衡。在确保项目质量的前提下，尽量控制成本的支出。通过合理的工艺和材料选择、严格的质量管理措施，保证工程质量达到要求。同时，要注意避免一味追求低价而牺牲质量，产生后期维护和修复的额外成本，造价不是只为"省钱"，而是要选择性价比高、能价比高的工程资源。

（五）有效沟通协调原则

有效的沟通和协调是有效控制工程造价的重要保障。项目单位与各参建方的沟通，如与设计、施工、监理、调试、监造、代保管等单位进行有效沟通和协调，以确保各方目标达成的一致性；内部团队间、内部上下级单位间的沟通和协调，确保了各个环节的顺利进行。通过有效的沟通和协调，可以及时发现和解决问题，保证火力发电工程项目顺利进行和成本有效控制。

五、造价管理内容

火力发电工程造价管理内容包括工程概算、造价目标、执行概算、采购管理、合同管理、物资管理、专项费用管理、变更管理、预备费管理、财务费用管理、造价分析、工程投资结算、工程竣工决算等。

六、造价管理目标

火力发电工程项目应通过优化设计和精细化的过程控制，实现各项费用可控在控，达到同时期、同区域、同类型火力发电工程的先进造价水平。

七、各参建单位造价管理职责分工

为确保火力发电工程项目能够实现造价管理目标，项目单位应事先明确各参建单位造价管理职责分工。

（一）项目单位造价管理职责

项目单位是控制火力发电工程造价的责任主体，负责组织实施造价全过程控制工作，其主要职责：

（1）项目单位应建立健全工程造价管理体系，制定工程计量、结算、变更、造价分析等管理制度，明确项目单位职能部门的管理责任和义务，落实相关考核和奖惩措施。

（2）负责建立造价管理的月报制度，定期开展工程造价分析，过程中人、材、机调整，工程量调整，工程变更等须按月统计分析，掌握工程造价动态管理情况，及时采取纠偏措施。

（3）负责配备有经验的专业造价管理人员，确保持证上岗；通过外聘专业人员或聘请专业造价咨询机构协助进行过程造价管理工作，并通过咨询合同明确咨询单位参与方式、工作内容、工作责任、管理权限和奖励激励办法。

（4）各级管理人员须按各自职责要求，在工程方案确认、招标、执行概算、合同执行、变更确认、物资管理、造价分析、工程结算、竣工决算等过程中协调一致，实施相关造价管理工作。

（5）计划部门管理职责：

1）计划部门是工程造价管理的归口管理部门，牵头编写造价管理制度，建立造价管理体系。

2）负责编制工程年度资金计划。

3）负责工程投资统计工作。

4）负责建筑、安装、勘察设计、工程监理、技术咨询、服务、试验调试等工程及服务类招标及合同的商务谈判和签约。

5）对变更、签证工程量进行二次复核。

6）严格审核预、结算，核定设计变更等费用额度。

7）负责概算费用的划分和控制。

8）负责定期组织召开工程造价分析会并完成报告。

9）对工程造价控制情况和合同执行情况进行跟踪监督和定期检查。

（6）工程技术部门管理职责：

1）负责与设计单位联系，督促设计单位优化设计方案及合理地采用新技术、新工艺、新材料；对项目实施各阶段的设计深度把关；对设备选型、材料的选择和数量把关。

2）参与招标工作，提供技术材料，控制施工工期，编制建设期网络计划。

3）严格控制设计变更。

4）负责整个工程的质量监督与检验工作。

5）负责提供合同索赔及反索赔的原始材料。

6）参与施工单位的设备、材料的采购。

7）定期向计划部门提供工程造价分析报告中工程建设形象进度、发生的变更、索赔、施工措施等各种造价增减情况。

8）配合审查主体安装工程装置性材料的使用部位和数量。

9）参与造价管控的相关会议。

（7）物资管理部门管理职责：

1）编制物资管理相关制度。

2）负责做好设备、材料的招标工作。

3）负责处理设备、材料采购供应中的索赔及反索赔。

4）参与控制施工单位负责的设备、材料采购。

5）定期向计划部门提供工程造价分析报告中有关设备、辅机、装置性材料到货及供应情况，市场波动影响设备材料费用变动情况的分析。

6）及时建立与维护物资台账。

（8）财务部门管理职责：

1）严格执行《企业会计准则》，审核各项费用支出，选择资金筹措方式，制定筹资方案，编制筹资计划。

2）组织年度、月度资金需求计划的审查。

3）负责项目建设法人基本管理费的使用控制。

4）负责建设资金的合理使用，减少资金利息支出，定期向计划部门提供工程造价分析报告中其他费用支出及超概算情况、贷款利息增加原因的分析。

5）负责牵头税收策划、增值税抵免。

6）负责牵头制定基建期的工程保险方案。

（9）综合管理部门管理职责：

1）负责办公、会议、招待、差旅费、运输费等管理费用的使用控制。

2）负责控制人力资源相关项目费用。

（10）项目单位生产准备部门管理职责：

1）参与技术路线选型、设备选型。

2）参与设备技术参数、质量要求的拟定。

（二）设计单位造价管理职责

（1）严格按照投标承诺以及设计合同要求落实工程量的控制工作，严格控制设计变更，提高各项技术经济指标。

（2）严格执行限额设计。

（3）在项目单位的统一安排和部署下，在工程各阶段通过设计优化降低造价、提高质量。

（三）监理单位造价管理职责

（1）严格审核签证、变更、联系单等。

（2）严格审查工程合同款项支付申请文件。

（3）做好隐蔽工程和零星工程的验收和计量工作。

（4）严格审查施工单位上报的结算文件。

（四）施工单位造价管理职责

（1）在施工过程中，及时准确办理各类签证、变更、联系单等文件。

（2）及时办理施工月报，及时提报工程合同款项支付申请。

（3）配置足够的技经专业人员，及时与项目单位及其技经服务单位配合做好施工图工程量核对工作。

（4）及时办理过程结算和最终结算。

（五）造价咨询机构造价管理职责

（1）根据需要协助项目单位进行招标工程量清单的编制或审核工作。

（2）协助项目单位进行造价目标及执行概算的编制工作。

（3）进行图纸工程量的计算与核对；对重大（设计）变更方案发生费用提出审核意见；在约定时间内对各标段现场签证、变更单工程量进行费用核算，并提供结算意见。

（4）协助项目单位对工程合同结算价款进行审核，协助项目单位编制工程投资结算书。

（5）协助项目单位处理合同执行中的争议问题，协助处理工程施工中的索赔与反索赔工作。

第二节　造价目标管理

火力发电工程造价实行目标管理，造价控制目标一般由上级单位在批复的总投资内下达。项目单位是控制工程造价的责任主体，负责火力发电工程项目造价目标编制、上报及过程管理。并在上级单位审批下达的造价目标下，项目单位编制项目执行概算并定期开展项目造价分析，落实管理责任，实现项目层的目标管理。

在工程正式开工前，项目单位应按照造价管理要求，结合项目建设特点、技术方案、招投标情况及当地价格水平，编制项目造价目标并上报上级单位批准，经批准的项目造价目标是项目实施阶段投资控制的上限。开工后3个月内项目单位须完成执行概算编制并报子分公司审批，并以执行概算为基础定期开展项目造价分析工作，建立"集团公司造价目标总价控制，子分公司执行概算细化标尺，项目单位造价分析动态梳理"三级造价管控体系。

（一）工程概算编制

在项目初设阶段，项目单位需自行或委托工程总体设计单位编制工程概算，并将工程概算随相应设计方案报政府部门或受委托的工程咨询单位进行审查，经核准后的工程概算和咨询审查意见随设计方案一同报送上级单位批准。

（二）造价目标编制

造价目标是在工程正式开工前，按照上级单位造价管理要求，结合项目建设特点、技术方案、招投标情况及当地价格水平，项目单位编制并经上级单位或子分公司批准的投资文件，是项目实施阶段投资控制的上限。

（1）上级单位对电力建设工程造价实行目标管理，项目单位应根据下达的目标编制项目执行概算，落实管理责任，实现项目层的目标管理，造价目标应控制在上级单位投资决策批复的总投资内。

（2）电力工程应以全寿命周期成本最低、竞争力最强为目标，推行全过程动态管理，通过优化设计和精细化过程控制，确保项目造价达到"三同"工程先进水平。造价目标应在同等技术经济指标条件下低于同时期、同地区、同类型机组平均水平，工程投资结算应控制在造价目标以内。

（3）造价目标是工程建设过程中投资控制的重要依据，造价目标经上级单位审定后下达，无特殊原因，原则上不予调整。

（4）造价目标宜在主要设备、主体施工、主要 EPC 合同签订后开始编制。

（三）执行概算编制

在上级单位下发"三同"标杆造价目标和上级单位下发项目造价目标后，项目单位需编制项目的执行概算。执行概算是造价目标的具体表现，是工程建设过程中动态控制工程造价的重要依据。执行概算总造价必须控制在造价目标范围内，并反映工程造价目标的详细内容，项目的内容和标准不应突破审定的设计范围和上级单位相关的标准。

（1）项目单位计划部门负责执行概算编制的管理工作。执行概算可由公司委托有资质的工程造价咨询机构编制。

（2）执行概算编制完成后，由上级单位组织对执行概算进行审核批准。

（3）项目单位按照执行概算所确定的项目开展工程建设管理工作，在合同签订和执行过程中，同步进行对比和分析，在确保实现工程项目建设目标的同时，力争节约投资。

（四）造价分析编制

（1）项目单位在造价分析过程中应对照执行概算，对设备、材料、建安费用、重大（设计）变更、其他费用以及资金到位等方面进行分析，发现偏差查找原因，并从决策管理和技术方案等方面提出纠偏措施，及时落实到位，确保造价在控。

（2）项目单位应每季度召开造价分析专题会议。会议由项目单位造价管理第一责任人主持，对工程建设过程中的造价动态进行分析，阶段性总结造价分析控制情况。

（3）项目单位造价分析会议应形成专项分析报告，包括实际造价预测、与执行概算对比、合同结算总体情况、过程优化情况、存在的主要问题等内容，并报送上级单位。上级单位一般会定期参加项目单位造价分析会议，协调和解决存在的问题。

第三节　造价控制要点及措施

一、设计源头管理

树立"设计的节约是最大的节约"的理念。在项目可行性研究、初步设计、施工图设计等不同的设计阶段关注不同的控制要点，通过有效的设计管理，源头控制项目造价，优化工程投资。

（一）可行性研究阶段

本阶段主要关注的是投资与市场的关系，项目单位应坚持以"建成同时期、同区域、同类型机组中，单位千瓦造价、发电小时数、盈利水平等各项综合指标最具市场竞争力的一流发电机组"的目标开展研究工作。

1. 控制要点

（1）控总额。在确保本项目投资经济性先进，具有良好的抗市场风险的前提下，确定本项目的投资估算目标。

（2）控技术路线。进行多方案论证，确定适合本区域的技术路线。如煤场的储量和形式，机组调峰性能等。

2. 控制措施

（1）收集同时期、同区域、同类型机组工程造价等技术指标情况。

（2）收集本区域的电力市场交易、发电小时数、标杆电价等情况。

（3）收集本区域其他电厂不同技术路线的市场适应性。

（二）初步设计阶段

本阶段是影响工程造价水平的关键阶段，是可研技术路线的落实阶段。

本阶段投资控制的要点和措施主要是做技术经济对比，在不超可研估算的前提下，确定合理的技术方案，编制费用合理分布的初步设计概算。

1. 控制要点

（1）建筑多方案技术经济比选，如总平面布置、主要构建筑物结构形式等。

（2）设备工艺系统的选型及论证，如深度余热利用、双机回热等。

（3）智能智慧的应用范围和费用。

（4）供热设计接口及场地的预留。

（5）锅炉设备的多煤种适应性设计和煤场的配煤方式论证。

2. 控制措施

（1）与"三同"电厂、限额指标及可研报告中的主要工程量及费用进行比对，为方案的确定提供准确的造价边界条件。

（2）确定设备选型原则，控制进口设备范围，提高设备国产化率。

（3）控制建筑面积，确定适度的装修标准。

（4）围绕项目总体建设目标，控制初设概算各系统投资的合理分布。

（三）施工图设计阶段

本阶段主要关注施工图工程量和设备材料选型，继续对初步设计方案进行设计优化，减少冗余，合理配置。

1. 控制要点

（1）关注大型设备基础、主要构建筑物的工程量。

（2）关注循环水管道、厂外补给水管道材料选型。

（3）关注电缆、桥架的选型和工程量。

（4）关注全厂的管道布置。

（5）关注保温、装修材料的标准。

（6）关注施工图出具的时间与质量。

2. 控制措施

（1）对全厂主要构建筑物开展限额设计。项目单位应推动设计单位将投资限额分解成各专业限额，下达到各专业技术人员，分块进行限额设计，由"画了算"变为"算着画"，技术人员和技经人员共同进行过程造价控制。

（2）项目单位应在设计合同中增加"设计优化降低投资"调价机制，调动设计单位的主观能动性。推动设计单位对通过设计优化有效降低工程造价的设计人员进行奖励。

（3）项目单位应督促设计单位制订出图计划，要求设计单位严格控制设计深度符合率、图纸会审出错率、设计交底及时率、工代服务 24 h 处理率、图纸交付及时率、图纸升版数、设计变更数等指标。

二、招标采购管理

项目单位应树立"招标目的不是省造价，而是选择性价比高、能价高的产品"及"高质量招标可以降造价"的理念，通过有准备的招标，利用充分的市场竞争降低造价，优化工程投资。

（一）控制要点

（1）招标采购的及时率。

（2）招标文件的编制质量，重点关注工程量清单的特征描述，技术规范书与工程量清单的匹配度等。

（3）投标限价设置的合理性。

（二）控制措施

（1）项目单位编制《招标采购策划》和《高质量招标应具备的标准》，根据工程整体进度提前做好招标工作计划。

（2）通过招标采购工作，目的不是单纯一味地追求低价格，而是要选择性价比高、能价高的产品。

（3）施工标段合理划分，避免接口交叉。提前考虑施工期间便于实施，便于管控。

（4）项目单位招标前应开展广泛性、有效性的市场调研，在此基础上合理设置投标人资质业绩要求，充分体现竞争性，通过市场手段降低造价。

（5）针对设备类采购，项目单位在编制招标文件时，应通过多方案比选确定最终技术输入条件，提升技术规范书的编制质量。

（6）项目单位在招标文件中设置合理的调价机制，减少市场短期剧烈波动影响合同的履行，影响工程管理成本的情况。

（7）针对较复杂的招标项目，建议可采用两步式评标模式，减少采购内容的歧义对后续合同执行的影响，同时能够竞得满足采购需求的合理低价。

（8）项目单位应跟踪盯办招标项目的编审批环节，杜绝因招标拖延影响工程进度目标的实现。

三、施工组织管理

项目单位应树立"为参建单位降低成本就是为业主降低造价"的理念。通过合理有序的施工组织，顺畅推进工程进展。施工组织的本质是资源的调动，资源的调动意味着参建单位成本的投入，合理的施工组织可有效地降低造价，优化工程投资。

（一）控制要点

（1）图纸的出图时间。

（2）各施工单位的进出场时间。

（3）各施工单位的力能布置。

（4）现场施工总平面管理与合理分配。

（5）设备的到货时间。

（6）调试单位的进场时间。

（7）调试及整套启动燃料、大宗材料的到货时间。

（二）控制措施

（1）项目单位应重点关注施工组织设计，使资源能力得以有效发挥，避免"窝工"和"抢工"现象。

（2）项目单位应重点关注开工条件，良好的开工条件是工程顺利推进的基础和前提。

（3）项目单位应对施工现场总平面进行权限管理。

（4）项目单位应组织优化施工图纸出图顺序，图纸交付进度满足施工要求，保证连续施工。

（5）项目单位应紧盯设备监造和催交催运工作，确保交货时间与施工进度高度契合，在减少仓储压力的同时保障施工进度。

（6）项目单位应关注施工单位的资金使用需求，及时合规办理进度款项支付事项。

（7）项目单位应适时启动燃料和大宗材料的采购工作。

四、实施过程管理

项目单位应树立"精准发力，过程管理"的理念。火力发电工程项目实施过程阶段的投资控制较为复杂繁琐，实施过程中项目单位应加强对合同、变更、签证、结算、竣工决算等方面的管理，合理支出成本控制造价，优化工程投资。

（一）控制要点

（1）确定造价目标、执行概算，定期开展造价分析。

（2）设计变更的管理。

（3）签证及零星委托项目的控制。

（4）施工月报表的编审及进度款的支付。

（5）暂估价设备及材料的确定。

（6）竣工决算的管理。

（二）控制措施

（1）项目单位应及时组织完成造价目标和执行概算的编制和审批工作，作为工程投资管理的过程管控目标，指导造价管理工作。

（2）项目单位应在施工合同中明确分阶段结算和最后结算时间，以及必要的价差、量差、人工费调整原则。

（3）施工图纸到场后，项目单位及时组织做好审图及技术交底，提前发现、解决问题，减少设计变更。

（4）项目单位应组织做好现场签证的审核及管理工作，及时确定相应工作量，以有效避免签证失控。

（5）项目单位要高度重视过程结算的执行情况，及早组织召开月度结算会议，在工程进展的中后期，可根据结算进展，结合月度结算之外情况，可随时召开结算专项会议，及时处理合同争议，布置结算任务（如：施工图工作量核对、签证费用核对等），主动控制结算进度。过程结算的目的是实时调整合同预结算金额，过程结算趋近最终结算金额。过程结算既要防止因为实际工程量较合同清单量减少核对不及时，可能出现的合同超付情况；又要能够及时应对实际工程量较合同清单量增多的情况，及时将工程款项在进度款中进行支付，确保施工单位的资金使用，保障工程进度。

（6）项目单位应严格按照合同进行工程进度款支付，防止进度款批复金额超出结算金额。

（7）项目单位应及时审核施工进度报表，缩短工程款支付时间。

（8）项目单位应组织提前开展暂估价设备、材料的采购工作，与施工进度匹配。

（9）项目单位应深度应用基建工程管理软件，动态管理投资，为竣工结算打好基础。对于隐蔽工程，应以图纸为依据，及时核查完成情况及工程量，做好验收记录，防止结算时无据可查。

（10）项目单位应成立竣工决算组织机构，建立竣工决算组织运行规则。

（11）项目单位应严格核对合同条款，审核竣工结算编制范围，审核竣工内容是否符合合同条款的要求及验收是否合格。审核结算方法、计价方法、优惠条款是否符合合同规定。

（12）项目单位应按照竣工图审核工程量。在竣工结算审核中，应依据竣工图、设计变更、现场签证等，按照国家规定的工程量计算规则逐项核对。

（13）项目单位应严格执行计价依据与计价方法。竣工结算中，要严格按照约定的计价方法进行核算工程造价，不得更改计价方法。

（14）项目单位应及时处理遗留问题。在竣工验收阶段，要对遗留问题进行及时的处理，确保竣工结算正常进行。

（15）在工程建设的过程中，项目单位应组织做好相关资料的收集与整理（包括招标文件、投标答疑、投标文件、施工合同、有关协议、经批准的施工组织设计、图纸会审和设计变更、隐蔽工程记录、经现场工程师签复过的施工签证、甲供物质明细记录、施工图纸、工程竣工验收资料及施工阶段的笔记、照片等）工作，作为审核施工单位送审造价的依据，为竣工决算把关，确定合理的工程造价。

（16）对于火力发电工程项目，一般应在全部机组投产后3个月内完成投资结算报告。

五、财务成本管理

项目单位应密切跟踪资金市场，充分发挥"银行竞争机制"和"内部资源撬动作用"，拓宽融资渠道，丰富金融产品运用，持续压降资金成本，同时要保证工程进度所需资金，优化工程投资。具体内容见第十七章财务管理。

Management Practice of
Electric Power Engineering Construction

电力工程建设
管理实务 下册

火力发电工程篇

国家能源投资集团有限责任公司　编

中国电力出版社
CHINA ELECTRIC POWER PRESS

图书在版编目（CIP）数据

电力工程建设管理实务 . 火力发电工程篇 / 国家能源投资集团有限责任公司编 . — 北京：中国电力出版社，
2023.12

ISBN 978-7-5198-8738-4

Ⅰ.①电…　Ⅱ.①国…　Ⅲ.①火力发电—电力工程—监督管理　Ⅳ.①TM7

中国国家版本馆 CIP 数据核字（2024）第 052682 号

出版发行：中国电力出版社
地　　址：北京市东城区北京站西街 19 号（邮政编码 100005）
网　　址：http://www.cepp.sgcc.com.cn
责任编辑：宋红梅　娄雪芳　霍　妍　田丽娜
责任校对：黄　蓓　常燕昆　于　维　李　楠
装帧设计：赵丽媛
责任印制：吴　迪

印　　刷：三河市万龙印装有限公司
版　　次：2023 年 12 月第一版
印　　次：2023 年 12 月北京第一次印刷
开　　本：787 毫米 × 1092 毫米　16 开本
印　　张：48.75
字　　数：1189 千字
印　　数：0001–4500 册
定　　价：396.00 元（全 2 册）

《电力工程建设管理实务　火力发电工程篇》
编写委员会

主 任 委 员	刘国跃
副主任委员	余　兵　冯树臣　张宗富　张世山　郭晓刚
主　　　编	张宗富
副 主 编	郭晓刚　陈冬青　周平平　曹震岐　李立峰　韩华锋
	刘定军　江　军　俞基安　寇立夯　任子明
执行副主编	李耀和　丁伟平　刘志杰

编 写 人 员（按姓氏笔画排序）

马　昂　马　栋　王冬梅　王永成　王晓晖　毛承慧
付　琼　邢继涛　刘　丰　刘宏军　刘复平　刘洪军
刘　洋　杨　芳　杨　琴　何江涛　何金根　辛　将
宋海峰　张双代　陈洪杰　范春敏　国茂华　胡朝勃
郭　勇　郭恩山　焦体华

审 查 人 员（按姓氏笔画排序）

卢旭东　朱　雷　孙志华　李伟科　肖自平　余天塈
张凤玲　陈　禄　武秀峰　赵天宏　郝　卫　袁祖伟
曹文荪　焦林生

序

　　能源是工业的粮食、国民经济的命脉。能源安全是关系国家经济社会发展的全局性、战略性问题，对国家繁荣发展、人民生活改善、社会长治久安至关重要。党的十八大以来，习近平总书记提出不断发展"四个革命、一个合作"能源安全新战略，为我国新时代能源发展指明了方向，开辟了能源高质量发展的新道路。2020年9月，习近平总书记向全世界宣告"双碳"目标，并亲自决策、亲自部署、亲自推动"双碳"工作。

　　"在中国，煤电是个大事"。作为党的十九大以后第一家重组整合的，多元化、综合型、现代化的能源央企，国家能源集团坚持以习近平新时代中国特色社会主义思想为指导，积极践行"社会主义是干出来的"伟大号召，完整、准确、全面贯彻新发展理念，切实扛起能源强国、能源报国的职责使命，不断发挥"煤电化运"全产业链优势，以具有国能特色的能源发展模式走好能源产业中国式现代化道路，切实把能源的饭碗牢牢端在自己手里。国家能源集团自2017年11月28日成立以来，截至2023年底，火电装机达20873万kW，约占全国火电总装机量的15%；拥有百万千瓦级燃煤发电机组53台，约占全国百万千瓦级发电机组的28%，担当着"能源供应压舱石、能源革命排头兵"的角色，企业生产经营保持良好增长态势，为稳定国家宏观经济大盘作出了积极贡献。

　　新时代煤电企业被赋予新使命、新任务，成为落实国家加快推进火电绿色扩能工作部署、加快支撑保障型火电建设、增强系统调节功能和常态化保供能力、充分发挥兜底保障作用的"压舱石"，是稳定国家宏观经济大盘的核心力量。立足推动构建现代化能源产业体系、服务"双碳"目标，国家能源集团举全集团之力加强绿色转型发展，大力推进改革创新，深入推进能源革命，全力保障能源安全，推进煤电产业向高端化、低碳化、数字化、综合服务化转型升级，为新型能源体系和新型电力系统建设作出了"国能"贡献。

　　面对电力工程建设新形势、新任务和新要求，国家能源集团进一步强化工程建设全过程管理，2020年印发了《电力产业建设"两高一低"工程指导意见》，提出以项目全寿命期效益最大化为目标、建设高质量、高速度、低成本优质电力工程；聚焦新型工业化要求，建立了完善的电力基建管理体系，统筹利用集团公司内部电力建设和工程技术领域优势资源，切实发挥各专业机构作用，有效支撑大规模工程建设。

通过不断创新与实践，国家能源集团从体制机制上建立了一整套契合"两高一低"基建管理理念的火电工程建设管理模式，建设了一批国内外领先的标杆电力工程，积累了丰富经验，培育了优秀人才，创造了良好效益，为能源产业走好中国式现代化高质量发展道路探索出科学高效的"国能"方案。2023 年 12 月 16 日投产的湖南岳阳电厂 2×100 万 kW 新建工程，以 23 个月 20 天的工期创造了同类型机组建设的最快速度，将"云、大、物、移、智"等技术与电力生产技术深入融合，应用"带平衡发电机的一次再热双机回热技术""冷却塔圆井式中央竖井和渡槽式高位收水槽技术"等四项世界首创技术、"抽背式给水泵汽轮机 4 抽 1 排方案""国产大口径无缝钢管低温再热蒸汽管道布置方案"等七项国内首创技术，实现了机组一键启停、定期工作自动执行等功能。机组投产后的实际运行和性能试验数据表明，科技创新在工程中的应用取得了显著的节能效果，供电煤耗率优于设计值 267g/kWh，是目前国内一次再热百万千瓦机组最优水平，主要污染物指标排放值均优于国家超低排放标准，充分展现了清洁低碳、安全可靠、资源节约、智慧灵活的"时代特征"和创新引领、价值创造、协同高效、追求卓越的"国能特色"。

国家能源集团电力产业队伍始终秉承"敢为、敢闯、敢干、敢首创"的精神，勇于突破自我、突破现状，开发建设了一批"首创""第一"工程，湖南岳阳电厂 2×100 万 kW 新建工程是众多工程项目的优秀代表，基于该工程的建设实践，融合借鉴国内其他工程项目的建设经验，集团公司组织编写了《电力工程建设管理实务　火力发电工程篇》，对火电工程项目建设进行了全面系统的总结和提炼。希望该专著的出版，能够为火电行业工作者在保障项目建设、强化产业管理、提升管控效能上提供有益的帮助，为支持新型电力系统建设，发挥煤电兜底、保障、调节的基础作用提供有力支撑。

2023 年 12 月

前　言

随着我国"双碳"目标的提出和电力市场改革的持续深化，火电行业面临重大的电源结构转型变革、激烈的市场竞争、高企的燃料价格、日趋严格的环保要求等多重挑战。"高质量、高速度、低成本"优质电力工程管理理念是国家能源集团应对能源转型变革，打造世界一流能源企业，适应电力工程建设新形势、新任务和新要求的新理念。按照国家能源集团打造"高质量、高速度、低成本"优质电力工程要求，湖南公司研究制定出岳阳项目建设"两高一低"工程实施方案，将科技创新作为高质量推进工程建设的坚实支撑，通过研究科技创新清单，大力推进设计优化，将"云、大、物、移、智"等技术与电力生产技术深度融合，应用世界首创技术四项、国内首创技术七项，为项目高品质建设提供源源不断的动力，以23个月20天的工期创造同类型机组建设最快速度。基于该工程的建设实践，充分借鉴国内其他火电优秀工程建设经验，国家能源集团公司组织对火电工程项目建设进行了全面系统的总结和提炼，编写了这本《电力工程建设管理实务　火力发电工程篇》。

本书共二十章，从概述，组织管理，管理策划，合规及风险管理，设计管理，采购管理，开工管理，工程计划及进度管理，安健环及文明施工管理，质量工艺及精细化管理，造价管理，精细化调试，合同管理，物资管理，技术管理、科技创新及智能智慧建设，生产及经营准备，财务管理，档案管理，工程验收及项目后评价，团队建设及企业文化等方面，结合岳阳项目"业主主导、专业咨询"工程管理模式，系统完整地对工程建设管理理念、路径、方法、措施等进行了系统性归纳和总结。本书既涵盖了火力发电工程管理理论性内容，又有案例作为支撑，理论知识与工程实践相结合，充分体现"知行合一"，对火力发电工程建设管理具有较强的借鉴和指导意义。

本书编写时间紧、任务重，囿于水平有限，书中难免存在疏漏和不妥之处，敬请各位读者批评指正。

本书编写组

2023 年 12 月

目 录

序

前言

上 册

第十二章

精细化调试

机组启动调整试运是火电工程建设的最后一个阶段，是全面检验主机及其配套系统的设备制造、设计、施工、调试和生产准备的重要环节，是保证机组安全、经济、环保、长周期可靠运行，形成生产能力，实现投资收益预期的关键性程序。精细化调试追求所有运行工况精调细试，彻底摸清机组性能，扩宽机组运行适应能力，发掘设备安全环保、节能降耗潜力。

第一节　概述

一、精细化调试目的

机组的试运分为单体调试、分部试运（包括单机试运、分系统试运）和整套启动试运（包括空负荷试运、带负荷试运、满负荷试运）等阶段。

机组精细化调试工作的目的：通过精细化调试工作的开展，实现机组全部性能指标达到设计值，调试期间不发生安全事件和设备损坏事故，机组高标准达标投产；做到基建生产经营无缝衔接，确保机组投产后安全、经济、环保、长周期稳定运行，适应新型电力系统的需要。

二、精细化调试总体要求

精细化中的"精"是指精心策划、指标先进；"细"是指细分过程、明确责任；"化"是指标准化、规范化。精细化在总体要求是：

（1）通过精细化调试，发掘设备安全能力、节能降耗潜力，将机组各项性能指标调整至设计值，对于与设计值存在偏差的，认真查实原因，会同制造、设计、安装、生产等单位确定解决方案并组织实施解决，确保机组安全、稳定运行。

（2）检查、测试全厂热力系统状况，结合机组运行方式，分析、评估系统运行情况，提出各系统对经济指标的影响和改善建议，确保机组在各负荷工况达到安全和经济运行最优化。

（3）深入了解机组在偏离设计工况的运行条件下机组的各项性能指标和适应能力，深入发掘机组节能潜力，分析并指出系统运行方式或整改方向，最终实现机组运营安全可靠、指标优秀、节能环保、网源和谐目标。

精细化调试控制的关键指标包括：供电煤耗率、厂用电率、汽轮机热耗率、水汽油品质、变负荷速率、汽轮机真空严密性、发电机漏氢量、空气预热器漏风率，热控保护及自动投入率和正确动作率及自动调节品质，电气保护及自动投入率和正确动作率，深调能力，偏离设计工况的适应能力，一次调频、进相、自动发电控制（AGC）、自动电压控制（AVC）等涉网指标。

精细化调试控制的主要环节包括调试准备、单体调试、单机试运、分系统试运、整套启动试运、性能试验、验收签证、总结评价。

精细化调试要做到精心策划、指标明确、细化管理、过程控制、深化调试、细化调整、持续改进。

第二节　精细化调试的组织措施

一、试运组织机构

（一）试运组织机构的原则要求

（1）按照 DL/T 5437《火力发电建设工程启动试运及验收规程》的要求，机组试运机构应按图 12-1（试运组织机构示意图）的架构组建。

（2）应设启动验收委员会、试运指挥部及其下设分部试运组、整套试运组、验收检查组、生产运行组、综合管理组等工作组和锅炉、汽机、热控、电气等专业组。

（3）各层组织均由相关的各参建单位选派代表组成。

（4）为更好协调推进试运工作，各层组织相关人员应兼任，主要内容如下：

1）试运指挥部的总指挥、副总指挥宜兼任启动试运委员会成员。

2）试运指挥部副总指挥应兼任分部试运组、整套试运组、验收检查组、生产运行组、综合管理组的组长。

3）各专业组组长应为分部试运组、整套试运组、验收检查组或生产运行组的成员。

4）分部试运期间可根据工作需要，针对重要设备的单机试运工作在分部试运组下成立临时的单机试运小组。

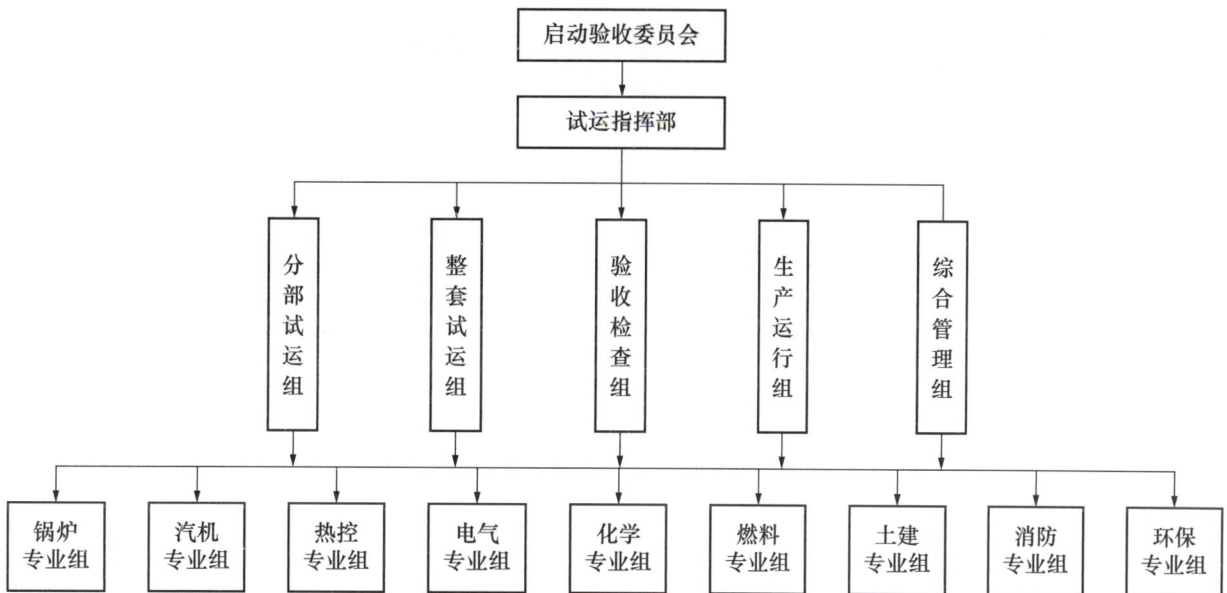

图 12-1　试运组织机构示意图

（二）试运组织机构职责分工

1. 启动验收委员会

（1）启动验收委员会应由投资方、政府有关部门和各参建单位指派的代表共同组成，其中电力建设工程质量监督机构、项目单位、总承包单位、监理单位、电力调度单位、设计单位、施工单位、调试单位、生产单位、主要设备供货单位等至少有一名代表。

（2）启动验收委员会主任委员应由投资方或项目单位的代表出任，并由投资方正式任命；副主任委员和委员的人数、提名可由项目单位、政府有关部门与各参建单位协商确定，各参建单位公司分管领导应出任启动验收委员会委员职位。

（3）启动验收委员会的工作职责包括：

1）机组整套启动试运前，应召开会议听取试运指挥部关于机组整套启动准备情况的汇报并进行审议，协调机组整套启动的外部条件，决定机组整套启动的时间、程序及相关事宜。

2）机组整套启动试运过程中，对试运指挥部无法做出决定的重大事宜进行审议并做出决策。

3）机组完成整套启动试运后，应召开会议听取试运指挥部关于机组整套启动试运情况和移交生产条件情况的汇报并进行审议，协调整套启动试运后的未完事项，决定机组移交生产后的相关事宜，主持办理机组移交产生的交接签字手续。

4）启动验收委员会应由项目单位在机组整套启动前组建，项目上级单位上报工程主管单位批准后生效并开始工作，办理完机组移交生产交接手续后结束。

2. 试运指挥部

（1）试运指挥部应在机组分部试运开始一个月前组建完成并开始工作，办理完机组移交生产交接签字手续后结束。试运指挥部下属组织机构应与试运指挥部同时组建。

（2）试运指挥部总指挥应由项目单位的主要负责人担任，并由工程主管单位任命。试运指挥部副总指挥和指挥部成员由总指挥与工程各参建单位协商确定。总承包单位、主体施工单位、主体调试单位和生产单位的现场负责人应在试运指挥部中担任副总指挥。

（3）应将试运指挥部任职人员名单上报工程主管单位，经批准后生效。

（4）试运指挥部的工作职责包括：

1）审批重要项目的调试措施或方案和试运计划，由总指挥或总指挥授权的副总指挥批准。重要措施或方案主要包括调试大纲、升压站及厂用电受电方案、化学清洗方案、蒸汽管道吹管方案、锅炉整套启动方案、汽轮机或联合循环机组整套启动方案、电气整套启动方案、甩负荷试验方案、精细化调试总体方案。重要工作计划主要包括单机试运计划、分系统试运计划及整套启动试运计划。

2）启动验收委员会成立前，全面组织和协调机组的分部试运工作，对试运中的安全、质量、进度和效益全面负责。

3）启动验收委员会成立后，协助启动验收委员会筹备全体会议；启动验收委员会闭会期间，试运指挥部代表启动验收委员会主持整套启动试运的指挥工作，对试运中的安全、质量、进度和成本控制全面负责。

4）协调解决试运中的重大问题。

5）组织和协调试运指挥部下属各工作组及各阶段的验收签证工作。

3. 分部试运组

（1）分部试运组组长应由试运指挥部中主体施工单位出任的副总指挥担任。试运指挥部中调试、建设、总承包单位、监理和生产单位出任的副总指挥或试运指挥部成员应担任分部试运组副组长。

（2）分部试运组的工作职责主要包括：

1）提出单机试运计划和分系统试运计划并上报试运指挥部审议批准。

2）按照试运计划和各项调试措施或方案组织分部试运阶段的各项工作，具体如下：

a. 协调组织土建、安装、单体调试工作，为单机试运和分系统试运创造条件。

b. 单机和分系统首次试运前，组织核查试运应具备的条件。试运条件应由各方代表填写签证确认。

c. 协调组织各单机和分系统的试运工作。

d. 单机和分系统完成试运后，按照 DL/T 5210.6《电力建设施工质量验收规程 第6部分：调整试验》组织办理单机试运验收签证和分系统试运验收签证工作。

3）组织分析和解决分部试运中发现的问题。

（3）各参建单位应派代表参加分部试运组。

4. 整套试运组

（1）整套试运组组长应由试运指挥部中主体调试单位出任的副总指挥担任。试运指挥部中主体施工单位、生产单位、总承包单位、项目单位和监理单位出任的副总指挥或试运指挥部成员应担任整套启动试运组副组长。

（2）整套试运组工作职责主要包括：

1）提出整套启动试运计划，上报试运指挥部审议批准。

2）按照试运计划和各项调试措施或方案组织整套启动试运阶段的各项工作，具体如下：

a. 组织各方核查机组整套启动试运前、进入满负荷试运、结束满负荷试运的条件，完成整套启动试运条件检查确认表签证并上报试运指挥部审议批准。

b. 全面负责整套启动试运期间的现场指挥和具体协调工作，严格落实调试措施或方案的要求，控制整套启动试运的各项技术经济指标。

c. 整套启动试运后，按照 DL/T 5210.6《电力建设施工质量验收规程 第 6 部分：调整试验》组织办理调试质量验收签证工作和各项试运指标统计汇总工作。

3）组织分析和解决整套启动试运中发现的问题。

（3）各参建单位应派代表参加整套启动试运组参与整套启动试运工作。

5. 验收检查组

（1）验收检查组组长应由项目单位出任的副总指挥担任。试运指挥部中监理单位、总承包单位、生产单位、施工单位、调试单位出任的副总指挥（或试运指挥部成员）应担任验收检查组副组长。

（2）验收检查组的工作职责包括：

1）组织对厂区外与市政、公交、航运等相关工程的验收或核查验收。

2）组织验收由设备供货单位或其他承包商负责的调试项目。

3）组织机组全部归档资料（安装调试记录、图纸等）和技术文件的核查和归档交接工作。

4）协调设备材料、备品配件、专用仪器和专用工具的清点移交工作。

5）组织建筑及安装工程施工质量验收、分系统及整套启动试运质量验收。

6）核查政府管理部门发放的证件、批复、评定报告等见证文件并进行管理。

7）对机组安装、试运缺陷、尾工等工作情况进行统计管理。

8）组织针对试运期间各专业的过程文件进行检查验收工作。

9）筹备针对工程质量的竣工验收工作。

（3）建设、总承包、监理、施工、调试、生产、设计等参建单位应派代表参加验收检查组。

6. 生产运行组

（1）生产运行组主要由生产单位的代表组成，生产运行组组长应由试运指挥部中生产单位的副总指挥担任。

（2）生产运行组工作主要职责包括：

1）核查生产运行的准备情况：

a. 运行和维护人员的配备、培训、考核和上岗情况。

b. 所需的运行规程、检修规程、管理制度、系统图表、运行记录本和表格、各类工作票和操作票、设备铭牌、阀门编号牌、管道介质流向标志、安全工器具和化验、检测仪器、维护工具等配备情况。

2）负责机组试运中的运行操作、系统检查和事故处理等生产运行工作。

（3）生产经营业务外包承接单位主要负责人应派代表参加生产运行组参与相应精细化调试工作。

7. 综合管理组

（1）综合管理组组长应由试运指挥部中项目单位的副总指挥担任。

（2）综合管理组的工作职责包括：

1）试运指挥部的文秘、资料和后勤服务等综合管理工作。

2）根据试运工作的进展发布试运信息。

3）核查和协调试运现场的安全、环保、消防和治安保卫等管理工作。

（3）建设、总承包、监理、施工、生产等相关单位派代表参加综合管理组参与相应精细化调试工作。

8. 专业组

（1）根据生产流程可设置锅炉、汽机、电气、热控、化学、燃料、土建、消防、环保等专业组，各专业组的工作职责主要包括：

1）在试运指挥部各相应工作组的统一领导下，按照试运计划组织本专业的试运工作，具体如下：

a. 各项试运工作的条件检查和消缺。

b. 试运前进行技术交底。

c. 本专业的试运工作。

d. 各试运阶段的验收检查工作及办理验收签证。

2）分析和解决本专业在试运中发现的问题，对重大问题提出处理方案，上报试运指挥部审查批准后执行。

3）组织完成本专业组试运相关的厂区外与市政、公交、航运等相关工程和由设备供货单位或其他承包商分包的调试项目验收工作。

（2）锅炉、汽机、电气、热控、化学和环保专业组的组长和副组长根据试运阶段不同由不同单位的人员担任：

1）在分部试运阶段，组长由主体施工单位的项目专业负责人担任；副组长由调试、监理、建设、总承包、生产、设计、设备供货等单位的人员担任。

2）在整套启动试运阶段，组长由主体调试单位项目专业负责人担任；副组长由施工、生产、监理、建设、总承包、设计、设备供货等单位的人员担任。

（3）燃料、土建和消防组的组长和副组长应由承担该项目施工、调试的单位和监理、项目单位或总承包单位的专业负责人出任。

（4）各专业组的成员宜由总指挥与工程各参建单位协商任命，并报工程主管单位备案。

（5）分部试运组、整套试运组、验收检查组、生产运行组人员可以和各专业组人员相互兼任。

二、各单位职责

（一）项目单位

项目单位职责是发挥工程建设的主导作用，全面协助试运指挥部做好机组试运全过程的组织管理和协调工作，主要包括：

（1）收集、汇编建设工程相关的资料和文件，编制和发布各项试运管理制度和规定，根据工作需要为施工、调试等参建单位提供设计和设备文件及资料。

（2）协调推进机组调试大纲、分部试运措施或方案、整套启动调试措施或方案、分部试运计划和整套启动试运计划等重要文件的编制与审批。

（3）通过试运指挥部对工程的安全、质量、进度、环境和职业健康进行控制。

（4）协调设备供货单位供货和提供现场服务。

（5）协调解决合同执行中的问题和外部关系。

（6）与电力调度、消防部门、环保部门、铁路、航运等外部相关单位联系。

（7）组织相关单位对机组的联锁保护逻辑和定值进行讨论并共同确认，组织完善机组性能试验或特殊试验测点的设计和安装。

（8）组织由设备供货单位或其他承包商承担的调试项目的实施及验收。

（9）试运现场的消防和安全保卫管理工作，做好建设区域与生产区域的隔离措施（具体工作委托施工单位负责）。

（10）参加试运日常工作的检查和协调，参加试运后的质量验收签证。

（11）组织办理设备和系统的代保管手续。

（12）根据各参建单位的试运工作进展，及时发布试运信息。

（13）机组移交生产后协调和安排未完成的施工尾工、调试项目和设备缺陷处理工作。

（14）机组性能试验的组织协调工作。

（二）总承包单位

总承包单位根据合同约定代表项目单位在试运工作中协调推进各项工作，主要包括：

（1）收集、汇编建设工程相关的资料和文件，编制和发布各项试运管理制度和规定，为各参建单位提供设计和设备的文件资料。

（2）协调和推进机组调试大纲、分部试运措施或方案、整套启动调试措施或方案、分部试运计划和整套启动试运计划等重要文件的编制与审批。

（3）协调设备供货单位供货和提供现场服务。

（4）组织完善机组性能试验或特殊试验测点的设计和安装。

（5）组织由设备供货单位或其他承包商承担的调试项目的实施与验收；参与和项目单位直接签订合同设备供货单位或承包商相应调试项目的验收。

（6）参加试运日常工作的检查和协调及试运后的质量验收签证。

（7）组织施工单位做好建设区域与生产区域的隔离措施。

（8）组织相关单位对机组的联锁保护逻辑和定值进行讨论并共同确认。

（9）组织办理设备和系统代保管手续。

（10）协调解决合同执行中的问题和外部关系。

（11）协助试运过程缺陷的管理工作。

（12）机组移交生产后的尾工及性能试验组织工作。

（三）监理单位

监理单位主要职责为根据监理大纲做好工程项目科学组织、规范运作的咨询和监理工作，对试运过程中的安全、质量、进度和造价进行监理和控制，主要包括：

（1）监理大纲的编制和审批。

（2）组织对调试大纲、调试计划、调试措施或方案、涉网试验措施或方案进行审核。

（3）负责试运过程的监理：参加试运条件的检查确认并对试运结果进行确认，组织分部试运和整套启动试运后的质量验收签证。

（4）负责试运过程中的缺陷管理：建立缺陷台账、确定缺陷性质和消缺责任单位、组织消缺后的验收并实行闭环管理。

（5）协调办理设备和系统代保管相关事宜。

（6）组织或参加重大技术问题解决方案的讨论。

（四）施工单位

施工单位主要职责是完成试运所需要的建筑和安装工程，负责试运中临时设施的制作、安装和系统恢复，并承担部分设备调试工作，主要包括：

（1）编制、报审和批准单机试运措施，编制和报批单体调试和单机试运计划。

（2）主持分部试运阶段的试运调度会，负责工作票安全措施的落实和许可签发，全面组织协调分部试运工作。

（3）单机试运期间组织完成单体调试、单机试运条件检查确认、单机试运指挥工作；试运完成后提交单体调试报告和单机试运记录，参加单机试运后的质量验收签证。

（4）单机试运完成进入分系统试运时，及时提供单机试运和单体调试文件包，主要包括：

1）经批准的试运方案。

2）单机试运条件检查确认表。

3）会签的设备分部试运申请单。

4）单机试运技术记录和质量验收签证单。

5）电气、热控保护投入状态确认表。

6）单机试运范围流程图。

7）试运范围之内的工程联系单、缺陷处理等。

（5）办理设备及系统向生产单位先行移交的代保管手续。

（6）参与和配合分系统试运和整套启动试运工作及试运后的质量验收签证。

（7）整个试运过程负责设备与系统的就地监视、检查、维护，并完成相应的消缺和完善工作，保证与安装相关的各项指标满足质量验收要求。

（8）机组移交生产前负责试运现场的安全、保卫、文明试运工作，做好试运设备与施工设备的安全隔离措施。

（9）机组移交生产后在生产单位配合下完成施工尾工并消除施工遗留的缺陷。

（10）机组移交时根据 DL 5277《火电工程达标投产验收规程》的要求做好资料准备、自检和迎检工作，并按 DL/T 241《火电建设项目文件收集及档案整理规范》的要求提交与机组配套的所有文件资料，移交机组未用完的备品备件和专用工具、仪器等。

（五）调试单位

调试单位主要职责根据调试大纲和试运计划做好分系统试运和整套启动试运工作，保证试运工作中的安全并优化机组运行后性能，主要包括：

（1）负责调试大纲、分系统调试和整套启动的调试措施或方案和试运计划的编制、报审、报批工作。

（2）机组整套启动试运期间全面主持指挥试运工作，主持试运调度会。协调由制造厂或其他单位负责的调试项目。

（3）参与机组联锁保护定值和逻辑的讨论。

（4）参加相关单机试运条件的检查确认、单体调试及单机试运结果的确认及单机试运后的质量验收签证。

（5）按照审批过的调试大纲、方案、计划，负责分系统试运和整套启动试运中的调试工作。

1）对试运条件进行检查确认。

2）试运前进行技术、安全交底。

3）监督和指导运行单位操作，并做好记录。

4）组织相关单位审核和签发工作票，并对消缺的时间做出安排。

5）参加试运过程中的质量验收签证工作。

6）试运工作结束后及时完成系统调试文件包的编写和提交。

（6）对试运中重大技术问题提出解决方案或建议。

（7）按照 DL/T 241《火电建设项目文件收集及档案整理规范》的要求按期完成资料移交工作。

（8）机组移交后，在项目单位的安排下完成试运期间未完成的调试项目或试验项目。

（六）生产单位

主要职责：

（1）生产运行的各项准备工作，主要包括：

1）燃料、水、汽、气、脱硫吸收剂、脱硝还原剂及化学药品等物资的供应。

2）生产必备的检测、试验工器具及备品备件。

3）生产运行规程、检修规程、系统图册、应急预案及反措、各项规章制度编制、审批和试行。

4）工作票、操作票、运行和生产报表、台账的编制、审批和执行。

5）运行及维护人员的配备、上岗培训和考核、运行人员正式上岗操作准备。

6）设备和阀门、开关和保护压板、管道介质流向和色标等各种正式标识牌的制作和安装。

（2）根据调试进度，在设备、系统试运前一个月以正式文件的形式将设备的电气和热控保护整定值提供给安装和调试单位。

（3）试运全过程中的运行操作，主要包括：

1）与电力调度部门的联系与协调。

2）试运机组与运行机组联络系统的安全隔离、联系与协调。

3）单机试运时，在施工单位试运人员的指挥下，负责设备的监盘、启停操作、运行参数检查及事故处理。

4）分系统试运和整套启动试运调试中，在调试单位人员的监督指导下，负责设备的监盘、启动前的检查、启停操作、运行调整、巡回检查和事故处理。

5）分系统试运和整套启动试运期间，负责工作票的管理、工作票安全措施的实施、工作票和操作票的许可签发、消缺后的系统恢复等工作。

6）水、汽、油、气、煤等各项日常化验、检测工作。

7）已经代保管设备和区域的运行和管理。

8）参加试运后的质量验收签证。

（4）对运行中发现的各种问题提出处理意见或建议。

（5）加强生产运行管理，保证机组各项技术指标满足设计要求。

（七）设计单位

主要职责：

（1）负责机组的整体设计与设备选型工作，提交完整的设计图纸和设计说明。

（2）提供现场技术服务，处理机组试运过程中发生的设计问题，并提出必要的设计更改或处理意见。

（3）针对试运指挥部或启动验收委员会提出的与设计相关的意见进行论证和完善工作，按期完成并提交相关技术资料。

（4）根据性能试验单位提供的测点清单完成性能试验测点的设计工作。

（5）当实际供货的设备与设计图纸不符时，负责对设计接口进行确认，对设备及系统的功能进行技术把关，对接口规范的修改提出指导意见。

（八）设备供货单位

主要职责：

（1）按供货合同和技术协议提供符合工程要求的产品说明、运行和维护技术参数、运行控制曲线、报警和保护的定值及相应的现场技术服务和指导，保证设备性能。

（2）按时完成合同中规定的设备安装和调试工作。

（3）负责解决责任性设备问题，消除设备缺陷。

（4）协助处理非责任性的设备问题及零部件的订货。

（5）参与重大试验方案的讨论和实施。

（6）参加设备首次试运条件的检查和确认，参加首次试运。

（7）参与设备性能考核试验。

（九）电力调度部门

主要职责：

（1）调度部门明确设备调度范围，并提供归其管辖的主设备和继电保护装置整定值。

（2）根据项目单位的申请，核查并网机组的通信、保护、安全稳定装置、自动化和运行方式等实施情况，检查并网条件。

（3）审批或审核机组的并网申请和可能影响电网安全运行的试验措施或方案，发布并网或解列许可命令。

（4）在电网安全许可的条件下，满足机组调整试运的需要。

（5）配合机组完成涉网试验和性能试验。

单独承包施工、调试、营运等分项工程的单位，在其分包工作范围内，其职责与主体单位相同。

三、精细化调试的组织措施

精细化调试是个系统工程，最终结果涉及设备选型配套、制造工艺、系统设计、调试运行及生产管理等诸多因素，在设备选型配套、制造工艺已成定局的前提下，精细化调试就是通过大量的基础工作，在确保功能达到最佳状态的基础上，探寻出机组的最经济环保运行方式。因此，为实现精细化调试目标，首先需要做好相关组织措施。

一般情况下，上级单位负责精细化调试标准的制定、修改工作，并监督、检查标准的执行情况。在调试监管工作中，对精细化调试的策划及执行情况进行监督检查。

上级单位负责督促、检查项目单位落实精细化调试标准，并对工程调试质量进行检查，对最终质量结果提出考核意见。

项目单位要组织成立精细化调试组织机构和办公室，统筹策划项目的精细化调试工作，明确各成员的分工和职责，制定精细化调试措施实施细则，组织开展精细化调试工作的实施，组织对精细化调试成果进行总结和评价。在精细化调试过程中，要构建生产基建一体化组织机构，生产及设备维护技术人员要进行有针对性的培训，并深度参与精细化调试过程。

精细化调试组织机构要确定精细化调试可行的目标、指标，制定主要的精细化调试项目；制订精细化调试工作计划，并报试运指挥部批准后执行；专门协调处理由开展精细化调试导致的与工程考核期的矛盾、原材料（水、电、煤）与基建成本之间的矛盾，协调解决精细化调试中的重大问题，组织、领导、检查和协调精细化深度调试各组及各阶段的验收签证工作。

精细化办公室负责提出精细化调试工作计划，在单机和分系统首次调试前，组织核查精细化深度调试应具备的条件，组织研究和解决分部调试中发现的问题；负责组织制定、实施精细化调试方案和措施；严格控制精细化调试中的各项技术经济指标。

在工程项目中，项目单位是精细化调试的组织者，调试单位是主要执行者，生产单位是主要验收单位，设计单位、施工单位、监理单位、制造厂家是精细化调试的相关单位。相关单位必须积极响应，分工合作、职责明确，为建设工程的精细化调试和高质量工程目标的实现保驾护航。

第三节　精细化调试的主要内容及项目

一、精细化调试的主要工作

精细化调试工作主要分为基础性工作、功能性调试工作、经济性试验工作、优化试验工作，这些工作相互交叉，涉及范围包括机组安装、调试的全过程。

（一）基础性工作

（1）严格控制油系统冲洗质量，减少轴系磨损的可能性。

（2）严格控制重要辅机安装质量，提高辅机稳定运行的可能性。

（3）严格控制锅炉受热面内部清洁度，减少炉管清洗、吹管时间。

（4）严格按行业、上级单位的化学清洗导则控制化学清洗工艺、质量和范围，确保清洗质量。

（5）严格按行业、上级单位的锅炉吹管导则控制锅炉吹管工艺、质量。

（6）按行业或制造厂的标准严格控制机组启动过程中汽、水品质，防止主设备受损。

（二）功能性调试工作

（1）DCS 的通道 100% 校验，I/O 信号 100% 的送点，保证控制系统的正确性、可靠性。

（2）逻辑保护100%校验、验收、签证，重要保护必须现场送点校验，保证逻辑保护动作的可靠性和准确性。

（3）分系统试运时即进行顺控系统投运试验，并考验顺控系统动作的正确性和可靠性，为APS调试创造条件。

（4）尽可能早地投入自动控制系统，并创造条件对控制子系统进行定值扰动试验和外扰试验，考验系统的响应能力和调节品质。

（5）通过各种试验，找出煤、水、风的最佳配比，找出与主蒸汽参数及负荷之间的关系曲线，为协调控制系统（CCS）的可调性提供依据。

（6）进行不同速率、负荷率下的变负荷试验，找出最佳的调节参数，使协调系统具有快速、稳定的负荷响应能力。

（7）进行辅机试运时力求系统的完整性（管/风道、旋转设备、阀/风门、测量信号、保护联锁等已按设计要求安装调试完成）。

（8）尽可能地提高各分系统的试运负荷，并创造条件，使各分系统尽可能地处于长时间试运状态，以考验、提高各辅助设备、系统运行的稳定性、可靠性。

（9）在高负荷状态下进行辅机动态切换试验，确定其动态响应能力和切换的可靠性。

（10）按设计功能和试验要求完成全部的辅机故障减负荷（RB）试验。

（三）经济性试验工作

（1）进行凝结水泵、给水泵、风机、磨煤机等主要辅机的最大出力试验，为单辅机运行提供依据。

（2）进行主要辅机和系统的特性试验，寻找最合理、最经济的工作点，为提高辅机运行的经济性提供依据。

（3）通过加热器水位的试验调整，找出能保证制造厂设计端差的最合理水位，提高回热系统的经济性。

（4）进行燃烧细调整，找出最合适的配风和最经济的煤粉细度，为控制煤耗率提供依据。

（5）进行不同负荷下的制粉系统投运组合试验，为控制厂用电率提供依据。

（6）通过各种试验，检查、减少系统内、外漏影响因素，减少工质热能损失，降低补水率。

（7）通过特种手段查找、减少真空泄漏影响因素，提高机组真空严密性。

（8）查找、封堵氢气系统漏点，减少补氢量。

（四）优化试验工作

（1）在整启前的锅炉洗硅阶段，进行单磨煤机的最大出力试验，为在特殊状态下快速提升燃料量提供可靠依据。

（2）为防止在进行锅炉最小稳燃负荷试验时发生机组跳闸现象，在锅炉蒸汽吹管的后阶段，进行锅炉最低稳燃试验，为带负荷状态下的最小稳燃负荷试验奠定基础。

（3）将机组酸洗临时系统和锅炉蒸汽吹管临时系统同步设计、统一考虑并提前安装，缩短工期、减少临时管道的安装工作量。

（4）在机组解列的状态下，进行RB的静态模拟试验，对RB控制系统的参数进行了调整优化，提高机组在带负荷状态下RB试验的成功率和可靠性。

（5）在整启前的锅炉洗硅阶段，组织进行吹灰系统的查漏和试运，为吹灰系统的可靠投入打下基础。

（6）在汽轮机冲转前，利用汽轮机旁路系统进行高负荷状态下的系统氧化皮冲洗。清除锅炉启停过程中剥落下的氧化皮。

二、精细化调试的主要内容

精细化调试内容有两个主要部分，一是常规设备和系统调试项目延伸的精细化调试工作，即常规调试的精细化。二是为扩宽机组的运行适应能力，发掘设备安全、节能降耗潜力，使机组各项运行指标达到最佳状况，实现机组运营安全可靠、指标优秀、节能环保为目标的针对性专项调试，即专项精细化调试。

（一）常规调试的精细化

在每个系统调试方案当中，增加了精细化调试的内容。如为节约厂用电，对凝结水变频控制做出了优化措施，保证在凝结水泵的变频工况下全开除氧器水位调整门，减少系统节流损失；高低压加热器及除氧器在汽水冲洗的过程中，增加对水位的实际校核；振动方案的精细化调试，调试单位应制定避免轴系振动的具体措施，以此保证轴振指标合格；为防止锅炉尾部烟道发生自燃，在锅炉吹管方案中要求空气预热器吹灰必须投入。为了保证质量目标的实现，调试项目部将精细化调试纳入了质量计划，每个系统调试都对应一个质量计划。质量计划突出了两个点，一是调试要实现的质量目标，二是为保证目标的实现而进行的过程控制。如闭式水系统试运至少要包括闭式水系统的系统冲洗、动态切换，运行中系统严密性、冷却水水量分配调整、各轴承温度振动、阀门及自动等，其中各轴承温度振动不能仅是满足不超过报警值，而是要不低于同类型设备的最优值，质量计划按照精细化调试质量计划（表12-1）进行管控。

表 12-1 精细化调试质量计划

序号	检查内容与要求	检查结果	检查单位						备注
			调试单位		监理单位		项目单位		
			控制方式	签字放行	控制方式	签字放行	控制方式	签字放行	

续表

序号	检查内容与要求	检查结果	检查单位						备注
			调试单位		监理单位		项目单位		
			控制方式	签字放行	控制方式	签字放行	控制方式	签字放行	

注　1. 控制方式：通过设置 H（停工待检点）、W（见证点）、R（报告或记录点）进行预先控制。

　　2. "备注"栏主要填写必要的监督手段和形成的签证记录等。

　　3. 精细化调试质量计划由调试单位编制，经项目单位会审认可和选点。

　　4. 调试完成后的验评签证，按相关验收评定标准的规定实施。

　　5. 如采用总承包模式，则相应增加总承包单位签字栏，完善其验收程序。

（二）专项精细化调试

调试单位要组织相关人员对本项目的重点和难点问题进行研究，梳理机组或系统要达到的主要指标，编制专项精细化调试方案。专项精细化调试方案要重点通过深化调试，扩宽机组的运行适应能力，发掘设备安全、节能降耗潜力；细化调整，提高机组的运行经济技术指标，使机组各项运行指标达到最佳状况，实现机组运营安全可靠、指标优秀、节能环保、源网和谐、创新有效等最终目标。

专项精细化调试要突出针对性，重点是：提高机组经济指标的精细化专项调试，保证以机组安全为目的精细化专项调试，保证机组试运工作精细化专项调试，保证机组试运过程节能降耗精细化专项调试，保证机组设计优化精细化专项调试。

1. 提高机组经济指标精细化专项调试

调试各专业根据机组经济指标控制要求，结合调试项目自身的特点有针对性编写了精细化专项调试措施。如真空系统为达到真空严密性小于等于 0.1kPa 的目标，编制了真空系统专项精细化调试方案，从安装和焊接质量、灌水的方法和高度、对真空泵的工作水温调整等方面保证指标的实现；同时编制作业标准化操作卡，对照操作卡按项工作，做到标准化作业。为提高机组经济指标一般需要编制的精细化专项调试方案有：

（1）锅炉燃烧调整优化精细化调试方案。

（2）防止蒸汽温度偏差精细化调试方案。

（3）高低压加热器精细化调试方案。

（4）凝结水系统精细化调试方案。

（5）循环水系统精细化调试方案。

（6）真空系统精细化调试方案。

（7）轴封系统精细化调试方案。

（8）协调控制系统精细化调试措施。

（9）磨煤机控制系统精细化调试方案。

（10）凝结水控制系统精细化调试方案。

（11）机组滑压运行曲线初步修正和优化方案。

2. 保证机组安全为目的精细化专项调试

为避免近期火力发电厂发生的事故，需要制定了专门的预防措施。如在润滑油系统精细化专项调试方案中，重点在于检查润滑油系统潜在的堵塞点和漏油点，尤其是主油箱、汽轮机前箱内部的隐蔽工程及主油泵出口止回阀等重点部位，以防机组断油烧瓦；在汽动给水泵精细化调试措施中，增加了对测量盘齿数实际检查及与热控设置相对照的质量控制点，避免汽轮机超速等。为保证机组安全一般需要编制的精细化专项调试方案有：

（1）锅炉爆管预控及处理精细化调试方案。

（2）汽轮机振动控制精细化调试方案。

（3）润滑油系统精细化调试方案。

（4）炉膛防内爆精细化调试方案。

（5）RB 回路精细化调试方案。

（6）电气二次回路精细化调试方案。

（7）升压站一次通流精细化调试方案。

3. 保证机组试运工作精细化专项调试

要结合项目自身的特点及调试单位的调试经验，编写保证机组试运工作精细化专项调试方案。如汽机专业要针对单汽动给水泵的特点，编写了汽动给水泵精细化专项调试方案，重点预防给水泵泵轴抱死和给水泵入口滤网堵塞，保证单台给水泵能够满足机组长期稳定运行的需要。保证机组试运工作精细化专项调试方案的具体内容如下：

（1）冲管精细化调试方案。

（2）汽轮机整套启动精细化调试方案。

（3）给水控制系统精细化调试方案。

（4）锅炉储水箱水位控制系统精细化调试方案。

（5）电气整套启动精细化调试方案。

（6）汽水品质改善精细化调试方案。

（7）低负荷工况下辅机跳闸时的平稳过渡专项试验方案。

4. 机组试运过程节能降耗精细化专项调试

为尽可能地减少机组启动试运过程中汽、水、油、电的消耗，需编写机组试运过程节能降耗精细化专项方案。如锅炉启动初期在确保设备安全、锅炉燃烧稳定的前提下，为降低启动试运成本、厂用电率，进行风机运行方式优化，以达到节能降耗的目的等。机组试运过程节能降耗精细化专项调试方案一般有：

（1）电气系统运行方式优化方案。

（2）锅炉启动初期单侧风机运行优化方案。

（3）机组试运过程节油方案。

5. 机组设计优化精细化专项调试

为提高机组的安全性与经济性，对机组状态进行诊断与评价。为保证机组的安全，机组启、停及任何工况下各项安全控制指标应在规程允许范围内，调试单位提出优化改进措施，在不对热力系统主要设备及主要管道进行重大改造的条件下，力求以最小的代价，使机组发挥最大的经济效益。如：

（1）汽轮机热力系统及疏水系统完善优化改进方案。

（2）启动试运期间，工业废水零排放实施方案。

6. 案例

某项目的创新点多，采用了侧煤仓布置的塔式锅炉、增加了补汽阀的新一代东汽机组、配套双机回热系统、APS2.0系统等多项新技术。为确保高质量投产，争创同类型机组的最好经济指标，调试单位根据以往的经验，结合项目重点和难点问题，编写了20项精细化调试专项方案：

（1）确保锅炉主再热蒸汽温度达到设计值的调整措施。

（2）防止机组热控电气保护误动拒动专项措施。

（3）确保机组系统不明泄漏量达标的专项措施。

（4）机组深度调峰、低于20%负荷稳燃的专项措施。

（5）确保机组全过程汽水品质达标的专项措施。

（6）机组各负荷区段精细化调试专项措施。

（7）烟气余热利用系统（空气预热器旁路及低温省煤器）精细化调试措施。

（8）烟塔合一高位收水冷却塔水质控制精细化调试措施。

（9）双机回热系统的精细化调试措施。

（10）制粉系统的优化调整措施。

（11）适应国家电网"两个细则"的网源协调性能指标专项措施。

（12）智能吹灰优化精细化调试措施。

（13）锅炉高参数下防止固态侵蚀的技术措施。

（14）掺烧部分新疆煤锅炉安全运行的专项方案。

（15）防止锅炉异物堵塞的专项方案。

（16）吸取事故教训，确保汽轮发电机组安全经济运行专项方案。

（17）主要辅机可靠性及性能优化提升方案。

（18）APS2.0精细化调试专项措施。

（19）确保调试期间废水零排放的优化运行方案。

（20）工程建设期节油实施方案。

三、精细化调试主要项目

（1）结合机组最低稳燃负荷、50%、75% 和 100% 负荷等负荷区段调试，应加强机组优化运行的调整试验工作，通过调整燃烧掌握不同煤质、不同负荷对机组运行适应性和技术指标影响程度，有针对性地进行精细化调试；并及时编制试验分析报告，提出设备、设计等方面需要完善的内容，初步提出最佳的运行推荐方式。

（2）在机组调整试验期间，依据锅炉、汽轮机、发电机及其配套系统的设备制造、设计标准，针对机组所在电网负荷状况和煤炭等主要原料供应情况，通过精细化调试，使机组的运行参数和运行模式达最佳状态。重点内容包括：

1）机组长时间运行负荷区间及低负荷区间的经济运行方式调整试验，为生产运营提供依据，提高机组在长期运行负荷区间和低负荷运行工况的经济性。

2）根据实际燃煤的情况，进行燃烧调整，摸索其最佳燃烧调整方式。通过燃烧调整，指导生产运行人员充分掌握制粉系统运行特性、出力能力和控制特性，及时调整锅炉的配风，保证燃烧的稳定性，特别是在煤质变差的情况下，应能保证锅炉正常的燃烧，减少、杜绝燃烧不稳造成的锅炉灭火事故的发生。

3）配置等离子体 / 微油点火装置的锅炉，在调试过程中应尽可能少投燃油或不投运燃油，降低调试成本，同时为今后机组正式投运后，在机组启动或低负荷运行时不投燃油系统提供技术指导。

（3）为减小空气预热器漏风系数、提高换热效率、达到合同保证值，在空气预热器经过热态运行冷却后，对轴向、径向、环向密封进行实测，与安装时的原始数据进行对比，对有变化的密封片根据实际情况进行调整。

（4）为进一步提高锅炉效率，使锅炉燃烧调整到最佳，在机组热态运行后，组织有关单位进行烟风系统挡板严密性检查；炉膛内部结焦、积灰检查；燃烧器、内外二次风、中心风系统检查；磨煤机内部检查及系统消缺等工作。

（5）为保证除尘效率达到和优于合同值，在机组热态运行停机后，组织有关单位进行除尘器内部积灰检查、清理；对系统进行检查、消缺后再一次进行冷态升压试验。

（6）在不同负荷段进行锅炉燃烧调整试验，合理配风，调整各制粉系统阻力及各输粉管阻力调平。通过变煤粉细度试验、锅炉燃烧配风的调整试验、锅炉氧量的调整试验、蒸汽温度特性的调整试验、变一次风压试验等，提出锅炉最佳运行模式。

（7）根据不同负荷、不同煤种情况下产生的灰量，进行锅炉吹灰系统运行方式优化调整试验，在保证锅炉稳定运行的前提下，摸索总结出一套按需吹灰的程控运行方式，提高受热面换热效率，减小蒸汽热损失。

（8）进行磨煤机运行优化调整试验，制定合理的磨煤机风煤比曲线，对各磨煤机出口的一次风速均匀性进行测量和热态调平试验。找出磨煤机最佳运行方式，准确控制磨煤机风煤比，满足锅炉燃烧的需要。

（9）对于空冷机组，冬季运行时进行防冻性能优化，针对现场实际情况，对空冷岛的防冻逻辑和控制方式进行优化，满足现场实际防冻要求。

（10）对于空冷机组，针对机组的背压受各种因素影响变化比较频繁的问题，进行机组空冷系统变背压试验，通过该项试验准确把握不同负荷工况下机组背压变化对主机热耗率的影响程度，同时校验厂家提供的"背压变化对主机热耗率的修正曲线"的准确性，为机组能耗诊断后期数据的修正提供可靠依据。

（11）对于供热机组，应针对机组供热工况下的负荷调节品质进行优化调整。

（12）完善凝结水系统控制逻辑，进行凝结水泵工/工频、工/变频事故互联试验；手动切换试验，进行凝结水泵带负荷状态下的工/工频、工/变频手动切换试验；以及凝结水泵密封水优化，调整密封水量使其最小化，设计有自密封系统的自密封。

（13）给水系统进行汽动给水泵汽源切换试验，机组带负荷试运期间，进行高、低压汽源切换试验，确保给水泵汽轮机转速不波动且能够适应甩负荷等恶劣工况；对于无电泵启动试验，电动给水泵与汽动给水泵并存的机组，启动过程中不启动电动给水泵，使用汽动给水泵上水；对于给水泵运行方式优化，确定给水泵并泵和退泵时机组负荷，备用泵停运备用，尽量降低厂用电；完成给水泵互联试验、最大出力试验，确保给水系统适应各类特殊工况。

（14）进行汽水系统阀门严密性检查，测试阀门内漏情况，减少系统内漏，提高机组整体热效率，保证阀门在各种运行工况不发生外漏及内漏，减少系统汽、水损失，保证机组热经济性和用水指标。在机组调试期间，针对机组不同负荷时检查、测试各阀门的内、外漏情况并做好记录，在机组停运期间组织施工单位、设备厂家及时消缺。

（15）加强化学监督，采取有效措施严格控制汽、水、油品质，保证各系统及主、辅设备的安全运行；在机组调试期间，汽、水、油等品质不合格，严禁进行相关调试工作。

（16）对现场在装的热控仪表扩大抽检力度，确保对现场所有热控测量元件进行100%校验，并提供校验报告。对于随设备不能拆卸的元件，必须要求厂家提供检验报告。

（17）根据各系统调试情况，分析各项保护逻辑的必要性及合理性，保证各项保护的安全性及可靠性；对保护提出优化方案，减少保护拒动及误动的发生。

（18）根据主、辅设备性能及阀门特性曲线，进一步完善自动调节系统的控制逻辑和参数；通过试验取得的数据，充分了解各调节对象在不同工况下的特性，有针对性地对各模拟量调节系统的控制策略进行优化，进一步提高系统的鲁棒性，确保机组安全可靠、长周期经济运行。

（19）认真做好试运时氢系统的严密性的测试及找漏工作，发电机风压试验参数（泄漏率）达到优良标准；氢气系统各仪表、氢气干燥器等与氢气系统同步投运。

（20）充分认识到（超）高排通风阀联锁保护的极端重要性，把通风阀逻辑按照主保护的高度进行管控。联锁保护逻辑应得到汽轮机厂家的确认，相关测点信号应按照"三取二"原则接入，（超）高排通风阀应采用气动阀门并具有FO功能（FO指气动阀门具有失气开启功能，当阀门气源丢失时阀门处于全开状态），不设前后隔离门。

（21）在机组调试期间，应加强安全管理，保证机组调试安全。在调试工作开展之前，应制定调试安全目标，建立调试安全管理体系，明确安全管理要求，辨识调试工作危险源，制定调试安全措施。

（22）针对近期发生的安全事故，要编制事故反措，举一反三开展事故预想，准确研判风险，落实管控措施，防止类似事故重复发生。

第四节　精细化调试管控措施

一、调试准备阶段

（一）项目单位主要工作

（1）组织各参建单位成立工程项目精细化调试组织机构，全面领导、协调和推进精细化调试工作。

（2）调试单位原则上与主体施工单位同步招标，使调试人员尽早介入工程建设的各阶段。招标文件中应明确常规调试精细化和专项精细化调试内容，提出通过精细化调试后机组需达到的性能指标要求。项目单位与调试单位签订合同时，技术协议中应提出通过精细化调试后机组需达到的性能指标要求（锅炉效率、汽轮机热耗率、供电煤耗率、厂用电率等），并在合同中明确奖罚条款。尝试研究采用基价和奖励的方式，调试单位按照标准完成常规调试精细化，可获得基价，完成专项精细化调试可实施奖励。

（3）在调试招标过程中，要特别关注调试项目经理的评价。调试项目经理应是组织能力强、专业知识全面、经验丰富、有同类工程良好业绩的人员，招标文件要把调试项目经理良好业绩、风评作为重点，而不仅仅是调试项目的多少。

（4）确定相对合理的调试工期，有足够时间完成全部精细化调试工作。原则上从机组整套启动至 168h 满负荷试运完成，不少于 1 个月，以保证有足够时间进行机组不同负荷段的运行优化调整以及对偏离设计值的参数的纠偏。建议对不同调试项目进行细化，对投产前必须完成的项目预留出足够的时间，对投产后需要持续的工作排出计划，由专人负责投产后继续进行；以上工作的前提是要明确工作内容，且明确在相应合同中。

（5）适时组建生产准备机构，配置生产运行人员及设备管理人员并进行有针对性的培训，人员培训合格后方可上岗。

（6）建立热控、电气逻辑保护管理体系，由 DCS 组态单位提供逻辑组态方案，项目单位组织会审后形成正式方案，并经项目单位负责人批准后最终确定。

（7）建立保护、报警定值管理体系，生产单位提供机组保护、报警定值，项目单位组织设计、生产、调试、安装、监理等单位进行审查，形成正式定值清单，生产单位以正式文件形式发布。

（8）组织收集同类型机组发生的负面事情，整理本项目负面清单，并要求调试单位落实。

（9）项目单位负责落实主辅工程之间工作接口部分的责任归属。调试单位对所有贯穿各界面的保护信号进行梳理并提出清单，由项目单位梳理主体单位和外委单位的合同内容并负责落实接口部分的责任归属。

（二）监理单位主要工作

（1）针对精细化调试项目的具体要求，明确调试项目的监理工作目标、程序、方法和措施。

（2）就与调试有关的前期工程情况，组织对调试单位进行交底，包括设计、设备、土建、安装等。

（3）建立、健全调试项目变更的管理程序，并严格执行。

（4）组织审核和确认（包括调试现场项目部的组织机构、管理制度、人员配备、特种作业人员资格证和上岗证、试验仪器设备等）。

（5）审核承担涉网试验和特殊试验项目的承包单位是否取得相关资质。

（6）组织审查调试单位调试进度计划、调试大纲、调试方案等。

（三）调试单位主要工作

（1）负责编写机组调试大纲、调试方案、调试进度安排、调试项目质量计划等综合性调试文件，特别是要提前编制机组化学清洗和锅炉点火冲管方案，提交项目单位，有利于相关工作的开展。

（2）调试单位要尽早进入现场，掌握机组安装情况，根据工程特点确定精细化调试项目，制定精细化调试方案和措施，特别是针对燃烧调整、机组的低负荷适应能力、偏离设计工况的适应能力、100%汽动给水泵、双机回热等保证机组安全稳定运行等问题要有切实可行的调试方案。

（3）针对近期发生的安全事故，编制事故反措，举一反三开展事故预想，准确研判风险，落实管控措施，防止类似事故重复发生。

（4）提前准备调试所需物资清单及调试过程中的临时设施和测点安装图，交建设或施工单位实施。

（5）应依据合同、设计文件和设备厂家性能保证等文件，编制保证机组性能指标的控制措施，并根据项目单位的审查意见修改完善调试大纲。调试大纲应包含近期事故反措及精细化调试内容，将非主调单位承担的项目纳入大纲统一管理。在编制调试计划时，应合理穿插相关性能试验项目，并协调解决调试与安装及调试中各节点之间的顺序安排。

（6）按照批准的调试大纲编制各专业和专项调试方案，调试技术方案应在调试人员了解、熟悉、消化和吸收相关技术重点、难点，并做好充分的技术准备的基础上编制。调试技术方案经各方审核通过（有条件的可聘请专家评审），方案中必须明确精细化调试的标准和控制措施及精细化调试质量计划。质量计划中设置质量控制点，明确质量控制程序，编制过程控制作业卡。

（7）调试人员应参加工程设计联络会、设计审查和施工图会审，协助确定性能试验测点布置；对系统布置、设备选型、工艺流程提出意见和建议。

（8）调试人员应参加 DCS 出厂前的组态学习，参加 DCS 出厂验收工作；机务调试人员需要与热控调试人员共同参加 DCS 的逻辑、保护和热控定值的审定；从设备运行角度根据设备资料及生产流程要求，针对每个系统从工作原理上分析控制逻辑的合理性，及时修改控制逻辑中不合理之处，把控设计源头。根据最终确定的联锁保护逻辑和定值，编制机组联锁保护试验传动表、I/O 通道（画面到卡件接线端）测试表、I/O 点（画面到就地）传动表等。

（9）电气二次人员参加对电气继电保护逻辑定值的审查和完善工作，提前检查设计配置的电气二次设备是否满足涉网和电测计量的要求，对相关设备是否满足涉网安全进行分析。

（10）在设备安装过程中，调试专业人员应深入现场，熟悉系统和设备，对发现的问题及时以书面形式提交监理单位和项目单位，并提出解决问题的建议和意见。

（11）为确保精细化调试工作的"可视化"，调试单位会同生产单位编制调试网络计划图、分系统试运计划表和阀门、测点、一次系统、电动机清单一览表，试运计划细化到每一个子系统，并在集控室或试运指挥部进行公告。要求各家单位进行现场签字确认，便于项目单位和各参建单位动态跟踪安装、调试、验收等环节的交接过程，及时掌握现场安装和调试的进度，真正做到计划、实施、跟踪、检查、验收，将各项工作落到实处，确保实现调试的精细化。

二、单体调试

（1）设备的单体调试工作包括一次元器件校验及阀门、挡板、开关等单体调试及联合传动等，主要工作流程如下：

1）施工单位根据设计资料整理单体调试的设备清单，编制工作计划和工作方案，及时组织完成相应的调试工作。

2）项目单位或总承包单位应向施工单位提供经生产单位技术负责人审批的联锁保护定值清单。

3）元器件及单体设备校验工作完成后，施工单位应出具校验报告。

（2）单体调试由施工单位负责组织进行，在进行调试前，各项验收签证资料应完整、齐全。建设、安装、监理、生产等单位应对照安装交付调试标准，逐项进行联合检查，并按照各自职责进行签字确认。

（3）针对电气二次、热控两专业所具有的技术特殊性，应明确界定调试单位与安装单位的调试工作交接面，防止出现交接死角。综合考虑机组发电机－变压器组保护系统、启动备用变压器保护系统和升压站保护系统的重要性和对机组长周期安全运行的重大影响，上述部分的单体调试工作由主体调试单位承担更为科学、合理。但是工作内容和报价等应在调试合同中明确体现。

针对由设备供货单位提供调试服务的单体调试，应明确界定其与调试单位及安装单位的调试工作交接面。

（4）项目单位应定期组织技术人员对现场热控、电气仪表（如变送器、就地压力表、压力、温度开关、温度测量一次元件、电测仪表等）进行抽检，对不满足校验精度的仪表应及时更换或重新校验。对抽检仪表由监理、工程部技术人员进行过程监督，并做好记录。

三、单机试运

单机试运是指相对独立的设备安装完成后，为检验其功能是否满足机组运行的要求而进行的试运工作。

（1）单机试运工作由施工单位负责组织并指挥生产运行人员完成，主要工作流程如下：

1）单机试运前，调试单位牵头完成相关设备报警信号、联锁保护逻辑的传动试验。传动试验的就地信号由施工单位施加，监理单位现场确认。调试单位应确保 DCS 的事件顺序记录功能和电气故障录波系统工作正常，维护好操作记录系统。

2）首次启动试运前，施工单位应按单机试运条件检查表组织监理、调试、施工、建设、生产等参建单位对试运条件进行共同检查确认并办理签证。单机首次试运开始前，施工单位应填写单机试运申请表。考虑现场试运条件闭环的实际情况，试运一般在提出申请 1 日以后进行。

3）施工单位按调试方案进行技术交底并做好记录。

4）施工单位按调试方案指挥生产运行人员完成启动试运工作，并做好现场巡查及记录。

5）设备供货单位应根据试运工作进度，派代表参加试运工作。

6）单机试运操作应在控制室操作员站上进行，相关保护应投入。

7）单机试运结束后，施工单位负责填写单机试运质量验收记录，监理单位负责组织相关单位完成验收签证。

（2）辅机设备在首次试转时应确认监控仪表齐全、校验准确。由 DCS 控制的辅机，电动机单独试转必须使用 DCS 操作，不得在开关室和电控柜操作。单机试转前应逐条确认启动条件，不具备启动条件时不得采用临时措施强制启动。

（3）单机试转验收合格后，施工单位应办理多方联合验收签证单，同时应以文件包的形式，将 I/O 一次调整校对清单，一次元件调整校对记录清单，一次系统调校记录清单，单体，单机调试记录，设备单机静态检查验收签证，单机试转验收签证等移交调试单位或监理单位，否则不准进入分系统试运阶段。

（4）调试单位要提早介入单体调试工作；加强单体调试的质量检查工作；参加单机试运的验收，对单机试运结果共同进行验收签证，单机试运要以达到设备技术参数标准，满足分系统试运为基本条件。

单体调试过程中介入的重点是辅机油系统调试、风机动静叶定位等与分系统联系紧密的工作。调试单位应参与润滑油流量开关整定、油压调整、动叶实际位置调整等工作，全过程跟踪，掌握厂家调试的第一手数据，同时对影响分系统调试的问题，做到提前提出解决，从而为分系统调试奠定坚实的基础。

（5）项目单位要组织建设、生产部门加强对辅机油脂的管理工作，在基建期制定设备给油脂标准。做好首次加油、油循环、油质取样送检以及定期做好设备润滑油（脂）的净化、更换工作，确保转动机械不发生由于设备给油不及时、油质监督管理缺失造成设备故障。

（6）按照"三同时"的要求，在变压器送电之前，各油站、空气预热器、柴油机在启动以前，完成消防喷淋的实喷验收工作。

（7）在分系统试运前，由监理及专业调试单位对支吊架的安装情况进行专项验收。重要支吊架调整到位，滑动支吊架不能缺少滑块。

四、分系统试运

（一）分系统试运流程

分系统试运是指单机试运合格后，为检验以其为中心的机组子系统是否满足机组运行的要求而进行的多设备联合试运工作。分系统试运必须在单体调试和单机试运合格签证后方可进行。

单机试运涉及相关系统，个别可与分系统调试联合进行，经试运指挥部批准，可以联合试运，联合试运期间责任主体不变，指挥权转为调试单位。分系统试运工作由调试单位负责组织，并指挥生产运行、施工等单位共同完成，主要工作程序为：

（1）调试单位负责组织试运系统各测点、阀门、挡板验收及联锁保护逻辑传动检查，施工单位应完成传动检查时被传动设备的电源或气源供给、解线和恢复、施加信号等工作。

（2）在开展分系统试运工作前，调试单位依据调试方案、标准化试运（试验）操作卡，由工作负责人组织建设、生产及各参建单位人员进行作业前安全技术交底、进行分系统试运前技术培训以及在试运结束后进行总结和点评。

（3）调试单位应填写分系统试运申请表，并按分系统调试条件检查表组织调试、施工、监理、建设、生产等单位对试运条件进行检查确认和签证。

（4）调试单位负责组织、指导生产运行人员完成试运系统的状态检查、运行操作和调整，做好试运记录。

（5）分系统试运结束后，调试单位负责填写分系统调试质量验收表；监理单位组织调试、施工、监理、建设、生产单位验收签证，并在调试现场张贴的分系统试运表上填写试运情况。

（6）分系统试运完成后，由施工单位负责办理设备系统的代保管手续。

（二）项目单位主要工作

（1）建立逻辑保护修改及投退的台账记录，控制逻辑需要修改时，应履行审批手续，由提出单位以调试联络单的形式提出修改原因和建议，经建设、设计、调试、生产等单位联合审批后，由 DCS 组态单位进行修改。

（2）建立定值修改台账记录，定值修改应履行审批手续，由提出修改单位申请，说明修改原因，经生产单位批准后方可实施。

（3）在重要设备安装和首次启动试运时，设备制造商必须到厂对安装情况、试运条件进行确认。

（4）运行人员及设备管理人员深度参与调试工作，熟悉系统及其特性；生产人员应逐项确认系统图与现场实际及设计的一致性；整套启动之前应充分吸收分系统调试成果，对主控、辅控、消防和外围系统的运行规程和系统图进行完善；消防系统规程必须在整套启动前与运行规程同步批准发布；运行人员编制消防装置操作说明。

（5）分系统调试验收合格后，应立即移交生产单位代为保管，对相关的遗留问题建立问题清单，由施工单位按照工作票管理的要求进行消缺。原则上不能因为不具备条件拒绝代保管，影响试运安全。

（6）已代保管系统的工作，必须执行"两票"管理制度；调试单位要对工作票和操作票的安全措施、对试运系统的隔离进行检查确认；"两票"内容用语要严谨、规范、没有歧义；坚决杜绝无票作业。

（7）施工单位在整套启动前应安排专人对DCS和电气二次系统机柜的接线进行全面的检查和紧固，对备用电缆进行检查；调试单位负责安排时间；生产单位进行现场监督和见证。电气热控保护逻辑由调试单位调试后，在整套启动前交由生产人员进行单独的全面检查和传动试验，进行初步验收，调试单位负责配合和安排时间，并对逻辑回路的正确性负责。

（8）项目单位应协调解决工程节点及各系统试运之间的先后顺序，具体内容如下：

1）机组化学清洗开始前，锅炉壁温全部安装完成，并上传至DCS。应完成锅炉炉膛冷态空气动力场试验，且锅炉应具备预点火条件；酸洗废液处理系统已到位，确保锅炉酸洗后20天内锅炉点火冲管。

2）锅炉炉膛冷态空气动力场试验前，脱硫、脱硝、除尘等系统应具备冷态通风试验条件。

3）锅炉点火吹管前，应具备锅炉投粉燃烧条件，全部磨煤机具备启动条件，锅炉"四管"检漏系统具备投入条件，硫装置及除灰、除渣系统具备投入条件；汽轮机润滑油系统及顶轴、盘车装置具备连续投用条件，缸温测点安装完成，可以正确指示缸温；保安电源系统、现场照明及事故照明等具备投运条件；电梯、消防设施、废水处理系统已投运。锅炉吹管时，在再热冷段进口加装集粒器，防止系统杂质进入再热器管屏。为确保超超临界以上机组实现稳压吹管，宜采用主蒸汽管道通过临时管道直接接至再热器冷段，再热器热段直接接至排汽管消声器的方式。

4）凝结水精处理系统应在机组吹管前具备投入条件，凝结水进入凝结水处理设备一般含铁量不应大于400μg/L。凝结水处理设备经调整后，出水品质及出力应达到设计要求。

5）机组整套启动前，脱硫系统、脱硝系统（SCR）具备投运条件，锅炉电梯、消防设施、废水处理系统具备投运条件。

（三）调试单位主要工作

（1）条件检查要精细，在分系统试运前，建设、安装、监理、调试、生产等单位应对照上级单位安装交付调试标准，在工程实体、验收资料、安全和环境三方面逐项进行联合检查确认，条件不具备的，不得进入分系统调试。

（2）逻辑检查要精细化，调试单位热控、电气专业应对联锁保护逻辑、定值进行仔细调试和验证，并组织相关单位进行验收，并办理签证手续。尤其是对保护逻辑进行调试时，具备现场实动条件的应采用就地实动，不允许从 DCS 中进行强制模拟。在热控专业技术人员对逻辑检查的基础上，机务专业人员要再次按联锁保护试验传动表中每条逻辑，从系统实际运行的角度出发，对画面、逻辑等进行检查、优化，模拟全部可能发生的运行工况，保证联锁保护逻辑、DCS 画面显示状态在首次使用中准确无误。系统试运时，保护应 100% 投入。

（3）测点应准确完备，测点从就地传动至 DCS 画面，不得从端子排施加信号；调试单位必须校对测点的量程；机务和热控专业人员联合进行阀门传动，检查阀门定位准确，开关方向正确且动作到位。执行机构要完成"断气、断电、断信号"试验，确认发生"三断"情况时，逻辑保护仍可以正常发挥作用。

（4）调试人员按照各分系统整理所属设备、阀门、测点清册，根据系统设计图纸，除完成常规调试下的安装工作的完整性、合理性的检查外，还要对各系统热控测点安装位置、型号等逐个进行检查，分析测点设置、安装位置、对测量准确性影响等的情况。保证测点显示准确，安装位置合理。

（5）所有具备条件的机组，应实现 APS 一键启动；分系统试运期间，调试、生产、DCS 厂家应对顺控进行专题研究，对功能组及子组进行逐项讨论，确保顺控能够 100% 投用。

（6）调试文件要精细化，在审查调试方案时，调试人员和运行人员应分专业检查二十五项反措要求在调试措施中的落实情况；要按照调试的系统和项目，在常规方案基础上增加有关性能指标、特殊项目等相关精细化调试的实施内容，将精细化调试工作落实到各分项调试内容中；要编写精细化调试质量控制计划，设置过程质量控制点；要同步编写标准化试运操作卡，实现调试作业流程规范化。

（7）在每个分系统调试前，调试单位应提出进入分系统调试的安全条件、设备条件、系统条件和技术条件，特别是空气动力场、化学清洗、锅炉吹管的条件，并在调试前组织各参建单位逐项进行确认，确保系统所属范围内的调试工作全部完成并通过验收，系统内的管道和设备全部安装完成，测点和阀门全部经过传动，联锁和保护试验通过验证。

（8）每个分系统调试完成以后，调试单位要编写调试总结，重点对系统与设计的偏差，对联锁保护逻辑和定值进行评审和修订，重新编制相应的机组联锁保护试验传动表，报生产单位和监理。生产单位专人负责定值和保护联锁逻辑的闭环管理。

（9）调试单位要优化调试程序，减少工质和材料消耗，系统的冲洗、吹扫应结合系统试运同步进行；凝汽器或凝结水箱、除氧器等汽水容器在上水进行系统冲洗或设备试运前必须人工清理干净，并通过验收；在设备试运的过程中，必须完成相关系统压力、流量、温度等测点的投入和在线验证；合理调整工期，尽量缩短化学清洗与锅炉吹管的时间间隔。

五、整套启动试运

（一）整套启动试运流程

机组整套启动试运是指将机组作为一个整体，完成从首次启动、调整试验、试运并逐步过渡到具备商业运行能力的过程，一般包含空负荷试运、带负荷试运、满负荷试运的几个阶段。整套启动试运由调试单位负责，并指挥生产运行、施工等单位共同完成，整套启动按照以下流程进行：

（1）项目单位在试运指挥部的领导下，组织监理、设计、施工、调试、生产等单位对整套启动试运条件进行全面检查，并报请质量监督机构进行整套启动前质量监督检查。质量监督机构对机组是否具备整套启动条件进行确认，发出并网许可证。上级单位调试管理中心组织启动前的检查，相关问题由项目单位负责封闭。

（2）项目单位生产部门申请电网调度部门组织相关专家对通信、电气一次、电气二次、计量、调度自动化等专业的设备配置、启动准备情况进行全面的并网条件检查（"二检查一确认"），检查后向生产单位通报检查情况，并整改完成。

（3）启动验收委员会召开首次会议，听取试运指挥部和主要参建单位关于整套启动试运前工作情况汇报和整套启动试运前质量监督检查的报告，对整套启动试运条件进行审查和确认，并做出决议。

（4）调试单位按整套启动试运条件检查确认表，组织施工、监理、建设、总承包、生产等单位检查确认并办理签证，报请试运总指挥批准。

（5）生产单位将试运指挥部总指挥批准的整套启动试运计划、电气整套启动调试方案、涉网试验方案上报电网调度部门，并在检修计划管理系统中提交新设备启动工作票，由调度批复整套启动试运计划，并下发调度方案。调试单位组织整套启动试运组按该计划组织实施机组整套启动的试运。

（6）机组整套启动试运期间，相关参建单位人员全过程参加试运值班。调试单位完成下列工作并做好记录：

1）根据调试措施对当班参与各方进行技术交底。

2）全面检查机组各系统的合理性和完整性，组织完成各项试验。

3）监督和指导运行人员进行试运操作。

4）对试运中重大技术问题提出解决方案或建议。

（7）完成机组空负荷、带负荷全部试验项目后，调试单位应组织施工、监理、建设、生产等单位，按机组进入满负荷试运条件检查确认表并办理签证，报请试运总指挥批准。

（8）机组进入满负荷试运条件检查确认表由试运总指挥批准，由生产单位向电网调度部门报告涉网试验完成情况、168h满负荷试运申请，并在检修计划管理系统中提交试运工作票，由调度批复 168h 满负荷试运申请，机组进入满负荷试运。

（9）机组满负荷试运结束前，调试单位按满负荷试运结束条件检查确认表，组织调试、施工、监理、建设、总承包、生产等单位进行检查并办理签证，报请试运指挥部批准。

（10）满负荷试运结束条件检查确认表经试运指挥部总指挥批准后，由总指挥宣布满负荷试运结束，机组移交生产单位，生产单位报告电网调度部门。

（二）项目单位主要工作

（1）机组进入整套启动前，项目单位应组织调试单位、施工单位和监理等单位对应具备的技术条件进行检查，详细确认和落实精细化调试的实施计划，评估各精细化调试项目的重点和难点，落实相关措施。

（2）对于机组，必须完成整套启动试运前质量监督检查，存在的问题应全部整改闭环完毕，并通过质量监督中心和调试管理中心确认后方可进行整套启动。

（3）坚持高标准进入整套启动试运，所有安装工作全部完成并通过验收；启动安全条件全部满足，安全设施要 100% 投入；整套启动前应完成的项目 100% 完成调试；现场标识标牌齐全；做到零尾工、零缺陷。

（4）项目单位应严格按照生产准备大纲完成生产准备工作，并在机组整套启动前完成生产准备验收；整套启动之前应充分吸收分系统调试成果，对主控、辅控、消防和外围系统的运行规程和系统图进行完善；消防系统规程必须在整套启动前与运行规程同步批准发布；运行人员编制消防装置操作说明。

（5）整套启动前，三大主机的设备制造商必须到厂对安装情况、试运条件进行确认；技术支持保障团队应到位，尤其是汽轮机首次冲转时，厂家和振动专家团队必须到厂提供技术支撑。

（6）机组试运过程中，运行单位应按时统计机组除盐水消耗量、燃煤消耗量、燃油消耗量、氢气量、机组发电量、厂用电量等重要能耗指标，记录疏水阀后温度。调试单位根据运行参数进行机组锅炉效率、发电煤耗率、厂用电率、供电煤耗率等重要指标的初步测算，将测算结果与机组各项设计值进行对比，查找影响机组经济性的主要因素，并进行现场整改或提供整改的技术依据和建议措施。在机组调试期间，具备条件的，完成部分性能试验，如辅机性能、环保性能、汽轮机焓降。

（7）机组进入 168h 满负荷试运前，项目单位一般向上级单位详细汇报精细化调试的工作项目和取得的成效，以及下一步完善工作的计划。由上级单位确认机组进入 168h 满负荷试运时间。

（8）在整套启动前，项目单位组织监理、施工、特殊消防等单位对感温光纤的敷设、电缆防火封堵、消防报警等进行检查，对所有报警信号进行试验，申请消防验收，并取得消防许可证。

（三）调试单位主要工作

（1）试运期间，相关保护应全部投入，需要临时退出保护的，必须按照保护退出要求履行审批手续并进行记录。带负荷调试期间，所有自动功能调整完毕，并经过验收确认。

（2）在整套启动空负荷试运阶段，应采用锅炉多次点火、冷热态冲洗及系统排空换水方式，多次对凝汽器、除氧器、凝结水泵及给水泵进口滤网进行清理检查，缩短水质合格的时间。

（3）在汽轮机冲转前，应采用汽轮机旁路系统进行蒸汽洗硅。冲洗蒸汽流量应达到额定蒸汽流量的 20% 以上。

（4）在带负荷试运阶段，应加强带负荷阶段水质监测力度，按批准的调试方案和负荷曲线进行调试。随着蒸汽压力的上升，各负荷段要停留足够的时间，及时进行排污洗硅，确保水、汽品质达到要求。期间可穿插进行部分涉网试验，确保各负荷段的时间。

（5）调试单位应严格按照 DL/T 657《火力发电厂模拟量控制系统验收测试规程》的要求完成自动调节系统定值扰动试验、负荷变动试验等，相关指标要满足电网的相关要求。同时，做好试验数据、画面和原始曲线等记录文件的留存工作，整理文件以备验收和检查。

（6）为达到机组长周期、安全、稳定、经济运行的目标，应在整套启动试运期间完成下列主要试验项目或性能试验准备工作：

1）锅炉断油（气、等离子）最低稳燃出力试验（达到设备制造厂保证值）。

2）机组轴系振动试验（包括各种工况的振动检测）。

3）机组 RB 试验。

4）机组最大出力试验。

5）电除尘效率试验。

6）完成一次调频、进相、电力系统稳定器（PSS）等涉网试验。

（7）根据机组参数的增加，组织监理、施工、生产单位对锅炉膨胀、支吊架的情况进行检查，对影响膨胀、偏移支吊架进行处理。

（8）机组运行过程中组织生产、施工、监理人员对机组的保温情况进行全面检查，找出超温点；对阀门内漏、外漏情况进行全部排查，利用整启期间临停的机会进行处理，确保散热损失和不明泄漏率达到性能试验值。

六、性能试验

（1）如因客观原因，存在未完成的精细化调试项目，待条件具备后，项目单位负责组织调试单位在机组考核期内完成相应的精细化调试项目。

（2）项目单位应要求相关单位加强机组性能优化试验工作，诊断设备及系统的性能，检查、测试全厂热力系统状况，分析评估系统运行情况，提出系统对经济指标（汽轮机热耗率、供电煤耗率、厂用电率等）的影响和完善意见。总结设备及系统的优化性能曲线，掌握机组经济运行区域和运行工况，了解机组在偏离设计工况运行条件下机组的各项性能指标和适应能力，为机组节能降耗运行提供可靠依据。

七、验收及签证

（1）项目单位应明确要求监理单位对精细化调试过程采取检验、巡视和旁站等手段进行检查和监督。

（2）项目单位负责精细化调试项目实施情况的监督工作，项目单位生产准备人员应跟踪并参与精细化调试工作。

（3）精细化调试项目实施签证制度，签证单位由项目单位工程管理部门、项目单位生产管理部门、监理单位、调试单位、施工单位、设备厂家等组成，普通试验项目按照整体列表方式逐项签证；对试运过程中的专项试验，要进行独立签证。

八、总结与评价

（1）监理单位应建立调试情况分析制度，分析系统调试工作完成后，应对所调试系统的设计、设备、安装等做出分析评价，提出整改完善的建议。

（2）调试工作全面完成后，由调试单位负责整理编写调试报告，对试运中设备、系统出现的问题进行分析汇总，提出解决问题的建议及意见。调试报告要内容完整、数据准确。

（3）根据精细化调试成果，调试单位还应编制精细化调试专题报告，提出机组投入生产运营后经济运行方式的意见或建议。

（4）调试工作全面完成后，项目单位的工程项目精细化调试组织机构应组织所有参建单位对精细化调试工作成果进行总结、评价，总结经验，分析差距，做好后续工作安排，为同类型工程提供借鉴。

（5）对调试过程发现的控制逻辑不合理、控制功能不完善、辅机电气保护值不满足涉网安全等相关内容，调试单位协助项目单位对热控保护定值和报警值进行修订，生产单位一般要在168h试运完成30天内发布新的定值清单和逻辑说明。

（6）调试单位要对调试过程机组运行特性、设备状况进行总结，对调试过程中发生的问题，同类型机组和设备出现的所有问题进行分析，协助生产单位将这些经验教训在重新修订的运行规程和检修规程中体现，新的运行规程和检修规程一般要求在168h试运完成30天内完成。

九、某2×1000MW 新建工程精细化调试管控案例

某2×1000MW 新建工程项目，项目单位主要采取以下管控措施实现精细化调试：

（一）明确精细化调试目标

（1）明确单位工程合格率为100%，分项工程合格率为100%；调试专业工程质量评价达到95分以上。

（2）实现 10 个"一次成功"目标。锅炉整体水压试验一次成功；厂用电受电一次成功；锅炉酸洗一次成功；制粉系统投入一次成功；除尘器投入一次成功；锅炉点火一次成功；汽轮机冲转一次成功；发电机并网一次成功；脱硫系统投入一次成功；机组 168h 满负荷试运一次成功。

（3）实现 5 个"100%"。汽水品质合格率为 100%、热控保护投入率为 100%、热控自动投入率为 100%、电气保护投入率为 100%、电气自动装置投入率为 100%。

（4）实现机组一键启停。

（5）双机回热系统稳定，负荷响应速度满足一次调频和 AGC 的要求，具备深度调峰能力。

（6）锅炉热效率、机组热耗率、锅炉出力、空气预热器漏风量、锅炉不投等离子最低稳燃负荷等指标优于设计值，烟尘、SO_2、NO_x 排放指标低于设计值。

（7）各种安装质量指标达到行业最优值，要求主机轴振小于等于 $76\,\mu m$，发电机漏氢量小于等于 $10\,m^3$（标准状态下），真空严密性不大于 $100Pa/min$。

（8）投产后，要达到：

1）投产后一年内不发生锅炉泄漏事件。

2）投产后一年内无重大安全事故隐患。

3）投产后一年内不发生主机、主要辅机重大质量事故。

4）投产后一年内无非政策性技改。

5）投产后一年内不发生因逻辑不合理导致的非停（发电机组非计划停运）。

6）投产后连续长周期安全稳定运行大于 300 天。

（二）加强精细化调试策划

（1）严格按照有关火电机组洁净化安装管理标准、火电工程安装工程关键工序交接基本条件标准等高标准交付调试的要求，每个关键调试节点均按照条件确认表逐条落实，各参建单位签字确认，真正使每个节点条件交付调试前均达到高标准。

（2）严格落实有关精细化调试质量控制管理标准及关于进一步加强火电机组调试管理的通知要求，规范机组调试管理，保障调试安全，提高调试质量，防止在调试过程中出现设备损坏等事故。主要通过以下措施落实执行力度：

1）强化组织管理，落实各参建方责任。

2）规范过程管控，严格执行作业规程。

3）进一步落实风险预控措施，确保调试安全。

4）严格精细化调试标准，确保重要试验不漏项，确保调试质量。

（3）优选调试单位和项目经理：高度重视调试单位和调试项目经理（调总）的业绩水平，通过招标选择技术能力强、调试经验丰富、有同等级同类型机组调试经验的调试单位。调试单位进场时，项目单位严格审查相关人员资质能力，调总及各专业负责人应与投标承诺一致。

（4）组建成立高效的工程试运指挥部组织机构：

1）成立工程试运指挥部组织机构及精细化调试组织机构，调试及各参建单位组建了一支高水平调试团队，严格落实"调试纳总"，整个调试工作在试运指挥部的统筹协调下开展工作，做到有条不紊，忙而不乱，在保证调试质量的前提下扎实推进工程整体进展。

2）调总常驻现场，不兼管其他项目；调试单位本部组建项目专家支撑团队。

3）监理单位负责缺陷的管理及闭环工作，每日进行盘点，及时协调相关问题，确保实现"零缺陷移交"的目标。

4）分系统试运时，严格管控现场安装尾工，通过代保管促进现场的文明生产。独立系统分系统试运完成后，原则上一周办理设备系统的代保管手续，配电室送电前完成代保管。

（5）实施基建生产一体化，生产部门全程融入调试过程。

1）启动调试前，健全生产管理体系，生产技术、发电、设备管理各部门分工明确，主要人员均已在岗，检修班组均已成立，班组管理人员均已定岗。

2）技术管理委员会、技术管理委员会办公室、技术管理专业组职责明确，各专业组包含基建及生产等专业人员，协同解决基建及生产问题。

3）生产人员全面介入设备监造、安装调试等各项工作，基建生产无缝衔接。

4）外委队伍主、辅标段厂用电送电前全部签订合同，运维人员到厂，并参与运行倒班、值班、安装和调试跟踪、缺陷发现及跟踪闭环等工作。

5）运行人员从升压站送电前按调试要求正常倒班，GIS等区域已移交代保管，基建生产顺利交接。

6）生产单位和调试单位共同编写82份调试标准作业卡。

（三）重点项目重点管控

（1）高层策划双机回热工作：

1）成立了由子分公司总经理负责的双机回热领导小组和项目单位总经理负责的工作小组，调试单位安排两位博士专门负责双机回热工作。

2）邀请全国范围内部相关专家组织了9次专题会讨论双机回热问题。

3）重点研究以下双机回热的技术问题：抽背式汽动给水泵启动方式；抽背式汽动给水泵特殊工况试验；双机回热系统控制策略；抽背式给水泵汽轮机回热系统管道接口推力对缸体稳定性的影响分析；变流器发电模式下甩负荷试验；高压加热器解列RB试验；7号低压加热器解列时排汽切换试验。

（2）提前策划APS2.0，实现三个同步：

1）机组投产前一年，设计单位开始APS的设计和组态，仿真工作。调试单位专门采购仿真系统，布置在项目现场，对相关逻辑先仿真后试运。

2）单机试运要重点控制辅机质量，分系统试运重点关注顺控，确保APS同步设计、同步调试、同步验收。

3）机组分部试运前基本完善APS的相关组态，锅炉冲管期间的第二次点火开始采用APS启动，机组带负荷调试阶段的第一次启动采用APS方式。

（四）合理确定精细化调试计划，并刚性执行

（1）各系统施工进度计划略提前于调试工作：

1）受电后对施工单位的要求是必须保证连续调试。

2）厂用受电以后由调试单位牵头组织试运协调会，通过调试促安装进度，及时解决相关问题。

（2）对双机回热系统等关键新技术应用系统排定合理的工期计划，应充分汲取同类型项目经验教训，留好余量。

（3）提前策划 APS 调试，由调试单位负责方案设计和组态。

（4）工期安排方面给热控自动各工况试验留足时间。

（五）严格执行精细化调试方案、措施

1. 方案措施全面、细化

（1）严格按照国家、电力行业、国家电网、国家能源集团等规范、规程和标准要求，制定各专业的分系统与整套启动试运工作的范围、具体项目，以及据此编制调试方案措施。涉网项目提前与网调沟通一致。

（2）广泛搜集同一设计院设计的、同类型项目的负面问题，做到负面预防，正面推行，制定针对性精细化措施。

（3）对 APS、抽背式给水泵汽轮机系统等特殊项目的方案及措施进行细化，对调试方案组织专家外审。

（4）确定科技项目（智能智慧）调试范围、深度。

2. 调试期间完成全部精细化调试项目

（1）机组整套启动期间，除完成常规调试项目和精细化专项以外，根据机组运行手段实际情况，完成了锅炉燃烧调整、磨煤机变煤种试验；进行了一次调频小频差优化试验，机组满负荷一次调频最大幅度试验；在不开启补气阀情况下核定机组容量 1000MW，进行退高压加热器最大出力 1000MW，凝汽器半边运行最大出力 600MW 等试验。

（2）项目单位组织生产、工程、设备等部门核查生产过程中可能出现的问题；调试单位组织完成厂用电的事故切换，进行汽机阀门全行程等风险试验。

（3）整套启动前，调总针对近年来的 15 个事故案例组织主要生产、调试人员进行学习、考试，并要求将项目有可能发生的事故案例的防范措施以操作票或修编运行规程的方式体现。

（六）明确规范工作程序

（1）严肃调试指挥体系，特别是明确调试对生产运行人员的指挥。

（2）严格落实节点条件标准，不得出现甩项、漏项、降低条件的情况。

（3）严格签证程序，签证未办结不得进行下一个调试项目。

1）实施调试文件包制度。严格单机试运、分系统试运、整套启动前准入条件，设置文件包见证点。由监理单位对试运前文件包进行规范。

2）实施逻辑验收、组态验收签证卡制度。

3）编制应遵循的多个相关调试管理制度。

（七）严格预控事故风险

（1）严禁方案措施无危险点分析和预控、反措。

（2）防范重大恶性事故的发生，对照二十五项反措落实重大预控措施。

（3）坚持负面问题清零原则：

1）针对调试技术质量负面清单库逐条逐项核查，制定专项措施。广泛调研，收集同一设计院设计的、同一类型系统的相关问题，形成了负面清单。重点解决高压加热器液位计的安装，凝结水泵入口管的复核，空气压缩机出口母管、升压站计量设计不规范，升压站到智控楼通信没有两个通道，锅炉水冷壁过渡段柔性化处理，刚性梁影响膨胀等问题。

2）调试期间继续收集国内已投产同类型百万机组调试过程中发现的问题，进行预控。

第十三章

合同管理

合同是民事主体之间设立、变更、终止民事法律关系的协议。合同是纽带，是基础，是维系协议各方实现共赢的重要手段，体现火力发电"业主主导、专业咨询"工程项目管理模式下合同管理的重要性和不可或缺。火力发电工程项目要顺利实现工程建设目标，必须充分发挥合同所代表的"契约精神"，高度重视和强化合同管理，以合同合约为依据，诚实守信，合作共赢。本章主要从合同管理的概念、目的、意义、管理内容、管理原则，以及合同签订、履行、变更与解除、纠纷处理等方面进行详细阐述。

第一节 概述

一、合同管理概念

合同管理是以实现合同价值为目的，以合同为管理对象，依照法律法规，涵盖合同资信调查，意向接触，合同谈判审查、审批、订立、履行、变更、解除，纠纷处理，归档，合同授权，合同印章管理等全过程、全方位的管理行为。合同管理是注重全过程、系统性、动态性的管理过程。

二、合同管理的目的和意义

合同管理可以实现保障企业权益、体现合法公正、确保履行约定、降低企业风险、规范企业管理、构建合作互信机制等目的。企业应该高度重视合同管理工作，制定完善的合同管理制度、加强合同执行监督、提高合同管理人员素质等，从而不断提高自身合同管理水平，为企业稳定健康可持续发展做出贡献。

三、合同管理内容

合同管理的内容主要包括合同管理组织职责分工、合同订立管理、合同履行管理、合同变更与解除、合同纠纷处理和合同档案管理等合同全生命周期管理。

四、合同管理原则

合同管理一般遵循以下原则：

（1）依法履约原则：遵守法律法规，尊重社会公德，不得损害社会公共利益。

（2）诚实守信原则：根据合同的性质、目的和交易习惯履行通知、协助、保密等义务。

（3）风险防控原则：加强事前防范风险、事中控制风险、事后补救，有效控制对外签约中的法律风险。

（4）统一归口管理与分类管理、集中管理与分级授权管理原则：合同一般实行统一归口管理，按照合同类型不同，采取不同的合同管理策略，实行承办人（执行人）、审核会签、授权委托、统一编号、台账管理、合同监督及合同统计归档等制度。

（5）协调合作原则：本着团结协作和互相帮助的原则去完成合同任务，履行各自应尽的责任和义务。

（6）动态管理原则：在合同履行过程中，进行实时监控和跟踪管理。

第二节　合同管理职责分工

合同管理要明确职责分工，一般按合同归口管理部门、合同承办部门、合同业务部门、合同协办部门、公司领导进行职责分工。

一、合同归口管理部门

合同归口管理部门一般为公司法律事务管理部门。其合同管理职责一般如下：

（1）负责制定合同管理办法并组织实施。

（2）负责合同的法律审核与合同管理工作。

（3）会同相关部门制定或推广使用合同范本。

（4）负责对外签约所需的法定代表人授权委托书的具体办理事宜。

（5）负责合同专用章的管理。

二、合同承办部门

合同承办部门是指承担具体合同办理业务的部门，在建设期主要是指承担火电工程建设工程类、服务类、物资类等具体合同办理业务的部门。在火力发电工程基建期，一般为计划部和物资部两个部门。其中计划部门为工程、服务类合同承办部门，物资部作为物资类合同的承办部门其在合同管理的主要职责如下：

（1）负责组织合同谈判、合同起草、修改合同文本、审核会签。

（2）负责合同盖章、登记、编号、分发、归档。

（3）负责合同的变更和解除。

（4）负责合同的结算办理和发票挂账。

（5）负责办理合同付款的审批手续。

（6）协同合同业务部门参与合同执行过程中的监督与管理。

（7）参与公司合同纠纷的处理。

（8）负责合同信息的 MIS 录入。

三、合同业务部门

合同业务部门在工程建设期，主要是指工程建设业务需求（如工程物资、工程服务、工程施工及生产准备需求）部门。在工程建设期，合同业务部门一般为工程技术部门、安健环监察部门、生产准备部门。合同业务部门在合同管理方面的职责如下：

（1）合同业务部门负责技术条款的编制。

（2）参与合同签订、合同变更与合同验收及合同付款的会签。

（3）负责执行合同中相关业务条款。

四、合同协办部门

合同协办部门是指参与财务审核、合同档案、安健环审查等职能管理的部门。在工程建设期，主要为财务部门、安健环管理部门、档案管理部门。财务部门：参与合同签订的会签，重点审核付款方式、预留质保金比例、履约保函、关联交易、税款种类发票或收据种类等内容；参与合同付款审批表的会签，按相关合同价款支付办法办理发票挂账及合同款付款事项。安健环监察部门：负责工程有关合同安全条款、安健环协议模板的编写；负责对工程合同的有关安全资格及措施等内容进行审核；负责合同安健环协议的签署；负责监督合同中有关安全条款的执行。

五、合同专业部门

公司有关部门是职责范围内的有关合同专项管理部门，如财务部门负责融资、财产保险、担保等专项合同，综合管理部门一般负责办公室租赁、宿舍租赁等专项，人力资源部门负责劳动用工、培训等专项合同。合同专项管理部门负责对有关合同进行专项管理，根据需要可制定有关专项合同管理的实施细则。

六、领导层

项目单位分管领导、总经理和董事长按照职责分工和授权范围，对合同进行审核或审批。

第三节　合同的签订

一、合同的签订要求

（一）合同签订应遵循的原则

（1）合法合规性原则。合同签订应符合相关法律法规、政策及上级和本单位规章制度。

（2）维护合法权益原则。订立合同应依法维护本单位的合法权益。

（3）公平合理原则。订立合同应平等对待各类经济主体，公平合理处置合同各方主体权利义务。

（4）期限明确原则。拟签订合同期限超过上级单位规定的最长期限的合同，应在履行相关招标采购程序前将拟确定的合同期限和合同文本提交上级单位审核把关。

（5）书面原则。订立合同一般应采用书面形式。

（二）合同签订的一般要求

合同签订的一般要求如下：

（1）凡在经营管理活动中以公司名义与外界发生经济往来，除涉及政府的行政事业性缴费以外，一般应当签订书面合同。针对即时结清或合同各方权利义务简单清晰、风险可控的小额合同，可不采用书面形式，不履行合同审核会签程序。项目单位可根据实际情况，确定本单位小额合同的标准及范围，并在履行审批程序后执行。

（2）对于未以书面形式订立的合同，应采取有效措施，切实加强合同履行全过程管理和风险控制。

（3）订立合同（包括书面合同和其他形式的合同）应当以批准的预算为前提，合同金额确需超过预算或暂无预算确需签订的合同，须按规定程序履行追加预算的审批手续后方可签订。

（4）合同相对方履约能力或资信状况有瑕疵的，不应与其签订合同；必须签订合同时，应在合同中约定担保或其他有效的风险防控措施。

（5）合同谈判由合同承办部门负责组织，合同业务部门、协办部门参加。

（6）公司涉及重要经济事项的合同审核，要严格按照公司财务制度的要求，完成合同的审批手续。

（7）采用招标方式进行的采购项目，应严格履行招标程序，按照招标结果与中标人签署合同。

（8）合同承办部门应根据上级单位的相关要求及合同业务部门的业务需要，使用上级单位下发的合同范本。签约合同相对方提出使用其合同范本作为签约基础时，可以结合双方合同范本拟订合同。

（9）法律法规规定或合同约定需要办理批准、登记等手续方可生效的合同，应及时办理批准、登记手续。

（10）合同必须由公司法定代表人或其授权代表在授权范围内签署。公司应根据上级单位和本单位授权管理制度明确各类合同签署的授权权限。

（11）合同一般经合同归口管理部门统一编号，并由本单位法定代表人或其授权代表签署后，方可申请用印。刻制了合同专用章的企业，应制定合同专用章使用管理制度，对合同专用章统一编号，明确保管机构，实行专人管理，建立合同专用章用印台账。

二、合同的起草

合同的起草由合同承办部门负责。合同起草要求分为合同文本的一般要求和详细要求。

（一）合同文本的一般要求

（1）合同的主要条款完备，权利义务约定明确，合同内容应维护公司利益。

（2）合同中的术语、特有词汇、重要概念应设专款解释。

（3）合同涉及数字、日期时须注明是否包含本数。

（4）除特殊情况外，合同文本应当正式打印或印刷制成。

（5）公司合同范本中有标准合同格式的，应采用标准合同文本。凡国家或行业有标准或示范文本的，应当优先适用，但应结合实际情况进行完善。

（6）合同承办部门应就经常性交易制定标准合同范本，适时对公司合同范本进行完善。标准合同范本可参照上级单位的标准合同，其条款应完备，尤其应规定法律适用、违约责任和争议解决方式等内容。

（7）在合同文本编制的过程中，合同承办部门人员要会同工程技术人员共同将前期工程管理策划的内容进行梳理，对于需要合同相对方执行的内容，应在合同中予以体现，必要时可将工程管理策划或要求作为合同附件。在招标阶段即告知各投标人，便于其在投标报价时对特殊的管理要求进行考虑，避免后续合同执行过程中的分歧。

（二）合同文本的详细要求

合同一般应当包括以下内容：

（1）合同各方当事人的姓名或法定名称、地址、邮政编码、法定代表人（负责人）姓名与职务。

（2）签约的目的和依据。

（3）标的。

（4）数量和质量，包括验收标准和方法。

（5）价款或酬金，包括支付方式、发票类型、增值税税率。

（6）双方纳税义务。

（7）履行的地点、期限和方式。

（8）适用法律条款（涉外合同）：应优先选择中国法律，如对方当事人不同意适用中国法律，应尽量选择适用第三国（地区）法律。

（9）争议解决方式。

（10）违约责任。

（11）变更或解除条件。

（12）正副本份数、存放方式。

（13）生效的时间和条件。

（14）约定的联系人、联系方式或通知、送达方式。

（15）附件名称。

（16）签约的地点、日期。

（17）签约收款方的开户银行及账号。

（18）根据法律或合同性质必须具备的条款或各方当事人认为必须明确的其他条款。

（19）签约各方当事人法定代表人（负责人）或授权代表签字。

（20）签约各方当事人合同专用章或单位公章。

（21）除合同文本外，当事人协商一致的修改、补充合同的文书、图表、传真、电子邮件、电子数据交换等是合同的组成部分。计划单、调拨单、任务单（书）、预算单（书）等文件可以作为合同的组成部分，但不得以其替代合同。

三、合同编号

合同编号一般按照合同类别（工程类合同、服务类、物资类合同三类）按级编码进行分类编号。

如某项目所有合同由合同经办人按照工程类、服务类、物资类进行统一编号。编号的编排规则为："电厂首字母—合同类别—签订年份—三位数字流水号"（示例：GNYD-GC-2020-001），其中合同类别分为工程（GC）、服务（FW）和物资（WZ），流水码为按签订时间顺序排列的三位数字流水编号。

四、合同审查程序及内容

（一）合同审查程序

合同审查程序一般为：合同承办部门提出合同审查会签请求，合同业务部门审核、合同协同部门审核、合同归口管理部门审核、领导审核审批。

如某项目工程类、服务类项目合同会签流程如下：

（1）计划部会同合同业务部门拟定合同文本，开始进行合同审核会签程序。

（2）合同业务部门进行审核会签。

（3）安健环监察部进行审核会签（未涉及安健环业务无需审批）。

（4）财务部进行审核会签。

（5）综合管理部（法律）审核会签（附法律顾问单位审核意见）。

（6）公司分管领导审核（含分管业务、计划、财务、法律）。

（7）公司总经理审核。

（8）公司董事长审批。

（9）计划部会同各相关部门落实合同审查意见，完善合同文本。

合同签订涉及"三重一大决策"内容的，需按"三重一大"程序办理。重大合同需要上级审批的，按程序上报审查后方可签订。

如合同所涉项目按规定应聘请律师进行尽职调查或提供其他专项法律服务的，还应同时上报律师事务所做出的"尽职调查报告"与"合同审查意见"；如合同为涉外合同，则应当上报具备相应资质的律师事务所做出的"合同审查意见"。

合同承办部门在收到上级单位反馈意见后，需对合同文本进行修改和完善，在就文本修改和完善达成一致意见后，方可签署该合同。

（二）合同审查内容

审核会签部门应在合同审核会签表上签署明确、具体的审核会签意见。各参与合同审查部门按照职责分工进行审查，具体如下：

（1）合同业务部门应对合同下列内容负责：合同中技术协议与采购文件中技术规范书保持一致，原则上不予调整。如遇前后矛盾、表述不清晰等情况，方可调整。调整时，应组织合同谈判，并通过有效审批，提交有关差异审批情况（合同谈判业务差异审批表见表 13-1）和经合同相对方确认的技术协议提交合同承办部门处理。

表 13-1   合同谈判业务差异审批表

序号	变更条目	招标/投标文件条款	谈判后条款	变更原因	备注
1					
2					
3					
...					
经办人					
合同业务部门					
分管领导					
公司主要领导					

（2）合同承办部门应对合同下列内容负责：

1）合同所涉业务合规性：

a. 合同所涉业务符合上级单位和本公司决策、审核、审批及备案等程序和要求；

b. 合同对方规范履行所需的内部决策、审核、批准及备案等程序；

c. 合同所涉业务方案符合相关业务领域国家法律法规、政府部门规章和监管规则。

2）合同的经济性：

a. 经济效益分析真实准确，具有相应经济性；

b. 商务安排科学合理，无显失公平条款。

3）合同的可行性：

a. 合同技术分析真实准确，具有可行性；

b. 资金、资产的使用具有可行性；

c. 合同标的产权清晰、归属明确，合法合规，具有可执行性；

d. 交易模式设计合理合规，具有可操作性。

4）合同的安全性：

a. 合同各方主体具有合格的签约能力，具有良好的资信状况和相应的履约能力；

b. 合同价款与酬金的确定、支付方式与支付进度的安排合理；

c. 担保方式切实可行，能有效防控风险；

d. 合同各方责权利设定清晰、完整；

e. 无引发知识产权纠纷风险或风险已有效预防，没有损害项目单位及上级单位商誉、商业秘密及其他利益的情况。

5）合同项目总体风险的评估与防控到位：

a. 合同所涉项目、业务各方面的风险隐患梳理全面、准确、清晰；

b. 制定的风险应对措施能够达到有效防控合同项目风险的目的。

6）合同价款与采购结果一致，合同主要条款与采购文件无实质性偏离。如有调整，应组织合同谈判，在合同业务部门提交业务差异谈判报批后，办理合同谈判商务差异审批手续（合同谈判商务差异审批表见表 13-2）。

表 13-2 合同谈判商务差异审批表

序号	变更条目	招标 / 投标文件条款	谈判后条款	变更原因	备注
1					
2					
3					
...					
经办人					
合同业务部门					
分管领导					
公司主要领导					

（3）合同协办部门负责对合同中涉及本部门职责的内容进行审核把关。

（4）财务部门对合同的审核内容包括：

1）合同金额符合预算要求。

2）资金结算、酬金支付方式符合公司财务管理制度的管理要求。

3）发票种类的选择、税种的选择、税的不合规风险及相关税金支付的约定等。

4）涉外合同中关于国际纳税及双边税收协定等相关条款。

（5）合同归口管理部门对合同的审核内容包括：

1）合法、合规性：

a.内容合法，未违反法律、法规、规章、政策，无规避法律行为，无显失公平等内容，并应审查外聘律师出具的合同法律意见书；

b.程序合规，签约程序符合公司制度的管理要求；

c.形式合规，审核材料及各审核部门审核意见齐备。

2）严密性：

a.条款齐备、完整，通常应包括合同履行方式、履行期限、不可抗力、保密责任、违约责任、争议解决等条款；

b.设定的权利和义务具体、明确；

c.相应手续完备、合法；

d.相关附件完备、合法。

为提升合同审查会签速度，可以限定各部门审核时间要求。如某项目规定经办人向各有关部门提交合同资料进行审核时，各部门审核时间一般不超过 2 个完整工作日。重大、复杂的合同，以及遇特殊情况需延长审核时间的，可适当延长审核时间，但应向承办部门说明情况；在审核会签过程中承办部门补充提交相关材料的时间不计算在内。

审核会签部门应签署明确、具体的审核会签意见，一般由部门负责人签发。审核会签意见禁止使用"原则同意""基本可行"等模糊性语言，一旦使用，视为否定意见。

第四节　合同的履行、变更及解除

一、合同履行

（一）合同履行的一般要求

合同履行的一般要求如下：

（1）达到签订书面合同条件的业务，项目单位在合同签订后方可办理供货、供应商（承包商）入场等手续，满足支付条件后方可办理价款支付手续。

（2）合同执行人负责组织、协调合同规定的公司义务的全面履行，督促检查、验收、确认合同对方义务的履行。

（3）对应验收的合同标的物，应由有关部门验收后签署验收证明文件。对验收不合格或与合同规定不符的标的物，应由合同执行人在即日提出书面意见，按国家规定或合同约定的时间向对方提出异议，尽快采取适当措施解决。

（4）项目完工后，由供应商向合同执行人提出验收申请，合同执行人组织相关人员对项目进行验收。现场验收通过后，合同执行人收集需要存档的资料并交付合同经办人，合同经办人将资料移交档案人员，由档案人员确定是否满足归档条件并在验收单上签署意见。

（5）在合同履行阶段，合同业务部门应指定专人作为合同执行人专门负责合同履行。执行人与业务经办人不一致的，原业务经办人应向合同执行人办理合同履行交接手续。

（二）合同相关款项支付

1. 合同款的支付

合同承办部门根据合同支付条款的约定，对符合支付条件的，办理合同付款手续，经审批后提交财务部门，财务部门按照审批手续、合同单位发票等相关凭证办理付款。

2. 合同结算

（1）合同业务部门办理相关竣工验收手续，提交至合同承办部门。

（2）合同承办部门根据竣工验收手续及其完整资料确定合同最终价款，办理合同结算手续及合同付款手续，经相关部门会签及领导审批。

（3）财务部门复核合同结算款支付应具备的相关资料，确认无误后办理付款。

（4）结算中有扣款项，如交货期滞后、质量缺陷、备品备件到货等未按合同约定等内容，业务部门及时向合同承办部门反馈，责令供应商在规定的期限内交货、质量消缺、补发备品备件。对于拒不整改的供应商，业务部门签署考核单，相关人员签批后，合同承办部门根据合同中违约责任中的约定进行相应扣款。

3. 质保金的支付

质保金可采用扣留合同结算款或提交质保金保函方式。合同质保期满，合同业务部门应组织进行质保验收，确认已按相关约定完成质保责任。如果验收有不合格的需继续维修的，由合同执行人联系供应商进行维修，如供应商拒绝或多次通知仍不予维修的，按合同业务部门提出的考核金额扣发相应质保金。

（三）合同履行风险管理

合同生效前，不得实际履行合同，涉及财务支出的不得付款。合同执行人必须熟悉合同全部条款，并严格按照合同约定条款履行，未按规定程序变更合同的，不得擅自变更履行。

合同履行过程中发生争议，或合同相对方存在履约能力下降、有违约风险或行为时，合同执行人应及时会同财务、合同承办等部门采取暂停付款或其他应对措施，妥善应对处置。

向合同相对方提出异议或做出异议答复，应及时准确，并应符合法律法规规定和合同有关约定。对可能引发合同纠纷或诉讼与仲裁案件的异议，合同承办部门应在征求归口管理部门意见后提出或回复。

合同业务部门在合同履行中遇履约困难或违约等情况，应及时向公司领导汇报并提出处理意见。

二、合同变更与解除

合同履行过程中，在出现法律法规规定或合同约定允许变更、解除合同的条件时，除一方享有单方解除或变更权的除外，必须经合同各方协商一致并按规定程序报经批准后，方可变更或解除合同。

变更或解除合同，必须采用书面形式，必须符合法定或约定程序。变更或解除合同的协议生效前，原合同继续有效。

（一）合同变更或解除条件

发生下列情况之一者，允许变更或解除合同：

（1）经双方当事人协商同意。

（2）因不可抗力致使合同部分或全部不能履行。

（3）一方在合同规定的期限内没有履行义务。

（4）法律、法规规定的其他情形。

（二）合同变更程序

合同变更一般由合同对方单位提出或合同业务部门提出。变更处理过程中各部门的职责如下：

合同技术要求或合同工作范围调整等情况发生时，合同业务部门负责办理合同业务变更审批手续；合同承办部门依据合同业务部门提交的审批手续，如合同价格等发生调整时，办理合同商务变更审批手续。

合同变更时应签订补充协议。其中补充协议的名称为"××补充协议"，其中"××"为原合同名称，补充协议作为原合同的一部分，合同编号为原合同编号后增加01、02。

第五节 合同纠纷处理

一、合同纠纷处理方法

合同发生纠纷时一般应采用协商、调解方式解决。协商或调解能够达成一致时，应按合同签订程序签订书面协议。

如双方不愿协商、调解或者协商、调解不能达成协议时，可依合同约定选择仲裁、诉讼方式解决纠纷。

二、合同纠纷处理注意事项

发生合同纠纷时，合同执行人应及时报告合同承办部门，及时进行证据收集以做好应对纠纷的准备工作，需收集的证据如下：

（1）合同文本，包括合同附件、变更或解除合同的协议、有关信件及数据电文（包括传真、电子邮件、电子数据交换）等。

（2）有关票据、票证。

（3）质量标准的法定或约定文本、封样、样品、鉴定报告、检测结果、验收记录、签收单等。

（4）有关违约的证据材料。

（5）证人证言。

（6）其他有关材料。

合同纠纷原则上由合同承办部门会同合同业务部门、法务管理部门共同处理。合同纠纷需采取诉讼解决时，应及时提交法务管理部门处理，按有关规定办理。

在重大合同纠纷或可能引发诉讼案件的合同纠纷处理过程中，未经合同归口管理部门（法律部门）审核，项目单位分管领导或主要负责人同意，不得向纠纷对方做出实质答复或提供文件资料。

合同相对方因非不可抗力或自身原因恶意不履行合同，应上报采购领导小组会议决策，启动失信行为审查，审查通过后上报上级单位。

第十四章

物资管理

火力发电工程建设期的物资管理，其主要作用和目的是保障工程建设进度。物资供应及时性、物资质量和安全，是保障工程进度的重要影响因素，影响物资保障效果和水平。为实现更规范的作业管理、更高的设备可靠性、更好的工程建设价值、更低的物资成本、更强的市场竞争力、更高效的仓储流转目标，本章从业务流程、操作规范、职责分工、管控要点等方面全面阐述物资催交、物资到货验收、物质仓储管理、乙供物资管理等物资管理业务，提示项目单位分清甲乙供物资界限，明晰乙供物资清单，关注物资漏项、乙供物资范围不清扯皮的现象；发挥业主主导作用，通过催交催运领导小组，主导物资催交催运工作；倡导建立分级分类催交制度；明确仓库建设时机，优选代保管单位，提倡开展智能仓储建设，尝试联储联备、超市化等。

第一节　概述

一、物资管理概念

本章所称物资，是指火力发电工程建设（包括新建、扩建、改建项目，技改项目，小型基建等）过程中用于工程现场施工的设备、材料、燃料、仪器仪表等物资的总称。

火力发电工程建设项目物资管理是运用科学方法对火力发电工程建设项目建设过程中所需物资的供应、使用和管理进行合理的计划、组织、调控与控制，以最低费用，适时、适量、按质地供应所需物资，保证建设工程顺利进行，它是工程建设过程中各种所需物资的计划、采购、催交、验收、入库、保管，要进行合理使用、保养维护、发放和统计等一系列管理工作，是火力发电建设项目工程管理的重要内容。

二、物资管理目的与意义

（一）目的

物资管理的目的是，通过对物资进行有效管理，提高火力发电工程建设物资管理质量和供应保障水平。

（二）意义

合理有效地管理物资，对于保证火力发电工程建设项目的工期、降低成本、保障工程质量和安全具有重要意义。

（1）保障工期进度。通过对设备物资制造进度的跟进和建立有效的催交措施，保证物资及时供应，能够有效保障建设工期和进度。

（2）避免经济损失。通过规范验收和出入库程序、实施精细化仓储管理，切实避免误收质量残次的物资，保证物资的合理使用，降低造成经济损失的风险。

（3）保证物资安全。完善的物资管理能避免物资遗失、损坏等风险的发生，保证物资的安全，也能有效保证火力发电工程建设项目的安全。

三、物资分类

在火力发电工程建设项目中，物资数量庞大、品类繁多，有不同划分方法，具体方法如下：

（一）按物资性质划分

根据物资性质，可以将火力发电工程建设项目中的物资划分为工程设备和工程材料。

（二）按物资采购主体划分

根据物资采购主体，可以将火力发电工程建设项目中的物资划分为由项目单位进行采购的物资和由施工承包商采购的物资，即甲供物资和乙供物资。

（三）按专业系统划分

从管理角度，可以按火力发电工程专业系统对物资进行划分，可以将火力发电工程建设项目中的物资分为土建、机务、热控、除灰、化水、电气等不同专业系统物资。

（四）按阶段划分

火力发电工程建设项目工期长，根据其建设的不同阶段，可以将火力发电工程建设项目中的物资划分为建设期物资、调试期物资和生产准备期物资等。

（五）按物资在建设过程中的作用划分

按物资在建设过程中的作用不同，可以将火力发电工程建设项目划分为主要材料、辅助材料、燃料和动力、包装材料和工具等。

四、物资管理内容

火力发电工程建设项目的物资管理，包括物资计划制订、物资采购、代保管单位选择、催交、运输、验收、使用和物资储备等几个重要环节，这些环节环环相扣、相互影响，任何一个环节出现问题，都将对火力发电工程建设项目的物资供应链造成不良影响。其中，物资计划、物资采购在采购管理章节已经阐述，此处不再赘述。

1. 物资催交

催交是指督促供方能按合同规定的期限提供技术文件和设备物资，以满足工程设计和现场施工安装的要求。催交工作从采购合同签订直到设备物资到达交货地点为止。

2. 物资验收

物资验收（检验）是指根据合同或标准，对标的物资品质、数量、包装等进行检查验收的总称。根据物资重要程度或质量特点，对物资进行不同项目的检验验收。验收旨在确保所采购设备物资的质量和完好率符合要求。验收管理一般包括两个环节：一是对供应商提供的设备物资进行检查和试验，确保其质量符合要求；二是对设备物资的数量进行核对，确保其与采购数量一致。只有通过验收的设备物资才能入库。

3. 入库管理

入库管理主要是对设备物资的入库时间、数量、质量等进行记录和登记，同时为设备物资配备标识，并将其放置在指定位置。对新入库的设备物资进行初步保养和防护，以防止腐蚀、损坏等。

4. 领用管理

领用是指根据施工需要，将物资从库存中分配给相应的施工人员使用。领用管理主要包括对物资的领用人员、领用时间、领用数量等信息进行记录和登记，确保物资的合理使用和落实。

5. 维护与保养

物资在使用过程中，需要进行定期维护和保养，以保障其正常工作和延长使用寿命。维护与保养工作主要包括设备物资的清洁、润滑、检查、维修等，制订相应的维护计划和维护记录，并由专人进行执行和监督。

在物资管理的过程中，需要建立相应的档案和台账，并进行定期的检查和审查，以确保物资管理工作的有效性和可靠性，还需要加强员工培训，提高员工物资管理能力，进一步优化设备物资使用效益。

6. 物资代保管单位选择

如果项目单位在基建期间物资选择代保管模式，那么选择优质的物资代保管单位是做好物资保管、保障施工质量和进度的重要基础。项目单位应要求代保管单位除履行仓库管理职责外，还应履行库区建设维护、催交催运、到货卸载等职责，所以在选择代保管单位时，应在资质、业绩上提出相应要求、标准等。

五、物资管理主要原则

结合火力发电工程建设期特点，火力发电工程物资管理一般应遵循"保障工程进度、保障物资质量、保障物资安全、规范业务管理、智慧化管理、备品备件鼓励联储联备"原则。

（一）保障工程进度原则

火力发电工程建设期的物资管理的重要使命之一，是及时提供物资来保障工程进度。通过物资监造与催交等手段，使火力发电工程建设项目物资能够按照合同交货期交货，从而有效保障工程建设进度。

（二）保障物资质量原则

建立物资质量保证体系，严格把控好到货验收、物资领用和使用等质量管理关键环节，明确管理内容、要求与规范，保障物资质量。

（三）保障物资安全原则

明确规定物资的存储条件和保管要求，以及特殊物资的安全防护措施；建立健全物资仓储管理制度并严格执行，确保物资的安全和稳定供应，避免物资遗失、损坏等。只有在物资管理中充分考虑安全性原则，才能有效避免因安全问题而导致的物资损失和工程建设延误或中断。

（四）规范业务管理原则

明确物资催交、到货、仓储建设、出入库等业务流程、操作规范、管理要求等，做到内容具体、操作性强，确保物资管理的一致性和有效性，避免因操作不当而引发的问题和纠纷。

（五）智慧化管理原则

运用大数据、物联网、人工智能、区块链等技术，推动物资管理模式创新，持续推进物资管理数字化、智慧化建设。倡导以物资管理需求为主线组织开展物资全生命周期管理的数字化、智慧化建设，实现物资策略层面、管理层面和执行层面有效协同和平衡供给，降低总成本，及时准确地将产品交付给需求端，提高物资服务水平及管控水平。

（六）备品备件鼓励联储联备原则

倡导厉行节约、资源共享，树立"库存优化、调剂调拨、联储共备"理念，对于备品备件物资配置，要控制其储备数量规模，鼓励、支持与厂家联储联备、超市化，项目单位要尽量采取少配多联储模式，助力企业降本增效。

第二节　物资催交

一、物资催交组织与分工

（一）组织构成

为使火力发电工程建设项目物资能够按照合同交货期交货，保障工程建设进度，项目单位应成立多方主体参与、分工明确的物资催交组织体系，专门负责物资催交工作。催交组催运组织体系一般由设备催交催运领导小组和催交催运工作小组两级组织组成。

物资催交催运领导小组组长一般由项目单位主要负责人担任，副组长由分管基建物资的副总经理担任，小组成员可由项目单位物资管理部门、工程管理部门、财务管理部门，物资代保管单位，施工单位，监理单位等部门或单位负责人组成。物资催交催运领导小组下设催交催运工作小组，催交催运工作小组组长由项目单位物资管理部门负责人担任，负责协调督办领导小组布置的物资催交催运相关事宜。催交催运工作小组可根据需要设立机、炉、电、热、化等专业小组，由工程技术部门相应专业人员担任组长。物资催交催运组织结构图如图 14-1 所示。

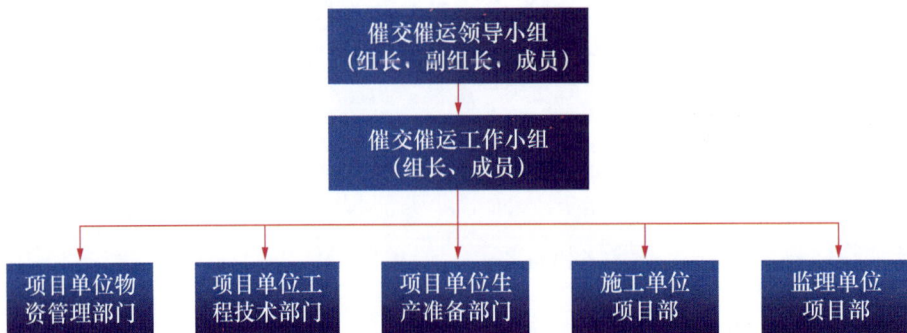

图 14-1　物资催交催运组织结构图

（二）职责分工

（1）项目单位物资管理部门是物资催交催运工作归口管理部门，履行下列职责：

1）负责组织建立催交催运组织机构，抽调业务熟悉、责任心强的员工成立催交催运工作专班，依据订货合同的内容进行催交、催运。

2）负责根据机组的物资订货清册、订货合同、变更通知单、补充订货清单、组织编制催交工作计划，按照工程进度进行催交工作，满足工程需要。

3）根据交货期及时派人员到催交制造厂方落实催交工作，确保到货物资满足施工需要。

4）掌握制造厂方的排产计划、生产情况、交付时间和运输安排及大件运输公司的运输安排。

5）协调解决催交工作中存在的问题。

6）每周汇编物资催交周报，报送有关部门和单位。

（2）项目单位生产准备部门从基建期即深入参与物资选型、安装、调试、催交等工作，负责在公司催交催运工作小组的领导下，开展物资催交工作，必要时进行驻厂催交。

（3）项目单位财务部门负责按合同约定执行物资付款工作，付款方式将直接影响物资的交付和运输，避免因付款操作方式不当，影响物资的交付和运输，导致拖延工期。

（4）施工单位负责按照施工网络进度及月施工计划，向催交催运工作小组提供工程物资需求计划，并在物资催交催运工作小组组织下参与物资催交、催运工作。

（5）施工监理单位负责审核施工单位提报的物资滚动需求计划。

二、物资催交主要管控措施

（1）项目单位应发挥业主主导作用，通过催交催运领导小组，主导物资催交催运工作。

（2）建立分级分类催交制度。针对关键、急需的设备和部件，构建领导分级催交沟通对话机制。

（3）催交催运工作小组根据采购合同、工程进度和审核后的物资滚动需求计划，编制详细催交计划，每部（套）物资催交工作责任落实到人，物资催交信息力争做到及时、准确、全面。

（4）催交催运工作小组应明确催交催运工作责任、目标。针对设备供货情况，采取区别对待，做到一般问题信息畅通，重点问题人员到厂，特殊问题专人驻厂办理，以满足施工、安装的需求。

（5）应明确物资催交工作原则。物资催交分为三个等级：即重点设备驻厂催交、一般设备到厂催交、常规设备通信跟踪催交。

（6）催交催运工作小组对主机设备安排能力较强的工程师驻厂专项催交，满足安装进度需求。

（7）催交催运工作小组应了解和掌握主机整体设备生产情况及外协配套部件的生产情况，按实际交货日期或安装要求到货期，提前30～45天，进行催交监控。

（8）催交催运工作小组按正常、异常、报警三个等级，每周编制并提交催交报告。

（9）对严重拖期及影响工程节点的情况，催交催运工作小组应及时进行通报并制定解决方案，通知物资供货商落实解决问题的措施方法，并抄送监理单位存档备查。

（10）对于制造周期长、生产难度大、运输路线复杂，实施重点片区催交管理。抽调责任心强的人员充实催交岗位。要求催交人员到达生产制造厂家后，须深入到设计、原材料采购、车间生产、运输等各环节中，催促厂家加快生产进度、优先排产，从而赢得宝贵的时间。

（11）对关键、急需的设备和部件，催交催运人员须掌握制造厂家的生产进度、发货时间、发货单号等详细资料，并及时向催交领导小组及使用单位反馈信息，以便调整现场施工方案和施工力量，确保按时、按进度完成施工任务。

（12）项目单位应安排生产准备部门人员参与催交工作，对关键设备、关键工序节点、关键检验参与跟催。

（13）催交催运工作小组应定期向催交领导小组提交催交简报，对物资催交信息进展情况进行上报，对催交异常情况、需要协调的情况，及时报告催交领导小组。

第三节　物资到货验收

项目单位应明确各部门及外部各单位验收职责分工，以及物资到货验收的内容、要求与验收程序等。

一、物资到货验收组织分工

（一）物资管理部门职责

（1）负责制定物资验收管理流程。

（2）负责宣贯物资验收管理办法，并监督其执行。

（3）负责统计、分析、处理物资验收管理过程中出现的问题，及时修订、完善相关管理标准、流程。

（4）负责处理交货物资验收质量缺陷。

（5）负责收集、统计供应商物资交货质量等信息，并定期开展供应商评价工作。

（6）负责组织非基建物资的到货验收，并监督质量验收签证工作。

（7）负责到货物资的数量验收工作。

（8）负责验收结论为不合格的物资退货工作。

（9）负责验收资料整理和移交工作。

（10）负责管理代保管单位的物资验收工作。

（二）工程技术部门职责

（1）负责组织编制基建物资验收技术标准，并监督其执行情况。

（2）负责基建物资出厂验收报告、出厂合格证、试验报告、验收单等有关资料的确认工作。

（3）负责核查所验收基建物资是否符合合同（订单）技术参数和性能指标的要求。

（4）负责审核基建物资验收的质量。

（5）负责对所验收基建物资技术资料的正确性进行确认。

（6）负责组织关键备件、材料验收技术鉴定工作。

（7）负责协调解决基建物资验收工作中存在的问题。

（三）生产准备部门职责

（1）协助工程技术部门做好质量验收工作。

（2）参加设备验收，并审核确认验收记录单据。

（3）负责对随机资料完整性、真实性进行确认。

（4）负责核查所供设备是否符合技术协议的要求。

（5）负责对所验收设备的外观质量进行确认。

（6）负责对验收设备的名称、规格等内容进行确认。

（四）业务需求部门职责

（1）负责提供非基建物资验收技术标准。

（2）负责到货的非基建物资质量、数量验收工作。

（3）参与协调解决非基建物资验收工作中存在的问题。

（五）代保管单位职责

（1）负责填写设备（物资）开箱验收情况记录表、设备（物资）开箱资料清单、材料验收记录表。

（2）组织基建物资验收。

（3）负责制定基建物资验收领用后的装卸、运输、仓储、标识及数据管理等作业性文件，并组织实施。

（六）施工单位职责

（1）负责参与基建物资验收技术标准编制工作。

（2）负责参与物资验收工作。

（3）负责参与核验所验收物资是否符合合同（订单）技术参数和性能指标的要求。

（七）施工监理职责

（1）负责参与基建物资验收技术标准编制工作。

（2）负责参与基建物资验收工作。

（3）负责参与核验所验收基建物资是否符合合同（订单）技术参数和性能指标的要求。

二、物资到货验收的内容与要求

（一）物资验收管理内容与要求

（1）代保管单位或项目单位物资主管要根据采购订单（合同）和送货单进行清点，核对实物，主要核对物资型号、数量是否与送货清单相符，外观是否破损，并把物资放入待验收区。

（2）基建物资的验收，有第三方代保管单位的，由代保管单位组织，项目单位物资主管、专业技术人员、试验人员（如有）、监理单位、施工单位及卖方参与。

非基建物资验收由项目单位物资主管组织，需求部门专业技术人员参与。

（3）检验按合同及有关标准进行。

（4）进口物资商检按国家商检规定执行，防疫检验按照国家防疫规定执行。

（5）资料检验内容包括装箱单、出厂技术资料、合格证、质量保证书等。

（6）物资检验要及时实施，具体要求包括：

1）对物质内在质量和物理化学性质需要进行检、试验，基建物资检验参加人包括代保管单位、项目单位物资主管、专业技术人员及试验人员，非基建物资检验参加人包括项目单位物资主管、需求部门专业技术人员，通知验收后 10 个工作日内完成检验。

2）对物质内在质量和物理化学性质不需要进行检、试验，基建物资检验参加人包括代保管单位、项目单位物资主管、专业技术人员，非基建物资检验参加人包括项目单位物资主管、需求部门专业技术人员，通知验收后 5 个工作日内完成检验。

3）对于已经有样品的物资，需代保管单位或项目单位物资主管组织需求人员对到货物资与样品进行对比查验，通知验收后当日完成检验。

4）验收人员认为证件不齐全的到货物资应作为待验物资处理，临时妥善保管，待证件齐全后进行检验。

5）所有物资检验，均填写设备（物资）开箱验收情况记录表或非生产物资开箱验收情况记录表，参加检验人员须签名，代保管单位或项目单位物资主管存档。

6）检验中发现数量、规格不符、有残损或质量问题的，须做好记录并及时协调解决。

7）施工现场急需的物资需要直接送到施工现场使用的，物资到现场时必须有代保管单位和项目单位物资主管见证到货，施工现场该急需物资的领用专业负责人在现场组织质量验收工作，填写设备（物资）开箱验收情况记录表，签字确认后，交代保管单位和项目单位物资主管保管，事后应及时补办物资出入库相关手续。

（二）一般设备、材料、备品、备件的验收管理内容与要求

（1）一般设备（非重要辅机设备）、材料、备品、备件到货后，代保管单位或项目单位物资主管及需求部门专业人员要对设备材料及时验收。通常，对于一般设备、材料、备品、备件应在到

货后5个工作日内完成验收；重要设备、材料、备品、备件及需要通过试验、检验验收的最多不超过10个工作日，验收后需填写验收单，物资管理部门采购人员不参与验收。

（2）代保管单位或项目单位物资主管负责验收内容包括：到货物资的数量；外观检查无损伤、变形、腐蚀及其他异常情况；到货物资资料（合格证、装箱单、原产地证明等资料）。

（3）专业人员负责验收内容包括：检查技术参数和性能指标是否符合合同和标准要求，如几何尺寸及规格材质等与图纸相符；有详细的说明书；属于重要的机械加工设备、配件应有金相分析报告、硬度检验报告及探伤报告，必要时委托金属试验室进行金属检测。

（4）对于重要合金金属材料、一般物资的到货验收，由项目单位工程技术部门组成专业组（包括专业人员、相关技术服务单位）进行验收，保证验收质量。

（5）对于技术要求较高的重要设备、备件材料（事故备品）及重要物资的验收应由工程技术部门组织专业人员（包括专业人员、设计单位、相关技术服务单位）联合验收。

（6）验收结束，验收人员必须在验收单上签字，代保管单位或项目单位物资主管妥善保管验收单据。

（7）项目单位要求受金属监督的设备、物资、备件及材料入库前还须按金属监督有关规定进行入厂检验。

（8）项目单位要求对于验收不符合要求的备品、物资及材料，特别是重要设备、物资及备品，必须指明不符合内容，告知供应商，更换符合要求的物资。不得未经过任何处理程序，又组织第二次验收。

（9）代保管单位或项目单位物资主管对验收不合格的备件材料不予入库，并按不合格品由采购人员及时通知供货方进行处理。

（10）对于施工现场急需、来不及入库被直接运到施工现场的设备、物资、材料及备品，项目单位工程技术部门技术人员组织代保管单位、项目单位物资主管在现场验收并签字，对于不合格的，填写物资异常处理单并提交采购人员直接退货或做相应的处理。对于急需物资的现场验收、领用，须同时满足物资出入库管理办法相关要求，项目单位工程技术部门技术人员和项目单位物资主管在事后应在7个工作日内补办出入库手续。

（三）仪表验收的管理内容与要求

（1）项目单位要求仪表验收入库应具备装箱单、产品说明书和产品技术检验文件，产品的型号、规格应与说明书和装箱单相符。

（2）检查仪表时，不能敲打开箱，避免损坏仪表，开箱后先清扫灰尘，再开箱验表，以免灰尘落入表内；精密仪表冬季到货，先在库内放置2h后再开箱，以免代保管仓库内外温差太大，潮气进入表内。

（3）仪表外壳不应有破裂和损坏现象，表面玻璃应完好无损，安装牢固，不应有畸形、不透明现象，刻度盘刻度应清晰醒目，仪表指针不得出现偏、歪、卡住、擦针现象，0位调节器应灵活可靠，所有接线柱旋钮不得残缺松动，旋转必须灵活，仪表外壳固定螺栓应有检验单位的铅封。

（四）特殊设备验收的管理内容与要求

（1）对于重要的加工制造设备（包括三大主机、重要辅机）、技术含量高、无试验手段验收的设备材料，项目单位应派相关部门的专业人员或委托有资质业绩的监造单位，按技术标准或合同协议的要求，编制监造手册，并入厂监造。特别是隐蔽项目、关键实验（或检验），等质量控制点，监造范围详见监造合同。

（2）验收过程需要使用试转、通电、化验、金属检验，甚至需加装到运行系统中才能检验其是否符合质量要求的，验收人员须尽量采用各种手段开展验收工作。

（五）物资技术资料验收的管理内容与要求

针对物资技术资料验收，项目单位应明确如下验收标准：

（1）钢材应有材质证明资料。

（2）主机、辅机的备品、配件，应有图纸、质保书和验收记录。

（3）属于材料性备品、设备性备品，应有出厂证明或试验资料。

（4）主要油脂、化工、绝缘材料，应有化验资料、合格证；有期限要求的，要注明失效日期；需取样化验的，应有化验部门报告。

（5）物资需求部门有指定检验项目需求的，应有有关符合检测标准的检验记录。

（6）所有的物资技术档案资料（包括技术资料试验单、出厂证明、合格证、装箱单及验收记录等）应和物资发放记录一并存档、备查。

（六）物资待验收的管理内容与要求

（1）待验收物资由代保管单位或项目单位物资主管安排，放到指定待验收区域。

（2）接收物资和外出提货时，必须核对物品的数量与送（提）货单是否相符、检查外包装有无破损，如发现包装损坏、货物受损，立即取证并通知采购人员与供应商交涉，在提货单上做好记录，或由送货人签字确认。

（3）代保管单位或项目单位物资主管接收或提取货物后应及时通知专业人员验收，如有需要还须通知施工单位、设计单位等相关单位。

三、物资到货验收程序

项目单位物资验收组织操作流程如下：

（1）代保管单位和项目单位物资管理部门物资主管在接收到供应商送来的货物或其他送货人员交来的货物时，应认真核对到货物资的外观是否有残损，货物品种、型号、规格、质量是否符合合同规定，检查到货物资出厂合格证、材质单、检验报告及其他合同要求的技术资料是否齐全，并记录清楚，然后电话通知相对应的专业负责人及档案管理人员来到保管仓库或物资待验收区对到货物资进行验收。

（2）若项目单位开发基建管理信息系统（management information system，MIS），代保管单位和项目单位物资管理部门物资主管应登录基建 MIS 系统，按照基建 MIS 系统进行接收操作。

（3）专业人员接到到货信息后，对物资进行相应的技术检验，代保管单位和项目单位物资管理部门物资主管打印出相应的验收单，督促验收人签字确认，并在基建 MIS 系统输入验收结论，完成验收操作。

第四节　物资仓储管理

一、物资仓储管理内容

火力发电工程建设期间的物资仓储管理，主要是对验收后物资的入库、出库、保管和发放等管理活动，旨在确保物资的安全、准确和及时进出库。

入库。物资经过质量和数量验收后，经物资验收人员和项目单位物资主管或代保管单位在验收凭证上签字确认合格后，项目单位物资主管或代保管单位选取货位、办理物资入账作业，入库物资移位、运输至货位、贴标签、就位、整理、摆放、上架等全部作业。

出库。物资领料时，项目单位物资主管或代保管单位办理物资出库出账作业，出库物资经过领料人质量和数量验收合格，领料人和项目单位物资主管或代保管单位在出库凭证上签字确认后，仓库管理员办结物资出库出账作业，完成物资从货位移出、移动、交予领料人等全部作业。

二、物资仓储管理原则

项目单位物资仓储管理，一般应遵循如下原则：

（一）"严肃性、准确性、及时性"原则

物资入库、出库，严格执行相关管理标准和规定，不打折扣，工作严谨，不出差错，及时办理，不拖、不等、不推。

（二）"合同、单据与实物相符"原则

到货物资实物与采购合同（采购订单）相符，入库物资实物与入库单据记录相符，出库物资实物与出库单据记录相符，库存物资实物与库存账目相符。

（三）"清晰、准确、真实、完整"原则

物资实物与账目清晰、准确，质量资料真实、完整。

（四）"先入先出、余料先发、以旧换新、返修物资优先发放"原则

物资出库先入先出、余料先发，防止过期；以旧换新、返修物资优先，坚持成本领先。

（五）"科技引领、管理创新"原则

运用大数据、物联网、人工智能、区块链等技术，推动物资仓储管理模式创新，持续推进物资仓储管理数字化、智慧化建设。

三、物资入库、出库管理标准

火力发电工程建设项目物资入库、出库管理应以确保仓储物资型号、规格等质量指标正确、数量准确、安全无损为管理目标，为确保管理目标实现，项目单位一般应制定以下评价指标：

（1）物资入库准确率等于100%。

（2）物资入库及时率不小于95%。

（3）物资出库准确率等于100%。

四、智慧仓储建设管理

智慧仓储建设是将先进的传感测量、信息通信、自动控制、人工智能、云计算、大数据、数字孪生等技术与工程建设物资仓储过程管理相结合，在数字化和信息化的基础上，实现更规范的作业管理、更高的设备可靠性、更好的工程建设贡献、更低的物资成本、更强的市场竞争力、更高效的仓储流转目标。

（一）总体要求

从电力物资仓储管理入手，以需求为主线，组织开展物资全生命周期的管理，紧紧围绕供应链构建其核心竞争力，通过集成供应链，将设计院、供应商、制造商、建安单位等集成网络，囊括设计、采购、计划、订单、供应商、物流、仓储、运输、安装、服务商及客户交付及售后服务在内的端到端的所有流程节点。将招标方内部职能部门的组织活动及服务商整合在一起，实现策略层面、管理层面和执行层面的全方位协同，从而有效协同和平衡供给，降低总成本，及时准确地将产品交付给需求端，提高服务水平及管控水平。

通过"仓储+IOT物联网+数据驱动"的赋能模式，聚焦火力发电工程建设物资仓储管理业务，以"场景+软件+硬件+平台"的4层架构为核心，快速适配物资仓储管理的全过程业务场

景和需求，提供一套适用的智能仓储解决方案。智慧仓储整体解决方案图如图 14-2 所示。

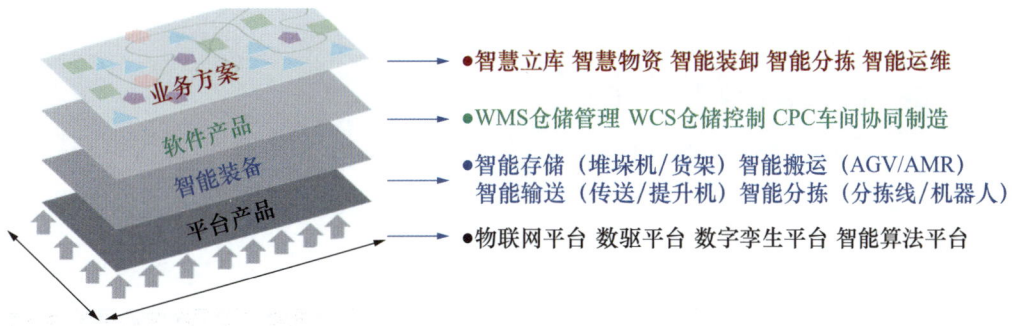

图 14-2　智慧仓储整体解决方案图

（二）业务方案要求

火力发电工程建设期的智慧仓储建设业务方案一般由智慧立库、智慧物资、智能装卸、智能分拣、智能运维等内容组成。

1. 智慧立库

智慧立库以"堆垛机 / 货架、智能搬运机器人（automated guided vehicle，AGV）、输送分拣"等设备为载体，以"WMS 仓储管理、WCS 仓储控制"等软件为控制手段，可以通过数字孪生建模工具，匹配业务流程和装备，打通项目单位端到端的智能仓储管理，实现共享、智能、协同、可视的柔性仓储，达到降本、提质、增效、减耗的目标。智慧仓储总体框架如图 14-3 所示。

图 14-3　智慧仓储总体架构

2. 智慧物资

通过物联网、大数据技术，打通运输跟踪、采购协同、进度监测等关键链路，多技术融合工程建设过程中实际物资管理流程，实现物资管理的规范化、标准化、集中化、协同化，借助数字化流程、智能移动办公，达到安全、高效、经济、智能、可持续、绿色发展。

智慧物资仓储管理系统旨在辅助火力发电工程建设项目基建期的设备及物料管理，提高物资管理规范化，实现物资全流程监管。实现的核心功能包括：采购合同管理、需求计划管理、采购订单、供应商发货、到货揽收、物资验收、上架入库、库存管理、补货管理、领用出库、退库入库、物资调拨、物资借用、其他辅助业务。

同时，应建立基于电子标签（radio frequency identification，FRID）结合二维码技术，实现火力发电工程项目基建期及生产期重要物资入库、出库无人机械化操作，实现重要物资自动化盘点。图14-4为智慧仓库动态看板。

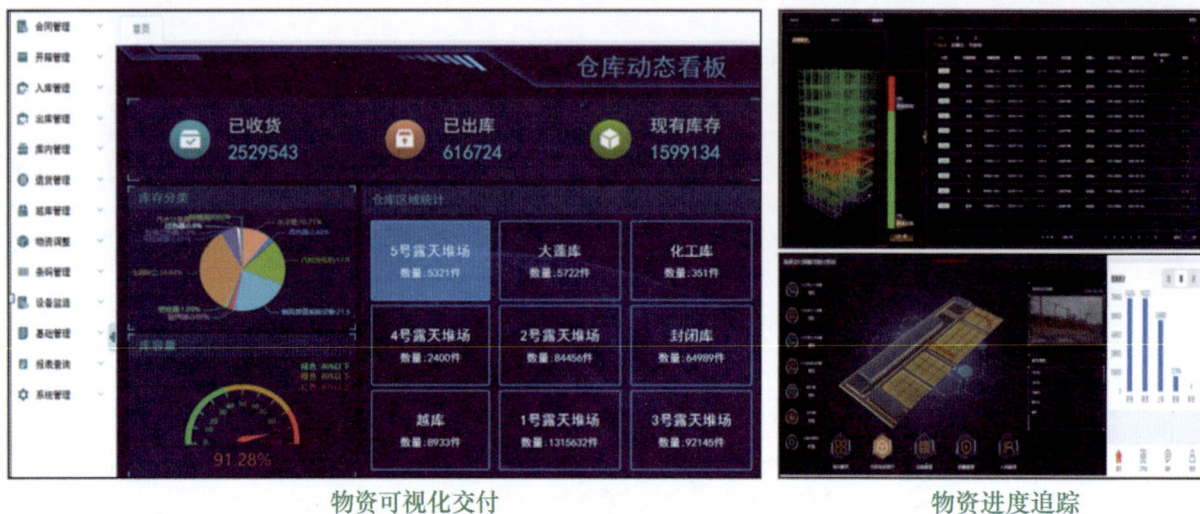

物资可视化交付　　　　物资进度追踪

图14-4　智慧仓库动态看板

3. 智能装卸

智能装卸立足成品卸载和装车作业环境、工作强度、安全隐患、易损易撞等问题，以单系统多线装车"机器人、起重机、输送机、装车机、AI摄像"等硬件为抓手，通过仓储管理系统（warehouse management system，WMS）/仓库控制系统（warehouse control system，WCS）/企业资源计划（enterprise resource planning，ERP）信息实时交互，导引运动控制及自动装车系统，检测装卸中的危险违规行为，如抛撞货/攀越月台并自动告警，实现成品装卸的柔性管理，全面提升成品箱装卸效率。图14-5为智能装卸系统。

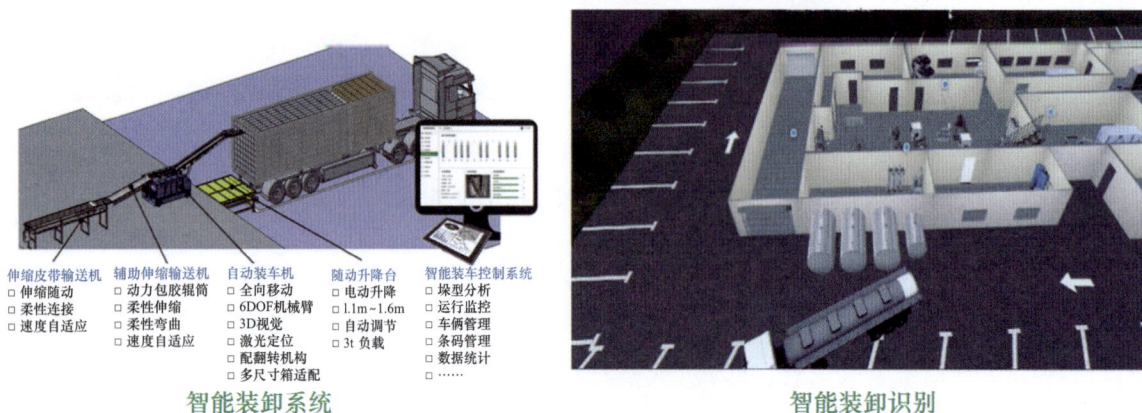

智能装卸系统　　　　智能装卸识别

图14-5　智能装卸系统

4. 智能分拣

智能分拣通过货仓地图进行 1：1 还原，使用超宽带（uitra wide band，UWB）定位技术实时位置数据采集，地图与 WMS、WCS、生产执行系统（manufacturing execution system，MES）中的任务、订单、人员等信息集成，以路径规划、任务排序、作业优先级为核心，分拣人员可通过手机/pad 拣货时指引货物位置，实现最短路线拿货、训练提升分拣能力模型、推荐储位和调整物料，实现全面分拣作业管理。图 14-6 为智能分拣。

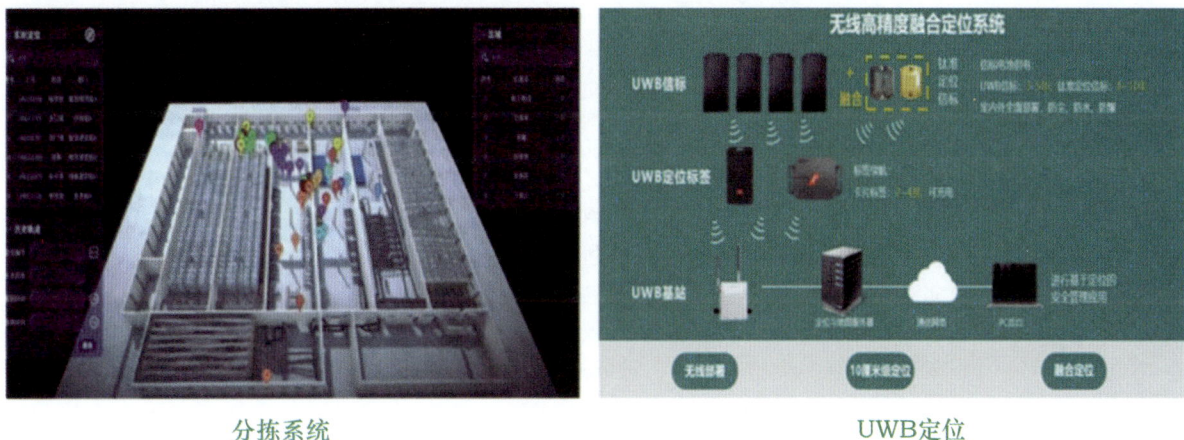

分拣系统　　　　　　　　　　　　　　UWB定位

图 14-6　智能分拣

5. 智能运维

智能运维通过构建仓储整体效能管理驾驶舱，如图 14-7 所示，解决仓储设备控制难、任务实时监测难、作业过程不透明的难题，实现货仓信息、设备信息、任务订单信息、环控信息、仓储预警，做到运营维护端的同步，为柔性供应奠定智能化基础。

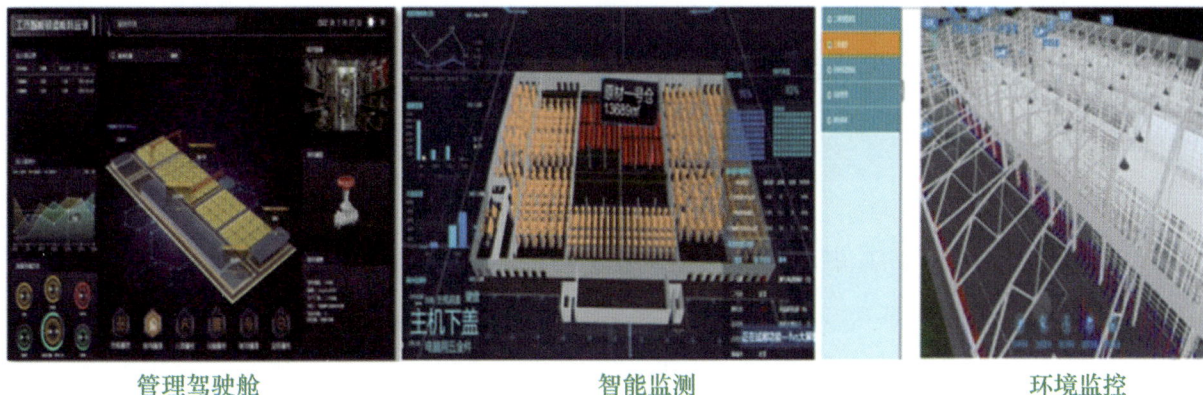

管理驾驶舱　　　　　　　　　智能监测　　　　　　　　　环境监控

图 14-7　仓储整体效能管理驾驶舱

（三）智慧仓储建设案例

某项目新建一期 2×1000MW 火力发电工程建设项目智慧仓储建设内容清单如表 14-1 所示。

表 14-1 智慧仓储建设内容清单

序号	设备名称	技术规范	单位	数量	说明	推荐品牌
一	智慧仓储					
1	手持 pad	一维 +Wi-Fi+ 蓝牙 +4G 全网通	台	4		
2	标签打印机	可打印条码，包含打印耗材	台	4		
3	RFID 高频扫码枪、写码器	物资验收、盘点、领用出库扫码枪，录入信息的写码器	台	4		
4	RFID 标签	金属高频	个	500		
5	仓储管理软件	包含主数据管理、到货接收、入库管理、验收管理、上架管理、自动盘点、出库管理、波次管理、下架管理、移库管理、盘点管理、移动应用管理、报表管理、数据可视化管理、包装物管理、物资数据分析、立库设备管理等。定期保养微信小程序、看板模块、指示灯模块、二维码	套	1		
6	仓储管理 App	盘库统计信息显示、物资查询、物资保养记录查询等	套	1		
7	ERP 接口开发	与 ERP 采购数据验收、验收数据、入库数据集成、盘点数据、领料数据集成	套	1		
8	TMS 物资在途跟踪系统	系统利用先进的 GPS+ 北斗导航双模定位技术，实现车辆在途实时定位、跟踪功能。相关人员可以实时监控车辆运输轨迹，发现异常及时跟踪处理	套	1		
9	计算机及网络设备	含服务器、个人 PC、路由器、交换机、机柜、不间断电源	套	1		IBM、华三、图腾
二	安防监控系统					
1	智能安防摄像头	网络高清红外球机，像素 800 万	个	4 个	代保管场地四角采用 800 万像素球机，其他按照实际需求安装，含安装支架	大华、海康威视、宇视
2	智能安防摄像头	网络高清红外枪（筒）机，像素不少于 400 万	个	12 个		大华、海康威视、宇视
3	球机电源	含网络电源二合一防雷器电源和防雷插座，与摄像头配套	套	1		ASP、普天
4	枪（筒）机电源	含网络电源二合一防雷器电源和防雷插座，与摄像头配套	套	按实际摄像头数量配套计算		

续表

序号	设备名称	技术规范	单位	数量	说明	推荐品牌
5	SD 存储卡	容量为 128GB	张	至少 20 张		
6	立杆	用于摄像头杆和无线网桥	个	满足现场需求数量		
7	显示器	监视用 50 寸以上液晶显示器 1 个，展示用 65 寸以上液晶显示器 1 个	个	2		三星、菲利普、GE
8	存储设备	多核存储专用 64 位 CPU；嵌入式 Linu× 操作系统。 双电源；冗余风扇，MTBF > 10 万 h；4GB 内存。 存储协议：iSCSI，SAMBA，NFS，FTP；单盘、RAID0、1、5、6、10、50、60、JBOD、Hot-Spare。 48 个硬盘，支持 SAS、SATA 硬盘、支持 4T 硬盘；录像 + 回放：256 路 2Mbps；1 个 10/100/1000Mbps 以太网管理网口；4 个 10/100/1000Mbps 以太网数据网口，支持多网口绑定、负载均衡	套	1		大华、海康、宇视
9	接入交换机	48 个 10/100/1000MB 电口、4 个 1000MB 光纤口（含 4 个光纤模块）	台	1		CISCO、华为、H3C
10	软硬件平台一体机	嵌入式 Linu× 一体机，30×24h 稳定运行，支持视频质量诊断功能，支持 SAS 扩展口，支持 16 盘位	台	1		大华、海康、宇视
11	操作台	定制，含椅子。至少能摆放 1 个 50 寸显示器	套	1		定制
12	机柜	含 2 个 PDU，2 个托盘及轨道等所有安装附件	套	1		图腾、慧腾、Dell
13	防雷器		个	按现场实际需求数量		
14	不间断电源（UPS）	10kVA，后备时间 4h。含主机、电池、电池柜	套	1		山特、APC、梅兰日兰

序号	设备名称	技术规范	单位	数量	说明	推荐品牌
15	服务器	2U 机架式服务器。64GB 内存，（2）4GHz10 核，1 个 ×8PCIe 插槽（必须包含可供客户端使用的 4 端口 1GB Ethernet LAN），6 个第三代并发维护 PCIe 插槽：2 个 ×16，4 个第三代 PCIe×8，处理器模块包含 2 个 CAPI 适配器，最大第 3 代 PCIeI/O 抽屉数量：1；标配硬盘容量 600GB，2 块 300GB 15KRPM SAS 热插拔磁盘；标配：12 个小型 SFF 或 8 个 SFF，选配：6 个（1）8 英寸 SSD 托架；四级（L4）缓存：16MB/DIMM 处理器到内存带宽：每插槽 192GB/sI/O 带宽：每插槽 96GB/sRAS 功能：实时分区迁移功能，机器检查错误处理，替代处理器恢复，并发固件更新，热插拔磁盘托架，热插拔并发维护 PCIe 插槽，热插拔和冗余电源及散热风扇，动态处理器取消分配；质保期三年全国联保，享受三包服务	台	1		IBM、HP、华为、大华
16	线缆管材及安装附件	电源线（RVV3×4MM2）；室外 KBG 管；室外开挖及电源线敷设；网络跳线（6 类屏蔽双绞线）	项	1	应满足现场所有需要	
17	高清视频解码器		台	1		同摄像机品牌推荐

五、物资接收管理

（一）物资接收操作流程

（1）代保管单位或项目单位物资管理部门物资主管在接收到供应商送来的货物或其他取货人员交来的货物时，应认真核对到货物资的外观是否有残损，货物品种型号、规格、质量是否符合合同规定，检查到货物资出厂合格证、材质单、检验报告及其他合同要求的技术资料是否齐全，并记录清楚，然后电话通知相对应的专业负责人及档案管理人员来仓库对到货物资进行验收。

（2）代保管单位或项目单位物资管理部门物资主管登录基建 MIS 系统，按照订单（合同）在基建 MIS 系统进行接收操作。

（3）专业人员接到到货信息后，对物资进行相应的技术检验，代保管单位或项目单位物资管理部门物资主管打印出相应的验收单，督促验收人签字确认，并在基建 MIS 系统输入验收结论，完成验收操作。

（4）以上流程在基建 MIS 系统上线前手工完成，基建 MIS 系统上线后补录入系统。

（二）物资接收管控要点

（1）外出提货时，车辆需提前一天申请，基建紧急需求物资可当天申请，提货所产生的费用应取得合法合规的单据，记明收费内容。

（2）送达代保管仓库的物资由代保管单位和项目单位物资主管安排，采用合适的卸货方式，将货物放到指定验收区域，代保管单位或项目单位物资主管确认无误后在送货单上签字。

（3）接收物资和外出提货时，应核对物品的数量与送（提）货单数量是否相符、检查外包装有无破损，如发现包装损坏、货物受损，立即取证并通知采购员与供应商进行交涉，在提货单上做好记录，并由送货人签字确认。

（4）其他人员取回物资时，在将物资移交给项目单位物资主管或代保管单位仓库管理员时须做好交接记录，具体可参见上一节的验收管理相关规定。

（5）代保管单位或项目单位物资主管接收或提取货物后应做好到货登记，并根据物资验收管理办法要求的期限，在 5 个工作日内通知专业人员验收。

（6）现场急需的物资需要直接送到基建施工现场使用的，物资到现场时必须有代保管单位和项目单位物资主管见证到货、现场验收，领用的专业人员在送货单上签收，以此作为到货物资已经领用的凭证，代保管单位保管好单据，领用后 5 个工作日内根据物资验收管理相关要求，项目单位工程技术部技术人员和物资主管在事后应及时补办出入库手续。

（7）无订单的物资到货后由相应代保管单位仓库管理员另外登记，若上线基建管理系统，确保在基建管理系统不能入库期间物资到货、领用、存放有据可查。

（8）有保质期的物资在接收时须查看保质期限，有效期在保质期的一半时间以上的物资方可接收。特殊情况下，现场急需且接收后能够在 15 天内出库，方可接收有效期在保质期的一半时间以下、两个月以上的物资，并在办理出库手续时提醒领用方尽快使用。

六、物资入库管理

（一）物资入库操作流程

（1）专业人员验收合格的物资，代保管单位或项目单位物资主管根据货物专业分类，选择合理的货位。

（2）代保管单位或项目单位物资主管检查确认已验收合格的物资是否需要进行入库前保养，如果需要，则安排入库前保养作业，完成保养后，进行入库上架作业。

（3）代保管单位或项目单位物资主管对货物进行上架作业，将储存货物实物放到相应的货位上，并做好相应标签、标识，摆放规范到位，落实特殊管理措施。

（4）若上线基建 MIS 系统，应按实物存放的存储位置完成入库操作。

（二）物资入库管控要点

（1）经检验后的物资，代保管单位或项目单位物资主管应按照物资类别，分库、分区、分架、分层码放，要求横平竖直、整洁有序。物资在仓库要合理布局，充分考虑保管和发放的经济性。

（2）到货物资，只有在检验合格后，才能办理入库手续。

（3）代保管单位仓库管理员须对物资有关资料（送货单、装箱单、出厂技术资料、合格证、质量保证书、使用说明书、检验单、化验单、磅单、入库单等）建立档案以备查询。重要资料按档案管理规定（随项目、设备交给项目负责人，由项目负责人统一）移交档案管理人员存档。

（4）入库单是指各种物资进行入库操作时，所需填写的一种单据。这些单据起着记录、证明和核对各种物资入库情况的作用，是火电建设企业财务管理体系不可或缺的一环。科学的入库单模板设置能规范操作流程、提高管理效能、强化内控意识。

入库单模板样例，如表 14-2 所示。

表 14-2 物资（财务）入库单

年　月　日

入库单编号：（CW）RK- 合同号 - 三位序号　　单位：元

合同编号		合同名称					供货单位			
验收单号		发票号					库存类别			
机组号		标段					生产厂家			是否安装
合同总价		设备价		运杂费			其他费用		到货日期	
设备名称							安装系统			

序号	KKS 编码 / 物资编码	物资名称	型号	规格	单位	数量	不含税单价	不含税金额	税额	含税金额	存放位置
合计											

注　入库单一式三联，第一联为存根联，第二联为财务稽核联，第三联为仓库联。

物资主管：　　　　　　　　　　　　　　　仓库保管员：

七、物资出库管理

（一）物资出库操作流程

（1）代保管单位或项目单位物资主管依据领料人提供的工单或领料单，在基建管理系统中完成相关的出库操作，并冲减需求计划。

（2）代保管单位或项目单位物资主管比对基建管理系统中领料物资编码和数量。

（3）代保管单位或项目单位物资主管和领料人共同查对领料物资的名称、型号规格、材质、数量，并对外观质量进行确认。

（4）代保管单位或项目单位物资主管督促领料人在领料单上签字确认。

（5）领料人将领料物资运出仓库。

（6）代保管单位或项目单位物资主管安排力工清洁、整理货位，整盘出库后的托盘和料箱放到指定位置存放便于下次使用。

（7）在紧急需求情况下的领料，领料人须通过项目单位汇报程序，由项目单位业务分管领导批准领料单，仓库管理员根据领料单及时发料，并督促领料人及时补办基建管理系统手续。

（二）物资出库管控要点

（1）物资的发放严格执行先进先出、余料先发，核对物资的保质期限。

（2）物资的发放必须履行正式的领料手续，不准白条或口头借领。特殊情况，必须经有关领导批准后方可发放，事后领料人要及时补办领料手续。

（3）基建紧急需求物资的领用必须经项目单位分管业务领导或总经理批准。

（4）代保管单位仓库管理员依据物资领料单，对物资的名称、规格型号、数量进行核实、发放，做到准确无误、文明有序。

（5）特殊物资（如有毒物品、危险品、贵重金属制品）应经项目单位安健环监察部门批准，由用料单位派 2 人以上到库领取。

（6）到货未检验的物资，如基建现场急需，领料人须写明急需理由，并验收合格后，经采购人员同意，凭经有关分管领导书面批准的出库单方可发放。

（7）物资发放须执行有需求计划才能领料的规定。夜间或基建紧急需求必须领料但并无需求计划，可暂由项目单位值班经理电话或短信通知，或者有经批准的书面领料单，并做好登记，并在 3 日内补办需求计划，走完审批流程。

（8）物资领（退）料申请单（见表 14-3）、物资（财务）出库单（见表 14-4）。

表 14-3   物资领（退）料申请单

年　月　日

申请单编号：单位/部门简称：日期：-两位序号

机组编号			标段		安装部位			
合同编号			合同名称		供货单位			
申请单位/部门			申请领料人		联系电话			

序号	KKS 编码/物资编码	设备名称	型号规格	图号	部件号	单位	数量			备注
							申请领用	实发	退库	

物资管理部门：　　　工程技术部门：　　　物资代保管单位：　　　施工单位项目经理：

表 14-4   物资（财务）出库单

年　月　日

出库单编号：（CW）CK-合同号：-三位序号　　　　　　　　　　　　　　　单位：元

合同编号		合同名称		领用单位	
合同金额		供货单位		生产厂家	
入库单号		机组号		库存类别	
设备名称				安装部位	
所属概算					

序号	KKS 编码/物资编码	物资名称	型号	规格	单位	请领数	实发数	不含税单价	不含税金额	税额	含税金额
合计											

注　出库单一式四联，第一联为存根联，第二联财务稽核联，第三联为仓库联，第四联为领用人保存。

物资主管：　　　　　仓库保管员：　　　　　领用人：

八、物资挪用管理

物资挪用，是指在基建工程中，因进度或质量需要，将某一台机组专用的设备材料或备品配件等物资挪到另一台机组使用的行为。

（一）物资挪用执行程序与流程

（1）挪用单位专业技术员根据工程进度或质量需要，填写设备材料挪用、拆套备品申请单（见表14-5），经挪用单位负责人（总工以上）签批上报有关单位。

表14-5 　　　　　　　　　　**XX火力发电工程物资挪用、拆套备品申请单**

日期：　　　年　　月　　日

申请单编号			挪用单位			
合同编号			合同名称			
需挪用机组			被挪用机组			
挪用人			电话			
序号	设备名称	型号规格	图号	单位	数量	安装部位	挪用或拆套原因

项目单位主管领导：　　　　　　项目单位物资管理部门经理：　　　　　　项目单位工程技术部门经理：

项目单位物资管理部门主管：　　　　项目单位工程技术部门专工：　　　　代保管单位主管：

施工监理：　　　　　挪用单位负责人：　　　　　挪用单位经办人：

注 本表一式三份，代保管单位、挪用单位、项目单位物资管理部门留存备案。

（2）监理、项目单位工程技术部门对挪用单位提出挪用设备的原因（是安装单位原因造成的丢失、损坏，还是厂家原因出现的问题）、急需性及必要性进行确认。

（3）项目单位物资管理部门对挪用单位提出的挪用设备材料、拆套备品的可行性及资源进行审核和落实，并根据被挪用机组的需要时间跟踪相关设备材料、备品配件。

（4）项目单位主管领导对相关部门已签审过的物资挪用、拆套备品申请单进行签批。

（5）挪用单位凭已签批的物资挪用、拆套备品申请单，到设备代保管仓库办理挪用有关设备材料或备品配件的领用手续。

（6）被挪用的机组安装单位或仓库管理人员，接到已签批的设备材料挪用、拆套备品申请单，应积极配合解决所需挪用的设备材料、备品配件。

（二）物资挪用记录管理

（1）物资挪用、拆套备品申请单一式三份，挪用单位、代保管仓库、项目单位物资管理部门各留一份。

（2）若挪用的设备材料、备品配件要还回，则设备材料挪用、拆套备品申请单由代保管仓库保管员做好挪用记录，不作为账务支出凭证。

（3）项目单位物资管理部门对挪用的设备材料、备品配件做好记录，并根据被挪用机组安装需要的时间跟踪协调解决到位，确保工程使用。

（三）挪用物资归还与注销

（1）被挪用的设备材料、备品配件协调解决到位后，项目单位应及时组织挪用物资验收归还到原来被挪用的专用机组，同时在有关记录上进行注销闭环。

（2）所挪用设备无法正常归还，应重新购买，这样会直接影响工程进度。项目单位工程技术部门应及时提交采购申请单，物资管理部门负责进行采购，采购结果以工作联系单形式转交计划部门按相关规定执行。

（3）挪用设备返库，物资代保管单位仓库管理人员组织项目单位物资管理部门及相关单位共同验收并填写挪用物资退库验收记录表，如表 14-6 所示。

表 14-6　　　　　　　　　　　XX 火电厂挪用物资退库验收记录表

日期：　　年　　月　　日

机组		挪用单位					合同号				
主系统名称		主设备名称					型号规格				
挪用设备名称	规格型号	单位	借用数量	金额	借用时间	退库数量	是否损坏	是否修改、加工	验收结论		
									合格	不合格	
缺件、损坏、加工、修改等情况详细说明及验收意见											

编号：

项目单位物资管理部门：　　　　　　代保管单位：　　　　　　项目单位工程技术部门：

供货厂商代表：　　　　挪用单位：

（4）使用过程中丢失或损坏的挪用物资，经项目单位工程技术部门认定不能使用的，由使用单位或部门在规定退库日期前自行采购并按项目单位的《物资验收管理办法》办理验收入库。

九、物资代用管理

材料代用是指在供应商提供的材料缺货、停产或者价格波动较大的情况下，经相关部门批准，使用备选材料代替原定材料的行为。

项目单位应建立并实施材料代用管理制度，物资部门结合物资出入库管理建立明晰的材料代用台账。

物资代用按照设计变更程序进行审批。

项目单位工程技术部门、施工监理部门负责监督实施出库手续，防止电缆代用的情况（如 A 图电缆用作 B 图电缆，B 图电缆用作 C 图电缆），工程需要确实要发生代用电缆时，记录手续要齐全，便于查阅，并及时补充。

十、物资退库管理

（一）物资退库操作流程

（1）退料人填写退料申请，履行与领料相同的审批程序后，方可办理退库。

（2）代保管单位或项目单位物资主管核对退料人提供的退料申请单。

（3）代保管单位或项目单位物资主管和退料人共同核对退料物资的名称、型号规格、材质、数量，并对外观质量进行确认。

（4）代保管单位或项目单位物资主管在基建 MIS 系统中，完成相关的退库操作，并对退库专业、退料人、退料原因、退料时间，做仔细记录。

（5）完成基建 MIS 系统退库操作后，代保管单位或项目单位物资主管对退库的物资做好相关标识的记录，放到对应的货位上。

（二）物资退库管控要点

（1）退料人填写退料申请，履行与领料相同的审批程序后方可办理退库。

（2）退库物资的检验，履行与新到货物资相同的检验程序，并按相同的检验等级进行检验。

（3）发放时，优先发放退库物资，拒领退库物资时，需提供书面说明。

十一、领料交旧管理

（1）火力发电工程建设项目基建期间所产生的有价值的废旧物资统一交项目单位物资管理部

门物资代保管仓库回收，由项目单位物资管理部门负责处理，其他部门不得自行组织回收、留存或变卖。

（2）项目单位物资管理部门物资代保管仓库对废旧物资回收应建立登记台账，对领新交旧回收情况进行统计、核对和催交。

（3）物资管理部门物资代保管仓库管理员对回收收到的废旧物资，在废旧物资退料单上签字确认，并登记入账。

十二、物资的贮存和防护

项目单位设备的保管保养应执行《电力基本建设火电设备维护保管规程》（DL/T 855—2004）有关规定。项目单位应要求制造商对其所供设备材料有保管、保养要求的，按项目单位要求进行保管保养。项目单位应加强设备材料在保管期的质量监控，做好设备材料的巡回检查，做好设备的维护保养记录。项目单位应组织有关单位或部门严格执行仓库管理制度，做好设备材料的防火、防风、防尘等工作。

（一）物资贮存仓库建设

（1）仓库建设时间要求。火力发电工程建设项目基建期物资贮存仓库的建设必须在开工前完成。如果由代保管单位进行物资仓库建设和物资代保管，代保管单位最好能在工程初设阶段进场服务。

（2）仓库总平面布置图的设计与审批。根据厂区总平面规划布置图，设计物资仓库总平面布置图，仓库总平面布置图的确定一般经由项目单位工程分管副总审批方可执行。如果由代保管单位负责仓库的建设，代保管单位需根据项目单位提供的施工总平面图，编制物资库区建设总平面图，经项目单位审批后，作为最后确定的总平面的布置。库区施工总平面布置由项目单位统一管理，因工程进展实际情况，项目单位对施工区平面布置进行调整，代保管单位应配合实施。

（3）仓库的建设施工及污水的排放必须满足环保排放标准。

（4）仓库项目单位应根据《电力基本建设火电设备维护保管规程》（DL/T 855—2004）规范要求，结合现场情况及时构建符合要求的棚库、封闭库、备品备件、专用工具区、恒湿恒温库、特种材料库等。

（5）露天堆放场地应进行必要的硬化、围护，并设有排水（污）、防火设施、照明设施、安防设施，库区外观风格应统一。

（6）露天堆放场应分区管理，除了放置工程所需物资，还需规划单独的场地用于存放包装物和施工过程中损坏的设备（材料）。露天堆场应压实后用石子垫平，四周设置排水设施。

（7）所有临建设施施工前需提供有资质的设计院出具的荷载核算报告。

（8）库区与其他建筑物应符合《电力建设安全工作规程 第1部分：火力发电》（DL 5009.1—2014）中有关规定，库内应按消防要求建立消防制度，备有充足的消防水源，设置必要的消防设施，保持畅通的消防通道，配置要求满足消防相关规范。

（9）库区内的照明及其他电器设施，应符合安全用电的要求，并应设置安全可靠的防雷、避雷设施。

（10）封闭库房、恒湿恒温库内应设置门窗，做到既能密闭又能通风。恒湿恒温库内温度应维持在 18～28℃，湿度 45%～75%，昼夜温差不应超过 10℃。恒湿恒温库的热源采用蒸汽采暖或空调设备，严禁用明火直接取暖。

（11）特种材料库要求与其他库区分离设置，库内危险品按品类间距分隔存放，不允许混放。特种材料库要根据库内存放物品的不同，设置不同的消防设施，特种材料库外设置明确的标示标牌和巡检记录。

（12）办公区域要求满足库房工作人员办公要求，办公室内具备电器和网络接口。

（二）物资贮存管理

针对物资贮存，项目单位应满足如下管理要求：

（1）物资验收合格后，应及时办理入库手续，并做好物资标识及检验状态标识，应按物资的不同类别分类贮存。

（2）恒温恒湿库。存放不能承受较大湿度、温度变化及要求防尘的设备和器材。一般存放电焊条、精密仪器、仪表等。

（3）封闭库（或称库房）。存放易受雨雪、尘土侵袭，但能承受温度变化的设备和器材及易丢失的小机件和贵重材料。一般存放机电产品、有色金属、非标加工件、电料、五金、油化、劳保用品、开箱后的零配件等。

（4）棚库（或称料库）。存放需要避免雨雪直接侵袭或阳光直射，但能承受温度变化的设备和器材。一般存放大宗材料、黑色金属、电缆等。

（5）露天堆放场（或称料场）。存放受雨雪、沙尘直接侵袭或受阳光直射影响极小的设备和器材。所到设备材料应码放成堆、不能混放在一起。

（6）易燃易爆、易感染腐蚀、有毒及放射性物质必须专库存放，与一般物资隔离储存，由施工承包商指定专人保管，列出定期维修表。

（7）精密仪器、仪表应按物件摆放技术要求摆放，并做好防尘、防震、防潮、防腐措施，保持一定温度。贵重物资应入柜加锁或加封。

（8）橡胶塑料制品要防老化、变形或黏结，不能日晒、重压。

（9）易碎的物品如绝缘子、玻璃制品等不得超高堆放，要注意轻移轻放，避免挤压撞击。

（10）金属物件要加强维护保养，涂上油漆。轴类物件要垂直吊放，防止变形。露天存放物资要上盖下垫，防潮防雨。

（11）物资入库均应手续齐全，从入库凭证、订货合同或协议书、装箱单、承运单逐个核对、检查清点，证实入库物资品种、数量、质量是否相符。凡不符合正式办理入库手续的物资，应及时通知有关人员处理。

（12）剧毒物品和危险品的到货，应邀请保卫、安监人员参加，无关人员不得在场。

（三）物资保养防护管理

针对物资保养防护，项目单位应满足如下管理要求：

（1）物资维护保养应做到严格验收、货位规划、清洁卫生、日常维护、检查盘点、防盗防灾。

（2）库场物资的维护必须达到"四无"要求，即无盈亏、无腐蚀、无霉烂变质、无损坏事故，以防为主，采取防雨、防潮、防碰、防火、防盗、防洪、防破坏、防爆、防有害气体、防腐蚀等技术措施。

（3）根据不同的产品特点和相应的规定，对产品进行维护保养。对 A 类仓库应加强温湿度控制；对 B 类仓库加强防潮、防腐蚀措施；对 C 类仓库加强防风雨、防积水、防腐蚀措施；对危险品库应加强通风、易燃和助燃气体不混合存放、做好防高温措施、防爆措施。

（4）对金属材料及配件，应加强防腐措施，并进行定期仓库养护。

（5）有储存期限的物资，应有明显的标志，分批存放，做到先到先发，即将超过有效期限的应及时反映，及时处理，避免浪费。

（6）大宗材料露天棚区堆放时，必须做好防护盖垫，定期检查垛位是否积水、锈蚀、腐蚀、变质、散失等现象，发现问题及时采取有效措施。

（7）保温恒湿库应配备空调设备、除湿器、毛发温湿度计、室内温湿度自动记录仪等必需的仪器设备，防止机械性损坏等。发现不合格项应及时标识、隔离和记录。

（8）施工单位负责领出物资的维护保养和防盗、防水、防损坏等防护。

十三、物资技术资料档案管理

针对物资技术资料档案管理，项目单位应满足如下要求：

（1）钢材应有材质证明资料。

（2）主机、辅机的备品、配件，应有图纸、质保书和使用单位的验收记录。

（3）属于材料性备品、设备性备品，应有出厂证明或试验资料。

（4）主要油脂、化工、绝缘材料，其化验资料、合格证，是有期限要求的，要注明失效日期；需取样化验的，应有化验证明。

（5）物资需求部门有指定检验项目需求的，应有有关部门的共同检验记录。

（6）物资的技术档案应一物一档或一物二档分类编号，并在保管卡上注明档案号。

（7）所有的物资技术档案资料（包括技术资料试验单、出厂证明、合格证、装箱单以及验收记录等）应和发放记录一并存查。

第五节 乙供物资管理

一、乙供物资管理组织与分工

乙供物资是指直接用于工程建设的，按照合同约定费用包含在工程承包合同中，属于施工单位采购的设备、材料等物资。要切实做好乙供物资的管理，保证乙供物资对工程施工进度、质量、效率的良好支持，并且不能仅依靠施工单位一方的管理，项目单位需要统筹、协调各相关单位，明确各方职责、管理要求，做好监督管理工作。乙供物资的管理，各方职责分工如下。

（一）项目单位物资管理部门职责

参与审核乙供物资供货单位资质。

（二）项目单位工程技术部门职责

（1）负责乙供物资采购范围、短名单的确定。

（2）参与审核乙供物资供货单位资质。

（3）参与乙供物资到货验收。

（三）施工单位职责

（1）提交审核乙供物资供货单位资质。

（2）组织乙供物资到货验收。

（3）组织乙供物资采购的开标、评标工作。

（四）施工监理单位职责

（1）参加施工单位重要乙供物资的技术评标。

（2）参与乙供物资供货单位资质审批。

（3）参与乙供物资到货验收。

二、乙供物资分类

（一）分类原则

设备采购的基本原则如下：

（1）设备原则上由项目法人采购，技术含量低的零星设备可由承包商采购。

（2）材料原则上由承包商采购，对于重要材料应由项目法人采购。

（二）乙供物资分类参考

（1）一类采购项目。是指关系到工程质量和机组安全运行并在合同中暂定数量和单价的重大设备材料，以及影响厂区整体环境的物资，主要包括主厂房彩钢板。

（2）二类采购项目。除一类采购项目外，对工程质量和机组安全运行有重大影响或者对厂区整体环境有关系的物资，以及各标段需统一厂家或标准的物资。如保温材料、国产阀门、全厂照明箱、检修箱、插座箱、配电箱、光控箱、室内照明开关灯具、电缆桥架、阻燃防火材料和门窗等。

（3）三类采购项目。一般钢材、水泥、木材、地材。

（4）四类采购项目。上述一、二、三类采购项目均未包括的设备和材料。

以上分类清单，项目单位视项目具体情况可参考执行或细化调整。

三、乙供物资管控要点

（一）基本要求

（1）必须把产品质量放在第一位，满足设备的安全经济运行要求，杜绝劣质产品进入工程。

（2）采购物资应满足国家现行法规的安全、健康、环保要求，不应采购超标或淘汰产品。对环保有特殊要求的产品，投标商还应提供产品有效的生产许可证、试验报告和质量保证期等资质条件文件。

（3）乙供设备、材料的采购属于招标采购范围的物资，履行《中华人民共和国招标投标法》及实施条例，由施工单位负责组织采购，非招标采购项目可按照承包商的采购规定执行。

（二）管控要点

项目单位可从采购实施、物资到货验收、物资保管、物资台账等方面对施工单位提出管控要求。

（1）施工单位自行采购的物资应通过招标择优选择供应商，资质报审和采购结果要先报监理单位和项目单位确认同意后方可进行。一、二类采购项目等重要物资的采购，施工单位一般邀请监理单位和项目单位参加。

（2）材料到货后，施工单位须依据采购单、订货合同进行材料的常规检验。为确保工程质量，到货材料必须符合设计要求，并附有质保书、出厂合格证、材料报告等有关证书、资料，施工单位应按规定对自购材料进行复检。

（3）材料的检验不限于材料到达现场后的检验，必要时施工单位应组织有关专业技术人员、项目单位、监理单位到生产或加工地点检验或质量监督。积极配合项目单位或监理单位对施工单位所购产品的质量监督、检查，并做好项目单位或监理单位要求的试验、化验及试样的提供。项目单位或监理单位如需到生产或加工车间、地点进行监督、检验，施工单位负责为其在这些车间、地点进行监督、检验获得许可。

（4）施工单位自购材料的保管执行国家有关物资技术保管规范，要求凡材料供应商对其材料有保管要求的，按其要求保管。在库材料做到摆放整齐、标记清楚、定期盘点，账、卡、物相符。保管过程中除做好防锈、防潮、防霉变等日常维护工作外，还要做好防火、防风等工作。

（5）施工单位须建立台账对自购材料进行管理，详细记录到货情况、检验情况。

第十五章

技术管理、科技创新及智能智慧建设

随着电力市场的进一步开放竞争，火力发电企业从原来的计划经济逐步迈向市场经济，电力负荷的实时变化，电力市场的实时竞价交易，不仅要求发电机组具有高度的可靠性、灵活性来适应电网的需求，还要求发电企业的运营管理具有高效、灵活、准确的决策能力，来适应市场的变化。

习近平总书记指出："中国式现代化关键在科技现代化。"科技创新是国资央企发挥"三个作用"（科技创新、产业控制、安全支撑）的根本，决定着产业控制和安全支撑作用的有效发挥。加强科技创新是履行央企职责使命的内在要求，是推进能源革命和实现"双碳"目标的重大举措，是支撑和引领世界一流企业建设的必由之路。为满足电力市场需求及国家政策要求，火力发电工程建设项目单位应加强专业技术管理，积极开展科技创新，加快智能电站建设，充分发挥技术管理、科技创新与智能智慧建设对火力发电工程建设项目建设和生产运营的支撑作用，实现火力发电工程建设项目建设和发电生产流程、业务管理的自动化、信息化、智能化。

第一节　技术管理

一、概述

（一）管理思路与理念

科技是第一生产力、人才是第一资源、创新是第一动力。以解决项目单位在建设和发展过程中面临的技术难关、专业瓶颈等问题为首要目标，实现项目单位专业技术管理工作的科学化、规范化、标准化，打造一支素质优良、结构合理、主动作为的专业技术队伍，为公司的持续稳定发展提供人才支持和技术保障。

（二）目的和意义

通过建立专业技术管理组织机构，明确各层级职责，在火力发电工程技术路线选择、设备选型、系统设计优化、技术难题攻关等方面发挥专业技术管理的作用，以达到技术路线、设备型式与工程目标相契合；系统设计布局合理；技术难题取得突破，实现技术保安。

二、技术管理组织机构及职责

各项技术管理工作执行技术管理委员会、技术管理办公室、专业技术小组及专题攻关组的三级管理模式，涉及多个专业工作，本着"谁牵头，谁主导"的原则，清晰主次权责，同时要求各专业组之间精诚团结，积极推动项目单位各专业技术管理工作。技术管理组织机构图示如图 15-1 所示。

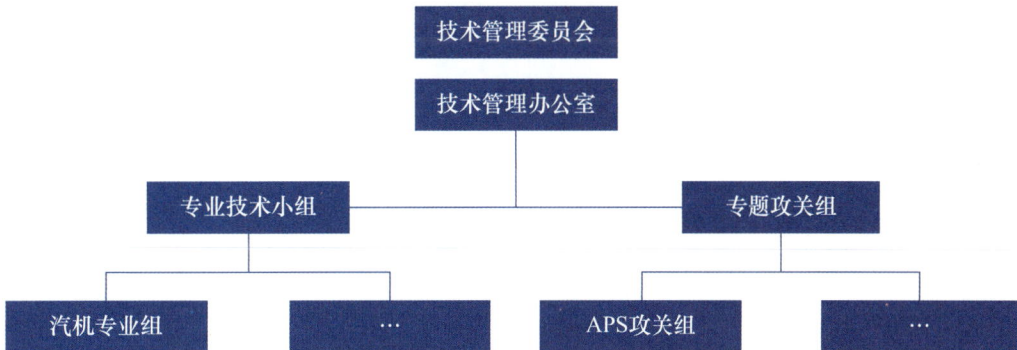

图 15-1　技术管理组织机构图示

（一）技术管理委员会的职责

（1）全面负责工程项目技术体系正常运转，是该工程技术管理最高决策机构，对在基本建设中的技术路线、研究方向、发展规划等进行研究决策。

（2）按照国家法律法规和上级单位制度体系，建立健全基建工程技术管理体系，监督指导各参建单位技术管理体系有效运作。

（3）制定审批本工程技术管理方面的制度、标准、规范和目标。

（4）审查批准本工程技术管理监督工作计划。

（5）贯彻执行上级有关技术工作指示，决策本工程建设中技术管理的重大设计变更。听取专业技术汇报，研究决策公司在基本建设中遇到的重大技术问题。

（6）负责国内、系统内先进技术经验、先进技术推广的决策，指挥部署和指导实施。

（7）贯彻上级有关技术工作指示，决定工程建设中技术质量管理的重大措施。

（二）技术管理办公室的职责

在技术管理委员会的监督指导下，全面负责协调技术管理工作的具体实施：

（1）负责牵头组织公司技术管理委员会的日常业务。

（2）负责组织协调公司相关部门和单位提交技术管理委员会审议议题。

（3）负责整理有关会议纪要，并监督和反馈会议决策执行落实情况。

（4）负责公司技术管理委员会会议资料的存档备案。

（5）对专业技术组的工作进行评价。

（6）负责公司技术管理委员会交办的其他事项。

（三）专业技术小组的职责

（1）负责督促本专业组开展工程设计配合、设备选型、质量验收、调试等技术管理工作。

（2）负责将本专业强制性条文、《防止电力生产事故的二十五项重点要求》和国内外先进经济技术指标落实到设计、设备、施工、调试等各环节。

（3）组织本专业工程、设备及材料、服务采购技术规范书编制，参与合同谈判，监督合同履行情况，及时准确地处理工程量及合同变更，确保合同如约履行。

（4）组织审核本专业监理细则、创优实施细则、专业施工组织设计、施工方案（作业指导书）及开工报告。

（5）负责组织协调各参建单位技术管理工作，及时解决工程中存在的技术问题。负责为技术管理委员会提供技术决策支持依据。

（6）按照法律法规、相关合同考核奖惩办法，组织对参建单位的工作进行考核评价。

（7）调研吸收同类型百万机组先进技术、指标，坚持技术创新，针对每项新技术进行风险分析和评估，制定风险预控措施并稳妥实施。

（8）根据网络进度计划，组织编制专业工作计划、质量监督计划，明确技术、监督标准，质量工艺、创优细则等要求，每月落实重点工作，并有效实施。

（9）吸取借鉴同类型机组基建期间存在的设计、设备、施工、调试问题，在质量问题负面清单中分解落实控制措施，督促本专业组在工程建设过程的各个环节认真落实，并把责任分配到岗、到人，定期进行总结。

（四）专题攻关组的职责

（1）负责对制约工程建设和安全生产的难点问题进行深层次的挖掘，制订攻关节点计划。

（2）根据攻关计划，督促专题攻关组成员开展多形式的攻关活动，包括但不限于调研、专题研讨会等形式。

（3）根据攻关结果编制实施方案，并组织设计院、研究院进行专题论证，形成最终实施方案，为技术管理委员会提供技术决策支持依据。

（4）结合里程碑节点及一级网络进度计划，督促各参建单位按照节点要求、质量要求有序施工；参加各阶段的检查协调、交接验收和竣工验收，协调解决项目执行过程的各种问题。

（5）积极对接各专业组，深度参与攻关项目设备及材料、服务采购技术规范书编制，参与合同谈判，监督合同履行情况，及时准确处理工程量及合同变更，确保合同如约履行。

（6）组织审核攻关项目监理细则、创优实施细则、专业施工组织设计、施工方案（作业指导书）及开工报告。

三、技术管理工作要点及措施

技术管理工作要做到"六化"管理，即技术工作定期化、负面清零持续化、技术参与全员化、技术讲堂常态化、技术评价标准化、技术责任终身化。

（一）技术工作定期化

各专业组每月召开一次专业小组会议，会议内容围绕上月工作计划落实情况及本月重点工作讨论，形成会议纪要。

各专业组在公司年度工作会议后15日内召开专业组年度研讨会，对上一年度工作进行总结及根据公司年度工作会精神制订本年度工作计划。

（二）负面清零持续化

各专业组每月应组织召开负面清单落实情况专题会，研究负面清单的闭环情况。

（三）技术参与全员化

各专业组全员参与工程建设，从基建、生产不同角度对工程设计、设备选型、设备安装等方面提出合理化建议，建议经技术管理委员会办公室审核后，通过工作联系单方式反馈给相关部门。

（四）技术讲堂常态化

各专业组系统梳理本专业的技术难题，列出攻关计划，组织成立专项技术攻关小组，并将技术攻关融入专业组月度工作计划，制定有效可行的技术管理措施，解决现场实际问题。

（五）技术评价标准化

项目单位需制定不限于技术先进度、技术成熟度、技术创新度、社会经济效益等评价指标，每项指标都有具体的评价标准和评价方法，按照合理的评价程序，对技术进行标准化评价。

（六）技术责任终身化

对基建期技术管理工作执行技术责任终身制，在机组投产后发生因技术决策导致的重大问题，应追溯原始责任。

四、基建期技术监督管理

（1）建设项目技术监督应在工程设计、设备选型、监造、安装、调试、验收及性能试验等阶段，依据国家、行业和上级单位技术监督相关制度、规程、标准，采用有效手段，进行全过程监督管理。

（2）项目单位应从设备入厂验收起，全面加强技术监督工作管理、监督指导，强化建设、生产无缝衔接，保障建设项目安全投产及向生产运营平稳过渡。

（3）建设项目技术监督应根据设备入厂验收、机组调试等重大节点，开展相应的电能质量、绝缘、电测、继电保护励磁、热工（自动化）、金属、化学、节能、环保水保、燃料、生产监控系统安全防护等专业监督和汽（水）轮机、水泵、锅炉、风机、建（构）筑物等设备监督。

（4）建设项目主要监督工作要求，包括以下方面：

1）贯彻执行国家法律法规、行业标准及上级单位电力技术监督制度标准和管理要求。

2）应建立建设期技术监督网络，将监理单位及设计、制造、安装、调试单位纳入项目单位技术监督管理体系。

3）建设期，技术监督工作计划应根据工程进度安排，结合本工程技术监督服务合同范围与项目单位建设期技术监督网络职责，按阶段、分专业制订。

4）建设技术监督服务项目应委托有资质单位开展，技术监督管理评价由上级公司统一安排。

5）项目单位按照工程建设的进度，及时报送技术监督定期报告，应包括工作计划的落实情况、典型问题分析、整改闭环情况，技术监督工作的改进措施。

（5）建设过程中重点技术监督项目及内容。

1）设备入厂验收环节。应结合设备监造情况制定设备入厂验收专项监督实施细则，对主设备、重要辅机设备进行验收，重点检查设备供货单、供货合同与实物应一致，出厂试验项目应齐全，结果应符合标准要求，主要原材料性能指标是否符合合同要求，设备主要出厂技术指标是否符合合同要求。

2）机组调试等重点环节。在机组单体、分系统及整套启动调试阶段，组织开展专项技术监督。主要监督检查内容包括：设备调试技术指标是否符合设计；水、汽、油、气、煤品质是否符合设计；化学、热工、电气仪表系统完整性；热工、电气量值传递和溯源管理合法合规性；继电保护、热工保护、自动装置的定值管理及其投入率和正确动作率管理是否符合规程规范；压力容器及管道、起重设施、电梯等特种设备使用，消防、环保设施投运合法合规性；调试阶段设备消缺管理情况。

3）机组主要性能试验环节。在主机设备和主要辅机设备的性能试验阶段，组织开展专项技术监督。主要监督检查内容包括：性能试验方案中，试验人员资质、仪器仪表、设备工况条件、数据采集、试验数据修正边界条件是否符合规程规范和工程合同要求；试验工况的完整性，试验数据的完整性、准确性；试验报告的真实性、准确性、完整性。

第二节　科技创新

一、概述

（一）管理思路与理念

科技创新是指企业用于科学研究和技术创新方面的具体活动，是指创造和应用新知识和新技术、新工艺，采用新的生产方式和经营管理模式，开发新产品，提高产品质量，提供新服务的过程。

科技创新可以分成三种类型，即知识创新、技术创新和现代科技引领的管理创新。

知识创新的核心科学研究，是新的思想观念和公理体系的产生，其直接结果是新的概念范畴和理论学说的产生，为人类认识世界和改造世界提供新的世界观和方法论；技术创新的核心内容是科学技术的发明和创造的价值实现，其直接结果是推动科学技术进步与应用创新的良性互动，提高社会生产力的发展水平，进而促进社会经济的增长；管理创新既包括宏观管理层面上的创新——社会政治、经济和管理等方面的制度创新，也包括微观管理层面上的创新，其核心内容是科技引领的管理变革，其直接结果是激发人们的创造性和积极性，促使所有社会资源的合理配置，最终推动社会的进步。

火力发电工程建设中引入新技术、新工艺、新材料、新设备，以促进工程建设的现代化和高效化。新技术如建筑信息化模型（building information modeling，BIM）技术、智能运行控制系统（intelligent control system，ICS）等，可以提高工程建设的精度和质量。新工艺如锅炉受热面模块装配式施工工艺、炉顶密封施工优化工艺等，可以提高施工效率和质量。新材料如钛复合板内衬材料、新型保温材料等，可以提高设备的性能和寿命。新设备如新型中频感应加热焊接热处理设备、高凝汽器在线清洗装置等，可以提高设备的可靠性和经济性。

（二）目的和意义

科技创新是永无止境的探索实践，是国家富强、民族振兴、人民幸福的强大引擎。习近平总书记在党的二十大报告中强调，坚持创新在我国现代化建设全局中的核心地位，并对加快实施创新驱动发展战略进行部署。

企业是创新的主体，火力发电工程建设项目单位要从项目立项开始要坚持工程建设与科技创新同谋划、同审批、同实施、同验收，以产出高质量工程成果和高水平科技创新成果，适应国家政策导向和行业发展需求，进一步提高企业的市场竞争力和价值创造力。

通过科技创新活动来实现产业技术升级、设备改型换代、系统优化升级等，以实现工程项目所采用的技术先进、设备先进、系统最优，实现同时期、同区域、同类型机组指标最优。同时，也能在企业内部营造全员参与技术研究与创新、全员争当专家的干事创业氛围。

1. 新技术对火力发电工程建设的意义

（1）提高效率和质量。新技术在火力发电工程建设中的应用可显著提高工程效率和质量。例如，数字化技术的应用可实现设备的自动化控制和监测，减少人为操作失误，提高设备的运行效率和稳定性。同时，新的设计技术和仿真技术可优化工程设计，减少设计变更和延误，提高工程的质量和可靠性。

（2）降低成本和风险。新技术可降低火力发电工程建设的成本和风险。例如，新型的耐高温、耐腐蚀材料可减少设备的维护和更换频率，降低维修成本。同时，新的施工技术和监测技术可减少工程变更和延误，缩短工期，降低成本和风险。

2. 新工艺对火力发电工程建设的意义

（1）提高能源利用效率。新工艺可提高火力发电工程建设的能源利用效率。例如，新型的燃烧技术和热力系统优化技术可减少能源浪费和排放，提高能源的利用效率。同时，新的保温技术和隔热技术可减少能源散失和浪费，进一步提高能源利用效率。

（2）降低环境污染。新工艺可降低火力发电工程建设对环境的污染。例如，新型的脱硫脱硝技术和除尘技术可减少废气和废水的排放，降低对环境的污染。同时，新的废弃物处理技术可减少废弃物的产生和排放，实现资源回收和再利用。

3. 新设备对火力发电工程建设的意义

（1）提高生产效率。例如，新一代的汽轮机和发电机组可提供更高的功率和效率，提高生产效率。同时，新型控制系统和监测设备可实现对设备的自动化控制和监测，减少人工操作和维护成本，进一步提高生产效率。

（2）降低能源消耗和排放。新设备可降低火力发电工程建设的能源消耗和排放。例如，新型的节能型锅炉和蒸汽轮机可提供更高的热效率和功率密度，降低能源消耗和排放。同时，新型的空气压缩机和泵送设备可提供更高的效率和可靠性，进一步降低能源消耗和排放。

4. 新材料对火力发电工程建设的意义

（1）提高设备性能。新材料可提高火力发电工程建设设备的性能。例如，新型的高强度钢和合金材料可提供更高的耐高温、耐腐蚀性能，提高设备的运行效率和稳定性。同时，新型的非金属材料可提供更好的绝缘性能和机械性能，进一步提高设备的性能和使用寿命。

（2）降低成本及实现环保。新材料可降低火力发电工程建设的成本及实现环保。例如，新型的轻质材料可减少设备的重量和体积，降低制造成本和使用成本。同时，新型的环保材料可减少对环境的污染和提高循环再利用率，进一步降低成本及实现环保。

综上所述，新技术、新工艺、新设备和新材料在火力发电工程建设中的广泛应用具有很重要的现实意义。它们可以提高火力发电工程建设的工程效率和质量、降低成本和风险、提高能源利用效率和减少环境污染等。未来，随着科技的不断发展和创新，以及"四新技术"在火力发电工程建设中的广泛应用，可推动这一领域的技术进步和管理水平的提升，进一步促进火电行业的可持续发展。

二、各参建单位管理职责

火电建设工程是一个系统工程，科技创新工作需要依托这一工程实践才能取得预期效果，项目单位应主导各参建单位对已确定采用的"四新技术"进行风险分析，明确该项目在执行过程中采取的调研、论证、评审、试验等措施，齐心协力共同开展科技创新工作，确保实现既定目标。

（一）项目单位职责

（1）负责对重大"四新技术"、行业内同类型机组首次应用的属于"四新技术"的设备系统进行可行性研究。

（2）负责组织制定"四新技术"项目技术标准（包括设计标准、制造标准、施工调试标准）。

（3）负责制定"四新技术"项目实施策划与过程监督。

（4）负责组织进行"四新技术"应用总结。

（5）负责跟踪监督并持续改进已投入生产运行的"四新技术"设备系统运行状态。

（二）监理单位职责

（1）对设计、设备、施工、调试等单位提出的"四新技术"进行讨论，提出评价意见。

（2）监督"四新技术"监理要点，并对执行成果进行验收。

（3）对设计、设备、施工、调试单位制定的"四新技术"施工方案进行审核。

（三）设计单位职责

（1）在设计中严格遵守国家的有关规定和标准，尽可能采用推广应用的新技术，禁止使用落后技术。

（2）对选用的"四新技术"，在设计文件中特别注明，并向施工、监理单位进行专项技术交底，对施工过程中出现的质量问题，提出相应的技术处理方案。

（四）设备制造单位职责

（1）对采用的新设备必须经过充分的论证，必须满足安全、环保要求。

（2）对涉及机组安全、环保运行的设备、材料替代必须报公司批准。

（五）施工单位职责

（1）根据国家的有关规定和标准，确定采用的"四新技术"项目，制订四新技术应用计划，并报监理单位审核。

（2）针对施工中采用的"四新技术"，须制订详尽的施工方案，须对"四新技术"项目进行质量风险分析，并提出相应的对策。

（3）对已使用的"四新技术"进行总结。

（六）调试单位职责

（1）调试单位应积极收集和熟悉工程技术资料、设备说明书和出厂保证书，对新装备、新技术进行调研，做好充分技术准备。对系统设计、设计联络会议纪要及施工图纸进行审查，发现问题及时提出修改建议。

（2）组织对"四新技术"设备系统调试运行的风险评估、技术评估，提出预控与改进措施；对照《电力工程达标投产管理办法》和行业优质工程要求的技术指标，严格试验并制定验收标准，确保全面实现质量目标要求。

三、科技创新规划

（一）科技创新规划工作内容与程序

项目单位应在初步设计时开展创新规划，创新规划可分为三个阶段：

准备阶段。编制《工程新技术应用规划》等指导性文件；成立新技术应用组织机构；明确各参建单位职责分工，提出本工程科技创新的目标、技术路线和实施计划，并确定创新规划的基本原则。

实施和完善阶段。结合工程进展，重点抓好新技术、新工艺、新材料应用方案、作业指导书的编制工作，并严格实施；加强施工过程监督与控制，确保新技术应用项目顺利实施；加强施工过程监督检查，对违反规定的行为及时纠正。

检查验收阶段。对新技术应用工作进行总结、验收、报审。

（二）科技创新规划基本原则

科技创新规划的基本原则包括以下四个方面：

（1）坚持顶层布局与问题导向相结合。从技术供给和需求牵引双向发力，聚焦电力行业发展重大问题，围绕工程需求布局科技创新项目，破解火力发电工程关键核心技术难题。

（2）坚持科技创新与工程建设相结合。以关键核心技术攻关、新技术研发应用和首台（套）示范等支撑火力发电工程建设项目提升技术先进水平，带动重大技术装备攻关和示范，发挥重大工程对科技创新的承载和带动作用。

（3）坚持自主创新与协同攻关相结合。强化企业"出题人""答题人""阅卷人"主体地位，充分发挥企业在科技创新组织、实施等各个环节的作用，并与各高校院所做好协同。

（4）坚持创新路线与成果效益相结合。技术路线选取应有利于推动科技创新，降低成本、提高效益和增强核心竞争力，预期经济、社会效益明显，能够形成具有自主知识产权的核心技术成果，为企业可持续发展提供技术支撑。

四、典型新技术推荐清单

在火力发电工程建设初步设计阶段，应收集、整理出"四新技术"计划清单，组织相关单位进行技术路线论证和拟用新技术评审。

（一）新技术应用计划项目清单

（1）闭循环水系统优化合并布置；

（2）空气预热器采用柔性密封技术；

（3）脱硫废水零排放技术；

（4）高位收水冷却塔技术；

（5）露天布置全封闭输煤栈桥；

（6）脱硝系统精准喷氨技术；

（7）烟气 CO 在线监测的燃烧优化应用；

（8）风粉智能监测及一次风调平技术应用；

（9）基于 AR/VR 的辅助检修技术应用；

（10）全激励仿真技术应用；

（11）汽轮机通流部分优化设计技术；

（12）双机回热技术；

（13）大型汽轮机基础弹簧隔振技术；

（14）控制系统总线技术；

（15）大型火电机组负荷自适应控制优化技术；

（16）机组 20% 负荷下深度调峰技术；

（17）汽轮机组在线诊断及控制技术；

（18）BIM 建筑信息模型应用技术；

（19）汽轮机真空系统在线查漏系统；

（20）汽电双驱引风机高效供热技术；

（21）输煤系统空气动力学抑尘技术；

（22）生物质耦合发电技术；

（23）风光水火一体化发电技术；

（24）碳捕获、利用与封存（CCUS）技术；

（25）电化学储能技术。

（二）新工艺应用计划项目清单

（1）采用烟－风－水一体化深度节能余热利用系统；

（2）闭式水余热回收利用系统；

（3）设置邻炉热风联络系统；

（4）锅炉采用等离子点火技术；

（5）智能照明系统应用；

（6）500kV 主变压器采用三相一体现场组装型式；

（7）热力系统采用氧化性全挥发处理＋加氧处理工况运行；

（8）基于大数据的智慧燃料管控系统；

（9）信息数据采集深化应用；

（10）火电建设工程塔吊智能监控联动应用；

（11）视频安防与三维系统的联动技术应用；

（12）火电间冷系统性能智能优化应用；

（13）智能 ICS 建设应用；

（14）主辅一体化 DCS；

（15）锅炉补给水处理系统采用全膜法处理工艺；

（16）电站锅炉机组洁净化施工工艺；

（17）火电厂凝汽器冷却水管洁净化施工工艺；

（18）锅炉受热面模块装配式施工工艺；

（19）汽轮机（含小机）本体新型快装保温工艺；

（20）炉顶密封施工优化工艺；

（21）P91、P92 等新型铁素体耐热钢焊接工艺；

（22）Super304H、HR3C 等新型奥氏体耐热钢焊接工艺；

（23）新型奥氏体耐热钢与马氏体耐热钢异钢种焊接工艺；

（24）熔化极气体保护焊打底焊接工艺；

（25）摇摆法焊接工艺。

（三）新设备应用计划项目清单

（1）共箱浇筑母线；

（2）10kV 开关自动操作装置；

（3）凝汽器在线清洗装置；

（4）烟气余热回收设备；

（5）外置式蒸汽冷却器；

（6）四分仓空气预热器；

（7）大、重件设备液压提升装置；

（8）锅炉蒸汽吹管电动靶板装置；

（9）大型锅炉炉膛活动升降平台应用；

（10）新型中频感应加热焊接热处理设备；

（11）新型数字化工业电子内窥镜装置；

（12）自启闭式防爆门；

（13）虾米曲线原煤斗；

（14）旋切煤斗；

（15）中压母线开关装设快速灭弧装置；

（16）空气预热器疏导式密封装置；

（17）冷却塔采用高效旋转喷溅装置；

（18）配电室自动巡检机器人；

（19）输煤廊道挂轨巡检机器人；

（20）智能采制化机器人；

（21）翻车机摘复钩机器人；

（22）永磁调速器；

（23）永磁电动机；

（24）永磁开关；

（25）贴片式无线测温装置。

（四）新材料应用计划项目清单

（1）400MPa 及以上高强钢筋；

（2）新型奥氏体耐热不锈钢；

（3）新型铁素体耐热钢；

（4）钛复合板内衬材料；

（5）碳化硅耐磨弯头；

（6）新型保温、隔热、隔声材料；

（7）柔性石墨密封材料；

（8）无收缩二次灌浆材料；

（9）新型节能灯具；

（10）新型复合电缆沟盖板；

（11）新型钢丝网复合骨架管。

随着"云、大、物、移、智"等先进智能智慧技术与传统能源的融合日益加深，新技术对电站建设的工艺流程、企业组织架构等进行深刻重塑，新的流程应运而生，火电工程科技创新应用从"四新"扩大到"五新"，如火力发电工程水务集中处理系统的新工艺流程等。

五、科技创新的保障措施

（一）加强组织管理

项目单位应组织成立科技创新管理领导小组及科技创新办公室，全面负责工程新技术应用、创新项目管理和资源协调、审批应用计划。

（二）做好创新规划

项目单位应组织编制工程新技术应用及创新管理实施规划，把推广应用"国家重点节能低碳技术""建筑业十项新技术""电力建设四新技术"等项目列出实施清单，重点围绕智慧火力发电工程技术，打造具有全球竞争力的世界一流智慧火力发电工程品牌，并确立自主创新项目。

（三）落实专业管理

项目单位应把科技创新、专利、工法和质量控制（quality control，QC）成果的创建摆在工程建设的重要位置，全面加强组织领导，定期组织研究解决重大问题，部署推进创建过程中的重大举措，定期检查推进情况。各专业切实负起责任，保障人、财、物的投入，按照周、月进度计划推进。

（四）抓好参建单位

各参建单位根据工程特点和本标段具体情况，编制新技术应用和创新管理实施计划，明确实施项目和获奖要求，在工程建设过程中坚持创新驱动，研发并获得专利、工法、科技进步奖及 QC 小组成果奖。

（五）党建 + 科技创新

项目单位应充分调动党员骨干积极性，发挥党员先锋模范带头作用和支部战斗堡垒作用，以全过程优化创新融入日常党员活动，确保完成科技创新、专利、工法和 QC 成果目标，各项技术指标优于同类机组，从而降低运行成本提高机组竞争能力。

第三节　智能智慧建设

一、概述

（一）管理思路与理念

火力发电工程智能智慧建设是指将传统能源与数字化、智能化技术相融合的新型基础设施建设，以实现对火力发电工程建设、发电生产流程和业务管理的自动化、信息化、智能化。

随着我国电力体制改革的逐步深入，以及节能、减排、降耗等政策的驱动，利用物联网、大数据、云计算、人工智能等新兴技术，推动火力发电工程的智慧工地、智能电站的建设，实现火力发电工程建设和企业运营的智能智慧化，达到安全、高效、绿色、低碳等目标，提高企业经济效益，增强企业的核心竞争能力，已成为电力行业发展的必然趋势。

（二）目的和意义

传统火力发电工程施工现场存在劳务用工管理混乱、大型设备监管困难、安全事故频发、材料控制缺乏有效监控手段、结构安全监测困难、环境污染严重、监测手段落后等难题。加大智慧工地管理系统在施工项目上的应用，能有效地解决施工工地存在的这些难题，实现对人员、机械、材料、环境的全方位实时监控，变被动监督为主动监控，真正做到事前预警，事中常态检测，事后规范管理，实现更安全、更高效、更精益的智慧工地管理。

同时，传统火力发电厂面临着效率低下、产能过剩、煤质多变、资源消耗大及环境污染等挑战。建立更快捷（信息能及时传递，得到更快响应）、更智能（降低对人工经验的要求，系统能否提供更多的支持等）、更领先（机组更灵活、性能更高等）的电厂是整个火力发电行业的迫切需求。物联网技术、大数据分析等信息技术的发展，推动智慧电厂生产管理、智慧安全检修、智慧发电等，明显提升电厂的核心竞争力，推动电力行业持续发展。

具体来说，智能智慧建设目的和意义体现在以下四个方面：

（1）提高效率。通过智能化的施工管理和作业流程，可大幅度提高工人的生产效率和施工效率，减少不必要的重复工作，降低施工成本。

（2）提高质量安全。利用物联网技术，可对火力发电工程建设和发电生产运行过程中的各种数据进行实时监测和分析，及时发现并解决质量和安全问题，从而提高电厂质量和安全性。

（3）节约资源环保。能实现材料、设备、能源等资源的科学管理和优化配置，减少资源浪费和环境污染，实现可持续发展。

（4）提高管理水平。利用大数据和人工智能技术，可对建设和生产过程进行全方位的监测和管理，实现数字化、自动化和智能化管理，提高管理效率和管理水平。

二、智能智慧建设内容与工作程序

（一）内容构成

从火力发电工程智能智慧服务阶段来看，火力发电工程的智能智慧建设主要包括两部分内容：一是项目建设期建设管理的智能智慧化；二是机组投入商业运营后的智能智慧化。

从火力发电工程智能智慧化方案元素构成来看，智能智慧化建设的内容主要包括总体架构、基础设施及智能装备、智能发电平台、智慧管理平台、保障体系、评价体系等。

（二）一般工作程序

火力发电工程智能智慧化建设一般应遵循以下工作程序：

（1）明确智能智慧化建设目标。基于项目单位工程建设造价目标、项目建设目标对电站智能智慧化建设要求及本公司智能智慧化先进性追求等影响要素，确定本项目智能智慧化建设目标。

（2）建立智能智慧化建设专责组织机构。火力发电工程的智能智慧化建设是一项系统、复杂、专业性极强的工程，需要专责组织机构进行协调配合、分工合作落实。专责组织机构一般由工作领导小组、工作办公室两级组织组成，工作办公室又需按专业划分，由不同的专业工作组构成。

（3）梳理智能智慧化建设需求。基于智能智慧化建设造价目标前提下，项目单位组织梳理、明确火力发电工程智能智慧化建设需求，编制总体策划方案。

（4）制订智能智慧化建设计划与实施方案。研究智能智慧化建设需求关键技术路径，研究需求实现的技术可行性、技术成熟度、经济性等，可聘请专业的第三方咨询设计公司，帮助设计火力发电工程智能智慧化建设实施方案，并明确实施计划与安排。

（5）进行智能智慧化建设实施招标。开展智能智慧化应用的技术规范书的编制，设计智能智慧化实施的整体架构设计、功能划分、智能智慧化平台及设备招标的技术规范等，启动相应招标工作。

（6）分阶段安装、调试、验收智能智慧化建设项目。根据火力发电工程智能智慧化建设项目计划，配合火力发电工程建设项目整体建设进度，开展智能应用的安装、调试和验收工作。

（7）组织结构变革。智能智慧化建设必然带来组织的变革，需要与智能智慧化运行相匹配的组织结构，项目单位应及时根据最新的智能智慧化建设方案，进行适宜的组织架构调整和人才匹配。

三、智能智慧化建设管理原则及评价标准

（一）智能智慧化建设管理原则

火力发电工程智能智慧化建设的具体设计当中，应注重遵循以下设计原则：

1. 标准性原则

火力发电工程智能智慧化建设方案在总体设计、规划上严格遵守国际、国家、电力行业及上级单位制定的有关规范和标准。系统能满足未来一定时期内信息化发展要求和扩大升级的可能性，能最大限度地利用现有应用系统，从而保护既有投资，节约信息化建设的总体成本。

2. 先进性原则

信息系统是先进的管理思想、管理手段与软件系统的有机集成，融合信息技术、设备管理理论、现代物流理论等先进的管理思想。系统架构方面采用国际领先的多层技术构架，全面集成生产信息、管理信息业务，实现在设计思想、系统架构、采用技术、选用平台上均要具有先进性、前瞻性、扩充性、开放性的总体目标。

（1）符合 J2EE 规范，支持中间件技术，实现"服务器端控件"，并贯穿了工作流技术，实现了系统快速开发、敏捷定制的特点，确保系统始终处于同类产品领先地位。

（2）主体程序采用多层纯 B/S 体系架构，对软件的升级与修改只在应用服务器端进行，对用户透明，保证用户随时享有最新版本的软件产品。

（3）系统在设计思想、系统架构、采用技术、选用平台上均要具有先进性、前瞻性、扩充性、开放性。尽可能采用当代先进、成熟和具备发展潜力的基础架构平台，采用模块化组件技术、面向对象开发技术及基于 Web 的门户技术等，实现企业应用及电子商务的灵活部署与扩展，可全面集成系统内部及外部各系统，既要保证系统满足现在的要求，又要适应未来技术的发展。采用现代管理思想和理论，吸收国内外成功经验，帮助企业管理水平上一个新台阶。

3. 完整性原则

智慧电厂信息系统规划设计遵循系统性和完整性原则，把整个电厂信息系统看作一个有机整体，要全盘考虑，统一规划，避免信息孤岛现象的产生和局部系统优化时对总体目标的损害，争取达到整体最优化。功能模型全面覆盖智慧电厂业务需要生产信息、管理信息充分融合设计，业务信息的重新整合，实现业务逻辑的统一和畅通。

4. 实用性原则

遵循实用性原则，在硬件和系统软件平台的建设规划方面充分考虑项目单位特点，适合项目单位组织形式、业务要求和工作习惯，将建设管理、生产信息与管理信息融合设计，便于数据信息的收集、存储、维护与更新，便于软件系统的升级维护。智能智慧化建设应为项目单位不同层次人员，提供简单、实用、方便、高效的工作平台。

5. 开放性原则

遵循开放的设计思想，符合各种形式通信标准及通用开发平台的接口标准，具有良好的可移植性、可扩展性、可维护性和互连性。按照分层设计，实现软件模块化：一是系统结构分层，业务与数据分离；二是以统一服务接口规范为核心，使用开放标准；三是模块语义描述要形式化；四是提炼封装模块要规范化。

6. 安全性原则

遵循安全可靠性原则，硬件网络系统方面的安全防护规划在设计同时，软件系统方面也有一套完备的安全体系，切实可行的安全技术数据库和网络具备跟踪功能，能根据记录追查到非法访问者；系统在数据级别上的权限分配和控制；提供可靠的数据备份策略和方案；基于日志的安全审计。

7. 经济性原则

遵循经济实用性原则，智能智慧化项目的选择，应优先选择技术和应用成熟的项目，对于处于研究阶段尚未经市场验证的新技术、新设备，则应考虑降低采用的优先级，保证智能智慧化建设的经济性。另外，智能智慧建设不能一味地追求大而全，更需要考虑智能智慧化功能的实用性、效能性，综合评估其经济实用性。

（二）智能智慧化程度评价标准

1. 智能智慧化分级

智能智慧化建设一般可分为初级、中级、高级、卓越级四个等级和阶段。智能智慧化程度分级可作为火力发电企业智能智慧化建设评价依据。

（1）初级阶段主要目标。解放人的体力，减少人的巡检、减少人为干预、减少事中管理，实现减人提效。在此阶段的电厂可称为数字企业。关键技术特征体现为全面电气化、自动化，关键业务数字化。利用计算机、通信、网络等技术，实现全厂信号的数字化采集、传输和存储，并在此基础上实现全厂范围内的生产过程自动化，同时实现生产数据与管理信息融合利用，并为管理决策提供支持，从事后管理逐步走向事中管理。火力发电企业智能化处于初级阶段，说明企业在管理、技术领域开始走向智能化。

（2）中级阶段主要目标。解放人的重复脑力，无人巡检、少人管理、事前管控、能效闭环。在此阶段的电厂可称为智能企业。关键技术特征体现为全面数字化，生产关键领域智能化。充分利用云计算、大数据、物联网、移动互联网等现代信息技术，在信息化、自动化基础上，信息数据实现泛在感知与智能融合，在信息使用中实现多系统间信息数据共享与互动、递进式可视化展示，在运营过程中实现可预测、可控制及全流程优化，从事中管理逐步走向事前管理，实现智能化火力发电企业在无人巡检、少人管理情况下的安全、经济、环保运营。火力发电企业智能化处于中级阶段，说明企业在管理、技术领域达到行业智能化平均水平。

（3）高级阶段主要目标。解放专家级的脑力，超越人力、少人值守、精准预测、高效运营。在此阶段的电厂可称为智慧企业。关键技术特征体现为生产全面智能化、管理关键领域智慧化，系统具备自学习、自寻优、自决策、自执行、自适应的能力。广泛应用智能化技术，在进行自我寻优与进化的基础上，能自动适应火力发电企业内外部环境，根据电网安全、气候变化、设备健康、燃料供应等影响因素的变化优化生产策略，按照区域进行风光水等能源平衡组合，从事前管理逐步走向少人管理，实现安全、经济、环保协同高效运营，以及发电企业经济效益与社会效益最大化。火力发电企业智能化处于高级阶段，说明企业在管理、技术领域处于行业智能化领先水平。

（4）卓越阶段主要目标。生产力最大化，虚拟电厂、智慧调度、无人值守、最优运营。关键技术特征为生产运营全面智慧化，构建风光水火储一体协调的新型发电模式，实现新型电力系统。实现数字与物理系统深度融合，以数据流引领，优化能量流、业务流，使机组具备超强感知能力、智慧决策能力和快速执行能力，从少人管理逐步走向无人管理，打造多元融合高弹性的区域化发电机组。在实现"双碳"目标过程中，确保新能源高效消纳和电力可靠供应，全面建设安全、可靠、绿色、高效、智能的新型发电模式。

2. 分级评价规则

智能智慧化建设等级评价一般采用打分星级制评价。例如，初级为 1 ～ 2 星，中级为 3 ～ 4 星，高级为 5 星，卓越级为 6 星，每个星级又对应不同分值范围。

初级阶段，110 ～ 250 分（1 星：110 ～ 180 分，2 星：181 ～ 250 分）；

中级阶段，251 ～ 350 分（3 星：251 ～ 300 分，4 星：301 ～ 350 分）；

高级阶段，351 ～ 450 分（5 星）；

卓越级阶段，450 分以上（6 星）；

总分数，450 分。

由于存在国内首台（套）重大装备或工程示范应用，行业协会鉴定成果国际领先等上不封顶的加分项，允许卓越级阶段评分超过 450 分。

智能智慧化等级可用于对应评估报告、证书、奖牌；评估报告用于整改，证书用于企业或个人扫描，奖牌用于企业悬挂。

等级评价细则详见表 15-1。

表 15-1   **火力发电企业智能智慧化评价评分细则**

等级	项目	内容	权重分	评分标准
初级阶段	自动化	自动控制 100% 覆盖生产设备（包括：取水泵站、卸船机、翻车机、斗轮堆取料机、加热站、暖通空调等）	10 分	每发生一处没有纳入一体化控制扣减 1 分
		1）自动系统投入率 100%； 2）保护投入率 100%	10 分	1）每降低 1% 扣减 1 分； 2）考评期间发生保护拒动、误动或自动没有投入导致二类障碍以上事件，本项不得分
		具备 APS 启动和停止功能，无人工干预	10 分	每一处干预扣减 1 分（人工确认不扣分）
		主要辅机实现 RB； RB 前后无人工干预	10 分	1）每缺少一项扣 2 分； 2）试验过程中每一项人工干预扣 1 分； 3）考评周期内设备故障发生 RB，运行人员发生人员干预扣 1 分。RB 动作不正常，导致机组停机本项不得分
		并网后，可跟随负荷变动，自动启停给水泵组、送风机组、引风机组、一次风机组、磨组等主要辅机	20 分	具备一项得基础分，增加一项加 5 分
		机组启动期间锅炉点火到汽轮机冲转、汽轮机冲转到并网带初负荷、初负荷到 40% 负荷实现燃料、给水自动控制	20 分	具备一项得基础分，增加一项加 5 分

续表

等级	项目	内容	权重分	评分标准
初级阶段	信息化	信息化项目无重复建设	20分	存在一项与其他信息系统功能或内容重复的信息化系统本项不得分
		信息化系统之间功能和内容不重叠	20分	任意两项信息化系统，功能或内容重叠度达到20%，本项不得分
		信息化系统无孤岛	10分	基础分10分，存在两项信息化系统孤立运行不得分
		信息化应用水平较高	20分	任意信息系统一个月内无使用痕迹本项不得分
中级阶段	先进检测	设备诊断先进检测设备基于微波、激光、光谱、X光、静电、声波、红外、油液分析等测量技术，实现对发电过程和运行设备的状态、环境、位置等信息的全方位监测、识别	20分	主辅设备诊断检测采用两项以上先进检测技术得基础分，每增加一项加2分
	智能终端	智能视频监视系统利用计算机视觉与人工智能技术，建立图像事件描述之间的映射关系，分辨、识别关键目标	10分	具备两种视频智能监控功能应用场景得10分；每增加一项应用场景得1分
		生产操作、运行巡检、检修维护专业等高危、高频工作，采用智能机器人代替	5分	具备一种机器人应用场景，得5分；每增加一项场景得1分
		为满足火电机组生产过程中电力生产人员在生产现场与智能化管理系统实现高效、快速交互的目的，同时提高运行和检修人员保护措施。可根据现场实际需要选择可穿戴设备，包括智能安全帽、智能巡检眼镜、智能手环、智能手表、智能记录仪、智能耳机、智能胸牌、智能头环等	5分	具有智能可穿戴设备应用场景，得5分；每增加一项场景得1分
	先进控制	引进国内其他流程工业（如石化、水泥、冶炼等）行业领先、国内领先技术，在火电行业取得良好效果	5分	具备条件，得5分
		引进国际先进火电行业控制技术，在实际应用水平达到国内领先	5分	具备条件，得5分
	智能分析	引进国际领先分析技术，在应用中取得实际效果	5分	具备条件，得5分
		采用国际工业领域领先分析技术，在实际应用水平达到国内领先	5分	具备条件，得5分
	信息化应用	信息应用水平高	30分	任意信息系统完整应用得30分，如系统内缺少录入数据，缺少一项扣2分，缺少11项以上不得分
		信息化高度融合，同一数据不重复录入，同一任务不重复办理，同一事项不重复审批	20分	具备条件，得20分，存在一项不得分

续表

等级	项目	内容	权重分	评分标准
中级阶段	目标指标	废水、固废物、大气污染物均达到控制水平	10分	污染物指标优于控制水平得10分，任意一项不合格不得分
		机组负荷变动速率、冷热态启动时间、最低稳燃负荷均优于国内同类型、同容量机组	10分	1）指标处于同类型、同容量机组前2%得10分； 2）任意一项劣于同类型、同容量机组前2%不得分
		机组全额定员（包括外委、外协人员。大小修项目、技改工程项目人员不计入）优于国内同类型、同容量机组	10分	1）全额定员低于前3%同类型、同容量机组得10分； 2）在此基础上每减少一人加2分
高级阶段	自适应电网和设备	智能化建设整体考虑智能化火力发电企业与智能电网的协调运行	5分	具备条件，得5分
		实现网源协调互动，通过与智能电网的信息交互，自动优化调整运行方式及控制参数，实现网源协调互动运行	10分	具备条件，得10分
		在电网异常时，能够自动调整运行方式	10分	具备条件，得10分
		支持故障自诊断、自愈，能在机组故障发生后及时确定故障范围，根据故障逻辑和推理模型，自动完成机组运行状态变更；对工艺过程的运行状态进行在线实时分析和推理，自动修正运行工况	15分	具备条件，得15分
	自学习内外部环境	煤种变化的自学习，燃煤电站包括入炉煤质在线检测、炉内燃烧在线检测、脱硝出入口烟气组分分布在线检测；炉内燃烧温度场测量；炉内氧量、CO、NO_x组分分布测量；炉内煤质检测与煤种识别；煤粉管道风粉浓度测量等先进测量手段，实现燃用煤种在线辨识等方案。增强煤质煤种及磨组合的变化自适应能力，实时优化锅炉燃烧方式，完善相关控制策略来提升锅炉响应速度、减小运行参数的稳态和动态控制偏差	15分	每减少一项，扣2分
		根据气候变化，结合实时机组运行状况，明确给出优化节能降耗潜力，自动进行底层控制回路的闭环调整，达到实时优化机组效率的目的	15分	具备条件，得15分
	市场和能力自寻优	根据气候变化，市场需求进行寻优，融合电网实时阻塞，以及区域新能源状况，自动进行火电厂节点机组电价和电量计算	15分	具备条件，得15分
		根据机组设备和系统状况，以能耗寻优和碳排放控制为基础，结合与竞争对手的博弈策略模式，自动形成节点机组负荷分配和出力指令	15分	具备条件，得15分

续表

等级	项目	内容	权重分	评分标准
高级阶段	构建信息化体系	实现信息化、自动化一体，信息化输出成果，具备闭环条件	15分	具备条件，得15分
		区域内风光水火储能具备一体化整体协调联动基础	15分	具备条件，得15分
	目标指标	机组全额定员（包括外委、外协人员。大小修项目、技改工程项目人员不计入）优于国内同类型、同容量机组	10分	全额定员处于全国同类型、同容量机组前3名水平，得1分；在此基础上每减少一人加2分
		火电机组年利润为省内同容量、同类型最优	10分	达到，得10分
减分项		发生网络安全事件，被集团公司通报的：存在违规自建互联网出口；违规在第三方发布互联网应用；办公终端未安装集团版防病毒软件；服务器未安装云垒防护软件	−20分	1）扣10分/次；2）扣5分/次；3）扣1分/台；4）扣2分/台；扣完20分为止
加分项		智能电站的自主化率程度	10分	1）自主化率达到90%，得5分；2）自主化率达到100%，得10分
		智能电站的实施与应用，对企业的生产、经营、管理、安全效益带来提升	20分	每提升企业利润的1%，加2分；每节约成本100万元，加2分；综合厂用电率与智能电站建设前历年平均值相比，每降低0.1%加1分，等于或高于建设前历年平均值不得分；每减少一次一类障碍及以上，加2分，加完20分为止
		智能电站的实施与应用过程中，引入地方政府科技资金支持	10分	引入地方资金每100万，加2分，加完10分为止
		取得科技成果，经鉴定达到国际领先水平	不设限	每一项科技成果鉴定为国际领先，加5分，加分可累计，不设上限
		取得科技成果，经鉴定达到各种水平：国际先进、国内领先、国内先进	10分	取得科技成果每一项：国际先进，加3分；国内领先，加2分；国内先进，加1分，加完10分为止
		智能电站的实施与应用过程中获得奖励荣誉：1）国家级；2）正部级	不设限	每获得一项奖励：国家级一等奖，加12分；正部级一等奖，加8分；加分可以累计，不设上限

等级	项目	内容	权重分	评分标准
加分项		智能电站的实施与应用过程中获得奖励荣誉： 副部级（集团公司级、社会力量级）； 市厅级（子分公司级）； 1）协会级； 2）其他级别	20分	每获得一项奖励：副部级（集团公司级、社会力量级）一等奖，加6分；市厅级（子分公司级）一等奖，加3分；协会级一等奖，加2分；其余荣誉一等奖，加1分，加完10分为止
		取得各类专利、软件著作权、商标权	10分	每取得一项：发明专利，加3分；实用新型专利，加1分；软件著作权、商标权，加1分，加完10分为止
		发表核心期刊及以上论文、专著	10分	每发表一篇：核心期刊及以上级别论文、专著，加3分；加分可以累计，加完10分为止
		发表各种期刊论文或协会获奖论文	10分	每发表一篇：各种期刊或协会获奖论文，加1分，加完10分为止
		关键核心技术首台（套）应用成功，关键技术成果转化与推广情况良好	不设限	每应用一项：关键技术首台（套）应用，加10分；关键技术成果转化与推广情况良好，加3~6分，不设限

注　通过与评分原则：①当参评企业明显不应该适用某条款，获得该条款满分；②当参评企业对应某条款，指标明显优于该条款，获得该条款满分；③当参评企业对应某条款、应用场景或深度明显优于该条款，获得该条款满分；④当参评企业对应某条款、因应用深度、完整度和范围等原因，可获得基准分浮动20%；⑤当参评企业对应某条款，应具备条款要求，但在此条款属空白，获得该条款零分；⑥当参评企业对应某条款，基本条件满足但应用场景或深度有所欠缺，酌情减20%分数。

四、智慧工地建设

（一）智慧工地建设功能应用范围

智慧工地建设一般可包含：

（1）基础设施与智能装备，如智能安防一体化、安健环宣示与教育、网络设施、机房、智能装备等。

（2）数字化设计与智慧基建，如数字化设计及移交三维可视化、智慧工程管控、智能视频分析、施工安全管控等。

（3）技术支撑环境，如厂侧平台底座（基建期）、厂侧云网底座（基建期）、信息网络安全等。

（4）详细的智慧工地建设功能应用内容，项目单位可参考本章附件15-1智慧工地建设功能应用清单，并根据自身实际情况选择实施。

（二）智慧工地建设原则

（1）先进实用。项目单位应围绕建设现场人员数量庞大、环境复杂、地点分散、交叉作业多、安全监管难、违章难以追溯等管理难点和痛点，围绕人、机、料、法、环等关键要素，结合项目实际，制定智慧工地建设方案和建设计划。

（2）永临结合。项目单位在智慧工地建设的过程中，要充分考虑部署的设备和系统从建设期到生产期的永临结合，系统架构与技术选型应能平滑过渡到运行期智能电站建设项目，避免重复投资。

（3）统筹规划、分步实施。项目单位应对智慧工地统一规划，根据项目进展情况分步实施。

（三）智慧工地建设标准

在智慧工地建设中，应结合《防止电力生产事故的二十五项重点要求》（2023版）和《防止电力建设工程施工安全事故三十项重点要求》，以高风险作业、典型作业违章为重点管理对象，通过集成作业现场智能可穿戴设备、视频图像智能识别、现场人员定位等物联数据，实现对现场作业安全数据采集监测，对现场作业安全的全过程实现监控、报警、提醒、追溯。

（四）智慧工地建设管控要点

（1）强化组织保障。项目单位应高度重视，加强组织领导，落实专人统筹推进智慧工地的建设。

（2）智慧工地建设的过程中，项目单位、监理单位、施工单位等各级安全监督管理人员应充分参与，为后期应用好各业务系统创造有利条件。

（3）深基坑、高支模、升降机、塔机、吊钩可视化等监测系统及设备建议项目单位纳入建设施工标段范围，根据智慧工地建设项目要求，完成各类监测与报警信息的推送与系统集成。

（4）项目单位应充分调动监理、施工单位的积极性，协同推进智慧工地的建设和落地实施。

（五）智慧工地建设案例

案例一：某电厂智慧工地建设

该电厂上级集团在《建设电力产业2021年工作要点》中明确提出，将该电厂项目作为智能电站的试点单位。建设阶段的智能化管理是生产智慧运营的前奏，必须起到先行先试的作用，才能将集团的要求落实到位，并从中体现时代特征、集团特色。

1. 主要做法

（1）业务需求征集。以建设现场使用者需求为导向，征集建设过程中的重点管控对象和管控目标。使用者包括项目单位的具体业务人员，也包括各参建单位的专业技术人员和一线工人，确保需求更准确。

（2）结合业务需求，组织专题研讨会，确定智慧工地建设的具体内容及深度要求，并编制技术规范书。

（3）充分进行市场调研，根据自身业务需求确定适合本项目研发单位。

（4）根据建设现场的工程总体进度，编制智慧工地建设进度计划，分解各项任务，落实责任，确保在工程建设对应节点前完成相应模块。

（5）成立项目工作组，负责项目的组织实施和日常管理，协调各研发单位按照任务分工和工作进度开展工作。

（6）每周召开一次项目碰头会，讨论项目实施方案中的关键环节问题，针对出现的具体问题，及时做出调整和处理，保证项目的顺利实施。

（7）每个功能模块上线后，由业务需求人员进行测试验收，确保满足现场实际需求。

2. 技术架构

自底向上可以分为采集层／网络层、平台层和应用层。采集层以摄像头或网络视频录像机 NVR 视频为基础，采集数据并通过 Wi-Fi、4G 或 5G 接入平台层。平台层通过 AI 实时计算和数据存储进行智能分析，实现产品管理、设备管理、算法管理和智能分析结果存储分析与转发等功能。应用层为人工智能物联网平台进行赋能，实现管理驾驶舱、曝光屏、实时监控、违章异常预警等 AI 智能分析场景和算法管理、告警管理和系统管理等可视化管理赋能。

为更好地保证应用的安全性，系统提供平台统一的认证、授权、服务质量、安全防御管理等功能，识别和消除物联网平台潜在的安全风险，保障系统运行过程中的安全性，确保各个设备的所有行为都在允许、可控的范围内。

3. 功能介绍

现场多源监控系统（multi-source monitoring，MSM）主要由现场违章监控、立体安全巡查、高危作业监控、专项监控、智能门禁系统、VR 智能培训系统及手机漫游终端七个模块单元组成。

现场多源监控系统具有远程监控、操控便捷、巡视范围广、实时掌握现场的各种复杂作业情况等特点，对现场施工作业提供了智能化管理，实现智慧工地安全管控，达到全覆盖式实时监测、违章曝光、异常监测预警、精准识别等强大实际效果，有效减少了违章作业，在人员、安全、效率、效益方面具有显著的成效。图 15-2 为智能视频分析系统。

（1）现场违章监控。

1）结合现场总平面的规划，在出入口、关键路段、重点区域布置若干固定位视频监控设备，后续将生产工业监控点逐步安装到位，形成对现场过程动态监控的目的，实现全厂可视化。

2）智能视频监视系统利用计算机视觉与 AI 人工智能技术，将图像与事件描述之间建立一种映射关系，使计算机从纷繁的视频图像中分辨、识别出关键目标物体，借助计算机强大的数据处理能力过滤掉图像中无用的或干扰信息、自动分析、抽取视频源中的关键有用信息，实现对吸烟、未戴安全帽、未正确使用安全带等典型违章行为进行智能识别，发出警告，信息直接推送责任人或其管理人，并自动生成罚款单，实现无人干预式智能违章处理功能。

3）利用智能红外摄像头还可以对火灾、人员突然倾倒、人员聚集等不正常现象自动发出提示告警，引起相关管理人员的注意。

图 15-2　智能视频分析系统

4）利用智能摄像头的辅助功能还可实现自动巡更、周界防护等。

5）工地全景功能。在平台中，可随时查看工地各重要施工路口与施工作业区点 360° 全景的照片，包括空中全景与地面全景。

（2）立体安全巡查。

1）无人机搭载智能红外摄像头、语音提示器等设备，对施工中的高空作业项目如水塔施工、锅炉钢架吊装、煤场网架穹顶施工等进行空中巡查，实现及时纠正人员违章、发现初期火险、实时安全提示等功能。

2）施工现场指定区域形成机器人巡检道路，机器人自动定期沿线巡查，机器人搭载智能红外摄像头、语音提示器等设备，动态巡查纠正人员的违章行为、物不安全态或提前发现环境的不安全因素，防患于未然。

3）无人机与机器人配合联动，形成立体式安全巡查。

4）生产期转入对检修或日常维护的高危项目进行应用。

（3）高危作业监控。

1）利用移动式智能摄像头，针对各阶段识别出的超过一定规模的危大工程、高危作业项目、重要施工工序等进行连续监控。

2）重点对高危作业过程智能判断纠正违章、红外超温点警示防止火灾、管理人员随时可远程查看、如吸收塔防腐作业。

（4）专项监控。

按经济实用、永临结合的原则，招标时明确将大型机械监控、达到一定规模的大型脚手架监控、深基坑智能监控等模块由施工单位实施，各模块预警信号接入 MSM 平台，并支持手机移动端随时查询。

1）大型机械监控。

a.超限报警。安装智能力矩监控设备，自动采集每吊的重量；司机室安装显示屏，实时显示每吊的重量，司机随时可看，当吊重超限超载时，系统会自动声光预警。

b.防碰撞监控。现场多塔机作业时，群塔中每塔均安装防碰撞监控设备，对塔吊作业状态（转角、半径、塔高等）进行实时监控，塔吊智能识别和判断碰撞危险区域；大臂进入碰撞危险区域，系统即开始声光预警，距离越近，报警越急，及时提醒塔吊司机停止危险方向的操作。

c.通过对塔吊（升降机）司机实行 IC 卡 / 人脸识别 / 指纹识别、实名制管理，进行操作资格的有效监管。

d.塔机吊钩实时追踪。塔机吊钩视频子系统的球机摄像机会根据吊钩的上、下和前、后位置的编号自动进行跟踪。保持塔机吊钩及其吊装物品持续出现在监控系统的画面中，通过驾驶室内的视频屏幕实时显示出来，使塔机司机在作业时能够全程看到吊钩所在的工作范围，减少了塔吊司机因为视线受阻而造成的盲吊现象，从而主动避免可能存在的各种碰撞隐患。

e.地面监控和远程监控。通过无线网桥的信号传输，可将塔机吊钩视频信号传输至施工项目部，协助安全员和其他项目管理人员直观了解塔机作业面和塔机关键部位的安全状况，并在塔机处于非工作状态时，实时观察施工现场的整体作业状况。通过 Web 网络接入，可将项目部各台塔机的视频信号接入智慧工地云平台，协助施工单位对项目部的多级安全管理。

2）脚手架安全监控。

a.针对超 24m 以上脚手架的结构特点和使用场景，主要监测项目支架、模板沉降、立杆轴力、杆件倾斜。监测测点的数量和位置，应综合考虑监测目的、监测对象、监测方法和监测成本。用最经济的监测手段和合理点位布置来完成对目标对象的监测。

b.支架 / 模板沉降监测。选取沉降采用容栅位移计进行监测，精度可以满足使用要求，设备安装走线尽量简单，对结构不会造成影响。

c.立杆轴力监测。高支模的支架大多数采用钢管构成。钢管作为长细结构，若轴力过大，则有可能造成结构失稳，从而酿成事故。因此，对于立杆的轴力进行监测至关重要，可通过轴力计对结构的轴力进行监测。

d.杆件倾斜角度监测。在脚手架使用过程中，支架倾斜角度过大极易造成支架坍塌。因此，需要对支架的倾斜角度进行实时监测，一旦发现支架的倾斜角度过大，则采取措施，保证结构和人员的安全。对杆件的倾斜角度监测采用倾角计进行监测，可以对 x/y 两个方向的倾斜角度进行实时监测。

3）深基坑智慧监测系统。基坑开挖具有施工风险高、施工难度大等特点。尤其是深基坑施工时间长、难度大、技术要求高，受地质条件和周边影响等不确定因素多，极易造成基坑坍塌和周边房屋、管线及道路沉降等安全事故。智能基坑监测系统，它适用于基坑开挖过程中对基坑本体监测、路面及周边建筑监测，可 24h 实时监控，为基坑及周边提供全方位多重安全保障。

a.对基坑进行自动化在线监测，是预防安全事故发生最有效的手段。基坑安全智能监测能够随时掌握基坑监测数据，数据的异常突变发生预警时，能够第一时间组织专家及时对基坑安全情况进行分析研判，采取措施，防止事态扩大。

b.监测主要内容包括：支护结构；相关自然环境；地下水位状况；基坑底部及周围土体；周围建（构）筑物；周围地下管线及地下设施；其他应监测的对象。

c.实现功能。24h实时监测，通过对支护结构、地表沉降、围护桩倾斜角度等实时在线监测，实时掌握建筑基坑的结构变化；报表推送，监测结果实时显示发布，定期将监测报表推送给用户；多重分级预警，建立三级报警机制，当检测数据异常时，第一时间以短信、传真、广播等形式通知用户，实现综合预警功能；应急预案处理，从专家系统中直接提取相应处理方法，及时采取人员介入、封锁道路等措施，将安全隐患消除在萌芽状态；结构趋势分析，通过对基坑施工期的监测数据分析与安全评价，可实现结构稳定性趋势分析；历史资料存储，监测数据的存储，为今后同类工程设计、施工提供类比依据。

（5）智能门禁系统。

1）在进厂总大门、施工区域与办公之间部署门禁系统；在封闭区域的重点区域和其他封闭区域之间部署门禁系统。

2）具有人脸识别、红外温检测、信息统计、通道进出权限管理、时段控制、实时监控、远程授权、出入记录查询、消防报警监控联动、紧急逃生等功能。

3）试运阶段对进入重点部位的调试人员和生产人员授权，代保管区域对具有单独巡视升压站和高压区域资格的人员授权。

4）针对车辆进行智能车牌识别，场内行驶情况及超速情况与智能监控系统联动，对场内车辆实施全过程动态监管。

5）后期纳入全厂智能生产管理系统，实现防误入功能。

（6）VR培训系统。利用前沿成熟的VR与AR技术，配备精良优质的硬件产品（VR头盔、眼镜、手柄、基站、VR服务器、3D投影仪或智能电视等），以纯三维动态的形式逼真模拟出18项VR应用场景，虚拟元素创造现实世界的极致安全教育沉浸体验，完美拉近未来与现在、死亡与生存的距离，巨大的刺激迫使施工现场无论是管理人员还是作业工人正视安全隐患，提升安全意识，预防安全事故。

1）安全教育。利用VR技术的高度沉浸感、现实感的特点，将现场无法真实模拟的安全隐患和伤害后果引入虚拟现实中，让工人在虚拟场景中体会各安全隐患及所带来的伤害后果，在其心灵上产生触动，引起其心灵深处对安全的重视，起到安全培训深入人心的效果，从而达到安全生产的目的。

2）质量展示。前期通过将工程质量样板建成模型，后期工程质量教育体验可通过VR全景真实展示，帮助施工人员了解使用质量要求。同时，一次建模可多次使用，节省了项目单位重复建设质量样板的成本。

3）BIM漫游。利用VR技术，结合项目模拟体验使用数据平台上的BIM模型，直接体验BIM漫游。

4）技能培训。通过丰富的数据库，将设备检修资料、系统图纸、部件结构录入形成虚拟场景，通过培训提高新员工的设备认知程度，提高检修技能。

（7）漫游终端（手机 App）。

1）提供全场视频监控移动端实时查看，个别人员授权远程语音功能。

2）MIS 系统管理流程手机端审批功能，提示相关人员到位监护。

3）将重要工序、高危作业项目风险信息定向推送到相关人员手机端。

案例二：某项目智慧工地 BIM 应用

某项目三期 600MW 新建火力发电工程的智慧化工地建设，不仅搭建了如智能安防、智慧人员管理、智慧安全管理、大型机械和危大工程在线监管、网络化管理、移动应用等，还深度应用国产 BIM 实现了设计数字化、装备数字化、施工建管数字化。如该项目设计数字化 BIM，实现电厂1：1 三维建模。结合工程项目设计进度，同步更新施工总平面布置、设备类、管道类、结构类及辅助建构筑物模型。设备类以外形为主，进行外形尺寸控制，主要满足设计精度；建立热力管道、烟风道等各类管道和支吊架模型，三维荷载、埋件、孔洞提资与出图；结构类主要建立可视化主厂房区域地下桩基、基础，主厂房外围模型，锅炉钢架模型等。

五、智能电站建设

智能电站建设是一项系统工程，涵盖各类 IT 基础设施、生产设备、过程控制系统、管理信息系统、技术和管理制度体系等要素。火力发电智能电站建设过程应以数据分析、云计算和人工智能为技术手段，将上述要素进行智能化升级和综合应用，形成具有"自分析、自诊断、自管理、自趋优、自恢复、自学习、自适应、自组织、自提升"为特征的智能电站。

（一）智能电站建设功能应用范围

一般可包括：基础设施与智能装备，如网络设施、标准机房、智能安防一体化、设备智能监测、智能穿戴设备、智能隔离设备、智能消防；智能发电平台，如智能检测、智能监盘、智能控制、智能寻优、智能锅炉燃烧优化等；智慧管理平台，如智慧检修、智慧经营、智慧营销、智慧燃料、智慧物资、智慧档案、智慧行政等。

详细的智能电站建设功能应用内容，项目单位可参考本章附件 15-2 新建煤电机组智能电站建设项目及功能表，并根据自身实际情况选择实施。

（二）智能电站建设实施总体要求

1."智能化"原则

通过智能技术的应用，使得系统具备类似于人类的感知能力、记忆和思维能力、学习能力、自适应能力和行为决策能力。在各种场景中，以外界需求为中心，能动地感知外界事物，按照与人类思维模式相近的方式和给定的知识与规则，通过数据的处理和反馈，对随机性的外部环境做出决策并付诸行动。

智能电站应采用工业大数据、云计算、物联网、移动应用、人工智能等新一代信息技术实现企业信息化建设。电站主要设备设施应支持自动检测、自动采集、自动感知、自动诊断、自动寻优等智能化要求，应具备适应智能测控所需的丰富、可靠的测量和控制等接口。

2. "一体化"原则

智能电站应遵循统一标准、统一设计、统一建设、统一平台的"一体化"原则。

3. "整体化"原则

智能电站应按照总体规划、顶层设计、分步实施的原则，确保系统建设兼顾电站各个阶段、各个业务的需要，能支撑电站业务由建设期向生产期平稳过渡。

4. "总线化"原则

智能电站应构建企业服务总线，所有系统符合总线设计规范。

5. "有效性"原则

智能电站各设备/单元/子系统的优化算法开发应该注重其独特性与有效性，应可以产生切实可见的效果与反馈，方便进一步深化与推广相关智能化算法。

6. 全生命期管理

智能电站所有系统可划分为规划期、建设期、生产期等，实现各个阶段的全生命周期管理，实现全程可视化和全生命周期管理数字化。

7. 数据统一治理

智能电站所有系统应满足数据统一管理要求，对数据的采集、治理、交换、存储、分析等应统一标准、统一管理。

8. 一般性要求

智能电站所有系统应运行稳定、操作简便、界面美观，且具备可扩展性及软件产品通用质量要求。

9. 数据接口要求

智能电站所有系统应具备对外标准数据接口配置与发布功能，可通过网络、标准通信协议、标准数据接口与外部系统实现数据交互，标准通信协议宜参考《电力自动化通信网络和系统》（DL/T 860）、《工业通信网络 现场总线规范》（IEC 61158）系列标准。

10. "可感知"要求

智能电站应实现"可感知"要求，通过先进的传感测量、计算机和网络通信技术，实现对智能电站生产全过程和经营管理各环节的全方位监测和多种模式信息感知，实现电站全生命周期的信息采集与存储，为电站的生产控制与经营决策提供全面丰富的信息资源。

11. "可控制"要求

智能电站应实现"可控制"要求，配置充足的数字化控制设备，实现对全部工艺过程的计算机控制。控制系统应具备充分的计算能力，逐步实现智能化的控制策略，在"无人干预，少人值守"的条件下，保证发电机组在生产全过程的任何工况下都处于受控状态，满足安全生产和经济环保运行的要求。

12. "可互动"要求

智能电站应实现"可互动"要求：一是支持可视化、消息推送等丰富的信息展示与发布功能，使运行和管理人员能够准确、及时地获取与理解需关注的信息，火电智能电站的控制与管理系统应准确、及时地解析与执行运行人员和管理人员以多种方式发出的指令；二是基于网络通信技术，通过标准化的通信协议，实现设备与设备、设备与系统、系统与系统的交互，实现不同设备、系统的协同工作，通过与智能电网、电力市场、电力大用户等系统的信息交互和共享，分析和预测电能需求状况，合理规划生产和管理过程，促进安全、高效、环保的电能生产。

13. "自适应"要求

智能电站应采用先进控制和智能控制技术，根据环境条件、设备条件、燃料状况、市场条件等影响因素的变化，自动调整控制策略、方法、参数和管理方式，适应机组运行的各种工况、生产运营的各种条件，确保智能电站长期运行在安全、稳定、高效、环保的状态。

14. "自学习"要求

智能电站应基于生产控制和信息管理等系统提供的数据资源，利用模式识别、数据挖掘、神经元网络等机器学习方法，通过对长期积累的运行维护数据和经营管理数据的自主分析与自主学习，识别智能电站生产经营中关键指标的关联性和内在逻辑，获取智能电厂有效知识。

15. "自寻优"要求

智能电站应实现"自寻优"要求，基于泛在感知和智能融合所获取的数据资源和自学习所获得的知识，利用寻优算法，实现对机组运行效能、经营管理、外部监管与市场等信息的自动处理与分析，根据分析结果对机组运行方式和电力交易行为持续自动优化，提高智能电厂的安全、经济、环保运行水平，提升企业的运营竞争力。

16. 智能分析、智能决策

智能电站应充分利用网络通信、信息融合、工业数据等技术，在通过泛在感知获取信息资源基础上，对多源数据进行自动检测、关联、相关、组合和估计等处理，实现对发电厂生产过程和经营管理的全息观测与全局关联。

17. 安全性要求

智能电站系统安全是贯穿全局的重要组成部分，应按照"一个中心、三重防护"（安全计算环境、安全区域边界、安全网络通信）的有关要求，以计算环境安全为基础，以区域边界安全、通信网络安全为保障，从机房物理环境、操作系统、网络传输、应用、数据和管理等多个层面建立目录产品、加密、认证、病毒防护、入侵检测、防火墙等产品和机制有机融合的、全方位的安全防范体系。系统安全应符合标准《信息安全技术　信息系统安全管理要求》（GB/T 20269—2006）的相关要求；数据库安全应符合标准《信息安全技术　数据库管理系统安全技术要求》（GB/T 20273—2019）的相关要求；安全分区和安全管理，应符合电力监控系统安全防护的相关要求；300MW 及以上机组安全防护等级应达到网络安全等级保护三级要求；其余应达到网络安全等级保护二级要求。

（三）智能电站建设主要管控措施

1. 确定适宜的智能电站建设目标

火力发电工程建设项目单位应根据新建火力发电工程的项目定位、成本控制、技术创新和智能化建设先进性追求等需求，确定新建火力发电工程建设项目适宜的智能电站建设目标。

案例：某项目，项目定位是"建设自然生态、智能智慧、高质高效的世界一流示范电站，创国家优质工程金奖"，其中，智能电站建设的成本控制目标可满足先进性智能智慧化建设需要，故该项目单位将智能化建设定位为"深度开发和利用智能运行控制系统（intelligent control system，ICS）和公共服务系统（intelligent service system，ISS）功能，对发电生产流程和业务管理进行机械化、自动化、信息化、智能化替代，实现'智能巡操、全程智控、智慧运营'的智慧电厂建设目标"。

2. 建立智能电站建设专责组织机构保障

项目单位应建立智能电站建设专责组织机构（见图 15-3）保障，专责组织机构由工作领导小组、工作办公室两级组织组成，工作办公室应按专业划分，由不同的专业工作组构成，切实保障需求合理有效、计划安排得当、工作有序开展。

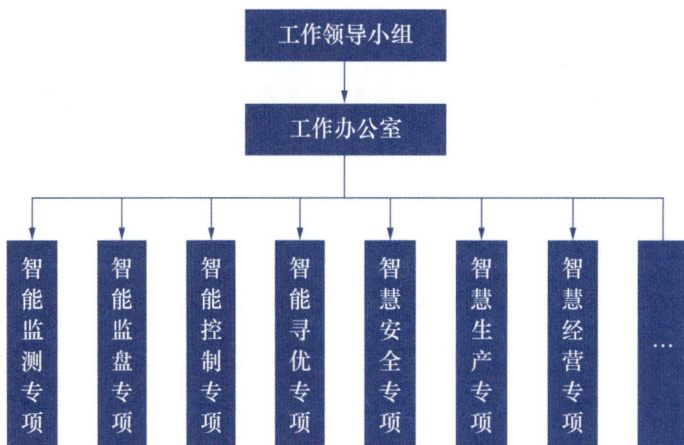

图 15-3　智能电站建设专责组织机构图示

（1）工作领导小组。工作领导小组由项目单位董事长 / 总经理担任，组员由各分管副总经理构成。具体职责如下：

1）负责总体工程项目的推进工作，负责审定工程顶层设计及配套重点项目实施方案。

2）负责督办、指导分管部门的智能智慧化业务的开展，并对相关业务提出具体要求。

3）负责协调项目资源，定期召开专题会议听取汇报和解决有关问题。

4）对工程项目重大事项进行决策。

（2）工作办公室。工作领导小组下设工作办公室，工作办公室主任由生产准备部门主任担任，负责协调督办领导小组布置的智能建设相关事宜。具体负责如下工作：

1）向领导小组汇报项目顶层设计及重点项目实施方案，定期汇报项目开展情况、工作计划、问题与风险控制措施。

2）负责审核工程顶层设计及配套重点项目实施方案。

3）负责组织召开工程月度协调会及其他专题会，听取汇报和解决有关问题。

4）对实施过程中出现的跨部门、跨业务待定问题，负责协调相关资源，进行分析研究，推动问题的处理。

5）负责对项目计划、进度、质量、风险进行控制管理，监督计划的推进效果。

（3）专项工作小组。项目单位还应根据实际需要成立专项工作小组，并明确工作职责和分工内容。

例如，某电厂智能化建设，共成立 ICS 生产控制体系建设专项组、智慧安全专题小组、智慧生产专题小组、智慧经营专题小组、智慧党建行政人事专题小组五个专项工作小组，并明确规定各小组工作职责。

3. 设计友好实用的智能化建设需求

需求设计应遵循以下几点设计原则：

（1）智能化建设需求设计不求大而全，而是应坚持选择成熟、实用、对生产切实有利的智慧化内容，如智能监盘、燃烧优化等系统。

（2）选择风险管控不住或人工管控难度大的环节，利用信息手段、智能手段来替代人工进行控制，比如孔洞围栏通过用智能识别来监控能真正降低或解决人身伤亡的风险；成品保护通过没有保护就报警能替代人工监管不当致使成品被破坏的风险；摄像头和无人机巡检烟塔施工情况有效监管违章施工。

（3）需求设计要设计到位，要充分考虑业务本身特点和实际业务流程情况。比如，燃烧优化系统，不同煤种参数优化设计不同，且需要根据实际检测结果再进行优化逻辑，这类需求需要在设计时考虑系统设计的普适性并留好参数接口。

（4）需求设计要充分考虑分阶段实施的需要，做好各阶段需求功能的衔接设计。智能化建设可分阶段实施，先实施那些有迫切需要的智能化需求，对于后续各阶段的需求，需求功能之间需要明确要求预留衔接接口。

4. 制订合理有效的工作计划

工作计划重点需要明确工作任务、工作完成时间与任务责任单位。具体可参照顶层设计阶段、需求设计与流程梳理阶段、调研论证替代方案阶段、具体实施方案编制阶段、总体集成实施阶段、配套组织变革阶段等阶段划分来明确各阶段工作任务、任务完成时间及任务责任单位。工作计划保证重点环节、重要任务无遗漏，任务完成时间设置合理、适宜、契合工程项目整体进度，任务责任单位分工清晰、合理。

（四）智能电站建设案例

某项目作为集团首批智慧煤电建设试点项目，着力打造绿色低碳清洁、安全高效灵活、风险泛在感知、生产无人值守、管理少人值班、智慧化贯穿全流程、全生命周期的示范电站，铸造

"横向集成、纵向打通、组织柔性"的数字化、智能化、少（无）人化"黑灯模式"工厂，集成创新并应用了煤炭清洁高效、宽负荷调峰、城市综合能源服务等先进技术和方案，提高了绿色低碳循环发展水平，提升了电网新能源消纳能力，开启了国有企业数字化转型的新篇章，形成了能源综合服务新业态，探索了城市生态保护新路径，引领了智慧清洁能源与城市生态协同发展新方向。

1. 智能电站技术路线

（1）体系架构。

成立了以总工程师为首的智能智慧中心组织机构。该中心编制"智能智慧 +"专项行动方案，制订推进计划和奖惩措施；并建立项目实施期间工作管理机制，负责项目日常管理工作。

设立 4 大职工创新工作室，以创新工作室为纽带，聚焦公司各项重点任务、难点项目进行攻关研究，以劳模及高技能人才为基础，发挥其示范作用，凝聚广大群众创新的智慧和力量，以点带面、引领公司创新工作向纵深发展。

与两所大学成立了校企协同研发基地；与中国电信、中国移动签订了战略合作协议等举措，推动了企业持久迭代的数字化转型之路。

（2）系统架构。

2017 年，该电厂首次将新一代信息技术融入煤电生产全过程管理（水、电、汽、煤、灰等），构建数字化、信息化、智能化的管理平台，以"智能发电、智慧管理"建设为抓手，全面开发应用国产工控系统，通过全面的信息感知、互联、预判、响应和学习，让全业务、全过程更透明，操作更简洁，系统安全更有保障，实现传统煤电向绿色、集约、高效、协同的智慧转型。

1）再造员工社会契约，赋能一线。让公司员工深入组织和生态体系，不断开展创新并做出贡献，塑造社群意识。通过智能控制优化、智能设备巡检、智能诊断预警、智能输煤岛、智能环保岛等功能深入研究与应用，解放一线频繁重复工作的劳动力，提供数据分析能力，持续优化智能发电运行控制平台。图 15-4 为智能发电系统。

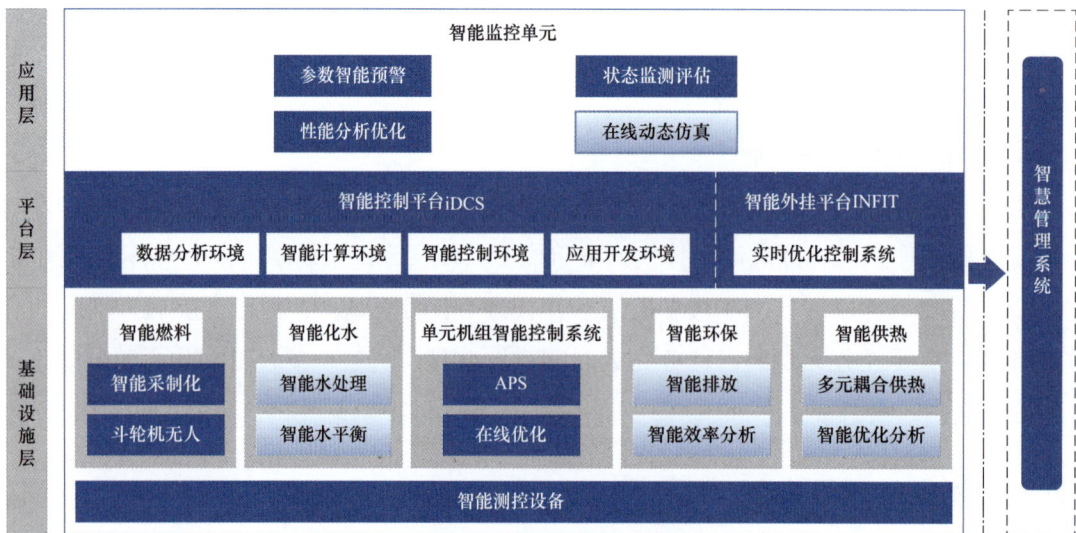

智能发电系统——多域一网 多机一控 智能监盘 智能优化

图 15-4 智能发电系统

2）建设结果导向组织，打破信息孤岛。将整个组织所需的专业技能、知识、技术、数据、流程和行为聚集在一起，以结果为导向，优化资源配置。以集团 ERP 为核心，深入研究数字孪生、智能安全、智能巡检、智能诊断、智能燃料、智能仓储、智慧经营等智慧化应用，满足企业管理和决策数字化转型需求。图 15-5 为智慧管理系统。

图 15-5 智慧管理系统

（3）网络架构。聚焦企业链供应链结构复杂、信息不对称、协作效率低等问题，基于工业互联网平台汇聚企业链各环节主体，整合和优化业务流、信息流、物资流和资金流，推动跨企业、跨地区、跨行业的关键数据共享、业务协同和资源优化配置，提高产业链、供应链运作效率，以数据价值网络推动产业价值链升级。

控制大区设计高可靠、高安全的网络信息系统，全厂所有主机、辅网分散控制系统（distributed control system，DCS）采用同一网络连接，实现机、炉、电、辅等全厂各系统的一体化运行控制。系统可按生产工艺流程划分相对独立的控制子域，子域间采用标准化系统接口及组态控制环境，从操作系统内核层面对应用程序完整性和程序行为进行透明可信计算和判别；通过安全模组对各站建立逻辑标识、安全操作规则集与站间通信包做安全处理；通过工控安全监测及溯源系统对各站、各域进行集中监控和管理。

管理大区在传统以太网基础上，应用5G、eLTE-1.8G工业无线和光纤通信技术（gigabit passive optical network，GPON）无源光网络（寓意：建设高速公路基础上，搭建安全稳定飞机航道和高速易管理的高铁），提高业务融合管理效率，支持网络融合业务扩展，打造"一张网多技术"供多源数据应用。与定位基站、设备检修、集群通话等融合，并拓展无线视频回传、移动巡检、智能锁具等。

（4）数据架构。

1）数据集成与资源管理平台。面对纷繁复杂而又分散割裂的海量数据，数据中台能充分利用内外部数据，打破数据孤岛现状，从而解决数字化转型过程中，新产品、新服务、新模式、新数据、新组织所导致的更多的烟囱系统、数据孤岛与业务孤岛问题，打造持续增值的数据资产，在此基础上，能够降低使用数据服务的门槛，繁荣数据服务的生态，实现数据"越用越多"的价值闭环，牢牢抓住客户，确保竞争优势。图15-6为数据集成与资源管理平台架构。

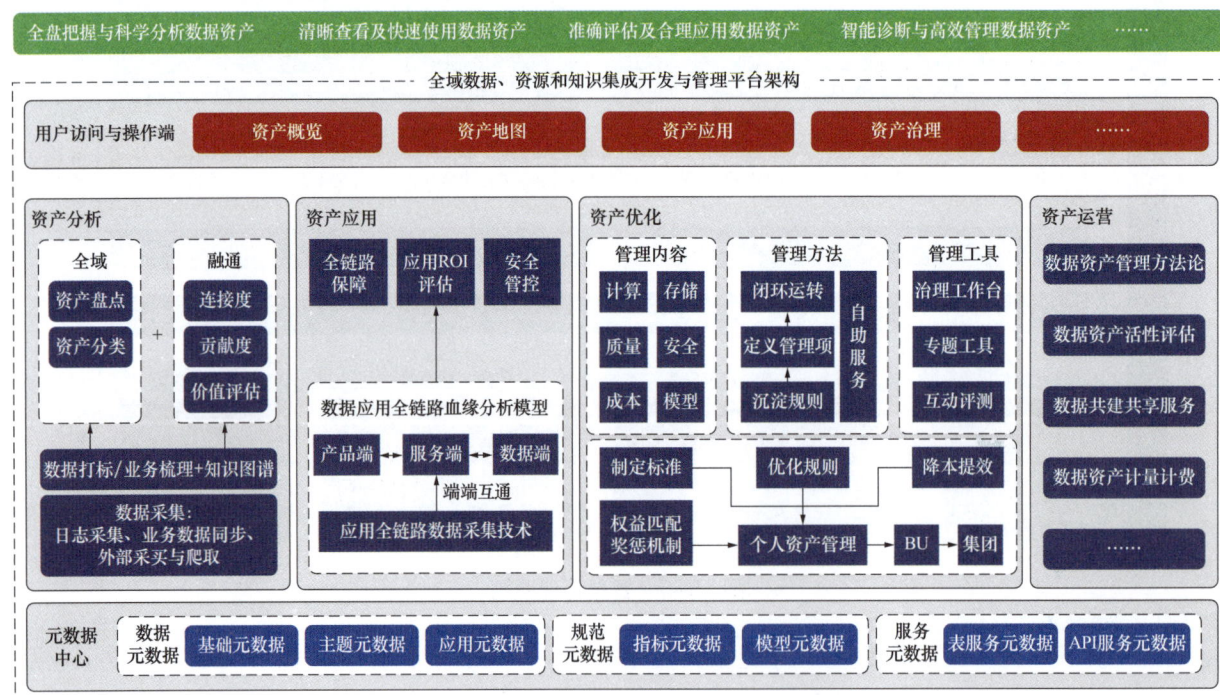

图 15-6 数据集成与资源管理平台架构

2）混合建模与联合计算平台。混合建模与联合计算平台将工业机理、行业经验，不断规范化、数据化，可协同、可分享、可沉淀，将工业机理、行业经验与大数据、人工智能算法深度融合，沉淀成行业算法模型。大数据算法建模平台具备灵活的框架优势：①支持 MaxCompute、Hadoop 等多计算引擎；②支持 HDFS、ODPS、OSS、MySQL、Oracle 及本地数据源；③支持开源 Spark 工具；④支持 Java、Python、Nodejs 等多种语言编译环境；⑤提供 VSCode、Notebook 等在线开发工具。

2. 建设内容

（1）网络与信息安全。电厂定期进行网络安全等级保护测评、网络安全分区、不同网络分区间设置物理或逻辑隔离、生产控制网的安全防护措施完善、安全区域边界清晰，生产控制网及管理信息网中配置安全设备完善。

1）工控网络安全。智能网络安全管控系统具备网络管控、设备加固、安全审计等功能，有效提高 ICS 控制系统的稳定性，杜绝因病毒、非法入侵、第三方系统故障等原因对系统的影响，降低因控制系统问题导致的停机、降负荷等事故的发生，保障控制系统网络安全稳定。

2）管理网络安全。研究与使用安全可靠的设备设施、工具软件、信息系统和服务平台，提升本质安全。建设好漏洞库、病毒库、威胁信息库等网络安全基础资源库，加强安全资源储备。在管理侧完成办公内外网改造，使用零信任软件定义边界（software defined perimeter，SDP）技术解决域间安全和安全空间的研究应用，且目前正全面开展信创适配工作。

3）国密物联网安全网关。采用国家制定的商密 SM4 算法进行高强度的保护，降低分布式拒绝服务攻击（distributed denial of service，DDOS）可能性和密钥管理过分依赖节点设备物理安全等问题，确保生产数据的认证性和保密性，解决数据仿冒、生产数据泄露等严重的安全性问题。

4）推进 IPv6 规模部署和应用。按集团 IPv6 总体部署要求，积极探索 IPv6 单栈部署、增强 IPv6 网络性能及互联互通能力、加快 IPv6 安全关键技术研发和应用、提升 IPv6 网络安全防护和监测预警能力、加强 IPv6 网络安全管理和监督检查、开展移动应用程序（App）IPv6 应用推广专项行动等，完善 IPv6+ 创新生态和标准体系。

5）综合能源算力基础设施布局。将统筹布局绿色智能的算力基础设施，引导通用数据中心、超算中心、智能计算中心、边缘数据中心等合理布局，推动算力产业向高效、绿色方向发展，加强传统基础设施数字化、智能化改造，持续为企业数字化转型赋能。

（2）关键技术创新。

1）在基础设施层面。

a.创新设计和应用了适应宽负荷调峰的二次再热机组热力系统优化设计方案。打破机组机炉界限，进行流程重构及优化以实现机炉的深度耦合，提出更高效灵活二次再热机组机炉集成方法和系统。

b.国际首创带烟气再循环调温的 660MW 等级二次再热塔式锅炉技术。兼顾抽汽工况变化与机组安全性及高效经济型匹配，优化受热面，采用宽调节比汽温调节方案，统筹考虑宽负荷下锅炉燃烧、水动力相互耦合规律，集成多项调温技术，解决二次再热锅炉低负荷欠温问题，实现锅炉的高效和灵活运行能力提升。

c.国际首创带补汽阀的更高主蒸汽压力的汽轮机结构。汽轮机通流设计兼顾宽负荷抽汽工况和热耗率考核工况下灵活性和高效性，首创主蒸汽、调门、补汽三阀一体的联合阀门技术；首创采用补汽阀、给水、凝结水综合调频，大容量旁路技术，提升机组调频、调峰性能，快速响应电网调度需求，实现机组深度调峰工况下的安全稳定运行。

d.首创"汽电双驱"引风机灵活供热技术。使小汽轮机在宽负荷工况下始终在高效区（大于

82%）运行，解决了汽动引风机在低负荷运行中效率低下及汽轮机汽源系统复杂的难题，减少了供热量变化对锅炉再热器受热面布置的影响，大大提升了机组供热的灵活性，降低了厂用电率。

e. 首个集团高级智能燃煤示范电站。建设了生产控制网、管理信息网、无线专网；无线专网采用 eTLE-1.8G，全厂覆盖；部署智能监控视频，可识别未戴安全帽、吸烟、违规玩手机等；具备北斗、GPS 双授时功能；配备了输煤巡检机器人和光伏清扫机器人。

2）在生产控制层面，通过 DCS 系统开放的高级应用控制器、高级应用服务器和大型实时历史数据库，使运算复杂的高级应用功能与 DCS 控制系统紧密结合，为实现智能火电厂的主要功能提供高实时性和高可靠性的技术基础和平台，为实现生产过程监测及控制层智能化、设备管理及诊断智能化奠定基础。

a. 完成智能寻优及能效大闭环。在能效分析的基础上，通过多目标寻优算法，自动确定当前工况下机组达到最优工况的控制目标值，并自动改变控制回路的设定值，将机组运行工况自动调整到最佳，形成能效"大闭环"控制，提升机组运行效率，实现机组能效自趋优运行。

b. 完善"汽电双驱"引风机控制。基于"汽电双驱"引风机优化调度模型，结合二次再热机组供热要求，根据精准的能量、热量及电量平衡技术实现了"汽电双驱"引风机系统多能源输出控制方案，以电厂总收益作为优化目标，实现系统最优运行，降低厂用电率 2%。

c. 实现自动化辅助操作及过程最优控制。实现了包括机组自启停控制系统（automatic plant startup and shutdown system，APS）、典型操作自动执行和典型故障自动处理，60% 以上日常操作由机器执行，降低误操作概率，实现减员增效；应用丰富的先进控制算法，主要参数控制品质较常规控制方法可以提升 50% 以上，保证了稳定、可靠、最优的控制效果。

d. 实现智能报警及预警。采用机器学习算法提取历史数据中的机组运行特征和模式，实现对工艺参数及设备异常工况的分类识别、趋势预测的自动诊断和提前预报，有效控制了故障范围。

e. 深度融合 DCS 控制算法，实现斗轮机全自动作业，提高堆取煤效率，降低输煤单耗，减少各转动设备的磨损，延长设备使用寿命，通过斗轮机取料恒流控制，有效控制配煤精度，提高机组运行经济性和安全性。

3）在智慧管理层面。对燃煤电厂信息化、数字化、智能化发展需求，开展基于 5G 通信的工业互联网平台优化提升，实现生产控制、智能巡检、运行维护、安全应急等典型业务的技术验证及深度应用，有效推进 5G+ 生态共享能源综合体项目。

a. 实现安全生产一体化管理。构建企业可视化安全生产管理系统，打造安全管理"驾驶舱"，实现视频监控、门禁、周界报警、三维、消防报警、人员定位等多个子系统的整合联动；将设备缺陷、停复役、保护投退、异动等管理紧密关联，实现生产管理信息化、标准化、程序化。

b. 该 IMS 智慧管控平台部署了汽轮机在线智能监测与诊断、大型转机在线智能监测与诊断等功能模块，以透视的方式实时进行监视机械设备的运转状态，系统自动给出分析诊断结果，在主控室操作员站屏幕上，并及时提醒运行与维护人员。

c. 开展基于 5G 通信的工业互联网平台优化提升，实现生产控制、智能巡检、运行维护、安全应急等典型业务的技术验证及深度应用；将 5G 技术引入生产经营流程，5G+ 光伏、5G+ 热网、

5G+ 移动作业等应用场景，有效推进 5G+ 生态共享能源综合体项目，实现数字化转型、智能化升级、智慧化发展。

d. 基于电子"两票"的人员定位系统通过人员定位技术实现区域准入控制，联动视频监控对工作票、巡检全过程进行实时监管、跟踪，降低人员作业风险。通过定位基站与定位标签的超宽带（ultra wide band，UWB）定位信道实现对人员的实时定位，形成人员活动的轨迹历史记录。

e. 固弃物智能销售系统对地磅房进行无人值守改造，实现对固弃物装车的全过程、全流程智能管理；对船装灰系统进行升级改造，改变以往船体量方的计量方式，更科学、更准确。通过固弃物销售的智能化改造，有效降低外部不确定因素，规避人工操作带来的销售风险。

f. 运用智能的三维建模技术和开放的数据集成技术，制定电厂数据资产收集、整理、移交、存储、利用规范，集成分散在各应用系统中的设计、设备、生产、质量、安全、环保等业务数据，实现三维智能模型与生产、运营、经营业务融合。

g. 共同与集团内部专业化单位开发生产数据资源，变数据为资产，利用数字化手段为企业发展赋能。将生产数据、算法模型有机结合，研发符合燃煤电站员工使用习惯和安全生产需求的智能化应用场景。

4）在工业互联网、物联网等层面，基于工业互联网平台打造面向电厂的智能制造底座系统，打通全厂数据、模型和电厂行业工业知识。

a. 解决电厂安全生产的数据资源难管理问题，打破传统数据仓库横向分层治理模式，支持面向业务场景按需搭建纵向数据管道模式。以通用数据标准规范为核心构建企业数据资产模型，集数据接入、数据开发、规则引擎、质量标准为一体的"自动化数据产线"；作为生产要素的数据以流水线形式实现自动装载、加工、检验生成高价值数据资产，高效地实现了工业"人机料法环测"的多态数据的治理和服务。

b. 解决生产过程中智能应用构建难的问题，结合大规模云边端混合集群的高吞吐、低延迟、有状态并行计算。通过多语言软件开发工具包（software development kit，SDK）和跨平台虚拟化技术，实现多网络、多协议的异构组件接入，在私有云，及边缘端协同部署。支持全生命周期的建模与仿真，在此基础上联合其他各类 App，完成数字化产品设计、生产、运维，经营管理等活动。

（3）建设成效。电厂智能发电系统运行稳定、可靠，各项性能指标优秀，大量应用先进控制策略及智能算法，实现了机组安全、高效、环保、灵活、智能的目标。建设完成的 $2 \times 660MW$ 超超临界二次再热机组示范工程，机组能耗、发电效率和环保指标创造了 660MW 等级机组一系列世界之最，额定工况下，机组发电煤耗率 255.31g/kWh，发电效率 48.11%，污染物近零排放。

电厂通过智慧管控系统应用，将工作流程规范化、数据标准化、管理智能化，对内降低经营风险，提质增效；对外提高服务效率，提升服务质量。该系统针对燃煤电厂信息化、数字化、智能化发展需求，提出并构建了智慧管控系统架构体系，采用工业互联网技术研发了智慧管控平台，实现了燃煤电厂智慧管控的工程应用。

附件 15-1 智慧工地建设功能应用清单

序号	项目	分项	子项	功能要求	建议是否必选	备注
一	基础设施与智能装备	智能安防一体化	视频监控	实现高危作业、施工重点区域、各主要干道等区域的全覆盖，做到现场无死角、无盲区	必选	
			出入口控制	授权人员的进出宜采用人脸识别门禁，访客宜采用访客管理系统，车辆进出宜采用车牌识别系统，实现对人员、车辆的规范化管理。办公区域门禁具备考勤功能，基建生产区域各门禁对进入该区域人员的姓名、单位、停留时间等具备采集追溯功能，车辆识别系统具备历史数据追溯功能	必选	
			周界防护	根据项目现场实际情况，部署脉冲式电子围栏（或周界摄像头），同时配置摄像头，对外来非授权人员的闯入进行报警和监控，具有阻挡、报警、联动功能	必选	
			监控中心	多源信息系统集成到监控中心，具备防、管、控三大业务功能，安排专人24h值守	必选	
		安健环宣示与教育	户外LCD	在施工现场，部署户外网络版LCD，集成到监控中心，可实现点对点和整体控制，满足日常安健环宣示、违章通报、质量标准宣贯的要求	可选	
			户外大屏	具备安健环宣示、违章曝光、施工倒计时、施工力能统计展示等功能	可选	
			远程广播	具备点对点和整个基建区域内的日常应急广播、危险警戒提醒等功能	必选	
			安健环培训教室	用于所有人员入厂前的培训和考试的硬件设施	必选	
		视频会议	内部视频会议	用于和上级单位开会的视频会议终端	可选	
			外部视频会议	用于和外部单位开会的视频会议终端	可选	
		网络设施	临建有线网络	接入上级单位内网（按上级单位网络管理规定要求）、电源布线、设备（含万兆、千兆、汇聚等交换机和路由器）	可选	
			临建无线网络	办公点的布线、电源布线、设备（含无线控制器、AP交换机、无线管理系统等）	可选	
			临建综合布线	主干网络布线、电源布线	必选	

续表

序号	项目	分项	子项	功能要求	建议是否必选	备注
一	基础设施与智能装备	机房	临建信息机房	装修、机柜、UPS、防雷接地、精密空调等	必选	
		智能装备	人员定位	根据项目现场实际情况，合理部署定位基站，配置定位标签，人员定位可采用人员定位（UWB）、北斗、蓝牙、无线等技术，各项目单位根据实际情况自行选择部署，人员定位应具有实时定位、轨迹追溯、智能预警等功能	必选	
			无人机	用于工地智能巡检、图像采集	可选	
			VR 设备	可设置 VR 安全体验中心，让作业人员能直观感受违章之痛，营造"我要安全"的氛围	可选	
二	数字化设计与智慧基建	数字化设计及移交三维可视化	数字化设计	三维数字化设计，做到模型与实物的一致性，保证模型外观、层级、位置、编码、属性的一致，以满足三维数字化电厂展示与查询、图纸关联查询、设备编码，以及满足后期 ERP、智能发电平台、智慧管理平台等系统的应用要求	可选	
			国产 BIM 平台应用	在建设期建立国产 BIM 模型，并在设计阶段、施工阶段、运维阶段进行应用，实现设计数字化、装备数字化、施工建管数字化、生产运维数字化	可选	
		智慧工程管控	建设项目管理	实现电力建设项目综合管理、安健环管理、质量管理、设计管理、进度管理、造价管理、合同管理	—	
			承包商管理	建立承包商管理系统，对承包商从项目登记、单位建档、单位资质审查、技术协议签订、三措两案审批、项目开工、人员入厂申请、人员资质审查、三级教育培训、人员入厂办理（制证与门禁授权）、项目日常管理（含开工、验收）、人员离厂办理、外委单位评价、黑名单管理等建立全过程规范管理	必选	
			安健环培训考试系统	在安健环培训教室部署集中式学习培训系统，实现对承包商培训的信息化、规范化，让作业人员能直观感受违章之痛，营造"我要安全"的氛围	必选	
			二维码标识	在施工现场设置二维码标识，后台挂接文档，使其在移动巡更、网格化管理等方面发挥作用	必选	
			大体积砼测温	根据项目实际情况，在大体积混凝土施工区域部署埋入式智能传感设备，通过物联网将监测的温度实时传输到系统平台，实时展示大体积混凝土的温度	可选	建议在施工标段实现
			工地可视化	用于展示项目现场各专业汇总信息，用于综合查询和项目监控。主要包括项目信息、监控信息、人员信息、环境信息等。现场信息界面主要展示安全生产天数、现场实时监控信息、现场违章信息识别、现场质量/安全问题、进场人数监控。通过智能视频监控、人员通道、门禁、风速监控、塔机监控、升降机监控等，实现对现场作业、人员、环境进行集中展示与报警	可选	

序号	项目	分项	子项	功能要求	建议是否必选	备注
二	数字化设计与智慧基建	智慧工程管控	移动应用	根据项目实际情况，部署移动 App，将基建管理中的部分工作审批流程和施工现场的实时数据集成到移动应用上，可以查看各施工单位的施工力能状况、安全状况和施工质量	可选	
		智能视频分析	典型违章识别	根据项目现场实际情况，合理部署智能摄像头和典型违章系统，对现场作业人员的违章行为进行识别并在后台报警，辅助安监人员对现场违章行为进行管控，典型违章识别系统应具备闭环处置的功能	必选	
		施工安全管控	深基坑监测	根据项目实际情况，在超危大深基坑开挖时，部署智能传感设备，实时监测在基坑开挖、支护施工的稳定情况，实现深基坑围护系统动态管理、科学预警的功能	必选	建议在施工标段实现
			高支模监测	根据项目实际情况，在工地内的超危大支模架上部署自动采集、信息传感等监测设备，实现高支模监测数据实时采集、实时传输、实时计算、科学预警、智能报警、协同管理等功能	必选	同上
			升降机监测	根据项目实际情况，在升降机部署智能传感器设备，实时采集升降机楼层、速度、质量等相关参数，具备防冲顶、远程锁车、异常报警等功能	必选	同上
			塔机安全监测	根据项目实际情况，在锅炉钢架等主要塔机上部署高精度传感设备，可实时采集塔机的风速、载荷、回转、幅度、高度等实时数据，避免塔机碰撞、超载、倾翻	必选	同上
			吊钩可视化	根据项目实际情况，部署精密传感器实时采集吊钩高度、回转幅度、质量等数据，并将现场所吊重物的视频图像清晰地展示到平台上	可选	同上
三	技术支撑环境	厂侧平台底座（基建期）	智慧工地管控平台	硬件设备配置根据实际情况合理配置，软件平台须将现场多源信息接入到智慧工地管理平台中进行集中管理，实现一体化管理	必选	
		厂侧云网底座（基建期）	应用/数据服务器	部署超融合服务器和操作系统，为智慧工地管理应用和数据提供物理支撑环境	必选	
		信息网络安全	基础信息安全	按照网络安全等级保护规定及国家、上级单位相关网络安全要求，设置防火墙、上网行为管理等系统设备	必选	

附件 15-2

新建煤电机组智能电站建设项目及功能表

序号	项目	分项	子项	功能	建设方案
一	基础设施与智能装备	网络设施	有线网络设备	网络设备能连接多台设备并组成网络，通过数据包交换的方式，将数据转发到目的地	根据情况选择交换机组网、全光组网，以及交换机＋全光组网三种有线网络建设方式之一进行建设： 1）交换机组网。包含千兆或万兆的核心交换机，汇聚交换机，接入交换机及路由器等。 2）全光组网。包括 OLT、分光器、ONU 等主要设备，以及核心交换机、路由器等设备；支持基于 ONU 以太网端口、ONU 设备、波长等划分不同专网。 3）交换机＋全光组网。主要区分不同业务类型进行交换机和全光融合组网，如办公业务采用交换机组网，视频监控业务采用全光专网等
			综合布线	提供全厂综合布线网络模块、光纤交换机、核心交换机、接入层交换机、机柜、PDU、理线架、配线架、语音通信交换机、光模块、光电转换设备、通信光纤（铠装）、电话对数线缆、网络线缆（六类或超五类线缆）、电话和网络水晶头、供电电缆等核心设备材	参考厂区总布置图，现场房间的间隔，办公桌的布置，用户现场实际功能需求，范围包括主厂房、厂前区、生活区、化学楼、消防楼等，进行综合布线详细施工图设计，本项目范围内所有设备的网络连接布线和电源供电布线
			管理区域无线网（GWL）	提供覆盖全厂的大带宽、低延时、高安全的无线办公及业务回传网络，支撑人员移动办公、视频会议等管理办公业务的无线化	无线网络应采用高可靠性、满足国家相关安全要求的设备组网。WLAN 宜采用最新的技术 IEEE 802.11ax 标准，并兼容 IEEE 802.11a/b/g/n/ac/ac 标准，关键特性包括： 1）支持包括 WEP、WPA/WPA2-PSK、WPA2/WPA3-SAE、WPA/WPA2-PPSK、WPA/WPA2/WPA3-802.1X、WAPI 等认证／加密方式来保证无线网络安全。 2）支持 WIDS/WIPS 攻击检测，对非法设备进行监测、识别、防范、反制，精细化管理控制。 3）通过 AP 接入控制，保证接入 AP 的合法性。 4）AP 通过收集到的周围 AP 及 No Wi-Fi 形成的负载，自动调整 AP 的发射功率和信道，以保证网络处于最佳的性能状态，提升网络的可靠性和用户体验。根据 AP、非法 AP 的信号强度、信道参数等，生成 AP 的拓扑结构，根据合法 AP、非法 AP 的周围 AP 的拓扑结构，自动调整 AP 的发

续表

序号	项目	分项	子项	功能	建设方案
一	基础设施与智能装备	网络设施	无线专网（5G）	基于5G的无线网络，其提供一张覆盖全厂的无线网络。工业无线网能解决生产业务安全监控和调度、车辆物流管理、环境和能源与质检测、厂区监控、人员定位，设备点检的功能要求，并承载厂区移动化办公需求。5G无线专网采用核心网用户面（UPF）下沉技术，满足从基建期到生产期的数据传输要求	包括5G核心网用户面业务引擎（UPF）、集群调度系统、网管系统、覆盖基站BBU、覆盖基站RRU、基站天线、室内分布天线、手持专用终端、USIM卡等内容，实现全厂室外区域、化水车间、煤场、集控楼、生产办公楼等主要建筑物室内区域网络覆盖，含所有设备材料供货及施工。技术路线与上级单位整体技术路线保持一致
			网络资源管理系统	针对电厂网络提供管理、控制功能的一体化网络自动化与智能化平台，支持网络业务管理、网络安全管理、用户准入管理、网络监控、告警和报表等特性，降低网络OPEX运维成本，让网络管理更自动、网络运维更智能	针对电厂网络设备，部署统一的网络管理与控制平台，包括：网络部署自动化：支持设备即插即用，分钟级网络发放，大幅降低网络部署难度和建设周期；业务策略自动化：提供海量网络设备管理和用户网络准入认证功能，支持802.1x认证、Portal认证等多种准入方式，业务在若干用户、业务在二级优先级的多级QoS层次化调度能力
		定位设备	人员定位（UWB）	采用二维与三维定位相结合的方式，在二维场景中，管理者关注重点区域的人员分布情况，该员工是否在岗，串岗，是否按照指定路线对设备进行了巡检，是否进入了危险区域，是否进入了涉密区域等。在三维场景中，实时定位显示人员位置信息，提高巡视质量，利用三维模型的开放性，实现危险区域人为划定，可通过与智能两票系统的联动，实现作业区域、危险区域的自动标识，实现人员安全提示和告警的功能	包括UWB室外基站、UWB室内基站、定位引擎、应用端平台等，定位标签。对厂区室外、输煤区域、部分建筑、码头等区域进行覆盖。厂区内集控楼、主厂房内覆盖，在二维定位模式下，将电厂划分网格，在空旷的情况下，每隔25～40m需要部署一个基站点。在三维定位模式下，则需要增加基站，以减少小建筑和生产设备的遮挡。在三维定位模式下，需要在二维基础上增加基站。宜采用北斗、5G、局部Wi-Fi、UWB、视觉智能联动系统等进行混合定位。如有宜采用Wi-Fi和UWB时，宜采用支持UWB基站与Wi-Fi、AP物理融合部署方案，节约建网成本及运维成本。技术路线与上级单位整体技术路线保持一致

续表

序号	项目	分项	子项	功能	建设方案
一	基础设施智能装备	标准机房	模块化机房	模块化数据中心可根据负载情况动态调整整体需要的供电量和制冷量，实现IT设备与机房基础设施联动智能管理和精细化运营	模块化机房包括行间空调系统、服务器机柜支撑系统（机柜、封闭冷通道组件和机柜上走线系统）、动力及环境监控系统、供配电系统等和基础设施相关的内容
			智能安防一体化平台	实现各种安防信息的融合和各种功能的衔接，构成一个自动化、智能化程度高、功能设计完善，综合防范能力强，界面友好、易学、易用，操作简单、维修方便的现代化的智能安防一体化系统	将全厂视频监视系统、门禁系统、周界防护、出入口控制、消费系统、考勤系统等整合到一起，实现智能的全厂安全管理，提高安全管理水平。实现整个平台的联动方案，可同时调用整个平台的资源进行响应，实现多种方式内部联动
		智能安防一体化	视频监控	视频图像监控系统采用基于以太网的数字摄像机，即前端监控系统采用数字摄像机，将采集到压缩、打包等过程变成基于IP网络协议的视频流，通过网络进行传输及存储，全厂所有图像信号都通过以太网集中存储于网络储存系统	视频监控系统由主厂房区域、辅助车间、厂区周界和道路区域视频监控组成，通过在上述各区域内安装的网络监控摄像机组成数字化网络监控系统，把数字视频集成在一个统一的视频监控云平台上，实现整个生产区域视频监视系统的网络化、数字化和智能化，数据存储最少90天
			周界防护（电子脉冲）	周界防护（电子脉冲）	报警信号管理设备有总线报警主机、防区扩展模块、声光报警装置、电脑管理软件（电子地图显示）等
			周界防护（摄像头）	周界防护（摄像头）	系统通过周界（周墙）设置视频摄像头对厂区周界、对重要区域进行布防，实现对重要区域的非法入侵探测，一旦监视区域内发生非法入侵即发出声光报警信号到监控中心，通过声光报警的方式提示安保人员、支持30m白光补光、一体化安防系统立即发出报警信号到监控中心，支持光影、树叶、小动物去误报；支持50m红外补光，夜间全彩，夜间夜视，清晰夜视，适应雨雾场景
			门禁一卡通	门禁一卡通	对全厂生产、辅助生产和生活区域之间的主要通道及电气设备房间，以及主厂房的主要电气设备房间和通道设置门禁一卡通系统

续表

序号	项目	分项	子项	功能	建设方案
一	基础设施与智能装备	智能安防一体化	消费管理系统	消费管理系统	全厂消费管理系统，将充值后的 CPU 卡作为单位内部信用卡在消费机上使用，以代替现金流通，实现单位内部消费电子化、制度化
			考勤管理系统	考勤管理系统	考勤管理系统采用独立的读卡器，充分考虑户外考勤读卡器的设立形式，提供充足的防雨、防晒保护
			出入口控制系统	出入口控制系统	在全厂重要信道设立人行道闸、车行道闸，并配置访客机。使用门禁制卡机设备，制作门禁 IC 卡作为全厂一卡通，可同时搭配人脸识别门禁
		数字广播	数字广播	基于 TCP/IP 网络通信协议和数字音频技术，具有实时广播、定时广播、分区广播、自由点播、实时采播、消防联动、电源控制、触发联动、日志查询等功能，完全可覆盖并优于传统广播系统的功能	可以与监控安防平台对接，把系统融入监控安防平台管理。 1）全区、分区、定时广播。可分别设置全区或各区域每天 24h 不同时段的定时广播列表，各区域可单独设置不同的播放文件，并能按周期列表自动循环播放。可与现场管理相结合，在施工现场、生活区播放劳动、质量竞赛文件，表扬先进和进行安全知识广播，点对点进行可视化语音播报。 2）外接外部音源（如手机、电脑、CD 播放器）等相关音源设备接入到音源广播，实现不同区域能实时对接收外接广播，实现自动告警播报。支持报警广播联动（与智能监控报警系统联动）
		网络信息安全	基础信息安全	网络与信息安全作为智能电站建设的重要保障，应从安全区域网络、安全区域边界、安全计算环境、安全管理中心、安全管理制度、安全建设管理、安全管理机构、安全管理人员、安全运维管理等多个层面形成整体的、全方位的安全保障体系的	按信息安全等级保护要求对应的响应等级进行建设，包括防火墙、入侵检测、入侵防御、正反向隔离、主机加固、堡垒机、数据库审计、日志审计、上网行为管理系统、准入管理系统等
			主动网络安全防护	态势感知、流量监测、"蜜罐"网络攻击捕获与溯源等	结合智能检测算法进行多维度海量数据关联分析，主动实时发现各类网络信息数据，采集和存储多类网络信息数据行为。支持在发现威胁后调查取证，还原出整个 APT 攻击链改击事件，阻断威胁，溯源、响应、处置，支持在发现威胁，整体支持发现各类安全威胁事件，全流程威胁事件闭环

续表

序号	项目	分项	子项	功能	建设方案
一	基础设施与智能装备	智慧二维码系统	二维码标牌	实现设备二维码与KKS编码、设备编码进行关联，通过设备标牌识别，达到与设备台账中关联，实现设备与管控系统关联，并通过扫码获取设备台账中关联的管理文件、图纸、交付文件以及设备的基本信息、设备参数信息、设备品备件信息等，并能够展示出与设备关联的工作票、缺陷信息等相关业务数据	设计设备的二维码标准化编码方案，并根据标识对象的业务应用场景要求，制订详细的设备标牌制作方案。依据现场标牌安装、完成设备标牌及信息生成设备二维码，设备标牌具备感知功能，实现人与设备互动，实现设备与管控系统关联，通过扫码能获取设备基本信息
		设备智能监测	设备智能监测	传感器支持设备声纹、振动、温度监测，物联网关支持有线、Wi-Fi、5G等实现数据回传	针对电厂机、炉等主要转机设备，通过振动传感器、温度传感器、声纹传感器，实时监测转机运行情况振动、声纹状态。采用物联网关采集网关设备实现传感器数据接入，支持有线/无线（5G、Wi-Fi等）接入方式
			AR眼镜	现场作业人员基于"智能AR控制终端"通过语音控制检索设备和业务信息，并以第一视角现场作业，提高电力现场作业的技术和安全水平，特别是实现在应急现场作业的全面实时综合应急协作	可为管理者展示第一视角视频，便于全面、全过程、无死角掌控现场作业。通过平台提供的远程专家系统，一位专家可实时指导多个人现场作业，使管理人员做到身临其境的远程指挥调度，实现对现场作业的全面掌控
		智能穿戴设备	VR设备	通过VR虚拟现实技术，将电厂内的设备状态、生产数据、维修建议等信息实时显示在仿真系统中，进行全厂级与设备级不同级别的浏览，并且可以完成厂级和设备级快捷的切换	VR设备包含VR头戴式设备，以及支持VR的工作站，进行入职或专业技术培训，通过虚拟操作熟悉操作相关设备的操作流程，同时进行故障模拟演示，熟悉故障判断、问题解决流程
			智能点检仪	用于日常点巡检	智能点检仪应用基于智能巡点检的集成应用中，应支持无线传输，现场拍照录音、对讲等功能，可以进行测温、测振等模块的拓展，辅助巡点检人员进行移动巡检
			智能终端	用于日常点巡检	配置工业三防手机或单兵设备作为智能终端，配置防摔手机保护套

序号	项目	分项	子项	功能	建设方案
一	基础设施与智能装备	智能隔离设备	NFC智能锁	用于两票智能管理	对电气线路上的设备及其附属装置（断路器、隔离开关、母联、接地开关、小车等），通过加装智能锁具及配套附件，对其操作步骤以倒闸操作方式实现硬节点强制闭锁的防误技术措施，防止运行人员在倒闸操作过程中，因人为因素而导致误操作事故的发生，加强设备本位安全级别
			智能钥匙箱	智能钥匙箱	在接地线的使用审批、存储，使用等环节中对接地线进行正确的身份、位置、状态和操作步骤等信息识别，并将这些信息与智能钥匙箱联接，实现接地线的强制连接、使接地线的操作和使用纳入两票控制，实现工作票/操作票措施审批、接地线拆除、接地线放回全程防误闭锁管理
			智能地线柜	安装接地线管理柜、接地线管理桩、换装智能接地线头，实时监控接地线状态	
		智能消防	智能消防	消防系统与智能安防一体化平台集成，实现报警联动功能	当紧急情况发生时，消防通道的门能自动打开。当紧急状态发生时，系统直接通过门禁控制模块，控制相应区域的门禁打开，以配合消防人员疏散人群及灭火抢险。直接通过调整和合理安排电源布线方式，结合接入楼层弱电井的消防信号，当紧急状态发生时，系统能满足断电开门的功能。门禁消防联动结合消防分区进行划分，要求消防干触点接入相应区域的弱电间，以便门禁系统接受并相应消防的受控门。接收消防信号后，相应区域的门被强制打开，并同时向消防分区提供消防的反馈信号，以便消防系统确认。系统可联动相应区域的摄像机存储录像与智能球机自动识别危险区域，联动声光报警，并将该区域图像上端显示，将报警信息通过短信发送管理人员等
		智能照明	照明系统智能控制	智能照明系统是可根据建筑物的使用性质及不同功能区域所需的照明场景，并根据用户提出的实际要求，进行设计和智能设备选型。设备安装完成后，通过总线上的各种智能设备进行编程软件，对总线上的各种智能设备进行受控逻辑关系编程，并可预制照明场景。可实现用户的个性化、多元化的照明场景要求	利用先进的楼宇自动控制系统的原理，采用分层分布式的网络结构，并根据地理位置分布需要使用有线或无线通信连接构成完整的网络，是由管理层、通信层、现场设备层三部分组成的分布式控制系统。具有灯光亮度的强弱调节、遥控、遥测，定时控制、场景设置等功能，达到"智慧照明""按需照明"及"深度节能"的目的

续表

序号	项目	分项	子项	功能	建设方案
一	基础设施与智能装备	智能电梯	智能电梯	具有对电梯状态的自动诊断、远程报警、显示、记录电梯调度优化等功能	通过在电梯内加装一体化终端模块（内含人脸识别摄像头、陀螺仪、加速度、温湿度、红外等各种传感器及网络模块、信息发布模块、通话模块等），并安装信息发布屏幕（内含应急电源、应急救援通话模块、信息发布模块等），并接入智慧电厂物联网络，实现电梯数据的采集。同时，通过对电梯维保和维修数据的采集管理，监督维修保养要求，实现动态记录电梯维保合理性与准确性，监督维修保养过程，实现零配件溯源管理，确保电梯安全运行的情况下，大幅降低电梯维保维修人员作业全过程，大幅降低电梯运营成本
二	智能发电平台	平台基础设施	实时历史数据库服务器、计算服务器、高级值班员站等	实现智能控制和全程自趋优运行的系统升级，构建智能电能运行控制系统（ICS）	在机组DCS中，部署高级应用服务器（智能计算服务器）、智能控制器等智能控制器组件，融合丰富的先进控制和运行优化算法，如预测控制、自抗扰控制、能效分析等算法，实现智能控制和全程自趋优运行的系统升级，鼓励采用国产芯片和国产操作系统
			一体化智慧大屏	实现智能监测功能的展示	通过部署安装大屏硬件系统，集成智能发电平台功能模块及其数据库进行数据和监测画面的展示
		智能检测	可视化展示软件	在线和离线数据可视化图表展示，具备数据编辑和数据库连接功能	在硬件系统中安装可视化展示软件，以多样化图表形式按需求配置展示功能，并对特定用户开放编辑权限。可实现控制回路品质监控、设备健康度监控、锅炉结焦监控、锅炉高温受热面监控、锅炉四管可视化防磨防爆监测与泄漏预警、运行监控等高级监控
			风粉在线检测	煤粉浓度、细度和一次风速在线测量，实现锅炉燃烧优化，提高燃烧效率，降低NOx排放	磨煤机出口每根粉管上配置一个风粉浓度在线测量装置，单台机暂按36个考虑
			锅炉膨胀指示器在线监测	用于监视水冷壁、联箱等厚壁压力容器在点火升压过程中的膨胀情况，防止膨胀不均匀发生裂纹和泄漏等，以达到对锅炉膨胀形变进行实时监测的目的	基于智能图像识别算法的三维锅炉膨胀指示器在线监测系统无缝接入ICS，具备提供供启、停机状态形变分析及定期分析报告等报告功能

续表

序号	项目	分项	子项	功能	建设方案
			炉内工况在线检测	炉内燃烧温度场测量与重建	每台锅炉配置8个声波探头，实现炉内燃烧断面的温度与组分分布检测
二	智能发电平台	智能检测	发电机智能监测	智能诊断平台（发电机部分）通过对发电机运行状态的在线实时（准实时）监测，发现异常预警及时报警，保障发电机设备的安全可靠运行	发电机的监测诊断装置主要包括：定子局部放电在线监测装置、绝缘过热监测装置、轴电流监测装置等。在线集成系统采集以上诊断装置的输出信号，运行参数、上传DCS、电厂智慧管理公共服务系统平台。在线监测集成系统的架构分为传感器层、就地采集层和数据处理层、数据存储层、数据监测分析层。系统预留有与外部系统通信接口，能够实现与DCS、DEH和远程诊断系统中心的数据通信，实现数据共享
			脱硝装置氨逃逸浓度在线检测	通过精确调制可调谐激光器的电流，扫描被测气体的某个特定吸收峰，计算出气体的浓度。通过射流泵自动抽取烟气，采用TDLAS技术实现烟气中氨逃逸浓度的在线检测	设置氨逃逸浓度在线检测仪表
			在线软测量	—	关键参数软测量主要包括煤质低位发热量、锅炉有效吸热量、锅炉运行氧量、再热蒸汽流量、低压缸通流量、末级排汽冷、排汽干度、凝汽器换热系数、凝汽器洁净因子、受热面洁净因子、空气预热器堵塞评估等参数
			入炉煤质在线检测	入炉煤在线检测装置快速、实时对入炉煤含碳量、挥发分、灰分、水分、硫、热值等参数进行检测	在入炉煤皮带加装入炉煤质在线监测系统，具体包括智能采、制、检一体化无缝连接装置
			水冷壁近壁区烟气组分（CO）在线检测	炉内低氮燃烧所需的贫氧还原性气氛与防高温腐蚀和结渣所需的富氧氧化性条件相矛盾。进行水冷壁近壁区烟气组分（CO）在线检测，协调燃煤锅炉运行环保性与安全性之间的矛盾，防范化解炉内低氮燃烧给锅炉带来的潜在安全隐患，防水冷壁结渣和高温腐蚀，优化燃烧配风，降低水冷壁近壁区CO浓度	每台炉的炉膛水冷壁近壁区安装6套CO检测装置，2台炉12套

续表

序号	项目	分项	子项	功能	建设方案
二	智能发电平台	智能监盘	智能报警	基于机理模型、数据模型、专家知识模型、逻辑故障树、大数据标杆值的预警，实现： 1）对高频、预固、虚假报警的有效抑制，避免对运行人员造成干扰，提升监督有效性。 2）针对典型机组故障，实现快速排查，找出根节点故障的原因，避免事故的扩大化。 3）实现设备参数的异常预警，及时提醒运行人员关注和调整。 4）对辅机运行状态进行判断与预测，实现辅机故障的提前预警	滋扰报警抑制模块通过采取滤波、延迟、死区、系统和设备运行状态相关的报警限值设定、优先级调整、多变量关联分析等措施抑制或消除冗余滋扰报警，帮助运行人员聚焦重要报警信息。 智能预警采用机器学习算法给出参数或设备状态的动态期望值，实现对异常工况的分类识别，趋势预测和提前预报。 故障诊断依据专业知识和丰富经验，构建逻辑故障知识库，推理机制，实现对故障的快速判断和定位。 报警管理与基础展示，全面对系统所有报警项进行配置与维护，监控与评价，监控系统运行，实现报警功能的优化。 参数预警，根据参数级、设备级、系统级数据的变化趋势及其合理区间计算，在故障发生的早期或是潜在阶段，提前发现异常并发出故障预警，便于消除系统运行的潜在隐患。 报警展示增强，应用数据可视化的方法对报警总体状态和特征进行直观、多维展示
			控制回路品质监测	1）提升传感器信号的可靠性和准确性，保证控制系统安全运行。 2）直观地观察执行机构性能，提高现场检修效率，有效提升控制系统的控制效果。 3）提升控制效果，进而有效提升机组运行经济性和稳定性	以实时计算引擎为基础，与DCS实时通信和历史数据进行交互，采用先进算法和控制策略构建相关诊断模型或机理模型，基于模型的理想状态和实际状态进行对比，依据相关评价体系给出评价结果，实现对控制回路品质的实时监控

续表

序号	项目	分项	子项	功能	建设方案
二	智能发电平台	智能监盘	重要阀门性能监测	1）基于历史数据统计计算，对阀门的工作状态、工作时间统计、线性度实时计算并分类监控，并给出分类提示，供运行人员和检修人员直观监控，进行辅助决策、健康分析及预报警。2）线性度监测及实时校正，可提升自动控制回路的控制效果，提升机组稳定性或运行效率。3）及时发现泄漏问题，避免泄漏状态下对隔离元件的长时间高速吹扫造成的损坏。4）获得阀门状态检修或例行检修前依据，降低设备检修成本	根据目前电厂常见的阀门卡涩、连杆脱落、反馈杆脱落、调门线性度劣化、阀门内漏等故障及故障发生时的现象，并结合 ICS 中相关变送器测点，通过逻辑判断实现阀门故障的识别，在画面上进行显示，并通过智能报警系统第一时间推送至运行操作和设备检修人员
			汽轮机智能监测及诊断	实现：1）智能诊断机组故障。2）基于数据统计分析。3）多维度数据关联分析。4）实时监测转子位置。5）轴承圆周振动监测。6）调门阀序控制优化。7）低速盘车时晃度监测。	由智能数据采集设备、数据服务器等几个部分组成，1 台机组需要配置 1 台智能数据采集设备，多台智能数据采集设备可共用 1 个数据服务器
			辅机智能监测及诊断	实现数据振动原始数据的采集，功能如下：1）智能诊断设备故障。2）冲击解调检波技术。3）基于数据统计分析。4）多维度数据关联分析。5）可靠的数据采集。6）设备劣化趋势预警	在辅机各个轴承加装加速度振动传感器，由智能数据采集器、数据服务器等几个部分分组成，根据设备型式的不同，每台设备加装 6～8 个加速度振动传感器，同时配置 1 个智能数据采集器，多台智能数据采集设备可共用 1 个数据服务器

续表

序号	项目	分项	子项	功能	建设方案
二	智能发电平台	智能控制	智能协调及AGC控制优化	1）提高机组负荷调节响应的速度和调节精度，采用GPC预测控制器代替传统的PID控制器，煤质低位发热量的实时软测量，负荷指令实现煤、水、风、汽轮机之间的协同。2）降低机组动态过程中的主要参数控制偏差。3）通过优化汽轮机阀门流量特性函数使调门的综合阀位开度与蒸汽流量呈线性关系。4）满足机组电网响应性能提升，经济性能改善和安全运行需要。提升主蒸汽压力、主蒸汽温度等关键参数控制品质，使AGC响应速率及一次调频品质满足电网要求	采用过程对象辨识技术和智能控制算法，基于精准能量平衡的机炉协调控制策略，以预测控制算法作为核心控制器，在智能DPU中进行组态逻辑设计和调试，保证机组常规控制与优化控制的统一管理和统一维护
			智能主/再汽温优化控制	1）以减小主蒸汽温度的稳态和动态控制偏差为目标，采用预测控制、线性变参数控制等智能控制算法提升大范围快速变负荷时的主蒸汽温度的调节品质。2）以减小热蒸汽温度的稳态、动态控制偏差和降温减温喷水量为目标，采用智能前馈、预测控制、状态观测器、线性变参数控制等先进和智能控制算法克服汽温响应的大迟延、大惯性、非线性，提升再热蒸汽温度的控制品质。3）运用基于神经网络的汽温模型，实现基于扰动的精准预判，提前对汽温进行预防性调整，防止汽温大幅度波动	针对大迟延大惯性对象，采用GPC预测控制作为核心控制器，预估出扰动因素对蒸汽温度的影响，进行提前喷水调节动作，设计基于前置一前馈一反馈的复合控制模式

续表

序号	项目	分项	子项	功能	建设方案
二	智能发电平台	智能控制	自动深度控制	实现高参数、大容量火电机组的宽负荷深度调峰控制，建立在锅炉全幅度负荷变化、机组参数平稳稳定、燃烧稳定、环保指标全幅度不超标的基础上，解决好总风量与燃料量配比，给水与燃料量配比、磨煤机的风粉比、一次风与二次风的量比等	采用先进控制算法，结合能量平衡控制策略，提升机组主再热蒸汽温度、压力控制品质全额负荷响应速度，同时自动适应不同工况、煤质及工艺系统特性的变化，增强机组宽范围内调节的负荷能力和 AGC 控制品质
			机组自启停（APS2.0）	通过设计多流程并发启动、执行路径冗余设置、启停参数的自适应调整等方式，进一步缩短 APS 自启停时间，优化 APS 断点设置，提升机组 APS 的执行效率。可增加机组控制系统的自动化水平，最大限度地减少运行人员的操作强度和人员数量，减少操作失误率，实现减员增效，提升机组的整体安全性和经济性水平	首先，实现机组启停全程自动控制，主要涉及给水、送引风、锅炉燃料、除氧器水位和机组负荷等全程控制技术及设备投入管理，不同负荷段设定值管理、启停参数数管理、特定工况下的联锁、闭锁功能管理等顺控内容。 其次，在 APS 过程中融入路径自主决策机制，当子系统中某台设备启动过程出现故障而中断时，可以自主判断并切入子系统下的其他设备进行执行或者跳步操作，实现子系统启停路径的自主冗余。 最后，在 APS 过程融入自主优化机制，通过对当前机组运行状态评估和寻优结果，优化启停参数和启停设备组合，结合磨煤机组合优化及自启停技术，提升启停过程和机组正常运行经济性机组甩负荷后的快速恢复，通过 APS 让机组迅速重新带上负荷，回归正常运行
			智能吹灰控制	建立优化吹灰模型，制定合理的吹灰策略，将周期性的定时吹灰改为根据受热面污染状况和其他运行需要的动态吹灰，降低吹灰频次、减少吹灰汽耗、提高高温受热面寿命	1）通过不同受热面采用直接测量和间接软测量计算，以各受热面清洁因子作为污染监控对象，基于模糊控制的吹灰判定方法给出吹灰建议。 2）通过采集实时/历史数据，对其进行计算与分析，在此基础上发送和接收智能吹灰控制指令，建立优化吹灰控制系统。 3）结合主蒸汽温度、再热汽温、排烟温度等锅炉运行状态，确定各受热面最佳吹灰频次，实现"按需适量"的智能吹灰模式

续表

序号	项目	分项	子项	功能	建设方案
一一	智能发电平台	智能控制	智能脱硝喷氨	通过喷氨系统的精准分区控制，有效提升喷氨效率、防止氨逃逸过量，降低空气预热器堵塞风险、节约喷氨总量，解决脱硝烟气流场不均、喷氨总量调阀门线性不佳等问题。通过对SCR出口NO_x浓度的优化控制及精细化调整，提升喷氨系统的控制品质及运行经济性，提高NO_x自动调节性能。减少硫酸氢铵的生成，减小硫酸氢铵在空气预热器内沉积，有效提高机组运行安全及经济效益，最终实现全工况下的NO_x排放符合生产及环保要求	采用脱硝SCR分区混合动态调平技术及其他先进精准喷氨控制技术，即喷氨总量控制＋精准NO_x分区测量＋NO_x浓度场模拟结果的喷氨分区＋喷氨分区调平控制。在喷氨管道安装电动喷氨总量控制及分区调平阀，采用预测控制及智能前馈控制算法，以及"定时＋智能"调节喷氨总量，支管调节阀以及分区调平阀，在SCR出口NO_x浓度满足环保要求的情况下，提高炉膛出口NO_x分布的均匀性，同时有效降低脱硝喷氨总量
			智慧脱硫	实现智能脱硫系统的评价、分析、预警及自启停控制，包括脱硫系统运行性能评价和经济性评价、经济性分析（物耗和能耗指标分析等）、参数劣化预警和设备故障预警、设备的自动启停和智能定期轮换	采用无线网络、射频、红外和超声波定位、图像识别等技术，实现脱硫系统辅助检测和监控。利用现有的生产过程知识库和专家经验建立故障知识库，根据记录的设备故障历史数据，根据故障特征对故障进行快速识别，发送诊断信息。以除雾器冲洗为控制手段，实现吸收塔液位优化控制。实现脱硫浆液启停智能控制。根据设备的运行时间和顺序，定期自动启停相关设备，实现对脱硫装置运行性能的实时评价，评分低于一定阈值，通过画面颜色、声光等形式报警提醒
		智能寻优	性能计算及耗差分析	实时了解机组能耗信息，掌握能耗偏差产生的原因，深度挖掘机组的节能潜力，实现对机组能效的实时计算和耗差分析，给运行优化操作指导提供依据	利用能效分析算法库模块，在智能DPU中进行组态逻辑设计和调试。机组耗差分析以实时计算引擎为基础，开展对关键指标的耗差分析，应用性能计算与耗差分析功能，可以实现对机组运行效率、工况和能耗的实时分析，确定不同工况下的最优控制目标，指导运行人员进行优化操作，同时与耗差控制回路形成闭环自动实现相应耗差的消除，进一步提升机组运行效率

续表

序号	项目	分项	子项	功能	建设方案
二	智能发电平台	智能寻优	智能锅炉燃烧优化	基于煤质、煤粉两相流、风量、烟气成分等必要的检测手段，实现不同负荷、煤质性能等条件下的锅炉安全、经济、环保性能达到综合最优的智能控制，同时，最大限度地减少运行人员对燃烧的调整	搭建燃烧性能智能评价模块、磨一次风量比及量空气系数优化控制模块、磨出口温度优化控制模块，锅炉过量空气系数的精细化控制模块，分级配风的精细化控制模块、锅炉过量空气系数优化控制模块、锅炉炉膛出口截面分区温度均匀性控制模块，结合锅炉风粉在线测量系统，入炉煤质在线检测分析，直接向运行人员呈现锅炉燃烧的状态和性能，实现如下功能： 1）通过燃烧性能的自动智能分析，提高锅炉效率，减少排放。 2）通过风煤比的精细控制，达到炉内热负荷，空气动力场、烟气分布的精细控制，提高锅炉效率。 3）实现锅炉的均衡状态，风量分布的均衡控制，局部燃烧恶化。 4）实现锅炉燃烧的精细化运行，避免偏烧、气分布的均衡，大幅提高低负荷，及变负荷的锅炉运行控制能力和性能
			锅炉四管防磨防爆泄露与泄露监控	立体化动态展示锅炉基础参数、运维参数、诊断参数、自动推送异常报警、诊断结论、应对措施和检修计划，为管理人员、检修人员、运行人员搭建智能化应用系统	以国家及行业标准、规程为依据，以海量数据的收集和结构化处理为基础，以锅炉防磨防爆体系建设、检修业务和运行管理为入口，以标准业务流程闭环管控、运行人员管控，高度仿真的三维数字模型为载体，沉浸式技能培训，数据跨平台收集，多维度数据统计分析，预判性异常数据智能报警、全生命周期的寿命智能评估，可视化操作，便捷沟通等
			智能汽轮机冷端运行寻优	通过对汽轮机冷端在线监测、性能诊断、运行优化等，实现汽轮机冷端节能高效稳定运行	1）建立冷端系统在线监测及故障诊断模块，基于智能事例推理技术的状态监测及专家故障知识库，实现智能定位冷端系统早期故障诊断功能及冷端系统设备运行评价。 2）对冷端系统设备性能在线监测，通过实时监测机组冷端系统设备（循环水泵、真空泵等）耗电率、效率，实现对高耗能低效率设备进行监控。 3）对凝汽器最佳真空自动寻优，指导运行调整。基于多变量大数据特征矩阵，以微增出力的计算模型作为算法核心，同时结合机组负荷、凝汽器循环水流量、循环水进口水温度、循环水泵功耗变化，自动寻优循环水泵、真空泵，确定循环水泵、真空泵的最佳运行方式，作为运行人员调整依据

续表

序号	项目	分项	子项	功能	建设方案
二	智能发电平台	智能寻优	机组运行寻优指导	对机组运行的历史数据进行挖掘，根据机组负荷、环境温度、煤质等不可控条件进行工况划分，按优化目标筛选出最优运行状态，继承和应用历史数据中的运行经验，实现机组运行优化，同时可进行在线操作指导与运行人员量化考评	机组运行状态评估和寻优，综合能耗指标模型寻优，炉膛总风量寻优，凝汽器最佳真空自动寻优等
			高加端差优化	实现整个高加系统的经济运行，同时协同各级高加疏水调节，减小各高加水位的波动	分析联合运行的高加系统端差与能损指标的模型，建立联合调度与分配各高加水位定值的优化方法
三	智慧管理平台	基础支撑	厂侧云网底座	为厂侧智慧管理应用和数据提供物理支撑环境，包括实时/历史数据库镜像服务器、应用支撑环境服务器、数据支撑环境服务器、AI视频分析服务器、运维管理工作站、控制系统接口机	实时历史数据库镜像服务器：实现生产实时数据从电厂的生产区安全传输至管理区。应用支撑环境服务器：为厂侧基础平台及各类业务应用系统提供计算、存储、网络支撑环境。数据支撑环境服务器：为厂侧各类数据的采集、存储、计算、分析等提供支撑环境。运维管理工作站：视频监控系统集中管理监控站、信息系统监控管理站等建设方案应满足如下规范：1）厂侧云网底座宜采用虚拟化资源池方式建设，提供虚拟机、容器、块、文件、网络、安全、灾备等全栈安全资源池能力，满足电厂各种业务的需求。2）厂侧云网底座宜采用电厂统一的管理平台，实现电厂数据中心存储设备、网络设备、服务器、安全设备的统一接入、管理、发放和智能运维。3）虚拟化、备份、容灾、安全等功能支持按需部署，支持平滑扩容。4）云网底座应满足国产化要求

续表

序号	项目	分项	子项	功能	建设方案
三	智慧管理平台	基础支撑	厂侧数据底座	数据底座是生产经营管理过程中各类业务数据存储、处理、融合的中心，是推进业务流程贯通和数据共享、提升数据质量的关键，也是实现数据应用水平的基础，准确的关键和保障，支撑生产监控类和分析决策类应用	建设厂站端侧的数据支撑环境，根据业务需求实现与上级单位的云端、边端数据双向交互，包括以下内容： 1）实时计算、数据存储及管理、数据集成、数据分析、数据仓库、数据查询、权限控制、分布式控制、工作流程协调、数据流处理等通用组件和服务。 2）数据加密、数据溯源、数据管控组件及服务、身份认证、统一授权、权限控制等管理组件及服务。 3）应具备实时数据、关系型数据、分布式数据的读写能力，具备生产现场实时数据采集和工业数据管控中心的多层级平台支撑能力，生产现场实时数据采集后写入现场实时数据库，经由专用通信线路将数据传输到工业数据管控中心，存入工业数据分布式集群。数据管控中心完成接收和实时处理后，入工业数据分布式数据库。 4）具备数据传输、数据融合、数据分类、数据存储、数据清洗、数据分析、数据挖掘等功能或组件。 5）厂侧数据底座应满足国产化要求
			厂侧平台底座	具备业界通用微服务开发、开发运维一体化支撑能力。在业务系统开发阶段，提供各种可视化开发服务和公共服务，要能够兼容各单体架构和微服务架构的开发。在业务系统运行阶段，提供基于中间件、容器、PASS平台等多种运行环境的支撑	1）基础平台。建设厂站端侧的业务支撑环境，实现与上级单位建设系统的统一认证、统一集成，包括界面集成开发工具、单体和微服务开发框架、任务调度、权限、流程等公共组件服务，Hadoop平台的数据交互组件、系统治理工具、组态工具等。 2）可视化平台。提供Web组态平台，具备基于HTML5的可视化拖拽设计快速开发能力，快速实现HTML5页面的组态开发。 3）报表平台。集指标建模、Web报表设计器、计算引擎为一体的报表系统，应用于企业数据采集、数据接入、可视化自助分析、数据大屏、复杂式报表等数据分析场景。可提供基于数据仓库数据的可视化分析和灵活BI展示功能，也可提供自助式数据探索分析功能。 4）物联网平台。提供统一的设备/子系统接入协议，由设备/子系统各自向平台注册及能力公开，平台对电厂所有物联网设备子系统进行统一接入管理、负责物联网设备的接入准入、统一编码、安全接入、统一校时、运行监测等。 5）AI视频分析平台。借助人工智能等技术手段对采集的视频数据进行智能分析，以实现异常识别和风险预警。深度学习等算法对采集的视频数据进行智能分析，支持算法加载、启停、告警管理、数据开放等功能，支持云边协同模式。

续表

序号	项目	分项	子项	功能	建设方案
三	智慧管理平台	基础支撑	厂侧平台底座	具备业务界面通用微服务开发、开发运维一体化支撑能力。在业务系统开发阶段，提供各种可视化开发服务和公共服务，要能够兼容单体架构和微服务架构的开发。在业务系统运行阶段，提供基于中间件、容器、PASS平台等多种运行环境的支撑	6）融合集成平台。打破电厂各应用系统的数据孤岛，提供快速、简单的消息数据、服务集成能力，API全生命周期管理、消息发布订阅管理等。 7）厂侧平台底座应满足国产化要求
			数据标准化及治理	对数据平台汇集的生产实时数据和经营数据进行统一的标准化数据治理后，由智慧管理平台直接进行数据读取、调用、分析及形成服务和应用，满足智能应用功能需求	1）制定数据标准：制定数据标准化管理规程，制定各系统间数据交换规范，元数据管理。 2）制定数据编码规范：制定智能电厂标识编码数据规范、制定智能电厂测点编码数据规范。 3）数据统一编码：统一标识编码，统一测点编码，基于实物ID的编码联动。 4）数据采集：数据采集包括重要生产实时数据和部分经营数据（燃料、营销等）的采集。 5）数据治理：数据清洗加工、数据质量评估等
			系统集成与实施	智能电厂集成服务涉及基础平台、智慧管理平台和第三方应用及其前端感知设备，需要完成众多系统的功能集成、网络集成、界面集成、业务集成等工作。集成设计复杂，数据种类繁多，集成难度大，通过完善的、标准的系列化集成场景，标准化的集成服务，保障智能电厂项目实施和交付落地	编制应用和数据集成标准规范，开发相关接口，并提供技术支持，指导各系统按照规范要求进行开发。以单场景端到端的集成，系统完成集成后，可在各系统间单点登录。集成设计从业务的角度，以工作流的工作场景集成，技术和交付贯穿始终，并通过多个产品之间无缝同的工作视角未分解场景集成，详细拆解到各个产品中实现，确保多产品之间无缝组合。软硬件设备和产品的部署，为快速、高效进行项目建设，可细分为设备安装、平台及应用部署、设备接入、系统集成、数据集成、联调测试、试运行及系统上线等阶段

续表

序号	项目	分项	子项	功能	建设方案
三	智慧管理平台	基础支撑	智慧管控中心	管控中心定位生产经营管理、技术经济分析、日常安全管理、应急指挥等的功能，按照功能需求，区分相应的功能区，划分相应的空间，通过大屏拼控系统，动态地把各系统显示设置相应的预案，动态地把各系统显示在中心大屏上。同时也支持各功能区人员进行合成研判，节约沟通成本	空间布局规划：管控中心定位生产经营管理、技术经济分析、日常安全管理、应急指挥等功能，按照功能需求，区分相应的功能区，划分相应的空间。 装饰装修：包括地板、墙面、吊顶、空调改造、消防改造等建设方面的内容。 综合布线系统：各种线缆、光纤、配线箱、配线架及线缆管理器组成，为管控中心场所话音、数据、图像、控制信号的传输提供通道。 连接展示屏：根据应用场景、面积及预算确定展示屏类型（LED、LCD）。 触控一体显示终端控制台系统：包含硬件设备载体（控制台）及交互协作平台（座席管理系统），通过软硬件平台的整合形成一套完整的座席的座席管理系统。 多媒体展示控制台：具有展示、演示、控制等功能于一体的多媒体展示控制台，用于多个信号源交互式集中管控控制和显示。 音响扩声系统：由终端麦克风、扬声器、功放、反馈抑制器、均衡器、调音台等设备组成。 视频监控集成综合平台：完成企业的关键视频监控系统的汇集，实现对现场重点部位进行实时监视与视频监控检索。 应急指挥调度：利用多媒体调度软交换技术实现各级指挥中心与各有线系统、无线系统、语音系统、视频系统等之间的语音、视频、数据通信服务，增设移动通信、北斗卫星通信手段，满足成时应急指挥需求。 大屏展示内容：全厂重要信息的统一管理和信息展示，为电厂员工和外来访客提供全面的、更为直观和生动形象的信息展示，包含总览及安全、检修、资产、生产、运营、营销、环境等业务主题内容展示

序号	项目	分项	子项	功能	建设方案
三	智慧管理平台	安全管控	管理安全管控	实现安全检查、隐患管理、两措管理、风险管理、高风险作业管控、生产区8h之外作业、安全事件管理、安全培训、安全应急等功能	安全检查：建立安全检查规范库，根据上级公司要求和历史安全检查情况，进行自动更新完善。自动生成检查任务清单，推送给各相关岗位人员，实现安全检查智能组织功能。支持对安全检查信息智能化分解，将不合格项自动生成缺陷、安全隐患等，自动生成整改计划（除缺陷），推送给相关岗位人员。 隐患管理：建立隐患例行检查要素和标准库，根据上级公司要求和历史隐患检查，推送给相应岗位人员。对检查发现的隐患建立隐患排查检查卡，推送上级相应岗位人员，对检查发现的隐患按类别进行自动汇总，向整改部门下发整改任务，并进行实时跟踪管理和提醒功能，完成隐患整改闭环管理。 两措管理：实现两措管理从计划、发布、实施、闭环、反馈全流程管理，按项目、责任部门自动计算完成率，自动汇总未完成、消减、延期的项目。 风险管控：建立风险预控指标体系，对风险管理实际的风险预控管理进行实时监控，及时预警。风险预控管理与现场实际的风险预控管理有机结合，与现场维护、检修、操作相关功能结合。通过人脸识别、人员定位、即时通信等技术，对现场工作人员的准入权限、活动轨迹、安全监督、安全指导等。 高风险作业：高风险作业信息、前期审查资料的登记、上报、统计、公示功能。高风险作业视频实时监控，作业人员反违章自动辨识、预警、推送。 生产区8h之外作业：生产区工作时间内外作业申请登记、审批、公示加班时间、主要作业风险、作业人员等信息，基于三维、人员定位、实时监控人员分布情况，并结合电子围栏，对违规区人员和遁自离开的人员实施警示、对现场作业人员自动辨识、预警、推送。 安全事件管理：对异常、障碍、事故、事件的调查、分析、责任认定、级别认定、防范措施编制与执行，事故统计报表全过程管控，应结合数据库进行事故追踪溯源。 安全培训：建立公司安全管理电子资料库，可自动随机生成试题库。支持考试结果与门禁权限、两票三种人、特种作业权限等相关联。基于三维模型、VR、AR技术，实现工艺流程、流程原理、工况仿真、操作仿真、三维工艺作业指导书、检修作业三维演示、专家系统和故障案例演示、机组运行等培训。 安全应急：应急日常工作管理、应急预案、应急预案分析等，建立应急通信保障体系、应急管理及日常现场相关设备联动，演练与评估、演练培训及专业可进行部门涉及的应急数字模拟演练及现场的音视频相关信息传输。承载自然灾害、突发事故等应急事故数据信息及数据信息传输。

续表

序号	项目	分项	子项	功能	建设方案
三	智慧管理平台	安全管控	人员安全管控	实现现场作业人员管控、访客管理、外委人员、职业健康、AI人员行为监测等功能	现场作业人员管控： 1）利用视频虚拟平台展现现场人脸识别、人员定位、电子围栏、门禁系统联动等技术及手段，结合三维虚拟平台展现现场作业人员的位置和运动轨迹，并对其进行监控和分析。 2）据生产现场情况划定电子围栏范围和规则，基于时间和空间要素，对相应的工作人员进行授权，对非授权人员闯入电子围栏的，对非授权人员进入电子围栏时，系统自动调出围栏所在区域的监控画面。 访客管理：实时对访客申请及到访记录进行移动端查看，方便访客在线管理。实现访客管理规范化、流程化，实现安全业务快查、快办，提升智慧安全水平及管理效率。 外委人员： 1）身份证真假识别参考、现场拍照人像采集、被访人电话号码自动查找、一键拨号通话，被访人远程准入，来访信息、车辆、携带物登记，打印访客单或发放IC/ID卡，访客结束，出门回收卡。 2）工程项目安全管理流程化操作，对安全教育、资质审核、入厂人员身份确认、现场作业、人员撤厂等全过程安全管控。 3）视频监控、人脸识别，定位自动识别外来人员违章情况，自动生成违章信息，发送给相关责任人。 4）通过手机端App上传现场新发现的问题、风险、违章照片、视频等信息，系统自动下发给相关责任人，根据规章给出违章积分和处罚，安全教育学习建议，并发出提醒督促施工现场负责人整改。 职业健康： 1）建立员工上岗、在岗、离岗职业健康档案、定期维护，更新检测报告。 2）监测噪声等危险因素，对超标项目和区域报警提醒。 AI人员行为监测：基于智能分析的安全管控主要借助人工神经网络、深度学习算法等技术手段对采集的视频数据进行智能图像分析，以实现异常识别和风险预警

续表

序号	项目	分项	子项	功能	建设方案
三	智慧管理平台	安全管控	环境安全管控	实现智能门禁、车辆识别、周界防护、智慧厂区、重大危险源管理与危险品管理、智慧危废等功能	智能门禁：门禁系统与智能安防系统、工作票系统的数据对接，实现以下智能授权：初次进厂的基本培训、授权。对出入生产现场人员授权。对进入重点部位和危险点区域的生产管理人员授权。对具有单独巡视升压站和高压区域资格的人员授权。可通过工作票许可终结自动授权工作人员进入工作场所。 车辆识别、智能周界防护：车辆识别系统、周界防护系统与智能安全应用进行集成，实现多级控制与统一管理。 智慧厂区：厂区道路测速拍照、超速违法行为、违停抓拍。 重大危险源管理与危险品管理：建立重大危险源台账，实现重大危险源的危险辨识、风险评估、制定控制措施、定期评估、问题整改、危险性升（降）级、备案登记与备案注销、全过程管理，并对各管理环节设置实时预警、结合三维、电子围栏和人员定位、视频监控对接近氢站、液态三警、油罐等危险区域人员告警。 智慧危废：建立危险废物管理台账，记录危险废物的种类、产生量、流向、贮存、处置、申报等有关资料，结合三维，电子围栏和人员定位、视频监控等对危废倾倒、堆放、贮存进行智能管控
			设备安全管控	实现智能识别设备不安全状态、安全工器具管理、特种设备管理、智能消防、暖通管理等功能	智能识别设备不安全状态： 1）基于巡检数据、在线监测数据、视频数据等智能识别设备不安全状态，对设备不安全状态自动报警、记录、启动安全措施、发送整改和整改跟踪。 2）针对重点设备启用跑冒滴漏检测，当设备发生跑气、漏水、漏油等现象时，及时触发报警，摄像机监控画面内设备发生跑冒滴漏时实时记录实时告警信息并推送告警信息。 安全工器具管理： 1）安全工器具装设电子标签和传感器，自动记录使用情况，设置工器具检查试验周期、到期自动提醒，记录检查试验情况。 2）工器具与两票关联：工作票时自动授权安全工器具领用权限，生成操作票、特种设备缺陷、定期检查、定期检验任务过程进行监控、闭环，信息自动推送。 特种设备管理：对特种设备作业过程进行监控，具有维护、更新、定期检验提醒功能，实现信息自动推送。 智能消防：建立消防设备电子台账，具有维护、更新、定期检验提醒功能，实现视频监控、报警、门禁、巡更等多个模块的整合联动。 暖通管理：建立暖通设备电子台账，智能监控环境温度、湿度等，通过移动终端扫描暖通设备实现定期维护、更新，定期试转提醒

续表

序号	项目	分项	子项	功能	建设方案
三	智慧管理平台	智慧运行	智能监视	对全厂生产状况进行实时监视，通过生产过程监视视图、趋势图、棒状图等多种表多种方式实时监视的主要运行参数和单元机组及辅助车间的主要运行参数和设备状态	1) 生产运行可视化，通过数据支撑环境，实现系统实时数据共享，并挂接至三维可视化电厂模型上，实现基于三维漫游的生产实时数据展示及发生产过程仿真。 2) 对主控（锅炉、汽轮机、电气），辅控（除灰、化水、输煤），电气、脱硫、脱硝、除尘等监控系统一级画面全幅展现，应基于EB的B/S展示，画面的切换和刷新速度不高于2s，展示方式至少包括流程图、趋势图、饼状图、棒状图、参数列表、实时仪表盘、画面动画等，画面可缩放、弹出、全屏显示。 3) 厂级数据汇总与计算，包括运行小时数、实时发电量、累计发电量（日月年）、负荷率，实时发电量与AGC调度指令曲线，厂级发电煤耗、供热量等。 4) 对任意监视画面的历史状态回放（快放、慢放、定格），按照时间段、数据精度自由定义历史画面
			智能分析	利用高效有序的数值计算引擎，对面向具体设备、系统、机组搭建的性能数学模型模块进行在线计算，量化其各项性能指标，从而达到性能监测的目的。针对热力系统设计、设备状况、运行环境（负荷和背压）、运行方式等造成的煤耗偏差做出精确分析	1) 经济性分析：以生产运行数据为基础，实时计算分析机组的各项性能指标，综合评价机组性能。包括发电煤耗、厂用电率、发电量、设备效率、故障率等。 2) 耗差分析：通过对机组运行参数及关键指标的实时监测与分析，运用热经济诊断分析原理计算分析机组机主、辅机设备及热力系统的热经济状况，定量给出成偏差对机组经济性的影响
			智能考核	对实时数据的指标（小指标）在线考核，提供考核建模平台，可根据最优值、正常值、劣值等区间设置，实现数据在不同区间内时，对运行人员的实时在线考核	1) 对实时数据的指标（小指标）在线考核，提供考核建模平台，实现数据在不同区间内，对运行人员的实时考核。 2) 支持离线考核，针对缺采云测点等情况而无法实时考核的指标，如飞灰含碳量、炉渣含碳量、给水含氧量等，可使用离线录入功能，数据录入后系统自动生成考核结果。 3) 通过数据平台获取实时、历史数据，对每个测点数据进行验证、校验测点数据是否有效，剔除无效的，非考核时段数据。 4) 根据指标考核周期，自动进行数据采集与处理，保存指标考核数据的功能。 5) 根据倒班表和值班时间表进行统计查询的功能，实现各个指标，指标总分的排名，包括每个单元机组的各个指标次的排名，每个单元各个值次的排名等

续表

序号	项目	分项	子项	功能	建设方案
三	智慧管理平台	智慧运行	运行报表	根据运营管理需求配置统计规则，对生产运行数据、经济技术指标等数据进行自动记录与统计计算，生产专业化报表	依托实时统计计算引擎，完成机组各项运行指标的实时值和方差、最大、最小等统计计算，以及历史数据的统计分析计算，如设备启停、持续运行时间、超温超限次数、自动投入率等，并可根据特定工况条件、完成任意测点、任意时间段、任意特定条件组合的按需历史数据报表生成
			两票模块	两票管理模块能实现电厂所需要的各种工作票和操作票的业务处理，并且能把两票之间及两票与设备、缺陷、工单或其他工作票触发生成、检索相应的票据。用户可根据各自企业内部规定定制两票流程	集团统建系统实现两票开票、权限、流程、打印、查询统计等功能
			运行定期工作	定期工作包括定期试验、定期切换及定期操作，能够根据发电企业的实际需要实现定期工作策划、记录定期工作完成情况、执行人及设备注意信息、提供标准定期操作步骤及正确试验验证结果便于用户定期工作时参考	集团统建系统实现巡回检查管理、运行定期工作管理、运行台账管理、操作联系单管理、指令通知管理
			交接班管理	运行交接班管理用于对值班班次、时间、值班人员和交接班工作进行管理。交接班工作可逐级完成、工作交接时，交接班人员必须对运行日志中的各项内容进行确认，并将交接班信息记录在运行日志中	集团统建系统实现运行日志管理功能，包括运行交接班管理
			运行技术管理	对设备、系统运行工况及运行指标进行对比分析、操作评价功能	1）对设备、系统运行工况及运行指标进行专业、专题分析，可采用对比分析法、动态分析法及多元分析法等。 2）根据运行操作结果实现对运行操作人员进行操作评价功能。 3）针对对外部不安全事件等的学习和仿真培训

序号	项目	分项	子项	功能	建设方案
三	智慧管理平台	智慧运行	智能巡（点）检	构建智能巡检中心系统，支持使用多种智能化设备达到智能化巡检目的。实现巡检路线、巡检点、巡检设备、巡检部位、巡检标准、巡检内容的统一管理。打造智能化、标准化、可视化的移动巡（点）检功能	1）部署无人巡检智能管控平台，把锅炉零米、汽轮机零米、磨煤机、电缆桥架、重要辅机、化水车间、升压站等智能巡检设备子系统统一汇聚至集中控制平台，实现电厂各个设备区域，环境全方位位置，远程实时查看设备运行状态和室内外环境。 2）按照设备现场布置，绘制设备巡（点）检路线图，按照既定模板自动形成巡（点）检报表、智能摄像头完成需要的设备参数巡点检工作，提供相应的维护、检修建议，同时通过无人巡检管理平台自动判断设备运行的健康水平，自动记录设备缺陷。 3）建立巡检区域三维模型，根据系统巡检路线及巡检设备设置自动在三维模型中进行标注。通过在巡检路线部署定位装置，实时监测巡检人员巡检位置，可查询并回放路线，实现现场拍照和视频影像实时反馈，离线巡检，偏移告警提醒。 4）巡检人员到达某个巡检区域后，系统自动识别该巡检区域内的巡检设备、巡检项目，同时可即时查看每个巡检项目对应的巡检标准和技术规范，最大限度地提高巡检工作智能化水平。 5）在巡检路线上设有危险点预警功能。将存在井、坑、孔、洞的危险点自动关联到移动智能巡检终端的巡检线路上。巡检路线上会自动弹出危险点警示，提醒巡视人员注意自身的安全
			交接班智能交互	利用人脸识别技术，集成ERP运行交接班功能，实现人机交互式智能交接班，简化运行交接班操作，提高交接班效率	1）运行人员身份识别和接班时间自感知：接班人员进入监控室时，通过监控摄像头采集接班人员脸部图像，经图像识别服务平台，识别接班人员身份，并记录接班人员到场时间。 2）人机交互式交接班过程：系统通过人脸识别确定交、接班人员身份，进入交接环节自动调出当前班组运行重要事件、设备运行状态、未完结工作等，采用触摸方式操作对交接班各项内容进行确认，经双方人员确认后，完成接班和交班
			智能两票管理	两票管理模块能实现电厂所需要的各种工作票和操作票的业务处理，并且能把两票与两票之间及工作票平台、缺陷、工单相关联，可以由工单或其他工作票触发生成，检索相应的票据	智能两票与人员定位、三维、视频监控、门禁联动，智能操作票设备、间隔、操作工作顺序防误

续表

序号	项目	分项	子项	功能	建设方案
三	智慧管理平台	智慧运行	强制防误闭锁	防误操作模块从技术上采取可靠手段、在权限管理、唯一操作权、模拟预演、逻辑判断、设备强制闭锁等方面对电气设备操作进行全面、完善的防误管理，避免人为不确定因素，无论远方操作、就地操作、检修操作、事故操作、多地点操作还是解锁操作都具有完善的防误闭锁方式和管理手段	对电气线路上的设备及其附属装置（断路器、隔离开关、母联、接地开关、小车等），通过加装智能锁具及配套附件，对其操作方式实现硬节点强制闭锁的防误技术措施，防止运行人员在倒闸操作过程中，因人为因素而导致误操作事故的发生，加强设备本位安全级别。对重要的热机设备也可以通过电子钥匙、设备二维码等手段进行技术防误闭锁
			设备基础管理	实现设备基础数据、台账等基础管理功能	集团统建系统实现电厂标识系统编码主数据维护功能、设备主数据维护功能、设备台账管理、设备分类管理、报表管理
			检修基础管理	实现设备缺陷、检修工单、检修定期工作等基础管理功能	集团统建系统实现设备缺陷管理、工单管理、检修日常定期工作、设备连锁及保护投退管理、设备停复役管理
			技术监督管理	建立设备技术监督体系，实现各类专业监督工作及数据管理功能	集团统建技术监督包括监督网络、工作计划、定期工作、定期报告、项目管理、报告管理、设备台账、压力容器、技术服务、考核评比、对标分析等
		智慧检修	设备健康管理	基于数据支撑环境（海量历史数据）建立设备健康状态预测模型，提高设备可靠性与设备检修科学性，有效防止设备欠修或过修，节省检修成本	健康评估：设备健康度评估和状态量指标从健康评估、技术监督评估六个维度给出综合评估，评估方式多样性和运行工况的复杂性，功能实现的核心是根据机组/设备的运行经元网络为基础加上人工智能算法自动建模，进行历史数据学习和训练，自动分析计算出电厂设备在当前工况下的正常运行区间。 状态检修：监控设备运行数据和状态量指标变化，对于超出状态评价导则和规程规定范围内的劣化指标进行状态预警。基于全方位的设备状态数据，实现设备缺陷/故障的自动诊断。依据设备状态特征量和状态评价导则标准，对反映设备健康状态的各指标项数据进行分析评价，并最终得出设备总体健康状态等级。根据健康评估结论，并依据状态检修导则和检修决策标准，确定设备检修类别、检修内容（检修项目）及大修技改项目编制项目提供依据，综合考虑风险评估，并依据状态检修导则和检修决策标准，确定设备检修时间，为检修计划编制项目提供依据

续表

序号	项目	分项	子项	功能	建设方案
三	智慧管理平台	智慧检修	设备全生命周期管理	利用可视化技术和三维技术，实现设备安装、运行、巡检过程中的三维仿真和实时互动，实现设备全生命周期的状态预测和管理	基于数据支撑环境将设计过程中产生的三维模型、图纸和文档，建设过程中产生的三维模型、图纸和文档，以及运营过程中产生的检修台账、资产管理及实时数据在同一平台上集成应用，实现设备安装、运行、巡检过程中的三维仿真和实时互动，逐步实现全生命周期的状态预测和管理
			设备知识平台	基于自然语言处理技术、图谱技术、大数据技术、梳理设备、故障、技术标准、作业参数、危险点信息、工艺知识、专家经验等结构化与非结构化知识内容，构建出满足安全智慧生产管理需要知识体系	实现知识提取、知识图谱构建、知识图谱查询及知识图谱推理，并支持基于自然语言交互的知识图谱应用。与运行管理、设备管理、安全管理、智能工作台等系统应用对接，为设备缺陷、检修作业、故障分析等业务提供知识辅助，降低人工决策所需的专业知识门槛，辅助用户快速决策，提升人员工作能力
		智慧应急	应急组织机构	实现应急组织机构人员信息、职责、联系方式管理	1) 发布应急领导小组信息，包括单位、姓名、联系电话、手机、职务、应急职责等信息。2) 发布应急办公室设置情况，包括单位、姓名、联系方式、职务、职责等信息。
			智能应急预案	实现综合应急预案、专项应急预案、现场处置应急预案的在线修订和完善功能	1) 建立综合应急预案、专项应急预案、现场处置方案库，并支持应急预案的在线修订和完善。结合应急演练、应急响应结果完善优化应急预案。2) 应急预案的一键启动功能，根据发生的事件情况，输入相应的信息后，系统自动根据预设定的流程进行相应的信息推送、语音推送
			智能应急演练	实现在线应急事件模拟仿真实战演练功能	1) 应用VR、AR、三维技术，实现在线应急事件模拟仿真实战演练功能，提升应急演练、培训质量。2) 结合视频监控、智能穿戴设备等，实现应急处置远程信息互动和指挥功能。
			应急处置	响应分级功能，支持按照响应程序启动对应的应急预案	1) 按安全生产事故的可控性、严重程度和影响范围自动进行分级功能，并支持按照响应程序启动对应的应急预案。对电厂可能受灾因素进行提醒功能。2) 对应急处置组全员的自动提醒和指令下达功能。现场应急处置的功能。3) 对舆情进行预防和预警，应急响应和应急处置的功能。4) 支持应急指挥人员通过厂内摄像头、现场处置人员可穿戴设备视频、调度应急处置情况、指挥、调度应急行动等实时情况。移动App

续表

序号	项目	分项	子项	功能	建设方案
		智慧应急	应急保障	应急管理责任体系、办公管理、知识库专家库管理、应急物资管理	1) 应急管理责任体系、办公管理、知识库管理、应急物资管理等。 2) 应急值班值守人员排班、公示、提醒等。 3) 应急物资检查、保养、使用情况的提醒。
三	智慧管理平台	智慧经营	经营指标管理体系	建立完善的经营指标体系、支持经营指标的自定义管理、具备各类经营指标、计算模型的数据自动计算功能	经营指标管理： 1) 建立完善的经营指标体系，指标定义应满足国家、行业、集团的通用技术标准、规范，并能够预先设置通用指标体系及计算方法，也支持通过配置的方式实现指标的设置和调整。 2) 经营指标的自定义管理功能，可通过新增指标、定义指标数据源、计算模型、计算频率、展现方式来实现经营指标的配置。 经营指标统计： 1) 各类经营指标、计算模型的数据自动计算，要求所有经营指标作为统一数据仓库进行管理，可通过灵活配置实现特定指标的多方式、多周期的数据及图表展示。 2) 建立以日、月、年为不同周期及特定固有周期的统计日报、月报、年报及各种合账。生成电厂各机组生产经济指标的统计日报、月报、年报及各种合账，实现对企业生产经营方面的相关数据指标的统计分析，生产上报统计报表。 3) 针对不同维度、不同周期、不同管理对象的指标数据，既具备固定范式的经营指标统计能力，还应具备灵活的灵活检索、组合式经营指标统计能力。 4) 经营指标的图表可配置、组合式图表及图表定制化，并具备图表的不同展示方式。 5) 支持关键指标的分析与预测，根据历史数据与当期经营发电量、库存煤量、标煤单价、资产负债率等。 经营指标对标：设计值、自定义、最优值、内部对标和外部对标，支持不同时间频率的对标，可进行实时、日、月度、年度对标。

续表

序号	项目	分项	子项	功能	建设方案
			智能预算执行管控	通过预算编制、预算执行、预算考评等各环节完成年度的预算管理循环	1）以全面预算为龙头，以预算目标的确定与分解为起点，依次通过预算编制、预算执行、预算考评等各环节完成年度的预算管理循环。 2）支持以年度和月度两个维度对预算进行管控。 3）预算完成率统计报表功能，实现本年累计同比、单月环比等。 4）对预算执行情况偏差超过设定值的费用和指标进行预警提示。 5）售电量和利润目标的滚动计算，根据年度和月度计划售电量、目标利润、月度目标，后续每天平均应完成的售电量和年度累计实际完成年度、推算为完成年度利润
三	智慧管理平台	智慧经营	智能成本管理	通过成本过程管控。从源头做好经营管理。通过实时经营曲线与目标曲线的比较，找到实时经营差距。通过实时生产过程中指标的逐层钻取，发现实时生产过程中的问题	成本测算： 1）结合当前成本数据、成本计划等数据，借助关联分析、启发式数据分析等方法，实现对远期固定成本数据的自动测算。 2）通过自动获取在年同期成本数据，并借助同期数据对比和修正方法实现当期固定成本的自动测算。 3）以国家及银行业财政税收、电力行业电价补贴等政策为依据，结合在期财务成本数据，实现对远期财务成本的自动测算。 成本控制： 1）跟踪各项成本完成情况，成本超月度或年度预算则系统流程控制该成本不能入账。 2）基于数据支撑环境通过与历史成本进行比较、分析，得出各项成本或各生产系统成本变化情况，找出非正常成本。 3）实时成本统计分析，提供相应周期内的实时成本分析的工具，分析实时成本趋势及构成比例，并且能够以图形化的方式进行显示。 4）支持智能开票、联动市场营销售电业务，生成当月电费数据后进行一键式开票操作

续表

序号	项目	分项	子项	功能	建设方案
三	智慧管理平台	智慧经营	利润管控	实现日利润、利润趋势的监测与分析	日利润： 1) 基于算法工具使用更精准的模型代替平均电价模型计算日利润，更准确地实时估算售电收入。 2) 根据日利润系统记录的产量趋势、价格趋势和成本趋势构建风险指标控制库，每日开展监测，实现企业经营风险的动态监控。 利润分析： 1) 实时展示和跟踪日利润、月利润完成规律的变化情况。 2) 展示和跟踪日利润趋势变化规律与上网电量之间的关系。 3) 展示和跟踪不同的售电类型对利润的贡献程度。 4) 监控年度、月度利润预算完成率，对比进度，生成利润完成情况。 5) 自动采集并计算生产、物资、计划等系统数据，将企业经营成果细化到日，甚至到小时、分钟。 6) 具备网侧电量和经营利润等指标的单日状态和变动趋势分析能力。 7) 具备对影响利润的其他因素的环比和同比分析功能，可衡量每项指标。对利润影响的额度和占比，并通过不同颜色表示利润的上升和下降
			经营决策分析	实现收入、成本监测与分析	收入监测及预警： 1) 计划发电量与实际发电量的对比分析功能，并对偏差进行预警。 2) 电价自动计算和分析，对实际售电电价与测算售电价的偏差的预警。 3) 不同售电收入数据的自动计算功能，并通过人工智能算法模型提供合理化的售电结构优化建议。 成本监测及预警： 1) 主营业务成本的自动计算，横/纵向对比分析能力预警，并能够根据智能化数据分析模型对主营成本结构提出调整建议。 2) 对银行贷款成本、融资成本、资金占用成本的变化情况进行实时监测，并能够对影响成本的异常情况进行预警，并提出合理化的调整意见。 四个成本、四个电价测算及预警： 1) 边际电价、资金平衡电价、盈亏平衡电价、目标利润电价的自动测算，并能够对经营过程中四个电价的异常情况进行预警。

续表

序号	项目	分项	子项	功能	建设方案
三	智慧管理平台	智慧经营	经营决策分析	实现收入、成本监测与分析	2) 度电变动成本、度电固定成本、度电财务成本、度电完成成本的自动测算，并能够对经营过程中四个成本的异常情况进行预警。 实时变动成本三线四区间监测： 1) 对实时度电燃料成本进行测算，根据月度预估的上网均价、固定成本、目标利润，自动测算度电边际成本线、盈亏平衡成本线、盈利目标成本线。 2) 实时度电变动成本的自动测算，并能够对实际运行过程中变动成本所处区间的异常情况进行预警。 盈亏平衡点分析及管控： 1) 结合收入、成本数据实现对企业盈亏平衡点的自动测算及实时监控。 2) 结合经营日利润、售电单价、变动成本等多维度的数据，实现对企业收入和成本趋势的判断能力。 3) 基于成本、收入数据的盈亏平衡电量自动测算能力。 4) 具备企业边际利润和盈亏平衡的动态管控能力，实现业务前端在控制生产的同时也能控制经营成本。 成熟度模型分析及预警： 1) 借助启发式算法、自动决策机制、数据仿真应用、智能专家系统等人工智能算法及模型，实现对发电企业经营成熟度模型的智能化分析和预警。 2) 成熟度模型对指标数据的排行分析，借助深度数据挖掘、关联数据分析等创新技术，智能分析成熟度低的影响因素，形成有针对性的经营调控策略
			智能报表	实现各类报表统计，并与计划及去年同期对比，形成日、月、季、年等各类基础报表，为管理人员提供分析整个公司各个阶段的生产状况的数据	1) 基础数据录入：对生产类统计、综合类统计和统计分析需要的基础数据进行录入、维护，并完成与其他系统的数据接口，自动获得需要的数据。 2) 生产类统计：完成对日常生产生产技术指标的统计，并与计划及去年同期对比，形成日、月、季、年等各类基础报表。 3) 综合类统计：完成公司领导和上级统计部门要求的各类综合报表，对各个部门上报数据进行综合统计，按不同要求形成不同报表 4) 综合查询：对各种指标进行查询，按指标进行查询、对比分析

序号	项目	分项	子项	功能	建设方案
三	智慧管理平台	智慧营销	电力营销	实现营销管控、交易和售电管理功能	1) 实现营销管控，实现电热计划、营销监控、综合统计、对标管理、经营分析、主题分析、咨询管理功能。 2) 实现交易和售电管理，实现客户管理、合同管理、交易管理、结算管理、辅助决策支持、市场信息预测功能
			市场预测	对区域的总体负荷、燃料价格及电价进行中长期周期预测	1) 短期区域负荷预测，为次日、实时的电力现货交易和竞争性深度调峰报价提供坚实的数据支撑。 2) 中长期电量预测，为次月及中长期的电能量交易、燃料采购策略提供电力供需关系数据支撑。 3) 新能源短期功率预测，为次日、实时的电力现货交易和竞争性深度调峰报价提供坚实的数据支撑。 4) 中长期煤价预测功能，为次月及中长期的采购决策、电能量交易提供成本数据支撑。 5) 具备海运、陆运价格指数预测功能，为次月及中长期的采购决策、电能量交易提供成本数据支撑。
			电能量辅助决策	具备可售电量评估、交易竞价空间测算、经营目标设定、量价辅助决策功能	1) 可售电量评估，根据不同区域的交易规则，不同的交易时段，不同的交易品类以及自身机组检修计划、电网线路检修计划，测算下周期的可售电量。 2) 交易竞价空间测算，根据不同区域的交易规则，测算不同区域的竞价空间。 3) 经营目标设定，根据可售电量评估和交易竞价空间测算，测算出下月或下周期的经营目标范围，为决策者制定经营目标提供科学可靠的依据。 4) 量价辅助决策，根据经营决策，根据经营目标的设定和量价的限制，调整不同的量价组合方案以更好地完成经营目标

续表

序号	项目	分项	子项	功能	建设方案
三	智慧管理平台	智慧营销	智慧固体物管理（灰库无人值守）		1）根据灰种（一级灰、二级灰、粗灰等）厂内车辆是否达到上限、是否有销售计划（单双日、计划量或处于黑名单等），此车辆是否合格或处于黑名单等），有效控制进厂车辆数量。 2）应用车牌识别、红外感应等技术，实现地磅无人值守称重，无须安排同磅员值班，系统预设车辆自动称重控制逻辑，自动引导车辆完成称重，减少人员投入成本。 3）与地磅及周边辅助设备交互，预设防作弊逻辑，实时校验客户余额、落实款后货制度，维护企业利益。 4）根据客户当日装灰的品类（粗灰、细灰等），自助指引并基于车牌识别自动控制车辆进入不同的灰库装灰。灰库下灰由现场控制变为远程控制，达到减员增效，实现环保双提升的目的。 5）定量装车校验核载重量，车牌识别校验正确后，系统自动显示对应信息，工作员在自动控制界面手动确认放料，在车辆装货达到预设的吨位后，系统自动关闭放料阀，并语音和大屏显示限值自动停止放料，规避车辆装超、装置等出现的环保和人身健康风险，落实"不见灰"环保目标。 6）地磅及灰库故障预警，实时推送预警信息和查看现场实时监控，便于管理人员实时发现问题和分析问题
			智慧供热	实现从实际供热管理需求出发，实现供热从生产、输送、销售及结算的全过程管理，规范业务流程，加强对供热资源的集中管控	1）与热源、热网、热用户高度集成，实现供热可监测、自动化、优化供热业务管控流程。 2）数据采集、数据传输、计量管理、监督、预警干预、报表生成，实时/历史档势显示、分析图表生成等。 3）供热智能监控，实时查看热网管道走向及周边环境，依据压力、温度、流量等形成趋势图。 4）供热智慧营销，建立网上营业厅，发布政策法规、市场行情等信息，实时查询客户情况、计量结算台账、报表等。终端用户计量数据远传，供热系统自动采集生成结算台账，提高效率，规避人为风险。 5）能够结合无人机、智能传感器对供热网进行巡检

续表

序号	项目	分项	子项	功能	建设方案
三	智慧管理平台	智慧燃料	智能燃料管控中心	以燃料管理智能化、燃料信息实时化、燃料数据全面化、燃料异常管理主动化为目标，以必要的硬件设备为支撑，以数据采集技术、接口技术、图形化技术、网络技术为基础，以组态、流程方式直观展示燃料管理环节，逐步形成燃料管理智能化、信息集成、业务主动反馈模式	1) 设备状态集中监视：对于燃料现场设备工况、管理情况信息实时采集。 2) 设备集中远程控制：大型设备无人值守、远程控制操作台应布置在燃料管控中心。 3) 现场画面集中监视：实时画面调用、集中监视、随机监视任意监视点。 4) 现场事务集中调度：对于异常及变动事务集中形成管理事务、相关人员管理后及时反馈、形成闭环。 5) 异常情况集中反馈：按业务规则自动形成异常信息、主动发送给管理人员
			燃料采购管理	实现燃料市场分析、采购决策、调运管理、合同管理、供应商分析功能	智能市场分析： 1) 燃料、航运、铁路、汽车等市场数据的自动收集。 2) 收集港口库存、作业信息、主要煤企产能、检修情况、建立煤源档案。 3) 煤炭市场价格、行情走势进行智能趋势分析、进行图形化、图表化展示。 4) 智能推荐采购限价、提供采购策略建议、储煤策略建议。 智能采购决策： 1) 基于数据支撑环境、获取电量计划、检修计划、结合煤炭市场信息和当前库存信息，以采购成本最低为目标，生成最优采购方案，主要包括采购煤种及采购量。 2) 按年度、月度、现货、补充及不同采购类型分类采购进行汇总，统计不同口径的计划兑现情况，进行月度、年度标煤单价测算汇总，对分析数据进行图形、图表展示。 3) 省公司根据计划分析结果，结合区域内资源配置优化，及时进行平衡优化调整，电厂根据省公司决策进行计划调整反馈。 智能调运管理： 1) 动态图形化界面实现海轮、内河船舶、火车等方式的调运功能。 2) 与船讯网、船、车载定位接口连接，实时动态显示船舶、火车、汽车位置，实现对调运全过程信息进行实时、科学管控。

续表

序号	项目	分项	子项	功能	建设方案
三	智慧管理平台	智慧燃料	燃料采购管理	实现燃料市场分析、采购决策、调运管理、合同分析、供应商分析功能	3）自动获取煤矿、码头、运输公司、港务局、海关、海事局、出入境边防检查站、客户端等数据，及时掌握煤矿装车申请、发运、公司码头装卸检修、掺烧需求、运力变化及历年车调运数据情况，建立调运数学模型，通过调运数学模型自动拆分计划，匹配航次/车次，预排全月调运计划。 4）计划拆分与分配，将煤量拆分成与一次或几次装载量相匹配，每一个分拆的煤量与每个航次/车次装载量对应，按航次/车次最少、滞期费用最低等原则自动将计划量分配给对应船舶/火车/汽车形成月调运计划。 5）通过船舶/火车/汽车资料、质量资料、装卸时间、锚地等停泊时间、天气情况自动预判下一步来煤情况、库存数量、质量及煤种结构变化。 智能合同分析： 1）汇总合同信息表和合同台账，能按年度、月度、分厂、分矿、分类型进行分类汇总统计，通过台账将合同与预付款情况、到货情况、结算情况、付款情况等关联，分析与合同关联的各种信息。 2）统计合同的到厂标煤单价情况，分析签订合同的数量结构对厂标煤单价的影响，对合同兑现率情况等信息进行统计。 智能供应商分析： 1）显示电厂所有供应商基础数据，实现按年度、月度等条件统计各供应商的供货情况，并进行图形化展示。 2）对供应商进行综合评价，应向所属区域公司提供供应商评价数据
			燃料入厂管理	实现燃料接卸、验收分析功能	智能接卸管理： 1）通过分析加仓方案、煤场车存、未煤预报生成接卸计划。 2）显示输煤系统各主设备的运行情况，接收生产监控系统信息、测量视频及图片，显示入场煤场名称、位置、数量、时间、入厂皮带样号等信息。 3）水运接卸方式，关联煤炭采购合同、运输合同，将船舶装卸时间汇总统计，计算滞期费或速遣遣费用信息，并记录协商后的处理结果、上传船舶装卸结果、上传处理往来函件，关联到结算单（暂估单）或运输结算单（暂估单）。 4）火车接卸方式，能显示自动从燃料管控侧读取的轨道衡检斤的车号，称重和调度信息。

续表

序号	项目	分项	子项	功能	建设方案
三	智慧管理平台	智慧燃料	燃料入厂管理	实现燃料接卸、验收分析功能	5) 汽车接卸方式，能显示自动从燃料管控侧系统读取的汽车衡检斤的车号、称重和调度信息。 6) 能从燃料管控侧系统获取煤炭灰子样数量、子样数、船舶（火车）、航次（车次）、接卸流量、码头、接卸时间等。 智能验收分析： 1) 能从燃料管控侧系统自动进行数据采集，包括化验验数据、计量数据、存样数据、批次数据等。 2) 计量数据比对，将采集的入厂计量数据与结算数据对比，盈亏吨数据多种对比口径。 3) 化验数据比对，将采集的电厂化验数据与第三方化验数据对比多种对比口径。 4) 复检管理，对复检进行流程化管理，将到厂验收数据与矿发数据进行自动比对，分析有无超差，是否进行复检，并生成复检条目，复检数据从燃料管控侧系统自动获取。 5) 抽检管理，从燃料管控系统自动采集存样数据，商检化验结果形成比对报告。并按行标对超差抽样结果进行预警。 6) 采制数据分析，从燃料管控侧系统自动采集采样数据、制样数据，以图形比对形式展示采制、制样的合理性、稳定性。 7) 入厂验收综合报表，支持日报、月报、季报、年报或自由时间段，电厂等不同维度查询，数据比对分析。 8) 燃煤批次全流程跟踪，按照批次号全程展示计划、采购合同、调运信息、入炉等全程信息展示厂质检验收数据、煤场堆放、入炉煤等全程信息展示
			智能掺配管理	自动形成基于综合燃料成本的优先排序配煤方案	以热值与硫分掺配指标，根据发电负荷计划或运行上煤指令，通过预设的掺配因子、煤种质量边界条件、锅炉燃烧特性、负荷情况，在满足机组燃仓约束、安全约束、比例约束，便利性约束和煤量约束，利用数学规划方法，通过内置模型自动形成基于综合燃料成本的优先排序配煤方案

续表

序号	项目	分项	子项	功能	建设方案
三	智慧管理平台	智慧燃料	结算核算管理	实现燃料结算、核算管理功能	1）支持单船舶多煤种、多供应单位结算，支持多船舶质量指标同批加权或根据加权条件加权结算或不加权单船航次加权结算。 2）生成结算台账。以船舶（车次）某一航次为载体，记录从计划生成直至付款的全过程及流程，可穿透至底层附件。 3）结算与资金关联，关联供应商生成资金付款进度明细日历表，支持多条件筛选查询供应商应付款明细及应付款状态。 4）分合同，按日批次进行结算处理，同时支持分合同的结算处理，以标煤单价的核算进行月度的结算处理，燃料的暂估与耗用，以及标煤单价的核算全部由系统自动计算得出，人员只需对结果进行核实。 5）与燃料合同，燃料的计量，采制化等紧密结合，按照计价规则根据相关单据信息自动分批次精确计算合同结算价格，并详细记录各种因素对结算价格的影响值，为合同的结算、付款提供准确合理的定价管理。 6）自动生成结算单，通过自动计算煤总燃料款和税款，自动计算增值税开票金额等功能，自动形成成结算单，并通过流程管理，将整个结算、付款、审批过程规范管理，同时自动生成结算凭证和付款凭证
			智慧煤场	将煤场的几何分布/温度场分布/煤种分布等属性、作业情况，作业时间等动态作业信息进行结合，形成融合煤场燃场煤模型、作业过程信息于一体的数字化煤场燃场模型、场登记、堆取策略形成、煤场损耗检测与安全预警及设备的无人化作业等功能	1）自动获取燃料系统的设备运行信息、煤场存煤信息、煤场盘点信息、煤场环境监测信息等，进行分析处理。 2）储煤场及分区信息展示，实时显示分区或分层存储煤场的数量、质量、价格以及时间、煤种等信息，并以三维图形显示储煤场煤堆形状。 3）对煤场的进煤、存煤、耗煤，根据堆存时间、掺烧需求建立数学模型自动优化计算煤场地，数字化管理，实现盘煤管理、温度场监视预警。 4）分批次记录，展示煤场堆存煤数质量信息、移库信息，二维及三维堆形信息。自动汇总统计煤场存煤信息并形成报表。 5）自动分析煤场煤数量和结构，低库存、偏结构异常报警并信息推送。 6）自动实时盘煤数据与账面库存信息进行比对，自动比对盘煤结果，若有异常，则报警显示并将信息推送。

续表

序号	项目	分项	子项	功能	建设方案
三	智慧管理平台	智慧燃料	智慧煤场	将煤场的几何分布/温度场分布/煤种分布/煤质分布等属性、作业情况、作业时间等动态作业信息进行结合，形成融合煤场燃煤信息、作业过程信息于一体的数字化煤场模型，完成燃煤出入场登记，堆取煤策略形成，煤场损耗检测与安全预警及设备的无人化作业等功能	7) 根据耗用信息及未来煤预报信息，预测未来一段时间存煤情况，对存煤数量、煤种结构不合理进行预警并推送。 8) 自动获取煤场移库用车辆、煤场位置、堆存煤种、进出场地时间，衡器重量、移库记录，同步形成移库台账，实时更新煤场动态。 9) 校核入厂煤数量、入炉煤数量、库存数量之间逻辑关系，若逻辑关系出现异常，则报警提示，关联实时对盘煤数据进行处理。 10) 输煤系统3D建模，整合输煤系统设备运行信息，码头船舶信息、煤场盘煤信息、煤场库存量质信息、煤场环境监测信息、重点部位工业监控摄像头等，构建输煤系统3D实景
			智慧煤场（配套设施）	配套建设自动盘煤、安全监测设备、车辆机械定位装置，支撑智慧煤场功能	1) 智能盘煤系统：在煤场配置盘煤激光扫描仪，由线性激光扫描仪获取煤堆的三维测量坐标，通过实时的激光扫描和自动计算，把测量的煤堆数据转换为通用格式的二维数据，然后转换为三维数据，以直观的效果图显示出来。 2) 煤场安全监测系统：采用红外扫描测温仪为温度传感器，空间定位控制机构为行动载体。红外扫描测温仪与激光扫描仪同平台安装在网架上，通过监测煤堆表面温度的变化，精确地判断高温点所在的位置。将红外温度信号叠加到激光盘煤煤系统，生成3D温度场，形成高温预警，无死角监测条形煤场的温度变化。安装煤场可燃气体与烟雾检测仪，全天候、一氧化碳、甲烷、一氧化氮、烟雾探测器，保证煤场可燃气体在安全范围内。 3) 接卸监管与堆取煤策略：煤场内工作人员、车辆、作业机械等的运动部位上安装定位标签，通过基站接收定位标签发出的定位脉冲，结合定位系统及车辆入厂排队入录人，可定位入厂煤车，结合全厂3D图进行实时显示。结合定位标签，确定堆取煤车的燃煤信息，形成堆取煤策略
			卸船机无人值守	1) 可实现卸船机运行操作无人化，可解决码头环境恶劣、不适于人员工作的问题。 2) 大数据管理以便于系统和设备的精细化管理	卸船机无人值守作业首先需要自动确认船舱位置和物料分布。采用3D激光扫描识别技术，获取船体形状及舱内物料的分布情况数据，再进行分析和建模，为卸船机提供合适的取料点。利用绝对值编码器结合UWB无线定位技术自主、悬臂空间定位，取料头精确定位。同时，利用先进的智能快速成像系统和探测技术对设备进行安全方面的全面防护。在全自动过程中，司机无须操作手柄，所有动作皆由系统自动完成

续表

序号	项目	分项	子项	功能	建设方案
三	智慧管理平台	智慧燃料	斗轮机无人值守	1）可实现斗轮机或门架式刮板机运行操作无人化，可解决煤场环境恶劣，不适于人员长期现场工作的问题。2）大数据管理以便于系统和设备的精细化管理	实现斗轮机作业远程全自动操作，斗轮机司机可定期巡检就地设备的运行情况，斗轮机司机可远程对斗轮机作业。斗轮机的作业指令来自煤场，指令包括斗轮机作业模式（堆料/取料/分流，一键起停，斗轮机能够实现全自动无扰动全自动切换。煤控室配置有斗轮机现场图像监视器，便于运行人员实时观察现场设备的运行情况。在煤控室配置轮机现场图像监视器，当出现紧急情况时，操作人员可及时停止设备运行，有紧急停止开关，提高系统的安全可靠性
			全自动采制样系统	1）可实现煤采制样无人化，提高样品可靠性，准确性。2）符合上级单位对采制化管理的要求	—
		智慧物资	需求预测	实现物资需求计划管理	统建系统实现
			计划管理	实现物资采购计划管理	集团统建系统实现项目物资计划管理、固定资产计划管理、紧急物资计划管理、服务计划管理
			采购管理	实现物资采购订单管理	集团统建系统实现采购订单管理、寄售补货订单管理
			物资管理	实现物资收获、领料、退料、调拨、报废等业务管理	集团统建系统实现生产物资收货、项目物资收货、固定资产收货、低值易耗品收货、寄售物资入库、生产物资领料、项目物资领料、低值易耗品领料、可利用物资领料、剩余物资退货、问题物资退货、库存盘点、公司内库存调拨、公司间库存调拨、废旧物资入库、废旧物资报废、修旧利废、拆除件物资报废、库存物资报废、代管物资报废、库存减值处理、闲置物资处理、联储共备管理、仓库管理

续表

序号	项目	分项	子项	功能	建设方案
三	智慧管理平台	智慧物资	智能仓储	借助物联网、移动互联技术，建立智能仓储系统，实现仓库、库区、货架、货位的"四号定位"管理。对重要物资与备件进行身份ID管理，并实现物资全生命周期跟踪。实现入库、出库、盘库记录以移动终端扫码代替人工录入，实现仓储的智能化管理，提高工作效率、数据精准性，减轻操作人员负担，对物资进出库管理进行指导，确保实物先进先出	1) 支持多种业务流程及业务场景的收货入库。通过手持扫描终端迅速点物收货，将收货到货物放入待验收区后，通知使用部门专业人员到场验货。 2) 根据在线验收的验收指标进行在线验收，同时使用验收人员电子签名《物资验收记录》，并通过手持终端轻控制打印机打印推荐最佳仓位，同时打印物资的物码和仓位码（二维码、RFID）标签。 3) 手持终端实现一键入库上架，系统通过物资信息与现有库存情况对比，智能物资与备件进行身份ID管理时，应用RFID卡进行标识。 4) 凭单出库，系统自动推荐下架仓位，大型物资在出库时，应用RFID卡进行标识、跟踪物资出库、回收、报废等情况，对物资进行全生命周期管理。 5) 货架安装拣配指示灯，提高出入库操作人员效率，实现大型、复杂仓库内定位和动态导航。 6) 实现管理仓库设施标识（存储区、仓位、托盘、周转箱）和物资及包装箱体标签管理。 7) 仓位实际平面展示，仓位调整管理，可与可视化产品衔接，实现人工拖拽调整任务生成（批量或单步）。自动仓位调整建议、建议结果调整、任务生成，辅助形成更合理的仓位调整任务，调整效果、模拟形成调整效果
			合同管理	实现物资采购合同管理	集团统建系统实现合同管理功能
			供应商评价	实现供应商评价管理	集团统建系统实现供应商评价功能
			决策分析	实现物资决策分析功能	集团统建系统实现决策分析功能
		智慧行政	智能工作台	整合企业现有信息系统，打通各应用之间的信息流，实现信息的全方位共享，业务流程的无缝对接和生产经营过程中各相关业务领域的协同，提高业务执行效果和效率，将整体运营体保持在科学、可持续发展的道路上，最终达到闭环管控、流程化运作、集约化发展的精细化管理的目标	1) 通过对其他业务应用的整合实现"数据集成、业务集成、流程集成、界面集成、消息集成"，为员工提供统一的信息资源访问入口。 2) 根据部门及岗位设置，定制不同个性化的展现内容，可按需提供信息服务。智能提供与工作相匹配的知识等资讯，即时推送处理的各类事项，待办事项等内容，使员工之间可实时间可实现的、跨组织、跨空间的沟通、协作，以消息驱动的方式提升工作效率与技能水平

续表

序号	项目	分项	子项	功能	建设方案
三	智慧管理平台	智慧行政	智慧班组	实现班组建设与考评管理	基础建设：班组基本信息、班组适用制度、班组工作计划、班组绩效管理。 安全建设：班组安全目标责任书、班组年度安全生产及保证措施、班组人员安全规程考试成绩、班组新员工及外来人员安全教育记录、班组安全奖惩记录、班组安全日活动记录、班组月份安全生产重点工作总结、两票及互保单管理、班组人身安全风险分析预控、班组文明生产管理。 生产建设：班组运行日志、运行规程、系统图、事故预想、运行指标管理。 技能建设：班组培训计划、班组技术讲课记录、班组技术问答、考试成绩记录、师徒结对统计表、企业培训及外出培训记录、班组培训统计、班组年度培训总结。 创新建设：优秀合理化建设成果分享、优秀QC成果分享、"五小"活动、创新工作室。 思想建设：班组政治学习记录。 民主建设：班委会记录、班组民主管理会记录、班组成员劳动安全互保责任书、班组劳动竞赛记录、班组技术比武记录、班组合理化建议记录、班组文体活动记录、班组互助互爱记录、班务公开等。 文化建设：班组文化理念、班组风采、班组荣誉模块等。 班组长队伍建设：远程培训资格认证、后备班组长培养计划等。 班组考评：班组动态考评、班组半年考评、班组年度考评等。班组动态考评自动汇总、半年考评扣分，自动预筛选"星级班组"汇总，自动评选"星级班组"
			智能会议室	智能会议室	会议室预约系统：会议室资源预约、使用情况查看、会议室门口设置与会议室预约系统信息相匹配的液晶显示屏。 控制系统：支持对声、光、电等各种设备进行集中控制。 智能会议材料显示：配备高清大屏幕、显示计算机、摄像机、远程视频的信号。 具备会议室同局域网的无线投屏功能、每个座位配置一个会议PAD、存储会议材料，供与会人员查阅。 音频系统：音频系统包括拾音部分和放大部分。 视频会议系统：视频会议终端、鹰眼摄像机

续表

序号	项目	分项	子项	功能	建设方案
			智慧食堂	创新打造便捷的食堂订餐及就餐模式，提升员工的就餐体验和食堂服务水平，实现精准备餐、采购，杜绝浪费，提高采购、成本、库存、报表、人员权限、饭卡管理等管控能力	食堂管理系统：餐前预订餐菜品选择及付款，可查看历史订单，消费记录，余额等。 食堂后台管理：菜品管理、订单统计、营业额流水、账单管理等。自主查询，充值、挂失、统计、报表。可接 Wi-Fi，支持脱机使用。 智能餐具：多种款式，每一个餐具底部都植入智能芯片。防碰撞，可高温清洗和消毒。 自助智能结算台：支持 IC 卡、手机、人脸识别等多种支付方式。
三	智慧管理平台	智慧行政	智慧档案	以人性化的设计为理念，智能化控制系统与网络化管理模式为基础，实现宏观自动化架体系，自动化人体保护，环境调节，资料的无序存放和有序管理，通过管理平台实现纸质档案与数字化档案信息无缝对接，依据数字质档案信息最小存储单元，引导资料可查询纸质档案及网络信息资源的共享	收集档案：支持信息化数据提交方式，可脱机接收档案数据，对录入的档案数据进行文件的链接。对档案数据可进行批量修改。 档案管理：方便进行对档案数据的录入，可对项目、案卷、卷内数据进行灵活管理，直接把录入的档案数据转入正式库；支持对接收过来的档案进行合理化处理，对移交过来的信息给予接收意见；支持对档案正式库进行严格的审查管理，快速统计馆藏数据。 利用档案：对档案的借阅信息管理，对借阅出去的档案有效控制，透明化借阅信息，通过档案门类、检索条件和关键词条件组合，快速查找到需求的数据信息。 智慧库房：支持模拟实体库房情况对库房进行布局，可实时地查看库房信息，对库房中温至室中进行监测。很方便地操作手动上架，下架和扫码上架。 档案库房安全管理工具：档案库房安全管理工具配置红外监测、监控设备、门禁设备，作为管理工具的子系统，对进出的人员实时监控管理，联动报警。 档案存放环境智能管理工具：配置环境监控中心，通过区域控制器，实时检测库房温度、湿度数据，湿度传感器，多效空气净化机，以每个库房为实体档案架架体，根据采集到的数据自动控制，自动控制密集架架体运行，与实体档案存储设备与档案系统联动。架构一体化管理。一体空调、一体电动，同时调节库房、架体内温湿度。 档案存储设备智能管理工具：将库房所有档案密集架智能化、一体化管理、集手动、电动、计算机集成等控制互种控制方式于一体，实现远程控制密集架体自动化，移动管理平台，网络远程控制互种控制方式于一体，实现管理平台一体化管理。 库房引导系统：配置 LED 导引显示屏，可显示库房内的温湿度信息，使管理人员可便捷地了解库房内的温湿度情况

第十六章

生产及经营准备

火力发电工程建设和火力发电厂生产经营是完全不同的两个阶段，其管理模式和工作程序完全不同，生产及经营准备工作旨在实现这两个阶段无缝衔接，确保生产经营顺利进行，创造更高的经济效益和社会效益。随着电力体制改革逐步深化，各火电企业都积极推行"基建生产一体化、基建为生产、生产为经营"管理理念，目的是实现基建和生产经营工作核心目标高度契合。

第一节　概述

一、概念

（一）生产准备概念

火力发电厂生产准备既不是一般意义上生产所需物资的储备，也不是项目从开工到正式投产前的所有前期工作。生产准备是指为保证新机组按工期要求达到设计标准，顺利投入生产，投产后能稳定高效运行所做的一切必要准备工作。新建（扩）建项目的生产准备期一般从项目单位成立开始，到机组 168h 试运行完成后结束。

（二）经营准备概念

经营准备是指火力发电厂为尽早适应未来激烈的电力市场竞争环境，而提前紧密跟踪国家电改政策，深入研究电力体制改革政策和电力交易规则文件，分析对企业产生的影响，超前制定应对措施；提前建立市场化经营机制和激励机制，实现市场化运作，增强参与市场的主动性，进一步确立市场化体制机制。

二、目的和意义

（一）目的

生产及经营准备目的是贯彻"基建为生产、生产为经营"管理理念，按照生产基建一体化要求，实现生产及经营准备与工程建设协调推进，组织体系健全，管理体系畅通，标准体系完备；着重做好煤源、煤价、电价等经济指标管控，确保新投产机组实现安全、环保、稳定、经济运行，实现项目预期目标。

（二）意义

生产及经营准备工作是电厂由基建向生产经营过渡的一个重要环节，其准备的充分与否关系到机组投产后的安全、稳定运行及经济效益，故火力发电厂在工程建设期间应高度重视生产及经营准备工作，其具备以下重要意义。

1. 安全保障

火力发电厂涉及大量电力设备及高压电力系统，因此生产准备是确保安全生产的前提和基础。通过构建完善的生产准备体系、配置科学的生产岗位、开展有效的生产准备培训、制定标准化的操作规程和安全措施，降低故障和事故风险，保护人员和设备安全。

2. 可靠稳定

火力发电机组运行稳定可靠是电网对发电机组的重要要求，而生产准备是确保电厂设备和系统正常运行的重要环节。生产准备人员提前介入工程建设，参与前期调研和技术方案论证，设备选型及招标文件编制，设备监造及质量签证，安装及调试过程中跟踪验收，负面清单的跟踪闭环等，对工程人员进行专业补位，才能更好地把控工程建设质量，确保过程创优、一次成优，实现机组投产后长期稳定运行。

3. 依法合规

生产及经营准备工作包括做好各类生产经营业务许可办理准备、涉网工作准备、技术监督准备、环保管理、消防管理、特种设备管理等依法合规管理工作，确保火力发电厂从基建期到生产经营期无缝衔接的合法合规性。

4. 效益保障

做好生产及经营准备工作，可保证火力发电厂投产后的经济效益，确保"即投产、即盈利"，从而实现项目预期经济目标。

三、主要工作内容

生产准备主要工作内容包括建立生产组织机构，人员准备（培训），制度、标准、规程和图纸准备，生产物资准备，仿真、标识、机组试运、验收和移交管理，发电机组运营及建立生产管理信息系统等。生产准备应根据工程进度制订切实可行的生产准备大纲和生产准备计划，统筹安排生产准备工作。

经营准备的主要工作内容包括建立适应未来电力市场竞争的经营业务组合战略［电力、综合能源（含热、汽、水、冷、气等）、燃料、副产品（粉煤灰、脱硫石膏等）］、经营机制与体制、经营组织体系、经营管理制度体系、并网调度及运营许可手续、电力市场营销策略等。

四、管理原则

火力发电工程建设项目生产及经营准备一般遵循以下原则：

（1）整体策划原则。生产及经营准备工作要进行整体策划。

（2）全过程参与基建管理原则。生产准备人员全程参与技术路线选择、设备选型、安装、调试等全过程工程建设，站在生产角度看待工程建设，实现工程建设和生产管理无缝链接，以及从基建向生产平稳过渡和完美转型。

（3）全面系统培训原则。全面、系统进行生产准备培训工作，坚持"理论知识培训与现场实际结合"原则，并建立严格的培训考核制度，提升生产人员能力，促进高水平投产。

（4）依法合规原则。生产及经营准备工作涉及并网调度、运营许可手续办理等事项，有严格的法规要求，须确保生产经营的合法合规。

第二节　生产准备

一、生产准备组织机构

生产准备组织机构包括生产准备领导机构和生产准备部门，具体如下：

（一）生产准备领导机构

在项目筹建阶段，项目单位应成立临时生产准备领导机构，明确生产准备负责人，配备相应的专业人员，启动生产准备工作，参加项目设计、设备选型、技术审查和专业会议。

项目开工后，一般成立以总经理（筹建处主任、厂长）为组长、生产副总经理为副组长的生产准备领导小组，组员为其他领导和各部门负责人。生产准备领导小组是项目单位生产准备的领导管理主体，是生产准备的最高领导机构，具体职责包括：

（1）负责贯彻落实国家、行业、上级单位等关于火力发电厂基本建设、竣工验收、启动调试、达标投产等相关规定，领导生产准备管理工作。

（2）负责审批生产准备大纲，负责审批阶段性生产准备实施细则，审批生产准备初步方案（包括机构设置、人员配置、生产组织方式、生产运营方案及人员招聘计划等）。

（3）负责检查、指导生产准备工作办公室的日常工作，确保在抓好基建工作的同时，抓好生产准备工作，做到生产准备与工程建设协调一致，统筹兼顾。

（4）建立健全生产准备工作责任制，加强检查和考核，认真落实生产准备工作的领导、技术、监督和现场管理责任。

（5）建立基建与生产"组织体系一体化、人员一体化、技术标准一体化"模式，审批公司生产准备管理相关规定、标准、制度，协调内外部资源，解决生产人员招聘工作中出现的困难。

（6）督促生产准备工作办公室各级人员切实履行职责，确保每项工作、每个环节都要有人负责、有人监督，各项工作能够有效落实。

（7）负责审查生产准备大纲，负责生产准备工作计划、人员招聘等计划的审批，负责生产准备其他需决策的事项。

（8）听取生产准备工作汇报，研究决策生产准备重大问题。

（9）组织制订并实施生产准备期生产安全事故应急救援预案，及时、如实报告生产准备期生产安全事故，组织制订并实施生产准备安全生产教育和培训计划。

（二）生产准备部门

工程通过开工建设决策后，可成立生产准备部门，生产准备部门是项目单位生产准备的责任主体，是生产准备的执行机构，具体组成人员如下：

组长：生产准备部门负责人

组员：生产准备部门人员及工程技术部门各专业人员

具体职责包括：

（1）在生产准备工作领导小组指导下，负责生产准备具体工作，确保生产准备各项工作与项目建设同步推进。

（2）组织编制生产准备各类规章制度、标准、规程、报表、图册。

（3）在项目规划、设计、设备选型、施工建设、质量验收等阶段，组织专家参与有关方案技术论证和技术把关。

（4）负责制定生产准备大纲，负责编制阶段性生产准备实施细则，制订生产准备初步方案（包括机构设置、人员配置、生产组织方式、生产运营方案及人员招聘计划等）。

（5）根据工程项目进度情况，负责编制新进人员阶段性培训计划。

（6）负责生产准备人员、新进人员的培训和定岗，并将人员培训结果纳入岗位晋升和奖惩考核，确保生产准备人员均通过相应的从业资格考试并持证上岗。

（7）按照项目建设进度要求，做好相应生产物资储备，满足项目建设后期的调试、试运和机组整体启动要求。

（8）负责准备辅助生产设施，包括建立或完善专业试验室，按先进实用原则配置安全工器具、检修工具、仪器仪表，制订备品备件计划，储备必要的备品备件等。

（9）负责交接设备、技术档案。按设备清册与有关单位在现场进行设备（含随机备品、随机工器具、随机资料）交接，签字确认。

（10）检查、验收和指导分部试运和整套启动试运。按照国家相关规定，在试运行指挥部的领导下，做好机组分部试运和整套启动试运工作，经验收合格后方可进入试生产。

（11）开展生产现场监督检查，纠正违章作业和违章指挥行为，对现场不能处理的安全隐患和职业健康问题，提出整改意见，向有关领导汇报，并跟踪整改落实。

（12）参与事故应急救援预案制订和演练，分析总结演练存在问题，完善预案；监督检查劳动防护用品质量、配备和使用情况；参与项目单位安全教育培训及安全竞赛活动，并记录培训情况。

（13）组织技术管理人员制定有关安全技术措施、安全技术方案，督促实施落实。

项目开工后，生产技术管理人员要全部到位，参加设备招标、设计联络会，组织生产人员培训、编写各项规章制度、规程、标准等工作。

结合工程项目特点、装备水平和生产需要，及时合理设置生产部门和岗位，逐步配备各类生产准备人员，全面开展生产准备工作。

二、生产准备主要管控措施

基建工作要服务生产工作，树立"基建一阵子，生产一辈子"理念，及时落实生产诉求及优化方案。生产准备主要管控措施包括生产制度体系建设、人员准备、岗位培训、技术准备、生产物资准备、参与基建一体化、依法依规管理等。

（一）制定一图一表，作为生产准备总纲领

项目单位应制定生产准备规划大纲、生产准备节点进度网络图、生产准备工作任务表（"一图一表"），作为生产准备的总纲领，指导生产准备各项工作。图 16-1 为某 2×1000MW 新建项目生产准备节点进度图。表 16-1 为某 2×1000MW 新建工程生产准备节点计划表。

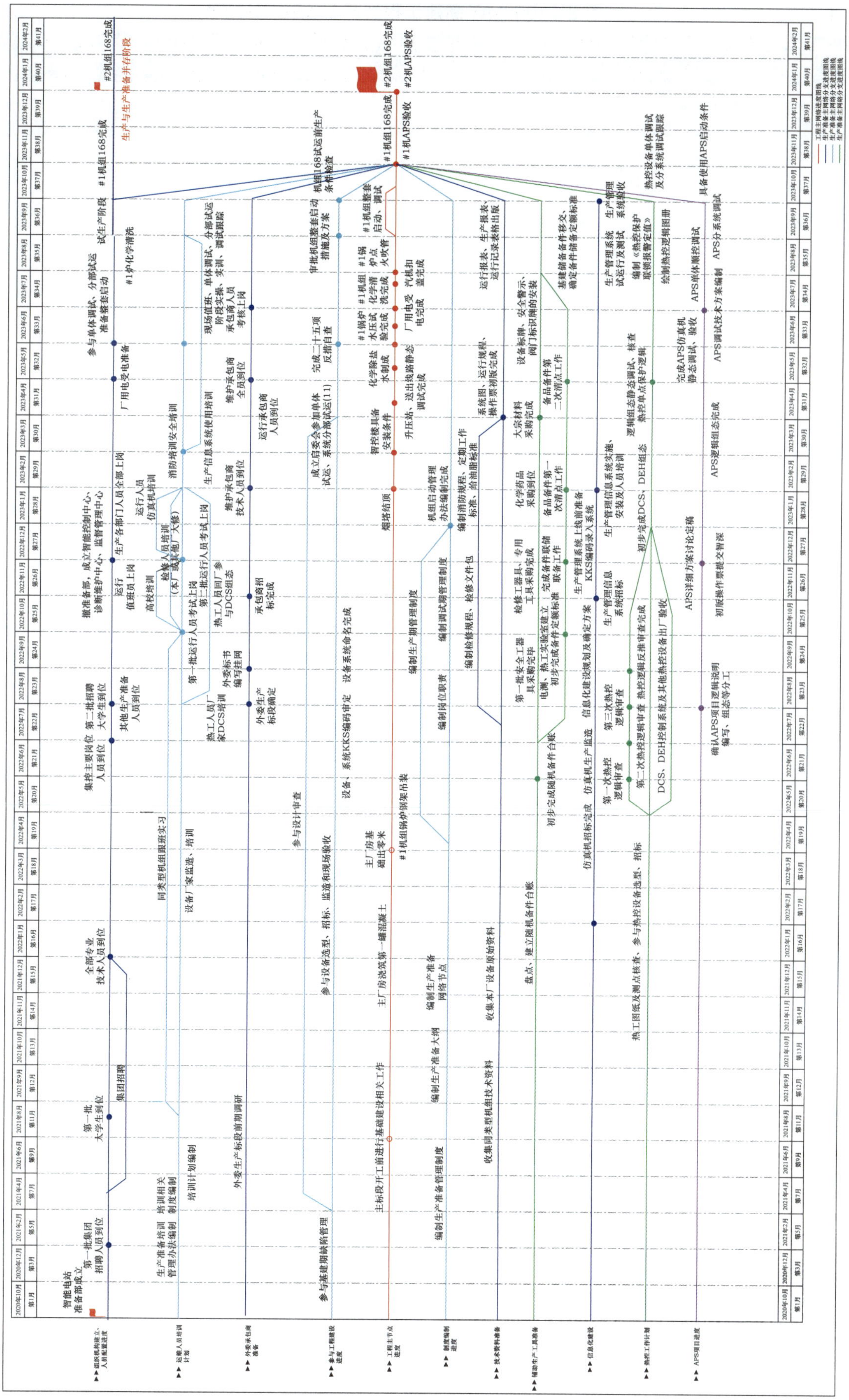

图 16-1 某 2×1000MW 新建项目生产准备节点进度图

表 16-1 　　　　　　　　　　　某 2×1000MW 新建工程生产准备节点计划表

序号	工作要求	责任部门	责任人	计划开始时间	计划结束时间	完成情况	备注
1	机构设置及人员配置						
1.1							
1.2							
1.3							
2	制度规程						
2.1							
2.2							
2.3							
3	岗位培训						
3.1							
3.2							
3.3							
4	专业技术管理						
4.1							
4.2							
4.3							
5	生产物资准备						
5.1							
5.2							
5.3							
6	信息系统建设						
6.1							
6.2							
6.3							
7	生产外委管理						
7.1							

序号	工作要求	责任部门	责任人	计划开始时间	计划结束时间	完成情况	备注
7.2							
7.3							
8							

（二）制定完备的生产制度体系

项目单位应建立生产期生产制度体系，通过对两票三制、缺陷管理、检修作业等工作流程、工作标准的梳理，建立生产期的工作标准、管理标准和技术标准，推进生产管理工作的标准化。生产制度体系建设包括制定生产管理制度、岗位规范和工作标准、技术规程、生产报表、运行检修试验记录表格。具体内容如下。

1. 制定生产管理制度

生产管理制度包括安全管理制度、运行管理制度、生产设备设施管理制度和综合管理制度，具体内容如下：

（1）安全管理制度。包括综合安全管理制度、人员安全管理制度、环境及职业健康管理制度、外委队伍管理制度、应急管理制度、防汛管理制度等。

（2）运行管理制度。包括运行值班制度、工作票和操作票制度、定期工作制度、巡回检查制度、交接班制度、运行分析管理制度、调试、启动大纲、机组启动的安全技术措施等。

（3）生产设备设施管理制度。包括设备划分规定，设备维护管理制度，设备缺陷管理制度，设备检修管理办法，备品备件管理制度，技术监督管理制度，可靠性管理制度，设备异动、停役和退役管理制度，设备标志、编号、油漆颜色介质流向规定，设备、系统保护定值管理制度等。

（4）综合管理制度。包括经济责任制考核办法、文明生产管理办法、科技环保管理制度、安全生产信息管理制度等。

2. 制定工作标准和岗位规范

工作标准及岗位规范指各管理及生产部门工作标准及管理人员、生产人员岗位规范，以及各部门职责划分等。

3. 制定技术规程

制定技术规程主要指制定运行规程，检修、试验规程，其他规程等，具体内容如下：

（1）运行规程。集控运行规程及各主机辅机运行规程、电气设备运行规程、各系统图册等。

（2）检修、试验规程。主机检修规程及各辅机检修规程、电气设备检修规程、燃料系统检修规程、继电保护及自动装置试验规程、仪控系统调试规程、计算机监控系统调试规程等。

（3）其他规程。消防规程、特种设备规程、铁路专用线规程等。

4. 制定生产报表、运行检修试验记录表格

制定生产报表、运行检修记录表格，主要包括制定安全报表、生产报表、运行记录表格、检修记录、热工保护等，具体内容如下：

（1）安全报表。包括人身事故报表、设备事故、一类障碍、异常报表等。

（2）生产报表。包括生产指标日报、月报、季报、年报表，技术监督报表，可靠性报表，设备检修报表等。

（3）运行记录表格。包括值长日志、运维工程师日志、巡检日志、巡检记录表、运行分析记录表、定期工作登记表等。

（4）检修记录。包括设备台账、设备缺陷处理登记表、设备点巡检记录表等。

（5）热工保护、继电保护及自动装置定值表，调试记录等。

5. 编制生产制度体系要求

为保证生产制度体系编制及时和质量，要遵循以下要求：

（1）建立规程制度编制小组，分工负责规程制度的编写、审核、批准。

（2）收集国家、行业有关标准，收集同类机组电厂的技术规程、管理制度，重点收集同类型发电企业的运行经验及事故总结报告，收集先进电厂的管理制度。

（3）根据项目单位管理模式编写管理制度，根据设备及其控制、保护系统的结构、原理、安装调试程序，编写运行、检修（试验）规程。

（4）运行规程在机组投产前6个月完成审核，经项目单位主要领导批准后印发执行。检修（试验）等技术规程初版在机组投产前1个月完成编制，正式版经审核、批准后在第一台机组投产后半年内印发。

（5）各种管理制度和工作标准经审核、批准后在机组投产前3个月印发。

（6）各种生产报表、运行检修试验记录表格经审查后在机组投产前1个月印发。

（三）做好人员准备，做好基建生产衔接

人员准备主要指项目单位生产准备人员配置和生产外委单位人员配置，具体内容如下：

1. 项目单位生产准备人员配置要求

按项目单位运营期岗位设置，符合岗位规范要求等条件，及时配备各级管理人员、专业技术人员及各生产岗位人员，可参考以下要求：

（1）工程通过开工建设决策后，即成立生产准备部，配备主任1名、生产准备专工1～3名，负责编制生产准备大纲和各项管理制度，参与设备选型、跟踪现场地下管网施工等工作。

（2）工程正式开工后，机、炉、电、化、燃、灰硫等运行专业各配备1名专工，负责收集相关设计资料、编制生产准备人员培训计划。

（3）工程土建交付安装前三个月，机、电、炉、热、环化、燃料等检修专业各配备3人，负责收集相关设计资料、参与工程施工过程管理（生产期可转为设备管理部点检人员）；运行人员按生产期定员的70%配备，开展外出培训。

（4）工程交付安装调试前三个月，运行人员按生产期定员足额配备，全员培训。工程单体调试开始，运行人员应全部经考试合格后上岗，参与调试期各项工作，并在调试单位指导下，具体负责调试操作。

（5）厂用电受电前一年，集控运行人员全部到位。在厂用电受电前6个月完成主要岗位竞聘上岗工作，各岗位应满足运行倒班要求。

（6）点检、热工和继电保护维护人员等在主设备安装前6个月全部到位。

（7）安全监察人员要根据工程建设进展逐步配置，在设备单体试运前全部到位，并参加整个试运过程的安全监督工作。

2. 生产外委单位人员配置准备要求

（1）厂用电受电前6个月与运维外委承包单位签订委托合同。运行承包单位宜在分部试运前3个月全员到位，维护承包单位宜在分部试运前6个月按合同要求派出专业技术人员进入现场，熟悉设备安装和工作环境。

（2）严格按照合同要求对主、辅机外委承包单位进行入厂前资质审查，把好准入关。项目单位指导、监督外委队伍的培训工作，组织开展外委承包单位人员岗前、在岗考试及考核评价，在分部试运前1个月完成考核上岗工作，确保人员技术技能水平满足生产现场需求。

如某2×1000MW新建工程生产委外实行"三主四专"模式，人数配置见表16-2。

表 16-2　　　　　　　　　某 2×1000MW 新建工程生产委外项目及人员配置

序号	外委标段	计划人数（人）
外委承包商人员	燃料、环化系统运行及辅助生产委托	140
	1、2 号机组主机设备日常维护	119
	外围系统（燃料、环化）设备日常维护	104
	铁路专线运维	44
	特种设备及车辆维护	10
	特殊消防设备维护	3
	环保 CEMS 维护	3
合计		423

注　项目单位可以根据生产运营方式及自身定员标准合理调整标段和人员配置。

（四）多途径全方位开展岗位培训

火力发电厂是一个技术专业性强、设备自动化水平高、各生产环节联系密切的企业。生产准备人员的技术培训工作，是确保机组顺利投产及投产后长期运行好、生产管理好、经济效益好的重要环节。

生产准备人员必须经过安全教育、岗位技术培训，达到本岗位上岗要求并取得相关合格证后方可上岗工作。特种作业人员，必须经过国家规定的专业培训，持证上岗。具体做法如下：

1. 制订培训计划

项目单位需要根据人员到位情况及工程各阶段特点，从生产实际需求出发，针对不同阶段、不同岗位，制订详细的培训计划，建立培训档案，开展培训工作，具体要求如下：

（1）成立生产准备人员培训工作小组。

（2）制定生产准备培训管理与考核办法，建立人员培训档案，对各阶段学习内容和目标进行考试、考核，兑现奖惩。

（3）根据生产准备大纲制订详细的培训计划，明确指导思想、工作内容、工作要求、培训对象、培训内容、培训方法和培训节点及培训目标。

（4）引入竞争上岗机制，按照一专多能要求，全面开展各专业的培训工作。

2. 实施分类培训要求

生产准备人员要分类培训，不同生产准备人员，有不同培训内容和培训时间、培训目标要求，具体见本章附件 16-1 不同生产准备人员培训要求。

3. 编制培训教材

（1）收集设备制造单位、设计单位的技术资料，以及国家、行业有关标准、条例、导则等。

（2）分设备或系统（锅炉、汽轮机、电气、仪控、环化、燃料等）编写培训教材，经审核、批准后作为培训教材。

（3）可直接选用有关资料作为基础培训教材。

如某项目，根据安全规程、二十五项反措、规程及设备说明书，编制题库 2400 余道题，助力生产人员学习规程，打牢基础。

4. 实施内外部培训相结合方式

培训形式分为内部培训和外部培训，内外部培训形式又有很多形式，具体内容如下：

（1）内部培训。

1）交流互学。生产准备人员进行内部交流讲课，互相学习，取长补短，共同进步。

2）个人自学。个人根据自身专业技能情况制订有针对性的自学计划，狠抓弱项，补齐短板。

3）专题培训、技术讲座。根据生产实际需要，针对新改造项目、各专业技术薄弱环节、新技术和新设备采用及各种技术会议精神等，开展有针对性培训。如某项目，组织开展现场 10kV、400V 断路器停送电操作培训，以及油系统滤网、冷却器切换等专项培训。

4）技术问答、考问讲解、技能比武。

5）仿真机实操培训。如某项目利用仿真机开展模拟操作，有效提升技能实操水平，同期开展仿真培训，28 人完成运行仿真培训取证。

6）师徒式培训。根据生产准备人员实际情况，合理搭配，签订一对一师徒合同进行培训学习。如某项目，开展班组"结对子"师徒签约活动，签订师带徒合同，针对个人制订培训内容和计划，并明确师徒责任。

（2）外部培训。

1）外出到大中专电力学校、同类型机组单位、设备制造单位等进行现场学习。如某项目组织设备制造单位讲课及技术答疑，开展汽轮机、主变压器、GIS、变流器、小汽轮机、启动炉、磨煤机、塔式炉、三大风机等78次设备培训；与同类型机组电厂签订专项培训合同，运行人员完成为期54天的"双机回热系统"专项培训。与电力专业院校签订理论培训服务，针对项目单位设备情况组织人员开展为期40天的理论集中培训，学习理论课程17门；组织运行人员赴同规模同类型机组电厂实习，维护人员深度参与其他同规模同类型电厂机组ABC级检修，提升人员技能水平；

2）远程网络授课：邀请电力院校优秀教师或行业内经验丰富的师傅进行网络教学，无地域界限，方便快捷，高效环保。

5. 进行培训考核激励，确保培训效果

培训考核主要分为出勤考核、成果考核和鼓励内部授课方式，强化培训效果。

（1）出勤考核。凡是确认参加培训课程的员工，应准时参与培训，不允许迟到或早退，无故缺勤考核罚款，强化出勤管理，月度满勤给予一定金额奖励，年度满勤可获得额外奖励。

（2）成果考核。在培训期间或培训结束时，根据培训课程内容，以测试方式检验员工培训后的理论知识或实操能力，检验培训效果。考核方式可以是面试、口头提问、笔试、实操或线上考试。如某项目对考试成绩达到90分以上者给予奖励，连续两次达到90分以上者，加倍奖励，连续三次达到90分以上者，除奖励外，并授予"优秀学员"称号；考试及格分为70分，70分以下为不及格。对仿真机考试成绩排名前三的学员分别进行奖励；年度累计获得三次及以上第一名授予"优秀学员"等称号。

（3）鼓励内部授课。鼓励员工进行内部交流讲课，给予适当课时奖励。每次讲课结束后，由所有参加培训人员打分评价，被评为优秀课件额外奖励并授予"优秀培训员"等称号，对培训有突出贡献者按次奖励。

（五）做好技术准备，满足基建生产一体化要求

技术准备包括以下工作内容。

1. 成立专业小组

项目单位应成立基建工程技术监督组织机构，按专业组建锅炉、汽机、电测、金属等多个技术监督组，负责基建期间技术监督。可成立锅炉、汽机、电气、环化、土建、金属、输煤等专业组，定期召开专业会，开展施工图审核、专题措施研究、系统运行风险预防等工作。

2. 制定技术工作管理制度

制定技术工作管理制度专业工作坚持"谁牵头，谁主导"原则，明确主次权责；按以下"六化"要求开展日常工作。

技术工作定期化。重视技术管理工作策划，抓好专业组月度专业例会，确保例会有效果，通过不断总结提炼，提高专业人员技术管理水平。

负面清零持续化。负面清单持续更新，专人盯办闭环，执行效果纳入专业组绩效评价中。

技术讲堂常态化。技术管理工作与党支部建设工作相融合，开展技术党课，以讲促学。

技术责任终身化。对基建期技术管理工作，在生产期评价，并追溯原始责任。

技术评价标准化。制定标准的技术定期工作执行表单，统一各专业的评价标准，利用有效的奖惩措施督促各专业技术人员扎实开展技术管理工作。

技术参与全员化。以技术管理委员会为主导，在公司营造全员参与、全员专家的干事创业氛围。

3. 准备技术资料

根据国家强制性条款、上级单位下发的专项要求，结合设计单位出图、设备制造单位资料、现场实际施工情况，稳步推进技术资料的编制进程。项目单位应及时编制生产运行期应具备的反事故技术措施、运行规程、系统图、标准操作票、系统检查卡；及时完成下发设备点检标准、定期工作标准、设备安装跟踪文件包；印制日常工作台账；拟订专项应急预案等。表 16-3 为某 2×1000MW 项目技术资料编制情况统计。

表 16-3   某 2×1000MW 项目技术资料编制情况统计

运行部技术资料编制情况统计				
序号	专业	操作票（个）	系统图（个）	台账（个）	运行规程（章）
1	汽机	91	32	25	21
2	锅炉	165	31	22	24
3	电气	470	120	15	16
4	燃料	16	17	9	17
5	灰硫	49	34	7	24
6	化学	102	37	13	14
	小计	893	271	91	116

设备部技术资料编制情况统计				
序号	专业	点检标准（个）	定期工作标准（个）	设备台账（个）	检修规程（章）
1	汽机	60	441	460	24
2	锅炉	41	550	174	39
3	电气一次	14	19	595	12
4	电气二次	27	21	60	27
5	环化	102	307	420	33
6	热控	23	108	25	22
7	综合	6	162	41	5
	小计	273	1608	1775	162

4. 开展技术攻关

开展技术攻关是保证机组投产稳定经济运行的重要手段。如某 2×1000MW 新建火力发电工程建设项目，对双机回热系统、小发电机及变流器控制、高位水塔运行、锅炉 19% 负荷稳燃技术、智慧燃料应用、机组自启停控制系统（automatic power plant start up and shutdown system，APS）、智慧环保岛烟气协同治理等课题，开展专项技术研究，解决项目单位在建设和发展过程中面临的技术难关、专业瓶颈等问题，共完成 39 项技术攻关报告。在"四新技术"攻关中，重点攻关 APS 与双机回热项目。成立 APS 领导小组及攻关小组，有序推进 APS 策划、实施和应用各项工作，最终实现机组全程 APS，实现真正意义的一键启停。针对双机回热技术，成立工作专班，组织国内专家、调试单位、设备制造单位及施工单位共召开 9 次大型专家研讨会，并召开 30 余次专业会，围绕系统设计、调试和长期稳定安全运行议题进行讨论，确定设计思路、控制策略、联锁保护逻辑、联调方案及设备优化等方案，并形成重点任务清单，为后续调试工作及机组稳定运行奠定坚实基础。

（六）准备生产物资，满足调试要求

项目单位需建立科学、规范的物资管理制度，生产有关物资分类妥善存放，定期清点、保养，做到账、卡、物相符，无损坏、变质、丢失等现象。

项目单位需建立移交物资台账，注明移交时间和期限、存放货架地点、移交物品完好程度等。在试运调试中发生损坏的设备部件，在动用随机备品配件后，按设备采购合同约定，及时向供货单位索要并补齐备品配件。

生产物资准备主要包括燃料准备和管理，备品配件准备和管理，工器具、仪器仪表、安全用具及防护用品准备和管理，以及运行材料准备和管理。

1. 燃料准备和管理

加强项目建设期间燃料管理和燃料储备工作，重点做好燃料落实和燃料储备、人员配备及培训、接卸设备及采制化设备管理等工作，保证机组运行期间在满足品质需要的前提下能实现可靠、稳定的供应。具体要做好以下准备工作：

（1）制定燃料管理办法和各项规章制度，规范燃料管理工作。

（2）在投产前，提前落实燃料来源、运煤方式、运煤通道等，燃料供应入投产前 1 年全国或地区的燃料订货会合同计划安排。如某项目在投产前 1 年，燃料供应入上级单位总调、区域煤炭销售分公司等掌握燃料订货的合同计划安排，提前掌握燃料供应的各项前期准备工作，包括运煤方式、运煤通道、涉外事务接洽等。

（3）设置完善、合理的燃料管理机构和人员编制，入厂采制化人员必须取得相应岗位证书后方可上岗，满足对燃料的接、卸、上，以及对燃料数量、质量、价格等业务核算，燃料验收、统计等管理工作的需要。

（4）在机组整套启动前两个月，完成运煤系统调试，完成储煤场设施完善和垫底煤整理，具备提前进煤、新机试运用煤、储煤条件。

（5）严格按《火力发电厂设计技术规程》（DL/T 5000—2000）中运煤系统准备的有关规定执

行，并按规定进行逐项验收。

（6）建立完善的计量系统，建立完善的入厂煤质量检验、鉴定程序。采制样设备、化验等设施、轨道衡、地中衡、皮带秤等计量设备须经国家等有关权威部门的鉴定，合格后方可投入使用。

（7）依据设计油类、油号，及时采购燃油入厂储存，保证锅炉启动点火助燃等用油需要。

2. 备品配件准备和管理

备品配件的准备和管理要做好以下工作：

（1）建立各类备品配件台账，做好随机备品配件的移交和接收工作。

（2）针对设备事故备品、轮换性备品、消耗性备品，编制定额清册和3年期备品配件采购计划。

（3）设备、阀门及管道介质流向标识牌准备。应在厂用电受电前3个月完成标识牌采购合同签订，将设备、阀门标识清单提交外委单位制作。

3. 工器具、仪器仪表、安全用具及防护用品的准备和管理

工器具、仪器仪表、安全用具及防护用品的准备和管理需做好以下工作：

（1）分部试运前1个月，按照设备采购合同约定，各专业随机检修专用工具、专用量具和专用仪器仪表确保到齐，与各库房保管交接，按规定逐项验收，移交方和接受责任人在移交单上签字，作为存档资料。

（2）生产部门及班组分别建立仪器仪表、量具、工器具台账，设兼职管理人员。

（3）各专业常用工具、量具和仪器仪表应制订专项配置计划，确保在分部试运前1个月到齐。

（4）对于热工保护、继电保护、化学等重要试验室所需的特殊仪器仪表、量具、工具，制订专项配置计划，确保在分部试运前到齐。

（5）在分部试运前，生产人员配齐安全用具及防护用品，并检验合格。

（6）在分部试运前，按消防规程要求配置齐全消防器材，并组织生产人员进行消防演练。

（7）安全工器具、仪器仪表使用前按规定送检。需要校验、整定才能使用的仪表、控制类备品，提前进行校验、整定并标识、记录清楚。

4. 运行消耗材料的准备和管理

运行消耗材料的准备和管理需做好以下工作：

（1）化学制水系统调试前，储备充足的化学试验用化学药品、试剂，酸碱等。

（2）整体试运前，机组主、辅机运行所需的各种型号的润滑油、抗燃油、石灰石粉、氨水及各种消耗性材料，易损件、常换件要分类准备齐全。

（七）参与基建生产一体化

贯彻基建为生产，基建生产一体化的管理理念，生产准备人员深度参与基建工作，参与基建生产一体化主要工作如下。

1. 参与系统设计与设备选型

生产人员全面参与系统设计与设备选型联络会，并多次外出调研新设备、新技术，将智能设

备应用与传统电厂设计相结合。

2. 参与设备监造

生产准备部门专人负责收集整理设备监造单位提供的监造信息，参加设备监造主要节点、试验的现场见证，全过程跟踪监督设备制造质量，保证设备"零重大缺陷出厂""零部件返厂"。如某项目生产准备人员参加主要设备监造、出厂试验共计 61 次，发现主要问题 28 项，全部监督处理完毕。

3. 督导负面清单闭环

负面清单清零是保证基建生产安全稳定运行的重要措施，必须闭环管理。收集行业内基建、生产期各类负面问题，按设计、制造、施工、调试等阶段分类建立负面清单，并分解到各个专业督促落实。如某项目生产准备人员共收集整理负面问题 1130 项，结合本项目实际情况，吸收借鉴 580 项，并监督问题整改，实现闭环。

4. 组织参与发布逻辑与保护定值审查

组织召开四次智能控制系统（intelligent control system，ICS）、分散控制系统（distributed control system，DCS）设计联络会，参与热工逻辑讨论审查，组织保护定值审定、发布，在调试中根据试运情况提出修改建议。

5. 全面参与调试各项工作

按照《火力发电建设工程启动试运及验收规程》（DL/T 5437—2022），在试运行指挥部的领导下，生产人员参加机组分部试运、整机试运工作，经验收合格后投入试生产。在试运行中，负责设备代管和分部试运后的启停操作、运行调整、事故处理，对运行中发现的各种问题提出处理意见或建议，做好设备技术档案交接。

编制调试期间管理制度并开展宣贯，严格落实。下发设备区域及专业管理分工规定，明确工作职责；编制调试期间各专业日常巡检路线及标准，对代保管区域按生产标准执行。制定人身触电等应急处置卡，编制厂用电受电、阀门传动试验等技术措施，做到事事有法可依。

建立六个台账（单点保护设备台账、地下管网台账、高温高压阀门台账、压力容器台账、构建筑物漏雨点台账、高温高压管道焊口台账），两个清单（调试缺陷清单、达标投产问题清单），开展试运前联合检查，试运前必备条件必须完全满足。

运用表单管控日常调试工作，在阀门传动、电机试运等单体试运中落实人员签字管理，并每天定期发布调试日报。

6. 推进信息化系统建设

在机组建设的同时，积极开展信息化建设。建立信息管理组织机构，修编管理制度，制订信息系统建设计划。如财务、人力资源、项目、物资、采购、合同、电力数据填报等 ERP 系统一体化、信息化系统建设。

7. 代保管管理

制定代保管制度，结合工程进展及时进行代保管工作，严格按照生产程序进行有效管理，对存在的问题进行整改闭环。制定代保管区域巡检标准，执行区域内两票三制管理；组织维护承包商开展代保管区域设备消缺；替换正式标识牌，按生产期要求进行管理。

8. 开展技术监督

项目单位应委托专业机构开展金属技术监督工作，委托专业机构开展基建期技术监督，安排专人编制技术监督管理实施细则，各专业技术监督管理实施细则。

在机组启动试运行前，项目单位应与技术监督服务单位签订技术监督服务合同，保证技术监督管理从基建期到正常生产期间的连续性。

（八）依法合规管理

依法依规管理主要包括消防管理，环境保护，职业健康管理，特种设备管理，涉网管理，安全工器具、仪器仪表管理，配套工程使用许可管理等。

1. 消防管理

项目单位应建立健全消防制度、消防装置操作说明，落实消防岗位安全责任制，按照消防设施"三同时"（同时设计、同时施工、同时投产使用）管理要求，按期完成消防设计审核备案和消防验收工作。

在机组整套启动前，项目单位应确定重点区域生产消防责任人，编制防火预案，按照标准开展消防巡查，督促消防设施的配置、定期试验及自动调试工作。

需建立消防站的，厂用电受电前应建成投运，消防队员、消防车辆、消防装备应到位。

机组分系统试运中及进入168h试运前，项目单位应组织一次消防安全管理自查并落实整改。

在168h试运前，项目单位必须完成火灾报警系统、水消防和特殊消防系统所有试验项目，公用消防设施及试运机组消防设施应调试完毕并达到正常投运条件，自动投入率达到95%及以上。

2. 环境保护

环境生态保护设备设施、职业健康防护设施应与主体工程同时设计、同时施工、同时投入生产和使用，试运时必须保证环保设施与机组同步试运。

3. 职业健康管理

职业健康防护设施应与主体工程同时设计、同时施工、同时投入生产和使用。

4. 特种设备管理

压力容器、电梯、起重设备、防雷接地等特种设备在使用前，要通过政府有关部门的检验，取得使用许可证，并做好特种设备的建账工作。

5. 涉网管理

邀请调度部门有关专业人员参加涉及电网结构的专业会、审查会等会议，二次设备设计的选型、配置方案及原理图应符合有关规定和反措原则，并征求相关调度部门的同意。

机组商业运行前，根据国家能源局发电机组并网安全性评价的有关要求，完成并网安全性评价工作。

在机组投运前，及时申请办理电力业务许可证，完成《并网调度协议》和《购售电合同》的签订。

6. 安全工器具、仪器仪表管理

安全工器具、仪器仪表使用前应按规定送检。需要校验、整定才能使用的仪表、控制类备品，应提前进行校验、整定并标识、记录清楚。

7. 配套工程使用许可管理

项目单位应按期完成配套工程（送出线路、铁路、灰场、码头、运煤公路等）建设，并取得主管部门使用许可批复。

第三节　经营准备

一、经营准备组织机构

火力发电厂经营准备工作在建设期一般由项目单位计划部门牵头组织，计划部门负责组织经营策划、开展电力营销活动等，物资部门负责燃料经营准备。其他经营准备工作由电厂相关部门按各自职责范围内分别负责。火力发电厂在运营期，计划部门和物资部门一般合并为一个部门，部门名称改为计划经营部门或运营管理部门，作为电厂经营管理的责任部门。

二、经营准备主要管控措施

经营准备主要管控措施包括开展经营策划、电力营销管控措施、燃料管控措施、副产品营销措施和财务管控措施。

（一）开展经营策划

经营策划是火力发电厂开展经营准备的总纲，经营策划是将经营准备工作提前谋划，进行沙盘推演，确保经营准备工作及时到位。开展经营策划实质上是实现火力发电厂经营前置。

（二）电力营销管控措施

（1）及早与相关售电公司签订购售电合同，确保机组按计划并网调试，及时完成省电力交易中心平台注册，确保及时参与电力市场化现货交易。

（2）进行区域电力大客户调研，摸清区域电力大客户情况，争取多签、直签大客户，保证电厂长协电量，从而提升发电设备利用小时数。

（3）争取调试电价。借鉴同类电厂经验，积极同省发展和改革委员会、省能源监管办公室等相关部委沟通协调，及时申请调试上网电价按当地燃煤基准电价执行。

（4）研究学习电力市场化交易政策，积极参与市场化交易。如加强与电网调度沟通协调，争取机组投产后利用小时处于前列；优化报价策略，在电力现货市场获取量价优于区域平均水平。

（三）燃料管控措施

（1）做实做细燃煤市场调研及预判，根据市场变化和发电用煤需求进行内外部燃料寻源，保证燃料供应的同时降低燃料采购成本。电厂尽可能与供应商签订长期合同，以确保供应稳定和价格可控。一般情况下，可考虑采用多元化燃料供应策略，降低对单一燃料的依赖，以减少价格波动的冲击。

（2）紧密关注燃料市场的行情，及时调整采购计划；科学制定煤场库存量，优先燃烧低价煤，协调签约长协单位，确定好发货顺序。

（3）按月制订进煤计划，协调好内外部单位，做好燃料调运安排，通过电厂库存、在途、中转等实现燃料兑现率不小于100%。

（4）加强燃煤接卸、煤质化验和煤场储存管理，将入炉、入厂标煤单价等竞争性指标与区内各电厂进行对比，找出差距来源，控制全年入厂入炉标煤单价差。

（四）副产品营销措施

进行粉煤灰等发电副产品客户调研，及时完成粉煤灰等发电副产品的市场化竞价销售工作，及时签订副产品销售合同，持续协调、配合地方政府引进发电副产品下游企业入驻，培育客户和市场。

（五）财务管控措施

1. 严格管控生产费用及财务费用

（1）加强对会计准则的理解，提前谋划，明确转商投产时间，并在遵循企业会计准则情况下，准确列支生产准备费用，合理划分基建、生产支出。

（2）全力推进全成本管控和成本压降工作，将指标落实到各班组、个人，持续提升成本竞争力。强化即时成本管理，为电力现货市场报价提供即时依据。

（3）实行全面预算管理，发挥预算刚性作用，严格管控各项费用，并要求费用归口管理部门强化预算管控，加强预算分析，提高费用预算准确性。

2. 全面压降财务费用

（1）及时跟进增值税留抵退税及电力、副产品销售收入回款，加强自由现金流量管理，提高资金使用效率，持续压降带息负债规模和资产负债率水平。

（2）积极争取保供等政策性贷款，低利率贷款等，持续压降融资成本。

（3）提高月度资金计划准确度，量出为入，降低账面资金滞留、延迟付款时间，确保财务费用可控、受控。

附件16-1 不同的生产准备人员培训要求

培训要求/培训对象	培训内容	培训目标	培训时间	培训其他要求
生产管理人员（在电厂从事安全、生产、技术管理的人员）	1.公共知识培训 学习安全生产管理系统、生产信息系统等生产管理知识。开展公司企业文化、经营管理、人才管理、价值观、发展历史、企业环境等理念教育。 2.专业知识培训 掌握国家有关部门和上级单位颁布的法律法规、制度。掌握所管辖设备的结构、性能、原理、维修周期等。熟悉设备的运行、检修、试验标准。对设计、制造、安装及调试过程中发生的技术问题，能够提出解决方案。 3.管理知识培训 了解管理人员的基本素质要求、清楚管理人员的角色、责任和地位，增长管理知识，提高管理技能。掌握班组建设与管理、员工的安全管理、员工绩效管理与管理、人员工作调配等内容。学会生产、检修计划的编制工作	1) 掌握国家有关部门和行业颁布的电力生产安全及安全管理的法律法规、规范标准和规章制度。 2) 掌握企业建设的可行性研究报告和初步设计的有关技术资料和图纸，企业的客观环境情况、企业的总体布局及企业主要设备选型的依据等。 3) 熟悉电厂的生产流程；掌握主要设备的结构、性能、原理。 4) 熟悉设备的运行、检修、试验标准。 5) 熟练掌握本岗位具备的专业技术管理知识与技能。 6) 了解同类设备在其他单位的实际运行情况，制订预案，防止设备投产后发生同类性质问题	对于生产管理人员（在电厂从事安全、生产、技术管理的人员）的培训时间，应根据基建现场的不同进度，持续开展培训	1) 及时组织生产管理人员到厂家、设计院、电厂调研、学习和收集资料，对收集的资料进行整理、学习和消化，结合本公司系统、设备特点开展技术分析与总结，为编制培训教材、系统图、运行规程、检修规程和各项规章制度等做好准备。 2) 有计划地安排生产管理人员赴同类型先进电厂学习生产管理经验、技术业务知识。 3) 组织生产管理人员学习、领会上级单位有关技术要求和指示文件
运行人员（在电厂从事集控运行、化学运行、燃料运行、除灰渣、脱硫脱硝的人员）	1.公共知识 学习安全生产管理系统、生产信息系统等生产管理知识、开展公司企业文化、人才管理、经营管理、价值观、发展历史、企业环境等理念教育。	1) 熟悉现场设备构造、性能、原理及运行要求。 2) 掌握所辖设备运行规程内容。 3) 掌握设备的日常运行维护操作技能。 4) 熟悉电网调度规程及相关规定。	集控运行人员的培训时间不少于12个月，集控主要运行人员必须进行同类型控制系统的仿真机培训，培训时间不少于160课时	值长应参加电网调度部门组织的培训，熟悉调度管理，在厂用电受电前取得调度许可证

续表

培训要求 培训对象	培训内容	培训目标	培训时间	培训其他要求
运行人员（在电厂集控运行、化学运行、燃料运行、除灰渣运行、脱硫脱硝的人员）	2. 仿真机培训 熟悉机组 DCS 画面、显示含义、报警信号。学习机组控制系统 DCS 开环、闭环控制、保护配置及优化策略。学习机组运行调试事项及应对策略，熟练进行单系统设备操作，有针对性地开展机组典型操作对策的研讨，能进行火电机组正常工况下的启停，运行调整等操作训练，对机组非正常工况进行事故处理。 3. 同类型机组实习 学习机组汽轮机、电气、锅炉等主要设备技术资料，了解系统构造、特点，查阅同步设计资料，熟悉设计思路；学习机组运行规程和逻辑图；开展汽轮机、电气、锅炉等专业技术讲课，进行岗位知识的交叉学习；通过到同类型机组顶岗跟班员的全面知识，提高全能值班员实习，熟悉机组的启停、电气、锅炉等系统设备的启停，运行调整及事故处理，了解相关各煤种燃烧的技术特点，熟悉机组运行管理制度。采制及化验人员跟班对应班进行跟班操作学习。 4. 机组试运与调试 参加公司机组试运与调试，结合现场分部试运中发现问题并进行讨论和技术讲课，对规程、运行及化验进行分段考试，强化各项管理制度的系统图进行贯彻执行	5）熟悉有关安全、环保要求及消防规定。 6）具备全能型的集控岗位能力，满足同类型机组各种试验、操作、事故处理、试运行，稳定商业运行的技术要求。 7）通过从业资格考试，各岗位应取得相应的岗位从业资格证书，集控人员应取得仿真机培训合格证书		

续表

培训要求 培训对象	培训内容	培训目标	培训时间	培训其他要求
运维人员（在电厂从事汽轮发电机组、燃料、化学等设备检修、维护、试验的人员）	1. 公共知识培训 学习安全生产管理系统、生产信息系统等生产管理知识，掌握火力发电企业设备检修和点检的国际及行业标准，学习项目管理知识。 2. 到同类型机组电厂实习 熟悉系统设备和设备维护人员的工作流程。熟悉设备所用仪器仪表、软件的使用特性。熟悉设备维护、运行工程管理，承包商的工作协调关系和检修工程管理，能准确记录各种表单及台账，准确掌握机组设备的检修维护标准和给油脂标准，开展专业设备理论培训，学习国内外先进的设备管理技术。 技能培训：以机组设备故障诊断与处理案例为培训专题，学习现场设备状态评估和分析方法，监测诊断技术应用，点检数据的使用与设备优化分析，重点提高点检维护人员的综合判断和实际故障处理能力；掌握机组检修工艺注意事项和技术要点；到同类标准电厂参加检修，熟悉机组设备的技术标准和作业标准，学习检修作业指导书或文件包的编制，并训练使用常用工具或专用工具进行设备拆卸的能力，提高使用仪器仪表测量工作判断与技术标准误差的能力。了解检修工艺和测量数据计算要求，熟悉检修质量控制点及保证安全的组织措施和技术措施。 设备安装调试：参加并跟踪公司设备安装调试，结合现场发现的问题进行讨论和技术讲课，收集原始数据资料	1) 熟悉现场设备构造、性能、原理。 2) 掌握设备的安装检修维护工艺和技术标准。 3) 熟悉有关安全、环保要求及消防规定。 4) 检修、维护专责及骨干人员是设备的主人，对设备的设计联络、招投标、基建安装、调试、试运行、商业运行、A/B/C检修、临时检修、事故抢修、日常维护、使用效果进行全过程负责。 5) 通过培训，明确职责、提高设备管理能力，深层次地掌握专业知识和工作技能，切实担负起组织检修、保证检修工艺质量，日常检查分析和维护、设备技术改进等责任。 6) 通过相应的从业资格考试，须取得相关岗位从业资格证书，包括特殊专业和岗位人员，以及外委人员	检修人员的培训时间不少于6个月	1) 从事压力容器、金属专业的人员应参加专项培训，上岗前取得相应的操作许可（资格）证。 2) 从事电气检修人员应取得相应的操作许可（资格）证。从事电气二次工作的检修（含计量）人员应参加相应涉网及生产厂家的专项培训，并取得相应的上岗许可（资格）证。 3) 从事热控专业检修人员应参加系统内、生产厂家组织的各种专项培训，上岗应取得相应的操作许可（资格）证。 4) 检修人员还应根据需要参加主设备的监造和验收，并深入了解设备制造过程中的关键环节，掌握设备组装及调试的方法。

续表

培训要求对象	培训内容	培训目标	培训时间	培训其他要求
新入职大学生	1. 公共知识培训 学习安全生产管理系统、生产信息系统等生产管理知识，开展公司企业文化、经营管理、人才管理理念教育；学习机组汽轮机、电气、锅炉主要设备系统配置，学习运行管理重点，了解电厂生产运行的基本概念、生产流程及模式，对机组主、辅系统的集控运行有所了解。 2. 同类型机组实习 集控专业：在集控、化水、除灰、燃料、脱硫运行岗位轮岗培训。了解电厂各主要生产流程，了解机、炉、电、化水、除灰、燃料、脱硫等系统的构成，设备型号和功能，了解控制盘上的各种标识、按钮、信号，了解主要的系统图和设备标识，了解基本的控制系统组成和逻辑组态，了解运行专用工器具的使用，了解基本的保护系统及定值的概念，了解工单处理流程和两票执行，了解运行反措及电力生产二十五项反措，了解集控各岗位职责及值班规定。化验人员随化验班组学习电厂煤、油、水、气等化验规定及操作。 检修专业：熟悉电厂生产流程、现场设备及原理，了解各专业检修维护规范和检修规程，学习使用生产管理系统软件，了解设备构造、原理、特性及用途、工艺操作等，熟悉常用工器具的用途、使用和保管方法、常用材料、备品备件的名称、规格和用途等，进行实际维护作业。学习机组大小修的项目计划、质量验收，了解设备检修工艺标准，提高实际动手能力。	掌握生产安全知识，通过三级安全教育考试。了解电厂生产运行的基本概念、生产流程及运营模式，熟悉机组汽轮机、电气、锅炉、化学、灰硫专业的主要设备及系统。理解公司企业文化，融入公司工作氛围，达到未来工作岗位的基本要求		

续表

培训要求 培训对象	培训内容	培训目标	培训时间	培训其他要求
	3.技能培训 集控专业：进行仿真机培训，熟悉机组DCS画面、显示含义、报警信号、学习机组控制系统DCS开环、闭环控制，保护配置及优化策略，通过仿真机演练，熟练进行单系统设备的启停、运行调整和维护，对辅助设备事故进行处理、学习电气500kV升压站设备、系统停电送电操作，运行维护及事故处理，学习10kV、380V设备停送电操作，学习和电气设备运行维护及事故处理。 检修专业：开展钳工基础、泵、阀门、风机、热工DCS系统、PLC应用、继电保护装置维护等专题培训，掌握现场检修工艺标准，以机组设备故障诊断与处理案例为培训重点，学习设备故障诊断与分析技术，进行实际使用，重点提高人员的综合判断和实际故障处理能力。 4.参加机组试运行 集控专业：参加本公司机组试运与调试，结合现场分部试运中发现的问题进行讨论和技术讲课、对规程、系统图进行分阶段考试，强化各项管理制度的贯彻执行。 检修专业：掌握设备安装调试中的基础数据，进行缺陷管理与分析，熟悉设备性能、组织与参加设备消缺，参加故障专题讨论，提高其现场应对能力			

第十七章
财务管理

财务管理贯穿着火力发电工程的全生命周期，为提升财务管理水平，可结合火力发电工程特点从科学使用建设资金、持续控制工程造价、准确计量资产价值等方面加强内部管控、实现业财融合，最终发挥财务价值创造和决策支持作用。

第一节　财务内部控制

一、财务管理特点

财务管理工作借助财务数智化平台，实施业财协同，全面融入合同管理、物资管理、结算管理、资金管理、税务管理、资产管理等全业务始终，通过风险防范、成本管控，最终实现财务价值创造。

二、财务管理要求

加强火力发电工程财务管理，强化过程管控，主要是做好以下几方面工作：

（1）贯彻执行国家有关法律法规和上级单位规章制度，建立健全火力发电工程财务管理和内部控制制度。设立专门机构或岗位，对火力发电工程从立项、招标、建设、竣工、交付到绩效评价实施全过程财务管理，明确主要业务环节财务管理具体职能与实施流程。

（2）筹集、拨付、使用火力发电工程建设资金，提高资金利用效率，保证火力发电工程资金安全，持续降低资金成本。

（3）按照批准初步设计概算（执行概算）对火力发电工程进行单独核算，及时掌握火力发电工程建设进度，定期进行财产物资清查、规范和控制建设成本，并及时编报会计报表，如实反映企业财务状况。

（4）参与火力发电工程建设有关的招标工作和经济合同的审查会签，并依据合同条款、财务制度审核工程价款结算，支付款项。

（5）组织编报竣工财务决算，办理资产交付使用手续，全面反映火力发电工程财务状况。

（6）负责纳税筹划和税务管理工作，全面了解掌握国家和地方的各项税收政策及法规，做好纳税申报及清缴工作。

（7）负责会计档案收集及归档管理工作，以及财务管理信息化建设。

（8）加强对火力发电工程建设活动的财务控制和监督，实施监督评价。

三、财务管理原则

（1）全面性原则。对火力发电工程在项目前期、开工准备、项目建设、竣工验收的各个阶段，在概算管理、合同管理、物资管理、结算管理等的各个方面，均需做好财务管理工作。

（2）概算为主纲。以概算项目为火力发电工程建设成本归集对象，以概算金额为成本控制目标。

（3）合同为依据。执行招投标制和合同管理制，工程成本的结算与支付，必须以合同约定和实际执行情况为依据。

（4）资金为主线。围绕火力发电工程建设资金需求，低成本筹集资金，高效安全使用资金。

（5）高质量竣工决算。及时完成竣工决算，准确完整地反映火力发电工程建设成本和资产形成情况。

四、财务管理主要管控措施

（一）实施业财融合

1. 概算管理

火力发电工程建设概预算包括项目投资估算、初步设计概算与执行概算。财务参与概算的编制审核时，应关注以下三点：

（1）参与概算中项目建设期管理费用和建设期贷款利息的测算，确保满足项目建设需求。

（2）负责根据批复概算及建立的会计核算科目体系，核算项目发生的各项成本费用。重点关注概算与会计科目的差异，为后续概算回归打好基础。

（3）负责根据下达的设计概算控制建设成本，加强过程管控，控制项目成本不超概算。

2. 合同管理

合同管理坚持"以加强事前防范、事中控制为主，做好事后补救为辅"的原则，从根本上维护项目单位的合法权益。合同管理贯穿经济合同的全过程，包括招标管理、合同谈判与签订、合同结算支付等，主要关注以下四点：

（1）根据固定资产管理要求，审查招标文件中关于设备的部分，明确实物明细应单独标价，避免出现设备清单不详尽、不清晰的情况。同时，审定投标报价方式，明确区分不含税价、增值税（率）、含税总价，明确以不含税价作为评标参考价格标准。

（2）审查合同商务条款的合法合理性，具体包括预付款、进度款、质保金、履约担保、发票、设备清单、合同奖惩、结算资料要求等的合理合规性。

（3）严格审查并执行用款计划，对外付款必须按照合同有关条款和公司内控制度的要求执行，不得提前支付或超合同、超进度付款，不得随意借出资金，避免资金超付风险。

（4）建立合同管理台账，加强往来款的管理，定期与计划、物资等部门及承包商或供应商核对合同台账相关信息，并定期组织往来款项清理工作。

3. 物资管理

加强与物资管理部门的协同，共同做好工程物资的收、发、存，以及剩余物资处置、移交等全过程管理工作，确保工程物资账实、账账相符。

（1）签订物资采购合同时，应明确合同设备清单项，列明设备分项价格。对于大型设备合同，可按设备本体、运费、技术服务费等分项价格列示，对一般物资合同或三项设备抵免合同，可将运费、技术服务费等纳入设备价款，不单独列示。

（2）物资到货、出库要及时办理物资财务入库、出库手续，进行实物及价值双重核算管理。对于大型设备物资合同，设备物资分批到货的，应根据设备清单对到货的实物按不含税价格暂估入账，设备物资分批安装出库的，可结合实物出库进度对应入库单拆分，分次办理物资财务暂估出库，确保工程投资额真实、准确反映工程进度。

（3）定期开展工程物资稽核，每年至少进行一次财产清查，每年年末应对现场设备和库存设备进行盘点，做到账实、账表、账账相符；对工程退回的物资，应办理退库手续，冲减工程成本；清查的账外物资应估价入账，盘亏短缺的物资应查明原因并做好记录。

4. 结算管理

结算管理包括工程价款结算和工程物资结算，结算应符合合同约定，及时、客观地体现工程进展情况。

（1）及时开展过程结算，稳步推进合同完工结算，确保按时完成工程投资结算。

（2）工程结算应严格按程序和合同约定进行，原则上不得超出合同约定提高合同结算价格，与合同有关的变更、价差、清单漏项、索赔、现场签证等必须经过审批，并随合同一并结算。

（3）工程价款结算的重点是将按施工口径申报的工程结算报表调整为以概算为口径的结算报

表，并对应到会计明细科目，其结算以合同为依据，并结合实际完成工作量进行，其支付也必须在合同中明确规定，并按照规定程序办理，每笔工程款支付应对照资金计划、产值报表，关注工程预付款、其他代垫款是否扣减，累计支付的工程进度款是否符合合同约定。

（4）工程物资结算应依据合同约定的结算方式执行。在实物到货入库记账时要及时核销预付款，确保应付款准确。物资采购发生变化时，必须办理变更手续，签订补充合同。对未经审批的超合同、超计划、超概算采购的物资，不得办理结算支付。

（二）财务智能化

火力发电工程建设是一项集工程、物资、设备、合同及其他服务为一体的复杂工作，智能化手段在工程财务管理中起着重要的作用。项目单位应借助信息化的力量及财务数字化转型契机，全面提升财务信息系统建设水平，实现业务、财务、金融协同融合。

1. 工程财务管控平台

工程财务管控平台以 ERP 系统项目管理模块（PS 模块）为基础进行搭建，整合 ERP 系统中财务模块，与法务、供应商管理、主数据、投资项目管理、电力基建、资金管理等多个系统高度集成，通过打造过程控制规则化、业务处理自动化、管理多维精益化"三化"的工程财务全过程智慧化管控可视平台，从投资造价控制、项目进度控制、合同业务管理、会计核算管控、工程物资及设备管理、一键即决功能、工程财务大数据、可视化分析测算模型八个方面着手，实现基建、技改、相关无形资产等资本性支出的全生命周期智慧管控、数据智能分析。

2. 司库管控系统

司库管控系统高度集成账户管理、融资管理、票据管理、对账管理、资金计划管理、资金收付管理等业务模块，重构内部资金等金融资源管理体系，进一步加强资金的集约、高效、安全管理，促进业财深度融合，有效提升价值创造能力和风险防控能力。

3. 税务管理系统

税务管控系统借助信息化手段，对业务数据抽取分析，对发票管理、税费计提、纳税申报、税务风险管理、税务分析决策等方面加以规范和引领，推动税务组织结构、管理模式和业务流程的优化，规避税务风险，确保企业合规经营。

4. 报账系统

报账系统以高效率、高质量、强风控为目标，利用不同智能技术的有效组合，高效完成数据采集、智能填报及智能审核，将财务风险控制点植入系统，辅助人工审核，提高工作效率，在线可视化展示监控指标，实现高质、高效的财务会计处理。

5. 报表系统

报表系统打通与其他系统连接，实现自动数据接入，同时扩充通用分析报表，完善报表体系，并按国资委、财政部等部委要求，搭建相应报表报送体系，提高决算报表数据自动化程度。

第二节 融资管理

一、项目融资特点

火力发电工程建设资金主要来源于股东拨付权益性资金（简称资本金），以及通过融资筹集的资金（如贷款、债券、融资租赁等）。其中，通过融资筹集的资金，是工程建设资金的主要来源，具有以下特点：

（1）项目贷款。在工程建设期，资金需求量大，为使工程建设长期稳定进行，为保障充足的资金来源，大多采用额度大、期限长的项目贷款。

（2）专款专用。通过融资所筹集的工程建设资金应用在该工程项目建设支出方面，不得截留、挤占或挪用。

（3）计划管理。严格按照"资金周计划管控、月计划强控、收支两条线并控"的原则开展工作，合理预测收支时间及金额，量出为入，避免或者减少资金沉淀。

二、融资管理要求

为控制基建期融资成本，有效规避财务风险，应加强融资管理，及时掌握融资信息，并做好以下工作。

（1）根据项目总投资、资本金比例，科学合理地测定融资规模，保证资金需求。

（2）科学研判资本市场，多方面了解融资政策信息，组织不同的融资机构进行谈判，申请不少于贷款总额的授信额度，并合理确定以下融资方案内容。

1）利率水平。了解贷款市场报价利率（loan prime rate，LPR）市场水平、可获得最大利率优惠幅度。

2）担保要求。原则上要求信用贷款。

3）授信情况。可提供的综合授信额度，包含贷款额度、银行承兑汇票额度等。

4）借款期限。项目长期借款期限，一般为 10 ～ 15 年。

5）宽限期。一般为 2 ～ 3 年。

6）提款条件。原则要求不设置限制条件。

7）还款条件。依据未来盈利预测，合理制定还款计划；涉及提前还款的，不应有障碍条款，不应有收取提前还款罚息等额外费用条款。

（3）在订立合同时须认真审核合同条款，确保合同符合工程项目单位自身利益要求。

（4）考虑风险情况和降低资金成本需求，通过不同融资期限、融资渠道、融资利率的组合，确保资金结构的合理性及优越性，在满足资金需求的同时减少资金沉淀，降低资金成本。

（5）建立融资台账，及时登记借款合同金额、分次提款金额、借款利率、期限、应计利息、还款日期等，并定期与贷款银行和会计记录核对；应当关注借款到期日，按时偿还借款。同时，做好融资成本分析，对比同期资本市场融资成本，查找差异原因，及时做出融资调整。

三、融资管理原则

火力发电工程建设项目融资管理一般遵循以下原则：

（一）资本结构合理原则

火力发电工程建设项目融资时，资本结构决策应追求企业价值最大化，即平衡风险与成本的关系，实现资本成本降低、资本结构合理。

（二）及时性原则

资金到位及时率100%，保证火力发电工程项目建设所需资金。

（三）价值创造原则

项目单位应采取各种措施降低财务成本，提升项目收益，创造价值。

（四）风险降低原则

项目单位应尽可能拓宽融资渠道，内外部结合，长短期结合，防范资金风险。

四、融资管理主要管控措施

项目单位应根据项目的特点，结合自身条件，寻求最适合的融资方式，并通过不同金融产品的成本差持续压降资金成本，这也是通过财务管理降低工程造价的重要途径。

（1）加强谈判降利率。一是发挥总部体量优势、良好信誉，引入银行竞争机制，通过与金融机构间"总对总"谈判，加强与银行的议价能力，提升可融资空间管理力度，有效降低资金成本。二是发挥"产业＋金融"一体化优势，积极争取委贷、融资租赁等内部低成本资金支持，并充分发挥内部资源的"撬动效应"，积极拓展融资渠道，加大低成本融资的引入，降低资金成本。

（2）流动资产贷款周转降成本。向银行争取流动资产贷款额度，日常支付使用流动资产贷款周转，到期后用该行的固定资产贷款承接，在保证资金链安全的同时利用长短贷利率差节约财务费用，毫厘必省。

（3）多种金融产品组合精细化资金管理。一是结合不同供应商对现金的敏感度对供应商按照施工单位、三大主机供应商和中小设备供应商进行分类管理，合理使用不同金融产品组合，利用时间性差异及贷款利率与贴现利率差节约财务费用。二是强化"跑钱、要钱、管钱"意识，密切跟踪资本市场，充分利用各种金融产品的利率差，加大票据结算力度，早谋划、勤操作，精细化资金管控。三是打开思维定式，借助系统内平台及良好的信用评级，探索低成本的债券融资工作，提高直接融资占比。

（4）加强资金日常管理提高效率。一是实现业财联动，加强资金计划管理，按月开展现金流测算工作，了解资金需求，并实现资金支付依靠计划，严把资金关口。二是大额款项集中于每月第四周支付，延迟付款时间，并在资金缺口所在周借入贷款，以最大程度减少资金沉淀和闲置，降低利息成本。

（5）敦促资本金及时足额到位，降低融资成本。一是为降低财务风险、提升经营期产品成本市场竞争力和议价能力，应当通盘考虑并适度提升资本金比例，从而降低融资成本及投资造价。二是应根据年度投资计划督促各股东按公司章程、股东决议及时、足额注入资本金，解决项目建设资金需求。若股东不按照规定履行出资义务，即违约，违约方应按公司章程规定承担违约责任。

第三节　税务筹划

火力发电工程建设项目税务筹划是项目单位作为纳税主体依据税法及相关税收政策，对工程项目建设全生命周期的投资活动、建设活动产生的税务事项，实施规划、计量、缴纳等的管理过程，既合理合法降低税负，提高投资收益，又尽可能防范税务风险。

一、税务筹划原则

火力发电工程建设项目税务筹划一般遵循以下原则。

（一）合法合规原则

税务筹划应在不违反国家税收法律法规的前提下进行，这是税收筹划最重要和最基本的原则。

（二）事前筹划原则

税收筹划必须在事前进行。火力发电工程建设项目一旦开始，各项纳税义务随之产生，若此时再进行税收筹划，往往效果锐减或者徒劳无功，会导致纳税当期或者投产后税负较重。

（三）全局性原则

税收筹划应从项目全生命周期的角度对所有涉及税种进行综合考虑。因为某项税额的降低有可能导致其他税额的升高，因此要从综合税负率最低来进行税收筹划。

二、税务筹划具体税种及方法和措施

火力发电工程基建期税务筹划主要在增值税、企业所得税、印花税、房产税、土地使用税、耕地占用税这几项税种上开展实施。

（一）增值税

火力发电工程基建期增值税管理主要应在业务前沿加强增值税及发票筹划，及时取得各项业务的增值税专用发票，为生产经营期抵扣做好准备。

1. 税务筹划主要方法

凡属于税法规定可进行增值税进项税额抵扣或上级单位要求必须取得增值税专用发票的经济业务，务必取得专用发票留待抵扣。火力发电工程基建期超过一年及以上的，还可享受增值税留抵退税优惠政策，获得的退税额可补充自由现金流，减少外部贷款，节约财务费用。

2. 税务筹划主要管控措施

（1）在招标、评标、合同谈判与签订等全过程加强管理。一是工程建设应尽量与一般纳税人开展相应业务，以便取得增值税专用发票。二是涉及税法允许抵扣的设备材料，应严格执行"甲供材"方式。三是除工程施工等 EPC 合同严格按照不同税率税目签订合同外，设备采购的同时包含技术支持、保险运输等服务时，签订采购合同时税率可按照"混合销售"可从主业税率的规定，即 13% 税率予以约定增值税税率，可争取最大范畴取得增值税进项税额。

（2）督促各业务部门合法合规取得增值税专用发票，发票开具时间、金额要与合同业务执行进度保持一致，并交由财务部及时入账结算和认证，不得以预付款形式长期挂账。

（3）建立相关采购、发票及税务管理制度，要求业务经办人员对于办公、差旅等零星采购业务也均必须取得增值税专用发票，以积少成多的方式实现应抵尽抵，降低工程项目不含税造价。

（二）企业所得税

《中华人民共和国企业所得税法实施条例》（国务院令第 512 号）规定，"企业购置并实际使用《环境保护专用设备企业所得税优惠目录》《节能节水专用设备企业所得税优惠目录》和《安全生产专用设备企业所得税优惠目录》规定的环境保护、节能节水、安全生产等专用设备的，该专用设备投资额的 10% 可以从企业当年的应纳税额中抵免；当年不足抵免的，可以在以后 5 个纳税年度结转抵免。因此，项目单位应在建设期间做好环境保护、节能节水、安全生产专用设备抵免的资料收集及备案工作。"

1. 税务筹划主要方法

（1）在项目建设初始，即对照国家最新专用设备企业所得税优惠目录清单，将符合抵免设备应用领域的执行标准及具体性能参数指标等各项规定融入专用设备招标文件、采购合同（含技术协议）、发票开具、设备到货验收、投用、性能验证或鉴定等全过程，确保采购人能抵尽抵，依法合规，规避风险。

（2）按政策要求和规定全程跟踪收集、汇总并保存专用设备抵免企业所得税所需的全部资料（电子版和纸质版），包含但不限于专用设备的增值税专用发票、技术协议书、合格证、说明书、铭牌、厂家出厂试验报告、专用设备投入使用时间证明，以及出力、效率、散热、热耗率等公司生产现场性能试验报告（如需要）、节能评估报告（如需要）、其他相关性能鉴证报告等资料档案，并装订成册，确保能抵免企业所得税的相关支持性附件完整、准确、合规。

2. 税务筹划主要管控措施

（1）将专用设备抵免工作前置。在专用设备技术确定后，在可能情况下尽量选用目录中的设备，建立可抵减企业所得税的设备清册，后续在招标文件、合同、发票开具、专用设备实际性能参数收集、申报抵减、税务稽查等涉税业务中，严格按照国家专用设备抵税规定进行后续管理。

（2）加强过程管理与协调。在设备进场、投用等各阶段，积极协调物资、工程、设备、档案、安健环等相关部门，持续规范招标采购、到货验收、开票结算等过程管理，及时取得各项技术资料，确保性能参数、应用领域、执行标准等符合目录要求。

（3）做好备案资料归集与整理。在设备投入运营当年，各部门应积极配合完成收尾工作，所有缺失资料需在此阶段做最后补充。财务部应将专用设备的采购合同、设备明细、采购发票、入库、出库、安装部位等资料建立专门台账，全面、准确、序时进行清查登记，做好税务申报、检查的基础性工作。

（三）印花税

火力发电工程基建期需签订大量的建安施工、设备采购、技术咨询等合同，需筹集巨额建设资金，建立会计核算账簿，均涉及印花税纳税义务，需序时清查梳理涉税业务，不多缴、不少缴。

1. 税务筹划主要方法

由于印花税的计税依据为合同所列明的不含增值税的金额，因此在订立合同时应明确列示不含税金额，缴纳印花税时，可把不含税金额作为计税依据，减少税费的缴纳。

2. 税务筹划主要管控措施

（1）督促各业务部门订立合同时（除框架合同外），明确列示不含税金额。财务部在合同会签时，也应审查合同是否明确不含税价款、增值税税款。

（2）按合同分类建立印花税计算台账，区分应纳税合同与非应纳税合同，按对应的适用税率计算印花税，不属于《印花税税目税率表》列明合同的，无须计算缴纳印花税。

（四）房产税

火力发电工程基建期间房产税的主要涉税风险在于正确确定纳税义务发生时间及房产原值。在建设过程中，应科学、合理、准确确定房屋价值，以正确缴纳房产税。

1. 税务筹划主要方法

因房产税的计税基础为房屋的价值，应避免将不属于房屋的价值混淆计入房屋价值，导致增加房产税计税基础。应将与房屋不可分割的各种附属设施或不单独计价的配套设施计入房屋价值，征收房产税；避免将独立于房屋之外的建筑物（如水塔、围墙等）计入房屋价值，多缴纳房产税。同时，科学、合理地将待摊费用分摊至房屋，避免多计房屋价值。

2. 税务筹划主要管控措施

（1）从概预算开始，尽量将不符合房产定义的各项工程价值从厂房价值中剔除，如独立于房屋之外的围墙、烟囱、水塔、变电塔等建筑物。

（2）在工程竣工财务决算结转固定资产后，将剔除的各项工程成本单独作为固定资产核算，应与工程结算部门或施工方取得充分沟通，依照现场实际情况，剔除可独立于房屋之外的建筑物价值，仅将与房屋不可分割的各种附属设施或不单独计价的配套设施计入房屋，降低房产（含地下房产）原值，从而降低缴纳房产税的计税依据，避免多缴房产税。

（3）认真梳理"五通一平"等施工辅助费用，按照受益对象、受益范围合理分摊。如场地平整费用，可依据厂区总平面图布置图等资料，清查梳理出房屋、构筑物，按占地面积科学合理分摊各自的场平费用，而不仅仅是简单地按照价值分摊。

（五）土地使用税

火力发电工程在城市、县城、建制镇、工矿区范围内使用土地的，需缴纳土地使用税。

（1）税务筹划主要方法。明确项目所在地的行政区域划分，并对围墙外的公共绿化用地、向社会开放的公园用地和厂区围墙外的灰场、输灰管、输油（气）管道、铁路专用线用地进行准确测绘区分，以准确计算土地使用税应纳税额。

（2）税务筹划主要管控措施。

1）及时向项目用地所在政府部门索取是否为"城市、县城、建制镇、工矿区"的区域划分图，明确是否应缴纳土地使用税。

2）对于厂区以外的公共绿化用地、向社会开放的公园用地和厂区围墙外的灰场、输灰管、输油（气）管道、铁路专用线用地，暂免征收土地使用税，因此需准确进行测绘区分，在计算土地使用税时将上述面积进行扣除。

（六）耕地占用税

火力发电工程建设期间若占用了国家所有和集体所有的耕地，还应缴纳耕地占用税。

1. 税务筹划主要方法

因建设项目施工临时占用耕地，应当依法缴纳耕地占用税，但在批准临时占用耕地期满之日起1年内依法复垦，恢复种植条件的，全额退还已经缴纳的耕地占用税。

2. 税务筹划主要管控措施

（1）熟悉了解当地耕地占用税的征管政策，与税务部门联系沟通，明确建设施工用地是否属于耕地、园地、林地、草地、农田水利用地、养殖水面、渔业水域滩涂及其他农用地，不属于上述范围的不缴纳耕地占用税。

（2）开展临时占用耕地台账管理，且在施工结束后，督促施工单位、业务部门及时清退所占用的临时耕地，及时按税法规定完成耕地复垦或恢复，尽早尽快办理退税手续，避免超出税法规定退税时限造成损失。

第四节　竣工财务决算

火力发电工程竣工财务决算是正确核定项目资产价值、反映竣工项目建设成果的文件，是办理资产移交和产权登记的依据。项目单位在火力发电工程完工投入使用后，应按照有关规定及时、准确、全面地编制完成基本建设项目竣工财务决算报告。

一、竣工财务决算组织与管理

竣工财务决算编制是一项专业性、复杂性较高的工作，为保证该项工作能高效、顺利完成，项目单位应加强对竣工财务决算工作的组织和领导，统筹安排竣工财务决算报告的编制。

（一）竣工财务决算组织管理

1. 编制竣工财务决算方案

项目单位应结合建设项目的实际情况，结合竣工财务决算工作内容，提前盘点，制订竣工财务决算编制工作方案，确定竣工财务决算编制的组织领导、工作分工、工作程序、时间安排等，并明确编制要求。

2. 成立竣工财务决算管理机构

项目单位应组织成立竣工财务决算编制组，编制组应由项目单位的主要领导牵头，财务、计划、物资、工程等有关部门共同参与。各部门分别指定专人负责相关资料的收集、整理，共同配合完成竣工财务决算报告的编制工作。

3. 定期组织竣工财务决算专题会议

编制组长应定期组织召开竣工财务决算专题会议，检查工作进度，协调解决竣工财务决算编制工作中存在的问题，必要时聘请外部中介机构或专家协助、指导工作。

4. 竣工财务决算相关人员及工作衔接

项目竣工财务决算未经审核前，项目单位的项目负责人及财务主管人员、工程技术主管人员、概（预）算主管人员原则上不得调离。确需调离的，应当做好交接工作，并继续承担或协助做好竣工财务决算相关工作。

（二）竣工财务决算工作程序

1. 编制准备

在竣工财务决算编制前，应顺理编制条件，核实影响竣工财务决算编制的前置性主要工作是否完成，是否具备开展竣工财务决算的编制条件，并编制竣工财务决算方案，明确组织领导、工作分工、工作程序、时间安排等。

2. 编制实施

（1）资料收集。编制实施阶段，应当对与竣工财务决算相关的资料进行收集和整理，以备使用。

（2）竣工财务清理。竣工财务清理主要包括合同清理、资产清理、账务清理等内容。

1）合同清理。项目单位应对项目建设投资涉及的全部合同进行清理，厘清有合同部分的应结算金额、已入账金额、已支付金额、应支付金额等执行情况，未执行完成的合同应落实暂估金额及未完工程，同时厘清各合同的会计入账科目与概算明细的对应关系，确定竣工财务决算表的数据来源。

2）资产清理。根据合同清理结果，结合合同采购明细及现场实物清查情况，逐项清查核实房屋、构筑物、设备，并全面盘点库存设备、物资和工程现场结余财产。对于剩余工程物资可移交生产使用的，应计入总投资，作为交付使用资产；对于生产不需要的，应当及时处置变现，处置损益在竣工财务决算前计入工程成本。

3）账务清理。结合合同清理、资产清理情况，梳理实际投资，理清往来账务，清理项目的资金来源、使用及结存情况，并就清理结果调整账务，保证账面投资的真实性、完整性和准确性。

（3）尾工工程。项目单位应在前述工作清理的基础上，厘清尾工工程，对符合条件的尾工根据预计发生的工程费用支出预估进入决算投资，以保障决算总投资的完整性。

（4）编制竣工财务决算报表及说明书。在上述步骤的基础上，根据一定编制原则、按照固有的格式要求编制竣工财务决算报表及说明书。

（5）内部审查及调整。竣工财务决算报告初稿由项目单位组织审查，根据审查意见进行修改完善。

3. 竣工财务决算审计

竣工财务决算报告初稿编制完成后，项目单位应委托有资质的中介机构进行竣工财务决算审计，根据审计结果调整相关账务及竣工财务决算报告，形成最终版竣工财务决算报告。项目单位根据最终版竣工财务决算报告建立固定资产卡片，正式结转固定资产、无形资产等各类资产，并同时继续完成尾工工程。

二、竣工财务决算报告编制原则

竣工财务决算报告编制除遵循企业会计准则外，一般还需遵循以下原则：

（一）概算口径与移交资产口径分离原则

按概算口径归集实际投资，按资产性质、参考上级单位固定资产目录形成移交资产，同一概算项目下投资可分别形成固定资产、无形资产、流动资产等不同类型的资产，多个概算项目可组合形成一项或多项资产。

如概算列入设备费用的备品备件，在概算回归时需归入设备费用概算项目下，但在移交资产时，该备品备件单独计价，作为流动资产——备品备件移交，不得并入设备价值；如概算列入其他费用的基建管理用车辆、办公设备、工器具、土地和其他资产等，均依据上述原则，按照概算口径归集投资，但移交资产时以实物形态单独计价移交，不应并入对应概算项目形成的主资产价值中。

（二）概算回归原则

竣工财务决算时，应对部分实际投资进行概算回归。

火力发电工程基建投资中形成的待抵扣增值税进项税额，属于工程总投资的组成部分，在概算回归时，应还原到其对应的设备、安装或其他费用概算项目，但在移交资产时，汇总作为待抵扣增值税进项税移交。

火力发电工程基建期管理用固定资产、无形资产，其折旧或摊销已计入项目单位管理费的，在概算回归时，需将已计提的折旧或摊销从项目单位管理费中剔除，还原到该项资产原概算项目中，保持实际投资与概算口径一致，以客观反映概算执行情况。但移交资产时，应按资产的净值移交，以真实反映资产的使用状态。

动用基本预备费或价差预备费的，其实际支出应列入相应的工程项目实际投资中。

（三）估价移交原则

主设备随机购置的工器具、备品备件，凡在建设期间未使用完、需移交生产，转入存货，没有单独计价的需估价移交。估价方式依次为，查阅原投标文件报价、向供货方或其他同类设备制造商询价、向其他同行单位询价、设备管理部门合理估价等。

由临时设施费形成的固定资产，在移交时应根据实际可利用情况进行移交，已到寿命期需报废的按费用摊销处理，可继续作为固定资产使用的按预计使用年限估计净值移交。

（四）移交资产参考资产使用寿命原则

在建筑安装工程概算中计列的风机、空调、水泵、电梯、楼宇智能设备等，均安装在房屋中，但与房屋资产具有不同的使用寿命和折旧年限，应按照概算口径归集投资，按设备单独形成固定资产进行移交，不计入建筑物价值。

（五）无形资产单独移交原则

随同设备采购的，但可不附属于某专项设备的软件，应作为无形资产移交；不能与专项设备分离的软件，应计入设备价值。

（六）待摊费用受益分摊原则

待摊支出应根据各项费用的受益对象进行分摊。能确定受益对象为某项或某类资产的，在该项或该类资产内分摊；不能确定受益对象为某项或某类资产的，在全部建筑工程、安装工程和需安装设备内分摊。

三、竣工财务决算报告编制要求

竣工财务决算报告编制工作在时限、质量、格式等方面都应满足相关要求。具体内容如下。

（一）编制主体要求

竣工财务决算报告的编制，应遵循"一个概算范围内的基本建设项目，编制一个竣工财务决算报告"的原则。分期建设且间隔时间在6个月以上的建设项目，单项工程竣工具备交付使用条件的，可编报单项工程竣工财务决算，项目全部竣工后应当编报竣工财务总决算。

（二）编制时限要求

火力发电工程完工转商业运营，一般应在完成工程结算后3个月内编报完成竣工财务决算。特殊情况确需延长的，延长期不得超过6个月。

但在火力发电工程投入使用的当月，项目单位应对其资产先行估价入账，并进行固定资产预结转操作，待竣工财务决算报告批复后，再根据批复后的竣工财务决算报告对原估价入账的资产价值进行调整。

（三）编制质量要求

项目单位应认真执行有关财务会计制度的规定，严肃财经纪律，实事求是地编制基本建设项目竣工财务决算报告，做到编报及时、数字准确、内容完整。

（四）编制格式要求

竣工财务决算报告格式有明确固定格式的，项目单位应严格按照竣工财务决算管理办法的要求，编制竣工财务决算报告，不得擅自变更内容与格式。

（五）编制依据

（1）项目单位应严格执行国家、地方有关规章制度，并依据概算、合同、投资计划等过程文件，做好各项基础工作。

（2）竣工财务决算报告的概算投资应以概算批准文件为依据，以工程动态总投资为基础编制竣工财务决算报告（不含铺底流动资金）。实际投资应根据正确的会计账面数据如实填报，做到账实相符、账表相符。

（3）竣工财务决算报告的各项技术经济指标应以有关职能部门提供的数据为依据，工程质量应以质量监督机构正式出具的工程质量认证书等有关文件为依据，经济效益分析应以概算批准文件为依据，固定资产应按照上级单位固定资产目录规定的内容列示。

（4）项目建设过程中，如存在下列事项，应以概算核准机构或上级单位的批准文件为依据。

1）重大设计变更。

2）概算外项目，需审批后方能建设。

3）工程结算总投资（按项目投资决策层级取得相应批复）。

4）其他需批准的项目。

四、竣工财务决算报告编制条件

为确保竣工财务决算报告内容的准确性，保证编制工作能顺利开展，在编制竣工财务决算报告前需具备以下条件。

（一）会计核算准确

项目单位已准确核算工程成本和各项费用支出情况，且 ERP 系统与工程管控平台数据完整、准确、一致。

（二）项目投资已概算回归

项目单位已依据批准概算，结合建设项目实际情况，按分项工程对建设项目进行分解及概算回归，动态反映概算执行情况。如果出现实际投资支出与概算情况对不上，及时查找原因，并做好记录。

（三）工程结算已完成

在编制竣工财务决算报告前，所有已签订的合同都应执行完毕，工程项目都应完工并完成价款结算，并准确核算至基建投资相关会计科目。实际执行中，因尾工、结算差异等原因有部分合同尚未结算完毕，应与对方单位及时沟通确认结算事项，并以暂估结算金额先行暂估入账，确保概算执行完整、准确。

（四）物资清查盘点已完成

项目竣工后，项目单位应组织施工、物资代保管等参建单位，全面清理、盘点物资、交付使用资产和临时设施等实物资产，做到账、卡、物相符，剩余物资已全部退库，不能退库的按国家、行业及上级单位有关规定处理。

（五）其他费用分摊已明确

项目单位已对待摊的其他费用做全面分析，确定分摊对象及分摊方式，明确应计入资产价值的其他费用。

（六）财务收支、债权债务已梳理清晰

在编制竣工财务决算报告前，项目单位已对包括历年结算数、资本金（拨款）、借贷款数、应交款项、结余资金等财务收支情况进行一次全面梳理和核对，做到工完账清，各项成本费用不漏列、不虚列，各项债权、债务梳理清晰无误。

（七）尾工不超过规定比例

经验收具备投产条件的基本建设项目，原则上不得留有尾工。如确有概算内未完收尾工程和费用的，可预留纳入竣工财务决算，但预留尾工工程的全部价值不得超过批准概算的5%，原则上时间不得超过1年。

（八）项目资料已收集整理

为保证竣工财务决算报告及时、准确、完整地编制，项目单位应从基本建设项目筹建时起，即做好有关资料的搜集、归纳和整理工作，并规范建立有关台账。具体包括：

（1）建设程序资料，如可行性研究报告、初步设计、项目建设用地、环境评价报告等，以及项目相关批复文件和核准文件。

（2）质量、进度、安全管控资料，如工程监理、工程质量鉴定情况。

（3）验收资料，如工程竣工专项验收和总体验收资料。

（4）结算资料，如工程招标投标资料及招标工作总结、工程合同签订、结算情况等。

（5）权证资料，如工程施工许可证、工程建设规划许可证、工程用地规划许可证、土地使用权证等。

（6）财务资料，如历年工程建设资金的到位和使用情况，以及工程在建期间借贷款利息的分摊情况等。

（7）资产清查资料，如设备材料结存明细表、备品备件及专用工具移交明细表等。

（8）其他资料，如组织结构图、工程大事记、主体工程照片等。

五、竣工财务决算报告编制内容

竣工财务决算报告中项目成本费用的开支范围应包括从项目筹建开始到竣工验收的全部建设成本费用，包括建筑工程费、安装工程费、在安装设备、待摊支出和不通过"在建工程"科目核算直接形成的固定资产、流动资产、无形资产和长期待摊费用等资产的价值，是竣工财务决算编

制的成果性文件，一般包括以下内容。

（一）竣工财务决算报告封面

竣工财务决算报告封面包括项目建设单位名称、建设项目名称、编制日期等。

（二）竣工财务决算报告目录

竣工财务决算报告目录应按照报告所含内容依次列出，并标出页码。

（三）竣工项目全景和主体工程彩照

竣工项目全景和主体工程彩照主要包括工程全景、主体建筑物、大型设备或重要工程节点图片等。一般包括 1 张工程全景照片，2～4 张主体工程及设备照片。

（四）竣工财务决算说明书

竣工财务决算说明书应总括反映竣工项目的成果和经验，全面考核与分析工程投资完成情况的书面总结，是竣工财务决算报告的重要组成部分。其主要内容包括以下几个方面：

（1）对工程的总体评价，从工程进度、质量、安全、投资等方面进行分析说明。

（2）建设依据。应对可行性研究报告、设计任务书、概算批准文件等的批准单位、批准日期和文号进行说明。

（3）主体工程造型、主设备和主体结构。主要说明主体工程造型、结构设计和主设备的有关情况，说明主要建筑的布置和主体设备选型的合理性。

（4）工程施工管理。在建设过程中发生的问题和解决办法，采取的先进技术，取得的经验与教训。

（5）各项财务和技术经济指标的分析，包括概算执行情况分析、新增生产能力的效益分析、财务状况分析。

（6）财务管理情况分析。在制订财务规章制度、建设资金筹措和使用、工程成本控制等方面采取了哪些措施促进了基建工程财务管理工作的开展及取得的经济效益。

（7）结余资金情况。竣工结余资金的占用形态、处置情况，包括剩余物资、基建应收款项、基建占用生产资金。

（8）尾工工程的说明。说明预留尾工工程的原因、项目内容、拟完成时间等。

（9）发现问题及处理情况。要逐项说明审计、检查、审核、稽查意见及整改落实情况。

（10）债权债务清理情况。列表说明各项债权和债务单位、金额、原因等情况，是否存在重大债务不能偿还情况或债权无法收回情况。

（11）竣工财务决算报表编制说明，包括待摊支出分摊原则和计算情况说明、转出投资原则、概算回归说明、数据勾稽关系说明、其他特殊处理说明。

（12）大事记。是对建设期间的有关活动、工程关键进度节点及重大事项的历史记录，按时间顺序进行编纂。

（13）其他需要说明的事项。反映在工程建设过程中发生的其他需要说明的重大、特殊事项。

（五）竣工财务决算报表

竣工财务决算报表一般包括封面、全套竣工财务决算表格（见本章附件 17-1~ 附件 17-13）。全套竣工财务决算表格共四大类，分别为竣工工程概况表、竣工工程决算表、移交资产表、竣工财务决算表，主要从竣工工程的基本情况、概算执行对比情况、移交资产明细情况、竣工资金来源与使用情况四个方面反映工程建设成果，且具有一定勾稽关系。具体内容如下。

1. 竣工工程概况表

竣工工程概况表反映竣工工程的基本情况，为全面考核竣工工程主要技术经济指标等提供依据。

2. 竣工工程决算表

竣工工程决算表包括竣工工程决算一览表（汇总表）、竣工工程决算一览表（明细表）、预留尾工工程明细表、其他费用明细表和待摊支出分摊明细表，主要反映实际投资完成情况与概算执行情况，同时对建设项目竣工达到可使用状态、但尚需继续完成的尾工情况进行陈列，并对全部待摊支出实际发生数根据受益情况在各项移交固定资产中进行分摊。

3. 移交资产表

移交资产表包括移交资产总表，移交资产——房屋、建筑物一览表、移交资产——安装的机械设备一览表、移交资产——不需要安装的机械设备、工器具及家具一览表和移交资产——长期待摊费用、无形资产、待抵扣增值税进项税一览表五张表格，具体反映了竣工工程项目资产移交明细及价值。

4. 竣工财务决算表

竣工财务决算表包括基本建设项目竣工财务决算表和竣工项目应付款项明细表，反映竣工工程累计发生的资金来源（资本金、基建投资借款及债券资金）与其所形成各种资产总价值、工程应付款项等情况。

（六）核准文件、概算批准文件和竣工验收报告

核准文件为国家或地方发改部门核准项目建设的批复文件；概算批准文件为经上级单位批复的初步设计概算批文；竣工验收报告为上级单位批复或备案的项目投产达标文件或竣工验收证书、总体竣工验收报告。

（七）审计报告及其他重要文件

审计报告及其他重要文件包括但不限于竣工财务决算审计报告、用地批复、环境评价报告批复、可行性研究报告批复、初步设计评审报告、开工批复文件、执行概算批复、重大设计变更批复、工程结算总投资批复（含未完工程项目）、概算外投资项目批复、质量检查验收文件、机组交

接证书、电网并网证书等。

六、竣工财务决算报告编制注意事项

(一)准确区分资本性支出

(1)火力发电工程建设期间,发生非正常中断超过3个月的,其借款费用应当按企业会计准则要求停止借款费用资本化,并计入当期损益。

(2)火力发电工程同时建设多台机组,且机组分批次完成试运行的,应从完成试运行之日起,按完成试运行机组投资(多台机组共用的公共设施应当随同首台机组一并投运)占项目总投资比例分批停止借款费用资本化,且与生产相关部门的管理支出不得列支工程成本。最后一台机组投产后,除专设基建部门人员费用外,其他部门管理支出不得列支工程成本。

(3)投产之后购买的备品备件、工器具、家具等,出于谨慎考虑,应以最后一台机组投产时点为截止时间,在生产成本中列支(未达到固定资产标准的),不能计入基建投资导致项目投资虚增。

(二)尾工工程的处理

(1)火力发电工程建设一般不得预留尾工工程,确需预留的,尾工工程总投资不得超过批准概算总投资的5%。项目单位应控制预留尾工工程的项目投资、建设标准,并加强对尾工工程资金使用的监督管理。

(2)尾工工程不论其实际成本高于或低于决算预留金额,均按实际支出结转固定资产,预留费用金额与实际支出金额存在差异的,直接调整与预留费用相关的主要固定资产原值,无须调整决算报表。

(三)竣工财务决算投资应注意的事项

(1)增值税应纳入决算总投资。基建投资中形成的待抵扣增值税进项税额,属于工程总投资的组成部分。在概算回归时,按实际取得的可抵扣的增值税进项税额扣除基建期收入对应的增值税销项税填列,原则上,应按照进项税所属资产或费用与概算明细项目一一对应。

(2)为项目配套建设的专用设施,包括专用道路、专用通信设施、专用电力设施、地下管道、码头等,产权不归属项目建设单位的,应作为长期待摊费用计入交付使用资产价值,在相应资产经济寿命期与项目经营期孰低的年限内分摊。

(3)依会计准则不在"在建工程"科目核算的概算内项目,实际发生时,仍需计入实际投资,以保持项目总投资的完整性和概算对比口径的一致性,如发生时计入固定资产的基建管理用车辆、办公设施等。

(4)基本预备费、编制年价差、价差预备费,只作为资金来源,在概算价值栏按照批准概算数填列，实际价值栏不填列，实际价值应分别列入相关工程项目中。工程建设过程中，实际动用了预备费的，应在竣工财务决算说明书中具体说明。

（5）竣工财务决算报表应考虑运营期技改设备明细的要求，应将运营期需经常技改的设备明细或内容明细列入清单中，可作为独立固定资产管理的设备单独作为固定资产管理，不应与其他设备价值混淆；不作为独立固定资产管理的内容做好备查记录，在所属主设备资产的备注栏中，说明该设备中所包括技改明细内容的名称、数量、单价、不含税金额。

（6）资金来源余额数据截止日期一般为工程全部通过试运行投产日期，分批投产的，为最后一批投产日期。投产后收到的借款资金来源视同生产运营期资金来源，不列入决算报表；投产后收到的项目资本金，仍列入项目资金来源。

七、竣工财务决算审计

项目单位编制完成项目竣工财务决算报告初稿后，应按上级单位建设项目审计管理有关规定委托有资质的中介机构进行竣工财务决算审计，竣工财务决算审计机构与编制单位不得是同一单位。

项目单位应严格执行审计意见，及时调整相关账务及竣工财务决算报告，并将审计意见落实整改情况，以及调整后的竣工财务决算报告经内部决策后正式批复。

附件 17-1

火电项目竣工工程概况表

竣工决算 01-1 表

编制单位：　　　　　　　　编制日期：　　　　　　　　　　　　　　　　　　单位：万元

工程名称						建设性质		
建设地址						地震烈度		
概算批准机关、文号						地基计算强度		
主要工程特征				工程进度、工程量及工程投资				
设计容量（MW）	原有		工程进度	开工日期		计划工期		实际工期
	本期			1号机投产日期				
	最终			2号机投产日期				
设计生产能力	设备年利用小时		工程量	土石方开挖（m³）		概算		实际
	年发电量（亿kWh）			钢材（t）				
主厂房结构及特征	框架结构			混凝土（m³）				
	房架结构							
	面积（m²）							

设计单位：
主要施工单位：
监理单位：

续表

主要工程特征			工程进度、工程量及工程投资	
			工程投资	
			总投资	单位千瓦投资（元）
主厂房结构及特征	体积（m³）			
	柱距（m）			
	汽机间跨度（m）			
	锅炉间跨度（m）			
烟囱	结构			
	高度（m）			
	上口直径（m）			
	下口直径（m）			
占地面积	征地面积（m²）			
	厂区占地（m²）			
	征地文号、证号			
	建筑物总面积（m²）			

工程投资				
概算投资	含税			
	不含税			
实际投资				
招标总额				

主要设备	生产厂家	规格型号	数量
汽轮机			
发电机			
锅炉			
主变压器			

固定资产形成率	
工程质量鉴定	

附件 17-2

竣工工程决算一览表（汇总表）

竣工决算 02 表

编制单位：　　　　　　　编制日期：

单位：万元

栏次	工程项目	概算价值						实际价值								实际比概算	
		建筑工程	其中:设备基座	安装工程	设备价值	其他费用	合计	建筑工程	其中:设备基座	安装工程	设备价值	其他费用	小计	待抵扣增值税	合计	增减额	增减率（%）
行次	1	2	3	4	5	6	7=2+4+5+6	8	9	10	11	12	13=8+10+11+12	14	15=13+14	16=15-7	17=16/7
1																	
2																	
3																	
4																	
5																	
6	工程静态总投资																
7	建设期利息																
8	价差预备费																
9	工程动态总投资																
10	其中:预留尾工工程																
11																	

竣工工程决算一览表（明细表）

附件 17-3

竣工决算 02-1 表

编制单位：　　　　　　　　　　　　　　　编制日期：　　　　　　　　　　　　　　　单位：万元

栏次		概算价值						实际价值						实际比概算	
		建筑工程	其中：设备基座	安装工程	设备价值	其他费用	合计	建筑工程	其中：设备基座	安装工程	设备价值	其他费用	小计	待抵扣增值税	合计	增减额	增减率（％）
行次	工程项目	2	3	4	5	6	7=2+4+5+6	8	9	10	11	12	13=8+10+11+12	14	15=13+14	16=15-7	17=16/7
	1																
1																	
2																	
3																	
4																	
5																	
6																	
7																	
8	工程静态总投资																
9	建设期利息																
10	价差预备费																
11	工程动态总投资																
12	其中：预留尾工工程																
13																	

附件17-4

预留尾工工程明细表

竣工决算 02 附表

编制单位：

编制日期：

单位：万元

栏次	具体工程项目名称	所在地或部门	计量单位	数量	概（预）算价值	已完成工作量		未完成工作量						预留尾工全部价值	简要说明
						金额	完成率（%）	建筑工程	安装工程	设备价值	其他费用	小计	未完成率（%）		
行次	1	2	3	4	5	6	7=6/5	8	9	10	11	12	13=12/5	14=6+12	15
1															
2															
3															
4															
5															
6															
7															
8															
9															
10															
11															
12															
13															
合计															

其他费用明细表

附件 17-5

竣工决算 03 表

单位：万元

编制单位：　　　　　　　编制日期：

栏次 行次	费用项目 1	概算数 2	实际数						合计 8=3+4+5+6+7
			待摊支出 3	固定资产 4	流动资产 5	长期待摊费用 6	无形资产 7		
1	建设场地征用及清理费								
2									
3									
4	项目建设管理费								
5									
6									
7	项目建设技术服务费								
8									
9									
10									
11									
12									
13									
14									
15									
16									
17									
合计									

附件 17-6

待摊支出分摊明细表

竣工决算 03 附表

编制单位：

编制日期：

栏次	工程项目	费用项目		建设场地征用费及清理费	...	...	项目建设管理费	...	...	项目建设技术服务费
行次	1		工作量 2	3	4	5	6	7	8	9
1										
2										
3										
4										
5										
6										
7										
8										
9										
10										
11										
12										
13										
14										
15										
16										
17										
18										
19										
20										
合计										

移交资产总表

附件 17-7

竣工决算 04 表

编制单位：　　　　　　　　编制日期：　　　　　　　　单位：万元

行次	栏次 资产名称 1	建筑费用 2	设备基座价值 3	设备价值 4	安装费用 5	摊入费用 6	直接形成的资产 7	移交资产合计 8=2+3+4+5+6+7
一	固定资产							
1	房屋							
2	建筑物							
3	线路							
4	安装的机器设备							
5	不需要安装的机器设备							
6	工器具							
7	家具							
二	流动资产							
1	工器具							
2	家具							
3	备品备件							
三	无形资产							
四	长期待摊费用							
五	待抵扣增值税							
六	移交资产总值							

附件 17-8

移交资产——房屋、建筑物一览表

竣工决算 04—1 表

编制单位：

编制日期：

单位：万元

栏次 行次	房屋、建筑物名称（参照固定资产登记对象填列）1	结构及层次（规格型号）2	所在地、部门或使用保管部门 3	计量单位 4	数量 5	建筑费用 6	摊入费用 7	移交资产价值 8=6+7	备注 9
1	一、房屋								
2									
3									
4									
5									
6									
7									
8									
9	二、建筑物								
10									
11									
12									
13									
14									
15	合计								

附件 17-9

竣工决算 04-2 表

移交资产——安装的机械设备一览表

编制单位：

编制日期：

编制单位：

单位：万元

栏次\行次	机械设备名称（参照固定资产登记对象填列）	规格型号	供应单位制造厂家	安装部位或保管使用部门	计量单位	数量	设备价值	设备基座价值	安装费用	摊入费用	移交资产价值	备注
	1	2	3	4	5	6	7	8	9	10	11=7+8+9+10	12
1	一、安装的机器设备											
2												
3												
4												
5												
6												
7												
8												
9	二、线路											
10												
11												
12												
	合计											

附件 17-10

移交资产——不需要安装的机械设备、工器具及家具

竣工决算 04-3 表

编制单位：

编制日期：

单位：万元

栏次	资产名称	规格型号	供应单位制造厂家	所在部位或保管使用部门	计量单位	数量	移交资产价值	其中		备注
								属固定资产	属流动资产	
行次	1	2	3	4	5	6	7	8	9	10
1	一、不需要安装设备小计									
2										
3										
4	二、工器具小计									
5										
6										
7	三、家具小计									
8										
9										
10	四、备品备件									
11										
12	五、其他									
13	合计									

附件 17-11　　移交资产——长期待摊费用、无形资产、待抵扣增值税

竣工决算 04-4 表

编制单位：　　　　　　　编制日期：　　　　　　　　　　　　　　　单位：万元

栏次	资产或项目名称	所在地或使用单位	计量单位	数量	实际价值			备注
					长期待摊费用	无形资产	待抵扣增值税	
行次	1	2	3	4	5	6	7	8
1	一、长期待摊费用							
2								
3								
4								
5	二、无形资产							
6								
7								
8								
9	三、待抵扣增值税							
10	1. 建筑工程待抵扣增值税							
11	2. 安装工程待抵扣增值税							
12	3. 设备待抵扣进项税							
13	4. 其他待抵扣增值税							
14	合计							

附件 17-12

基本建设项目竣工财务决算表

竣工决算 05 表

编制单位：　　　　　　　　　　　　　　　　　　　　　　　编制日期：　　　　　　　　　　　　　　单位：万元

资金来源	行次	金额	资金占用	行次	金额
一、资本金小计	1		一、投资完成额小计	1	
1.	2		交付使用固定资产	2	
2.	3		交付使用流动资产	3	
	4		长期待摊费用	4	
二、基建投资借款	5		交付使用无形资产	5	
1.	6		待抵扣增值税	6	
2.	7			7	
3.	8			8	
	9			9	
三、债券资金	10		二、结余资金小计	10	
	11		其中：	11	
	12			12	
四、应付款项	13			13	
	14			14	
资金来源合计	15		资金占用合计	15	

附件 17-13

竣工决算 05 附表

竣工项目应付款项明细表

编制单位：　　　　　　　　　编制日期：　　　　　　　　　单位：万元

行次	栏次	往来单位名称	金额	性质	备注
一	应付账款				
1					
2					
3					
…					
二	其他应付款				
1					
2					
3					
…					
合　计					

第十八章
档案管理

火电建设项目档案是与火电建设项目实体建设同步开展、同步完成的重要成果，是反映火力发电工程建设项目立项、设计、施工、调试、竣工验收等全过程建设情况的原始记录。为做好项目档案管理工作，项目单位应根据国家档案法律法规、规范标准及相关规定，组织建立项目档案组织机构、制定档案管理制度、配备档案管理人员、配置档案设施设备、开发使用档案管理系统，并采取各项有效控制措施对项目档案实施全过程管理，确保项目档案完整、准确、系统、规范、安全，更好地为工程建设及企业生产经营活动服务。

第一节　概述

一、项目档案定义与术语

建设项目：指建筑、安装等形成固定资产的活动中，按照一个总体设计进行施工、独立组成的，在经济上统一核算、行政上有独立组织形式、实行统一管理的整体工程。

单项工程：指火力发电工程建设项目中具有独立设计文件、可独立组织施工，建成后可独立发挥生产能力或工程效益的工程。

单位工程：指具有独立设计文件、可独立组织施工，但建成后不能独立发挥生产能力或工程效益的工程。

项目文件：指在项目建设全过程中形成的文字、图表、照片、录音录像、实物等形式的文件材料。

前期文件：指项目在筹备、立项、勘察设计、征地拆迁及项目准备等过程中形成的文件。

项目竣工文件：指项目竣工验收过程中形成的文件。

施工文件：指项目施工过程中形成的反映项目建筑、安装情况的文件。

竣工图：指工程竣工后真实反映工程施工结果的图样。

监理文件：指工程监理单位在履行建设工程监理合同过程中形成或获取的，以一定形式记录、保存的文件。

竣工验收文件：指项目竣工验收过程中形成的文件。

设备文件：指项目单位采购的各种设备厂家提供的文件材料，包括设备开箱随机的相关文件材料。

项目档案：指经过鉴定、整理并归档的项目文件。

项目文件归档：指项目单位工程管理相关部门及参建单位将办理完毕具有保存价值的项目文件经系统整理交项目单位档案管理部门的过程。

数码照片：指用数字成像设备拍摄获得的，以数字形式存储于磁带、磁盘、光盘等载体，依赖计算机等数字设备阅读、处理，并可在通信网络上传送的静态图像文件。

数码照片档案：指项目建设活动中形成的具有保存价值并归档保存的数码照片。

录音录像档案：指项目建设活动中直接形成的以记载在物理载体上的影像或声音为主要反映方式的、有保存价值的历史记录。

元数据：指描述电子文件和电子档案的内容、背景、结构及其管理过程的数据。

业务管理系统：指形成或管理机构活动数据的计算机信息系统。

电子档案管理系统：指对电子档案进行采集、归档、编目、管理和处置的计算机信息系统。

档案整理：指按照一定原则对档案进行系统分类、汇总整理、排列上架、编制案卷目录，使之有序化的过程。

项目档案管理卷：指档案管理机构在管理某一项目过程中形成的，包括项目概况、标段划分、参建单位归档情况说明、档案收集整理情况说明、交接清册等说明项目档案管理情况的有关材料组成的专门案卷。

二、档案管理目标及总体要求

（一）管理目标

确保项目档案完整、准确、系统、规范和安全，满足建设项目各项工作，以及竣工后生产运营、监督、设备维护、改（扩）建的需要。项目档案顺利通过档案专项验收，高标准通过机组达标考核，并满足项目创优评比档案管理各项要求。

（二）总体要求

（1）项目单位应对项目档案工作负总责，实行项目档案管理责任制，实行统一管理、统一制度、统一标准。

（2）项目单位及各参建单位应规范开展项目档案管理工作，配备充足的项目档案工作所需人员、经费、设施设备等各项管理资源。

（3）应将项目档案工作与项目建设管理同步，将项目档案工作融入项目建设，纳入项目建设计划、项目管理程序、质量保证体系、合同管理、工程监理、岗位责任制。

（4）各参建单位应加强项目文件过程管理，通过关键性、重大节点管控强化项目文件质量，实现从项目文件形成、流转至归档管理的全过程控制。

（5）项目档案应完整、准确、系统、规范和安全，满足项目建设、管理、监督、运行和维护等活动在证据、责任和信息等方面的需要。

第二节　项目档案全过程管控

一、建立档案管理组织体系

档案管理机构是建设项目档案工作顺利推进的组织保证，因此在项目开工建设初期，项目单位应建立与项目建设及管理相适应的项目档案管理组织机构，包括建立专门档案部门、档案管理领导组织机构及项目档案管理网络等，确保项目档案工作顺利开展。

1. 建立专门档案部门

专门档案部门是档案工作任务的主要承担者，负责统一管理建设项目的档案实体和档案管理工作，对业务职能部门及参建单位的档案工作进行监督和指导，是项目单位与业务部门及各参建单位沟通协调档案工作的平台。

2. 建立档案管理领导组织机构

档案管理领导组织机构包括领导小组、领导管理委员会等，由档案工作分管领导任组长、项目单位各部门及各参建单位负责人任组员的档案管理领导组织机构，对整个工程建设项目档案管理工作负领导责任。

3. 建立项目档案管理网络

建立整个项目的档案管理网络，一般为档案管理三级网络，由项目单位、监理单位、其他参建单位组成。项目单位为档案管理一级网络单位，监理单位为档案管理二级网络单位，其他参建单位为档案管理三级网络单位。

项目单位及各参建单位应建立本单位内部档案管理三级网络。项目单位内部档案管理三级网络由档案工作主管领导、档案部门负责人及档案人员、各职能部门负责人及兼职档案人员组成。档案工作主管领导为一级网络成员，档案部门负责人及档案人员为二级网络成员，各职能部门负责人及兼职档案人员为三级网络成员。负责项目单位项目文件的编制、收集、整理、保管及提供利用工作。

各参建单位内部档案管理三级网络由各参建单位项目负责人、工程技术人员、档案管理人员组成，项目负责人为一级档案网络成员，工程技术人员为二级档案网络成员，档案管理人员为三级档案网络成员，负责本单位在该项目的档案管理工作。

由此，建立涵盖整个工程的"横向到边，纵向到底"的档案管理网络，建立档案管理网络的目的是开展各项工作，更好地完成项目档案管理任务。因此，在项目开工前至竣工验收，项目单位及上级主管部门应全过程监督、指导各参建单位做好档案管理组织体系的运行，档案工作纳入项目建设计划及项目管理程序，纳入项目档案归口管理部门、各级领导和相关人员岗位责任制等工作，并监督实施实情况。

二、建立专兼职结合的高素质档案工作队伍

事业成败，关键在人。针对新建火电建设项目要经历基建到生产的过程，以及目前档案信息化的发展方向，必须要求档案管理人员既要对工程的基建过程和生产流程有所了解，同时又要熟悉掌握计算机及信息技术管理等知识，对国家档案管理法规和行业标准明白清楚，并能熟练应用。另外，要有创新精神和吃苦耐劳的奉献精神。只有这样，才能胜任新建项目档案管理工作，才能满足档案工作的服务信息化、信息资源网络化等要求。为此，建立一支专兼职结合的高素质档案工作队伍是做好档案管理工作的重要保证。在档案队伍建设中，要注意以下三点：

1. 选好项目档案工作机构的负责人

建设项目档案工作机构负责人是项目档案工作的带头人，这个岗位非常关键，非常重要。项目档案工作机构负责人除应精通业务外，还应该具有较高的理论修养和综合素质，具有较强的组织管理能力，具有务实的态度、开拓的精神和严谨的工作作风。

2. 要保持项目档案工作队伍的稳定

稳定的项目档案工作队伍，有利于档案业务情况的熟悉和业务水平的提高，从而保证项目档案工作的持续发展。很多实践证明，频繁更换档案工作人员，对项目档案工作势必产生消极的影响。因此，项目单位应积极采取措施，保证档案工作队伍的相对稳定。

3. 开展对档案工作人员的继续教育和培训

作为工程建设项目档案管理工作人员，为满足工作需要，必须掌握档案业务知识，熟练掌握和运用现代计算机、数字化技术、网络技术、现代管理等知识，熟悉项目生产、管理流程，了解相应的专业知识及生产经营环节所产生的文件材料。因此，要通过多种渠道，采取多种方式，全面加强对档案工作人员的档案知识、计算机知识，以及基建、生产管理流程的教育和培训，不断提高其业务水平，更新其知识结构，以适应档案工作发展的需要。

三、建立档案制度体系

制度是档案工作顺利开展的保证，作为新建火力发电工程建设项目必须做好规章制度制定工作，制定项目文件的形成、收集、鉴定、整理、保管、统计、利用、保密及销毁等工作规章、相关管理制度及业务规范，同时建立档案验收、考核、工作责任追究及安全应急管理等管理制度，并全程监督制度的执行情况。

一是要根据国家有关档案规章法规的要求，制定出适合本项目的各类档案管理制度和档案工作规定，如《档案归档制度》《档案统计制度》《档案利用制度》《档案借阅制度》《档案鉴定销毁制度》《档案管理系统操作制度》《档案保密制度》《档案库房管理制度》《设备开箱验收制度》《档案管理考核办法》《档案管理应急风险管理制度》等制度及规定。

二是要根据国家及行业相关档案管理标准，结合本项目实际情况，制定工程建设项目档案业务规范性文件，主要内容包括：项目文件收集与档案的整理原则及方法、档案的分类方案、项目文件材料归档范围和档案保管期限规定及特殊载体档案收集、整理要求等，并监督档案业务规范的实施情况。如《工程竣工档案编制实施细则》《档案分类表》《项目档案归档范围及保管期限表》《声像档案拍摄大纲》《竣工档案超前控制移交计划》《特种载体档案管理规范》《工程文件编码管理规定》《项目档案编制总说明》等一系列的管理标准及指导性文件。从工程建设项目档案管理体制及职责、项目档案归档范围和责任划分、项目档案的编制方法及质量要求等做出了详细的规定，并以有效文件形式印发到各参建单位及项目单位各部门，要求认真遵照执行，做到档案管理有章可循、有法可依。保证项目文件管理处于有序状态之中，确保项目档案完整、准确、系统、规范、安全。

四、档案管理全程管控措施

1. 项目前期阶段

项目单位应做好项目筹备、立项、可行性研究、地质勘查、初步设计、征地拆迁等过程中形成的文件材料的及时收集、整理工作，确保项目前期文件的完整、准确、系统、规范和安全。

2. 项目招投标阶段

项目单位应将项目档案工作纳入招投标管理。项目招标时，项目单位应将档案管理要求纳入招投标文件中，作为投标文件的专项条款，以加强对项目档案的前端管控，为建设项目档案的完整、准确、系统、规范和安全提供保障。

3. 项目合同签署阶段

项目单位应将项目档案工作纳入合同管理，与勘察、设计、施工、监理、调试、设备采购、试验等单位签订合同及有关协议时，设立有关项目文件编制、收集、整理及移交的专门条款或专门签订档案管理协议，明确项目文件形成质量要求和有关违约内容。档案人员应参加合同会签及合同有关档案专项条款的编制和审核程序。

4. 项目开工阶段

（1）项目单位将项目档案管理工作作为项目开工考核条件，纳入开工考核指标体系。

（2）项目单位组织各参建单位开展档案工作交底，告知各参建单位及项目单位各业务部门项目档案工作相关法律法规和要求，介绍项目档案工作主要内容、流程等，并形成交底会议记录备查，确保归档文件的完整、准确和规范。

（3）项目单位档案管理部门在建设项目确定工程用表的表格格式、编号原则及填写要求时，提出档案管理相关要求。根据国家、行业有关技术标准的更新情况及工程实际运用情况，对工程用表进行动态监督，确保项目文件形成质量满足规范要求。

（4）项目单位组织项目参建全员开展开工阶段的档案管理培训，包括工程技术文件的规范性、档案管理业务知识等培训内容，以提高项目文件管理人员的业务水平，确保项目文件形成质量。

（5）基建期及生产期档案室建设要统筹考虑。档案室功能布局要科学合理。

5. 项目施工阶段

（1）档案管理纳入项目进度支付审批条件。项目单位将项目文件编制、收集及整理等工作纳入工程重要节点的进度支付环节，重要节点进度付款审批单应有档案部门相关人员签字确认，方可支付，确保项目档案管理与工程进度保持一致。

项目单位应将档案管理纳入项目质量监督体系。项目单位应将档案管理要求纳入工程质量监督管理内容，定期检查档案管理情况，发现问题，要求及时整改，形成闭环，保证档案管理质量。

（2）项目单位档案部门应参与工程文件流转工作。为切实保证项目档案的完整、准确、真实、规范，以及抓好工项目档案的质量关，项目单位档案部门或工程管理部门的档案人员要参与工程文件的流转工作，整个建设项目工程用表在审批流转过程中，须经档案人员进行登记，将工程文件编号、文件名称、发起单位等信息登记造册，使得档案部门掌握"第一手材料"的原始信息。对不符合归档要求的文件，退回重新办理，只有符合要求才能接收流转，严格把控文件质量关。

（3）项目单位应将档案管理纳入项目考核体系。为加强项目档案的过程管理，调动各参建单位档案工作的积极性，应将项目文件形成质量及进度，纳入建设项目质量考评工作。编制印发工程档案管理考核办法，建立奖励与经济惩罚并行的考核机制，以促进项目档案的收集、整理、保管及移交工作。如建立月度考核、季度考核或工程重要节点考核，并加大考核力度，使档案管理考核体系在工程档案管理过程中真正起到卓有成效的作用，有效地调动各参建单位做好档案管理的积极性。

（4）档案工作者应参加工程节点质量监督检查。

为掌握参建单位项目文件的形成情况，项目单位档案部门应参加监督检查大纲要求的各节点工程质量监督检查，检查工程文件材料的质量，及时发现问题、解决问题，保证施工单位施工文件在形成过程中满足档案管理要求，避免后续不必要的返工，确保项目档案规范化管理。

（5）档案部门参加设备开箱验收。档案工作者参加设备开箱验收，是对设备文件超前控制的有效措施，是确保设备文件齐全、完整的有效手段。在设备入库时，档案人员与项目单位、监理单位、施工单位、设备厂家等单位的工程技术及物资管理相关人员共同对设备进行开箱登记，并审查和收集设备文件。实践证明，这一办法的实施，从根本上确保了设备厂家文件的齐全、完整。

6. 项目验收阶段

项目单位档案部门应做好单位工程验收、合同验收、预验收及整体竣工验收阶段的项目档案工作。档案工作人员应参加竣工验收。竣工验收包括单位工程竣工验收、合同验收、机组竣工验收、整体竣工验收等。档案人员参加竣工验收，能够检查工程竣工档案，项目文件验收是工程验收不可缺少的重要组成部分，并且可做到及时发现问题，及时整改。

7. 项目结算阶段

项目单位应将项目文件的编制、收集、整理、移交等情况纳入合同结算支付审批环节，档案部门检查各参建单位的项目文件。

8. 项目竣工验收后

建设项目竣工验收后，项目档案移交工作及建设项目由建设期转入运营期的档案工作；对于达到质保期的工程及设备进行质保金支付时，项目单位档案部门应参与质保金支付审批流程，相应的项目档案完整、准确、系统、规范等方面符合规范要求，在质保金支付审批单上签字，财务部门方可支付质保金；对于开展后评估的建设项目，要做好建设项目后评估阶段档案工作。

9. 全过程开展档案利用及编研

项目单位按照相关规定开展项目档案的利用及开发编研工作，包括档案利用制度、档案密级、利用权限、方式、效果及编研成果等内容。

10. 全过程做好档案信息化建设

项目单位应将档案信息化纳入本单位信息化建设框架，档案信息化与建设项目管理信息化同步规划、同步开发、同步实施、同步运行，保障档案信息化建设的经费预算，指定承担档案信息化建设任务的部门、岗位和人员，建设或配备能够满足本单位档案信息化需要的基础设施设备。

项目单位应按照国家关于电子文件和电子档案管理相关规定，建立工程建设项目管理系统、档案管理系统建设，同步做好电子文件的形成与归档、项目电子文件与电子档案管理与利用、传统载体的数字化、保障档案信息安全等方面。

11. 全程做好档案安全保管工作

项目单位及各参建单位应做好档案用房、设施设备、档案装具的配置工作，做到档案库房、阅览室、办公室"三室分开"，满足档案库房防火、防盗、防潮、防光、防微生物、防鼠等"八防"管理要求，确保项目建设全过程档案实体安全、档案信息保密等。

第三节 项目文件编制、收集及整理

一、项目文件编制

1. 编制要求

（1）项目前期文件、工程管理性文件、工程技术文件等应符合法律法规、国家现行有关规范和标准的要求。

（2）项目文件应格式规范、内容准确、清晰整洁、编号规范、签字及盖章手续完备。

（3）项目文件的载体及书写字迹、制成和装订材料应符合《科学技术档案案卷构成的一般要求》（GB/T 11822）的规定。图纸幅面应符合《技术制图 图纸幅面和格式》（GB/T 14689）的规定。

（4）需要闭环的项目文件，执行单位应在完工后按质量管理要求编制相对应的闭环文件。

（5）重要活动及事件、原始地形地貌、建设过程中的关键节点、重要部位隐蔽工程、地质及施工缺陷处理、工程质量、安全事故等应形成照片和录音录像等文件。

（6）非纸质载体文件归档时，应由整理单位编制文字说明与载体一起移交，并应在备考表上互填互见号。

（7）非纸质载体文件归档时，整理单位应编制文字说明与纸质载体一起移交，并在备考表中填写互见号。

2. 竣工图编制要求

（1）火电建设项目竣工图一般由设计单位负责编制。竣工图应完整、准确、规范、清晰、修改到位，真实反映项目竣工时的实际情况。

（2）各单位应将涉及变更的全部文件材料进行汇总，经监理单位审核，项目单位审查后，提供给设计单位，作为竣工图编制依据。

（3）设计单位应按《电力工程竣工图文件编制规定》（DL/T 5229—2016）的规定编制竣工图，应以设计单位的施工图最终版为基础，并依据由设计、施工、监理、项目单位审核批准签字的设计变更通知单、变更设计申请单、工程联系单、澄清单、技术核定单、材料变更、会议纪要、备忘录等与设计修改相关的文件，以及现场施工验收记录和调试记录等文件编制竣工图。项目单位对竣工图编制深度和出图范围有特殊要求时，应在合同中约定。

（4）建设过程中发生修改的施工图应重新编制竣工图。重新编制竣工图应采用施工图图框和图标。"设计阶段"或"施工图阶段"栏应改为"竣工阶段"或"竣工图阶段"，阶段代码应用"Z"或状态代码标识。卷册编号和图号同原施工图，重新绘制竣工图图幅、比例和文字大小及字体应与原图一致。若有新增卷册，其卷册号在专业卷册最后一个编号后依次顺延；若卷册中有新增图纸,其编号在该册图纸的最后一个编号后依次顺延。

建设过程中未发生修改的施工图,其竣工图可套用原施工图,也可重新编制,用施工图编制竣工图的,应使用新图纸,不得使用复印的白图编制竣工图。

竣工图编制单位应编制竣工图总说明,其内容应包括竣工图委托单位、编制依据、编制原则、编制方式、范围和深度、特殊要求、竣工图纸目录等。各专业可根据需要编制专业说明。各卷册应编制附有本册图纸的"修改清单表"或"卷册说明",应详细列出涉及变更的各类文件材料及图纸修改相关情况的清单。

(5)竣工图应加盖竣工图章,竣工图章应按《电力工程竣工图文件编制规定》(DL/T 5229—2016)的规定执行。竣工图应由编制单位逐张加盖竣工图章。

1)常规火电建设项目宜采用如下竣工图章式样(见图18-1)。

单位: mm

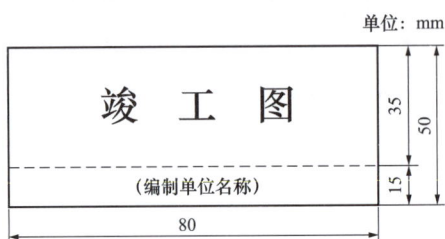

图 18-1 竣工图章式样

2)国家重点建设项目、核电常规岛、非电力设计单位编制的竣工图,竣工图章宜采用如下竣工图章式样(见图18-2)。

单位: mm

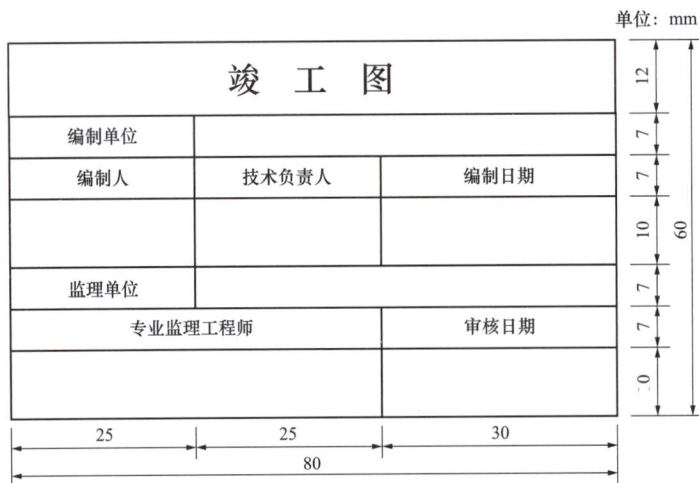

图 18-2 竣工图章式样

(6)竣工图编制完成后,监理单位应对竣工图编制的完整、准确、系统和规范情况进行审核。应在竣工图编制说明、图纸目录和竣工图上逐张加盖并签署竣工图审核章。竣工图审核章采用如下审核章式样(见图18-3)。

单位：mm

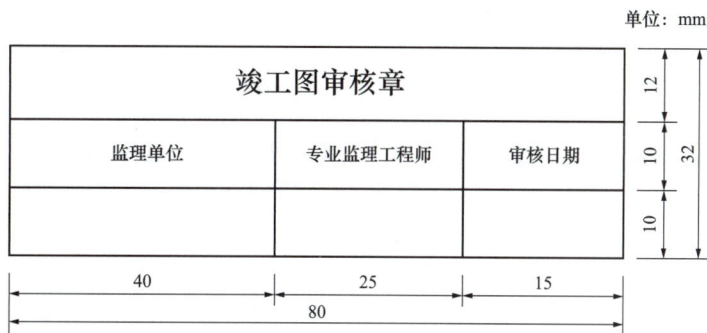

图 18-3　竣工图审核章式样

（7）竣工图章、竣工图审核章应使用红色印章，盖在标题栏附近空白处。竣工图章、竣工图审核章中的内容应填写齐全、清楚，应由相关责任人签字，不得代签；经项目单位同意，可盖执业资格印章代替签字。

（8）竣工图宜由竣工图编制单位负责印制。印制后的竣工图应按《技术制图　复制图的折叠方法》（GB/T 10609.3—2009）的规定折叠。

（9）竣工图编制单位应将印制后的竣工图，按照合同约定按期提交给竣工图委托方。

（10）竣工图编制单位在竣工图编制工作完成后，应将变更通知单、变更设计申请单、工程联系单、澄清单、技术核定单等编制依据性文件的汇总材料归档。

（11）同一建筑物、构筑物重复的标准图、通用图可不编入竣工图中，但应在图纸目录中列出图号，指明该图所在位置并在竣工图编制说明中注明；不同建筑物、构筑物应分别编制竣工图。

（12）项目单位应负责组织或委托有资质的单位编制项目总平面图和综合管线竣工图，确保竣工图的齐全、完整。

（13）对于涉外项目，外方提供的竣工图应由外方相关责任人签字确认。

二、项目文件收集

（一）收集范围

（1）工程项目建设过程中形成的、具有查考保存价值的各种形式和载体的项目文件均应收集齐全、完整。

（2）项目单位应结合本项目建设内容、管理模式等特征制定符合项目实际的归档范围和保管期限表，可参考《火电建设项目文件收集及档案整理规范》（DL/T 241）附录：档案分类、归档范围及保存单位保管期限划分表。

（二）收集单位

按照"谁形成、谁负责"的原则，项目文件由文件形成单位负责收集。

（三）收集时间

（1）项目文件收集应与项目建设同步进行，在办理完毕后及时收集。

（2）项目立项、项目设计、项目准备、项目管理等过程中形成的项目文件，应在文件办理完毕或阶段性工作完成后及时收集。

（3）勘察、设计单位形成的项目文件，应在阶段工作完成后及时收集。

（4）监理、监造等单位形成的项目文件，应在阶段工作完成后及时收集。

（5）设备、仪器等出厂物资文件，应在开箱验收后及时收集。

（6）施工单位形成的质量验收控制文件，责任单位应在单位工程完工后及时收集。

（7）试验检测单位形成的成果文件，责任单位应在试验完成后及时收集。

（8）调试单位形成的分系统、整套启动调试质量验收控制文件，责任单位应在试运后及时收集；形成的性能考核试验、涉网试验文件，应在性能试验、涉网试验完成后及时收集。

（9）竣工验收、生产准备、试生产等过程中形成的项目文件，应在文件办理完毕或阶段性工作完成后及时收集。

（四）收集份数

（1）项目文件收集份数宜一式一份。项目单位归档需要增加份数的，应在合同中约定。

（2）在城建规划范围内的项目，应按《建设工程文件归档规范》（GB/T 50328—2014）的规定执行。项目开工初期，项目单位应及时与地方承建档案馆沟通，确定承建规划范围内的项目文件归档范围及其相关要求，提前做好准备工作，确保按期归档。

（五）质量要求

（1）项目文件应完整、准确、系统、规范，签章手续完备，其内容真实、可靠，与工程实际相符合。

（2）项目文件应为原件，以确保文件的合法性。因故用复制件归档时，应加盖复制件提供单位公章，确保与原件一致。

（3）由分包单位形成的文件，总承包单位应负责汇总、审核并签字。

（4）施工记录、质量验收记录、试验报告、监理记录性文件等项目文件，应符合现行电力行业规范标准格式，无须填写内容的空白格，应画"/"线或标识"以下空白"，以示闭环。

三、项目文件整理

（一）一般规定

（1）项目文件应由文件形成单位（部门）整理。由多个单位分包的单位工程，应由分包单位对各自承建范围形成的文件进行整理，由总承包单位负责汇总整理。

（2）项目文件整理，应遵循项目文件的形成规律和成套性特点，保持卷内文件的有机联系，满足分类科学、组卷合理、排列有序、编目规范的整体要求。

（3）项目文件整理，应根据其查考与凭证价值确定保管期限。保管期限分为永久与定期。

1）永久保存文件。凡是证明项目建设合法合规性、反映工程质量和竣工验收的依据性文件及对文件保管单位今后工作有长远利用价值的文件，应划分为永久保管。

2）定期保存文件。凡是反映项目建设活动且在一定时期内对文件保管单位有参考利用价值的项目文件，应划分为定期保管。定期保管档案的年限可根据其参考利用价值分为30年和10年。

3）项目文件保存单位及保管期限划分参照《火电建设项目文件收集及档案整理规范》（DL/T 241）附录：档案分类、归档范围及保存单位保管期限划分表。

（4）项目文件整理时，项目文件原则不可重复组卷；卷内文件不得重复组卷，附件共用时应在备考表中说明。

（5）外文、少数民族文字的文件无译文时，要翻译出标题和目录，外文、少数民族文字的文件要与译文一并归档。

（6）纸质档案与对应的特种载体档案应在备考表中编写互见号。

（二）分类

1. 分类原则

（1）分类应以建设项目全部归档文件为对象，依据各单位在项目建设中的职能，按文件的来源结合档案形成阶段、专业性质、特点，保持项目档案的成套与系统，以及档案的形成规律和有机联系，便于科学管理和有效利用。

（2）分类应具有概括性和包容性，相对的稳定性和扩充性。

（3）照片档案、录音录像档案、实物档案和电子档案等特种载体档案分类方案应与纸质档案保持一致。

2. 类目设置及档号标识

（1）分类表类目应按项目文件形成的阶段、文件的来源、专业性质、特点等原则进行设置。

1）一级类目设置包括：6大类为电力生产类、7大类为科学技术研究类、8大类为建设项目类、9大类为设备仪器类。

2）二级及以下类目设置包括：6大类电力生产类，应按文件产生的阶段、文件性质设置；7大类科学技术研究类，应按科技成果专业、性质或立项课题设置；8大类项目建设类，应按文件形成阶段、专业性质、特点设置；9大类设备仪器类，应按专业、系统，设备台件（套）设置。

（2）档号组成及标识档号由项目代号或年度、分类号和案卷流水号三组代号构成，分别用0～9阿拉伯数字标识。三组代号之间用"-"分隔；不同级类目之间直接连接，档号标识见图18-4。

（3）档案分类使用说明及分类表。

1）分类使用说明。

火力发电工程建设项目档案分类表，将电力生产档案归入第6大类，包括生产准备、整套启动试运行和生产考核期、生产技术、技术改造和设备检修等阶段形成的方案、记录等；科研项目档案归入第7大类；建设项目档案归入第8大类；设备仪器档案归入第9大类。根据档案形成阶段、专业、性质、特点，按隶属关系将第8大类划分为四级类目，第6大类、第7大类、第9大类划分为三级类目，各级类目均用0～9阿拉伯数字标识。

第6大类电力生产和第7大类科学技术研究按年度标识，科研项目按立项年度或获得成果年度标识，档号标识见图18-5。

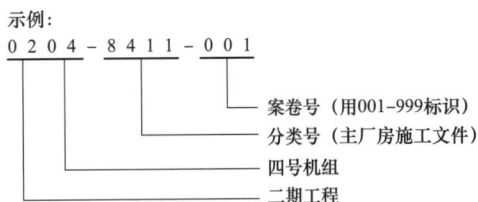

图 18-4　档号标识

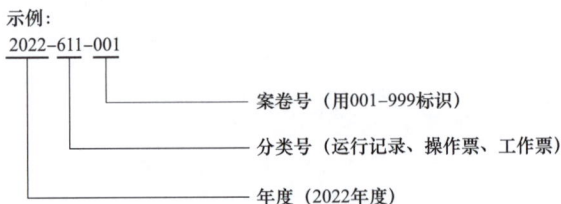

图 18-5　6 大类档号标识

第8大类建设项目类和第9大类设备仪器类项目代号由工期号与机组号组成。机组归属明确的，前两位数为工期号，后两位数为机组号，各期工程机组连续编号。

公用系统的前两位数为工期号，后两位数用"00"标识，见图18-6、图18-7。

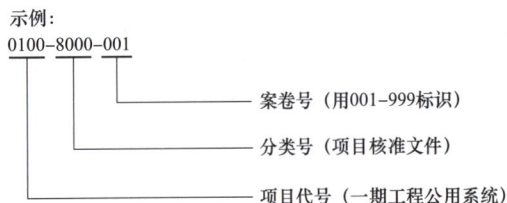

图 18-6　8 大类前期及工程管理性文件档号标识

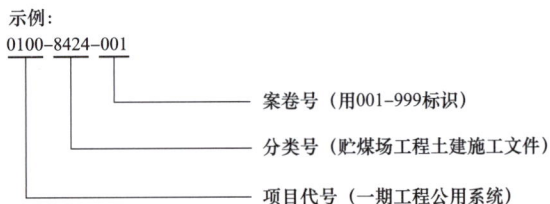

图 18-7　8 大类公用系统档号标识

同工程异地建设且不同工期的项目与以前工期机组可不连续编号（见图18-8）。

同一期工程两台以上机组（不包括全部机组）共用一套系统的，前两位数用"工期"号，后两位数用首台机组号标识（见图18-9）。

图 18-8　同工程异地建设 8 大类公用
系统档号标识

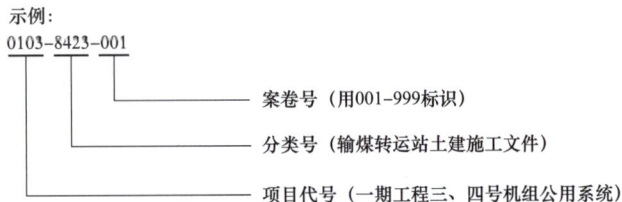

图 18-9　同一期工程两台以上机组共用一套
系统的档号标识

2）档案分类表见《火电建设项目文件收集及档案整理规范》（DL/T 241）附录：档案分类、归档范围及保存单位保管期限划分表。

四、组卷

（一）组卷原则

（1）组卷应考虑项目文件的完整性，项目文件收集完整是项目档案工作基本要求，即将反映同一主题、具有内在关联的项目文件收集齐全进行组卷。

（2）组卷应按项目文件的形成规律、成套性、系统性等特点，保持卷内文件的有机联系；分类科学，组卷合理，有利于保管和提供利用。

（3）组卷应根据卷内文件的内容及数量组成一卷或多卷。卷内文件内容应相对独立、完整。

（4）独立成册、成套的项目文件，应保持其原貌，不宜拆散重新组卷。

（5）按照"谁形成，谁组卷"的原则，项目文件形成单位负责组卷，确保各单位形成的项目文件不重复组卷。

（6）不同保管期限项目文件组成一卷时，案卷保管期限实行从长原则。

（7）不同载体形式文件应分别组卷。

（二）组卷方法

由于项目文件性质、内容、形成阶段及形成单位不同，组卷的方法也存在相应差别，在遵循组卷原则的基础上，针对火力发电行业特点，合理组卷，确保满足便于保管和提供利用的需要。

（1）项目前期文件、项目管理性文件、竣工验收文件、生产准备文件，应按阶段、问题、事由结合时间组卷。

（2）勘察、设计文件按照阶段、专业、卷册号组卷，设计更改文件按专业（单位工程）、时间组卷。

（3）施工文件按单位工程组卷。

（4）调试文件按阶段、专业、系统（单位工程）顺序组卷。

（5）性能试验、涉网试验文件按机组、系统、专业顺序组卷。

（6）工程质量监督文件按阶段、节点、专业组卷。

（7）监理文件按监理合同、事由结合文种、时间组卷。

（8）原材料质量证明文件按机组、专业（单位工程）、材料种类、型号组卷。

（9）设备文件依据设备成套性特点，按机组、专业、系统、台件组卷。

（10）科学技术研究文件按科研项目组卷。

（11）竣工验收文件、生产准备、试运行等项目文件按阶段、事由结合时间顺序组卷。

（三）组卷常见问题及解决方法

（1）前期文件组卷，有时会遇到同一问题涉及的内容较多，一个案卷无法将所有内容包括进去的情况，如可行性研究、初步设计文件等，涉及审查意见、报告、说明、图纸等较多内容。此类文件的组卷应根据文件形成的自然卷册，在保持内容相对独立完整的情况下分别组卷。同时，所组的同一问题内容的案卷应该按照文件自然卷册的顺序排列，以保持案卷之间及案卷内文件之间的有机联系。

（2）施工文件组卷，一般按照单位工程，结合工序，并根据施工文件内容及数量成一卷或多卷。但在实际建设中，有时项目单位在项目划分时，会将一个单位工程分别承包给几个施工单位。例如，一个单位工程的不同的若干分部工程分别承包给不同的施工单位，针对这类情况的组卷，应遵循谁承包谁整理组卷的原则，由各分包的施工单位分别对各自承建部分的施工文件整理组卷，在整个单位工程竣工后，按照单位工程项目划分的先后顺序，将各施工单位形成的案卷进行排列，形成一套完整的单位工程案卷。

施工文件在组卷过程中，常会出现未按施工工序组卷，而按文种组卷的问题，割裂了文件之间有机联系，如混凝土施工记录、检验报告等，应按照施工部位及施工工序组卷，以确保形成案卷的质量及方便提供利用。

（3）对于调试文件，一般按机组、阶段、专业、系统整理组卷，即将同一阶段的调试文件按系统性、成套性的原则组卷。但在实际组卷中，常出现不分阶段而按文种组卷的问题，如将各调试阶段的调试方案、措施等组为一卷，各调试阶段的调试记录、报告等组为一卷的错误的组卷方法，必须注意克服。

（4）对于质量监督文件，一般按照阶段、专业整理组卷。质量监督文件由质量监督机构形成的文件，按照各行业监督检查规范的所规定的质量监督阶段（节点）组卷。在实际操作时，经常出现将各专业、各阶段（节点）的同一类文件组为一卷的错误组卷方法，如将各阶段（节点）监督检查报告、整改闭环文件等按照文种分别组卷。而是应该将一个阶段（节点）的全部文件组在同一卷，即监督检查报告、申请、各单位汇报材料、整改闭环文件等同一阶段（节点）所有文件组为一卷。

（5）对于监理文件，应按文种、专业、时间等特征组卷。监理文件分为监理策划文件、监理记录文件、监理会议及报表、监理审查文件等。监理大纲、规划、实施细则等监理策划性文件按照文种组卷；监理日志、旁站记录等记录性文件按照专业组卷，其中监理日志按照专业、结合记录人及记录时间等组卷，监理旁站记录按照专业，结合旁站点设置的顺序或时间顺序组卷；监理会议及报表类文件按照时间顺序组卷；监理关于质量、进度、安全、资金等监理审查文件应由报验的施工单位整理组卷，以确保项目文件的完整性、成套性。

（6）原材料质量证明文件，应分专业按材料种类、型号组卷。对于承建范围涉及多个单位工程的施工单位，参照各行业档案管理规范，将同专业、同品种或同一类型材料的出厂质量合格证明文件、试验报告、进场报验文件、复试报告、试验委托单、见证取样文件等按照各行业档案的分类集中组卷。当然，在实际施工过程中，注意原材料要分品种、材料种类进行报审，以免组卷时不易分开；对于只承建一个单位工程的施工单位，为保证单位工程施工文件的完整性和成套性，可将原材料全套文件按照单位工程组卷。

（7）在项目文件组卷过程中，要注意文件的闭合性，如设计变更通知单要与执行反馈单、监理通知单与回复单、质量监督检查报告与整改闭环单、设备缺陷通知单与处理报验单等存在闭环文件，通知类及回复类文件应一一对应组卷，不能分别组卷，应确保二者有机联系。

（四）排列

（1）项目档案案卷应按分类表类目顺序依次排列。卷内文件应按文件的形成规律、问题、时间（阶段）或重要程度排列。

（2）项目前期文件、项目管理文件、竣工验收文件的按主题、事由排列；卷内文件按重要程度结合时间排列，并按照复文在前，来文在后；译文在前，原文在后；文字在前，图样在后的顺序排列。

（3）施工图案卷分专业按卷册号顺序排列，竣工图案卷区分机组、专业按卷册号顺序排列；卷内文件按图号顺序排列。

（4）设计更改文件区分机组、专业（单位工程）按编号或时间顺序排列，卷内文件按设计更改执行情况汇总表、设计更改文件、执行情况文件依次排列。

（5）施工文件按单位工程综合管理文件、施工记录、试验报告和质量验收文件顺序排列。

1）单位工程管理文件，按开工报告、施工方案（含施工措施、作业指导书等）、交底记录、图纸会检登记表、单位工程进场人员资质登记表、所用计量器具登记表、设计更改及材料代用登记表、设备及材料试验报告及质量证明文件登记表、中间交付验收交接表、竣工报告、工程总结等依次排列。

2）施工记录按施工工序排列。

3）施工质量验收文件按单位工程质量验收划分表、单位工程、子单位、分部工程、子分部、分项工程、检验批质量验收记录排列。质量验收记录的报验表在前，质量验收记录及与之相应的支撑性文件附后。

（6）机组分系统及整套启动调试、性能试验、涉网试验文件分机组、专业按管理文件、调试方案、记录（报告）、调试质量验收文件排列。

（7）工程质量监督文件按阶段、节点排列；卷内文件按重要程度结合时间排列。

（8）监理文件按策划类、记录性、总结类的文件顺序排列。

（9）原材料质量证明文件，分机组、专业按材料种类、型号排列。卷内文件按质量跟踪记录、原材料进场报审表、进场清单、自检记录、出厂质量证明文件、见证记录、复试委托单及复试报告顺序排列。

（10）设备文件区分机组、专业、系统、台件，按质量证明文件、试验报告及说明书等设备技术文件、随机图纸、安装调试、检测试验和运行记录等顺序排列。卷内文件应遵循文字在前，图纸在后的规律排列。

（11）科研项目文件按项目立项、方案论证、研究实验、阶段成果、结题验收、推广应用、课题评奖等顺序排列。

（12）竣工验收、生产准备、试运行等阶段的项目文件按阶段、事由结合时间排列。

（五）编目

1. 页号编写

（1）文件页号应以有效内容的页面编写页号。页号位置：单面的，在文件右下角；双面的，正面在右下角，反面在左下角；图纸页号，应编写在图标栏外右下角。

（2）文件页号应按装订的形式分别编写。整卷装订的，应从"1"编写连续页号；单份文件装订的，每份文件从"1"编写页号，每件文件之间不连号。

（3）印刷成册的文件材料，不再重新编写页号，备考表中应填写文件总页数。

2. 案卷封面编制

（1）案卷封面应印制在卷盒正表面，宜采用内封面形式。

（2）案卷封面（见本章附件18-1）编制要求：

1）档号。由项目代号、分类号、案卷流水号组成。

2）案卷题名。应简明、准确地揭示卷内文件的内容。

案卷题名的拟写应注意以下问题：①案卷题名应填写项目名称，项目名称应与项目核准的名称一致，核准的项目名称过长时，可通过合法、有效程序简化项目名称，项目名称发生变更时，应有项目核准单位出具项目名称变更的文件；②外文归档文件的案卷题名应译成中文；③前期文件、工程管理性文件、竣工验收文件、生产准备文件等案卷题名应包括项目名称、文件信息概述；④监理文件案卷题名应包括项目名称、卷内文件信息概述；⑤施工文件案卷题名应包括项目名称、机组工程、单位工程名称、卷内文件信息概述；⑥调试文件案卷题名应包括项目名称、机组名称、阶段名称、专业名称、卷内文件信息概述；⑦设备仪器档案案卷题名应包括项目名称、机组名称、专业名称、设备名称，卷内文件信息概述；⑧施工图案卷题名包括项目名称、专业名称、图纸名称；⑨竣工图案卷题名包括项目名称、机组名称、专业名称、图纸名称。

3）立卷单位。应填写案卷整理单位的全称。

4）起止日期。应填写卷内最早形成文件的日期与最终形成文件的日期。

5）保管期限。保管期限按照规范划分。同一案卷内文件保管期限不同的，应从长。

6）密级。应依据国家有关档案保密规定划定，同一案卷内有文件密级不同的，应从高。不涉密的项目档案，密级不需填写。不可填写内部资料、普通、内部公开等内容。

3. 卷内目录编制

（1）卷内目录应排列在案卷之首，不编写页号。

（2）卷内目录（见本章附件18-2）编制要求。

序号用阿拉伯数字表示，应依次标注文件在卷内排列的顺序，各案卷之间序号不连续。

文件编号，应填写文件的文号或编号、图样的图号等。

责任者，应填写文件形成单位的全称或规范的简称。合同文件应填写主要责任方，报验文件宜填写报验责任单位。

文件题名，应填写文件标题的全称。当文件标题未能完整准确地揭示文件内容时，应根据文件内容自拟题名。

日期，应填写文件流转结束最终责任人（单位）签署盖章的日期。

页数（号），应按装订形式分别编写。整卷装订的案卷，应填写每份文件起始页号，最后一件文件填写起止页号；单份文件装订的，应按件填写每份文件的页数。

备注，应根据实际情况填写有关需要说明的信息。如果需要备注的内容较多时，可在卷内目录备注栏打"*"，在案卷备考表中详细说明需备注内容。

4. 备考表编制

（1）备考表（见本章附件18-3）应填写案卷内文件的总件数和总页数，以及在组卷和案卷提供利用中需要说明的问题。备考表排列在卷内文件之后，不编写页号。

（2）备考表编制要求：

1）立卷人及日期。应由案卷整理责任人签名，并填写完成立卷的日期。

2）检查人及日期。应由案卷质量检查人签名，并填写检查日期。

3）互见号。应填写反映同一内容不同载体档案的档号，并注明其载体类型。

5. 案卷脊背编制

（1）案卷脊背（见本章附件18-4）应填写档号、案卷题名、保管期限、正副本等信息。

（2）案卷脊背应印制或打印粘贴在案卷卷册侧面，由立卷单位填写。

6. 案卷目录编制

（1）案卷目录（见本章附件18-5）应填写序号、档号、案卷题名、总页数、保管期限等内容。

（2）档号、案卷题名、立卷单位、保管期限的填写见上文的"案卷封面编制"。

（六）装订

（1）装订要求。

1）归档文件装订前，应对不符合要求的文件材料进行修整。归档文件已破损的，应按《档案修裱技术规范》（DA/T 25—2022）的规定予以修复；字迹模糊或易退变的，应予复制，对非规范A4纸文件，宜粘贴或折叠后装订。

2）装订要求牢固，做到文件不损页、不倒页、不压字，装订后文件应平整。

3）归档文件装订不得使用回形针、大头针、燕尾夹、热熔胶、办公胶水、装订夹条、塑料封等可能对归档文件造成危害或固定效果不佳的装订方式。

4）外文材料应保持原有的装订形式。

5）案卷内文件宜采用整卷装订或以件为单位装订。按件装订的文件，应在每份文件首页上方空白处加盖档号章，按《科学技术档案案卷构成的一般要求》（GB/T 11822）的规定填写。

6）案卷编目、案卷装订、卷盒、表格规格及制成材料应符合《科学技术档案案卷构成的一般要求》（GB/T 11822）的规定。

（2）装订方法。

1）归档文件宜采用线装法装订。归档文件页数较少的，宜采用直角装订；页数较多的，宜采用三孔一线装订。

2）线装法均应采用棉纱线，其规格、质量、检测应符合《棉本色纱线》（GB/T 398—2018）的规定。

3）直角装订和三孔一线装订方法按《纸质归档文件装订规范》（DA/T 69—2018）的规定执行。

（七）整理所用纸张、卷皮、卷内表格规格和制成材料

（1）项目文件用纸应符合档案耐久保存的要求，打印纸张克重应不低于 70g。

（2）采用白图归档的图纸，应用工程专用纸张打印，不应用复印纸代替。

（3）卷皮、卷内表格规格和制成材料应符合《科学技术档案案卷构成的一般要求》（GB/T 11822）的规定，卷内表格应采用克重大于或等于 70 克的纸张，卷皮宜采用无酸牛皮纸。

（4）案卷装具宜根据案卷的厚度选择，一般为 20mm、30mm、40mm、50mm、60mm。有特殊厚度的案卷，可选择其他厚度的档案盒。

（八）检索工具

（1）项目档案应采用档案管理信息系统，将案卷信息、卷内文件信息等逐条录入数据库，编制机读目录，实现项目档案共享。

（2）项目单位应编制案卷目录、全引目录（见本章附件 18-6）等，便于检索利用。

第四节　项目特种载体档案管理

一、照片收集与整理

（一）照片收集

1. 收集范围

（1）反映项目核准、可行性研究、项目选址、项目评估、设备选型、设计联络、图纸审查等会议、活动照片。

（2）反映项目主要职能活动和重要工作成果的照片，包括：

1）项目开工仪式、招投标会议、启动验收委员会、工程移交生产、各类专项验收、工程竣工等活动照片。

2）重要领导视察项目建设、参加与本项目有关的重大公务活动照片。

3）全局性工作会、对工程方案有重大影响的决策会、表彰会等会议照片。

4）反映项目进度、重要节点的工程形象面貌等照片。

5）反映工程质量的重要取样、岩样照片。

6）反映工程关键部位、重要隐蔽工程施工与验收等照片。

（3）反映建设项目中重大事件、重大事故、重大自然灾害及其他异常情况和现象的照片，包括：

1）反映工程遭遇的自然灾害，如地震、泥石流、滑坡和台风等照片。

2）反映工程建设影响区域内的主要环境保护敏感对象照片。

3）反映重要的环境保护和水土保持措施的实施过程及效果照片。

4）反映工程建设各类事故，包括安全、质量、环境保护、水土保持和设备等方面的照片。

5）反映工程地质缺陷、质量缺陷、设备缺陷处理前后状态等的照片。

（4）反映项目原始地形和地貌照片。

（5）反映项目竣工后全景照片。

（6）施工照片。

（7）监理照片。

（8）调试照片。

（9）其他反映项目实际情况的照片。

2. 归档时间

照片收集应与项目建设同步进行，照片在拍摄完成后，应及时编制照片说明，及时整理、归档。

3. 归档要求

（1）项目建设照片应与工程建设进度同步形成。各参建单位应及时收集，在工程竣工后与纸质档案一并移交给项目单位。

（2）照片应主题鲜明、影像清晰、画面完整、未加修饰剪裁。归档的数码照片应是用数字成像设备直接拍摄形成的原始图像文件，不能对数码照片的内容和EXIF信息进行修改和处理。经过添加、合成、挖补等修改画面内容处理过的数码照片不能归档。

（3）同一组照片，应选择能反映事件全貌、突出主题的照片进行归档。

（4）归档的数码照片应为JPEG、TIFF或RAW格式，推荐采用JPEG格式，应保证分辨率不低于600dpi。具有永久保存价值的数码照片，应转换出一套纸质照片同时归档。

（5）归档的照片应附加文字说明。文字说明应综合运用事由、时间、地点、人物、背景、摄影者等要素，概括揭示该张照片所反映的主要内容。

（6）数码照片可通过存储到符合要求的脱机载体上进行离线归档，也可通过网络进行在线归档。

（7）对于单位工程照片归档数量，应根据单位工程的工程量，应至少归档6～10张。

（8）采用传统的胶片照相机拍摄的照片应符合《照片档案管理规范》（GB/T 11821—2002）的要求。

（9）数码照片归档时，应按《电子文件归档与电子档案管理规范》（GB/T 18894—2016）的要求对其进行真实性、可靠性、完整性、可用性和安全性等方面的鉴定、检测。

4. 保管期限

照片档案的保管期限应与相应纸质档案保管期限一致，保管期限划分为永久和定期，其中，定期分为30年和10年。

（二）照片整理

（1）数码照片的分类应与相应纸质项目档案分类一致，按张整理。

（2）数码照片按分类号、保管期限组册，照片册芯页宜采用A4规格，册内照片宜按事由、形成时间排列。

1）项目单位形成的照片档案宜按事由、专题排列整理。

2）监理单位形成的照片按专题排列整理。

3）施工单位形成的照片按专业、单位工程排列整理。

4）调试单位形成的照片按阶段、专业排列整理。

（3）同一照片组内的数码照片档案按形成时间排列。

（4）照片档案按标准命名，整理过程中，应对照片文件进行重命名。例如，数码照片可采用"项目代号 – 分类号 – 保管期限代码 – 张号 . 扩展名"的格式命名。纸质照片采用"项目代号 – 分类号 – 保管期限代码 –ZP 张号"格式命名。

其中，项目代号应与纸质档案项目代号一致；分类号应与纸质档案分类号一致。保管期限划分为永久和定期，定期分为30年和10年。永久用 Y 标识，定期30年用 D30 标识，定期10年用 D10 标识；张号采用3位阿拉伯数字标识，同一分类内的照片从"001"开始，按事件顺序编号。

（5）照片著录。每张照片著录内容应包括照片题名、档号、参见号、拍摄时间、摄影者、文字说明等。每张照片的题名、参见号、摄影者、拍摄时间、文字说明以及一组照片的说明均应符合《照片档案管理规范》（GB/T 11821）和《全宗卷规范》（DA/T 50—2012）的规定。册内照片目录、册内备考表格式应符合《照片档案管理规范》（GB/T 11821）的规定。

二、数码录音录像收集与整理

（一）录音录像收集

1. 收集范围

（1）反映项目核准、可行性研究、项目选址、项目评估、设备选型、设计联络、图纸审查等会议、活动照片。

（2）反映项目主要职能活动和重要工作成果的录音录像。

1）项目开工仪式、招投标会议、启动验收委员会、工程移交生产、各类专项验收、工程竣工等活动录音录像。

2）重要领导视察项目建设、参加与本项目有关的重大公务活动录音录像。

3）全局性工作会、对工程方案有重大影响的决策会、表彰会等会议录音录像。

4）反映项目进度、重要节点的工程形象面貌等录音录像。

5）反映工程质量的重要取样、岩样录音录像。

6）反映工程关键部位、重要隐蔽工程施工与验收等录音录像。

（3）反映建设项目中重大事件、重大事故、重大自然灾害及其他异常情况和现象的录音录像：

1）反映工程遭遇的自然灾害，包括地震、泥石流、滑坡和台风等录音录像。

2）反映工程建设影响区域内的主要环境保护敏感对象录音录像。

3）反映重要的环境保护和水土保持措施的实施过程及效果录音录像。

4）反映工程建设各类事故，包括安全、质量、环境保护、水土保持和设备等方面录音录像。

5）反映工程地质缺陷、质量缺陷、设备缺陷处理前后状态等录音录像。

6）反映项目原始地形和地貌录音录像。

7）反映项目竣工后全景照片。

8）施工过程录音录像。

9）监理工作过程录音录像。

10）调试过程录音录像。

11）其他反映项目实际情况的录音录像。

2. 归档时间

音频、视频收集应与项目建设同步进行，音频、视频在完成后，应及时整理和归档。

3. 保管期限

录音、录像档案的保管期限划分为永久和定期，其中，定期分为 30 年和 10 年。

4. 归档要求

（1）数码录音。录音宜采用 WAVE 格式，声道数宜为双声道，量化位数宜为 8 位和 16 位，录音采样率不应低于 44.1kHz，珍贵或有特别用途的录音档案采样率不低于 96kHz。量化位数应为 24bit。收集的语音类录音文件宜具有清晰度、丰满度、圆润度、明亮度、真实度、平衡点及立体声效果。录音归档应有相应的文字说明，包括事由、时间、地点、人物、事件背景和采集者等。

（2）数码录像。录像宜采用 MPG、MP4、AVI 格式，录像输出像素分辨率不宜低于 1920×1080，宜选择 PAL 制式，帧数不宜低于 25fps，录像电子文件应是音频、视频封装为一体的音视频文件，音视频文件宜具有逼真度和可懂度。录像归档应有相应的文字说明，包括事由、时间、地点、人物、事件背景和采集者等，数码录像应为原始图像，不应修饰、裁剪或处理。

（二）数码录音录像整理

1. 整理原则

数码录音录像以件为管理单位整理录音录像电子文件，应按录音录像文件记录的工作活动时间顺序排列，录音录像文件记录载体，按照规则为其编号并标识。

2. 编目与著录

档号宜采用四段编写形式，由门类代码－项目代号－保管期限－件号.扩展名组成。

其中，门类代码，录音为 LY，录像为 LX；项目代号，应同纸质项目档案项目代号一致；保管期限代码，永久为 Y，定期 30 年为 D30，定期 10 年为 D10。

示例：

LY–0100–Y–001.WAV：代表一期工程保管期限为永久的第一份录音文件。

LX–0100–D30–001.MPG：代表一期工程保管期限为 30 年的第一份录像文件。

音频档案目录包括序号、录制者、题名、录制时间、时长及备注。

视频档案目录包括序号、摄录者、题名、拍摄时间、时长及备注。

著录应按《录音录像类电子档案元数据方案》（DA/T 63—2017）的规定执行。

3. 存储

数码录音录像采取离线方式存储，应将带有归档标识的电子文件拷贝至耐久性好的存储介质上，存储介质应设置成禁止写入的状态。存储介质的选择宜依次为一次写入光盘、磁带、硬磁盘等。存储介质或装具上应贴标签，标签上应注明载体序号、类别号、文件起止号、保管期限、存入日期等。存储介质为光盘时，编目宜符合下列要求：

光盘档号采用三段编写形式，项目代号－文件类型－光盘顺序号。

其中，项目代号，应同纸质项目档案项目代号一致；文件类型，存储在光盘上的文件类型，录音为 LY，录像为 LX；光盘顺序号，光盘排列的顺序号，用三位阿拉伯数字表示。

示例：0300–GPLY–005，代表三期工程的录音文件第 5 张光盘。光盘封面、封底及盘面标签格式（见本章附件 18-7）按照《档案数字化光盘标识规范》（DA/T 52—2014）相关规定执行。

三、实物收集与整理

（一）实物收集

1. 收集范围

（1）工程实物。项目勘察设计、施工各阶段形成的地质矿样、金属探伤底片、高温高压监察段管道、吹管靶板等能够反映工程建设质量的特定有形物品。

（2）荣誉实物。具有保存价值的奖状、奖杯、奖章、奖牌、锦旗、牌匾、证书等。

（3）科研实物。重大科研项目研究与新技术开发应用等过程中产生的实物档案。

（4）纪念品实物。省（部）级以上领导人、国内外重要来宾和著名人物等视察、调研，参加公司重大公务活动时的题词、作画、摆件等。

（5）其他有重要保存价值的实物。

2. 责任单位

工程地质矿样、金属探伤底片、高温高压监察段管道、吹管靶板等工程实物应由实物形成单位（部门）负责收集，在工程竣工后按项目单位档案管理要求与纸质档案一并移交项目单位档案部门。

具有保存价值的奖状、奖杯、奖章、奖牌、锦旗、牌匾、证书等荣誉实物由项目单位及各参建单位经办部门负责收集，及时移交项目单位档案部门。

重大科研项目研究与新技术开发应用等过程中产生的科研实物档案，由科研项目组在科研项目验收完毕后，与纸质科研档案一并移交项目单位档案部门。

省（部）级以上领导人、国内外重要来宾和著名人物等视察、调研，参加公司重大公务活动时的题词、作画、摆件等纪念品实物，由经办部门及时向项目单位档案部门移交。

3. 归档时间

实物形成后应及时收集、整理和归档。

4. 保管期限

实物档案保管期限划分为永久和定期，其中，定期分为 30 年和 10 年。

（二）实物档案整理

1. 整理原则

归档实物以件为单位进行整理，成套实物也可为一件。

2. 实物档案分类

实物档案可按实物种类分为五类：

（1）工程实物，包括射线探伤底片、靶板、高温高压段管道等。

（2）荣誉档案，包括证书、奖状、锦旗、奖杯、奖章、奖牌、牌匾等。

（3）科研实物，包括重大科研项目研究与新技术开发应用等过程中产生的实物。

（4）纪念品实物档案，包括题词、字画、纪念册、纪念章、纪念杯、纪念票证、雕塑、摆件等。

（5）其他类。

3. 实物档案排列

实物档案的排列可按种类结合时间进行排列。

4. 实物档案档号编制

实物档案按分类及排列顺序逐件编写档号，档号按下列方法编制。

实物档案载体代号用"SW"标识，工程实物为"GC"，荣誉实物为"RY"，科研实物为"KY"，纪念品为"JN"，其他类为"QT"。档号标识见下列示例。

示例 1

工程类档案档号设置：项目代号 –SW 实物类别代码 – 流水号，如 2023-SWG-001。

示例 2

荣誉类实物档案档号设置：年度 –S 实物的类别代码 – 流水号，如 2023-SWR-001。

示例 3

纪念品类实物档案档号设置：年度 –S 实物的类别代码 – 流水号，如 2023-SWJ-001。

5. 实物档案整理注意的问题

（1）各单位对工程实物整理时，应建立与相应施工记录或试验报告等的互证关系，填写案卷备考表的互见号。

（2）各单位对实物整理时，除射线探伤底片外，应对每件实物档案进行拍照，被拍摄物的图像要充满取景框，拍照时要采用正面、侧面等不同角度拍摄，拍摄的图像应曝光正确、清晰。

四、电子文件收集与整理

（一）电子文件特点及管理目标

1. 电子文件特点

电子文件具有非人工识读性、生成环境依赖性、信息与载体的可分离性、信息的易变性、多种媒体的集成性、信息存储的高密度性等特点。

2. 电子文件管理目标

维护电子文件和电子档案的真实、完整、可用和安全，提高管理效率，促进信息共享，便于长期保存。

真实性指内容经过传输、压缩、格式转换等处理后依然保持不变，即始终与原始生成状态保持一致。

完整性指每一份电子文件的内容、结构和背景信息没有残缺，一个业务活动形成的所有电子文件齐全，文件之间的有机联系得以揭示和维护。

可用性指电子文件的产生、传输、使用过程中载体和信息的安全，载体结构未被破坏，其内容、结构、背景信息未被非法访问、非法获得、非法操作。

安全性指电子文件可查询，信息可利用（用户可浏览、下载、打印、复制电子文件），电子文件是可读、可再现的（文件经过存储、传输、加密、压缩等处理后可读）。

3. 电子文件管理原则

项目电子文件和电子档案管理应遵循项目建设和信息系统运行的规律，坚持统一管理、全程管理、规范标准、便于利用、安全保密的管理原则。

（二）电子文件收集

1. 电子文件归档范围

项目单位应根据项目文件归档范围，结合项目实际情况，确定项目电子文件、元数据归档范围、电子档案分类体系和保管期限表。

2. 归档时间

电子文件归档包括逻辑归档及物理归档，逻辑归档实时进行，物理归档的电子文件应与对应纸质载体的收集同步进行。

3. 保管期限

电子档案的保管期限划分为永久和定期，其中，定期分为 30 年和 10 年。

（三）电子文件归档及整理要求

（1）项目电子文件在办理完毕后，应按归档范围实时收集完整。项目电子文件整理时，应当按照项目电子档案分类体系，组成多层级文件信息包，文件信息包应当包含项目电子文件及其元数据、过程信息、不同版本、背景信息等内容。

完整收集电子文件及其组件，电子文件内容信息与其形成时保持一致，包括同一业务活动形成的电子文件，电子公文的正本、正文与附件、定稿或修改稿、公文处理单，施工图、竣工图、设计与工艺变更通知、施工技术及质量管控等电子文件、声像类电子文件、邮件类电子文件等文件及其组件，以专有格式存储的电子文件不能转换为通用格式时，应同时收集专用软件、技术资料、操作手册等。

（2）项目电子文件完成整理后，由形成部门负责对文件信息包进行鉴定和检测，鉴定和检测后，由相关责任人确认归档，赋予归档标志，归档标志中应当含有归档责任人、归档时间、文件信息包名称等信息。

（3）项目电子文件同时存在纸质文件稿本时，归档时应保证两者内容信息一致，并建立对应关系。

（4）归档前应由文件形成单位按规定对电子文件的真实性、完整性、可用性进行检验，文件形成单位采用特定技术方法保证电子文件的真实性、完整性和有效性，则应将其技术方法和相关软件一同移交给项目单位。

（5）在进行电子文件归档工作时，应对归档电子文件的基本技术条件进行检测，检测内容包括硬件环境的有效性、软件环境的有效性及其信息记录格式、有无病毒感染等情况。

（6）项目电子文件归档一般采用逻辑归档和物理归档。纸质项目文件归档时，采取在线归档或离线归档的方式向档案管理机构移交经过整理的项目电子文件，并保证电子文件内容、格式、相关说明及描述与纸质档案保持一致，且二者应建立关联。

（7）项目电子文件应当采用符合国家标准或能转换成国家标准文件格式，利于信息共享和长期保存。项目电子文件归档保存的文件格式应符合国家规定的电子档案长期保存的格式要求。

（8）图像电子文件、视频电子文件应主题突出、曝光准确、影像清晰。图像电子文件分辨率应达到 300dpi 以上，视频电子文件宜采用 200 万以上像素拍摄。

（四）项目档案数字化

（1）项目档案数字化范围根据实际情况，可包含但不限于以下内容：项目立项、勘察设计、征地补偿、合同协议、项目管理文件，重要隐蔽工程验收、缺陷处理文件、竣工图、单位工程验收、竣工验收文件、设备文件等。

（2）纸质档案的扫描、图像处理、图像存储、目录建库、数据挂接等应符合《纸质档案数字化规范》（DA/T 31—2017）的规定。

（3）委托第三方进行数字化加工的工程建设项目，委托单位应与数字化加工单位签订保密协议，明确保密要求、责任及失泄密处置措施。采取建立安防系统、加强数字化存储设备管理和数字化人员管理等措施，确保档案信息安全。

（五）业务系统与电子档案管理系统

（1）项目单位和参建单位宜使用统一的项目业务系统，系统应具备电子文件管理及归档功能，并能够对项目电子文件形成与流转实施有效控制，保障其真实、完整和安全；能够在形成、流转过程中及时跟踪、检查和补充与项目设计、设备、材料、施工等更相关的项目电子文件及其元数据；能够按《电子文件归档与电子档案管理规范》（GB/T 18894—2016）的相关要求形成、收集、整理、归档电子文件及其元数据。

（2）项目单位应建立项目电子档案管理系统，管理项目全部电子档案，系统应具备接收登记、分类组织、鉴定处置、权限控制、检索利用、安全备份、统计打印、移交输出、系统管理等基本功能。

（3）项目信息化管理系统和项目电子档案管理系统，应建立操作日志，通过身份认证、访问控制、信息完整性校验、防火墙、入侵检测等技术手段和管理方法确保档案数据得到有效保护，防止因偶然或恶意的原因使网络数据遭到破坏、更改、泄露，杜绝网络系统上的信息丢失、篡改、失泄密、系统破坏等事故的发生。

（4）项目单位在确保项目电子文件及其元数据来源可靠、程序规范、要素合规的前提下，可设计开发项目管理系统、质量验收评定系统、绘图系统等，并与档案管理系统接口，积极推行项目电子档案单套管理。

同时，将企业已经开发使用的办公自动化、采购系统、ERP 系统等其他业务系统，与电子档案系统接口，使得在业务系统形成的电子文件，在办理及流转完毕后的电子文件自动归档，做好电子文件电子认证及电子文件的"四性"（真实性、完整性、可用性和安全性）检测。

第五节　项目档案移交

一、移交要求

（1）各参建单位应按合同条款约定向项目单位移交档案，需移交城建档案馆的应增加一套，电子文件移交套数应按《电子文件归档与电子档案管理规范》（GB/T 18894—2016）的规定执行。

（2）参建单位应在最后一台机组移交生产后 3 个月内将整理完毕的项目档案移交项目单位归档，尾工形成的档案应在尾工完工后及时移交。

二、移交审查

（1）项目竣工后，项目单位应按有关标准，组织参建单位对移交的项目档案进行审查，审查合格后办理移交手续。

（2）以单位工程整理施工文件案卷，应在工程完工后及时进行施工单位自检、监理单位审核、项目单位审查，各方审查人应填写审查意见，并签字确认。

（3）项目档案审查应分技术审查和档案审查：

1）技术审查应对项目档案的完整性、准确性、规范性进行审查，由项目单位、监理单位及各参建单位的专业技术人员负责。审查应符合下列要求：①按工程管理程序、施工工序审查施工文件形成的完整性；②依据现场施工实际情况审查施工记录内容的真实、可靠程度，以及竣工图的质量；③依据国家现行标准、规范审查施工文件的用表、施工文件的签署程序。

2）档案审查应对项目档案的完整性、系统性、整理规范性、归档文件的质量和有效性进行审查，由项目单位和参建单位的档案人员负责。审查应符合下列要求：①按归档范围审查移交项目档案的齐全、完整情况；②审查归档文件质量情况；③按系统、规范整理要求，审查项目档案分类科学性，组卷及排列的合理性，编目规范性等。

三、交接签证

（1）项目档案移交单位应编制归档说明，对项目文件收集和档案整理情况进行说明，包括项目档案形成、整理与归档情况。

（2）项目档案应经参建单位自检、监理单位审查、项目单位核查验收确认并签署意见后，办理移交手续。

（3）电子档案移交与接收登记表（见本章附件18-8）、档案交接签证表（见本章附件18-9），档案交接签证表后附档案移交目录（见本章附件18-10），交接各方责任人签字并加盖单位盖章，交接各方留存一份归档。

（4）总承包单位应将分包单位移交的项目档案与总包单位形成的项目档案整理汇总，编制档案归档说明和案卷移交目录，向项目单位移交，并办理交接签证手续。

第六节　项目档案验收

项目档案验收，指依据国家的方针政策、法律法规、相关行业标准和管理规范，对建设项目档案管理情况进行评定和验收，是竣工验收的重要组成部分。未经档案验收或档案验收不合格的项目，不得进行或通过项目的竣工验收。

一、项目档案验收组织

（一）由企业集团申报和投资的火电建设项目档案验收主体

由企业集团申报和投资，由国家、地方相关部门核准的火电建设项目，由企业集团总部或委托子分公司会同省级档案行政管理部门组织项目档案验收，验收结果由企业集团总部负责报送国家档案局备案。

下面以某能源集团所属火电建设项目为例，说明档案验收组织情况。

某能源集团档案验收办法规定，对于所属单机容量 600MW 及以上火电建设项目由企业集团总部组织档案验收；单机容量 600MW 以下火电建设项目由子分公司组织档案验收，验收结果报企业集团总部备案。

（二）项目档案验收组的组成

（1）企业集团总部组织的项目档案验收，验收组由企业集团总部、项目所在地省级档案行政管理部门和有关专家组成。

（2）由企业集团委托子分公司组织的项目档案验收，验收组由子分公司、项目所在地省级档案行政管理部门和有关专家组成。

（3）项目档案验收组人数应为不少于 5 人的单数，组长一般由验收组织单位人员担任。验收组应由具有高级职称或相应职级的档案专业人员组成，必要时可邀请相关专业技术人员参加验收组。

二、项目档案验收条件

（1）项目主体工程和辅助设施已按照设计规模和标准全部建成，并投入生产和使用。由于特殊原因尚有少量尾工不能完成，但不得影响工程安全正常运行。

（2）项目试运行指标考核合格或者达到设计能力。

（3）项目环保、水保、安全等各专项验收已具备验收或备案等条件。

（4）完成项目建设全过程文件材料的收集、整理与归档工作。

（5）基本完成项目档案的分类、组卷、编目等整理工作。

（6）项目档案在档案信息系统中录入完毕，电子文件挂接率达 80% 及以上（某能源集团验收办法规定）。

（7）项目单位组织项目设计、施工、监理等单位已完成项目档案自检工作，并编制自检报告，依据自检报告已整改完毕。

三、项目档案验收申请

（1）提交验收申请。项目单位在确认工程项目已具备档案专项验收条件时，应当向档案验收组织单位提交项目档案验收申请，并附项目档案自检报告及《建设项目档案验收申请表》（见本章附件18-11）。

（2）项目档案验收自检报告应当主要包括以下内容：

1）项目建设及项目档案管理概况。

2）保证项目档案完整、准确、系统、规范等所采取的控制措施。

3）项目文件材料的形成、收集、整理与归档情况，竣工图的编制情况及质量状况。

4）档案在项目建设、管理、试运行中的作用。

5）存在的问题及解决措施。

（3）验收组织单位根据验收申请、验收计划安排组织验收，与各相关单位协商确定验收时间，印发项目档案验收工作的通知。

（4）验收准备。项目单位应当在验收前准备档案验收佐证材料，主要包括以下内容：①成立档案管理组织机构文件；②项目档案管理规章制度；③项目档案业务指导相关记录；④项目档案分类编号方案；⑤项目档案检索工具；⑥项目划分表、招投标清单、合同清单、设备清单等；⑦项目档案编研、利用情况；⑧项目各阶段档案专项检查、预验收等验收意见及整改情况。

（5）项目单位组织各参建单位做好现场验收的配合工作。

四、验收要求

（1）按照相关规定，项目建设单位应于每年年底前向上级单位报送建设项目档案管理登记表及下一年度建设项目档案验收计划（见本章附件18-12、附件18-13），计划分为由国家档案局组织验收的项目、由企业集团总部组织验收的项目、由子分公司组织验收的项目。

（2）由国家档案局、企业集团总部组织验收的项目，子分公司先行做好验收前的指导和咨询，并组织预检。

（3）由子分公司组织验收的项目，在验收结束后，将验收通知、验收意见等相关材料报送至企业集团总部备案。

（4）项目建设单位应准备验收会议相关材料（见本章附件18-14），并对建设、监理、总包、设计、施工及调试等单位的汇报材料（见本章附件18-15～附件18-20）进行审核把关，做到汇报内容与实际工作相符。

五、验收内容

（1）档案工作保障体系，包括组织保障、制度保障、经费保障、设备设施保障等各项管理制度的实施情况。

（2）项目文件的形成、收集、整理、归档和移交情况。

（3）竣工图编制情况及质量。

（4）项目档案完整、准确、系统、规范情况。

（5）档案保管、利用、安全和信息化情况。

（6）各阶段验收档案遗留问题整改闭合情况等。

六、验收程序

（1）项目档案验收以验收组织单位召集验收会议、现场查验等形式进行。

（2）项目档案验收主要程序包括：

1）专家组预备会。由验收组组长主持，验收组全体成员、项目单位档案主管部门负责人及档案主管参加会议。

会议内容包括：①验收组组长介绍专家；②验收组组长宣布验收时间、工作安排、验收组成员分组及其他有关事项。

2）首次会议。由验收组组长主持，验收组全体成员，项目建设、监理、总包、设计、施工、调试和生产运行管理单位的有关人员参加会议。

会议内容包括：①验收组组长介绍验收组成员；②项目单位介绍参会人员；③项目单位（法人）汇报项目建设概况、项目档案工作情况；④监理单位汇报有关承建范围及项目建设过程中档案管理情况；⑤总包、设计、施工、调试等参建单位汇报有关承建范围及项目建设过程中档案管理情况；⑥验收组专家质询；⑦验收组组长介绍时间安排及专家分工情况。

3）过程检查。项目单位相关部门、监理、总包、设计、施工、调试等有关人员配合检查。①验收组成员根据国家、行业、上级单位及公司相关标准规范，采用现场查验、抽查案卷等方式，按照分组及分工以抽查方式对项目档案管理情况，档案完整、准确、系统、规范、安全情况和档案信息化情况进行检查；②抽查的档案应覆盖项目建设各阶段，反映项目建设总体情况，满足验收质量评价需要（抽查主要内容见本章附件18-21）。

4）专家组召开内部会。验收组全体成员参加会议。会议内容包括：①验收组成员反馈检查情况和问题，并提交检查意见反馈表（见本章附件18-22）；②确定是否通过项目档案验收；③根据检查情况进行综合评议，讨论并形成验收意见。并签署专家签字表（见本章附件18-23）。

5）末次会议。由验收组组长主持，验收组全体成员，项目建设、监理、总包、设计、施工、调试和生产运行管理的有关人员参加会议。

会议内容包括：①验收组对项目档案管理情况进行综合评价，并宣布项目档案验收意见；②验收组反馈检查发现的主要问题，并提出整改建议；③项目单位代表表态发言，并针对存在问题提出整改计划。

七、验收结论

（1）项目档案验收结果分为合格与不合格，项目档案验收组半数以上成员同意通过验收的为合格。验收组成员对验收有异议的，应在验收意见中明确记录。

（2）项目档案验收合格、存在问题较少的项目，验收组织单位验收结束后印发正式验收意见。项目单位认真落实整改，整改完成后，将整改报告报送至验收组织单位。

（3）项目档案验收合格，但存在问题较多。对整改量较大的项目，项目单位认真落实整改，整改完成后，将整改报告报送至验收组织单位，验收组织单位审核后，印发正式验收意见。

（4）对未通过档案验收，验收为不合格的项目，项目单位应在完成相关整改工作后，重新申请开展验收工作。

（5）项目档案验收意见的主要内容包括：

1）项目建设概况。

2）项目档案验收主要依据。

3）项目档案管理情况，包括项目档案工作的基础管理工作，项目文件材料的形成、收集、整理及归档情况，竣工图的编制情况及质量，档案的种类、数量，档案的完整性、准确性、系统性、规范性及安全性评价，档案验收结论性意见。

4）存在问题、整改要求与建议。

八、验收监督与考核

（1）为确保项目档案验收质量，根据验收的实际情况，上级单位委托子分公司组织的验收，上级单位将对子分公司组织档案验收的项目进行抽查，对于不符合验收程序和要求的，违规通过验收的项目进行通报批评，并取消有关子分公司组织验收资格，以及验收人员验收资格。

（2）对于上级单位投资的项目，未经上级单位批准，违规进行档案验收工作的单位及个人，给予通报批评。

（3）依据《中华人民共和国档案法》等有关法律规定，对为项目档案做出突出贡献的档案工作者及相关人员给予表彰和奖励，对造成档案损失的，追究有关单位及个人。

附件 18-1　　　　　　案卷封面

档号：

案卷题名

立卷单位 _____

起止日期 _____

保管期限 _____

密　　级 _____

附件 18-2 卷内目录

档号：

序号	文件编号	责任者	文件题名	日期	页号 / 页数	备注

附件 18-3 备考表

档号：

互见号

说明：

立卷人：

年　　月　　日

检查人：

年　　月　　日

附件 18-4

案卷脊背

保管期限

档号

案卷题名

正本 / 副本

注：脊背厚度可按实际需求设定。

附件18-5 案卷目录

序号	档 号	案 卷 题 名	总页数	保管期限	备注

附件 18-6　　　　　全引目录

档 号		案卷题名	总页数	起止日期		保管期限
序号	文件编号	责任者	文件题名	日 期	页号/页数	备注

附件18-7 光盘盘盒纸封面、盘盒纸封底和光盘盘面标签

附件18-7-1 光盘盘盒纸封面标签

单位：mm

光盘编号		套号	
全宗名称			
内容摘要			
保管期限		密级与保密期限		档案级光盘	

121

121

附件 18-7-2　光盘盘盒纸封底标签

单位：mm

7

光盘编号：

光盘背景信息

文件格式		类型容量	
运行环境			
制作单位		制作日期	
复制单位		复制日期	
备注			

118

光盘编号：

151

附件 18-7-3 光盘盘面标签

单位：mm

附件18-8 　　　　电子档案移交与接收登记表

交接工程名称			
内容描述			
移交电子档案数量		移交数据量	
载体起止顺序号		移交载体类型、规格	
检验内容	检验结果		
	移交单位：	接收单位：	
准确性检验			
完整性检验			
可用性检验			
安全性检验			
载体外观检验			
填表人（签名）		年　　月　　日	年　　月　　日
审核人（签名）		年　　月　　日	年　　月　　日
单位（公章）		年　　月　　日	年　　月　　日

附件 18-9　　　　火电建设项目档案交接签证表

项目（工程）名称：＿＿＿＿＿＿＿＿＿＿＿＿＿＿

移交单位（公章）：＿＿＿＿＿＿＿＿＿＿＿＿＿＿

接收单位（公章）：＿＿＿＿＿＿＿＿＿＿＿＿＿＿

交　接　日　期：＿＿＿＿＿＿＿＿＿＿＿＿＿＿

火电建设项目档案交接签证表（第二页）

承包项目名称				
合同号				
档案数量	文字材料		照片／声像档案	
	竣工图		电子文件（档案）光盘	

档案归档说明：（后附案卷移交目录）

火电建设项目档案交接签证表（第三页）

移交单位 自检意见	技术负责人： 档案负责人： 项目负责人： 年　　月　　日
监理单位 审查意见	档案人员： 项目总监： 年　　月　　日
建设单位 验收意见	工程部负责人： 档案负责人： 项目负责人： 年　　月　　日

附件 18-10   案卷移交目录

第 页共 页

序号	档号	案卷题名	立卷单位	保管期限	页数	备注

附件 18-11　　　　项目档案验收申请表

项目名称			
审批（核准）机关		立项日期	
投资规模		建设时间	
项目单位（法人）		设计单位	
主　要施工单位		主　要监理单位	
计划档案验收日期		计划竣工验收日期	
联 系 人		联系电话	
地址 / 邮编		电子信箱	
申请单位自检意见	（单位盖章） 年　　月　　日		
验收组织单位意见	（单位盖章） 年　　月　　日		

附件 18-12 建设项目档案管理登记表

编号：

项目名称			
项目单位或项目法人			
地址		邮编	
上级主管部门			
批准概算总投资	万元	计划工期	年 月 日— 年 月 日
主要单位工程名称			
现已完成的单位或单项工程			
主要设计单位			
主要施工单位			
主要设备安装单位			
主要监理单位			
项目档案和资料管理情况			
档案资料管理部门名称		隶属部门	
联系地址、电话		负责人	
项目建档时间			
专职档案人员人数			
库房面积/档案工作其他用房面积			
设施设备			
现在档案和资料数量（正本）	卷（册）		
图纸张数			
对项目档案日常监督、指导的上级单位			
填表单位	（盖章） 年 月 日		

注 此表于项目开工后 6 个月内报国家档案局经济科技档案业务指导司。对于未验收国家重点建设项目，每年填写此表一次。

附件 18-13　项目档案验收计划表

序号	项目单位	项目名称（以核准文件或备案文件为准）	核准或备案文号	核准或备案时间	装机容量	开工时间	竣工时间	档案验收计划时间	备注
1									
2									
3									
4									
5									
6									
7									
8									
9									
10									

附件18-14 建设项目档案验收会会议准备主要材料清单

一、项目单位、各参建单位汇报材料

包括项目单位汇报项目建设概况、项目档案管理情况；监理、设计、总包、施工、调试等参建单位汇报项目建设过程中档案的形成、收集、整理及移交归档工作情况；项目监理单位同时汇报项目档案质量的审核情况。

二、项目档案体系建设

包括档案组织机构、管理网络及人员配备文件材料及说明，项目档案纳入合同管理、档案经费落实、档案考核等文件材料。

三、项目档案管理规章制度

以红头文件印发的项目单位制定的档案管理制度、档案分类编号方案等。

四、档案业务监督、指导

包括项目档案业务监督、指导会议及培训，档案交底，档案检查，档案验收等相关记录。

五、项目档案移交清单、案卷目录

包括参建单位项目档案交接签证表、项目单位有关部门档案交接登记表，各种形式、不同载体档案的案卷目录等。

六、单位工程一览表

按照质量验评编制的单位工程一览表或项目划分表。

七、各类清单及台账

招投标清单、合同清单、设计变更清单、设备清单等。

八、项目档案编研、利用情况

（1）档案编研成果。
（2）档案借阅利用表、档案利用效果登记表等。

九、档案检查（咨询）意见及整改情况

（1）项目单位对相关部门、参建单位开展的档案过程检查、指导记录及问题整改闭环情况。

（2）上级单位检查、指导项目档案工作情况的记录及问题整改闭环情况。

（3）监理单位、项目单位对档案质量的审查情况和结论汇总等。

（4）其他涉及档案工作的检查清单及整改闭环情况。

附件 18-15   档案验收项目单位自检报告主要内容

一、工程概况

工程建设地点、工程规模、工程立项核准情况、投资情况、工程建设管理体制、主要参建单位、工程项目划分及质量验收情况、工程建设主要里程碑、工程专项验收情况等。

二、项目档案管理

档案管理依据，项目档案管理体系建设情况，档案工作机构设置和专兼职档案人员配备情况，档案管理制度建设情况等。保证项目档案完整、准确、系统、规范、安全所采取的控制措施。项目文件的形成、收集、整理与归档情况；竣工图编制情况及质量状况。按分类、载体统计的项目档案数据。档案在项目建设、管理、试运行中的作用等。

三、档案信息化建设及应用情况

与本项目管理信息化工作同步开展情况、档案管理软件配备、全文数字化程度、信息系统的录入及挂接情况，以及是否提供网络信息利用等情况。

四、各阶段档案检查及验收情况（若有）

说明各阶段档案检查、验收情况（组织单位、验收结论、存在的问题及整改落实情况）。

五、档案保管及综合利用

档案保管的库房条件、硬件设施及安全保管的各项措施，档案利用情况及档案利用效果，档案编研情况等。

六、项目档案自检情况、存在的问题及改进措施

项目单位组织监理、总包、设计、施工等单位开展档案自检工作情况，自检中发现的问题，并提出改进措施及建议。

七、项目档案综合评价

项目单位对项目档案的完整性、准确性、系统性、规范性进行综合评价。

附件 18-16　　档案验收设计单位自检报告主要内容

一、工程概况

概述工程建设地点、工程规模、勘测设计服务范围等。

二、设计文件的交付情况

概述从承担该工程设计开始至工程竣工以来由设计单位提交的勘测设计报告情况、设计图纸（册）汇总情况、设计变更通知汇总情况等。

三、工程设计更改情况

重要设计优化变更、施工过程中主要设计变更等情况。

四、设计档案管理情况

设计档案管理体系、设计工地代表档案机构设置和专兼职档案人员配备、档案管理制度建设；保证勘测设计档案完整、准确、系统、安全所采取的控制措施；勘测设计文件形成、收集、整理与归档移交及数量等情况。

五、各阶段档案验收、档案自检存在的问题及整改情况（若有）

说明各阶段档案验收结论、设计单位存在的问题及整改落实情况。介绍竣工档案自检工作开展情况、检查中发现的问题、进一步的改进措施。

六、勘测设计档案完整性、准确性、系统性评价

根据设计档案管理的实际情况，对设计档案的完整性、准确性、系统性、规范性方面进行综合评价。

附件 18-17　　　档案验收监理单位自检报告主要内容

一、工程概况

概述工程建设地点、工程规模、监理工作范围等。

二、监理档案管理工作

监理档案管理体系、档案机构设置和专兼职档案人员配备、档案管理制度建设；保证监理档案完整、准确、系统、规范、安全所采取的控制措施；监理文件形成、收集、整理与归档移交情况，按文件类型、载体类型统计所移交的档案数据。

三、对所监理工程的项目档案监督指导及竣工文件审核情况

所监理工程的项目文件形成、积累、整理与归档监督指导情况，针对所监理单位竣工档案和竣工图编制的审核情况，以及完整性、准确性、系统性的评价意见。

四、阶段检查、验收存在的问题及整改情况（若有）

说明各阶段档案验收检查结论、监理档案存在的问题及整改落实情况。

五、监理档案自检、存在的问题及改进措施

介绍档案自检工作开展情况、检查中发现的问题及进一步改进措施。

六、监理档案完整性、准确性、系统性、规范性评价

根据监理档案管理的实际情况，对监理档案的完整性、准确性、规范性方面进行综合评价。

附件 18-18 档案验收工程总承包单位自检报告主要内容

一、工程概况

工程建设地点、工程规模、工程总承包范围、主体工程分标情况、主要分包单位、工程建设主要里程碑等。

二、工程管理情况

项目管理体制、工程项目划分及工程验收等情况。

三、工程设计及更改情况

概述从承担该工程设计开始至工程竣工以来由设计单位提交的勘测设计报告情况、设计图纸（册）汇总情况、设计变更通知汇总情况、重要设计优化变更情况、施工过程中主要设计变更情况等。

四、项目档案管理情况

项目档案管理体系、档案工作机构设置和专兼职档案人员配备、档案管理制度建设等情况；保证项目档案完整、准确、系统、规范、安全所采取的控制措施；项目文件形成、收集、整理与归档移交情况及数量；竣工图编制情况、质量状况及归档移交数量。

五、阶段档案验收存在的问题及整改情况（若有）

各阶段档案验收结论、施工文件存在的问题及整改落实情况。

六、竣工档案自检、存在的问题及改进措施

介绍档案自检工作开展情况、检查中发现的问题及改进措施。

七、工程总承包档案完整性、准确性、系统性、规范性评价

根据档案管理的实际情况，对档案的完整性、准确性、系统性、规范性方面进行综合评价。

八、遗留问题及完成计划

梳理项目档案遗留问题（若有），列出问题清单，并制订整改完成计划。

附件 18-19　　档案验收施工单位自检报告主要内容

一、工程概况

概述工程建设地点、工程规模、施工范围及主要内容。

二、项目档案管理情况

项目档案管理体系、档案工作机构设置和专兼职档案人员配备、档案管理制度建设等情况；保证项目档案完整、准确、系统、规范、安全所采取的控制措施；项目文件形成、收集、整理与归档移交情况及数量；竣工图编制情况、质量状况及归档移交数量。

三、阶段档案验收存在的问题及整改情况（若有）

说明各阶段档案验收结论、施工安装单位存在的问题及整改落实情况。

四、竣工档案自检、存在的问题及改进措施

介绍档案自检工作开展情况、检查中发现的问题及改进措施。

五、施工文件完整性、准确性、系统性、规范性评价

根据档案管理的实际情况，对监理档案的完整性、准确性、系统性、规范性方面进行综合评价。

附件18-20　　　档案验收调试单位自检报告主要内容

一、工程概况

概述工程建设地点、工程规模、合同范围等。

二、项目档案管理情况

档案管理兼职档案人员配备、档案管理制度建设；保证本合同范围档案完整、准确、系统、规范、安全所采取的控制措施；文件形成、收集、整理与归档移交情况，按文件类型、载体类型统计所移交的档案数据。

三、阶段档案验收存在的问题及整改情况

说明各阶段档案验收结论、本单位存在的问题及整改落实情况。

四、竣工档案自检、存在的问题及改进措施（若有）

介绍档案自检工作开展情况、检查中发现的问题及改进措施。

五、档案完整性、准确性、系统性、规范性评价

根据调试档案管理的实际情况，对调试档案的完整性、准确性、系统性、规范性方面进行综合评价。

附件18-21　　　　　　项目档案验收主要内容

一、档案工作保障体系，包括组织保障、制度保障、经费保障、设备设施保障等各项管理制度的实施情况。

二、项目文件的形成、收集、整理、归档和移交情况。

三、竣工图编制情况及质量。

四、项目档案完整、准确、系统、规范情况。

五、档案保管、利用、安全和信息化情况。

六、各阶段检查及验收档案遗留问题整改闭合情况等。

附件18-22　　项目档案专项验收检查意见反馈表

验收项目名称	
验收时间	
检查内容	
存在问题	
工作建议	
是否同意通过验收或者总体情况	
检查人员签字	

注　1. 此表用于某能源集团档案专项验收，每位检查人员填写一张，验收结束后由验收组组长统一收集。

2. 检查内容请填写每位检查人员负责检查的档案内容；存在问题请填写检查人员检查后所发现的档案问题；建议请填写对该项目档案整改建议。

附件 18-23　　　项目档案专项验收组成员签字表

验收组职务	姓名	单位	职务、职称	签字	备注
组长					
成员					

第十九章
工程验收及项目后评价

在火力发电建设工程项目实施过程中，工程总结、工程验收和项目后评价是三个不可缺少的重要环节，发挥着重要的作用。项目单位必须高度重视，按时、按程序和要求，高标准、高质量完成这三项工作，为工程项目画上圆满句号。

第一节　工程总结

工程总结是对火力发电建设工程项目实施过程和成果的全面回顾和总结，旨在评估火力发电建设工程项目的效率和质量，以及总结经验和教训。工程总结通常在火力发电建设工程项目完成后进行，由项目单位和相关方共同参与。

在工程项目管理收尾阶段，项目单位应编写项目工作总结，纳入项目档案管理。机组考核期结束后 1 个月内，项目单位应及时组织有关专家对已编制完成的工程总结进行审查。

一、工程总结编制依据

（1）项目可行性研究报告。
（2）项目管理策划。
（3）项目管理目标。
（4）项目合同管理。
（5）项目管理规划。
（6）项目设计文件。

（7）项目合同收尾资料。

（8）项目的有关管理标准等。

二、工程总结总体要求

（1）项目单位主要领导要重视工程总结工作，要真抓实干，而不是走过场，才能将工程总结真正落实到位。

（2）工程总结应由项目单位组织编制，原则上应在本期工程的最后一台机组168h试运行结束后的45d内完成出版，并报项目单位上级单位。

（3）项目单位应在日常工作中及时收集、归类、整理并妥善保存与工程总结有关的数据、报告、案例、图表、声像资料等各种信息。

（4）项目单位应及时与上级单位相关部门沟通信息，收集、过滤、汇总工程建设过程中出现的问题、失误、缺陷等典型案例，协助上级单位相关部门建立动态案例数据库，为后续工程建设提供借鉴。

（5）项目单位工程总结编制人员应尽量应用数据、控制图表等描述所取得的成果和偏差，以增加说服力，并对具有代表性、广泛性的案例进行深度分析研究，做到内容翔实丰富、理论与实践结合、图文并茂。

（6）项目单位应根据本工程特点（如创优工程、示范工程、环保工程、数字化工程、生态工程等），确定工程总结编制的重点，提炼先进做法，总结工程亮点和局部闪光点，体现企业品牌。同时，真实反映工程建设过程中出现的问题、失误、缺陷和弱点及改进建议，以供借鉴。

（7）"四新"项目可根据本工程"四新"项目数量、范围和应用程度，可单独设置一篇或将有关内容分解至各篇章，描述"四新"的调研论证、风险分析、培训、应用和效果等。属国内首次应用的"四新"项目，应做重点介绍。

（8）工程总结每篇章的主要内容包括案例介绍、技术管理亮点与不足。

（9）技术案例主要应从设备及系统特点、施工工艺要点、性能指标、暴露出来的问题、防范对策、效果评价等方面进行阐述。

（10）管理案例应主要从安全、节能、环保、效益、规范等方面进行选题，针对案例进行深入剖析。

三、工程总结内容要求

（一）工程总结目录

（1）前言。

（2）工程概述。

（3）项目管理。

（4）工程设计。

（5）工程监理。

（6）单项验收及工程竣工验收。

（二）主要内容要求

1. 工程概述

重点表述项目建设背景、项目特点、工程技术经济指标，并对项目进行简要介绍。

2. 项目管理

（1）工程管理。重点表述施工组织及工程质量、工程安健环、工程进度、工程档案管理、调试管理等方面的典型案例、管理亮点及不足。

1）工程质量管理可选取目标和实现情况、管理思路、管理难点、达标创优规划及实施结果、质量监督计划及实施情况等方面的内容。

2）工程安健环管理可选取目标和实现情况、管理思路、管理难点、安全文明施工管理等方面的内容。

3）工程进度可选取管理思路、项目管理软件应用、进度计划风险控制与实施等方面的内容。

4）工程档案管理可选取工程过程文件资料的流转和控制、竣工图编制及质量、信息化应用、设施管理、达标认证情况、档案管理等方面的内容。

5）调试管理可选取调试文件包管理、逻辑优化、调试项目和进度、调试质量和调试深度、技术经济指标、调试结果与设计值的偏差等方面的内容。

（2）投资及合同管理。重点表述概算及投资管控、工程招标和合同管理等方面的典型案例、管理亮点及不足。

1）概算及投资管控可选取投资管控模式及措施、投资估算、概预算、结算和竣工决算、项目免税等方面的内容。

2）施工和服务招投标可选取标段划分、标段接口、评标方式、短名单管理及风险防范等方面的内容。

3）合同管理可选取合同管控流程、采购方式、各阶段的管控重点及措施、设计变更的控制、商务和技术谈判技巧等方面的内容。

（3）物资管理。重点表述物资采购、设备监造和催交、仓储管理等方面的典型案例、管理亮点及不足。

1）招投标管理可选取市场信息、成本控制、采购的特点及控制重点、风险防范、免税项目等方面的内容。

2）合同管理可选取商务和技术谈判技巧、供应商管理、风险管理等方面的内容。

3）设备监造和催交可选取监造方式、质量监造和进度监造的问题及处理、设备催交、交货进度预警和处理等方面的内容。

4）验收仓储管理可选取仓储方式、仓储设施规划、仓储管理等方面的内容。

（4）财务管理。重点表述资金、融资、全面预算管理和竣工决算等方面的典型案例、管理亮点及不足。

1）融资及资金可选取融资方式、贷款方式、资金管理及成本节余情况等方面的内容。

2）全面预算管理可选取预算的编制、分解、调整及控制，绩效考核和现金流管理等方面的内容。

3）竣工决算可选取工作机构、工作计划及落实情况、信息收集等方面的内容。另外，可根据情况增加固定资产的登记、盘点、评估、减值准备、交接等内容。

（5）信息化管理。重点表述信息化建设、软件应用开发和管理等方面的典型案例、管理亮点及不足。

（6）技术管理。重点对锅炉、汽轮机、电气、热控、土建、脱硫脱硝、焊接与金属检验、化学等专业技术管理方面的典型实例进行剖析、总结经验，查找不足。

（7）生产准备。重点表述机构设置、人员招聘、培训、建章立制等方面的典型案例、管理亮点及不足。

3. 工程设计

（1）主要设计原则。主要介绍本工程的设计指导思想、设计原则、设计主要特点。

（2）优化设计。重点表述各专业优化设计及优化取得的技术经济效果，以典型案例进行剖析。

（3）环境保护、能源资源节约和综合利用。重点介绍落实节能减排、环境保护等国家能源政策取得的优秀设计成果。

4. 工程监理

表述设计、施工、调试等监理单位在监理工作中的典型案例、管理亮点及不足。表述重点：监理规划及实施细则、"三控两管一协调一履责"、旁站项目、平行见证项目、见证取样等质量控制点、二十五项反措和强条执行监督、验收评价等内容。

5. 单项验收及工程竣工验收

重点表述工程竣工验收，环保、职业病防护设施、安全设施、水保、消防、档案六个单项验收等发现的问题及处理情况。

第二节　工程验收

工程验收是火力发电工程建设项目实施过程中的一个关键环节，其目的是对项目的成果进行全面的检查和评估，以确保项目满足预定的质量标准和客户需求。

工程验收指建设工程完成工程设计文件要求和合同约定的各项内容后，依照国家有关法律法规及工程建设规范、标准的规定，组织对工程建设质量和效果进行评定和验收，并编制工程总结报告。火力发电工程建设项目验收包括工程专项验收、中间验收、达标投产验收及工程竣工验收，火力发电工程建设项目应在本期工程最后一台机组移交生产后 18 个月内完成工程验收。

一、工程验收总体要求

项目单位应按国家、行业和上级单位相关规定落实专项验收、达标投产验收和竣工验收必备条件，提出验收申请并配合现场验收，对验收提出的遗留问题及时进行整改，做到闭环管理。

项目单位应提高投产标准，努力实现零尾工投产。特殊情况下的零星尾工项目，应确保不对工程安全造成影响。及时制订尾工项目建设计划和竣工验收计划，并严格按计划完成。

二、专项验收

（一）专项验收内容

工程专项验收主要包括环保、消防、水土保持、特种设备（锅炉压力容器和起吊机械）、安全、职业卫生、铁路、水工工程（水利、港务、海事、航道）、档案等项目的验收。

（二）专项验收组织机构与职责

项目单位应成立工程专项验收工作组，并根据工程专项验收类别成立专项验收工作小组。项目单位工程专项验收工作组一般由董事长或总经理担任组长。专项验收工作小组，原则上由项目单位分管副总经理担任小组组长，并指定专人负责各专项工程验收工作。

项目单位是各专项验收的责任主体，在项目前期规划、设计、施工、调试、验收等过程中，应认真贯彻落实国家、地方有关专项工程验收的各项规定，熟悉各专项工程验收的工作内容与要求，规范、有序地做好专项工程验收的各项工作。

项目单位在制订工程总体工作计划时，应同时制订专项工程验收工作计划，并负责计划的有效实施。专项工程验收工作应与工程总体进度相协调，不得影响整套机组启动、移交和生产运营。

项目单位在工程招标及与参建单位签订有关工程建设合同时，应将各专项工程验收的相关规定和要求列入合同条款中，加强合同中有关条款执行的监督检查，要求各参建单位积极配合，做好验收工作。

项目单位应做好专项工程验收工作的组织和协调，在人力、物力上保证必要的投入。

（三）专项验收完成时间要求

项目单位应要求专项工程验收须遵循政府主管部门的有关规定和上级单位有关文件要求，并做好与当地政府相关职能部门的沟通工作。项目单位应要求专项工程验收须满足如下要求：

（1）特种设备、排污许可证在项目机组整套启动前完成取证。

（2）铁路（码头）、水工工程在项目机组整套启动前取得同意投用许可，投产后 3 个月完成专项验收。

（3）安全、职业卫生、水保在投产后 3 个月内完成专项验收。

（4）消防在项目机组整套启动前通过有资质单位的专业检测，并取得相关部门同意使用的意见，并在投产后 3 个月内完成专项验收。

（5）环保项目在投产后 6 个月内完成专项验收。

（6）工程档案在投产后 6 个月内完成专项验收。

三、达标投产验收

达标投产验收是采取量化指标比照和综合检验相结合的方式对工程建设安全环保管理、综合管理、工程档案管理，及机组投产后的质量工艺、调整试运、技术指标等方面的综合考核验收。达标投产必须贯彻落实事前、事中、事后控制的原则，在工程实施全过程落实达标投产规划和细则的要求。

（一）验收组织机构与职责

项目单位应成立达标领导小组，并设办公室。项目单位达标领导小组组长一般由项目单位董事长或总经理担任，副组长由分管基建副总经理、分管生产副总经理担任，成员由项目单位相关部门和设计、主要设备供货商、施工、调试、监理、性能试验等参建单位项目主要负责人组成，办公室设在工程技术部门。项目单位达标领导小组主要职责包括以下方面：

（1）在上级单位达标领导小组的领导和指导下，全面贯彻上级单位对达标工作的要求。

（2）结合工程的实际情况，在设备和施工招标以前组织编写达标投产规划，作为施工组织设计大纲的附件提交审查；在审定的达标投产规划基础上，制定达标投产细则。

（3）定期召开达标工作例会。根据工程进展的不同特点，逐项检查达标计划的完成情况，及时协调解决有关问题，组织参建单位全面完成各类专项检查提出的达标整改要求。

（4）组织并主持年度自查。自工程开工之日起，在机组投产前的每年年末，负责按上级单位达标投产考核有关要求、达标工作计划、实施细则，对已完成的工程项目组织年度自查，并将自查结果书面呈报上级单位达标领导小组。

（5）组织并主持达标投产自检，提交达标自检报告。

（6）对自检中需要消缺、完善的项目提出整改计划，并组织实施。

（7）负责向上级单位达标领导小组提交机组达标预检申请。

（二）火电机组达标考核程序

国家示范火电项目机组达标考核一般分自检、预检、复检三个阶段，其他火电项目机组达标考核一般分自检、复检两个阶段。

（1）自检。由项目单位达标领导小组负责组织并主持，监理、设计、施工、调试、运行、设备供货商、性能试验等参建单位参加。自检工作必须在机组投产后的考核期内的前 2 个月内完成，未经上级单位达标领导小组同意，逾期不再进行达标投产复检工作。

（2）预检。一般由上级单位达标领导小组负责组织并主持，项目单位及监理、设计、施工、安装、调试、运行等参建单位参加。达标预检在机组考核期内的后 1 个月内完成，未经上级单位达标领导小组同意，逾期不再进行达标投产复检。

（3）复检。国家示范火电项目机组达标复检一般由上级单位达标领导小组负责组织并主持，上级单位、项目单位及监理、设计、施工、安装、调试、运行等参建单位参加。其他火电项目机组达标复检由上级单位达标领导小组负责组织并主持，项目单位及监理、设计、施工、安装、调试、运行等参建单位参加。达标复检一般在机组考核期结束后 2 个月内完成。

火电机组申报达标预（复）检一般应具备以下条件：

（1）受检机组的建设工程已通过政府主管部门的核准。

（2）受检机组及其相关系统的全部建筑和安装工程已经全部完成，各分项、分部和单位工程的质量验收必须全部满足国家颁发的现行的、有效的标准和规程，且签证规范、齐全、完整。

（3）受检机组已按《火力发电建设工程启动试运及验收规程》（DL/T 5437—2022）的规定完成启动试运及全部调试；按《电力建设施工质量验收规程　第 6 部分：调整试验》（DL/T 5210.6—2019）的规定验收合格；按《火力发电机组性能试验导则》（DL/T 1616—2016）的规定完成全部性能试验项目，投入商业运营并完成相关的验收和移交手续。

（4）受检机组的建设工期未超过上级单位下达的工期要求目标。

（5）受检机组投产后能稳发、满发，安全可靠，无威胁机组安全稳定运行的隐患。"供电煤耗"性能试验的测试值不大于设计值，"汽轮机热耗率"性能试验的测试值不大于合同保证值的 100.5%，机组轴系振动的在线值不超过运行规程的报警值，汽轮机真空严密性在考核期的平均值不超过 200Pa/min，考核期内热控保护、自动、DCS 和指示仪表的投入率，电气保护、自动和指示仪表的投入率均能达到并保持在 98% 以上。

（6）受检机组在考核期的等效可用系数应不低于 92%。

（7）受检机组的环保项目在建设期内应实现"三同时"（同时设计、同时施工、同时投产使用），且设备及其系统运行正常。

（8）受检机组完成达标自（预）检，且各考核项目的得分率均在 80% 以上。

（三）达标投产验收管控措施

为顺利完成达标投产验收，项目单位应高度关注如下管理要求：

（1）受检机组（工程）的达标投产考核，必须以国家、电力行业和上级单位颁发的有关电力工程建设的现行标准、规程、规定，以及项目的有关批准文件、设计（最终版）、合同等为主要依据。严禁以达标为名擅自提高装饰和建设标准，不准做表面文章、不准搞形式主义。

（2）达标考核的标准是对新建机组（工程）的基本要求，新建机组的各项指标都必须在投产时达到或优于相关考核标准。

（3）达标投产必须贯彻落实事前、事中、事后控制的原则，在工程实施全过程落实达标投产规划和细则的要求。

（4）火电机组达标投产应执行上级单位的有关火电机组达标投产考核标准和《电力建设施工质量验收规程　第6部分：调整试验》（DL/T 5210.6—2019）。

（5）如果要达标创优，则需要采取以下措施，保证达标创优的实现。

1）在开工准备期，项目单位应及早决定是否创优，要创优，则总体目标必须要有创优目标。尽量不在建设过程中再做创优决定，因为这会造成有些创优标准已经难以实现，或者花费时间和成本较高。

2）创优要早准备，是否聘请第三方咨询机构要尽早决策。

3）如果创优，须进行策划创优规划，并制定相应的标准和措施。

四、竣工验收

竣工验收指对火力发电工程建设项目内容、工程质量、国家和行业强制性标准执行情况、资金使用情况等事项的全面检查验收，以及对项目设计、施工、监理等工作的综合评价。火力发电工程应在本期工程最后一台机组移交生产后18个月内完成工程竣工验收。项目单位一般根据各自的上级单位要求开展竣工验收工作。

（一）竣工验收组织及职责

项目单位一般要成立工程竣工验收委员会（简称验收委），并设办公室。

工程竣工验收委主要职责如下：

（1）负责具体落实项目竣工验收条件。

（2）负责编制项目《竣工验收报告》。

（3）负责向上级单位提出竣工验收申请。

（4）负责项目现场竣工验收的准备工作。

（5）负责限期整改项目竣工验收提出的问题。

（二）竣工验收准备

项目单位应在施工单位和设计单位的配合下，在办理工程竣工验收之前，认真清理所有财务和物资，编报工程竣工决算，分析概预算执行情况，考核投资效果。

项目单位、监理、设计、施工、调试和生产单位，均应在工程竣工验收前分别提出参建工程的总结报告，其内容一般包括本期工程（含配套工程）建设全过程中所采用的新技术、新设备、新工艺、新材料、现代化管理等方面取得的效果和经验教训；安全、质量、进度和效益；性能和技术经济指标、合同要求的考核试验、竣工决算等完成情况。

（三）竣工验收的主要依据

竣工验收的主要依据如下：

（1）国家有关法律法规，行业相关规程、规范、技术标准及上级单位有关规定。

（2）项目审批、核准、备案批复文件及有关支持性文件。

（3）经批准的可行性研究设计、施工图设计、设计变更及概算调整等文件。

（4）工程建设的招标及合同文件。

（5）经批准的现场签证及变更资料。

（6）设备技术说明书等。

（四）竣工验收应具备的条件

竣工验收应具备如下条件：

（1）本期工程的全部建筑、安装工作均已按设计要求完成，并已投入使用，设备及系统在机组考核期间运行安全、稳定，技术、经济、环保等指标均达到设计要求。

（2）建设过程符合国家和行业的基本建设程序。

（3）环境保护、水土保持、安全设施、消防设施、职业卫生和工程档案等验收合格，并按规定完成相关报备工作。

（4）工程质量通过电力建设质量监督机构的各阶段质量监督检查，发现问题已整改闭环。

（5）完成机组性能考核试验等所有试验内容。

（6）完成项目达标投产复检。

（7）竣工决算审计合格。

（8）具有保修期的工程建设项目，有施工单位签署的工程保修书。

（9）项目单位及各参建单位编制完成工程总结。

（10）竣工验收总结报告及支持性文件已完成编制。

若整个工程基本符合竣工验收条件，仅有零星土建工程和少数非主要设备未按设计规定的内容全部建成，但不影响正常生产，亦应视为具备办理竣工验收条件。对未完工程应按设计要求，安排资金，限期完成。

（五）竣工验收程序

（1）项目单位进行竣工验收自查，验收条件具备后编制项目《竣工验收报告》，向上级单位提出竣工验收申请。

（2）上级单位组织国家示范火电项目竣工验收及其他火电项目竣工验收。

（3）上级单位验收组通过听取汇报、现场查验、资料审核等方式了解项目情况，形成各专家组意见。

（4）上级单位验收组讨论、形成并宣布竣工验收意见，印发《竣工验收报告》。

（六）竣工验收主要管控措施

组织实施现场竣工验收时，应成立设计与综合管理组、安全与施工工艺质量组、调试与技术指标组、竣工决算与档案管理组四个验收组，代表验收委对项目现场实施检查验收，形成验收意见。各组验收内容包括：

1. 设计与综合管理组

（1）按批准的可研文件、设计文件、施工图纸及合同约定内容和标准，检查项目建设完成情况。

（2）环境保护工作。落实环评批复和变更措施及"三同时"完成情况，主要污染物排放指标符合环保或设计要求情况，专项验收情况。

（3）水土保持设施。落实行政审批部门的批复措施情况，防治水土流失指标达标情况，专项验收情况。

（4）项目设计亮点及"四新技术"应用评价。

（5）项目管理情况评价。

（6）存在问题及建议。

（7）验收意见。

2. 安全与施工工艺质量组

（1）安全保证体系建设及运行情况，责任制落实情况，项目建设强制性条文实施情况，安全事故情况。

（2）质量保证体系建设及运行情况，质量目标完成情况，单位工程质量验收合格率，建筑工程及安装工程质量评价。

（3）安全设施"三同时"完成情况，专项验收及安全生产监督管理部门备案情况。

（4）职业病防护设施按设计要求建设及使用情况，专项验收情况。

（5）消防设施按设计要求建设及使用情况，专项验收情况。

（6）存在问题及建议。

（7）验收意见。

3. 调试与技术指标组

（1）项目主设备选型及制造、安装情况，分系统和整套启动调试情况，满负荷试运及移交生产情况，试验项目完成情况。

（2）机组性能考核试验主要技术经济指标与设计值对比情况。

（3）机组投产后生产运行管理情况。

（4）主要技术经济指标及亮点。

（5）存在问题及建议。

（6）验收意见。

4. 竣工决算与档案管理组

（1）项目结算完成情况，竣工财务决算报告编制完成情况；火电项目总投资、单位千瓦造价与造价目标及批复的初步设计概算对比结余情况；新能源项目总投资、单位千瓦造价与造价目标及批复的初步设计概算对比结余情况。

（2）项目档案管理及分类、组卷、归档的齐全性和规范性，专项验收情况。

（3）存在问题及建议。

（4）验收意见。

第三节　项目后评价

火力发电工程建设项目后评价是在项目实施完成后对项目的效益和影响进行全面评估。它通过对项目的目标、过程、结果和影响进行深入分析，为决策者提供有关项目成功与否的信息和建议。

一、项目后评价目的及意义

项目后评价通过对项目实施过程、结果及其影响进行调查研究和全面系统的总结，检验项目是否达到预期目标，提供奖惩依据，总结经验教训，提高投资决策和管理水平，达到提高投资效益的目的。

二、项目后评价类别

新（扩）建投资项目后评价分为项目自我总结后评价和专业咨询机构独立后评价（简称独立后评价）等两种方式，其中独立后评价又分为项目事后评价和项目中间评价。

（1）项目自我总结后评价，指项目单位组织企业内部管理、技术人员对项目进行自我总结评价，完成项目自我总结评价报告（简称自评报告）。

（2）独立后评价，指根据一定标准选取的项目，一般由上级单位委托专业咨询机构对项目进行的第三方评价。

1）项目事后评价，一般指委托专业咨询机构对建成投运满2年以上且完成财务竣工决算的项目进行的评价。

2）项目中间评价，一般指选取部分工程特殊或工期较长的处于在建状态的项目，委托专业咨询机构进行的过程中评价。

三、项目单位职责

项目单位主要职责如下：

（1）负责组织开展项目自我总结后评价，及时向上级单位提交自评报告。

（2）积极配合独立后评价工作，向专业咨询机构提供必要的、客观的、真实的和完整的信息资料，配合开展项目现场调查。

（3）负责落实后评价报告中提出的意见及关于后续管理措施的建议。

四、后评价项目选取标准

开展独立后评价（指项目事后评价）的项目主要从以下类型项目中选择：

（1）工程特殊、投资数额大、建设工期长和建设条件较复杂的项目。

（2）战略性新兴产业项目。

（3）采用新工艺、新技术、新材料、新型投融资和运营模式，以及其他具有特殊示范意义的项目。

（4）对转型升级、调整结构、优化布局和把握投资方向等方面有重要借鉴作用的项目。

（5）引发的环境和社会影响较大的项目。

（6）发生重大方案调整的项目，如外部条件和厂址布局等发生重大变化的项目。

（7）投产后实际效益与预期目标差距较大且低于投资决策审批时收益标准的项目。

（8）竣工后与可研条件相差较大的项目。

（9）其他根据需要特别指定的项目。

五、项目后评价程序

（一）项目自我总结后评价工作程序

项目投运满 2 年且完成财务竣工决算的 6 个月内，项目单位均应按新（扩）建投资项目后评价工作指南的具体要求完成自评报告。自评报告应内容翔实、数据准确、评价客观，经项目单位主要负责人签字后上报至上级单位。

（二）后评价成果应用

（1）后评价成果将作为项目单位编制、修订投资规划的重要依据。参考后评价结果，衡量已决策投资的项目是否满足项目单位战略目标与投资要求，评价既往规划目标的准确性与合理性，进而指导新的规划体系的形成。

（2）后评价成果将用于指导项目单位新（扩）建投资项目的审批管理。在新项目投资决策阶段，会参考同类型项目后评价结论。

（3）后评价成果可作为项目单位奖励评审的主要依据之一。对于后评价结论反映出项目为项目单位战略发展、科技创新、安全生产、提高效益、创造价值和改善经济增加值（economic value added，EVA）等方面做出重要贡献的，相关单位可依据后评价报告申请奖励。

（4）后评价报告可作为项目单位投资责任追究的主要依据之一。对于后评价过程中发现的违反规定、未履行或未正确履行职责造成项目单位资产损失及其他严重不良后果的，后评价报告中应单独列出。项目单位相关部门应依据国家及有关规定，按有关程序严肃追究相关单位、人员责任。

（5）后评价报告中需明确参建各单位（含主要设备供应商）及相应单位的负责人、主要参与人员。对于在建过程中弄虚作假、缺失诚信的单位和个人，后评价报告中应单独列出。

（6）项目单位招标委员会等将其列入黑名单，未来项目不予考虑。对于给项目单位造成经济损失的，根据情节轻重，项目单位应按照法律法规或合同约定向其索取经济赔偿。

（7）项目单位应大力推广通过项目后评价总结出来的成功经验和做法，不断提高企业投资决策、工程建设、生产运营的管理水平，全面提高投资质量效益。

（8）对于后评价报告中反映出的突出问题，项目单位应认真分析，制定有效整改措施，及时整改到位，汲取教训，健全和完善相关管理制度，提高企业建设和运营管理水平。

第二十章
团队建设及企业文化

"业主主导、专业咨询"模式的精髓是各类资源能力的整合，其实质是具备强大技术实力、管理能力和资源协调能力的团队建设、团队协作能力。由此可以看出，团队是火力发电工程建设项目的基石，是企业持续发展和健康运行的根本。团队建设则是实现火力发电工程建设项目目标的最佳路径。本章从党建、企业文化建设、廉洁从业三个方面详细阐述如何打造一支"廉洁从业、实干担当、创新进取、目标一致、执行高效"的火力发电工程建设团队，为火力发电工程建设项目高质、高效实施保驾护航。

第一节　党建

火力发电工程建设项目建设期，在落实安全管控的前提下持续深化党建引领下的"党建 + 基建"工作模式，充分发挥党组织战斗堡垒作用和党员干部先锋模范作用，探索以党建促进工程项目建设落实落地的有效途径，旨在将党建工作与工程质量、安全、进度等有机融合，切实把党建优势转化为工程管理优势。

一、火力发电工程建设项目党建工作特点

火力发电工程建设期党建工作一般具有如下特点：

（1）将提高建设工程质量、安全、效率，增强项目单位基建工程市场竞争力作为工作的出发点和落脚点。

（2）在落实安全管控的前提下，持续深化党建引领下的"党建 + 基建"工作模式，充分发挥

党组织战斗堡垒作用和党员干部先锋模范作用。

（3）一岗双责。"一岗双责"是基层党委委员在分工开展业务工作的同时，对分管部门和业务范围的党建工作承担直接领导责任。公司党委委员履行"一岗双责"抓党建工作，应坚持党建工作与业务工作同谋划、同部署、同落实、同检查、同考核，扎实推进分管范围的党建工作不断加强和改进。

二、党建引领保障工程优秀做法

（一）构建全工地"一盘棋"的组织体系，聚焦工程建设目标

工程目标是旗帜，唯有织密建强全现场党的组织体系、责任体系，构建上下贯通、整体联动"一盘棋"大党建格局，才能强化党组织的政治功能、引领推动工程建设高质量开展，真正做到业务延伸到哪里，党的工作就覆盖到哪里，党建作用实效就彰显到哪里。

1. 健全基本组织

火力发电工程基建期，往往工程进展迅速，不同阶段分包队伍不同，人员流动较大，需要以强有力的组织保障把工程目标贯彻始终。因此，项目单位应以提升组织力为目标，采取"一个现场一个党委、一个现场一个团委"的工作举措，确保各参建队伍以创国优为旗帜，做到目标一致、步调一致，切实夯实组织根基。

（1）成立全现场临时党委。项目单位组织成立全现场临时党委，项目单位党委书记可兼任全现场临时党委书记、各参建单位项目经理兼任临时党委委员；根据参加单位数量情况，临时党委下可下设数个临时党支部或临时联合党支部，并根据工程现场各参建队伍党员情况及时调整临时联合党支部构成。

（2）成立全现场临时团委。聚焦全现场党建领航赋能的党组织管理架构捋顺后，项目单位可组织成立全现场临时团委，由项目单位团委书记兼任全现场临时团委书记、各参建单位临时团支部书记兼任临时团委委员。根据参建单位情况，临时团委下可下设数个临时团支部或临时联合团支部，并根据工程现场各参建队伍青年员工情况及时调整临时联合团支部构成。

2. 规范基本制度

"基础不牢，地动山摇"。从火力发电工程一开始，项目单位就应切实紧抓党建工作，以严的作风、高标准的基调，抓实、抓细基础工作，做到目标明确，体系化、标准化开展党建工作。新建或完善各项党建工作制度，发布党建工作清单，探索支部参与公司重大决策建议机制，完善差异化的党支部议事规则和议事清单，建立支部规范运行、工作纪实、监督检查、科学考评机制，让党建工作有"计划表、流程图、明白账"着力打通全面从严治党责任落实的"最后一公里"。

3. 建强基本队伍

思想是理论的先导，理论上清醒，政治上才能坚定，行动上才能自觉，只有知道干什么，才

会琢磨怎么干、如何干好、干出特色，规定动作做到位是基础，重点工作有突破是提升，特色动作有亮点才是归属，这就需要切实提升党务工作者、党支部书记和党员"三支队伍"能力建设，不断提高政治素养和专业能力，为高质量党建助力火力发电工程目标奠定人才基础。

（1）统筹开展火力发电工程基建现场包括项目单位和各个参建单位在内的全区域"引进来、走出去"大党建培训活动，全方位促进党员党建队伍能力大提升。

（2）制订党员教育培训工作规划和年度计划，坚持示范引领，突出按需施教，分层分类抓好党务人员、党支部书记、党员教育，着力打造讲政治、懂业务、善解读、精管理的党务工作者队伍，讲政治、懂业务、爱专业、喜创新的党支部书记队伍，讲政治、用党建、守规矩、重程序的党员队伍，推动公司基层组织建设持续登高，全面过硬。

（3）开展党员积分制登高活动，建立标准岗、精品岗、示范岗三级考评体系，建立起党员人人参与创建标准岗、支部择优评选精品岗、党委表彰命名示范岗的党员奋斗登高机制，形成"命名一个岗，树起一面旗，表彰一个岗，带动一大片"的良好局面。

（二）构建全工地"一条心"的思想体系，破解创国优难题

项目单位党委充分发挥"把管促"作用，提高观大势、抓大事、管全局的能力，增强工作的科学性、预见性、主动性，引领带动全工地参建单位员工开动脑筋谋发展，破解创优难题、提高创优能力，追求高质量发展。

1. 思想赋能践初心、解难题

某电厂党委上下一心，认真学习贯彻习近平总书记重要讲话和重要指示批示精神，制订中心组学习计划，根据工程目标影响要素、工程推进的难点、发展的难题等，动态调整学习内容、研讨主题，深入学习习近平总书记关于安全生产、生态文明和关于能源行业的重要指示批示精神，汲取我党百年奋斗力量和智慧，就"如何开展、部署、落实工程建设目标""结合工作实际与存在的风险点，谈谈如何避免违规违纪事件的发生""如何充分运用新思想、新理念，推动生产准备工作高质量开展""用习近平新时代中国特色社会主义思想推动安全文明施工标准化工地建设""结合习近平总书记视察榆林化工重要讲话再学习，谈煤电在新型电力系统中的基础保障作用"等主题进行专题研讨，形成推动工作、破解发展难题的有效措施，引领保障工程建设稳步推进、管理水平稳步提升、人才发展稳步向前。

2. 堡垒赋能创品牌、攻难题

（1）不断提升党支部自主造血能力，推动"一支部一特色"，要求每个支部至少形成一个特色项目成果。结合支部所辖部门职责，以及工程建设具体实践，工程现场每个支部皆应树立品牌建设目标，项目单位支委会定期研究品牌建设要求，支部定期向党委汇报抓党建工作情况，在工程建设过程中推动品牌落地。

（2）强化组织融合，充分发挥支部战斗堡垒作用，积极促进支部"三会一课""主题党日"与"安全、质量、进度、科技创新"等工程目标有机融合，以"组织力提升"和"月考评设流动红旗"为抓手，催生"1+1>2"效果，攻克工程建设实际难题，发挥支部战斗堡垒作用，保障项目工

期、质量。

3. 青春赋能扬旗帜、破难题

习近平总书记在党的十九大报告中指出："青年兴则国家兴，青年强则国家强。青年一代有理想、有本领、有担当，国家就有前途，民族就有希望。"一流火力发电工程建设项目离不开青年力量。项目单位和各参建主体单位广大青年应树立远大理想、热爱伟大祖国、担当时代责任、勇于砥砺奋斗、练就过硬本领、锤炼品德修为。打造电厂"青"字品牌建设尤为重要，旨在激发青年创新活力、奋斗激情，在干事创业、担当作为、冲锋陷阵中助力建设工程目标实现。

一是凝聚思想共识。抓实"三会两制一课"，根据工程项目节点，明确主题团日活动计划、主题，开展"传承红色基因，赓续红色血脉"主题团日活动、"唱一首歌、看一部短片、诵一段经典、讲一个故事、谈一番感悟、送一份吉祥""六个一"道德讲堂暨"时代楷模"宣讲会等，通过重温入团誓词、赠书促学、主题团课、企业讲堂等形式，赓续红色血脉，聚力奋进新征程，激发全工地参建单位青年用一腔热血投身于工程建设中。

二是汇聚青春力量。紧紧围绕项目单位工程建设，结合各团支部实际，突出工作特色，选准项目品牌，实行项目制运作，创建青春特色支部品牌，成立青年突击队，充分发挥青年的活力、攻坚克难的精神，敢于担当作为、甘于奉献，破解重点、难点、关键点、盲点问题，全力以赴助力工程创优，以实际行动践行"社会主义是干出来的"伟大号召。

（三）构建全工地"一股劲"的执行体系，落实工程建设策划

项目单位党委应深入贯彻落实国家能源安全新战略，着力在提升党委领导力、支部战斗力、干部执行力上下功夫，将火力发电工程全工地参建队伍拧成一股绳、汇成一股力，聚焦引领增效、聚力保障发展，目标统一、行动统一，毫不动摇去执行、不折不扣抓落实，走好新时期工程建设赶考之路。

1. 策划先行

（1）着眼于做有价值的党建、有实效的党建，将项目单位党委及工程建设作为联系点和联系事项，专题宣讲"早谋、抢先、善借、依规、讲理、用权"工程管理理念。

（2）组织项目单位与全工地参建队伍签订工程目标责任书，明确党建共建目标、要求，细化安全、进度、质量、创新目标，做到党建与业务同部署、同谋划。

（3）将每项任务、每个指标都分解到党支部和党小组，项目制管控，积分式推进，党建评价挂钩承包商费用绩效，党建效果纳入承包商考评项，形成目标统一、标准统一、行动统一、精神风貌统一的大团队，做到党建与业务同落实、同考核。

开工前编制《工程管理策划》，涵盖总体及专项策划，内容包含项目基本建设全过程、全方位、全系统的管理理念、思路、要求和措施，对项目基本建设进行全面谋划；安全管理方面，编制"一策划、一标准、一图集、四清单"等安全管理文件，即《安全文明施工总体策划》《标准化工地规范及创优评级标准》《标准化工地设施·标志·标示图集》和安全防护设施"三同时"落实清单、环保设施"三同时"落实清单、职业病防护设施"三同时"落实清单、消防安全设施"三

同时"落实清单,由安全管控转向即时安全;质量管理方面,编制"两规划、两标准、一图集、五清单"等质量管理文件,即《精细化管理实施规划》《工程达标创优规划》《单位工程/分部工程/分项工程/检验批工程施工质量检验标准》《关键工序、节点交付条件标准》《典型施工工艺图集》和精细化项目清单、洁净化项目清单、标准化项目清单、精品项目清单、基建技术质量负面清单,对工程质量进行全过程管理。

2. 会议推动

项目单位组织设计单位、主机厂、主体施工单位等各参建单位召开工程建设目标动员会,从工程管理理念、工程管理总体思路及安全、质量、进度、采购等四个方面进行深入宣贯,各单位迅速学习落实,全体参建单位的思想高度统一、目标高度统一。

对全工地开展"提信心、强作风、抓落实"主题实践活动,以全工地支部为单位召开"提信心"鼓劲会、"强作风"座谈会,以部门为单位制定工作任务清单,充分发挥党员先锋队作用和党员示范引领作用,以党建引领保障全现场大干快上,实现周任务、月计划"零滞后",工程进度可控、在控。

组织召开工程目标推进会,对工程开工以来取得的各项成效表示充分肯定并对工程建设目标的实现提出具体要求,强调各单位要统一思想,树立信心,推动工程项目如期完成里程碑节点计划。

3. 党建赋能

一是党建赋能安全文明施工当示范。为创建全国火电建设安全文明施工一流现场,树安全文明施工品牌,在火力发电工程现场全工地开展"党建+安全文明标准化工地建设"活动。组织召开"党建+安全文明标准化工地建设"启动会,发布"党建+安全生产安全文明标准化工地建设"活动实施方案,以项目单位党支部与现场临时党支部结对子的形式,对各个标段各施工区域明确安全文明标准化工地建设责任支部、责任人,明确每月开展1次"清理日",每季度开展1次"整理日",每月开展1次联合执法等活动,为"作业过程即时安全"提供可靠保障,党建引领保障"创全国火电建设安全文明施工一流现场"工作目标实现。坚决坚持安全文明施工持续做到3S+,即整洁(S)、整齐(S)、规范(S)、定置化(+),做到"设施标准、行为规范、施工有序、环境整洁",项目单位临时党支部开展联合检查评价,推动党建+活动与全现场安全网格化管理相融相促,完成安全文明施工问题整改,各个标段各网格区域全部达到"3S+"要求。

二是党建赋能质量管理出精品。在火力发电工程全工地开展"党建+过程创优、一次成优"活动,发布"党建+过程创优、一次成优"活动实施方案,即党员带精品、支部带工地,包括每月对施工单位的档案资料整理的及时性和规范性进行检查,每季度检查各施工单位质量体系运作的有效性和每季度主标段施工单位本部对现场进行一次质量管理的综合检查、评价等活动。项目单位将"树精品意识、扬工匠精神"理念落实到每个参建队伍、每个班组、每道工序上,以"精细化管理,标准化作业,消除质量通病"为主题,结合"党建+过程创优、一次成优"活动实施方案,在火力发电工程全工地开展"质量月"活动,主要涵盖"清水混凝土"实体外观质量评比、"防渗混凝土"讲堂、"高压管道焊接"技能评比、"优秀质检人员"评选、"质量月"知识竞赛、

"精品项目"的评选等一系列活动，按照工匠精神创精品的质量管理思路，树"精品意识"，发扬"工匠精神"，抓面亮点，大力消除质量通病，精心打造主厂房柱框架、防火墙工艺、人字柱亭、输煤栈桥框架、管道焊口焊接、中低压管道、热控仪表管路、油管道工艺、球形网架挡、挡煤墙等精品工艺样板规范施工工艺标准。

三是党建赋能进度管理。在火力发电工程全工地开展"党建＋保进度节点"活动，发布"党建＋保进度节点"活动实施方案，即党员保三级节点、支部保二级节点、党委保一级节点，以"早发现、早协调、早预警"为原则，火力发电工程全工地各临时支部制订具体工作计划，包括每日工作量盘点、阶段工作进度盘点、周例会"四色"预警和"守好门、管好人"疫情防控等活动。工程主管单位以周简报、月督查、不定期检查及一级节点闭环等机制，抓实项目单位火力发电工程建设，保障工程进展顺利。

（四）构建全工地"一家人"的宣传体系，树立创国优品牌

项目单位党委深入贯彻落实加强和改进新时代思想政治工作措施，聚力国优目标，持续弘扬"实干、奉献、创新、争先"企业精神，大力开展宣传，做到机制健全、分工明确、资料共享，同一个频道、同一个声音，孕育出"一家人"的良好工作氛围，唱响工程建设最美主旋律，打造火力发电工程建设最美好声音。

1. 凝聚一支队伍

组建全工地宣传队。为充分发挥项目单位及全工地参建队伍宣传力量，提高宣传的积极性、主动性，认真负责、及时有效地跟踪宣传工程建设的好人好事、干事创业的良好氛围，结合火力发电工程现场实际，由项目单位团委牵头，根据全工地宣传人员特长，项目单位组建摄影队、新媒体制作队、写作队等宣传人员的全工地宣传队，设置共享云盘，打通宣传渠道。开展亮点工作宣传积分制。

坚持党建带团建，为充分压牢压实宣传责任，结合火力发电工程现场实际，项目单位党支部与工地临时党支部结对共建全覆盖，分解落实宣传指标，开展宣传共建，并将宣传任务完成情况，即项目单位支部上一个季度每月积分获取情况，在季度绩效评价中落实到所对应的部门，切实提高宣传主动性、积极性，强化责任意识。

2. 凝聚一个声音

（1）致力于做强、做优"一网一微一号"宣传阵地，探索更具影响力的创新宣传方式，完善大宣传格局，着力打造独具特色的传播品牌，以培育好区域工程特色传播品牌为出发点，积极创新宣传模式，做到宣传聚焦、形式百花齐放。

（2）通过不断实践，在全工地组织开展"青春心向党，聚力创国优"主题实践活动，发布"青春心向党，聚力创国优"主题活动方案，明确各支部、临时支部书记宣传第一责任人职责，引导全现场干部职工发扬奉献精神，积极参与到现场工程建设的宣传工作中来，在宣传中讴歌工程建设主旋律，在攻坚克难中唱响奉献赞歌。

（3）开展工程随手拍、工程随手记，由各支部宣传负责人统一上传360云盘，择优推送至各

宣传平台，掀起现场全员参与宣传热潮；着力打造火力发电工程独具特色的传播品牌，提升内部刊物、省部级以上刊物、集团网站上稿率；"工程大讲堂"成为常态，领导班子成员亲自带队下现场讲课，邀请专家讲课，共同确定技术方向，探讨攻坚工程建设过程中的难点，研究将学习成果运用到工程建设实践中、应用新技术和新方法，为工程建设指明方向、为安全文明施工做出重要指导；现场"图说工程"宣传展板和微信公众号"图说工程"栏目同步发力，"图说工程"现场宣传展示每季度更新一期，微信公众号"图说工程"栏目每月更新一期，精选反映工程进展、安全、质量、党建活动图片，展示能建一线员工的风采和在基层服务型党组织建设中的创新创效、人文关怀等，树立品牌形象。

第二节　企业文化

一、企业文化管理作用和意义

企业文化是企业在长期经营过程中逐步形成与发展的、带有企业独有特征的价值观念和思维方式，以及其外化的企业行为规范的有机统一，是要求企业员工共同遵守和认同的一种文化氛围。在火力发电工程建设过程中，企业文化具有重要的作用和意义。

（一）企业文化的作用

（1）激发员工潜能。企业文化可激发员工的工作激情和创造力，使员工能够充分发挥自己的潜力，提高工作效率和质量。

（2）促进信息传递。企业文化可促进企业内部信息的传递和沟通，减少信息的阻碍和误解，提高工作的协同性和效率。

（3）建立良好的企业氛围。企业文化可营造一种积极向上、和谐稳定的工作氛围，使员工能够在良好的环境中工作和生活，提高员工的幸福感和满意度。

（4）培养员工共同价值观。企业文化可培养和传承企业的核心价值观，使员工能够深入理解和践行火力发电工程建设项目理念和目标，在工程建设过程中有统一的文化认同和行为规范。

（5）促进企业创新发展。一个好的企业文化可为企业提供强大的精神动力和智力支持，鼓励员工勇于创新和尝试，提供一个积极支持创新的文化环境，推动工程建设目标的实现和工程建设质量的提升。

（二）企业文化的意义

（1）塑造工程特色。企业文化是企业的灵魂和核心竞争力之一，通过企业文化的塑造，可使火力发电工程建设项目形成独特的特色和优势，与竞争对手区别开来。

（2）提升员工归属感。企业文化可使员工对企业有强烈的归属感和认同感，从而增强员工的凝聚力和忠诚度，提高员工的工作积极性和创造力。

（3）促进团队合作。企业文化强调团队合作和协作精神，通过共同的价值观和行为规范，可促进员工之间的良好沟通和合作，提高团队的凝聚力和效率。

（4）增强企业形象。企业文化是企业对外传递的一种形象和品牌，良好的企业文化可提升企业的声誉和形象，吸引更多的优秀人才和合作伙伴。

（5）建立良好的企业价值观。企业文化可帮助企业建立良好的企业价值观，引导员工正确的价值取向和行为准则，提升企业的道德水平和社会责任感。

二、企业文化管理内容

企业文化从结构上分为精神文化、制度文化、行为文化、物质文化和形象文化五大层次。

（一）精神文化

精神文化是企业文化的核心，它是企业在经营过程中，受一定的社会文化背景、意识形态影响而长期形成的一种精神成果和文化观念。

精神文化包括以下三个方面：

（1）企业的基本战略。包括企业的愿景、企业的经营领域、企业的成长方向、企业的竞争优势、企业的战略成功保证等。

（2）企业的价值观体系。包括总体价值观、对股东的价值观、对顾客的价值观、对员工的价值观、对合作伙伴的价值观、对社区的价值观、对公众的价值观等。

（3）企业的行为方针。包括创新方针、质量方针、服务方针、团队方针、人才方针、资源方针、管理方针、绩效方针等。

（二）制度文化

制度文化是精神文化的制度性体现。制度文化包括：

（1）领导体制、领导方式、领导结构、领导制度。

（2）组织机构、正式组织结构、非正式组织。

（3）管理制度、常规管理、例外管理。

（三）行为文化

行为文化是精神文化在企业和员工行为上的透射。行为文化包括以下四个方面：

（1）企业家行为。领袖型、开拓型、民主型、实干型、智慧型、坚毅型、廉洁型。

（2）模范人物行为。企业模范个体的行为、企业模范群体的行为。

（3）员工个人行为。

（4）团队行为。

（四）物质文化

企业员工创造的产品和各种物质设施等构成的器物文化。包括产品质量、设计、服务；厂容厂貌、设备设施、厂房建筑及生活娱乐设施等。

（五）形象文化

形象文化是最外层的企业文化。包括：

（1）企业的形象。人的形象、物的形象、事的形象。

（2）企业的文化联想物。企业的文化口号、企业的歌曲、企业的标识、企业故事等。

三、企业文化管理优秀做法

以某 2×1000MW 新建工程电厂为例，分享他们在企业文化建设方面的典型举措及成效。

（一）某项目电厂"战狼"文化建设案例

该 2×1000MW 新建工程电厂的企业文化建设包含五部分内容：大力弘扬极具本火力发电工程特色的"激情"工程文化、"梦想"荣誉文化、"工匠"品质文化、"战狼"团队文化、"又好又快"执行力文化。这些显性的行为规范和隐性的精神规范，切实保障该公司火力发电工程建设项目建设的质量、安全和效率的高水准。

1."激情"工程文化

干工程的人必须有激情，没有激情干不了工程：

（1）士气比黄金都重要，以人为本，赢在士气。

（2）建不一样的电厂，就是要创作品，不是干产品。

（3）营造"想干事、能干事、干成事"文化氛围，以参与建设"双百"智慧电厂为荣，牢固树立"干好一个精品工程"信念，甘于奉献、勇于担当、忠于使命、不负韶华。

（4）深度开发和利用智能运行控制系统（ICS）和智能发电公共服务系统（ISS/IMS）功能，对发电生产流程和业务管理进行机械化、自动化、信息化、智能化替代。建设智能巡操、全程智控、智慧运营的数字化透明电站，建成代表煤电生产革命的引领工程。

2."梦想"荣誉文化

为目标而战，为梦想前行：

（1）放飞梦想、展示才华。

（2）激发情怀，提升士气，让每一位员工都有一颗实现人生追求和梦想的心，让每一位员工都能为参与"百人智慧电厂"建设感到无比幸运和自豪。

（3）坚持"对生态环境最小的干预就是最大的保护，最少的改变就是最好的融合"。山水林田湖草共生，沙鸥锦鳞芷兰同长，打造"森林中的能源中心"，建成代表煤电践行"两山"理论的领跑工程。

（4）工程项目一定会成为大家放飞梦想、展示才华的舞台，每一个人的付出都会在这里被认可、被喝彩。只要奋斗，舞台属于你！

3. "工匠"品质文化

专注的力量，极致的追求：

（1）有效运用"五个极致"，即调查研究做到极致、小业主大咨询做到极致、负面问题落实做到极致、安全消防设施做到极致、工程质量做到极致。

（2）坚决树立"过程创优、一次成优"的精品意识，坚决落实"干就干出个样、做就按标准做"的工匠精神。

（3）样板引路，铸就精品。

（4）高质量、高速度、低造价，建成代表集团煤电指标领先、造价领先、工程品质领先的创新驱动工程。

4. "战狼"团队文化

团结协作，勇往直前：

（1）展现团队协作、整齐划一的精神风貌。驰而不息加强作风建设，制定员工行为守则，竭力打造一支特别能吃苦、特别能战斗、特别能攻坚的团队，让文化成为看得见的凝聚力。

（2）通过文化土壤培育，汇聚起强大无比、战无不胜的班子合力、队伍合力，同向发力，同频共振。

（3）通过"党建带团建，一季度一活动"，培养团队战斗力，实现高质量发展，建设新时代电站。

5. "又好又快"执行力文化

一说就办，办就办好：

（1）问题导向、目标导向、结果导向。

（2）有任务必落实，有问题必协调。

（3）对个人而言，执行力就是办事的能力；对团队而言，执行力就是战斗力；对企业而言，执行力就是经营能力。衡量执行力的标准，对个人而言，就是按时、按质、按量完成自己工作；对企业而言，就是在预定的时间内完成企业的战略目标，表现在完成任务的及时性和质量等方面。

（4）打造"一说就办"的高效团队，紧紧围绕创"双一流"主线，以"做深、做细、做实"为工作原则，坚持系统思维、策划百人智慧电厂，坚持"两高一低"、创建一流开工现场。

（5）通过执行力管理、综合考核与评价、工作任务落实规定等一系列措施和制度，锻造"高质高效"的执行力文化。

（二）"基建铸魂"企业文化案例

所谓"基建铸魂"，指通过基建项目，铸造公司文化灵魂。某 2×1000MW 新建工程建设过程中，一手抓工程建设硬指标，一手抓企业文化软实力。在建设项目的同时，建设企业精神家园，铸造企业精神之魂，把企业文化建设作为凝心聚气的"维生素"，切实助力把火力发电工程建设项目打造成为国内先进、国际一流的发电厂。

该电厂以宽阔的眼界和与时俱进的精神，明确工程项目建设的两个目标：一是建设优质工程；二是塑造优秀队伍。同时，力争通过基建项目，为项目单位凝聚一种精神，形成一种传统，锻造一种品格，沉淀一种土壤，扎扎实实地夯实企业核心竞争力。

1．"争先创优"文化

树立"争先创优"文化氛围，通过工作行为准则、工作标准要求和全过程精细化管理、关键要素优化设计等手段，培育人人"争先创优"的精神追求和行为习惯。

（1）树立打造最具竞争力、国际一流工程、国际一流企业目标，注入"追求卓越、创造一流"的基因。

（2）倡导以善谋善成的勇气，以稳健有序的精气神应对挑战。

（3）勇于担当、敢于冒险，要求践行伟大梦想，全身心投入工作。

（4）谋篇布局，纲举目张。在工程前期准备阶段，扎实认真地对待建设项目实施，做到管理全过程提前策划，将要求落实到合同中，使工程实施科学有序，风险点与管控措施正确。

（5）将"优化"理念贯穿工程项目建设管理全要素、全过程，通过工作行为准则、工作要求，对工程关键工序、设计、设备、技术创新等关键要素进行优化，将"优化"深植人心。

（6）明确高层、中层、基层等各层级员工行为准则，将担当作为、开拓创新、敬业高效、争先创优的精神深植员工日常行为要求之中。

（7）将基建铸魂、永无止境创造一流的文化理念深植到每位员工的脑海中。

2．"安全生命线"文化

安全生产是全社会永恒的主题，也是全社会永远的责任。结合工程项目基建实际，通过一系列教育活动，发动全体员工与各参建单位，努力营造"安全就是幸福"的氛围，为建设本质安全型企业"无违章工号"奠定基础。

（1）成立"安全生产月"活动领导小组，制订策划方案、实施细则与活动清单，落实责任到人，开展"安全生产月"活动，确保规定动作特色开展，创新开展自选动作，通过活动全面提升安全管理水平。

（2）结合工程建设阶段特点，开展警示教育、演讲比赛、知识竞赛、应急演练和安全宣讲、安全生产规定考试等主题活动，引导公司全员和参建单位正确认识和把握安全生产形势，全面普及事故预防、隐患排查、紧急救援知识，推动安全知识"到群众中去"，营造安全生产"从我做起"的良好氛围。

（3）用心构筑安全生命线，安全培训教育不到位是最大的隐患，所以，做好每个参建员工和周边人员的安全宣传和安全教育是所有工作的基础。

（4）成立以项目单位一把手挂帅、党委书记和领导班子成员、各参建单位负责人组成的安全生产委员会，确保安全监督与保障体系有效运行。

（5）在主标段施工单位之间组织开展安全文明施工竞赛，建立安全文明月度综合考评机制，搭建竞赛平台，每月进行考评，对第一名授予"安全文明施工优胜单位"旗帜。

（6）发动全体党员、参建单位员工参与争创"无违章区域"、争当"无违章工号"中，亮身份、扬旗帜，有效提升现场安全文明施工管理水平。

3. "更"字文化

（1）更严谨。把关安全。不断夯实安全管理基础，落实安全责任，在安全管理标准上毫不打折：一是强化施工单位安全管理；二是强化全员安全意识；三是强化消防安全力量。

（2）更细致。过程创优。重过程、树标杆，在基建项目成果上取得突破，为机组投产后经济技术指标、长周期安全稳定运行保驾护航。通过开展专业学习、专题研讨等方式，使大家进一步掌握制度、明晰合同、熟知专业，做到懂系统、懂图纸、懂设备、懂应用，以过程高标准管控保障工程质量高标准，为工程项目高标准投产夯实基础。

（3）更精准。梯度训练。按照人员素质和岗位的不同，分层次开展梯度培训，组织高岗位熟练工前往外部同类型优质项目学习和培训，对新入职和缺乏实操经验的员工开展外部跟班培训，将生产准备工作进一步深化、细致化、精准化。

（4）更融入。彰显作用。把党建与工程建设工作相融合，持续深化党建引领下的"党建＋基建"工作模式，充分发挥党组织领导核心、服务保障、促进发展的作用，党委书记带头负责和参与影响工程质量、安全、效率的重要工程建设环节，亲自参与设计、设备等催交工作；入党积极分子实行积分制管理办法，为有序、均衡推进工程建设提供坚实保证。

（5）更有效。提升管理。组织员工对公司工程建设相关制度进行系统学习，并组织制度全员考试，让员工对制度充分理解和掌握，以提高工作效率，减少工作失误。

4. "人才至上"文化

"求木之长者，必固其根本；欲流之远者，必浚其泉源；思国之安者，必积其德义。"治企如治国，人才是一个企业的根本，堪比黄金贵重。要充分重视人才的专业性、归属感和发展提升。

（1）人才是第一资源，人才堪比黄金。

（2）平台赛马试英雄，久久为功育人才。

（3）以高标准、严要求、标准化为准绳，抓好基础、基层、基本功建设，打造一支思想统一、肯吃苦、敢亮剑、能打胜仗的职业化团队。

（4）打造多层次人才培养计划，开展分层教学、分类培养、个性化培养。

（5）在锻炼中学习，在学习中提高。

（6）开展一系列满足员工文化需求的文体活动，搭建舒适的工作与居住环境，让员工切身感受到企业的关心和爱护，让员工安心、安身、安业。

（7）让百万千瓦机组工程成为孕育和培植百花齐放、人才辈出的土壤。

第三节　廉洁从业

国有企业廉洁从业建设要求干部职工廉洁自律、见贤思齐、明辨是非、激浊扬清，始终保持廉洁自律的作风。

火力发电工程企业应当建立廉洁从业建设体制机制，提高职工廉洁自律意识，构建全方位、多层次、宽领域监督体系，确保职工廉洁从业，助推企业健康稳定发展。

一、廉洁从业行为规范

（1）项目单位领导人员应当切实维护国家和出资人利益，不得有滥用职权、损害国有资产权益的下列行为：

1）违反决策原则和程序，决定企业生产经营的重大决策、重要人事任免、重大项目安排及大额度资金运作事项。

2）违反规定投资、融资、担保、拆借资金、委托理财、为他人代开信用证、购销商品和服务、招标投标等。

3）未经批准或者经批准后未办理保全国有资产的法律手续，以个人或者其他名义用企业资产在国（境）外注册公司、投资入股、购买金融产品、购置不动产或者进行其他经营活动。

4）授意、指使、强令财会人员进行违反国家财经纪律、企业财务制度的活动。

5）未经企业领导班子集体研究，决定捐赠、赞助事项，或者虽经企业领导班子集体研究但未经履行国有资产出资人职责的机构批准，决定大额捐赠、赞助事项。

（2）项目单位领导人员应当忠实履行职责。不得有利用职权谋取私利及损害本企业利益的下列行为：

1）个人从事营利性经营活动和有偿中介活动。

2）在职或者离职后接受、索取本企业的关联企业、与本企业有业务关系的企业，以及管理和服务对象提供的物质性利益。

3）以明显低于市场的价格向请托人购买或者以明显高于市场的价格向请托人出售房屋、汽车等物品，以及以其他交易形式非法收受请托人财物。

4）委托他人投资证券、期货，或者以其他委托理财名义，未实际出资而获取收益，或者虽然实际出资，但获取收益明显高于出资应得收益。

5）将企业经济往来中的折扣费、中介费、佣金、礼金，以及因企业行为受到有关部门和单位奖励的财物等据为己有或者私分。

（3）项目单位领导人员应当正确行使经营管理权，防止可能侵害公共利益、企业利益行为的发生。不得有下列行为：

1）本人的配偶、子女及其他特定关系人，在本企业的关联企业、与本企业有业务关系的企业投资入股。

2）将国有资产委托、租赁、承包给配偶、子女及其他特定关系人经营。

3）利用职权为配偶、子女及其他特定关系人从事营利性经营活动提供便利条件。

4）利用职权相互为对方及其配偶、子女和其他特定关系人从事营利性经营活动提供便利条件。

5）本人的配偶、子女及其他特定关系人投资或者经营的企业与本企业或者有出资关系的企业发生可能侵害公共利益、企业利益的经济业务往来。

（4）项目单位领导人员应当勤俭节约，依据有关规定进行职务消费。不得有下列行为：

1）将履行工作职责以外的费用列入职务消费。

2）在特定关系人经营的场所进行职务消费。

3）不按照规定公开职务消费情况。

4）用公款旅游或者变相旅游。

（5）项目单位领导人员应当加强作风建设，注重自身修养，增强社会责任意识，树立良好的公众形象。不得有下列行为：

1）弄虚作假，骗取荣誉、职务、职称、待遇或者其他利益。

2）大办婚丧、喜庆事宜造成不良影响，或者借机敛财。

3）默许、纵容配偶、子女和身边工作人员利用本人的职权和地位从事可能造成不良影响的活动。

4）用公款支付与公务无关的娱乐活动费用。

5）在有正常办公和居住场所的情况下用公款长期包租宾馆。

6）漠视职工正当要求，侵害职工合法权益。

7）从事有悖社会公德的活动。

二、廉洁从业管理优秀做法

（一）某项目构建全工地"一体化"的监督体系促廉洁从业新风尚

组建项目单位纪委、纪检委员、各支部纪检委员、现场临时支部纪检委员、作风监督员全现场"五级"纪检队伍，构建廉洁教育网、制度体系网、监督体系网、防线防控网、项目攻关网"五张"网，形成全工地一体化的大监督格局，聚焦监督执行、聚力服务保障，为高质量建设工程营造风清气正、海晏河清的良好政治生态。

1.打造全工地"五级铁军"

以火力发电工程全工地为依托，组建项目单位纪委、纪检委员、各支部纪检委员、现场临时支部纪检委员、作风监督员全工地纪检队伍，形成上下贯通、思想统一、作风过硬的一体化管理纪检队伍，做到工程推进到哪里，纪检队伍覆盖到哪里，监督保障执行、促进完善发展到哪里，纪律铁军亮身份、做表率、抓落实、强执行，带头营造风清气正的工程建设氛围。

2. 构建全工地"五张"网

（1）肃风气，构建全工地"廉洁教育网"，盘活全工地一支队伍，建立廉洁教育机制，发布廉洁自律规范，发布廉洁教育计划，廉洁教育纳入各支部三会一课、主题党日、日常提醒，以及8h外的工余期间，重点做好关键岗位、广大团员青年，做到廉洁教育全工地全覆盖、关键岗位有重点、广大青年有实效，扎牢廉洁教育网，筑牢全员廉洁防线。

（2）立规矩，构建全工地"制度体系网"，结合火力发电工程建设实际，明确项目单位监督体系制度建设清单，明确责任人及完成时间，建立表单化、实用化、信息化的全工地纪检制度，发布纪检队伍清单制，做到全工地纪检队伍人手一套制度、人手一份责任清单、人手一本工作台账，扎牢制度体系网，创新全工地纪检监督大格局体系。

（3）全覆盖，构建全工地"监督体系网"，在项目单位安全网格化管理的基础上，开展监督网格化管理，划分监督责任田、明确监督责任人、设立监督举报牌，打通全工地监督举报、线索处置通道，做到事事有人监督、人人有人监督，监督全覆盖、无盲区，扎牢监督体系网，实现全工地监督网格化管理。

（4）保执行，构建全工地"防线防控网"，针对工程建设特点，项目单位梳理业务风险防控点，引入火力发电厂安全性评价中W、H、R、S点，即见证点、停工待检点、记录确认点、连续监视监护点，指导各施工单位梳理业务风险防控点，扎牢风险防控网，做到关键点重点监督、风险点有人管理，组织签订高风险岗位从业承诺书，梳理高风险岗位风险点、制定管控措施，梳理业主工程师风险点、制定管控措施。

（5）促发展，构建全工地"项目攻关网"，针对全工地工作的重点、难点、关键点，盘点攻关项目，火力发电工程全工地开展"纪检+隐蔽工程量签证监督""纪检+锅炉大板梁安装进度监督"等揭榜挂帅活动，即纪检+项目攻关，扎牢"项目攻关网"，实现纪检保关键节点、保重点项目落地。

（二）某项目打造"制度笼子、责任链条、思想防线"体系筑廉洁工程

1. 聚焦业务规范化，提升制度约束力，扎紧廉洁工程"制度笼子"

（1）下好制度建设"先手棋"。该项目单位把工程建章立制、制度执行和解决问题统一起来，先后编制发布63项制度，88个现场验收管理文件。工程一次性通过火力发电厂质量监督首次地基处理、主厂房主体结构施工前质量监督检查，工程首次达标投产过程检查达到了上级单位高质量等级4A级标准。

在设备采购过程中，在确保质量的情况下，使得招标得到充分的价格竞争。在工程服务采购过程中，将工程施工标段科学拆解，有效避免大型单位在招投标时一家独大。

（2）扎实落实疫情防控和门岗保卫管理制度。该项目单位积极扛起工程疫情防控主体责任，建立"一人一档"，准确掌握建设人员健康和流动情况，确保防控到位。严格落实《工程物资出

门单》会签、施工结束清场前监督核对及废旧物资装车前监督核对制度，确保物资出门准确有序，避免施工现场物资被盗和丢失现象发生。

2. 聚焦监督精准化，提升职责履行力，拉紧廉洁工程"责任链条"

（1）实施"后道管前道"监督考核机制。梳理制定工程项目部门权责清单，纪委紧盯清单中的职能监督范围和相关风险，每月对项目部门检验、把关上一道工序的情况进行再督查、再考核，同时结合建立追溯到个人的薪酬奖惩体系，倒逼项目部门主动对前道工作开展监督考核，推动职能部门业务监督职责、基层党支部日常监督职责归位、就位，实现责任、监督"双下沉"，拉紧"后道管前道，道道有人管"的责任链条。该项目单位纪委共开展"再监督"检查21次，针对检查问题提醒职能部门6次。倒逼工程项目部门先后多次对工程各施工单位开展专项检查。仅防疫相关检查考核，共清退人员35人，并给予罚款，为工程建设筑牢"防疫安全网"。

（2）构建廉洁风险排查管控体系。对工程从业部门开展廉洁风险排查，建立廉洁风险防控清单，层层签订廉洁从业承诺书。全方位排查岗位、人员、业务、环节及权力运行中存在的经营风险、廉洁风险、法律风险、责任风险和道德风险，筑牢风险"防火墙"。与承建单位签订廉政共建协议，深入建设现场排查、分析施工管理过程中的风险点和难点。引入第三方跟踪审计，全过程、全方位监督检查项目执行情况。加强对全体党员干部"8h以外"廉洁自律、遵纪守法行为的监督管理和教育引导。

3. 聚焦宣教多维化，提升文化渗透力，筑牢廉洁工程"思想防线"

（1）开展以案示警教育，知敬存戒守底线。纪委走访工程项目各参建单位，组织观看廉政教育片，并结合工程实际宣讲"廉政党课"。邀请乐清市纪委专家开展廉政讲座，剖析身边典型案例，从思想根源上筑牢廉政风险防线。落实谈话提醒机制，该项目单位主要负责人及工程分管领导定期与工程建设中层干部谈心谈话。不定期召开工程党建联盟廉政教育联席会议，齐抓共建筑牢廉洁防火墙。

（2）打造清廉人文阵地，清风化人树正气。在施工现场多点设置轻松驿站，在临时办公楼区域建造廉洁教育"清风亭"，宣传廉洁理念，为工程工地增添靓丽的廉洁人文风景。坚持重大节假日期间对工程建设人员开展多形式的关怀慰问，送上廉洁春联、廉洁窗花、廉洁荷包，发送廉洁过节提醒短信，弘扬新风正气。

（3）关注一线员工权益，廉润人心促和谐。深入工地多次与进城务工人员交流，协调解决"急、难、愁、盼"问题，督促建立进城务工人员工资专用账户，防范进城务工人员工资拖欠风险，保障现场2000多名进城务工人员能更安心地投入到工程建设中。

附录 A

火力发电工程建设管理相关文件及标准规范要求

说明：火力发电工程建设管理依据以国家能源局可靠性和质检中心发布的《电力建设工程现行管理文件及技术标准名录》（2023 年版）为基础，进行增减更新，火力发电工程建设管理依据共分为电力工程通用部分和火电工程专用部分，电力工程通用部分包括法律法规、部门规章、其他管理文件和标准规范。火电工程专用部分分为综合性技术管理文件及技术标准、建筑工程、安装工程和工程建设管理。包括但不限于以下法律法规、部门规章、其他管理文件和标准规范等。如有关法律法规、部门规章、标准规范等修订，请以最新版本为准。

一、电力工程通用部分

序号	标准名称 / 文件名称	标准编号 / 文件编号	代替标准
1.0	法律法规		
1	中华人民共和国特种设备安全法	主席令 2013 年第 4 号	
2	中华人民共和国放射性污染防治法	主席令 2003 年第 6 号	
3	中华人民共和国环境保护法（2014 年修订）	主席令 2014 年第 9 号	
4	中华人民共和国节约能源法（2018 年修订）	主席令 2018 年第 16 号	
5	中华人民共和国计量法（2018 年修订）	主席令 2018 年第 16 号	
6	中华人民共和国招投标法（2017 年修订）	主席令 2017 年第 21 号	
7	中华人民共和国电力法（2018 年修订）	主席令 2018 年第 23 号	
8	中华人民共和国职业病防治法（2018 年修订）	主席令 2018 年第 24 号	

序号	标准名称／文件名称	标准编号／文件编号	代替标准
9	中华人民共和国环境影响评价法（2018 年修订）	主席令 2018 年第 24 号	
10	中华人民共和国建筑法（2019 年修订）	主席令 2019 年第 29 号	
11	中华人民共和国大气污染防治法（2015 年修订）	主席令 2015 年第 31 号	
12	中华人民共和国水土保持法	主席令 2010 年第 39 号	
13	固体废物污染环境防治法	主席令 2020 年第 43 号	
14	中华人民共和国民法典	主席令 2020 年第 45 号	
15	中华人民共和国突发事件应对法	主席令 2007 年第 69 号	
16	中华人民共和国水污染防治法（2017 年修订）	主席令 2017 年第 70 号	
17	中华人民共和国核安全法	主席令 2017 年第 73 号	
18	中华人民共和国刑法修正案（十）	主席令 2017 年第 80 号	
19	中华人民共和国消防法（2021 年修正）	主席令 2021 年第 81 号	
20	中华人民共和国道路交通安全法	主席令 2021 年第 81 号	
21	中华人民共和国安全生产法（2021 年修订）	主席令 2021 年第 88 号	
22	中华人民共和国环境噪声污染防治法	主席令 2021 年第 104 号	
23	建设工程安全生产管理条例	国务院令 2003 年第 393 号	
24	生产安全事故报告和调查处理条例	国务院令 2007 年第 493 号	
25	特种设备安全监察条例	国务院令 2009 年第 549 号	
26	放射性物品运输安全管理条例	国务院令 2009 年第 562 号	
27	中华人民共和国水土保持法实施条例	国务院令 2011 年第 588 号	
28	电力设施保护条例	国务院令 2011 年第 588 号	
29	电力安全事故应急处置和调查处理条例	国务院令 2011 年第 599 号	
30	安全生产许可证条例	国务院令 2014 年第 653 号	
31	企业投资项目核准和备案管理条例	国务院令 2016 年第 673 号	
32	建设项目环境保护管理条例	国务院令 2017 年第 682 号	国务院令 1998 年第 253 号
33	建设工程勘察设计管理条例	国务院令 2017 年第 687 号	
34	中华人民共和国自然保护区条例	国务院令 2017 年第 687 号	
35	生产安全事故应急条例	国务院令 2019 年第 708 号	
36	民用核安全设备监督管理条例	国务院令 2019 年第 709 号	
37	建设工程质量管理条例（2019 年修正本）	国务院令 2019 年第 714 号	

续表

序号	标准名称／文件名称	标准编号／文件编号	代替标准
38	中华人民共和国社会保险法	主席令 2018 年第 35 号	
1.1	部门规章		
1	房屋建筑和市政基础设施工程质量监督管理规定	住建部令 2010 年第 5 号	
2	建筑业企业资质管理规定	住建部令 2015 年第 22 号	
3	住房城乡建设部关于修改《勘察设计注册工程师管理规定》等 11 个部门规章的决定	住建部令 2016 年第 32 号	
4	建筑工程设计招标投标管理办法	住建部令 2017 年第 33 号	
5	危险性较大的分部分项工程安全管理规定	住建部令 2018 年第 37 号	
6	住房城乡建设部关于修改《建筑业企业资质管理规定》等部门规章的决定	住建部令 2018 年第 45 号	
7	建设工程消防设计审查验收管理暂行规定	住建部令 2020 年第 51 号	
8	建筑工程施工许可管理办法（2021 修订）	住建部令 2021 年第 52 号	
9	实施工程建设强制性标准监督规定	住建部令 2021 年第 52 号	
10	建设工程质量检测管理办法	住建部令 2022 年第 57 号	
11	注册监理工程师管理规定	住建部令 2006 年第 147 号	
12	注册建造师管理规定	住建部令 2006 年第 153 号	
13	工程监理企业资质管理规定	住建部令 2006 年第 158 号	
14	建筑工程勘察设计资质管理规定	住建部令 2006 年第 160 号	
15	建设工程勘察质量管理办法	建设部 2021 年第 53 号	
16	企业投资项目核准和备案管理办法	发改委令 2017 年第 2 号	
17	电力安全生产监督管理办法	发改委令 2015 年第 21 号	
18	电力建设工程施工安全监督管理办法	发改委令 2015 年第 28 号	
19	承装（修、试）电力设施许可证管理办法	发改委令 2020 年第 36 号	
20	电力可靠性管理办法	发改委令 2022 年第 50 号	
21	特种作业人员安全技术培训考核管理规定（2015 修正）	国家安全生产监督管理总局令 2015 第 80 号	
22	特种设备作业人员监督管理办法	国家质量监督检验检疫总局令 2011 年第 140 号	
23	检验检测机构资质认定管理办法	国家质量监督检验检疫总局令 2015 年第 163 号	
1.2	其他管理性文件		
1	国务院关于加强和规范事中事后监管的指导意见	国发〔2019〕18 号	

序号	标准名称/文件名称	标准编号/文件编号	代替标准
2	国务院关于发布政府核准的投资项目目录（2016年）的通知	国发〔2016〕72号	
3	国务院办公厅关于促进建筑业持续健康发展的意见	国办发〔2017〕19号	
4	国务院办公厅转发住房城乡建设部关于完善质量保障体系提升建筑工程品质指导意见的通知	国办函〔2019〕92号	
5	国家能源局关于印发进一步加强电力建设工程质量监督管理工作意见的通知	国能发安全〔2018〕21号	
6	国家能源局关于印发《防止电力建设工程施工安全事故三十项重点要求》的通知	国能发安全〔2022〕55号	
7	防止电力建设工程施工安全事故三十项重点要求及编制说明	国能发安全〔2022〕55号	
8	电力建设工程质量监督专业人员培训考核暂行办法	国能发安全〔2019〕61号	
9	国家能源局关于加强电力行业网络安全工作的指导意见	国能发安全〔2018〕72号	
10	输变电建设工程质量监督检查大纲（增补本）	国能发安全规〔2021〕30号	
11	防止电力生产事故的二十五项重点要求	国能安全〔2014〕161号	
12	国家能源局关于加强电力工程质量监督工作的通知	国能安全〔2014〕206号	
13	燃煤发电厂液氨罐区安全管理规定	国能安全〔2014〕328号	
14	输变电工程质量监督检查大纲	国能综安全〔2014〕45号	
15	火力发电工程质量监督检查大纲	国能综安全〔2014〕45号	
16	国家能源局综合司关于公布电力建设工程质量监督机构名录的通知	国能综通安全〔2022〕48号	
17	国家能源局综合司关于加强和规范电力建设工程质量监督信息报送工作的通知	国能综通安全〔2018〕72号	
18	国家能源局综合司关于进一步规范电力安全信息报送和统计工作的通知	国能综通安全〔2018〕181号	
19	重大建设项目档案验收办法	国档发〔2006〕2号	
20	火电企业档案分类表（6～9大类）	国电总文档〔2002〕29号	
21	电力锅炉压力容器安全监督管理工作规定	国电总〔2000〕465号	
22	国家能源局关于进一步明确电力建设工程质量监督机构业务工作的通知	国能函安全〔2020〕39号	
23	注册设备监理师执业资格制度暂行规定	国人部发〔2003〕第40号	
24	关于加强重大工程安全质量保障措施的通知	发改投资〔2009〕3183号	

序号	标准名称/文件名称	标准编号/文件编号	代替标准
25	关于严格落实建筑工程质量终身责任承诺制的通知	建办质〔2014〕44 号	
26	工程勘察资质标准	建市〔2013〕9 号	
27	建筑工程勘察单位项目负责人质量安全责任七项规定	建市〔2015〕35 号	
28	建筑工程设计单位项目负责人质量安全责任七项规定	建市〔2015〕35 号	
29	工程设计资质标准	建市〔2007〕86 号	
30	住房和城乡建设部关于印发建设工程企业资质管理制度改革方案的通知	建市〔2020〕94 号	
31	建筑业企业资质标准	建市〔2014〕159 号	
32	《注册建造师执业工程规模标准》(试行)	建市〔2007〕171 号	
33	建筑施工特种作业人员管理规定	建质〔2008〕75 号	
34	建筑施工企业安全生产管理机构设置及专职安全生产管理人员配备办法	建质〔2008〕91 号	
35	建设工程质量责任主体和有关机构不良记录管理办法	建质〔2003〕113 号	
36	建筑工程五方责任主体项目负责人质量终身责任追究暂行办法	建质〔2014〕124 号	
37	建设工程高大模板支撑系统施工安全监督管理导则	建质〔2009〕254 号	
38	住房和城乡建设部关于落实建设单位工程质量首要责任的通知	建质规〔2020〕9 号	
39	住房和城乡建设部办公厅关于实施《危险性较大的分部分项工程安全管理规定》有关问题的通知	建办质〔2018〕31 号	
40	关于进一步加强危险性较大的分部分项工程安全管理的通知	建办质〔2017〕39 号	
41	房屋建筑和市政基础设施项目工程总承包管理办法	建市规〔2019〕12 号	
42	房屋建筑工程和市政基础设施工程实行见证取样和送检的规定	建建〔2000〕211 号	
43	电化学储能电站施工及验收规范	建标〔2013〕6 号	

1.3 标准规范

1.3.1 建筑工程

1	混凝土质量控制标准	GB 50164—2011	
2	建设工程工程量清单计价规范	GB 50500—2013	

序号	标准名称 / 文件名称	标准编号 / 文件编号	代替标准
3	智能建筑工程施工规范	GB 50606—2010	
4	房屋建筑和市政基础设施工程质量检测技术管理规范	GB 50618—2011	
5	房屋建筑与装饰工程工程量计算规范	GB 50854—2013	
6	工程结构通用规范	GB 55001—2021	
7	建筑与市政工程抗震通用规范	GB 55002—2021	
8	建筑与市政地基基础通用规范	GB 55003—2021	
9	组合结构通用规范	GB 55004—2021	
10	木结构通用规范	GB 55005—2021	
11	钢结构通用规范	GB 55006—2021	
12	砌体结构通用规范	GB 55007—2021	
13	混凝土结构通用规范	GB 55008—2021	
14	燃气工程项目规范	GB 55009—2021	
15	供热工程项目规范	GB 55010—2021	
16	建筑节能与可再生能源利用通用规范	GB 55015—2021	
17	建筑环境通用规范	GB 55016—2021	
18	工程勘察通用规范	GB 55017—2021	
19	工程测量通用规范	GB 55018—2021	
20	建筑与市政工程无障碍通用规范	GB 55019—2021	
21	建筑给水排水与节水通用规范	GB 55020—2021	
22	既有建筑鉴定与加固通用规范	GB 55021—2021	
23	既有建筑维护与改造通用规范	GB 55022—2021	
24	建筑电气与智能化通用规范	GB 55024—2022	
25	城市给水工程项目规范	GB 55026—2022	
26	城乡排水工程项目规范	GB 55027—2022	
27	安全防范工程通用规范	GB 55029—2022	
28	建筑与市政工程防水通用规范	GB 55030—2022	
29	民用建筑通用规范	GB 55031—2022	
30	建筑与市政工程施工质量控制通用规范	GB 55032—2022	
31	消防设施通用规范	GB 55036—2022	
32	混凝土强度检验评定标准	GB/T 50107—2010	

续表

序号	标准名称 / 文件名称	标准编号 / 文件编号	代替标准
33	建筑结构检测技术标准	GB/T 50344—2019	GB/T 50344—2004
34	建筑工程施工质量评价标准	GB/T 50375—2016	GB/T 50375—2006
35	绿色建筑评价标准	GB/T 50378—2019	GB/T 50378—2014
36	建筑施工组织设计规范	GB/T 50502—2009	
37	建筑工程绿色施工评价标准	GB/T 50640—2010	
38	节能建筑评价标准	GB/T 50668—2011	
39	绿色工业建筑评价标准	GB/T 50878—2013	
40	建筑工程绿色施工规范	GB/T 50905—2014	
41	电力建设施工技术规范 第1部分：土建结构工程	DL/T 5190.1—2022	DL 5190.1—2012
42	电力建设土建工程施工技术检验规范	DL/T 5710—2014	
43	电力建设工程变形缝施工技术规范	DL/T 5738—2016	
44	电力建设工程工程量清单计价规范	DL/T 5745—2021	DL/T 5745—2016
45	钢筋机械连接用套筒	JG/T 163—2013	JG 163—2004；JG 171—2005
46	钢筋焊接及验收规程	JGJ 18—2012	
47	钢筋机械连接技术规程	JGJ 107—2016	JGJ 107—2010
48	建筑与市政工程地下水控制技术规范	JGJ 111—2016	JGJ/T 111—1998
49	种植屋面工程技术规程	JGJ 155—2013	
50	建筑工程检测试验技术管理规范	JGJ 190—2010	
51	建筑施工临时支撑结构技术规范	JGJ 300—2013	
52	钢筋套筒灌浆连接应用技术规程	JGJ 355—2015	
53	建筑工程冬期施工规程	JGJ/T 104—2011	
54	房屋建筑与市政基础设施工程检测分类标准	JGJ/T 181—2009	
55	施工企业工程建设技术标准化管理规范	JGJ/T 198—2010	
56	房屋白蚁预防技术规程	JGJ/T 245—2011	
57	大型塔式起重机混凝土基础工程技术规程	JGJ/T 301—2013	
58	建筑工程施工过程结构分析与监测技术规范	JGJ/T 302—2013	
59	公路工程质量检验评定标准 第一册 土建工程	JTG F80/1—2017	JTG F 80/1—2004

1.3.2 安装工程

1	电力金具试验方法 第1部分：机械试验	GB/T 2317.1—2008	
2	电力金具试验方法 第4部分：验收规则	GB/T 2317.4—2023	

序号	标准名称/文件名称	标准编号/文件编号	代替标准
3	电力基本建设火电设备维护保管规程	DL/T 855—2004	
4	电力大件运输规范	DL/T 1071—2014	
5	电力建设施工质量验收规程 第6部分：调整试验	DL/T 5210.6—2019	DL/T 5295—2013

1.3.3 工程建设管理

序号	标准名称/文件名称	标准编号/文件编号	代替标准
1	头部防护 安全帽	GB 2811—2019	GB 2811—2007
2	安全色	GB 2893—2008	GB 2893—2001
3	安全标志及其使用导则	GB 2894—2008	
4	环境空气质量标准	GB 3095—2012	
5	声环境质量标准	GB 3096—2008	
6	地表水环境质量标准	GB 3838—2002	
7	固定式钢梯及平台安全要求 第1部分：钢直梯	GB 4053.1—2009	
8	固定式钢梯及平台安全要求 第2部分：钢斜梯	GB 4053.2—2009	
9	固定式钢梯及平台安全要求 第3部分：工业防护栏杆及钢平台	GB 4053.3—2009	
10	安全网	GB 5725—2009	
11	起重机械安全规程 第5部分：桥式和门式起重机	GB 6067.5—2014	
12	坠落防护 安全带	GB 6095—2021	GB 6095—2009
13	爆破安全规程	GB 6722—2014	GB 6722—2003
14	电磁环境控制限值	GB 8702—2014	
15	缺氧危险作业安全规程	GB 8958—2006	
16	污水综合排放标准	GB 8978—1996	
17	焊接与切割安全	GB 9448—1999	
18	施工升降机安全规程	GB 10055—2007	
19	工业企业厂界环境噪声排放标准	GB 12348—2008	GB 12348—1990
20	建筑施工场界环境噪声排放标准	GB 12523—2011	
21	消防安全标志 第1部分：标志	GB 13495.1—2015	GB 13495—1992
22	电气火灾监控系统	GB 14287.1~4—2014	GB 14287.1~3—2005
23	社会生活环境噪声排放标准	GB 22337—2008	
24	防火封堵材料	GB 23864—2009	
25	建筑设计防火规范（2018年版）	GB 50016—2014	

续表

序号	标准名称 / 文件名称	标准编号 / 文件编号	代替标准
26	自动喷水灭火系统设计规范	GB 50084—2017	
27	火灾自动报警系统设计规范	GB 50116—2013	
28	建筑灭火器配置设计规范	GB 50140—2005	
29	泡沫灭火系统技术标准	GB 50151—2021	GB 50151—2010；GB 50281—2006
30	火灾自动报警系统施工及验收标准	GB 50166—2019	GB 50166—2007
31	二氧化碳灭火系统设计规范（2010 年版）	GB 50193—1993	
32	建设工程施工现场供用电安全规范	GB 50194—2014	
33	水喷雾灭火系统技术规范	GB 50219—2014	GB 50219—1995
34	建筑内部装修设计防火规范	GB 50222—2017	
35	火力发电厂与变电站设计防火标准	GB 50229—2019	GB 50229—2006
36	自动喷水灭火系统施工及验收规范	GB 50261—2017	GB 50261—2005
37	气体灭火系统施工及验收规范	GB 50263—2007	
38	民用建筑工程室内环境污染控制标准	GB 50325—2020	GB 50325—2010
39	固定消防炮灭火系统设计规范	GB 50338—2003	
40	干粉灭火系统设计规范	GB 50347—2004	
41	建筑内部装修防火施工及验收规范	GB 50354—2005	
42	气体灭火系统设计规范	GB 50370—2005	
43	建筑灭火器配置验收及检查规范	GB 50444—2008	
44	固定消防炮灭火系统施工与验收规范	GB 50498—2009	
45	施工企业安全生产管理规范	GB 50656—2011	
46	建设工程施工现场消防安全技术规范	GB 50720—2021	GB 50720—2011
47	建筑施工安全技术统一规范	GB 50870—2013	
48	防火卷帘、防火门、防火窗施工及验收规范	GB 50877—2014	
49	细水雾灭火系统技术规范	GB 50898—2013	
50	消防给水及消火栓系统技术规范	GB 50974—2014	
51	消防应急照明和疏散指示系统技术标准	GB 51309—2018	
52	施工脚手架通用规范	GB 55023—2022	
53	建筑与市政施工现场安全卫生与职业健康通用规范	GB 55034—2022	
54	手持式电动工具的管理、使用、检查和维修安全技术规程	GB/T 3787—2017	GB/T 3787—2006

序号	标准名称／文件名称	标准编号／文件编号	代替标准
55	起重机　钢丝绳　保养、维护、检验和报废	GB/T 5972—2016/ISO 4309：2010	GB/T 5972—2009
56	文书档案案卷格式	GB/T 9705—2008	
57	固定的空气压缩机　安全规则和操作规程	GB/T 10892—2021	GB 10892—2005
58	科学技术档案案卷构成的一般要求	GB/T 11822—2008	
59	高处作业吊篮	GB/T 19155—2017	GB/T 19155—2003
60	设备工程监理规范	GB/T 26429—2022	GB/T 26429—2010
61	电网运行准则	GB/T 31464—2022	GB/T 31464—2015
62	建设工程监理规范	GB/T 50319—2013	
63	建设工程项目管理规范	GB/T 50326—2017	GB/T 50326—2006
64	建设工程文件归档规范	GB/T 50328—2019	GB/T 50328—2014
65	工程建设施工企业质量管理规范	GB/T 50430—2017	GB/T 50430—2007
66	电力建设安全工作规程　第2部分：电力线路	DL 5009.2—2013	
67	电力建设安全工作规程　第3部分：变电站	DL 5009.3—2013	
68	电力设备典型消防规程	DL 5027—2015	
69	电力设备监造技术导则	DL/T 586—2008	
70	电力行业无损检测人员资格考核规则	DL/T 675—2014	
71	焊工技术考核规程	DL/T 679—2012	DL/T 679—1999
72	发电设备可靠性评价规程　第1部分：通则	DL/T 793.1—2017	
73	发电设备可靠性评价规程　第2部分：燃煤机组	DL/T 793.2—2017	
74	发电设备可靠性评价规程　第5部分：燃气轮发电机组	DL/T 793.5—2018	
75	电力行业劳动环境监测技术规范	DL/T 799.1～7—2019	DL/T 799.1～7—2010
76	电力行业理化检验人员考核规程	DL/T 931—2017	DL/T 931—2005
77	发电厂热力设备化学清洗单位管理规定	DL/T 977—2013	
78	电力环境保护技术监督导则	DL/T 1050—2016	DL/T 1050—2007
79	电力技术监督导则	DL/T 1051—2019	
80	电力作业用手持式电动工具安全性能检验规程	DL/T 1191—2012	
81	电力行业焊工培训机构基本能力要求	DL/T 1265—2013	
82	发电厂氢气系统在线仪表检验规程	DL/T 1462—2023	DL/T 1462—2015
83	电力安全工器具配置与存放技术要求	DL/T 1475—2015	

序号	标准名称／文件名称	标准编号／文件编号	代替标准
84	电力安全工器具预防性试验规程	DL/T 1476—2015	
85	电力企业标准化工作　评价与改进	DL/T 2594—2023	
86	发电厂海水淡化工程运行和维护导则	DL/T 2595—2023	
87	电力工程竣工图文件编制规定	DL/T 5229—2016	DL/T 5229—2005
88	电力建设工程监理规范	DL/T 5434—2021	DL/T 5434—2009
89	电力岩土工程监理规程	DL/T 5481—2013	
90	建设电子文件与电子档案管理规范	CJJ/T 117—2017	CJJ/T 117—2007
91	建筑机械使用安全技术规程	JGJ 33—2012	JGJ 33–2001
92	施工现场临时用电安全技术规范	JGJ 46—2005	
93	建筑施工安全检查标准	JGJ 59—2011	
94	液压滑动模板施工安全技术规程	JGJ 65—2013	
95	建筑施工高处作业安全技术规范	JGJ 80—2016	JGJ 80—1991
96	建筑施工扣件式钢管脚手架安全技术规程	JGJ 130—2011	JGJ 130—2001
97	建设工程施工现场环境与卫生标准	JGJ 146—2013	
98	建筑拆除工程安全技术规范	JGJ 147—2016	
99	施工现场机械设备检查技术规程	JGJ 160—2016	JGJ 160—2008
100	建筑施工模板安全技术规范	JGJ 162—2008	
101	建筑施工木脚手架安全技术规范	JGJ 164—2008	
102	建筑施工碗扣式钢管脚手架安全技术规范	JGJ 166—2016	
103	建筑施工土石方工程安全技术规范	JGJ 180—2009	
104	建筑施工塔式起重机安装、使用、拆卸安全技术规程	JGJ 196—2010	
105	建筑施工工具式脚手架安全技术规范	JGJ 202—2010	
106	建筑施工升降机安装、使用、拆卸安全技术规程	JGJ 215—2010	
107	建筑施工竹脚手架安全技术规范	JGJ 254—2011	
108	建筑施工起重吊装工程安全技术规范	JGJ 276—2012	
109	建筑施工升降设备设施检验标准	JGJ 305—2013	
110	建筑深基坑工程施工安全技术规范	JGJ 311—2013	
111	建筑工程施工现场标志设置技术规程	JGJ 348—2014	
112	施工企业安全生产评价标准	JGJ/T 77—2010	

续表

序号	标准名称 / 文件名称	标准编号 / 文件编号	代替标准
113	建筑施工门式钢管脚手架安全技术标准	JGJ/T 128—2019	JGJ 128—2010
114	液压升降整体脚手架安全技术标准	JGJ/T 183—2019	JGJ 183—2009
115	建筑起重机械安全评估技术规程	JGJ/T 189—2009	
116	建筑施工承插型盘扣式钢管脚手架安全技术标准	JGJ/T 231—2021	JGJ 231—2010
117	建筑与市政工程施工现场专业人员职业标准	JGJ/T 250—2011	
118	建筑施工易发事故防治安全标准	JGJ/T 429—2018	
119	雷电灾害应急处置规范	GB/T 34312—2017	
120	建筑施工现场雷电安全技术规范	QX/T 246—2014	
121	检验检测机构资质认定能力评价　检验检测机构通用要求	RB/T 214—2017	
122	特种设备生产与充装单位许可规则	TSG 07—2019	
123	特种设备作业人员考核规则	TSG Z6001—2019	
124	特种设备焊接操作人员考核细则	TSG Z6002—2010	
125	建设工程消防验收评定规则	XF 836—2016	GA 836—2016
126	建设项目档案管理规范	DA/T 28—2018	DA/T 28—2002
127	电力勘测设计驻工地代表制度	DLGJ 159.8—2001	

二、火力发电工程专用部分

序号	标准名称 / 文件名称	标准编号 / 文件编号	代替标准
2.0	综合性技术管理文件及技术标准		
1	小型火力发电厂设计规范	GB 50049—2011	
2	大中型火力发电厂设计规范	GB 50660—2011	
3	燃气冷热电三联供工程技术规程	CJJ 145—2010	
4	火力发电厂初步设计文件内容深度规定	DL/T 5427—2009	
5	火力发电厂施工图设计文件内容深度规定	DL/T 5461.1—2012；DL/T 5461.2 ～ 16—2013；DL/T 5461.17—2023	
6	燃气 – 蒸汽联合循环电厂设计规范	DL/T 5174—2020	DL/T 5174—2003
7	低质煤综合利用发电安全管理体系规范	NB/T 11119—2023	
2.1	建筑工程		

序号	标准名称 / 文件名称	标准编号 / 文件编号	代替标准
2.1.1	通用管理文件及技术标准		
1	电力建设施工质量验收规程 第 1 部分：土建工程	DL/T 5210.1—2021	DL 5210.1—2012
2.1.2	勘察设计标准		
1	砌体结构设计规范	GB 50003—2011	
2	建筑地基基础设计规范	GB 50007—2011	
3	建筑结构荷载规范	GB 50009—2012	
4	混凝土结构设计规范（2015 年版）	GB 50010—2010	GB 50010—2010
5	建筑抗震设计规范（2016 年版）	GB 50011—2010	GB 50011—2010
6	室外排水设计标准	GB 50014—2021	GB 50014—2006
7	建筑设计防火规范（2018 版）	GB 50016—2014	GB 50016—2014
8	钢结构设计标准	GB 50017—2017	GB 50017—2003
9	建筑抗震鉴定标准	GB 50023—2009	
10	建筑地面设计规范	GB 50037—2013	
11	建筑物防雷设计规范	GB 50057—2010	
12	钢筋混凝土筒仓设计标准	GB 50077—2017	GB 50077—2003
13	构筑物抗震鉴定标准	GB 50117—2014	
14	高耸结构设计标准	GB 50135—2019	GB 50135—2006
15	构筑物抗震设计规范	GB 50191—2012	
16	防洪标准	GB 50201—2014	
17	建筑工程抗震设防分类标准	GB 50223—2008	
18	电力设施抗震设计规范	GB 50260—2013	
19	综合布线系统工程设计规范	GB 50311—2016	
20	智能建筑设计标准	GB 50314—2015	
21	混凝土结构加固设计规范	GB 50367—2013	
22	铝合金结构设计规范	GB 50429—2007	
23	工程隔振设计标准	GB 50463—2019	GB 50463—2008
24	建筑工程容许振动标准	GB 50868—2013	
25	建筑机电工程抗震设计规范	GB 50981—2014	
26	工业建筑节能设计统一标准	GB 51245—2017	

序号	标准名称 / 文件名称	标准编号 / 文件编号	代替标准
27	混凝土结构耐久性设计标准	GB/T 50476—2019	GB/T 50476—2008
28	烟囱工程技术标准	GB/T 50051—2021	GB 50051—2013；GB 50078—2008
29	火力发电厂岩土工程勘察规范	GB/T 51031—2014	
30	火力发电厂土建结构设计技术规程	DL 5022—2012	
31	水工建筑物荷载设计规范	DL 5077—1997	
32	火力发电厂建筑装修设计标准	DL/T 5029—2012	
33	火力发电厂灰渣筑坝设计规范	DL/T 5045—2006	
34	水工混凝土结构设计规范	NB/T 11011—2022	
35	火力发电厂建筑设计规程	DL/T 5094—2012	
36	火电厂和核电厂常规岛主厂房荷载设计技术规程	DL/T 5095—2013	
37	火力发电厂贮灰场岩土工程勘测技术规程	DL/T 5097—2014	
38	火力发电厂热工开关量和模拟量控制系统设计规程	DL/T 5175—2021	DL/T 5175—2003
39	火力发电厂仪表与控制就地设备安装、管路、电缆设计规程	DL/T 5182—2021	DL/T 5182—2004
40	火力发电厂辅助机器基础隔振设计规程	DL/T 5188—2004	
41	火力发电厂水工设计规范	DL/T 5339—2018	DL/T 5339—2006
42	火力发电厂热工电源及气源系统设计技术规程	DL/T 5455—2012	
43	火力发电厂干式贮灰场设计规程	DL/T 5488—2014	
44	火力发电厂循环水泵房进水流道设计规范	DL/T 5489—2014	
45	建筑抗震加固技术规程	JGJ 116—2009	
46	冻土地区建筑地基基础设计规范	JGJ 118—2011	
47	底部框架－抗震墙砌体房屋抗震技术规程	JGJ 248—2012	
48	预应力混凝土结构抗震设计标准	JGJ/T 140—2019	JGJ 140—2004
49	水工建筑物抗冰冻设计规范	NB/T 35024—2014	
50	钢骨混凝土结构技术规程	YB 9082—2006	

2.1.3　施工及验收技术标准

序号	标准名称 / 文件名称	标准编号 / 文件编号	代替标准
1	建筑工程施工质量验收统一标准	GB 50300—2013	GB 50300—2001
2	智能建筑工程质量验收规范	GB 50339—2013	

续表

序号	标准名称／文件名称	标准编号／文件编号	代替标准
3	建筑节能工程施工质量验收标准	GB 50411—2019	GB 50411—2007

2.1.3.1 工程测量

序号	标准名称／文件名称	标准编号／文件编号	代替标准
1	工程测量标准	GB 50026—2020	
2	变形测量成果质量检验技术规程	CH/T 1028—2012	
3	火力发电厂工程测量技术规程	DL/T 5001—2014	
4	电力工程施工测量标准	DL/T 5578—2020	DL/T 5445—2010
5	建筑变形测量规范	JGJ 8—2016	JGJ 8—2007
6	建筑施工测量标准	JGJ/T 408—2017	
7	扭矩扳子	JJG 707—2014	

2.1.3.2 主要原材料及其检验方法标准

序号	标准名称／文件名称	标准编号／文件编号	代替标准
1	通用硅酸盐水泥	GB 175—2023	
2	抗硫酸盐硅酸盐水泥	GB/T 748—2023	GB/T 748—2005
3	低热微膨胀水泥	GB 2938—2008	
4	混凝土外加剂	GB 8076—2008	
5	聚氯乙烯（PVC）防水卷材	GB 12952—2011	GB 12952—2003
6	氯化聚乙烯防水卷材	GB 12953—2003	GB 12953—1991
7	钢筋混凝土用余热处理钢筋	GB 13014—2013	
8	烧结多孔砖和多孔砌块	GB 13544—2011	
9	钢渣矿渣硅酸盐水泥	GB/T 13590—2022	
10	建筑用安全玻璃 第1部分：防火玻璃	GB 157631—2009	GB 15762.1—2001
11	建筑用安全玻璃 第2部分：钢化玻璃	GB 15763.2—2005	GB/T 9963—1998；GB 17841—1999 部分
12	建筑用安全玻璃 第3部分：夹层玻璃	GB 15763.3—2009	GB 9962—1999
13	建筑用安全玻璃 第4部分：均质钢化玻璃	GB 15763.4—2009	
14	弹性体改性沥青防水卷材	GB 18242—2008	
15	塑性体改性沥青防水卷材	GB 18243—2008	
16	改性沥青聚乙烯胎防水卷材	GB 18967—2009	
17	蒸压粉煤灰多孔砖	GB 26541—2011	
18	建筑用丙烯酸喷漆铝合金型材	GB 30872—2014	
19	墙体材料应用统一技术规范	GB 50574—2010	

序号	标准名称 / 文件名称	标准编号 / 文件编号	代替标准
20	中热硅酸盐水泥、低热硅酸盐水泥	GB/T 200—2017	GB 200—2003
21	铝酸盐水泥	GB/T 201—2015	GB 201—2000
22	建筑防水卷材试验方法	GB/T 328.1 ～ 27—2007	
23	建筑石油沥青	GB/T 494—2010	
24	优质碳素结构钢	GB/T 699—2015	
25	碳素结构钢	GB/T 700—2006	
26	低碳钢热轧圆盘条	GB/T 701—2008	
27	钢筋混凝土用钢　第 1 部分：热轧光圆钢筋	GB/T 1499.1—2017	GB 1499.1—2008
28	钢筋混凝土用钢　第 2 部分：热轧带肋钢筋	GB/T 1499.2—2018	GB 1499.2—2007
29	钢筋混凝土用钢　第 3 部分：钢筋焊接网	GB/T 1499.3—2022	GB/T 1499.3—2010
30	低合金高强度结构钢	GB/T 1591—2018	GB/T 1591—2008
31	用于水泥和混凝土中的粉煤灰	GB/T 1596—2017	GB/T 1596—2005
32	砌筑水泥	GB/T 3183—2017	GB/T 3183—2003
33	混凝土砌块和砖试验方法	GB/T 4111—2013	
34	耐候结构钢	GB/T 4171—2008	
35	优质碳素钢热轧盘条	GB/T 4354—2008	
36	烧结普通砖	GB/T 5101—2017	GB/T 5101—2003
37	预应力混凝土用钢丝	GB/T 5223—2014	
38	火力发电厂高温紧固件技术导则	DL/T 439—2018	DL/T 439—2006
39	火力发电厂高温高压蒸汽管道蠕变监督规程	DL/T 441—2004	DL/T 441—1991
40	火力发电厂金属材料选用导则	DL/T 715—2015	
41	火力发电厂金属专业名词术语	DL/T 882—2022	DL/T 882—2004
42	火电厂金相检验与评定技术导则	DL/T 884—2019	DL/T 884—2004
43	电力设备金属发射光谱分析技术导则	DL/T 991—2022	DL/T 991—2006
44	超（超）临界机组金属材料及结构部件检验技术导则	DL/T 1161—2012	
45	表面式间接空冷机组循环冷却水系统腐蚀控制导则	DL/T 2295—2021	

2.1.3.3　工程建设管理

序号	标准名称 / 文件名称	标准编号 / 文件编号	代替标准
1	火电厂大气污染物排放标准	GB 13223—2011	
2	锅炉大气污染物排放标准	GB 13271—2014	

续表

序号	标准名称／文件名称	标准编号／文件编号	代替标准
3	建筑施工脚手架安全技术统一标准	GB 51210—2016	
4	电子文件归档与电子档案管理规范	GB/T 18894—2016	
5	无损检测　无损检测人员培训机构	GB/T 30564—2023/ ISO/TS 25108：2018	
6	热处理环境保护技术要求	GB/T 30822—2014	
7	工程建设勘察企业质量管理标准	GB/T 50379—2018	GB/T 50379—2006
8	工程建设设计企业质量管理规范	GB/T 50380—2006	
9	工业探伤放射防护标准	GBZ 117—2022	GBZ 117—2015； GBZ 132—2008； GBZ 175—2006
10	电力建设安全工作规程　第1部分：火力发电	DL 5009.1—2014	
11	火电工程达标投产验收规程	DL 5277—2012	
12	火电建设项目文件收集及档案整理规范	DL/T 241—2012	
13	火电厂环境监测管理规定	DL/T 382—2022	DL/T 382—2010
14	火电厂环境监测技术规范	DL/T 414—2022	
15	电力行业锅炉压力容器安全监督管理工程师培训考核规程	DL/T 874—2017	DL/T 874—2004
16	火力发电企业生产安全设施配置	DL/T 1123—2009	
17	火电工程项目质量管理规程	DL/T 1144—2012	
18	火力发电厂机组检修监理规范	DL/T 1966—2019	
19	火电厂烟气中 SO_3 测试方法　控制冷凝法	DL/T 1990—2019	
20	基于风险预控的火力发电安全生产管理体系要求	DL/T 2012—2019	
21	火力发电厂疏水阀订货、验收导则	DL/T 2027—2019	
22	火力发电工程经济评价导则	DL/T 5435—2019	DL/T 5435—2009
23	火力发电厂烟气净化装置施工技术规范	DL/T 5790—2019	
24	建设项目竣工环境保护验收技术规范　火力发电厂	HJ/T 255—2006	
25	爆破作业单位资质条件和管理要求	GA 990—2012	
26	《电力建设工程工期定额》（2022年版　第二册　火力发电工程）		
27	预应力混凝土用钢绞线	GB/T 5224—2014	
28	混凝土外加剂匀质性试验方法	GB/T 8077—2012	

序号	标准名称 / 文件名称	标准编号 / 文件编号	代替标准
29	普通混凝土小型砌块	GB/T 8239—2014	
30	蒸压加气混凝土砌块	GB/T 11968—2020	GB/T 11968—2006
31	建筑用压型钢板	GB/T 12755—2008	
32	烧结空心砖和空心砌块	GB/T 13545—2014	
33	冷轧带肋钢筋	GB/T 13788—2017	GB/T 13788—2008
34	建设用砂	GB/T 14684—2022	GB/T 14684—2011
35	建设用卵石、碎石	GB/T 14685—2022	GB/T 14685—2011
36	轻集料混凝土小型空心砌块	GB/T 15229—2011	
37	建筑防水涂料试验方法	GB/T 16777—2008	
38	轻集料及其试验方法　第1部分：轻集料	GB/T 17431.1—2010	
39	用于水泥、砂浆和混凝土中的粒化高炉矿渣粉	GB/T 18046—2017	GB/T 18046—2008
40	聚氨酯防水涂料	GB/T 19250—2013	
41	建筑结构用钢板	GB/T 19879—2015	
42	预应力混凝土用螺纹钢筋	GB/T 20065—2016	GB/T 20065—2006
43	用于水泥和混凝土中的钢渣粉	GB/T 20491—2017	GB/T 20491—2006
44	混凝土膨胀剂	GB/T 23439—2017	GB/T 23439—2009
45	混凝土膨胀剂（国家标准第1号修改单）	GB/T 23439—2017/XG1—2018	GB/T 23439—2017
46	混凝土和砂浆用再生细骨料	GB/T 25176—2010	
47	混凝土用再生粗骨料	GB/T 25177—2010	
48	不锈钢钢绞线	GB/T 25821—2010	
49	钢筋混凝土用环氧涂层钢筋	GB/T 25826—2022	GB/T 25826—2010
50	冷轧带肋钢筋用热轧盘条	GB/T 28899—2012	
51	蒸压泡沫混凝土砖和砌块	GB/T 29062—2012	
52	混凝土结构用成型钢筋制品	GB/T 29733—2013	
53	燃煤电厂用玻璃纤维增强塑料烟囱内筒	GB/T 30811—2014	
54	燃煤电厂用玻璃纤维增强塑料烟道	GB/T 30812—2014	
55	预应力混凝土用中强度钢丝	GB/T 30828—2014	
56	海工硅酸盐水泥	GB/T 31289—2014	
57	TC4 ELI 钛合金板材	GB/T 31297—2014	
58	喷射混凝土用速凝剂	GB/T 35159—2017	

续表

序号	标准名称 / 文件名称	标准编号 / 文件编号	代替标准
59	普通混凝土拌合物性能试验方法标准	GB/T 50080—2016	GB/T 50080—2002
60	水泥基灌浆材料应用技术规范	GB/T 50448—2015	
61	水工混凝土砂石骨料试验规程	DL/T 5151—2014	
62	砂浆、混凝土防水剂	JC 474—2008	
63	混凝土防冻剂	JC 475—2004	
64	喷射混凝土用速凝剂	JC 477—2005	
65	混凝土小型空心砌块和混凝土砖砌筑砂浆	JC 860—2008	JC 860—2000
66	蒸压粉煤灰砖	JC/T 239—2014	
67	通用水泥质量等级	JC/T 452—2009	
68	建筑生石灰	JC/T 479—2013	JC/T 479—1992；JC/T 480—1992
69	建筑消石灰	JC/T 481—2013	JC/T 481—1992
70	蒸压灰砂多孔砖	JC/T 637—2009	
71	高分子防水卷材胶粘剂	JC/T 863—2011	
72	混凝土界面处理剂	JC/T 907—2018	JC/T 907—2002
73	水泥基灌浆材料	JC/T 986—2018	JC/T 986—2005
74	混凝土裂缝用环氧树脂灌浆材料	JC/T 1041—2007	
75	水泥砂浆防冻剂	JC/T 2031—2010	
76	环氧树脂防水涂料	JC/T 2217—2014	
77	防水卷材沥青技术要求	JC/T 2218—2014	
78	混凝土用硅质防护剂	JC/T 2235—2014	
79	预应力高强混凝土桩用硅砂粉应用技术规程	JC/T 2236—2014	
80	水泥制品用矿渣粉应用技术规程	JC/T 2238—2014	
81	脂肪族聚氨酯耐候防水涂料	JC/T 2253—2014	
82	聚羧酸系高性能减水剂	JG/T 223—2017	JG/T 223—2007
83	混凝土裂缝修复灌浆树脂	JG/T 264—2010	
84	遇水膨胀止水胶	JG/T 312—2011	
85	混凝土裂缝修补灌浆材料技术条件	JG/T 333—2011	JG/T 333—2001
86	混凝土防冻泵送剂	JG/T 377—2012	
87	钢筋连接用套筒灌浆料	JG/T 408—2019	JG/T 408—2013
88	建筑无机仿砖涂料	JG/T 444—2014	

序号	标准名称 / 文件名称	标准编号 / 文件编号	代替标准
89	建筑构件连接处防水密封膏	JG/T 501—2016	
90	环氧树脂涂层钢筋	JG/T 502—2016	
91	普通混凝土用砂、石质量及检验方法标准	JGJ 52—2006	
92	混凝土用水标准	JGJ 63—2006	
93	建筑玻璃应用技术规程	JGJ 113—2015	JGJ 113—2009
94	钢筋阻锈剂应用技术规程	JGJ/T 192—2009	
95	再生骨料应用技术规程	JGJ/T 240—2011	
96	道路石油沥青	NB/SH/T 0522—2010	

2.1.3.4　地基及基础工程

序号	标准名称 / 文件名称	标准编号 / 文件编号	代替标准
1	建筑地基基础工程施工规范	GB 51004—2015	
2	先张法预应力混凝土管桩	GB 13476—2009	
3	先张法预应力混凝土管桩（国家标准　第 1 号修改单）	GB 13476—2009/XG1—2014	
4	湿陷性黄土地区建筑标准	GB 50025—2018	GB 50025—2004
5	岩土锚杆与喷射混凝土支护工程技术规范	GB 50086—2015	
6	膨胀土地区建筑技术规范	GB 50112—2013	
7	土方与爆破工程施工及验收规范	GB 50201—2012	
8	建筑地基基础工程施工质量验收标准	GB 50202—2018	GB 50202—2002
9	建筑边坡工程技术规范	GB 50330—2013	
10	建筑基坑工程监测技术标准	GB 50497—2019	GB 50497—2009
11	建筑边坡工程鉴定与加固技术规范	GB 50843—2013	
12	复合地基技术规范	GB/T 50783—2012	
13	盐渍土地区建筑技术规范	GB/T 50942—2014	
14	吹填土地基处理技术规范	GB/T 51064—2015	
15	沉井与气压沉箱施工规范	GB/T 51130—2016	
16	电力工程地基处理技术规程	DL/T 5024—2020	DL/T 5024—2005
17	深层搅拌法地基处理技术规范	DL/T 5425—2018	DL/T 5425—2009
18	电力工程基桩检测技术规程	DL/T 5493—2014	
19	预制钢筋混凝土方桩	JC 934—2004	
20	先张法预应力混凝土管桩钢模	JC/T 605—2017	JC/T 605—2005

续表

序号	标准名称 / 文件名称	标准编号 / 文件编号	代替标准
21	水泥制品工艺技术规程 第 6 部分：先张法预应力混凝土管桩	JC/T 2126.6—2012	
22	建筑地基处理技术规范	JGJ 79—2012	
23	建筑桩基技术规范	JGJ 94—2008	
24	建筑桩基检测技术规范	JGJ 106—2014	
25	建筑基坑支护技术规程	JGJ 120—2012	
26	既有建筑地基基础加固技术规范	JGJ 123—2012	
27	刚 – 柔性桩复合地基技术规程	JGJ/T 210—2010	
28	现浇混凝土大直径管桩复合地基技术规程	JGJ/T 213—2010	
29	大直径扩底灌注桩技术规程	JGJ/T 225—2010	
30	组合锤法地基处理技术规程	JGJ/T 290—2012	
31	劲性复合桩技术规程	JGJ/T 327—2014	
32	水泥土复合管桩基础技术规程	JGJ/T 330—2014	
33	地下工程盖挖法施工规程	JGJ/T 364—2016	
34	喷射混凝土应用技术规程	JGJ/T 372—2016	
35	螺纹桩技术规程	JGJ/T 379—2016	
36	静压桩施工技术规程	JGJ/T 394—2017	
37	锚杆检测与监测技术规程	JGJ/T 401—2017	
38	建筑基桩自平衡静载试验技术规程	JGJ/T 403—2017	
39	预应力混凝土管桩技术标准	JGJ/T 406—2017	

2.1.3.5 混凝土工程

序号	标准名称 / 文件名称	标准编号 / 文件编号	代替标准
1	混凝土结构防火涂料	GB 28375—2012	
2	沥青路面施工及验收规范	GB 50092—1996	
3	混凝土外加剂应用技术规范	GB 50119—2013	
4	混凝土结构工程施工质量验收规范	GB 50204—2015	
5	大体积混凝土施工标准	GB 50496—2018	GB 50496—2009
6	建筑结构加固工程施工质量验收规范	GB 50550—2010	
7	双曲线冷却塔施工与质量验收规范	GB 50573—2010	
8	钢管混凝土工程施工质量验收规范	GB 50628—2010	
9	混凝土结构工程施工规范	GB 50666—2011	

序号	标准名称／文件名称	标准编号／文件编号	代替标准
10	钢筋混凝土筒仓施工与质量验收规范	GB 50669—2011	
11	钢－混凝土组合结构施工规范	GB 50901—2013	
12	钢管混凝土结构技术规范	GB 50936—2014	
13	铁尾矿砂混凝土应用技术规范	GB 51032—2014	
14	高耸结构工程施工质量验收规范	GB 51203—2016	
15	预拌混凝土	GB/T 14902—2012	GB/T 14902—2003
16	混凝土模板用胶合板	GB/T 17656—2018	GB/T 17656—2008
17	温拌沥青混凝土	GB/T 30596—2014	
18	混凝土防腐阻锈剂	GB/T 31296—2014	
19	活性粉末混凝土	GB/T 31387—2015	
20	混凝土接缝防水用预埋注浆管	GB/T 31538—2015	
21	混凝土结构工程用锚固胶	GB/T 37127—2018	
22	烟囱工程技术标准	GB/T 50051—2021	GB 50051—2013； GB 50078—2008
23	滑动模板工程技术标准	GB/T 50113—2019	GB 50113—2005
24	粉煤灰混凝土应用技术规范	GB/T 50146—2014	
25	组合钢模板技术规范	GB/T 50214—2013	
26	预防混凝土碱骨料反应技术规范	GB/T 50733—2011	
27	钢铁渣粉混凝土应用技术规范	GB/T 50912—2013	
28	超大面积混凝土地面无缝施工技术规范	GB/T 51025—2016	
29	大体积混凝土温度测控技术规范	GB/T 51028—2015	
30	装配式混凝土建筑技术标准	GB/T 51231—2016	
31	水泥混凝土路面施工及验收规范	GBJ 97—1987	
32	电力建设施工技术规范 第1部分：土建结构工程	DL/T 5190.1—2022	DL 5190.1—2012
33	火力发电厂圆形贮煤仓施工技术规范	DL/T 5737—2016	
34	抗硫酸盐侵蚀混凝土应用技术规程	DL/T 5801—2019	
35	混凝土接缝密封嵌缝板	JC/T 2255—2014	
36	泡沫混凝土	JG/T 266—2011	
37	混凝土结构加固用聚合物砂浆	JG/T 289—2010	
38	混凝土结构工程用锚固胶	JG/T 340—2011	

序号	标准名称 / 文件名称	标准编号 / 文件编号	代替标准
39	钢纤维混凝土	JG/T 472—2015	
40	建筑用穿墙防水对拉螺栓套具	JG/T 478—2015	
41	装配式混凝土结构技术规程	JGJ 1—2014	
42	高层建筑混凝土结构技术规程	JGJ 3—2010	
43	冷轧带肋钢筋混凝土结构技术规程	JGJ 95—2011	
44	钢框胶合板模板技术规程	JGJ 96—2011	
45	钢筋焊接网混凝土结构技术规程	JGJ 114—2014	
46	混凝土结构后锚固技术规程	JGJ 145—2013	
47	清水混凝土应用技术规程	JGJ 169—2009	
48	海砂混凝土应用技术规范	JGJ 206—2010	
49	组合铝合金模板工程技术规程	JGJ 386—2016	
50	整体爬升钢平台模架技术标准	JGJ 459—2019	
51	混凝土泵送施工技术规程	JGJ/T 10—2011	
52	轻骨料混凝土应用技术标准	JGJ/T 12—2019	JGJ 12—2006；JGJ 51—2002
53	蒸压加气混凝土制品应用技术标准	JGJ/T 17—2020	JGJ/T 17—2008
54	建筑工程大模板技术标准	JGJ/T 74—2017	JGJ 74—2003
55	混凝土中钢筋检测技术标准	JGJ/T 152—2019	JGJ/T 152—2008
56	补偿收缩混凝土应用技术规程	JGJ/T 178—2009	
57	混凝土耐久性检验评定标准	JGJ/T 193—2009	
58	液压爬升模板工程技术标准	JGJ/T 195—2018	JGJ 195—2010
59	混凝土结构用钢筋间隔件应用技术规程	JGJ/T 219—2010	
60	纤维混凝土应用技术规程	JGJ/T 221—2010	
61	混凝土基层喷浆处理技术规程	JGJ/T 238—2011	
62	人工砂混凝土应用技术规程	JGJ/T 241—2011	
63	混凝土结构耐久性修复与防护技术规程	JGJ/T 259—2012	
64	建筑结构体外预应力加固技术规程	JGJ/T 279—2012	
65	高强混凝土应用技术规程	JGJ/T 281—2012	
66	自密实混凝土应用技术规程	JGJ/T 283—2012	
67	高强混凝土强度检测技术规程	JGJ/T 294—2013	

序号	标准名称／文件名称	标准编号／文件编号	代替标准
68	磷渣混凝土应用技术规程	JGJ/T 308—2013	
69	石灰石粉在混凝土中应用技术规程	JGJ/T 318—2014	
70	预应力高强钢丝绳加固混凝土结构技术规程	JGJ/T 325—2014	
71	预拌混凝土绿色生产及管理技术规程	JGJ/T 328—2014	
72	泡沫混凝土应用技术规程	JGJ/T 341—2014	
73	建筑塑料复合模板工程技术规程	JGJ/T 352—2014	
74	玻璃纤维增强水泥（GRC）建筑应用技术标准	JGJ/T 423—2018	
2.1.3.6 配合比设计规程及性能试验方法标准			
1	蒸压加气混凝土性能试验方法	GB/T 11969—2020	GB/T 11969—2008
2	水泥取样方法	GB/T 12573—2008	
3	建筑防水涂料试验方法	GB/T 16777—2008	
4	轻集料及其试验方法 第2部分：轻集料试验方法	GB/T 17431.2—2010	GB/T 17431.2—1998
5	钻芯检测离心高强混凝土抗压强度试验方法	GB/T 19496—2004	
6	钢筋混凝土用钢材试验方法	GB/T 28900—2022	GB/T 28900—2012
7	钢筋混凝土用钢筋焊接网 试验方法	GB/T 33365—2016	
8	混凝土物理力学性能试验方法标准	GB/T 50081—2019	
9	普通混凝土长期性能和耐久性能试验方法标准	GB/T 50082—2009	
10	土工试验方法标准	GB/T 50123—2019	GB/T 50123—1999
11	砌体基本力学性能试验方法标准	GB/T 50129—2011	
12	混凝土结构试验方法标准	GB/T 50152—2012	
13	混凝土结构现场检测技术标准	GB/T 50784—2013	
14	发电工程混凝土试验规程	DL/T 1448—2015	
15	水工混凝土试验规程	DL/T 5150—2017	DL/T 5150—2001
16	水工塑性混凝土试验规程	DL/T 5303—2013	
17	水工混凝土配合比设计规程	DL/T 5330—2015	
18	水工自密实混凝土技术规程	DL/T 5720—2015	
19	水工塑性混凝土配合比设计规程	DL/T 5786—2019	
20	普通混凝土配合比设计规程	JGJ 55—2011	
21	早期推定混凝土强度试验方法标准	JGJ/T 15—2021	JGJ/T 15—2008

序号	标准名称 / 文件名称	标准编号 / 文件编号	代替标准
22	钢筋焊接接头试验方法标准	JGJ/T 27—2014	
23	建筑砂浆基本性能试验方法标准	JGJ/T 70—2009	
24	回弹法检测混凝土抗压强度技术规程	JGJ/T 23—2011	
25	砌筑砂浆配合比设计规程	JGJ/T 98—2010	JGJ 98—2000
26	贯入法检测砌筑砂浆抗压强度技术规程	JGJ/T 136—2017	
27	后锚固法检测混凝土抗压强度技术规程	JGJ/T 208—2010	
28	水泥土配合比设计规程	JGJ/T 233—2011	
29	择压法检测砌筑砂浆抗压强度技术规程	JGJ/T 234—2011	
30	拉脱法检测混凝土抗压强度技术规程	JGJ/T 378—2016	
31	钻芯法检测混凝土强度技术规程	JGJ/T 384—2016	
32	冲击回波法检测混凝土缺陷技术规程	JGJ/T 411—2017	

2.1.3.7　水工混凝土工程

序号	标准名称 / 文件名称	标准编号 / 文件编号	代替标准
1	水工混凝土掺用粉煤灰技术规范	DL/T 5055—2007	
2	水工建筑物地下工程开挖施工技术规范	DL/T 5099—2011	
3	水工混凝土外加剂技术规程	DL/T 5100—2014	
4	水工混凝土施工规范	DL/T 5144—2015	
5	水工建筑物水泥灌浆施工技术规范	DL/T 5148—2021	DL/T 5148—2012
6	水工混凝土钢筋施工规范	DL/T 5169—2013	
7	电力建设施工技术规范　第 9 部分：水工结构工程	DL/T 5190.9—2022	DL 5190.9—2012
8	水工建筑物止水带技术规范	DL/T 5215—2005	
9	水工混凝土耐久性技术规范	DL/T 5241—2010	
10	水工混凝土抑制碱 – 骨料反应技术规范	DL/T 5298—2013	
11	水工混凝土建筑物修补加固技术规程	DL/T 5315—2014	
12	水工混凝土掺用磷渣粉技术规范	DL/T 5387—2007	
13	水电水利工程化学灌浆技术规范	DL/T 5406—2019	DL/T 5406—2010
14	水工混凝土温度控制施工规范	DL/T 5787—2019	
15	水工变态混凝土施工规范	DL/T 5788—2019	

2.1.3.8　钢（铝）结构工程

序号	标准名称 / 文件名称	标准编号 / 文件编号	代替标准
1	钢结构防火涂料	GB 14907—2018	GB 14907—2002

序号	标准名称 / 文件名称	标准编号 / 文件编号	代替标准
2	钢结构工程施工质量验收标准	GB 50205—2020	GB 50205—2001
3	铝合金结构工程施工质量验收规范	GB 50576—2010	
4	钢结构焊接规范	GB 50661—2011	
5	钢结构工程施工规范	GB 50755—2012	
6	门式刚架轻型房屋钢结构技术规范	GB 51022—2015	
7	建筑钢结构防火技术规范	GB 51249—2017	
8	钢结构用高强度大六角头螺栓	GB/T 1228—2006	
9	钢结构用高强度大六角螺母	GB/T 1229—2006	
10	钢结构用高强度垫圈	GB/T 1230—2006	
11	钢结构用高强度大六角头螺栓、大六角螺母、垫圈技术条件	GB/T 1231—2006	
12	钢结构用扭剪型高强度螺栓连接副	GB/T 3632—2008	
13	钢制管法兰	GB/T 9124.1 ～ 2—2019	GB/T 9112—2010
14	紧固件　扭矩 – 夹紧力试验	GB/T 16823.3—2010/ ISO 16047：2005	GB/T 16823.3—1997
15	钢结构现场检测技术标准	GB/T 50621—2010	
16	电力钢结构焊接通用技术条件	DL/T 678—2013	
17	门式刚架轻型房屋钢构件	JG/T 144—2016	
18	建筑用钢结构防腐涂料	JG/T 224—2007	
19	空间网格结构技术规程	JGJ 7—2010	
20	钢结构高强度螺栓连接技术规程	JGJ 82—2011	
21	铝合金结构工程施工规程	JGJ/T 216—2010	
22	拱形钢结构技术规程	JGJ/T 249—2011	
23	建筑钢结构防腐蚀技术规程	JGJ/T 251—2011	

2.1.3.9　砌筑及屋面、楼地面工程

序号	标准名称 / 文件名称	标准编号 / 文件编号	代替标准
1	砌体结构工程施工质量验收规范	GB 50203—2011	
2	木结构工程施工质量验收规范	GB 50206—2012	
3	屋面工程质量验收规范	GB 50207—2012	
4	建筑地面工程施工质量验收规范	GB 50209—2010	
5	屋面工程技术规范	GB 50345—2012	
6	坡屋面工程技术规范	GB 50693—2011	

序号	标准名称 / 文件名称	标准编号 / 文件编号	代替标准
7	砌体结构工程施工规范	GB 50924—2014	
8	预拌砂浆	GB/T 25181—2019	GB/T 25181—2010
9	建筑屋面雨水排水铸铁管、管件及附件	GB/T 37357—2019	
10	环氧树脂自流平地面工程技术规范	GB/T 50589—2010	
11	木结构工程施工规范	GB/T 50772—2012	
12	超大面积混凝土地面无缝施工技术规范	GB/T 51025—2016	
13	建筑屋面雨水排水系统技术规程	CJJ 142—2014	
14	透水砖路面技术规程	CJJ/T 188—2012	
15	环氧树脂砂浆技术规程	DL/T 5193—2021	DL/T 5193—2004
16	蒸压加气混凝土墙体专用砂浆	JC/T 890—2017	JC 890—2001
17	混凝土地面用水泥基耐磨材料	JC/T 906—2002	
18	地面用水泥基自流平砂浆	JC/T 985—2017	JC/T 985—2005
19	石膏基自流平砂浆	JC/T 1023—2021	JC/T 1023—2007
20	屋面保温隔热用泡沫混凝土	JC/T 2125—2012	
21	钢筋陶粒混凝土轻质墙板	JC/T 2214—2014	
22	地面辐射供暖绝热层用泡沫混凝土	JC/T 2240—2014	
23	建筑用找平砂浆	JC/T 2326—2015	
24	建筑用砌筑和抹灰干混砂浆	JG/T 291—2011	
25	约束砌体与配筋砌体结构技术规程	JGJ 13—2014	
26	采光顶与金属屋面技术规程	JGJ 255—2012	
27	混凝土小型空心砌块建筑技术规程	JGJ/T 14—2011	
28	自流平地面工程技术标准	JGJ/T 175—2018	JGJ/T 175—2009
29	抹灰砂浆技术规程	JGJ/T 220—2010	
30	预拌砂浆应用技术规程	JGJ/T 223—2010	
31	建筑工程裂缝防治技术规程	JGJ/T 317—2014	
32	自保温混凝土复合砌块墙体应用技术规程	JGJ/T 323—2014	
33	建筑地面工程防滑技术规程	JGJ/T 331—2014	

2.1.3.10 防水、防腐、防雷工程

1	地下工程防水技术规范	GB 50108—2008	
2	地下防水工程质量验收规范	GB 50208—2011	

序号	标准名称/文件名称	标准编号/文件编号	代替标准
3	建筑防腐蚀工程施工规范	GB 50212—2014	
4	建筑物防雷工程施工与质量验收规范	GB 50601—2010	
5	防静电工程施工与质量验收规范	GB 50944—2013	
6	建筑物防雷装置检测技术规范	GB/T 21431—2015	
7	建筑物防雷装置检测技术规范（国家标准 第1号修改单）	GB/T 21431—2015/XG1—2018	
8	建筑防腐蚀工程施工质量验收标准	GB/T 50224—2018	GB 50224—2010
9	电力工程地下金属构筑物防腐技术导则	DL/T 5394—2021	DL/T 5394—2007
10	火力发电厂烟囱（烟道）防腐蚀工程施工技术规程	DL/T 5736—2016	
11	电力建设工程变形缝施工技术规范	DL/T 5738—2016	
12	聚合物水泥防水砂浆	JC/T 984—2011	
13	聚合物水泥防水浆料	JC/T 2090—2011	
14	喷涂聚脲防水工程技术规程	JGJ/T 200—2010	
15	地下工程渗漏治理技术规程	JGJ/T 212—2010	
16	建筑外墙防水工程技术规程	JGJ/T 235—2011	
17	建筑防水工程现场检测技术规范	JGJ/T 299—2013	

2.1.3.11 装修、装饰工程

序号	标准名称/文件名称	标准编号/文件编号	代替标准
1	建筑用硅酮结构密封胶	GB 16776—2005	
2	建筑装饰装修工程质量验收标准	GB 50210—2018	GB 50210—2001
3	住宅装饰装修工程施工规范	GB 50327—2001	
4	铝合金建筑型材	GB/T 5237.1～6—2017	GB 5237.1～6—2008
5	建筑门窗力学性能检测方法	GB/T 9158—2015	
6	建筑用安全玻璃	GB 15763.1、3、4—2009；GB 15763.2—2005	
7	建筑用绝热材料 性能选定指南	GB/T 17369—2014/ISO9774：2004	GB/T 17369—1998
8	建筑保温砂浆	GB/T 20473—2021	GB/T 20473—2006
9	膨胀玻化微珠保温隔热砂浆	GB/T 26000—2010	
10	建筑幕墙、门窗通用技术条件	GB/T 31433—2015	
11	外墙外保温系统用水泥基界面剂和填缝剂	JC/T 2242—2014	
12	外墙外保温用硬质酚醛泡沫绝热制品	JC/T 2265—2014	

序号	标准名称 / 文件名称	标准编号 / 文件编号	代替标准
13	建筑外窗气密、水密、抗风压性能现场检测方法	JG/T 211—2007	
14	外墙保温用锚栓	JG/T 366—2012	
15	建筑结构保温复合板	JG/T 432—2014	
16	建筑门窗幕墙用中空玻璃弹性密封胶	JG/T 471—2015	
17	建筑装饰用彩钢板	JG/T 516—2017	
18	玻璃幕墙工程技术规范	JGJ 102—2003	
19	塑料门窗工程技术规程	JGJ 103—2008	
20	外墙饰面砖工程施工及验收规程	JGJ 126—2015	
21	金属与石材幕墙工程技术规范	JGJ 133—2001	
22	外墙外保温工程技术标准	JGJ 144—2019	
23	铝合金门窗工程技术规范	JGJ 214—2010	
24	建筑外墙外保温防火隔离带技术规程	JGJ 289—2012	
25	点挂外墙板装饰工程技术规程	JGJ 321—2014	
26	塑料门窗设计及组装技术规程	JGJ 362—2016	
27	建筑涂饰工程施工及验收规程	JGJ/T 29—2015	
28	建筑工程饰面砖粘结强度检验标准	JGJ/T 110—2017	JGJ 110—2008
29	玻璃幕墙工程质量检验标准	JGJ/T 139—2020	JGJ/T 139—2001
30	建筑门窗工程检测技术规程	JGJ/T 205—2010	
31	外墙内保温工程技术规程	JGJ/T 261—2011	
32	住宅室内装饰装修工程质量验收规范	JGJ/T 304—2013	
33	建筑幕墙工程检测方法标准	JGJ/T 324—2014	
2.1.3.12 水、暖、电工程			
1	给水排水构筑物工程施工及验收规范	GB 50141—2008	
2	建筑给水排水及采暖工程施工质量验收规范	GB 50242—2002	
3	通风与空调工程施工质量验收规范	GB 50243—2016	GB 50243—2002
4	给水排水管道工程施工及验收规范	GB 50268—2008	
5	建筑电气工程施工质量验收规范	GB 50303—2015	
6	电梯工程施工质量验收规范	GB 50310—2002	
7	建筑电气照明装置施工与验收规范	GB 50617—2010	

续表

序号	标准名称 / 文件名称	标准编号 / 文件编号	代替标准
8	通风与空调工程施工规范	GB 50738—2011	
9	建筑排水用硬聚氯乙烯（PVC—U）管材	GB/T 5836.1—2018	
10	建筑排水用硬聚氯乙烯（PVC—U）管件	GB/T 5836.2—2018	
11	电梯安装验收规范	GB/T 10060—2011	
12	建筑排水用硬聚氯乙烯（PVC—U）结构壁管材	GB/T 33608—2017	
13	综合布线系统工程验收规范	GB/T 50312—2016	
14	高密度聚乙烯外护管硬质聚氨酯泡沫塑料预制直埋保温管及管件	GB/T 29047—2021	GB/T 29047—2012
15	钢丝网骨架塑料（聚乙烯）复合管材及管件	CJ/T 189—2007	
16	城镇供热预制直埋蒸汽保温管及管路附件	CJ/T 246—2018	
17	城镇供热管网工程施工及验收规范	CJJ 28—2014	
18	埋地塑料给水管道工程技术规程	CJJ 101—2016	
19	建筑排水塑料管道工程技术规程	CJJ/T 29—2010	
20	城镇供热直埋热水管道技术规程	CJJ/T 81—2013	
21	建筑给水金属管道工程技术标准	CJJ/T 154—2020	CJJ/T 154—2011
22	排水工程混凝土模块砌体结构技术规程	CJJ/T 230—2015	
23	发电厂厂用电源快速切换装置通用技术条件	DL/T 1073—2019	DL/T 1073—2007
24	火力发电工程消防施工技术导则	DL/T 5739—2016	
25	内衬 PVC 片材混凝土和钢筋混凝土排水管	JC/T 2280—2014	
26	通风管道技术规程	JGJ/T 141—2017	JGJ 141—2004
27	采暖通风与空气调节工程检测技术规程	JGJ/T 260—2011	

2.2　安装工程

2.2.1　通用管理文件及技术标准

1	起重机　手势信号	GB/T 5082—2019/ISO 16715：2014	GB/T 5082—1985
2	小功率电动机的安全要求	GB/T 12350—2022	GB/T 12350—2009
3	取水定额　第 1 部分：火力发电	GB/T 18916.1—2021	GB/T 18916.1—2012
4	同步发电机励磁系统建模导则	GB/T 40589—2021	
5	气体燃料发电机组通用技术条件	GB/T 41148—2021	
6	联合循环发电机组验收试验	DL/T 851—2004	
7	整体煤气化联合循环发电机组性能验收试验	DL/T 1223—2013	

序号	标准名称 / 文件名称	标准编号 / 文件编号	代替标准
8	单轴燃气蒸汽联合循环机组性能验收试验规程	DL/T 1224—2013	
9	火力发电机组性能试验导则	DL/T 1616—2016	
10	火电厂低浓度颗粒物测试技术规范　重量法	DL/T 1915—2018	
11	发电企业应急能力建设评估规范	DL/T 1919—2018	
12	火力发电厂直接空冷系统运行导则	DL/T 1934—2018	
13	火力发电厂流量测量不确定度计算方法	DL/T 1961—2019	
14	联合循环电站燃气轮机技术监督规程	DL/T 2273—2021	
15	火力发电厂设备检修管理导则	DL/T 2300—2021	
16	燃气内燃机分布式能源站技术监督规程	DL/T 2442—2021	
17	燃煤机组锅炉深度调峰能力评估试验导则	DL/T 2497—2022	
18	电站煤粉锅炉风冷干式排渣机性能试验方法	DL/T 2501—2022	
19	燃煤电站烟风参数均匀性现场试验规程	DL/T 2502—2022	
20	燃煤电厂环保设施节能运行优化技术导则	DL/T 2506—2022	
21	火电厂水效指标计算方法	DL/T 2507—2022	
22	直接空冷煤电机组高背压供热经济运行导则	DL/T 2508—2022	
23	火力发电厂桥式抓斗卸船机运行检修导则	DL/T 2588—2023	
24	火力发电厂煤和制粉系统防爆设计技术规程	DL/T 5203—2022	DL/T 5203—2005
25	火力发电建设工程机组调试技术规范	DL/T 5294—2013	
26	火力发电建设工程启动试运及验收规程	DL/T 5437—2022	DL/T 5437—2009
27	火力发电工程施工组织设计导则	DL/T 5706—2014	
28	火力发电工程施工组织大纲设计导则	DL/T 5519—2016	

2.2.2　勘察设计标准

序号	标准名称 / 文件名称	标准编号 / 文件编号	代替标准
1	工业循环冷却水处理设计规范	GB/T 50050—2017	GB 50050—2007
2	电力工程电缆设计标准	GB 50217—2018	GB 50217—2007
3	立式圆筒形钢制焊接油罐设计规范	GB 50341—2014	
4	电厂动力管道设计规范	GB 50764—2012	
5	锅炉钢结构设计规范	GB/T 22395—2022	GB/T 22395—2008
6	海水淡化预处理膜系统设计规范	GB/T 31327—2014	
7	燃气 – 蒸汽联合循环热电联产能耗指标计算方法	GB/T 40370—2021	
8	电力装置的继电保护和自动装置设计规范	GB/T 50062—2008	

序号	标准名称/文件名称	标准编号/文件编号	代替标准
9	交流电气装置的接地设计规范	GB/T 50065—2011	
10	电厂标识系统编码标准	GB/T 50549—2020	GB/T 50549—2010
11	火力发电厂海水淡化工程设计规范	GB/T 50619—2010	
12	发电厂化学设计规范	DL 5068—2014	DL/T 5068—2014
13	火力发电厂煤粉锅炉少油点火系统设计与运行导则	DL/T 1316—2014	
14	火力发电厂厂内通信设计技术规定	DL/T 5041—2023	DL/T 5041—2012
15	电力工程直流电源系统设计技术规程	DL/T 5044—2014	
16	发电厂废水治理设计规范	DL/T 5046—2018	DL/T 5046—2006
17	火力发电厂汽水管道设计规范	DL/T 5054—2016	DL/T 5054—1996
18	发电厂保温油漆设计规程	DL/T 5072—2019	DL/T 5072—2007
19	火力发电厂烟风煤粉管道设计规范	DL/T 5121—2020	DL/T 5121—2000
20	火力发电厂、变电站二次接线设计技术规程	DL/T 5136—2012	
21	火力发电厂除灰设计技术规程	DL/T 5142—2012	
22	火力发电厂制粉系统设计计算技术规定	DL/T 5145—2012	
23	火力发电厂厂用电设计技术规程	DL/T 5153—2014	
24	火力发电厂热工开关量和模拟量控制系统设计规程	DL/T 5175—2021	DL/T 5175—2003
25	火力发电厂仪表与控制就地设备安装、管路、电缆设计规程	DL/T 5182—2021	DL/T 5182—2004
26	火力发电厂运煤设计技术规程 第1部分：运煤系统	DL/T 5187.1—2016	DL/T 5187.1—2004
27	火力发电厂运煤设计技术规程 第2部分：煤尘防治	DL/T 5187.2—2019	DL/T 5187.2—2004
28	火力发电厂运煤设计技术规程 第3部分：运煤自动化	DL/T 5187.3—2012	
29	火力发电厂石灰石–石膏湿法烟气脱硫系统设计规程	DL/T 5196—2016	DL/T 5196—2004
30	发电厂油气管道设计规程	DL/T 5204—2016	DL/T 5204—2005
31	导体和电器选择设计规程	DL/T 5222—2021	DL/T 5222—2005
32	发电厂电力网络计算机监控系统设计技术规程	DL/T 5226—2013	
33	火力发电厂辅助车间系统仪表与控制设计规程	DL/T 5227—2020	DL/T 5227—2005

续表

序号	标准名称 / 文件名称	标准编号 / 文件编号	代替标准
34	火力发电厂燃烧系统设计计算技术规程	DL/T 5240—2010	
35	发电厂汽水管道应力计算技术规程	DL/T 5366—2014	
36	电力建设工程工程量清单计算规范　火力发电工程	DL/T 5369—2021	DL/T 5369—2016
37	火力发电厂和变电站照明设计技术规定	DL/T 5390—2014	
38	火力发电厂热工保护系统设计规程	DL/T 5428—2023	DL/T 5428—2009
39	火力发电厂热工电源及气源系统设计技术规程	DL/T 5455—2012	
40	火力发电厂信息系统设计技术规定	DL/T 5456—2012	
41	火力发电工程初步设计概算编制导则	DL/T 5464—2021	DL/T 5464—2013
42	火力发电工程施工图预算编制导则	DL/T 5465—2021	DL/T 5465—2013
43	火力发电工程可行性研究投资估算编制导则	DL/T 5466—2021	DL/T 5466—2013
44	燃煤发电工程建设预算项目划分导则	DL/T 5470—2021	DL/T 5470—2013
45	火力发电厂烟气脱硝系统设计规程	DL/T 5480—2022	DL/T 5480—2013
46	火力发电厂再生水深度处理设计规范	DL/T 5483—2013	
47	电力工程交流不间断电源系统设计技术规程	DL/T 5491—2014	
48	电力系统继电保护设计技术规范	DL/T 5506—2015	
49	火力发电厂燃油系统设计规程	DL/T 5550—2018	
50	火力发电厂循环流化床锅炉系统设计规范	DL/T 5556—2019	
51	电站汽轮发电机组辅机换热设备选型设计规程	DL/T 5559—2019	
52	火力发电厂烟气海水脱硫系统设计规程	DL/T 5609—2021	
53	发电厂海水淡化工程设计规范	NB/T 10979—2022	

2.2.3　施工及验收技术标准

序号	标准名称 / 文件名称	标准编号 / 文件编号	代替标准
1	电气装置安装工程　高压电器施工及验收规范	GB 50147—2010	
2	电气装置安装工程　电力变压器、油浸电抗器、互感器施工及验收规范	DL/T 5840—2021	
3	电气装置安装工程　母线装置施工及验收规范	GB 50149—2010	
4	电气装置安装工程　电缆线路施工及验收标准	GB 50168—2018	GB 50168—2006
5	电气装置安装工程　接地装置施工及验收规范	GB 50169—2016	GB 50169—2006
6	电气装置安装工程　旋转电机施工及验收标准	GB 50170—2018	GB 50170—2006
7	电气装置安装工程　盘、柜及二次回路接线施工及验收规范	GB 50171—2012	
8	电气装置安装工程　蓄电池施工及验收规范	GB 50172—2012	

序号	标准名称／文件名称	标准编号／文件编号	代替标准
9	电气装置安装工程 低压电器施工及验收规范	GB 50254—2014	
10	电气装置安装工程 电力变流设备施工及验收规范	GB 50255—2014	
11	电气装置安装工程 起重机电气装置施工及验收规范	GB 50256—2014	
12	电气装置安装工程 爆炸和火灾危险环境电气装置施工及验收规范	GB 50257—2014	
13	火力发电机组一次调频试验及性能验收导则	GB/T 30370—2022	GB/T 30370—2013
14	火力发电厂烟囱工程施工与验收规范	DL/T 5853—2022	

2.2.3.1 锅炉专业（包括加工配制）

序号	标准名称／文件名称	标准编号／文件编号	代替标准
1	立式圆筒形钢制焊接储罐施工规范	GB 50128—2014	
2	钢筒仓技术规范	GB 50884—2013	
3	循环流化床锅炉施工及质量验收规范	GB 50972—2014	
4	电站锅炉 蒸汽参数系列	GB/T 753—2012	
5	水管锅炉	GB/T 16507.1～8—2022	GB/T 16507.1～8—2013
6	电站堵阀	GB/T 29462—2012	
7	燃气－蒸汽联合循环余热锅炉技术条件	GB/T 30577—2014	
8	电站锅炉主要承压部件寿命评估技术导则	GB/T 30580—2022	GB/T 30580—2014
9	燃煤电厂烟气脱硝装置性能验收试验规范	DL/T 260—2012	
10	火电厂烟气脱硝技术导则	DL/T 296—2011	
11	循环流化床锅炉启动调试导则	DL/T 340—2010	
12	火力发电厂烟气袋式除尘器选型导则	DL/T 387—2019	DL/T 387—2010
13	电站锅炉炉膛防爆规程	DL/T 435—2018	DL/T 435—2004
14	燃煤电厂电除尘器运行维护导则	DL/T 461—2019	DL/T 461—2004
15	电站磨煤机及制粉系统性能试验	DL/T 467—2019	DL/T 467—2004
16	电站锅炉风机选型和使用导则	DL/T 468—2019	DL/T 468—2004
17	电站锅炉风机现场性能试验	DL/T 469—2022	DL/T 469—2004
18	燃煤电厂磨煤机耐磨件技术条件 第1部分：球磨机磨球和衬板	DL/T 681.1—2019	DL/T 681—2012
19	锅炉启动调试导则	DL/T 852—2016	DL/T 852—2004
20	除灰除渣系统调试导则	DL/T 894—2018	DL/T 894—2004

续表

序号	标准名称 / 文件名称	标准编号 / 文件编号	代替标准
21	火力发电厂锅炉受热面管监督技术导则	DL/T 939—2016	DL/T 939—2005
22	石灰石–石膏湿法烟气脱硫装置性能验收试验规范	DL/T 998—2016	DL/T 998—2006
23	燃煤电厂锅炉烟气袋式除尘工程技术规范	DL/T 1121—2020	DL/T 1121—2009
24	火电厂烟气脱硫装置验收技术规范	DL/T 1150—2012	
25	电站锅炉受热面电弧喷涂施工及验收规范	DL/T 1160—2021	DL/T 1160—2012
26	火力发电建设工程机组蒸汽吹管导则	DL/T 1269—2013	
27	火电厂烟气脱硝催化剂检测技术规范	DL/T 1286—2021	DL/T 1286—2013
28	循环流化床锅炉测点布置导则	DL/T 1319—2014	
29	循环流化床锅炉冷态与燃烧调整试验技术导则	DL/T 1322—2014	
30	锅炉奥氏体不锈钢管内壁氧化物堆积磁性检测技术导则	DL/T 1324—2014	
31	联合循环余热锅炉性能试验规程	DL/T 1427—2015	
32	电站煤粉锅炉技术条件	DL/T 1429—2015	
33	火力发电厂烟气脱硝调试导则	DL/T 1695—2017	
34	锅炉屋顶盖和紧身封闭技术规范	DL/T 1905—2018	
35	循环流化床锅炉防磨技术导则	DL/T 1906—2018	
36	半工业化循环流化床锅炉燃烧试验台燃料试烧试验技术规范	DL/T 1976—2019	
37	燃煤锅炉飞灰中氨含量的测定　分光光度法	DL/T 1984—2019	
38	氨法烟气脱硫装置性能验收试验规范	DL/T 1996—2019	
39	电力建设施工技术规范　第 2 部分：锅炉机组	DL/T 5190.2—2019	DL 5190.2—2012
40	电力建设施工技术规范　第 8 部分：加工配制	DL/T 5190.8—2019	DL 5190.8—2012
41	电力建设施工质量验收规程　第 2 部分：锅炉机组	DL/T 5210.2—2018	DL/T 5210.2—2009
42	火电厂烟气脱硝工程施工验收技术规程	DL/T 5257—2010	
43	火电厂烟气脱硫工程调整试运及质量验收评定规程	DL/T 5403—2007	
44	火电厂烟气脱硫工程施工质量验收及评定规程	DL/T 5417—2009	
45	火电厂烟气脱硫吸收塔施工及验收规范	DL/T 5418—2009	
46	火电厂烟气海水脱硫工程调整试运及质量验收评定规程	DL/T 5436—2009	

序号	标准名称／文件名称	标准编号／文件编号	代替标准
47	循环流化床锅炉砌筑工艺导则	DL/T 5705—2014	
48	袋式除尘工程通用技术规范	HJ 2020—2012	
49	电除尘工程通用技术规范	HJ 2028—2013	
50	火电厂除尘工程技术规范	HJ 2039—2014	
51	锅炉钢结构制造技术规范	NB/T 47043—2014	

2.2.3.2　特种设备安全监督检验

序号	标准名称／文件名称	标准编号／文件编号	代替标准
1	安全阀　一般要求	GB/T 12241—2021	GB/T 12241—2005
2	弹簧直接载荷式安全阀	GB/T 12243—2021	GB/T 12243—2005
3	电力行业锅炉压力容器安全监督规程	DL/T 612—2017	DL/T 612—1996
4	电站锅炉压力容器检验规程	DL/T 647—2004	
5	电站锅炉安全阀技术规程	DL/T 959—2020	DL/T 959—2014
6	特种设备生产和充装单位许可规则	TSG 07—2019	
7	特种设备使用管理规则	TSG 08—2017	TSG R5001—2005； TSG T5001—2009； TSG Q5001—2009； TSG D5001—2009； TSG G5004—2014
8	锅炉安全技术规程	TSG 11—2020	TSG G0001—2012； TSG G1001—2004； TSG ZB001—2008； TSG ZB002—2008； TSG G5003—2008； TSG G5001—2010； TSG G5002—2010； TSG G7001—2015； TSG G7002—2015
9	固定式压力容器安全技术监察规程	TSG 21—2016	TSG R0004—2009
10	特种设备作业人员考核规则	TSG Z6001—2019	
11	特种设备检验机构核准规则	TSG Z7001—2021	TSG Z7001—2004； TSG Z7002—2004
12	特种设备无损检测人员考核规则	TSG Z8001—2019	TSG Z8001—2013
13	压力管道安全技术监察规程——工业管道	TSG D0001—2009	
14	起重机械安全技术监察规程——桥式起重机	TSG Q0002—2008	

2.2.3.3　保温、耐火工程

续表

序号	标准名称/文件名称	标准编号/文件编号	代替标准
1	工业设备及管道绝热工程设计规范	GB 50264—2013	
2	高铝质耐火泥浆	GB/T 2994—2021	GB/T 2994—2008
3	耐火纤维及制品	GB/T 3003—2017	
4	设备及管道绝热技术通则	GB/T 4272—2008	
5	定形耐火制品试样制备方法	GB/T 7321—2017	
6	膨胀珍珠岩绝热制品	GB/T 10303—2015	
7	定形耐火制品验收抽样检验规则	GB/T 10325—2012	
8	定形耐火制品尺寸、外观及断面的检查方法	GB/T 10326—2016	
9	硅酸钙绝热制品	GB/T 10699—2015	
10	绝热用岩棉、矿渣棉及其制品	GB/T 11835—2016	GB/T 11835—2007
11	绝热用玻璃棉及其制品	GB/T 13350—2017	
12	粘土质耐火泥浆	GB/T 14982—2008	
13	绝热用硅酸铝棉及其制品	GB/T 16400—2015	
14	硅酸盐复合绝热涂料	GB/T 17371—2008	
15	耐火原料抽样检验规则	GB/T 17617—2018	GB/T 17617—1998
16	耐火泥浆 第1部分：稠度试验方法（锥入度法）	GB/T 22459.1—2022	GB/T 22459.1—2008
17	耐火泥浆 第2部分：稠度试验方法（跳桌法）	GB/T 22459.2—2022	GB/T 22459.2—2008
18	耐火泥浆 第3部分：粘接时间试验方法	GB/T 22459.3—2021	GB/T 22459.3—2008
19	耐火泥浆 第4部分：常温抗折粘接强度试验方法	GB/T 22459.4—2022	GB/T 22459.4—2008
20	耐火泥浆 第5部分：粒度分布（筛分析）试验方法	GB/T 22459.5—2022	GB/T 22459.5—2008
21	耐火泥浆 第6部分：预搅拌泥浆含水量试验方法	GB/T 22459.6—2022	GB/T 22459.6—2008
22	耐火泥浆 第7部分：其他性能试验方法	GB/T 22459.7—2019	GB/T 22459.7—2008
23	耐火泥浆 第8部分：泌水性试验方法	GB/T 22459.8—2021	
24	耐磨耐火材料	GB/T 23294—2021	GB/T 23294—2009
25	高密度聚乙烯外护管硬质聚氨酯泡沫塑料预制直埋保温管及管件	GB/T 29047—2021	GB/T 29047—2012
26	烟囱混凝土耐酸防腐蚀涂料	DL/T 693—1999	
27	火力发电厂绝热材料	DL/T 776—2019	DL/T 776—2012
28	火力发电厂锅炉耐火材料	DL/T 777—2012	

序号	标准名称/文件名称	标准编号/文件编号	代替标准
29	火力发电厂烟囱（烟道）防腐蚀材料	DL/T 901—2017	DL/T 901—2004
30	耐磨耐火材料	DL/T 902—2017	DL/T 902—2004
31	火力发电厂保温工程热态考核测试与评价规程	DL/T 934—2005	
32	循环流化床锅炉耐磨耐火材料选型导则	DL/T 2498—2022	
33	火力发电厂热力设备及管道保温防腐 施工质量验收规程	DL/T 5704—2014	
34	火力发电厂热力设备及管道保温施工工艺导则	DL 5713—2014	
35	火力发电厂热力设备及管道保温防腐施工技术规范	DL 5714—2014	

2.2.3.4 工业设备安装工程

序号	标准名称/文件名称	标准编号/文件编号	代替标准
1	自动化仪表工程施工及质量验收规范	GB 50093—2013	
2	工业设备及管道绝热工程施工规范	GB 50126—2008	
3	工业金属管道工程施工质量验收规范	GB 50184—2011	
4	机械设备安装工程施工及验收通用规范	GB 50231—2009	
5	工业金属管道工程施工规范	GB 50235—2010	
6	现场设备、工业管道焊接工程施工规范	GB 50236—2011	
7	输送设备安装工程施工及验收规范	GB 50270—2010	
8	制冷设备、空气分离设备安装工程施工及验收规范	GB 50274—2010	
9	风机、压缩机、泵安装工程施工及验收规范	GB 50275—2010	
10	破碎、粉磨设备安装工程施工及验收规范	GB 50276—2010	
11	起重设备安装工程施工及验收规范	GB 50278—2010	
12	现场设备、工业管道焊接工程施工质量验收规范	GB 50683—2011	
13	工业设备及管道防腐蚀工程施工规范	GB 50726—2011	
14	工业设备及管道防腐蚀工程施工质量验收规范	GB 50727—2011	
15	烟气脱硫机械设备工程安装及验收规范	GB 50895—2013	
16	起重机 检验与试验规范 第1部分：通则	GB/T 5905.1—2023	
17	变频电机用G系列冷却风机技术规范	GB/T 22712—2021	GB/T 22712—2008
18	钢质管道焊接及验收	GB/T 31032—2014	
19	工业设备及管道绝热工程施工质量验收标准	GB/T 50185—2019	GB 50185—2010
20	工业安装工程施工质量验收统一标准	GB/T 50252—2018	GB 50252—2010

续表

序号	标准名称／文件名称	标准编号／文件编号	代替标准
21	火力发电厂汽水压力管道制造质量监理技术规程	DL/T 1930—2018	
22	电站锅炉给水泵最小流量阀应用导则	DL/T 2488—2022	
23	电站安全阀选型导则	DL/T 2489—2022	
24	电站截止阀闸阀订货与验收导则	DL/T 2490—2022	
25	自动疏水器选型导则	DL/T 2491—2022	
26	供热用减温减压装置运行导则	DL/T 2493—2022	
27	电站锅炉动力驱动泄放阀检修导则	DL/T 2494—2022	
28	电站减温减压装置选型导则	DL/T 2495—2022	
29	火力发电厂排汽消声器技术条件	NB/T 10940—2022	JB/T 9623—1999

2.2.3.5　汽（燃）机专业

序号	标准名称／文件名称	标准编号／文件编号	代替标准
1	涡轮机油	GB 11120—2011	
2	联合循环机组燃气轮机施工及质量验收规范	GB 50973—2014	
3	发电用汽轮机参数系列	GB/T 754—2007	
4	钛及钛合金无缝管	GB/T 3624—2010	
5	换热器及冷凝器用钛及钛合金管	GB/T 3625—2007	
6	固定式发电用汽轮机规范	GB/T 5578—2007	
7	电厂运行中矿物涡轮机油质量	GB/T 7596—2017	GB/T 7596—2008
8	热交换器用铜合金无缝管	GB/T 8890—2015	
9	电站减温减压阀	GB/T 10868—2018	GB/T 10868—2005
10	电厂用矿物涡轮机油维护管理导则	GB/T 14541—2017	GB/T 14541—2005
11	阀门的检验和试验	GB/T 26480—2011	
12	电力建设施工技术规范　第3部分：汽轮发电机组	DL/T 5190.3—2019	DL 5190.3—2012
13	电力建设施工技术规范　第5部分：管道及系统	DL/T 5190.5—2019	DL 5190.5—2012
14	直接空冷系统性能试验规程	DL/T 244—2012	
15	电厂辅机用油运行及维护管理导则	DL/T 290—2012	
16	电力用油中颗粒度测定方法	DL/T 432—2018	DL/T 432—2007
17	电站弯管	DL/T 515—2018	DL/T 515—2004
18	电厂用磷酸酯抗燃油运行维护导则	DL/T 571—2014	
19	汽轮发电机漏水、漏氢的检验	DL/T 607—2017	DL/T 607—1996

序号	标准名称／文件名称	标准编号／文件编号	代替标准
20	300MW～600MW 级汽轮机运行导则	DL/T 608—2019	DL/T 608—1996
21	氢冷发电机氢气湿度的技术要求	DL/T 651—2017	DL/T 651—1998
22	电站钢制对焊管件	DL/T 695—2014	
23	运行中氢冷发电机用密封油质量	DL/T 705—2021	DL/T 705—1999
24	汽轮机调节保安系统试验导则	DL/T 711—2019	DL/T 711—1999
25	发电厂凝汽器及辅机冷却器管选材导则	DL/T 712—2021	DL/T 712—2010
26	火力发电厂中温中压管道（件）安全技术导则	DL/T 785—2001	
27	火力发电厂汽轮机防进水和冷蒸汽导则	DL/T 834—2003	
28	电站配管	DL/T 850—2004	
29	汽轮机启动调试导则	DL/T 863—2016	DL/T 863—2004
30	凝汽器与真空系统运行维护导则	DL/T 932—2019	DL/T 932—2005
31	火力发电厂汽轮机控制系统技术条件	DL/T 996—2019	DL/T 996—2006
32	运行中发电机用油质量标准	DL/T 1031—2006	
33	火力发电厂管道支吊架验收规程	DL/T 1113—2009	
34	火力发电建设工程机组甩负荷试验导则	DL/T 1270—2013	
35	直接空冷机组真空严密性试验方法	DL/T 1290—2013	
36	联合循环汽轮机性能试验规程	DL/T 1426—2015	
37	水氢氢冷汽轮发电机检修导则　第2部分：定子检修	DL/T 1766.2—2019	
38	水氢氢冷汽轮发电机检修导则　第3部分：转子检修	DL/T 1766.3—2019	
39	水氢氢冷汽轮发电机检修导则　第4部分：氢气冷却系统检修	DL/T 1766.4—2021	
40	水氢氢冷汽轮发电机检修导则　第5部分：内冷水系统检修	DL/T 1766.5—2021	
41	电站阀门检修导则　第1部分：总则	DL/T 2025.1—2019	
42	电站阀门检修导则　第2部分：蝶阀	DL/T 2025.2—2019	
43	电站汽轮机旁路阀订货与验收导则	DL/T 2492—2022	
44	电站汽轮机旁路阀技术条件	DL/T 2496—2022	
45	汽轮机组双背压双转子互换循环水供热改造技术导则	DL/T 2525—2022	

续表

序号	标准名称 / 文件名称	标准编号 / 文件编号	代替标准
46	电力建设施工质量验收规程 第 3 部分：汽轮发电机组	DL/T 5210.3—2018	DL/T 5210.3—2009
47	火电超临界及超超临界参数阀门 一般要求	JB/T 12001—2014	
48	恒力弹簧支吊架	NB/T 47038—2019	NB/T 47038—2013；GB 10181—1988
49	可变弹簧支吊架	NB/T 47039—2013	
50	电站阀门	NB/T 47044—2014	
51	钛和锆管道施工及验收规范	SH/T 3502—2021	SH/T 3502—2009

2.2.3.6   化学专业

序号	标准名称 / 文件名称	标准编号 / 文件编号	代替标准
1	运行中变压器油质量	GB/T 7595—2017	
2	电厂运行中矿物涡轮机油质量	GB/T 7596—2017	
3	火力发电机组及蒸汽动力设备水汽质量	GB/T 12145—2016	GB/T 12145—2008
4	电厂用矿物涡轮机油维护管理导则	GB/T 14541—2017	
5	变压器油维护管理导则	GB/T 14542—2017	
6	化学清洗废液处理技术规范	GB/T 31188—2014	
7	电力建设施工技术规范 第 6 部分：水处理和制（供）氢设备及系统	DL/T 5190.6—2019	DL 5190.6—2012
8	化学监督导则	DL/T 246—2015	
9	火电厂凝汽器及辅机冷却器管防腐防垢导则	DL/T 300—2022	DL/T 300—2011
10	火电厂烟气脱硝（SCR）装置检修规程	DL/T 322—2022	DL/T 322—2010
11	火电厂凝结水精处理系统技术要求 第 1 部分：湿冷机组	DL/T 332.1—2010	
12	火电厂凝结水精处理系统技术要求 第 2 部分：空冷机组	DL/T 332.2—2013	
13	火力发电厂水汽分析方法 第 1 部分：总则	DL/T 502.1—2022	
14	发电厂水处理用离子交换树脂验收标准	DL/T 519—2014	
15	电厂用水处理设备验收导则	DL/T 543—2009	
16	火力发电厂水汽化学监督导则	DL/T 561—2022	DL/T 561—2013
17	氢冷发电机氢气湿度技术要求	DL/T 651—2017	
18	水汽集中取样分析装置验收导则	DL/T 665—2021	DL/T 665—2009
19	发电厂在线化学仪表检验规程	DL/T 677—2018	DL/T 677—2009

序号	标准名称 / 文件名称	标准编号 / 文件编号	代替标准
20	变压器油中溶解气体分析和判断导则	DL/T 722—2014	DL/T 722—2000
21	火力发电厂锅炉化学清洗导则	DL/T 794—2012	DL/T 794—2001
22	大型发电机内冷却水质及系统技术要求	DL/T 801—2010	
23	火电厂汽水化学导则 第1部分：锅炉给水加氧处理导则	DL/T 805.1—2021	DL/T 805.1—2011
24	火电厂汽水化学导则 第2部分：锅炉炉水磷酸盐处理	DL/T 805.2—2016	DL/T 805.2—2004
25	火电厂汽水化学导则 第3部分：汽包锅炉炉水氢氧化钠处理	DL/T 805.3—2013	DL/T 805.3—2004
26	火电厂汽水化学导则 第4部分：锅炉给水处理	DL/T 805.4—2016	DL/T 805.4—2004
27	火电厂汽水化学导则 第5部分：汽包锅炉炉水全挥发处理	DL/T 805.5—2013	
28	火力发电厂循环水用阻垢缓蚀剂	DL/T 806—2013	
29	电力基本建设热力设备化学监督导则	DL/T 889—2015	
30	火电厂反渗透水处理装置验收导则	DL/T 951—2019	DL/T 951—2005
31	火力发电厂超滤水处理装置验收导则	DL/T 952—2013	
32	火力发电厂停（备）用热力设备防锈蚀导则	DL/T 956—2017	DL/T 956—2005
33	火力发电厂凝汽器化学清洗及成膜导则	DL/T 957—2017	
34	燃煤电厂石灰石－石膏湿法脱硫废水水质控制指标	DL/T 997—2020	DL/T 997—2006
35	发电机内冷水处理导则	DL/T 1039—2016	DL/T 1039—2007
36	火力发电厂化学调试导则	DL/T 1076—2017	DL/T 1076—2007
37	火力发电厂机组大修化学检查导则	DL/T 1115—2019	
38	火力发电厂电除盐水处理装置验收导则	DL/T 1260—2013	
39	火电厂用反渗透阻垢剂性能评价试验导则	DL/T 1261—2013	
40	燃煤电厂固体废物贮存处置场污染控制技术规范	DL/T 1281—2013	
41	低温多效蒸馏海水淡化装置技术条件	DL/T 1285—2013	
42	发电厂凝结水精处理用绕线式滤元 验收导则	DL/T 1357—2014	
43	燃气－蒸汽联合循环发电厂化学监督技术导则	DL/T 1717—2017	
44	发电厂曝气生物滤池验收导则	DL/T 1847—2018	

续表

序号	标准名称 / 文件名称	标准编号 / 文件编号	代替标准
45	火力发电厂烟气中铅的测定 石墨炉原子吸收分光光度法	DL/T 1895—2018	
46	火力发电厂烟气脱硝用催化剂技术条件	DL/T 1896—2018	
47	便携式烟气逃逸氨测量系统技术要求	DL/T 1916—2018	
48	燃气 - 蒸汽联合循环机组余热锅炉水汽质量控制标准	DL/T 1924—2018	
49	发电厂水处理用膜设备化学清洗导则	DL/T 2028—2019	
50	火电厂烟气脱硝催化剂二氧化硫氧化率检测方法 粉末法	DL/T 2279—2021	
51	燃煤电厂烟气中三氧化硫含量的测定 异丙醇溶液吸收 离子色谱法	DL/T 2280—2021	
52	燃煤电厂烟气脱硝尿素水解技术规程	DL/T 2281—2021	
53	火力发电厂污泥处理与处置技术导则	DL/T 2291—2021	
54	火电厂烟气三氧化硫脱除技术导则 碱性吸附法	DL/T 2369—2021	
55	半干法烟气脱硫系统检修规程	DL/T 2504—2022	
56	半干法烟气脱硫系统运行规程	DL/T 2505—2022	
57	再生水水质标准	SL 368—2006	

2.2.3.7 电气专业

序号	标准名称 / 文件名称	标准编号 / 文件编号	代替标准
1	电缆防火涂料	GB 28374—2012	
2	电气装置安装工程 电气设备交接试验标准	GB 50150—2016	GB 50150—2006
3	继电保护和安全自动装置基本试验方法	GB/T 7261—2016	GB/T 7261—2008
4	同步电机励磁系统大、中型同步发电机励磁系统技术要求	GB/T 7409.3—2007	GB/T 7409.3—1997
5	运行中变压器油质量	GB/T 7595—2017	GB/T 7595—2008
6	金属封闭母线	GB/T 8349—2000	
7	六氟化硫电气设备中气体管理和检测导则	GB/T 8905—2012	
8	继电保护和安全自动装置技术规程	GB/T 14285—2006	
9	变压器油维护管理导则	GB/T 14542—2017	GB/T 14542—2005
10	高压交流发电机断路器	GB/T 14824—2021	GB/T 14824—2008
11	继电保护及二次回路安装及验收规范	GB/T 50976—2014	
12	高压充油电缆施工工艺规程	DL 453—1991	

序号	标准名称 / 文件名称	标准编号 / 文件编号	代替标准
13	直流接地极接地电阻、地电位分布、跨步电压和分流的测量方法	DL/T 253—2012	
14	六氟化硫气体密度继电器校验规程	DL/T 259—2023	
15	油浸式电力变压器（电抗器）现场密封试验导则	DL/T 264—2022	DL/T 264—2012
16	变压器有载分接开关现场试验导则	DL/T 265—2012	
17	接地装置冲击特性参数测试导则	DL/T 266—2023	
18	接地装置特性参数测量导则	DL/T 475—2017	
19	继电保护和安全自动装置通用技术条件	DL/T 478—2013	DL/T 478—2010
20	发电机励磁系统及装置安装、验收规程	DL/T 490—2011	
21	备用电源自动投入装置技术条件	DL/T 526—2013	
22	气体继电器检验规程	DL/T 540—2013	
23	气体绝缘金属封闭开关设备现场交接试验规程	DL/T 618—2022	DL/T 618—2011
24	大型发电机变压器继电保护整定计算导则	DL/T 684—2012	
25	变压器油中溶解气体分析和判断导则	DL/T 722—2014	DL/T 722—2000
26	运行中变压器用六氟化硫质量标准	DL/T 941—2021	DL/T 941—2005
27	继电保护和电网安全自动装置检验规程	DL/T 995—2016	DL/T 995—2006
28	高压电气设备绝缘技术监督规程	DL/T 1054—2021	DL/T 1054—2007
29	电力变压器用绝缘油选用导则	DL/T 1094—2018	DL/T 1094—2008
30	变压器油中颗粒度限值	DL/T 1096—2018	DL/T 1096—2008
31	交、直流仪表检验装置检定规程	DL/T 1112—2009	
32	大型发电机励磁系统现场试验导则	DL/T 1166—2012	
33	同步发电机励磁系统建模导则	DL/T 1167—2019	DL/T 1167—2012
34	串联电容器补偿装置　交接试验及验收规范	DL/T 1220—2013	
35	同步发电机原动机及其调节系统参数实测与建模导则	DL/T 1235—2019	DL/T 1235—2013
36	大型发电机组涉网保护技术规范	DL/T 1309—2013	
37	电力工程接地用铜覆钢技术条件	DL/T 1312—2013	
38	电力工程用缓释型离子接地装置技术条件	DL/T 1314—2013	
39	电力工程接地装置用放热焊剂技术条件	DL/T 1315—2013	
40	电气接地工程用材料及连接件	DL/T 1342—2014	
41	交流滤波器保护装置通用技术条件	DL/T 1347—2014	

续表

序号	标准名称 / 文件名称	标准编号 / 文件编号	代替标准
42	自动准同期装置通用技术条件	DL/T 1348—2014	
43	断路器保护装置通用技术条件	DL/T 1349—2014	
44	六氟化硫处理系统技术规范	DL/T 1353—2014	
45	大豆植物变压器油质量标准	DL/T 1360—2014	
46	电力设备用六氟化硫气体	DL/T 1366—2023	
47	直流电源系统绝缘监测装置技术条件	DL/T 1392—2014	
48	油浸式变压器测温装置现场校准规范	DL/T 1400—2015	
49	变电站监控系统防止电气误操作技术规范	DL/T 1404—2015	
50	发电厂用 1000kV 升压变压器技术规范	DL/T 1409—2015	
51	智能高压设备技术导则	DL/T 1411—2015	
52	电力工程接地用锌包钢技术条件	DL/T 1457—2015	
53	厂用电继电保护整定计算导则	DL/T 1502—2016	
54	大型燃气轮发电机组继电保护装置 通用技术条件	DL/T 1505—2016	
55	发电机定子绕组内冷水系统水流量超声波测量方法及评定导则	DL/T 1522—2016	
56	燃气轮发电机组静止变频启动系统通用技术条件	DL/T 1942—2018	
57	大型发电机定子绕组现场更换处理试验规程	DL/T 2011—2019	
58	燃气轮发电机静止变频启动系统运行规程	DL/T 2022—2019	
59	燃气轮发电机静止变频启动系统现场试验规程	DL/T 2023—2019	
60	大型调相机型式试验导则	DL/T 2024—2019	
61	火电厂用高压变频器功率单元试验方法	DL/T 2033—2019	
62	发电机出口侧电压互感器技术导则	DL/T 2483—2022	
63	直流输电系统单极大地回线运行方式下变压器直流偏磁测试导则	DL/T 2503—2022	
64	热电厂智能热网运行技术规程	DL/T 2526—2022	
65	电气装置安装工程质量检验及评定规程 第1部分：通则	DL/T 5161.1—2018	DL/T 5161.1—2002
66	电气装置安装工程质量检验及评定规程 第2部分：高压电器施工质量检验	DL/T 5161.2—2018	DL/T 5161.2—2002
67	电气装置安装工程质量检验及评定规程 第3部分：电力变压器、油浸电抗器、互感器施工质量检验	DL/T 5161.3—2018	DL/T 5161.3—2002

序号	标准名称／文件名称	标准编号／文件编号	代替标准
68	电气装置安装工程质量检验及评定规程　第4部分：母线装置施工质量检验	DL/T 5161.4—2018	DL/T 5161.4—2002
69	电气装置安装工程质量检验及评定规程　第5部分：电缆线路施工质量检验	DL/T 5161.5—2018	DL/T 5161.5—2002
70	电气装置安装工程质量检验及评定规程　第6部分：接地装置施工质量检验	DL/T 5161.6—2018	DL/T 5161.6—2002
71	电气装置安装工程质量检验及评定规程　第7部分：旋转电机施工质量检验	DL/T 5161.7—2018	DL/T 5161.7—2002
72	电气装置安装工程质量检验及评定规程　第8部分：盘、柜及二次回路接线施工质量检验	DL/T 5161.8—2018	DL/T 5161.8—2002
73	电气装置安装工程质量检验及评定规程　第9部分：蓄电池施工质量检验	DL/T 5161.9—2018	DL/T 5161.9—2002
74	电气装置安装工程质量检验及评定规程　第10部分：66kV及以下架空电力线路施工质量检验	DL/T 5161.10—2018	DL/T 5161.10—2002
75	电气装置安装工程质量检验及评定规程　第11部分：通信工程施工质量检验	DL/T 5161.11—2018	DL/T 5161.11—2002
76	电气装置安装工程质量检验及评定规程　第12部分：低压电器施工质量检验	DL/T 5161.12—2018	DL/T 5161.12—2002
77	电气装置安装工程质量检验及评定规程　第13部分：电力变流设备施工质量检验	DL/T 5161.13—2018	DL/T 5161.13—2002
78	电气装置安装工程质量检验及评定规程　第14部分：起重机电气装置施工质量检验	DL/T 5161.14—2018	DL/T 5161.14—2002
79	电气装置安装工程质量检验及评定规程　第15部分：爆炸及火灾危险环境电气装置施工质量检验	DL/T 5161.15—2018	DL/T 5161.15—2002
80	电气装置安装工程质量检验及评定规程　第16部分：1kV及以下配线工程施工质量检验	DL/T 5161.16—2018	DL/T 5161.16—2002
81	电气装置安装工程质量检验及评定规程　第17部分：电气照明装置施工质量检验	DL/T 5161.17—2018	DL/T 5161.17—2002
82	电气装置安装工程　电气设备交接试验报告统一格式	DL/T 5293—2013	
83	电力光纤通信工程验收规范	DL/T 5344—2018	DL/T 5344—2006
84	电力工程电缆防火封堵施工工艺导则	DL/T 5707—2014	
85	高压交流电机定子线圈及绕组绝缘耐电压试验规范	JB/T 6204—2002	
86	隐极式同步发电机转子匝间短路测定方法	JB/T 8446—2013	

序号	标准名称／文件名称	标准编号／文件编号	代替标准
87	透平型发电机定子机座、铁心动态特性和振动试验方法及评定	JB/T 10392—2013	
88	发电厂共箱封闭母线技术要求	NB/T 25035—2014	
89	发电厂离相封闭母线技术要求	NB/T 25036—2014	
90	防腐电缆桥架	NB/T 42037—2014	
91	微波接力通信设备安装工程施工及验收技术规范	YD 2012—1994	

2.2.3.8　热工专业

序号	标准名称／文件名称	标准编号／文件编号	代替标准
1	自动化仪表工程施工及质量验收规范	GB 50093—2013	
2	普通型阀门电动装置技术条件	GB/T 24923—2010	
3	火力发电厂分散控制系统验收导则	GB/T 30372—2013	
4	工业热电偶	GB/T 30429—2013	
5	火力发电厂分散控制系统技术条件	GB/T 36293—2018	
6	电力建设施工技术规范　第4部分：热工仪表及控制装置	DL/T 5190.4—2019	DL 5190.4—2012
7	火力发电厂热工自动化系统可靠性评估技术导则	DL/T 261—2022	DL/T 261—2012
8	火力发电厂大型风机的检测与控制系统技术条件	DL/T 367—2022	DL/T 367—2010
9	火力发电厂燃煤锅炉的检测与控制系统技术条件	DL/T 589—2022	DL/T 589—2010
10	火力发电厂凝汽式汽轮机的检测与控制系统技术条件	DL/T 590—2022	DL/T 590—2010
11	火力发电厂汽轮发电机的检测与控制系统技术条件	DL/T 591—2022	DL/T 591—2010
12	火力发电厂锅炉给水泵的检测与控制系统技术条件	DL/T 592—2022	DL/T 592—2010
13	电站阀门电动执行机构	DL/T 641—2015	
14	火力发电厂锅炉炉膛安全监控系统验收测试规程	DL/T 655—2017	DL/T 655—2006
15	火力发电厂汽轮机控制及保护系统验收测试规程	DL/T 656—2016	DL/T 656—2006
16	火力发电厂模拟量控制系统验收测试规程	DL/T 657—2015	
17	火力发电厂开关量控制系统验收测试规程	DL/T 658—2017	DL/T 658—2006
18	火力发电厂分散控制系统验收测试规程	DL/T 659—2016	DL/T 659—2006
19	火力发电厂热工自动化术语	DL/T 701—2022	DL/T 701—2012
20	火力发电厂汽轮机控制系统技术条件	DL/T 996—2019	DL/T 996—2006

序号	标准名称／文件名称	标准编号／文件编号	代替标准
21	发电厂热工仪表及控制系统技术监督导则	DL/T 1056—2019	DL/T 1056—2007
22	火力发电厂分散控制系统技术条件	DL/T 1083—2019	DL/T 1083—2008
23	火力发电厂锅炉炉膛安全监控系统技术规程	DL/T 1091—2018	DL/T 1091—2008
24	火力发电厂自动发电控制性能测试验收规程	DL/T 1210—2013	
25	火力发电厂现场总线设备安装技术导则	DL/T 1212—2013	
26	火力发电厂锅炉汽包水位测量系统技术规程	DL/T 1393—2014	
27	火力发电机组性能试验导则	DL/T 1616—2016	
28	火力发电厂 PROFIBUS 现场总线技术规程	DL/T 1556—2016	
29	火力发电机组自启停控制系统技术导则	DL/T 1926—2018	
30	火力发电厂热工自动化系统电磁干扰防护技术导则	DL/T 1949—2018	
31	电站锅炉烟气余热利用系统技术规范	DL/T 2499—2022	
32	电站锅炉烟气余热利用系统运行导则	DL/T 2500—2022	
33	电力建设施工质量验收规程 第4部分：热工仪表及控制装置	DL/T 5210.4—2018	DL/T 5210.4—2009
34	火力发电厂热工保护系统设计规程	DL/T 5428—2023	DL/T 5428—2009
35	电力工程电缆防火封堵施工工艺导则	DL/T 5707—2014	
36	火力发电建设工程机组热控调试导则	DL/T 5791—2019	

2.2.3.9 焊接及检验

序号	标准名称／文件名称	标准编号／文件编号	代替标准
1	电离辐射防护与辐射源安全基本标准	GB 18871—2002	
2	铝母线焊接工程施工及验收规范	GB 50586—2010	
3	不锈钢焊条	GB/T 983—2012	
4	金属材料焊缝破坏性试验 冲击试验	GB/T 2650—2022	GB/T 2650—2008
5	金属材料焊缝破坏性试验 横向拉伸试验	GB/T 2651—2023／ISO 4136—2022	
6	金属材料焊缝破坏性试验 熔化焊接头焊缝金属纵向拉伸试验	GB/T 2652—2022	GB/T 2652—2008
7	焊接接头弯曲试验方法	GB/T 2653—2008	
8	焊接接头硬度试验方法	GB/T 2654—2008／ISO 9015—1—2001	GB/T 2654—1989
9	焊缝无损检测 射线检测 第1部分：X和伽玛射线的胶片技术	GB/T 3322.1—2019	GB/T 3323—2005

序号	标准名称 / 文件名称	标准编号 / 文件编号	代替标准
10	非合金钢及细晶粒钢焊条	GB/T 5117—2012	
11	热强钢焊条	GB/T 5118—2012	
12	无缝和焊接（埋弧焊除外）钢管纵向和 / 或横向缺欠的全圆周自动超声检测	GB/T 5777—2019	GB/T 5777—2008
13	金属板材超声板波探伤方法	GB/T 8651—2015	
14	铝及铝合金焊丝	GB/T 10858—2008	
15	焊缝无损检测　超声检测　技术、检测等级和评定	GB/T 11345—2023	GB/T 11345—2013
16	无损检测　金属管道熔化焊环向对接接头射线照相检测方法	GB/T 12605—2008	
17	无损检测　钢制管道环向焊缝对接接头超声检测方法	GB/T 15830—2008	
18	金属材料里氏硬度试验　第 1 部分：试验方法	GB/T 17394.1—2014	
19	金属材料里氏硬度试验　第 4 部分：硬度值换算表	GB/T 17394.4—2014	
20	焊缝无损检测磁粉检测	GB/T 26951—2011	
21	焊缝无损检测焊缝磁粉检测验收等级	GB/T 26952—2011	
22	焊缝无损检测焊缝渗透检测验收等级	GB/T 26953—2011	
23	焊缝无损检测　超声检测　焊缝中的显示特征	GB/T 29711—2013/ISO 23279：2010	
24	焊缝无损检测超声检测　验收等级	GB/T 29712—2013	
25	承压设备焊后热处理规程	GB/T 30583—2014	
26	热处理温度测量	GB/T 30825—2014	
27	焊缝无损检测熔焊接头目视检测	GB/T 32259—2015	
28	汽轮发电机合金轴瓦超声波检测	DL/T 297—2011	
29	钢熔化焊 T 形接头和角接接头焊缝射线照相和质量分级	DL/T 541—2014	
30	钢熔化焊 T 形接头超声波检测方法和质量评定	DL/T 542—2014	
31	高温紧固螺栓超声检测技术导则	DL/T 694—2012	
32	汽轮机叶片超声检验技术导则	DL/T 714—2019	DL/T 714—2011
33	汽轮发电机组转子中心孔检验技术导则	DL/T 717—2013	
34	火力发电厂三通及弯头超声波检测	DL/T 718—2014	
35	火力发电厂异种钢焊接技术规程	DL/T 752—2010	
36	汽轮机铸钢件补焊技术导则	DL/T 753—2015	

续表

序号	标准名称 / 文件名称	标准编号 / 文件编号	代替标准
37	母线焊接技术规程	DL/T 754—2013	
38	火力发电厂焊接热处理技术规程	DL/T 819—2019	DL/T 819—2010
39	管道焊接接头超声波检测技术规程　第2部分：A型脉冲反射法	DL/T 820.2—2019	DL/T 820—2002
40	金属熔化焊对接接头射线检测技术和质量分级	DL/T 821—2017	DL/T 821—2002
41	焊接工艺评定规程	DL/T 868—2014	
42	火力发电厂焊接技术规程	DL/T 869—2021	DL/T 869—2012
43	汽轮机叶片涡流检验技术导则	DL/T 925—2005	
44	整锻式汽轮机转子超声检测技术导则	DL/T 930—2018	DL/T 930—2005
45	火电厂凝汽器管板焊接技术规程	DL/T 1097—2008	
46	电站锅炉集箱小口径接管座角焊缝　无损检测技术导则　第1部分：通用要求	DL/T 1105.1—2020	DL/T 1105.1—2009 DL/T 1105.2～1105.4—2009
47	电站锅炉集箱小口径接管座角焊缝　无损检测技术导则　第2部分：超声检测	DL/T 1105.2—2020	DL/T 1105.2—2010
48	电站锅炉集箱小口径接管座角焊缝　无损检测技术导则　第3部分：涡流检测	DL/T 1105.3—2020	DL/T 1105.3—2010
49	电站锅炉集箱小口径接管座角焊缝　无损检测技术导则　第4部分：磁记忆检测	DL/T 1105.4—2020	DL/T 1105.4—2010
50	火力发电厂焊接接头超声衍射时差检测技术规程	DL/T 1317—2014	
51	火力发电厂管道超声导波检测	DL/T 1452—2015	
52	发电机、汽轮机轴颈焊接修复技术导则	DL/T 1927—2018	
53	电力建设施工质量验收规程　第5部分：焊接	DL/T 5210.5—2018	DL/T 5210.7—2010
54	焊接材料质量管理规程	JB/T 3223—2017	JB/T 3223—1996
55	无损检测仪器　射线探伤用密度计	JB/T 6220—2011	
56	锅炉角焊缝强度计算方法	JB/T 6734—1993	
57	不锈钢和耐热钢热处理	JB/T 9197—2008	
58	A型脉冲反射式超声波探伤仪通用技术条件	JB/T 10061—1999	
59	超声探伤用探头性能测试方法	JB/T 10062—1999	
60	承压设备无损检测	NB/T 47013.7～9—2012；NB/T 47013.1、2、4、5、6、10、12、13—2015；NB/T 47013.3、11、14—2023；NB/T 47013.15—2021	

续表

序号	标准名称 / 文件名称	标准编号 / 文件编号	代替标准
61	承压设备焊接工艺评定	NB/T 47014—2011	
62	压力容器焊接规程	NB/T 47015—2011	
2.2.3.10　金属监督			
1	金属显微组织检验方法	GB/T 13298—2015	GB/T 13298—1991
2	火力发电厂金属技术监督规程	DL/T 438—2016	DL/T 438—2009

附录 B
标准代码对照表

GB——国家标准

GBJ——国家工程建设标准

NB——能源行业标准

DL——电力行业标准

JG——建筑行业标准

JGJ——建筑行业工程建设标准

JC——建材行业标准

TSG——特种设备技术标准

JB——机械行业标准

YB——黑色冶金行业标准

SH——石油化工行业标准

YD——邮电通信行业标准

CH——测绘行业标准

DA——档案行业标准

CJ——城建行业标准

CJJ——城建行业建设标准

HJ——环境保护行业标准

GA——社会公共安全行业标准

DZ——地质矿产标准

TB——铁路标准

SL——水利行业标准

RB——认证认可行业标准

QX——气象行业标准

XF——消防救援行业标准

GBZ——国家职业卫生标准